Zuverlässigkeit mechatronischer Systeme

Bernd Bertsche · Peter Göhner · Uwe Jensen
Wolfgang Schinköthe · Hans-Joachim Wunderlich

Zuverlässigkeit mechatronischer Systeme

Grundlagen und Bewertung in frühen Entwicklungsphasen

Prof. Dr.-Ing. Bernd Bertsche
Institut für Maschinenelemente
Universität Stuttgart
Pfaffenwaldring 9
70569 Stuttgart
bernd.bertsche@ima.uni-stuttgart.de

Prof. Dr.-Ing. Dr. h. c. Peter Göhner
Institut für Automatisierungs- und Softwaretechnik
Universität Stuttgart
Pfaffenwaldring 47
70569 Stuttgart
peter.goehner@ias.uni-stuttgart.de

Prof. Dr. rer. nat. Uwe Jensen
Institut für Angewandte Mathematik und Statistik
Universität Hohenheim
Schloss Westhof Süd
70593 Stuttgart
jensen@uni-hohenheim.de

Prof. Dr.-Ing. Wolfgang Schinköthe
Institut für Konstruktion und Fertigung in der Feinwerktechnik
Universität Stuttgart
Pfaffenwaldring 9
70569 Stuttgart
schinkoethe@ikff.uni-stuttgart.de

Prof. Dr. rer. nat. habil. Hans-Joachim Wunderlich
Institut für Technische Informatik
Universität Stuttgart
Pfaffenwaldring 47
70569 Stuttgart
wu@informatik.uni-stuttgart.de

ISBN 978-3-540-85089-2 e-ISBN 978-3-540-85091-5

DOI 10.1007/978-3-540-85091-5

Bibliografische Information der Deutschen Nationalbibliothek
Die Deutsche Nationalbibliothek verzeichnet diese Publikation in der Deutschen Nationalbibliografie; detaillierte bibliografische Daten sind im Internet über http://dnb.d-nb.de abrufbar.

Einbandgestaltung: WMX Design GmbH, Heidelberg

Gedruckt auf säurefreiem Papier

9 8 7 6 5 4 3 2 1

springer.de

Vorwort

Zuverlässigkeit ist allgegenwärtig. Dies wird deutlich, wenn Produkte aus dem täglichen Leben betrachtet werden. Beispielsweise sollte ein Geschirrspüler aus Sicht des Kunden jederzeit funktionieren. Von einem Fahrzeug wird erwartet, dass es nicht ausfällt, und ein Fernseher sollte immer Bild und Ton liefern. Um die Zufriedenheit der Kunden zu gewährleisten, sollte die Zuverlässigkeit als elementarer Aspekt im Produktentstehungsprozess berücksichtigt werden. Durch die steigende Komplexität heutiger Produkte, durch kürzere Entwicklungszeiten und durch hohen Kostendruck stellt dies aber eine große Herausforderung dar.

Bisherige Zuverlässigkeitsoptimierungen erfolgten meist in späten Entwicklungsphasen. Die Systeme sind dann allerdings bereits weitgehend gestaltet und ausgearbeitet, so dass Änderungen mit erheblichem Aufwand an Kosten und Zeit verbunden sind. Da die besten Einflussmöglichkeiten am Beginn des Entwicklungsprozesses vorhanden sind, sollten auch Zuverlässigkeitsbetrachtungen in sehr frühen Entwicklungsphasen durchgeführt werden. Auch beschränkten sich Zuverlässigkeitsuntersuchungen in der Vergangenheit vorwiegend auf Bauteile und Baugruppen. System-Zuverlässigkeiten werden allenfalls für Teilsysteme (Mechanik, Aktorik, Software, Hardware) berechnet und in den einzelnen Fachgebieten getrennt betrachtet.

Für Zuverlässigkeitsbetrachtungen mechatronischer Systeme in der Konzeptphase bestand deshalb ein erheblicher Forschungsbedarf. Die Forschergruppe DFG 460 „Entwicklung von Konzepten und Methoden zur Ermittlung der Zuverlässigkeit mechatronischer Systeme in frühen Entwicklungsphasen" hatte sich zum Ziel gesetzt, diese Problematik zu bearbeiten und entwickelte eine Vorgehensweise zur Zuverlässigkeitsbewertung von mechatronischen Systemen in frühen Entwicklungsphasen. Die im Buch vorgestellten Ergebnisse konnten nur durch die Integration und enge Zusammenarbeit aller am mechatronischen Produkt beteiligten Fachgebiete erzielt werden.

Für die Unterstützung der sechsjährigen Forschungstätigkeit danken der Sprecher und die Teilprojektleiter herzlich der deutschen Forschergemeinschaft.

Zugleich gilt der Dank auch allen Mitarbeiterinnen und Mitarbeitern der am Projekt beteiligten Institutionen:

- Institut für Maschinenelemente (Universität Stuttgart, Prof. Bertsche)
- Institut für Automatisierungs- und Softwaretechnik (Universität Stuttgart, Prof. Göhner)
- Institut für Angewandte Mathematik und Statistik (Universität Hohenheim, Prof. Jensen)
- Institut für Konstruktion und Fertigung in der Feinwerktechnik (Universität Stuttgart, Prof. Schinköthe)
- Institut für Technische Informatik (Universität Stuttgart, Prof. Wunderlich)

Im Einzelnen sind dies: Dipl.-Ing. Jochen Gäng, Dr.-Ing. Dipl.-Kfm. Patrick Jäger (Institut für Maschinenelemente); Dipl.-Ing. Andreas Beck, Dipl.-Ing. Simon Kunz, Dr.-Ing. Mario Rebolledo, Dipl.-Ing. Michael Wedel (Institut für Automatisierungs- und Softwaretechnik); Dipl.-Math. Yan Chu, Dr. rer. nat. Maik Döring, Dr. rer. nat. Axel Gandy, Dipl.-Math. oec. Vanessa Grosch, Dr. rer. nat. Constanze Lütkebohmert-Marhenke, Dr. rer. nat. Kinga Mathe (Institut für Angewandte Mathematik und Statistik); Dipl.-Ing. Michael Beier, Dr.-Ing. Thilo Köder (Institut für Konstruktion und Fertigung in der Feinwerktechnik); M.Sc. Talal Arnaout, Dipl.-Inform. Melanie Elm, Dipl.-Inf. Michael Kochte, Dipl.-Math. Erika Wegscheider (Institut für Technische Informatik).

Ein besonderer Dank geht auch an den Koordinator des Buches, Herrn Dipl.-Ing. Jochen Gäng, der neben den inhaltlichen Gestaltungen auch für alle organisatorischen und redaktionellen Fragen zuständig war und damit einen großen Beitrag zur Erstellung des Buches geleistet hat.

Stuttgart, im November 2008

Bernd Bertsche
Peter Göhner
Uwe Jensen
Wolfgang Schinköthe
Hans-Joachim Wunderlich

Inhaltsverzeichnis

Kapitel 1
Einleitung

Bernd Bertsche unter Mitarbeit von Jochen Gäng

In der Standortdebatte wird als Argument für den Wirtschaftsstandort Deutschland vor allem die hohe Qualität der hier entwickelten und erzeugten Produkte angeführt. Ein wesentlicher Aspekt der Qualität eines Produktes stellt dessen Funktionsfähigkeit – dessen Zuverlässigkeit – dar. Die Zuverlässigkeit eines Produktes beeinflusst somit wesentlich die Kaufentscheidungen der Nutzer, da diese neben hoher Funktionalität bei geringen Kosten vor allem eine hohe Zuverlässigkeit der Produkte erwarten. Allerdings ist in den letzten Jahren eine deutlich sinkende Zuverlässigkeit festzustellen. Nahezu jeder Kunde ist mit Unzuverlässigkeiten konfrontiert. Aufgrund der Zunahme von mechatronischen Systemen und dadurch folgend steigende Funktionalitäten, Komplexitäten sowie neueren innovativen Technologien bedarf es einer sorgfältigen Untersuchung, Fortentwicklung und innerbetrieblichen Integration der Datenbasis und ganzheitlicher, domänenübergreifender Methoden, die die Produktzuverlässigkeit sicherstellen und damit die hohe Nutzerzufriedenheit gewährleisten. Fehler in der Gestaltung von Produkten und Prozessen können sich unter Umständen gravierend auf die Zuverlässigkeit eines technischen Systems auswirken.

Allgemein ist festzustellen, dass durch den steigenden Einsatz von mechatronischen Systeme das Entwicklungsdreieck aus Kosten, Zeit und Qualität gegenwärtig in eine Schieflage gerät: Die Kosten werden gesenkt, die Entwicklungszeiten verkürzt, die Qualität wird als Folge dieser Maßnahmen zunehmend schlechter.

Hier setzen die in diesem Buch vorgestellten Zuverlässigkeitsansätze von mechatronischen Systemen an. Die frühen Entwicklungsphasen stellen hierbei den Kernpunkt dar. Die Möglichkeit, das oben genannte Entwicklungsdreieck zu beeinflussen, ist in dieser Phase am größten. Durch geeignete Entwicklungsprozesse und -werkzeuge können einerseits die Kosten durch die dann überflüssigen Iterationen gesenkt werden, andererseits die Qualität bzw. die Zuverlässigkeit gesteigert werden.

B. Bertsche et al., *Zuverlässigkeit mechatronischer Systeme*,

1.1 Ziele des Buches

Das angestrebte Ziel des Buches ist die Entwicklung von Methoden zur Bestimmung der Zuverlässigkeit mechatronischer Systeme in frühen Entwicklungsphasen. Hierbei untergliedern sich folgende Einzelziele:

- Integration aller am Produkt beteiligten Fachgebiete (System-Zuverlässigkeit)
- Entwicklung von Zuverlässigkeitsstrukturen in frühen Entwicklungsphasen
- Betrachtung von Wechselwirkungen
- Betrachtung von zuverlässigkeitssteigernden Maßnahmen mechatronischer Systeme
- Umgang mit unsicheren Daten
- Kostenbetrachtung
- Entwicklung stochastischer Modelle komplexer Systeme
- Statistische Datenauswertung
- Dauerlaufprüfstände feinwerktechnischer Antriebe
- Qualitative und quantitative Bewertung der Software-Zuverlässigkeit
- Erstellung einer Datenbasis für Software-Fehler
- Zuverlässigkeitskenngrößenbestimmung, Zuverlässigkeitsbewertung und Zuverlässigkeitsschätzung in der Elektronik.

1.2 Mechatronik und ihre Zuverlässigkeit

Unter Mechatronik wird ein interdisziplinäres Gebiet der Ingenieurwissenschaft verstanden. Anhand des Kunstwortes kann bereits gefolgert werden, dass hierbei mechanische und elektronische Komponenten miteinander verknüpft werden. Neben diesen zwei klassischen Ingenieursdisziplinen spielt zudem die Informationstechnik mittlerweile eine große Rolle.

Der Begriff Mechatronik entstand bereits im Jahr 1969. Geprägt wurde dieser Begriff durch die japanische Firma Yaskawa Electronic Cooperation und hat seinen Ursprung in der Feinmechanik. Die ersten unter diesem Namen geführten Produkte waren lediglich mechanische Systeme, welche durch elektronische Komponenten ergänzt wurden, um neuen Funktionen und Anforderungen gerecht zu werden. Heute umfasst der Begriff Mechatronik wesentlich mehr, ohne dass sich jedoch eine einheitliche Definition herausgebildet hat. Eine recht allgemeine und zumindest in Deutschland verbreitete Begriffsbestimmung findet sich im Kraftfahrtechnischen Taschenbuch [1.4]: „Mechatronik ist eine Ingenieurwissenschaft, die die Funktionalität eines technischen Systems durch eine enge Verknüpfung mechanischer, elektronischer und datenverarbeitender Komponenten erzielt". Der Brockhaus [1.2] definiert den Begriff folgendermaßen: „Interdisziplinäres Gebiet der Ingenieurwissenschaften, das auf Maschinenbau, Elektrotechnik und Informatik aufbaut. Im Vordergrund steht die Ergänzung und Erweiterung mechanischer Systeme durch Sensoren und Mikrorechner zur Realisierung teil-intelligenter Produkte und Systeme.“

Wie bereits in der obigen Ausführung zu sehen ist, werden für die Einzeldisziplinen unterschiedliche Begrifflichkeiten verwendet. In der Entwicklungsmethodik für mechatronische Systeme, der VDI 2206 [1.5], sind die folgenden beteiligten Disziplinen zu finden:

- Maschinenbau
- Elektrotechnik
- Informationstechnik

Um eine einheitliche Nomenklatur zu verwenden, werden in dem vorliegenden Buch für die mechatronischen Domänen die Begrifflichkeiten „Mechanik“, „Elektronik“ und „Software“ verwendet. Hierbei ist zu erwähnen, dass der in diesem Buch thematisierte Bereich Elektromechanik der Mechanik zugeordnet wird. Die Abb. 1.1 symbolisiert hierbei das Zusammenspiel der verschiedenen Domänen der Mechatronik.

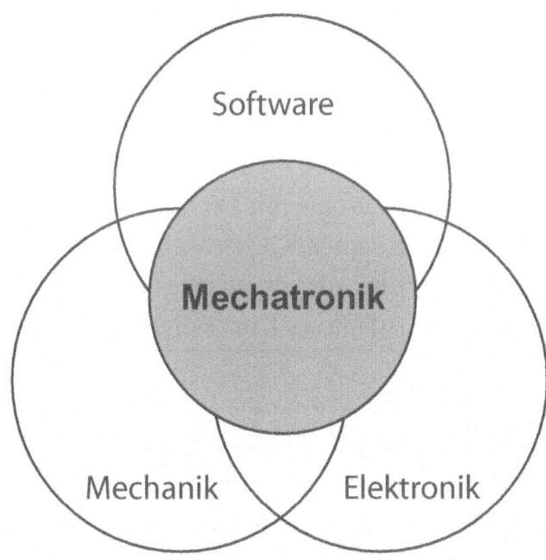

Abb. 1.1 Zusammenspiel der verschiedenen Domänen

Der Durchbruch im Automobilbau gelang der Mechatronik mit der Einführung der ersten Generation elektronischer Antiblockiersysteme im Jahre 1979. Aufgrund des großen Potentials mechatronischer Systeme wurden seitdem immer mehr Teilsysteme durch mechatronische Lösungen ersetzt und somit in der Funktionalität und Leistungsfähigkeit verbessert. Einige der wichtigsten Entwicklungen im Automobilbereich finden sich in nachfolgender Tabelle 1.1 wieder.

Das Hauptziel der Mechatronik ist es, den immer größeren Anforderungen der Kunden gerecht zu werden. Dies wird durch ein enges Zusammenwirken und Ineinandergreifen der Domänen Mechanik, Elektronik und Software Produkte realisiert. Durch die Mechatronik ist es möglich, technische Produkte zu entwerfen, die mit bisherigen Lösungen durch eine einzige Ingenieurdisziplin nicht möglich sind. Wie in Tabelle 1.1 zu sehen ist, bietet die Mechatronik große Erfolgspotentiale, stellt zugleich aber nach [1.5] besondere Anforderungen an den

Entwicklungsprozess. Mechatronische Systeme sind durch eine hohe Komplexität gekennzeichnet, welche sich durch die große Anzahl an gekoppelten Elementen ergibt. Neben der Komplexität des mechatronischen Produktes ist die Entwicklung nach [1.1] u. a. durch verringerte Produkt- und Entwicklungskosten beeinträchtigt. Trotz dieser Aspekte soll jedoch die Zuverlässigkeit dieser Produktentwicklungen beibehalten und unter Umständen sogar gesteigert werden.

Tabelle 1.1 Mechatronische Komponenten in Kraftfahrzeugen

Jahr	Entwicklung
1957	Transistorzündung
1967	Elektronisch gesteuerte Benzineinspritzung
1976	Dreiwege-Katalysator mit Lambda-Sonde
1978	Digitale Motor-Elektronik
1979	Antiblockiersystem
1981	Leerlauf-Drehzahl-Regelung
1986	Antischlupf-Regelung
1988	Elektronisch gesteuerte Dieseldirekteinspritzung
1989	Aktive Hinterachsen-Kinematik
1991	Aktives Fahrwerk
1992	Dynamische Stabilitätskontrolle
1993	Adaptive Getriebe-Steuerung
1998	Motronic mit Drehmoment-Steuerung und integrierter Drosselklappen-Ansteuerung
2000	Adaptive Geschwindigkeitsregelung
2001	Elektrohydraulisches Bremssystem
2006	Adaptives Kurvenlicht

Gerade beim Autokauf kristallisiert sich heraus, dass aus Kundensicht die Zuverlässigkeit als das Topkriterium zu finden ist. Nur gelegentlich, wenn die Produktkosten wichtiger angesehen werden, erscheint die Zuverlässigkeit auf Platz 2 [1.1]. Diese Wunschvorstellungen der Kunden sollten für bestehende und künftige Produkte umgesetzt werden.

Jedoch verhalten sich die Firmen bei Befragungen über das Thema Zuverlässigkeit in der Realität häufig bedeckt. Über mangelnde Zuverlässigkeit wird zumeist nicht gesprochen [1.1]. Eine interessante Angabe findet sich beim Kraftfahrt-Bundesamt. Hier werden die Rückrufaktionen wegen sicherheitskritischer Mängel gesammelt. In den letzten Jahren haben die Rückrufaktionen beinahe kontinuierlich zugenommen. Zwischen 1998 und 2007 gab es etwa eine Verdreifachung der Rückrufaktionen (Abb. 1.2).

In dem vorliegenden Buch thematisiert Kap. 2 die Grundlagen für eine Zuverlässigkeitsbewertung mechatronischer Systeme. Hierbei werden aktuelle Zuverlässigkeitsanalysen, mechatronische Entwicklungsmethodiken sowie Überlegungen für eine zu entwickelnde Methodik zur Zuverlässigkeitsbewertung mechatronischer Systeme angesprochen.

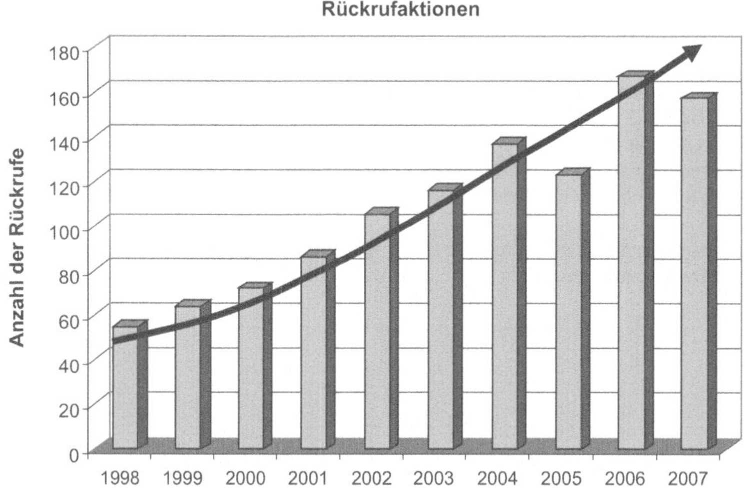

Abb. 1.2 Entwicklung der Rückrufaktionen von 1998 bis 2007 nach [1.3]

Kapitel 3 behandelt dann ausführlich diese Methodik, sowie Wechselwirkungen in und zwischen den Domänen der Mechatronik und zuverlässigkeitssteigernde Maßnahmen.

Im Kap. 4 werden einige mathematische Modelle zur quantitativen Analyse der Zuverlässigkeit vorgestellt. Da die Zeit bis zum Ausfall eines mechatronischen Systems auch von unkontrollierbaren Faktoren abhängt, ist die Lebensdauer als Zufallsgröße aufzufassen. Daher werden stochastische Modelle der Zuverlässigkeit wie z. B. Regressionsmodelle der Lebensdaueranalyse betrachtet. Außerdem werden komplexe Systeme untersucht, die aus Komponenten bestehen, deren Lebensdauern stochastische Abhängigkeiten aufweisen können.

Kapitel 5 beschäftigt sich speziell mit der Mechanik. Hier werden ebenfalls zuverlässigkeitssteigernde Maßnahmen behandelt. Des Weiteren wird die Informationslage in frühen Entwicklungsphasen sowie Kostenabschätzungen thematisiert.

Im Kap. 6 wird die Problematik beispielhaft an feinwerktechnischen mechatronischen Komponenten untersucht. Dabei spielt die Datenlage und Ansätze zu deren Verbesserung in frühen Entwicklungsphasen eine wesentliche Rolle.

Methoden zur frühzeitigen Bewertung der Softwarezuverlässigkeit werden in Kap. 7 erläutert. Da die Software in mechatronischen Systemen Steuerungs- und Regelungsaufgaben übernimmt, ist ihre Funktion eng an die technische Umgebung bestehend aus mechanischen, elektromechanischen und elektronischen Komponenten gekoppelt. Dies wird bei der Bewertung der Zuverlässigkeit besonders berücksichtigt.

Das Kap. 8 betrachtet die integrierte Mikroelektronik, die die Grundlage der Informationsverarbeitung in mechatronischen Systemen darstellt. Es werden Bewertungsverfahren für die Zuverlässigkeit in frühen Entwicklungsphasen als auch zuverlässigkeitssteigernde Maßnahmen diskutiert. Zum Ende des Kapitels wird auf die Integration der Mikroelektronik ins mechatronische Gesamtsystem eingegangen.

1.3 Literatur

[1.1] Bertsche B, Lechner G (2004) Zuverlässigkeit im Fahrzeug- und Maschinenbau. 3. Aufl, Springer, Berlin

[1.2] Brockhaus in zehn Bänden (2004). 1. Aufl, Brockhaus, Mannheim.

[1.3] Kraftfahrzeug-Bundesamt (2007) Jahresbericht

[1.4] Robert Bosch GmbH (2007) Kraftfahrzeugtechnisches Handbuch, 26. Aufl, Vieweg und Teubner

[1.5] Verein Deutscher Ingenieure (2004) VDI 2206 Entwicklungsmethodik für mechatronische Systeme. Beuth, Berlin

Kapitel 2
Grundlagen für eine Zuverlässigkeitsbewertung mechatronischer Systeme

Bernd Bertsche und Uwe Jensen unter Mitarbeit von Maik Döring und Jochen Gäng

In diesem Kapitel werden die Grundlagen für eine Zuverlässigkeitsbewertung mechatronischer Systeme thematisiert. Diese reichen von den verschiedenen Zuverlässigkeitsanalysen, Definitionen von Fehlern und Ursachen, den Vorgehensweisen zur Bestimmung der Zuverlässigkeit in den jeweiligen Domänen bis hin zu Forderungen für eine zu erstellende Methodik zur Zuverlässigkeitsbewertung mechatronischer Systeme in frühen Entwicklungsphasen.

2.1 Zuverlässigkeitsanalysen

Durch Zuverlässigkeitsanalysen ist es möglich, erwartete Zuverlässigkeiten zu prognostizieren sowie Schwachstellen zu erkennen, um diese rechtzeitig zu beseitigen. Grundsätzlich können zwei unterschiedliche Analysearten verwendet werden. Zum einen besteht die Möglichkeit qualitative Analysen zu verwenden, zum anderen kann die Zuverlässigkeit auch durch quantitative Analysen bestimmt werden. Dies ist in Abb. 2.1 dargestellt.

In den folgenden Kapiteln werden die qualitativen und die quantitativen Analysen mit ihren jeweils wichtigsten Methoden und Modellen angesprochen.

2.1.1 Qualitative Analysen

Es existieren zahlreiche qualitative Analysen zur Bestimmung bzw. Bewertung der Zuverlässigkeit. Die Failure Mode and Effects Analysis (FMEA) und die Fault Tree Analysis (FTA) sind hierbei von besonderer Bedeutung. Für weitere qualitative Analysearten wird auf [2.5] verwiesen.

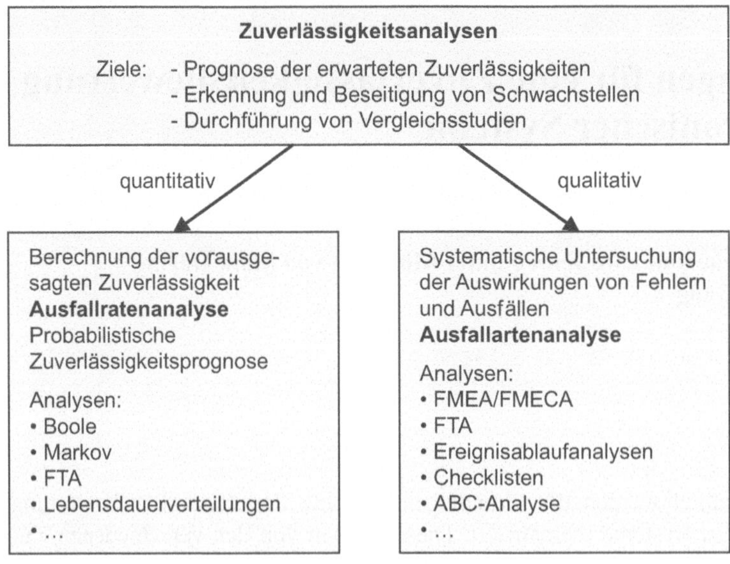

Abb. 2.1 Möglichkeiten zur Analyse der Zuverlässigkeit [2.5]

2.1.1.1 Failure Mode and Effects Analysis (FMEA)

Die Failure Mode and Effects Analysis (FMEA) kann als die bekannteste qualitative Zuverlässigkeitsmethode betrachtet werden. Zudem ist sie die am häufigsten eingesetzte Zuverlässigkeitsmethode [2.5]. Der Grundgedanke der FMEA ist, dass für beliebige Systeme oder Teilsysteme alle möglichen Ausfallarten identifiziert werden. Darüber hinaus werden deren Ausfallursachen und Ausfallfolgen aufgezeigt. Das Bewerten des möglichen Ausfallrisikos über die so genannte Risikoprioritätszahl (RPZ) und die Festlegung von Optimierungsmöglichkeiten ist der letzte Schritt der FMEA [2.39].

Die FMEA läuft nach [2.39] in fünf Schritten ab. Diese sind:

1. Erstellung der hierarchischen Systemstruktur aus Systemelementen (Strukturbaum)
2. Beschreibung der Funktionen und der Funktionsstruktur (Funktionsbaum)
3. Durchführung der Fehleranalyse, d. h. Ermittlung von möglichen Fehlern, Fehlerursachen und Fehlerfolgen (Fehlfunktionsstruktur)
4. Risikobewertung im FMEA-Formblatt
5. Systemoptimierung mit dem Ziel der Fehlervermeidung bzw. Risikoreduzierung

2.1.1.2 Fault Tree Analysis

Die Fault Tree Analysis (FTA, Fehlerbaumanalyse) ist eine Methode, die im Rahmen der Zuverlässigkeitstechnik oft angewandt wird. Sie zählt zu den so genannten Top-Down-Analysen. Hierbei wird ausgehend von einem unerwünschten Ereignis (z. B. ein Ausfall einer Funktion oder Komponente) untersucht, welche Ursachen und/oder Ursachenkombinationen zu diesem Ereignis führen können. Ursachen sind beispielsweise Komponentenausfälle, die sich selbstständig oder auch durch Verknüpfungen untereinander auswirken können. Die Beziehung zwischen den Ausfallursachen und Folgen werden durch Boole'sche Operanden dargestellt (siehe Kap. 2.1.2.4). Die FTA kann zur qualitativen Zuverlässigkeitsbewertung genutzt werden, um – ähnlich der FMEA – Entwurfsalternativen zu bewerten und Produktverbesserungen zu unterstützen. Sie kann aber auch eingesetzt werden, um die Produktzuverlässigkeit quantitativ abzuschätzen.

Die FTA eignet sich besonders zur Identifikation von kritischen Fehlerpfaden. Insbesondere ermöglicht sie die Betrachtung der Auswirkung von Mehrfachfehlern. Liegt schon eine FMEA dem System vor, so lassen sich diese Informationen über mögliche Ausfallarten als Basis einer FTA verwenden.

2.1.2 Quantitative Zuverlässigkeitsanalysen

Quantitative Methoden der Zuverlässigkeitsanalyse sind eng verknüpft mit Begriffen und Verfahren aus der Statistik und der Wahrscheinlichkeitsrechnung. Dies ist darin begründet, dass die bei Lebensdauerversuchen oder Schadensstatistiken ermittelten Ausfallzeiten erheblich streuen. Deshalb werden hier in knapper Form die wichtigsten Grundbegriffe der Statistik und der Wahrscheinlichkeitsrechnung zusammengestellt. Dazu zählen auch einige in den Ingenieurwissenschaften häufig verwendete Klassen von Lebensdauerverteilungen, die in tabellarischer Form präsentiert werden. Außerdem wird ein kurzer Überblick über einige vielseitig einsetzbare Regressionsmodelle zur Beschreibung von Lebensdauern gegeben.

2.1.2.1 Grundlagen

Der Vollständigkeit halber sei erwähnt, dass alle Zufallsvariablen Werte in den reellen Zahlen $\mathbb{R}$ annehmen und auf einem Wahrscheinlichkeitsraum mit einem Wahrscheinlichkeitsmaß P definiert sind. Zur Terminologie sei auf allgemeine Literatur über Wahrscheinlichkeitsrechnung und Statistik verwiesen wie z. B. [2.4, 2.16, 2.23].

Der Zustand eines technischen Systems (intakt oder ausgefallen) zum Zeitpunkt t wird durch eine binäre oder Boole'sche Variable $X(t)$ charakterisiert:

$$X(t) = \begin{cases} 1, & \text{wenn das System funktionstüchtig ist zur Zeit } t \\ 0, & \text{sonst.} \end{cases} \tag{2.1}$$

Der Begriff der **Lebensdauer** T ist definiert als die Zeitspanne von der Inbetriebnahme des Systems bis zum ersten Ausfall. Daher lässt sich die Indikatorvariable $X(t)$ für ein System ohne Instandsetzung nach einem Ausfall darstellen als

$$X(t) = \begin{cases} 1, & \text{für } t < T \\ 0, & \text{für } t \geq T. \end{cases} \tag{2.2}$$

In der Zuverlässigkeitstheorie gibt die **Verteilungsfunktion** F der Lebensdauer T die **Ausfallwahrscheinlichkeiten** wieder:

$$F(t) = P(T \leq t). \tag{2.3}$$

Dabei ist $F(t)$ die Wahrscheinlichkeit für das Eintreten eines Systemausfalls im Zeitintervall $[0,t]$. Die nicht fallende Funktion F mit den Eigenschaften $0 \leq F(t) \leq 1$, $F(0) = 0$ und $F(\infty) = 1$ bestimmt die Lebensdauer- bzw. Ausfallverteilung des Systems. Für $t_1 < t_2$ folgt aus der Definition von F, dass

$$P(t_1 < T \leq t_2) = F(t_2) - F(t_1) \tag{2.4}$$

gilt. Die **Überlebenswahrscheinlichkeit (Intaktwahrscheinlichkeit)** $\bar{F}(t)$ eines Systems zum Zeitpunkt t ist definiert durch

$$\bar{F}(t) = P(T > t) = 1 - F(t). \tag{2.5}$$

Dabei ist $\bar{F}(t)$ die Wahrscheinlichkeit, dass im Intervall $[0,t]$ kein Ausfall stattfindet. Die Überlebensfunktion $\bar{F}$ ist eine nicht wachsende Funktion mit der Eigenschaft $0 \leq \bar{F}(t) \leq 1$. Wegen ihrer zentralen Bedeutung wird sie in der Fachliteratur auch **Zuverlässigkeit (Reliability)** oder **Zuverlässigkeitsfunktion** genannt und mit $R(t)$ bezeichnet. In diesem Zusammenhang sei auf die allgemeine Definition der Zuverlässigkeit in Kap. 1.2 verwiesen.

Gibt es eine Funktion f mit $f(t) \geq 0$ für alle $t \geq 0$ und

$$F(t) = \int_0^t f(x)dx, \text{ für alle } t \geq 0, \tag{2.6}$$

dann ist die Verteilung durch f festgelegt und f wird Verteilungsdichte genannt. Die Dichtefunktion f hat folgende Eigenschaften:

- $\frac{dF(t)}{dt} = f(t)$, falls f stetig in t,
- $\int_{t_1}^{t_2} f(x)dx = F(t_2) - F(t_1)$, (2.7)
- $\int_0^{\infty} f(x)dx = 1.$

Als **mittlere Lebensdauer** des Systems bezeichnet man den **Erwartungswert**

$$E(T) = \int_0^\infty x dF(x) = \int_0^\infty x \cdot f(x) dx. \tag{2.8}$$

Da die Lebensdauer eine nichtnegative Zufallsvariable ist, gilt

$$E(T) = \int_0^\infty \bar{F}(t) dt. \tag{2.9}$$

Die Kenngröße $E(T)$ wird bei nicht-reparierbaren Systemen als **MTTF** (**Mean Time To Failure**) bezeichnet. Zur Beschreibung der Lebensdauer eines reparierbaren Systems kann hingegen die **MTTFF** (**Mean Time To First Failure**) dienen. Die MTTFF gibt die mittlere Lebensdauer einer reparierbaren Komponente bis zu deren ersten Ausfall an. Damit entspricht sie der MTTF für nicht-reparierbare Systeme. Wenn davon ausgegangen wird, dass ein System nach der Reparatur wieder neuwertig ist, dann gibt die **MTBF** (**Mean Time Between Failure**) die mittlere Zeitspanne von der Reparatur einer Komponente bis zu ihrem nächsten Ausfall an.

Ein Streuungsmaß für die Verteilung von T ist die **Varianz** $\sigma^2(T)$. Sie ist festgelegt als der Erwartungswert der quadratischen Abweichung der Lebensdauer von ihrem Erwartungswert:

$$\sigma^2(T) = E(T - E(T))^2 = E(T^2) - (E(T))^2. \tag{2.10}$$

Die **Standardabweichung**, definiert durch

$$\sigma = \sqrt{\sigma^2(T)}, \tag{2.11}$$

ist ein weiteres Streuungsmaß für die Verteilung der Zufallsvariablen T.

Das **α-Quantil** einer stetigen Verteilungsfunktion F ist die kleinste Lösung t_α der Gleichung

$$F(t_\alpha) = \alpha, \quad 0 \le \alpha < 1. \tag{2.12}$$

Die Kenntnis von t_α erlaubt die Aussage, dass das System im Intervall $[0, t_\alpha]$ mit Wahrscheinlichkeit α ausfällt bzw. mit Wahrscheinlichkeit $1-\alpha$ nicht ausfällt.

Eine weitere wichtige Kenngröße ist die so genannte **bedingte Überlebenswahrscheinlichkeit**, die wie folgt definiert ist:

$$\bar{F}_x(t) = P(T > t + x \mid T > x) = \frac{\bar{F}(t+x)}{\bar{F}(x)}, \quad t \ge 0, \ \bar{F}(x) > 0. \tag{2.13}$$

Diese gibt die Wahrscheinlichkeit dafür an, dass das System in den nächsten t Zeiteinheiten nicht ausfällt, wenn es bis zum Zeitpunkt x ohne Ausfall in Betrieb war. Die **bedingte Ausfallwahrscheinlichkeit** $F_x(t)$ gibt dagegen die

Wahrscheinlichkeit an, dass das System im Zeitintervall $(x, t+x]$ ausfällt, wenn es im Zeitintervall $[0, x]$ ohne Ausfall in Betrieb war. Diese ist dann gegeben durch

$$F_x(t) = P(T \leq t + x \mid T > x) = 1 - \bar{F}_x(t) = \frac{F(t+x) - F(x)}{\bar{F}(x)}, \quad t \geq 0, \; \bar{F}(x) > 0. \quad (2.14)$$

Mit Hilfe der bedingten Ausfall- bzw. Überlebenswahrscheinlichkeit kann die so genannte **Ausfallrate** oder **Hazardrate** definiert werden (sofern der Grenzwert existiert):

$$\lim_{t \to 0+} \frac{1}{t} F_x(t) = \lim_{t \to 0+} \frac{1}{t}(1 - \bar{F}_x(t)) = \lim_{t \to 0+} \frac{1}{t} \frac{F(x+t) - F(x)}{\bar{F}(x)} = \frac{f(x)}{\bar{F}(x)} = \lambda(x). \quad (2.15)$$

Diese gibt Auskunft über die Ausfallneigung des Systems zum Zeitpunkt x. Mit

$$\Lambda(x) = \int_0^x \lambda(t)\,dt \quad (2.16)$$

wird die so genannte **kumulierte Hazardrate** zum Zeitpunkt x bezeichnet.

2.1.2.2 Klassen von Wahrscheinlichkeitsverteilungen

In diesem Abschnitt werden wichtige Wahrscheinlichkeitsverteilungen vorgestellt, die in der Zuverlässigkeitstheorie häufig verwendet werden. Da es sich hierbei mit Ausnahme der Normalverteilung um Verteilungen nichtnegativer Zufallsvariablen handelt, sind die zugehörigen Verteilungsfunktionen und Dichten für $t < 0$ identisch null, so dass darauf im Folgenden nicht mehr eingegangen wird.

Die Exponentialverteilung

Eine Zufallsgröße T folgt einer Exponentialverteilung mit Parameter $\lambda > 0$, wenn ihre Verteilungsfunktion durch

$$F(t) = 1 - e^{-\lambda t}, \; t \geq 0, \quad (2.17)$$

gegeben ist. Die Dichtefunktion der Exponentialverteilung nimmt entsprechend einer Exponentialfunktion mit negativem Argument monoton ab. Ein wesentliches Kennzeichen der Exponentialverteilung ist die Eigenschaft der Gedächtnislosigkeit:

$$P(T > t + x \mid T > x) = P(T > t), \; x, t \geq 0. \quad (2.18)$$

Dies lässt sich auch wie folgt mit Hilfe der bedingten Überlebenswahrscheinlichkeit ausdrücken: $\bar{F}_x(t) = \bar{F}(t)$. Das ist gleichbedeutend damit, dass die Ausfallrate eine zeitunabhängige Konstante λ ist. Somit ändert sich das statistische Ausfallverhalten eines Systems mit exponentialverteilter Lebensdauer mit wachsender Betriebsdauer nicht. Die Exponentialverteilung eignet sich daher zur Beschreibung von Systemen mit nur sehr geringer Alterung bzw. sehr geringem Verschleiß. Deshalb wird sie z. B. in der Elektronik zur Modellierung altersunabhängiger Ausfallmechanismen eingesetzt.

Formeln der Exponentialverteilung

Dichtefunktion $$f(t) = \lambda \cdot e^{-\lambda t} \tag{2.19}$$

Erwartungswert $$E(T) = \frac{1}{\lambda} \tag{2.20}$$

Varianz $$\sigma^2(T) = \left(\frac{1}{\lambda}\right)^2 \tag{2.21}$$

Überlebenswahrscheinlichkeit $$\overline{F}(t) = e^{-\lambda t} \tag{2.22}$$

Ausfallrate $$\lambda(t) = \lambda \tag{2.23}$$

Die Weibullverteilung

Eine Zufallsgröße T folgt einer Weibull-Verteilung mit den Parametern $a > 0$ und $b > 0$, wenn ihre Verteilungsfunktion durch

$$F(t) = 1 - \exp\left(-\left(\frac{t}{a}\right)^b\right) \tag{2.24}$$

gegeben ist. Für $b = 1$ ergibt sich die Exponentialverteilung mit Parameter $\lambda = 1/a$.

Aus der Darstellung der Verteilungsfunktion wird ersichtlich, dass eine Vergrößerung bzw. Verkleinerung von a nur eine Streckung bzw. Stauchung der Zeitachse zur Folge hat. Somit ist a ein Skalenparameter, während b als Formparameter bezeichnet wird. Diese Tatsache wird auch aus der Darstellung des Erwartungswertes deutlich:

$$E(T) = a \cdot \Gamma\left(\frac{1}{b} + 1\right), \tag{2.25}$$

wobei Γ die bekannte Gamma-Funktion ist:

$$\Gamma(t) = \int_0^\infty x^{t-1} e^{-x} dx,\ t > 0. \tag{2.26}$$

Die Ausfallrate

$$\lambda(t) = \frac{b}{a} \cdot \left(\frac{t}{a}\right)^{b-1} \tag{2.27}$$

ändert sich in Abhängigkeit des Formparameters b. Für kleine b-Werte ($b<1$) ist die Ausfallrate am Anfang sehr hoch und nimmt dann kontinuierlich ab. Damit lassen sich sehr gut Frühausfälle beschreiben. Für $b=1$ ergibt sich exakt die Exponentialverteilung. Für $b>1$ ist die Ausfallrate monoton wachsend. Die Ausfallanfälligkeit nimmt also mit wachsendem Alter zu. Dies bedeutet, dass sich damit Verschleiß- und Ermüdungsausfälle beschreiben lassen. Die Weibull-Verteilung ist also sehr gut geeignet, um unterschiedliches Ausfallverhalten zu beschreiben. Sie wird häufig im Maschinenbau verwendet.

Formeln der zweiparametrigen Weibullverteilung

Dichtefunktion
$$f(t)=\frac{b}{a}\cdot\left(\frac{t}{a}\right)^{b-1}\cdot\exp\left(-\left(\frac{t}{a}\right)^{b}\right) \tag{2.28}$$

Erwartungswert
$$E(T)=a\cdot\Gamma\left(\frac{1}{b}+1\right) \tag{2.29}$$

Varianz
$$\sigma^2(T)=a^2\cdot\left[\Gamma\left(\frac{2}{b}+1\right)-\left(\Gamma\left(\frac{1}{b}+1\right)\right)^2\right] \tag{2.30}$$

Überlebenswahrscheinlichkeit
$$\bar{F}(t)=\exp\left(-\left(\frac{t}{a}\right)^{b}\right) \tag{2.31}$$

Ausfallrate
$$\lambda(t)=\frac{b}{a}\cdot\left(\frac{t}{a}\right)^{b-1} \tag{2.32}$$

In einigen Anwendungen wird die dreiparametrige Weibull-Verteilung eingesetzt. Eine Zufallsvariable T folgt einer dreiparametrigen Weibull-Verteilung mit dem zusätzlichen Verschiebungsparameter t_0, falls $T-t_0$ eine zweiparametrige Weibull-Verteilung besitzt. Daraus folgt unmittelbar für die Verteilungsfunktion:

$$F(t)=P(T\le t)=P(T-t_0\le t-t_0)=1-\exp\left(-\left(\frac{t-t_0}{a}\right)^{b}\right),\ t\ge t_0. \tag{2.33}$$

Der Erwartungswert $E(T)=a\cdot\Gamma\left(1+1/b\right)+t_0$ verschiebt sich um t_0 und die Varianz bleibt im Vergleich zur zweiparametrigen Verteilung unverändert. Der Verschiebungsparameter t_0 wird auch ausfallfreie Zeit genannt, die Größe $a+t_0$ heißt charakteristische Lebensdauer. Offenbar ergibt sich bei der dreiparametrigen Weibull-Verteilung für $t_0=0$ als Spezialfall die zweiparametrige Weibull-Verteilung.

Die Normalverteilung

Eine Zufallsgröße T folgt einer Normalverteilung mit den Parametern $\mu \in \mathbb{R}$ und $\sigma^2 > 0,$ wenn ihre Dichte die Form

$$f(t) = \frac{1}{\sigma\sqrt{2\pi}} \exp\left(-\frac{(t-\mu)^2}{2\sigma^2}\right), \; t \in \mathbb{R} \tag{2.34}$$

hat. Insbesondere heißt T standardnormalverteilt, wenn $\mu = 0$ und $\sigma = 1$ gilt. Die Verteilungsfunktion einer standardnormalverteilten Zufallsvariablen wird mit Φ bezeichnet:

$$\Phi(t) = \frac{1}{\sqrt{2\pi}} \int_{-\infty}^{t} \exp\left(-\frac{x^2}{2}\right) dx. \tag{2.35}$$

Die Verteilungsfunktion sowie die Quantile der Standardnormalverteilung sind tabelliert.

Die Normalverteilung ist eine in den Anwendungen häufig benutzte Verteilung, da sie oft als Grenzverteilung von Stichprobenfunktionen (z. B. Mittelwert) auftritt, welche zum Schätzen und Testen in der Statistik verwendet werden. Sie ist als Lebensdauerverteilung nur bedingt geeignet, da normalverteilte Zufallsvariablen mit positiver Wahrscheinlichkeit auch negative Werte annehmen können. Da Ausfallzeiten aber nicht negativ sind, kann die Normalverteilung nur verwendet werden, wenn diese Verteilung beim Nullpunkt „gestutzt" wird, oder wenn die Wahrscheinlichkeit für Ausfälle im negativen Zeitbereich vernachlässigt werden kann.

Formeln der Normalverteilung

Dichtefunktion	$f(t) = \frac{1}{\sigma\sqrt{2\pi}} \exp\left(-\frac{(t-\mu)^2}{2\sigma^2}\right)$	(2.36)
Erwartungswert	$E(T) = \mu$	(2.37)
Varianz	$\sigma^2(T) = \sigma^2$	(2.38)
Überlebenswahrscheinlichkeit	$\bar{F}(t) = \frac{1}{\sigma\sqrt{2\pi}} \int_{t}^{\infty} \exp\left(-\frac{(x-\mu)^2}{2\sigma^2}\right) dx$	(2.39)
Ausfallrate	$\lambda(t) = \frac{f(t)}{\bar{F}(t)}$	(2.40)

Die logarithmische Normalverteilung

Ist die Zufallsvariable $\ln(T)$ normalverteilt mit den Parametern μ und σ^2, so heißt die Verteilung der Zufallsvariablen T logarithmische Normalverteilung oder kurz Lognormalverteilung mit den Parametern μ und σ^2.

Im Gegensatz zur Normalverteilung wird die Lognormalverteilung häufig als Lebensdauerverteilung verwendet. Die Ausfallrate der Lognormalverteilung steigt mit zunehmender Lebensdauer an, erreicht ein Maximum und fällt schließlich wieder ab. Mit wachsenden Werten von t strebt die Ausfallrate schließlich gegen null. Die Lognormalverteilung wird gelegentlich in der Werkstofftechnik und auch im Maschinenbau verwendet. Sie eignet sich auch gut zur Beschreibung von Ermüdungsbrüchen, siehe [2.5].

Formeln der logarithmischen Normalverteilung

Dichtefunktion
$$f(t) = \frac{1}{t\sigma\sqrt{2\pi}} \exp\left(-\frac{(\ln t - \mu)^2}{2\sigma^2} \right) \tag{2.41}$$

Erwartungswert
$$E(T) = \exp\left(\mu + \frac{\sigma^2}{2} \right) \tag{2.42}$$

Varianz
$$\sigma^2(T) = \exp\left(2\mu + \sigma^2\right)\left(\exp\left(\sigma^2\right) - 1\right) \tag{2.43}$$

Überlebenswahrscheinlichkeit
$$\bar{F}(t) = \int_t^\infty \frac{1}{x\sigma\sqrt{2\pi}} \exp\left(-\frac{(\ln x - \mu)^2}{2\sigma^2} \right) dx \tag{2.44}$$

Ausfallrate
$$\lambda(t) = \frac{f(t)}{\bar{F}(t)} \tag{2.45}$$

2.1.2.3 Regressionsmodelle

Die in dem vorangegangen Unterabschnitt vorgestellten Lebensdauerverteilungen stellen einfache parametrische Modelle zur Beschreibung der Lebensdauer von mechatronischen Systemen dar. Ein Dauerlaufexperiment zur Ermittlung der entsprechenden Verteilungsparameter erfordert die Beobachtung einer nicht zu geringen Zahl von gleichen Systemen unter identischen Versuchsbedingungen. In der Praxis sollen jedoch häufig verschiedene Varianten eines mechatronischen Produktes unter zum Teil unterschiedlichen Versuchsbedingungen (z. B. unterschiedliche Belastungsstufen) geprüft werden. Aus Kostengründen können nicht sehr viele Wiederholungen unter identischen Bedingungen bei der gleichen Produktvariante durchgeführt werden. Außerdem steht nur ein begrenzter Zeitraum für die

Versuchsdurchführung zur Verfügung, so dass am Ende der Studie noch nicht alle Systeme ausgefallen sind. Daher sollten in dieser Situation Modelle verwendet werden, die diese Umstände mit berücksichtigen können. Geeignet dafür sind unter anderem Regressionsmodelle der so genannten Survival Analysis (Lebensdaueranalyse), die ursprünglich in der medizinischen Forschung zur Schätzung von Lebensdauerverteilungen entwickelt wurden. Mit Hilfe dieser statistischen Modelle lassen sich aus entsprechenden Versuchsdaten Angaben über die Lebensdauerverteilung ableiten. Zur statistischen Analyse solcher Lebensdauerdaten haben Aalen und Gill neben anderen Ende der 1970er Jahre Verfahren entwickelt, die auf Methoden der Martingaltheorie beruhen. Diese Modelle tragen im Wesentlichen zwei Besonderheiten Rechnung, die in Kap. 4.1 näher beschrieben werden.

Zum einen werden Abschneide- oder Zensierungseffekte. berücksichtigt, wobei es sich um Informationsverluste handelt, die dadurch hervorgerufen werden, dass die Lebensdauern nur in bestimmten (Zufalls-)Intervallen beobachtet werden können. Zum anderen werden in vielen Anwendungen zu jedem Individuum zusätzliche so genannte Kovariablen zur genaueren Charakterisierung der Individuen beobachtet. Diese können z. B. unterschiedliche Belastungsstufen oder Systemvarianten beschreiben. Diese Kovariablen haben einen Einfluss auf das Risiko eines Ausfalls.

Der Zusammenhang zwischen den Kovariablen und dem zugehörigen Ausfallzeitpunkt wird in Regressionsmodellen durch Vorgabe bestimmter Intensitäten beschrieben. Die Intensität für das Eintreten des Ausfallzeitpunktes ist eine Verallgemeinerung der Hazardrate, wobei die Intensität zusätzlich noch von Zufallsgrößen wie etwa den Kovariablen abhängen darf. Die bekanntesten Regressionsmodelle sind das von Cox vorgeschlagene Proportional-Hazards-Modell und das additive Modell von Aalen.

Das Cox-Modell

Das Cox-Modell ist dadurch charakterisiert, dass die Intensität für das Auftreten eines Ausfalls für das i-te von n beobachteten Objekten beschrieben wird durch

$$\lambda_i(t) = \lambda_0(t) \cdot R_i(t) \cdot \exp\left(\sum_{j=1}^{p} \beta_j Y_{ij} \right), \; i = 1, \ldots, n. \tag{2.46}$$

Dabei ist $\lambda_0(t)$ die unbekannte deterministische Basishazardrate, die für alle Individuen gleich ist, und $R_i(t)$ der so genannte Risikoindikator (at-risk indicator), der angibt, ob zum Zeitpunkt t das Objekt noch unter Beobachtung steht ($R_i(t) = 1$) oder nicht ($R_i(t) = 0$). Im Argument der Exponentialfunktion steht eine Linearkombination der p beobachteten Kovariablen des Individuums i (wie z. B. bei Kleinmotoren die elektrische Leistung, die Nennspannung, die Belastung, ...), wobei die Gewichte β_j die zu schätzenden Regressionsparameter sind. Einzelheiten zur Schätzung dieser Parameter werden in Kap. 4.1 beschrieben.

Bei der Auswertung verschiedener Datensätze hat sich gezeigt, dass es vorkommen kann, dass für eine Kovariable die implizite Annahme eines über den gesamten Wertebereich dieser Kovariablen konstanten Regressionskoeffizienten nicht gelten kann. Für diesen Fall kann das klassische Cox-Modell erweitert werden zu einem Modell mit Change-Points. Die Modellgleichung und die Eigenschaften der statistischen Schätzer werden für dieses Change-Point-Modell in Kap. 4.1.6 vorgestellt und näher beschrieben.

Das Aalen-Modell

Im Cox-Modell steht eine Linearkombination der Kovariablen als Argument der Exponentialfunktion, so dass die Kovariablen multiplikativ in die Intensitätsfunktion eingehen. Das Modell von Aalen ist additiv und verknüpft die Kovariablen Y_{i1} bis Y_{ip} für Objekt i in folgender Weise mit der Intensität:

$$\lambda_i(t) = \sum_{j=1}^{p} \alpha_j(t) \cdot Y_{ij}, \; i = 1, \ldots, n. \tag{2.47}$$

Dabei sind die Gewichte $\alpha_j(t)$ unbekannte, deterministische Funktionen, die auf der Basis entsprechender Daten statistisch zu schätzen sind.

Im Vergleich zum Cox-Modell ist dieses Modell flexibler, da die Proportionalitätsannahme (proportional hazards) nicht erfüllt sein muss und die Regressionskoeffizienten $\alpha_j(t)$ zeitabhängig sein dürfen. Andererseits ist es aufwändiger, Funktionen als endlich-dimensionale Parameter statistisch zu schätzen. Um einen Ausgleich zwischen Flexibilität und Schätzaufwand zu erhalten, werden zum Teil auch gemischte Modelle betrachtet, bei denen für einige (wenige) Kovariablen zeitabhängige Gewichtsfunktionen und für die übrigen zeitkonstante Regressionsparameter vorgesehen sind, siehe [2.13].

Verlaufsdatenanalyse – Event History Analysis

Werden bei verschiedenen Individuen nicht nur jeweils ein Ereignis (Todeszeitpunkt, Ausfallzeitpunkt in der Survival Analysis), sondern mehrere Zustandsänderungen im Laufe der Zeit beobachtet, so werden diese Zeitverläufe (Event History) durch Punktprozesse beschrieben. Beispiele hierfür sind die Ausfallzeitpunkte eines reparierbaren Systems oder in der Softwarezuverlässigkeit die Zeitpunkte des Auftretens von Fehlern (bugs, faults) in einem Softwarepaket. Zur statistischen Analyse solcher Punktprozesse lassen sich die von Aalen, Gill und anderen entwickelten Verfahren anwenden, die auf Methoden der Martingaltheorie beruhen und eine direkte Verallgemeinerung der Regressionsmodelle der Lebensdaueranalyse mit nur einem beobachteten Ereignis je Individuum darstellen.

Inzwischen sind neben dem Proportional-Hazards-Modell von Cox und dem additiven Modell von Aalen eine ganze Reihe von weiteren Modellen durch Kombination und Erweiterung dieser beiden Grundmodelle vorgeschlagen und untersucht worden. Für den Anwender stellt sich die nahe liegende Frage, welches dieser vorliegenden Modelle gegebenen Daten angepasst werden soll. Formale Anpassungstests und so genannte Model Checks, die der Klärung dieser Frage dienen, gab es bisher überwiegend für Cox-Modelle. In Kap. 4.1.7 wird ein allgemeines Verfahren zur Konstruktion von Anpassungstests vorgestellt, das im Rahmen der DFG-Forschergruppe 460 entwickelt wurde.

2.1.2.4 Binäre Systeme

Unter einem Binären System versteht man ein komplexes System, das aus n Komponenten besteht. Das System und seine Komponenten können nur zwei Zustände annehmen, nämlich intakt (mit 1 kodiert) oder defekt (mit 0 kodiert). Dabei hängt der Zustand des Systems von den einzelnen Zuständen (intakt oder defekt) der n Komponenten ab.

Besteht das System aus n unabhängigen Komponenten, d. h. die Lebensdauern der einzelnen Komponenten des Systems können durch voneinander unabhängige Zufallsgrößen beschrieben werden, kann ausgehend von dem Ausfallverhalten der einzelnen Komponenten das Ausfallverhalten des gesamten Systems bestimmt werden. Solche Systeme mit unabhängigen Komponenten werden auch Boole'sche Systeme genannt, siehe [2.5].

Die Zufallsvariablen T_S, T_i, $i=1,...,n$, beschreiben die Lebensdauern des Systems und der n Komponenten. Mit F^S, $\bar{F}^S$, λ_S, F_i, $\bar{F}_i$, λ_i, $i=1,...,n$, werden die zugehörigen Verteilungsfunktionen, Überlebenswahrscheinlichkeiten und Ausfallraten bezeichnet.

Seriensysteme

Ein Seriensystem ist dadurch charakterisiert, dass der Ausfall einer einzelnen Komponente zum Ausfall des gesamten Systems führt. Somit gilt für die Lebensdauer des Systems in Abhängigkeit der Lebensdauern der n Komponenten

$$T_S = \min(T_1,...,T_n). \tag{2.48}$$

Wegen der vorausgesetzten Unabhängigkeit der Lebensdauern der einzelnen Komponenten folgt hieraus:

$$P(T_S > t) = P(T_1 > t) \cdots P(T_n > t). \tag{2.49}$$

Und damit ist die Überlebenswahrscheinlichkeit eines Systems mit unabhängigen Komponenten gleich dem Produkt der Überlebenswahrscheinlichkeiten seiner einzelnen Komponenten.

$$\begin{aligned} F^S(t) &= 1 - ([1 - F_1(t)] \cdots [1 - F_n(t)]) \\ \bar{F}^S(t) &= \bar{F}_1(t) \cdots \bar{F}_n(t). \end{aligned} \tag{2.50}$$

Aus der obigen Produktformel für die Überlebenswahrscheinlichkeit eines Seriensystems mit unabhängigen Komponenten kann die Ausfallrate des Systems aus den Ausfallraten der einzelnen Komponenten wie folgt berechnet werden

$$\lambda_S(t) = \lambda_1(t) + ... + \lambda_n(t). \tag{2.51}$$

Somit ist die Ausfallrate eines Seriensystems mit unabhängigen Komponenten gleich der Summe der Ausfallraten seiner Komponenten.

Parallelsysteme

Ein Parallelsystem ist genau dann intakt, wenn mindestens eine seiner Komponenten intakt ist. Somit gilt für die Lebensdauer des Systems in Abhängigkeit der Lebensdauern der n Komponenten

$$T_S = \max(T_1, ..., T_n). \tag{2.52}$$

Für die Verteilungsfunktion folgt hieraus mit der vorausgesetzten Unabhängigkeit der Lebensdauern der einzelnen Komponenten:

$$\begin{aligned} F^S(t) &= F_1(t) \cdots F_n(t) \\ \bar{F}^S(t) &= 1 - ([1 - \bar{F}_1(t)] \cdots [1 - \bar{F}_n(t)]). \end{aligned} \tag{2.53}$$

Folglich ist die Ausfallwahrscheinlichkeit eines Systems mit unabhängigen Komponenten gleich dem Produkt der Ausfallwahrscheinlichkeiten seiner einzelnen Komponenten.

Komplexe Systeme von komplizierterer Struktur sind oft als Parallelschaltungen von Seriensystemen oder Seriensysteme von Parallelschaltungen darstellbar. Die Zuverlässigkeit solcher Systeme kann je nach Struktur aus den Ausfallwahrscheinlichkeiten der einzelnen Teilsysteme ermittelt werden. Die Zuverlässigkeiten der Teilsysteme lassen sich auf die Zuverlässigkeiten der einzelnen Komponenten zurückführen.

Als Beispiel für ein System allgemeinerer Struktur mit n Komponenten sei das k-aus-n-System ($k \leq n$) genannt. Dieses ist genau dann intakt, wenn mindestens k Komponenten intakt sind. Insbesondere ist ein Seriensystem ein n-aus-n-System und ein Parallelsystem ein 1-aus-n-System. Besitzen die n unabhängigen Komponenten des Systems zum Zeitpunkt t alle die gleiche Überlebenswahrscheinlichkeit $\bar{F}(t)$, so ist die Überlebenswahrscheinlichkeit eines k-aus-n-Systems gleich

$$\bar{F}^S(t) = \sum_{i=k}^{n} \binom{n}{i} \bar{F}(t)^i (1 - \bar{F}(t))^{n-i}. \tag{2.54}$$

Für weitere Beispiele siehe [2.3].

2.2 VDI 2206 – Entwicklungsmethodik für mechatronische Systeme

Ziel der Richtlinie VDI 2206 ist die methodische Unterstützung der domänenübergreifenden Entwicklung mechatronischer Systeme. Die Schwerpunkte liegen hierbei auf Vorgehensweisen, Methoden und Werkzeuge. Die Richtlinie soll die Grundzüge des Entwickelns mechatronischer Systeme vermitteln und zu einer ganzheitlichen Sichtweise über die einzelne Fachdisziplin hinaus anregen [2.44].

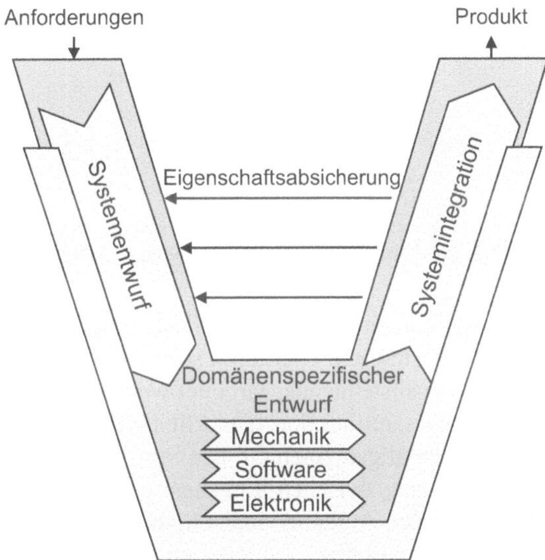

Abb. 2.2 V-Modell [2.44]

Eine Möglichkeit für das grundsätzliche Vorgehen der Entwicklung mechatronischer Systeme bildet das aus der Softwareentwicklung übernommene und an die Anforderungen der Mechatronik angepasste V-Modell. Dieses beschreibt die logische Abfolge wesentlicher Teilschritte bei der Entwicklung mechatronischer Systeme [2.7, 2.14]. Unterteilt ist das V-Modell in drei Bereiche: den Systementwurf, den domänenspezifischen Entwurf und die Systemintegration (Abb. 2.2). Im Weiteren wird auf die einzelnen Bereiche näher eingegangen.

2.2.1 Systementwurf

Ziel des Systementwurfs ist die Festlegung eines domänenübergreifenden Lösungskonzepts, welches die wesentlichen Wirkungsweisen des künftigen mechatronischen Produktes beschreibt (Abb. 2.3).

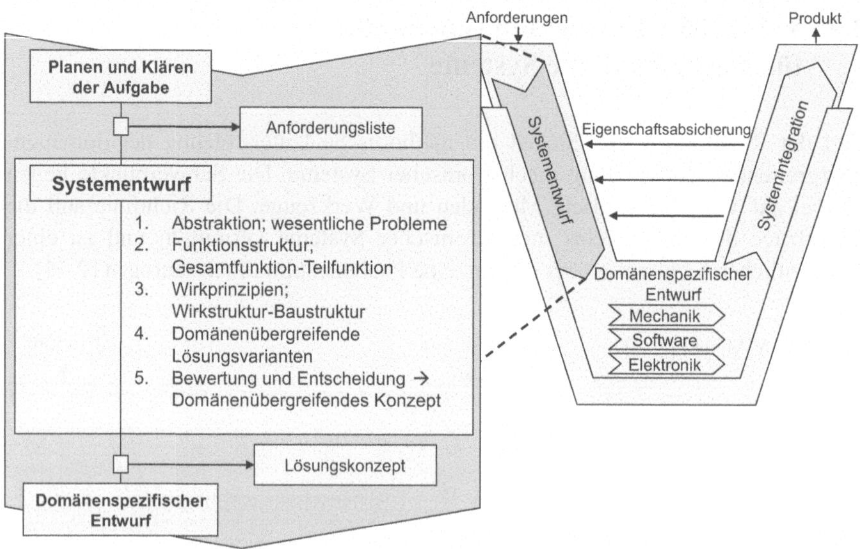

Abb. 2.3 Systementwurf aus dem V-Modell in Anlehnung an [2.44]

Zuerst werden die in der Anforderungsliste beschriebenen Forderungen und Wünsche abstrahiert. Hierdurch soll das Wesentliche und das Allgemeine aus der Anforderungsliste herausgearbeitet werden. Der nächste Schritt stellt das Aufstellen einer Gesamtfunktion dar. Mit Hilfe einer Blockdarstellung und unter Verwendung der allgemeinen Größen Stoff-, Energie- und Informationsfluss kann der Zusammenhang zwischen Eingangs- und Ausgangsgrößen spezifiziert werden. Da die zu lösenden Aufgaben meist komplex sind, bietet es sich an, die Gesamtfunktion in Teilfunktionen zu unterteilen. Für die einzelnen Teilfunktionen bzw. für die Gesamtfunktion wird anschließend nach geeigneten Wirkprinzipien und Lösungselementen gesucht. Durch die Verknüpfung mehrerer Wirkprinzipien/Lösungselemente, welche die Wirkstruktur darstellt, sowie durch die Baustruktur werden prinzipielle Lösungsvarianten konkretisiert. Diese werden in einem letzten Schritt bewertet, so dass dann ein domänenübergreifendes Lösungskonzept ausgewählt und festgelegt werden kann.

2.2.2 Domänenspezifischer Entwurf

Bei der Zuordnung von Wirkprinzipien und Lösungselementen zu Teilfunktionen erfolgt häufig eine Partitionierung, also eine Aufteilung der Funktionserfüllung unter den Domänen. Die Entwicklung in den einzelnen Domänen erfolgt nach spezifizierten Vorgehensweisen der jeweiligen Domäne, wie beispielweise der VDI 2221 [2.43] in der Mechanik, dem plattformbasierten Entwurf in der Elektronik (siehe Kap. 8.1.3) sowie dem Wasserfallmodell in der Software [2.2].

2.2.3 Systemintegration

In der Systemintegration werden die in dem domänenspezifischen Entwurf aufgestellten Funktionen der (Teil-)Systeme zu einem übergeordneten Produkt zusammengeschlossen. Hierbei können nach [2.44] verschiedene Integrationsarten gewählt werden:

- Integration verteilter Komponenten
- Modulare Integration
- Räumliche Integration

Bei der Integration verteilter Komponenten werden Verbindungen zwischen Komponenten wie beispielsweise Aktoren und Sensoren erstellt. Die Verbindungen selbst werden durch CAN-Busse, Verkabelungen und durch Steckverbindungen realisiert. Bei der modularen Integration setzt sich das Gesamtsystem aus Modulen definierter Funktionalität und standardisierter Abmessungen zusammen. Bei der räumlichen Integration werden die Komponenten räumlich integriert und bilden eine komplexe Funktionseinheit. Beispielsweise werden alle Komponenten eines Antriebssystems in einem Gehäuse integriert. Dadurch kann der Bauraum und die Anzahl der Schnittstellen reduziert werden.

Während des domänenübergreifenden Entwurfs kann es vorkommen, dass es zu Veränderungen der im Systementwurf bereits festgelegten Wirkstruktur kommt. Mögliche Inkompatibilitäten müssen dann bei der Systemintegration erkannt und beseitigt werden. Erst dann kann eine optimale Gesamtlösung gefunden werden.

2.3 Fehler und Ausfälle in mechatronischen Systemen

Allgemein kann bei den Fehlern zwischen verschiedenen Arten differenziert werden. Es gibt nach [2.26] physikalische, inhärente und nicht-inhärente Fehler. Physikalische Fehler werden durch physikalische oder chemische Ausfallmechanismen oder Effekte verursacht. Beispielsweise kann Verschleiß oder Alterung als eine Ursache von physikalischen Fehlern angesehen werden. Inhärente Fehler sind schon von Beginn des Betriebes vorhanden, nicht-inhärente Fehler dagegen treten erst nach Inbetriebnahme auf. Die Ursache der inhärenten sowie der nicht-inhärenten Fehler sind menschliche Fehlermechanismen, wie z. B. Entwurfsfehler, Denkfehler oder Kommunikationsfehler. Im Folgenden werden die möglichen Fehler, Ausfall- bzw. Versagensarten der unterschiedlichen Domänen angesprochen.

2.3.1 Mechanik

Ausfälle mechanischer Komponenten können verschiedene Ursachen haben:

1. Der Ausfall entsteht durch eine Überbeanspruchung oder durch eine falsche Dimensionierung. Hier tritt der Ausfall zumeist schlagartig ein.
2. Der Ausfall tritt infolge einer zeitveränderlichen partiellen Abnahme der Funktionsfähigkeit auf. Dies wird als Driftausfall bezeichnet.

Die obigen Ausfälle lassen sich aber wie folgt beeinflussen. Ein Ausfall durch Überbeanspruchung kann durch Berechnungen sowie durch Einhalten der Konstruktionsvorgaben vermieden werden. Im Gegensatz dazu sind Driftausfälle nicht so einfach zu beeinflussen. Die Ausfälle basieren hier auf physikalischen Gegebenheiten, vor allem auf Ermüdung, Zerrüttung und Verschleiß. Als Beispiel wird eine Kupplung aus einem Fahrzeug betrachtet. Zu Beginn des Fahrzeuglebens trennt die Kupplung Motor und Getriebe korrekt. Im Laufe des Fahrzeuglebens nimmt diese Funktion durch Verschleiß zunehmend ab, die Trennung funktioniert nur noch eingeschränkt und führt zeitnah zu einem kompletten Ausfall der Funktionalität.

Neben den Ausfällen und deren Fehlerursachen werden bei der Mechanik auch die Ausfallarten eines Bauteils unterschieden. Hierbei muss jede Ausfallart mathematisch beschreibbar sein, um eine Bauteilzuverlässigkeit modellieren zu können [2.19]. Als Beispiel kann eine Verzahnung angeführt werden. Diese kann z. B. aufgrund von Zahnbruch, Grübchenbildung oder durch mangelnde Schmierung ausfallen.

2.3.2 Elektronik

Elektronische Ausfälle treten für den Nutzer eines Systems meist ohne Vorwarnung und scheinbar zufällig auf. Daher werden Ausfälle der Elektronik häufig durch eine Exponentialverteilung modelliert. Jedoch können den Ausfällen verschiedene Mechanismen zu Grunde liegen, die von Fall zu Fall langfristiger oder spontaner Natur sind. Ähnlich wie die Mechanik unterliegt auch die Elektronik Alterungsprozessen wie z. B. Korrosion oder Verschleiß. Anders als in der Mechanik machen sich diese Prozesse zunächst aber nur gelegentlich bemerkbar, bevor es schließlich zum Totalausfall kommt. Ausfälle auf Grund sogenannter Single Events, die durch Partikeleinschläge verursacht werden, sind jedoch bei heutigen Strukturgrößen deutlich häufiger. Die Partikeleinschläge verursachen Störimpulse und führen so zu plötzlichen und meist kurzfristigen Ausfällen des Systems. Wie in den anderen Domänen treten auch in der Elektronik Spezifikations- und Entwurfsfehler auf.

2.3.3 Software

Anders als bei der Mechanik und der Elektronik basiert das Versagen von Software nicht auf physikalischen und chemischen Ursachen. Ein Versagen der Software tritt dann auf (vgl. [2.30])

- wenn ein Fehler in der Software vorhandenen ist, z. B. weil er beim Test des Programms nicht aufgefallen ist oder bei dessen Behebung wiederum andere Fehler eingefügt wurden,
- der Fehler bei Ausführung der Software aktiviert wird und an den Schnittstellen eine Abweichung von der spezifizierten Funktionalität bewirkt.

Die Anzahl der Fehler in einer Software, welche ein Versagen verursachen können, stellt eine unveränderliche Größe dar, sofern keine Änderungen am Quellcode vorgenommen werden. Aufgrund von Veränderungen der Umgebung eines Programms können die Fehler unterschiedlich häufig aktiviert werden und so trotzdem verschiedene Zuverlässigkeiten derselben Software auftreten.

Die Ursachen, welche zu Fehlern in der Software führen können, beruhen auf menschlichem Fehlverhalten (engl.: mistake) während der SW-Entwicklung [2.17, 2.18]. Je nachdem, wann der Fehler im Verlauf der Entwicklung begangen wird, kann beispielsweise zwischen Spezifikationsfehlern und Implementierungsfehlern unterschieden werden.

2.4 Zuverlässigkeit in den einzelnen Domänen der Mechatronik

Werden die Zuverlässigkeitsanalysen sowohl domänenspezifisch als auch domänenübergreifend betrachtet, fällt auf, dass zwar jede Ingenieurdisziplin über spezielle Analysen verfügt, aber eine ganzheitliche Betrachtung der Zuverlässigkeit nicht besteht. Im Folgenden wird kurz auf die einzelnen Domänen und ihre verwendeten Zuverlässigkeitsanalysen eingegangen.

2.4.1 Mechanik

Die Zuverlässigkeitsbewertung bei mechanischen Systemen ist nach [2.41] in mehrere Schritte aufgeteilt. Voraussetzung für die Durchführung sind Informationen über das System, etwa in Form von Stücklisten, Lastenheften oder Zeichnungen. Durch eine Systemanalyse werden sämtliche Elemente des Systems und deren Systemfunktionen ermittelt. Im Funktionsblockdiagramm werden Verbindungsarten (z. B. Welle-Nabe-Verbindung) und Wechselwirkungen zwischen den Elementen dargestellt. Bei der anschließenden qualitativen Analyse werden vor allem die

FMEA und die FTA eingesetzt. Ziel ist es, Kenntnisse über die kritischen Systemelemente zu erhalten. Für kritische Systemelemente wird zudem eine quantitative Analyse angeschlossen, sofern ausreichende Informationen vorliegen. Diese Informationen können sowohl aus Tests als auch aus Feldeinsätze gewonnen werden.

Werden frühe Entwicklungsphasen betrachtet können Zuverlässigkeitsdaten zumeist nur über Ausfallratenkatalogen ermittelt werden. Diese sind aber in der Mechanik nur für eine grobe erste Abschätzung sinnvoll, da wichtige Informationen wie z. B. über die Gestalt oder die Lastkollektive nicht vorhanden sind. Weiterführende Informationen sind in Kap. 3.4.6 zu finden.

2.4.2 Elektronik

Die Zuverlässigkeit von elektronischen Systemen wird erst spät im Entwicklungsprozess bestimmt. Um Fehlerraten ermitteln zu können, wird der Fehlerprozess beschleunigt, indem existierende Schaltungen extremen Bedingungen ausgesetzt werden. Dadurch kann die Zuverlässigkeit einer Schaltung unter dem Einfluss physikalischer Fehler, welche vor allem durch verwendete Materialien und der Verbindungen entstehen, quantifiziert werden.

Auch in der Elektronik werden in frühen Entwicklungsphasen, ähnlich wie bei der Mechanik, Ausfallratenkataloge sowie Datenblätter benutzt. Im Gegensatz zur Mechanik ist die Qualität der Zuverlässigkeitsdaten besser. Dies liegt daran, dass in der Elektronik häufig standardisierte Elemente mit sehr engem Beanspruchungsprofil verwendet werden und für diese standardisierten Elemente detaillierte Informationen in den Ausfallratenkataloge vorhanden sind.

2.4.3 Software

Im Gegensatz zu mechanischen und elektronischen Bauteilen sind SW-Fehler inhärenter, rein logischer Natur und werden von Entwicklern, etwa beim Entwurf oder der Programmierung, begangen. Um die Zuverlässigkeit eines Softwaresystems quantitativ zu beurteilen, werden Modelle verwendet, welche die Zuverlässigkeit aus empirischen Daten über das Versagen der Software oder das Beheben von Fehlern ableiten [2.11].

Da in frühen Entwicklungsphasen noch kein ausführbares Softwaresystem vorliegt, können keine empirischen Daten über dessen Versagen aus dem Test oder Betrieb der Software erhoben werden. Um trotzdem frühzeitig zu einer Bewertung der Zuverlässigkeit zu gelangen, wird diese häufig aufgrund von indirekten Größen, wie der geschätzten Komplexität eines Programms, vorhergesagt [2.31]. Diese Vorgehensweise wird jedoch wegen hoher Abweichungen von der späteren tatsächlichen Zuverlässigkeit kritisch betrachtet [2.12]. Als Alternative zur quantitativen Analyse kann die Zuverlässigkeit der Software auch qualitativ beispielsweise über eine Software-FMEA [2.35] oder eine Software-FTA [2.27] bewertet werden.

2.4.4 Forderung einer neuen Betrachtungsweise

Obwohl Zuverlässigkeitsmethoden bereits verwendet werden, wird durch die Vorstellung der derzeitigen Zuverlässigkeits-Vorgehensweise in den einzelnen Domänen festgestellt, dass einige Defizite vorliegen. Zusammengefasst sind diese:

- Zuverlässigkeiten werden derzeit isoliert in jeder Domäne betrachtet.
- Die Zuverlässigkeitsermittlung erfolgt meist in späten Entwicklungsphasen.
- Notwendige Daten für die Zuverlässigkeitsberechnungen fehlen häufig.
- Es werden vorwiegend nur Bauteil- und Baugruppenzuverlässigkeiten ermittelt.

Neben diesen Defiziten muss zudem eine vereinheitlichte Definition der Zuverlässigkeit gefunden werden, da die Ausfallmechanismen in den Domänen unterschiedlich sind.

2.5 Gemeinsame Sprache

Wie bereits in Kap. 2.4 erwähnt wurde, findet der Entwicklungsprozess und die Zuverlässigkeitsarbeit in den Domänen getrennt statt. Gründe hierfür sind die unterschiedlichen Denkweisen, Erfahrungen und Begrifflichkeiten. Laut [2.44] wird zur Integration heterogener Komponenten zu mechatronischen Systemen eine domänenübergreifende Kommunikation und Kooperation benötigt. Um diese domänenübergreifende Kommunikation zu erleichtern, sollte eine Plattform aufgebaut werden, welche eine ganzheitliche Beschreibung der Zuverlässigkeit beinhaltet. Neben dieser Plattform müssen weitere Begrifflichkeiten definiert werden, so dass eine Basis zur mechatronischen Zuverlässigkeitsbewertung entsteht. Hierfür hat die Forschergruppe unterschiedliche Definitionen der Zuverlässigkeit aus der Literatur betrachtet. Nachfolgend sind einige davon aufgeführt:

- Die Zuverlässigkeit ist die Fähigkeit eines Elementes richtig zu arbeiten [2.6].
- Die Zuverlässigkeit ist die Wahrscheinlichkeit dafür, dass das System korrekte Ausgaben bewirkt [2.38].
- Die Zuverlässigkeit ist die Fähigkeit einer Ware, denjenigen durch den Verwendungszweck bedingten Anforderungen zu genügen, die an das Verhalten ihrer Eigenschaften während einer gegebenen Zeitdauer unter festgelegten Bedingungen gestellt werden [2.41].
- Die Zuverlässigkeit ist die Wahrscheinlichkeit, dass ein Erzeugnis unter gegebenen Betriebsbedingungen während einer bestimmten Zeit bestimmte Mindestwerte nicht unterschreitet [2.41].
- Beschaffenheit einer Einheit bezüglich ihrer Eignung, während oder nach vorgegebenen Zeitspannen bei vorgegebenen Anwendungsbedingungen die Zuverlässigkeitsforderung zu erfüllen [2.9].
- Die Zuverlässigkeit ist die Wahrscheinlichkeit dafür, dass ein Produkt während einer definierten Zeitdauer unter gegebenen Funktions- und Umgebungsbedingungen nicht ausfällt [2.42].

Für alle Definitionen gilt:

- Die Zuverlässigkeit bezieht sich auf eine zeitabhängige Funktionsfähigkeit einer Betrachtungseinheit.
- Als Maßgröße der Funktionsfähigkeit dient die Überlebenswahrscheinlichkeit gegenüber Ausfällen/Versagensereignissen.

Ausgangspunkt für die weiteren mechatronischen Zuverlässigkeitsuntersuchungen ist die folgende Definition: „Die Funktionszuverlässigkeit ist die Überlebenswahrscheinlichkeit gegenüber Ausfällen/Versagensereignissen, die eine/mehrere definierte (Nutz-/Schutz-)Leistungsfunktionen aufheben oder unzulässig beeinträchtigen. Ihr zugeordnet sind die Funktionsausfallrate und dementsprechend andere ausfall-/versagensbezogene Kenngrößen.“

Basierend auf dieser Definition der Zuverlässigkeit mechatronischer Systeme wurde ein Modell entwickelt, mit dem sich die Nicht-Funktionsfähigkeit mechatronischer Systeme für alle Domänen beschreiben lässt. Für dieses Modell sind die folgenden Punkte zu berücksichtigen:

- Es wird nicht direkt der Ausfall einer Einheit betrachtet, sondern die Aufhebung oder Beeinträchtigung der Funktion. Dies kommt dem Wesen der Elektronik sehr entgegen, da hiermit auch temporäre Fehler erfasst werden können.
- Es wird zwischen Ausfall- und Versagensereignissen unterschieden. Dies ist besonders für die Softwareentwicklung wichtig. Software ist in vielen Fällen nicht fehlerfrei. So kann in Form eines Programmierfehlers schon von Anfang an eine Nichtfunktionsfähigkeit vorliegen, die aber erst unter gewissen Umständen zum Versagen führt.

Durch die Betrachtung dieser Punkte wird ersichtlich, dass für ein System insgesamt drei Zustände definiert werden: fehlerfrei (Zustand 0), fehlerhaft (Zustand 1) und ausgefallen (Zustand 2). In den meisten Fällen wird das System zu Beginn den Zustand 0, fehlerfrei, annehmen. Um die beiden anderen Zustände voneinander abzugrenzen, müssen zuerst die verwendeten Begrifflichkeiten definiert werden. Hierfür eignen sich die folgenden Begriffe aus dem Englischen – failure, error und fault. Nach [2.1, 2.25, 2.36] haben diese die folgende Bedeutung:

- Failure: Ein „failure“ beschreibt die Abweichung der erbrachten Leistung von der in der Spezifikation geforderten Leistung.
- Error: Der „error“ ist die bemerkbare Abweichung oder Diskrepanz der Ausgabe der Funktion von den Spezifikationen. Ein „error“ bedeutet, dass das System sich in einem fehlerhaften Zustand befindet, so dass weiteres Voranschreiten zu einem Versagen führen wird.
- Fault: Ein „fault“ kann entweder ein struktureller Defekt in einer Komponente oder ein Programmierfehler sein. Hierdurch können „errors“ hervorgerufen werden. „Faults“ können in schlafend oder aktiv sowie temporär oder permanent unterteilt werden.

Da das Konzipieren eines Modells, welches das Verhalten der verschiedenen Fehler in mechatronischen Systemen beschreibt, wichtig ist, wurden Analysen von verschiedenen Fällen ausgesucht und das Fehlerverhalten betrachtet.

Anhand einer CNC-Drehmaschine soll das Modell erläutert werden. Das System ist zu Beginn fehlerfrei, d. h. es befindet sich in Zustand 0. Wenn nun beispielsweise eine Welle bricht, welche sich derzeitig nicht im Einsatz befindet, wechselt das System von Zustand 0 auf 1. Wird nun die Welle in Ihrem Funktionsumfang benutzt, führt dies zu einem Ausfall des Gesamtsystems. Das System wird dann in Zustand 2 wechseln. Hier wird das System so lange verharren, bis die Welle repariert wird. Anschließend wechselt der Zustand von 2 wieder auf 0. Falls die beschädigte Welle vor ihrer Nutzung entdeckt und repariert wird, ist das System wieder fehlerfrei, so dass der Zustand von 1 auf 0 wechselt.

In der Domäne Elektronik ergeben sich die gleichen Zustände und Übergänge. Weist das elektronische Teilsystem keinen Fertigungsfehler auf, so befindet es sich in Zustand 0. Sobald durch Einflussfaktoren wie Partikeleinschläge Fehler auftreten, wechselt der Zustand auf 1. Werden diese rechtzeitig gefunden und behoben, befindet sich das System in einem fehlerfreien Zustand, d. h. Zustand 0. Werden die Fehler nicht behoben und wird die Funktion des fehlerhaften Teilsystems angefordert, fällt das Gesamtsystem aus (Zustand 2).

Fehler in der Software können, anders als bei der Mechanik und der Elektronik, nicht während des Betriebes entstehen. Wenn die Software fehlerfrei ist, verharrt diese immer in Zustand 0. Existieren Fehler in der Software, so sind diese bereits schon seit Beginn vorhanden. Deshalb wird sich das Modell in diesem Fall in Zustand 1 befinden.

Basierend auf diesen Überlegungen hat die Forschergruppe ein so genanntes Mechatronik-Zuverlässigkeits-Zustands-Modell (MZZM-Modell) aufgestellt, welches das Verhalten von Systemfehlern aufzeigt (Abb. 2.4). Hierbei kann sowohl Zustand 0 als auch Zustand 1 als Startpunkt angesehen werden.

Mit diesem Zustandsmodell, welches in Form eines endlichen Automaten notiert ist, können mögliche Einflüsse und Zusammenhänge bezüglich der Funktionsfähigkeit und des Versagens mechatronischer Systeme erfasst werden. Es unterstützt somit die Ermittlung und Beschreibung der Zuverlässigkeitsanforderungen an das gesamte mechatronische System und ermöglicht eine abstrakte Darstellung aller zuverlässigkeitsbezogenen Zustände in einem mechatronischen System. Im Zustand 0 befindet sich das System in einem intakten Zustand, die jeweilige Funktion ist gewährleistet. Der Zustand 1 beschreibt den Ausfall einer Funktion, der aber auf das System solange keine Auswirkungen zeigt, solange die betreffende Funktion nicht benötigt wird. Zustand 2 tritt auf, sobald die sich im Zustand 1 befindliche Funktion benötigt wird. Erst dann tritt ein Versagen des Systems auf.

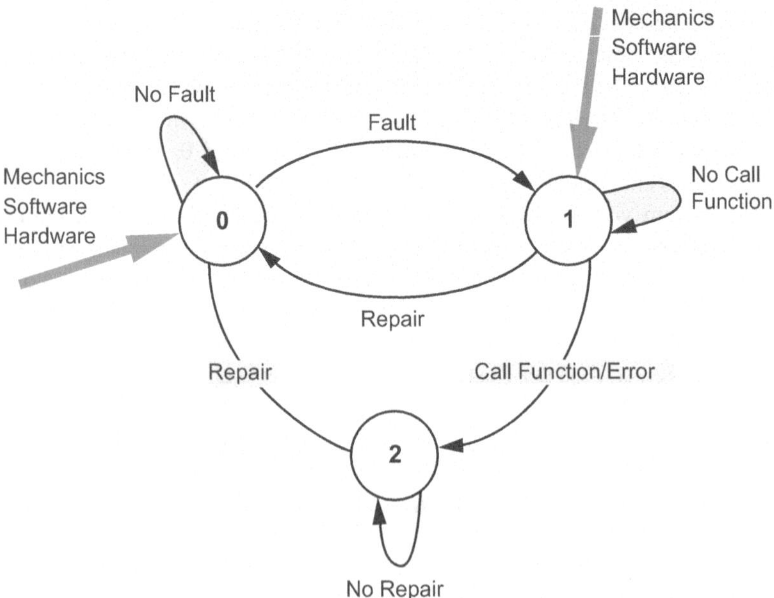

Abb. 2.4 Mechatronik-Zuverlässigkeits-Zustands-Modell (MZZM-Modell) [2.34]

2.6 Anforderungen an die Zuverlässigkeitsmodellierung

Nach [2.20] bedarf es für die Bewertung der Eignung verschiedener bekannter Zuverlässigkeitsmodellierungsmethoden bestimmte Kriterien, die den Charakter mechatronischer Systeme abbilden. Für die Erstellung einer Zuverlässigkeitsbewertung müssen diese betrachtet werden. Die Kriterien nach [2.20] sind:

- Reparierbarkeit der Komponenten
- Anzahl der Fehlfunktionen
- Zuverlässigkeitsstruktur/Art der Verschaltung
- Multifunktionalitäten bestimmter Komponenten
- Vorhandensein gebundener Redundanzen.

Generell muss bei der Modellierung überlegt werden, ob die Zuverlässigkeitsbetrachtung nur den ersten Systemausfall betrachtet oder ob auch reparierbare Systeme untersucht werden sollen. Bei einer Reparatur müsste das System von dem Zustand „ausgefallen" wieder in einen funktionsfähigen Zustand überführt werden. Bei mechanischen sowie auch bei elektronischen Systemumfängen ist dies aufgrund ihrer physikalischen Ausfallursache mit Schwierigkeiten behaftet. Jedoch ist dies bei Software möglich, so dass für eine realitätsnahe Modellierung die Reparierbarkeit von Software zu integrieren ist.

Ein weiterer Aspekt ist die Anzahl der Fehlfunktionen. Da sich mechatronische Produkte durch eine große Funktionalität auszeichnen, ist die Nutzung eines einzigen Zuverlässigkeitsblockdiagramms für ein komplexes Produkt nur schwer möglich. Das heißt, dass für jede Funktion eine Zuverlässigkeitsmodellierung vorgenommen werden muss. Die Zuverlässigkeit kann dann nicht mehr als Wahrscheinlichkeit für den Nichtausfall des Systems verstanden werden, sondern als Wahrscheinlichkeit für den Erhalt einer Systemfunktion.

Die Multifunktionalität bezeichnet die Eigenschaft mancher Komponenten an mehreren Systemfunktionen beteiligt zu sein. Insbesondere für die Elektronik ist dies ein wichtiger Aspekt. Eine zentrale Recheneinheit ist z. B. an vielen, meist mit der Informationsverarbeitung behafteten Funktionen beteiligt. Als Beispiel kann ein Rechenwerk herangezogen werden, das sämtliche arithmetischen Operationen ausführt. Versagt diese Einheit, so sind alle abhängigen Funktionen davon beeinflusst. Wird stattdessen eine dezentrale Architektur verwendet, bei der jeder Baustein sein eigenes Rechenwerk besitzt, ist die Multifunktionalität aufgehoben.

Das letzte Kriterium stellt das Vorhandensein gebundener Redundanzen dar. Hierbei beschreibt die gebundene Redundanz die Möglichkeit, dass eine Komponente an zwei Systempositionen eine Redundanzfunktion einnehmen kann. Jedoch ist diese Komponente nach der Zuweisung zu einer der beiden Positionen an diese gebunden und kann dadurch nicht auch noch die zweite Position einnehmen. Ein Beispiel nach [2.20] verdeutlicht dies. In dem in Abb. 2.5 dargestellten Tanksystem erfüllt das Überlaufventil die Eigenschaft der gebundenen Redundanz. Sollte Ventil 1 nicht mehr schließen, so droht Tank 1 überzulaufen. Das

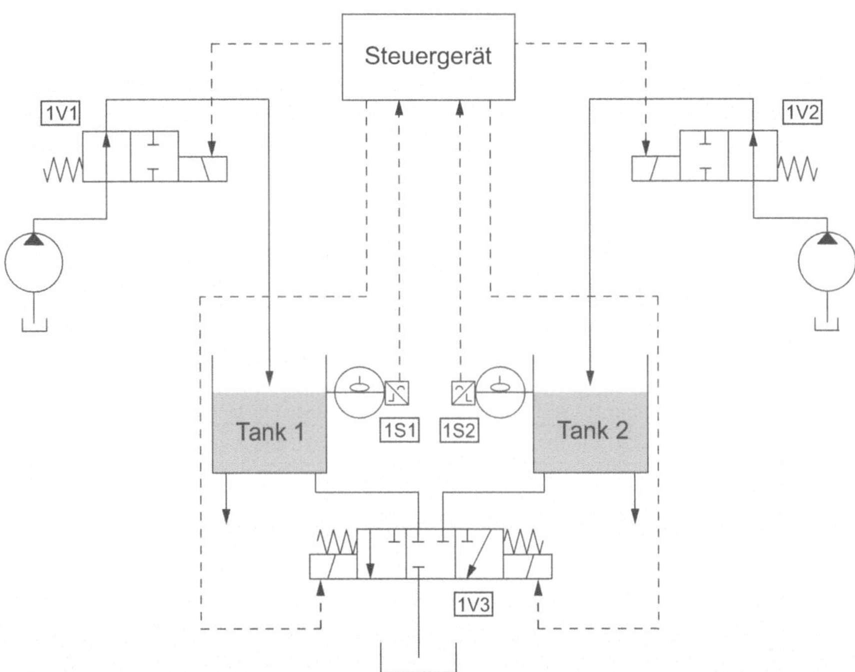

Abb. 2.5 Tanksystem zur Verdeutlichung gebundener Redundanz in Anlehnung an [2.20]

Redundanzventil (Ventil 3) schaltet und sorgt dafür, dass Tank 1 nicht überläuft, sondern in eine Auffangwanne umgeleitet wird. Würde jetzt auch noch der Tank 2 überlaufen, so kann das Ventil seine Position nicht ändern, da es gebunden ist (Abb. 2.5).

2.7 Aufteilungsstrategien

In den vorigen Kapiteln wurden die unterschiedlichen Fehlerursachen und die Zuverlässigkeitsanalysen der einzelnen Domänen angesprochen. Daraus wurden Forderungen für eine Zuverlässigkeitsbewertung mechatronischer Systeme formuliert und gemeinsame Definitionen für die Domänen aufgestellt. Für die Erstellung einer domänenübergreifenden und ganzheitlichen Zuverlässigkeitsbewertung für mechatronische Systeme müssen aber Ansätze untersucht werden, mit denen sowohl die Zuverlässigkeit des Systems sowie der Teilsysteme einfach beschrieben werden. Mittels Aufteilungsstrategien kann dieses Ziel erreicht werden. Diese können als Teilaspekt eines entwicklungsbegleitenden Zuverlässigkeitsmanagements aufgefasst werden. In den folgenden Abschnitten sind die verschiedenen Ansätze der Aufteilungsstrategien thematisiert.

2.7.1 Gleichmäßige Aufteilung konstanter Ausfallraten

Durch die Verwendung konstanter Ausfallraten wird ein Ausfallverhalten angenommen, welches einer Exponentialverteilung entspricht. Dementsprechend können Frühausfälle sowie Ermüdungsausfälle nicht betrachtet werden. Ein weiterer Nachteil besteht darin, dass die Berechnungsformel

$$\lambda_{Komponente} = \frac{\lambda_{System}}{Komponentenanzahl} \tag{2.55}$$

die Anzahl der Komponenten benötigt. Des Weiteren wird vorausgesetzt, dass das System in Serie angeordnet ist, um auf die Ausfallraten der Komponenten zu gelangen. Dadurch ist es nicht möglich, Systeme zu analysieren, welche Redundanzen beinhalten.

2.7.2 Aufteilung anhand der Systemkomplexität

Die Aufteilung anhand der Systemkomplexität findet bei Neuentwicklungen statt. Im Gegensatz zu der Aufteilung konstanter Ausfallraten aus Kap. 2.7.1 muss die Komponentenanzahl nicht bekannt sein. Durch das folgende Beispiel soll das Vorgehen verdeutlicht werden.

Bei einer Neuentwicklung kann bereits zu einem frühen Zeitpunkt bestimmt werden, dass das System aus vier Teilsystemen besteht. Des Weiteren wird eine Gesamtausfallrate λ_{Gesamt} benötigt. Diese kann z. B. durch Marktforschungen ermittelt werden. Für eine erste Zielvorgabe wird als Schätzung vorgegeben, dass sich die Bauteileanzahl der Untersysteme in einem Verhältnis von 1:4:2:3 aufteilen. Ausgehend davon steht z. B. dem Untersystem 1 eine Zielausfallrate von ca. 10% sowie dem Untersystem 2 eine Zielausfallrate von ca. 40% der maximalen Gesamtausfallrate λ_{Gesamt} zu.

Als Verteilungsart wird auch hier wieder eine Exponentialverteilung angenommen. Deshalb ist auch diese Aufteilungsart nicht für alle Komponenten anwendbar.

2.7.3 Aufteilung auf Basis ähnlicher Systeme

Bei dieser Aufteilungsart dient ein Vorgänger- oder Wettbewerbsprodukt als Ausgangspunkt. Für diese Betrachtung wird vorausgesetzt, dass das betrachtete Produkt eine Ähnlichkeit zum Vorgängerprodukt aufweist. Eine Ähnlichkeit liegt vor, wenn Produkte bezüglich des Verhältnisses aus Belastung und Belastbarkeit, der Einsatzbedingungen (z. B. Lastkollektive oder Temperatur) sowie der Gestalt und Aufbau ähnlich sind. Zudem müssen Informationen in Form von Zuverlässigkeitsdaten über die Komponenten des Vorgänger- bzw. Wettbewerbsprodukts vorliegen. Diese Daten können anschließend mit der Marktforderung verglichen werden. Durch einen Soll-Ist-Vergleich werden Entwicklungsziele vorgegeben bzw. abgeleitet.

2.7.4 Aufteilung auf Basis von Ausfallstatistiken

Als weitere Möglichkeit können Ausfallstatistiken verwendet werden. Hier sind Verteilungen aus verschiedenen Ausfallkategorien zu entnehmen. Da aber die Ausfallstatistiken oftmals nur einen Querschnitt über Produktreihen bieten, können sie nur dazu dienen, Stärken und Schwächen gegenüber dem Durchschnitt zu ermitteln. Ausgehend davon kann nun bestimmt werden, welche Teilsysteme eine Verbesserung der Zuverlässigkeit benötigen.

2.7.5 Methode nach Karmiol

Die Zuverlässigkeitsaufteilungsmethode nach Karmiol basiert auf verschiedenen Einflussfaktoren [2.22]:

- Komplexität
- Stand der Technik

- Laufzeitanteile und Umwelteinflüsse
- Kritikalität.

Diese aufgelisteten Faktoren beschreiben Subsysteme im Hinblick auf ihre Bedeutung im Gesamtsystem. Zu Beginn werden die Faktoren bewertet. Hierbei werden den Teilsystemen Werte zwischen 1 und 10 zugewiesen. Über einen hier nicht aufgeführten Algorithmus ist es nun möglich, jedem Teilsystem eine Zielzuverlässigkeit zuzuweisen. Die Zielzuverlässigkeit soll dann nach einer bestimmten Dauer mindestens erreicht werden.

2.7.6 Methode nach Bracha

Die Methode nach Bracha beruht ebenso wie die Methode nach Karmiol auf Einflussfaktoren. Im Einzelnen sind dies:

- Komplexität
- Stand der Technik
- Umwelteinflüsse
- Betriebszeit.

Auch hier werden diese Faktoren wieder bewertet. Werden die beiden Methoden verglichen, ist auffällig, dass die Einflussfaktoren sehr ähnlich zueinander sind.

2.7.7 Zusammenfassung der Aufteilungsstrategien

Die Aufteilungsstrategien der Zuverlässigkeit müssen nun im Kontext von mechatronischen Systemen betrachtet werden. Da eine Multifunktionalität des Modells verlangt wird (siehe Kap. 2.4), können die Methoden „Gleichmäßige Aufteilung konstanter Ausfallraten“ sowie „Aufteilung anhand der Systemkomplexität“ nicht angewendet werden. Auch die Methoden nach Karmiol und Bracha bietet beim Einsatz Nachteile, da die Bestimmung der Einflussfaktoren vor allem subjektiv zu bewerten sind und nicht theoretisch beweisbar sind. Lediglich die Methode, welche mit Vorgänger- bzw. Wettbewerbsinformationen arbeitet, ist bedingt zu verwenden. Grundvoraussetzung hierfür ist, dass die funktionalen Zusammenhänge des Vorgängerproduktes bekannt sind. Zudem sollten in dem betrachteten Produkt diese funktionalen Zusammenhänge und die Art der Bauteile kaum differieren.

Zusammenfassend kann gesagt werden, dass keine der gezeigten Aufteilungsstrategien sich universell für mechatronische Produkte eignet.

2.8 Zielvorgaben und Schweregrade

Ausgehend von dem Kapitel 2.7.7 müssen weitere Überlegungen getroffen werden, um eine auf mechatronische Systeme sinnvoll anwendbare Methode zur Zuverlässigkeitsbewertung aufzustellen. Eine Ansatzmöglichkeit ist die Ausnutzung der Funktionsorientierung der Mechatronik. Gerade in den frühen Entwicklungsphasen ist diese Vorgehensweise sinnvoll, da beispielsweise die Bestimmung von Komponenten nicht möglich ist.

Funktionen selbst können aber eine unterschiedliche Wertigkeit besitzen. Hierfür bietet sich ein Klassierungssystem an. In [2.40] und [2.10] ist ein solches zu finden. Tabelle 2.1 zeigt das in [2.40] vorgeschlagene und in der Automobilindustrie angewandte Klassierungssystem. Insgesamt werden hier vier Schweregrade unterschieden.

Tabelle 2.1 Definition der vier Schweregrade nach [2.40]

Schweregrad	Beschreibung	Teil	Beispiel	Folge für den Kunden
Kritisch (I)	Es besteht eine unmittelbare Gefährdung von Leib und Leben für Benutzer oder anderen Verkehrsteilnehmern bei Funktionsversagen	Passives oder aktives Sicherheitsteil	Defekt an Lenkung oder Radaufhängung, Reifenschaden, Defekt am Bremssystem, Defekt am Airbag	Unfall
Hoch (II)	Es muss mit einem hohen Schaden am Fahrzeug, Schaden an der Umwelt oder Verletzung eines Gesetzes gerechnet werden	Risikoteil	Kolbenfresser, Beschädigung des Katalysators	Liegenbleiber mit sofortigem Werkstattaufenthalt
Mittel (III)	Die Hauptfunktion (Transport/Beförderung) wird nicht erfüllt	Standardteil	Batterieausfall, Riss des Keilriemens, Verlust des Kühlmittels, Ausfall eines Bremslichts	Liegenbleiber mit Behebung vor Ort, sofortiger Werkstattaufenthalt erforderlich (Notbetrieb)
Niedrig (IV)	Es ergibt sich eine Funktionseinbuße bei den Komfortfunktionen bzw. einer Redundanzfunktion	Standardteil	Innenraumbeleuchtung, Radioausfall	Ungeplanter Werkstattaufenthalt

Wird Tabelle 2.1 auf die Zuverlässigkeitsarbeit übertragen, werden die Schweregrade immer unterschiedliche Zuverlässigkeitswerte besitzen. Ausfälle mit Schweregrad I sollten niemals auftreten, Ausfälle mit Schweregrad IV sind jedoch recht unkritisch.

Deshalb wird vorgeschlagen, dass der Zuverlässigkeitszielwert eines (Teil-) Systems, welches dem Schweregrad I zugeordnet wird, mit Hilfe einer Sicherheitsnorm ermittelt wird. Hierfür eignet sich beispielsweise die IEC 61508 [2.10]. Bei den anderen Schweregraden gibt es mehrere Möglichkeiten zur Ermittlung des Zuverlässigkeitszielwertes. Einerseits können die Ziele durch marketingstrategische Vorgaben getroffen werden, zum anderen können auch hier wieder die oben genannte IEC 61508 verwendet werden. Des Weiteren besteht auch die Möglichkeit, dass ähnliche schon existierende Produkte nach deren Zuverlässigkeit ausgewertet werden und dieser Wert, evtl. beaufschlagt mit einer Sicherheitsmarge, als Zuverlässigkeitsziel übernommen wird.

2.9 Verwenden von Netzstrukturen

Auf eine Komponente bzw. auf ein System wirken die unterschiedlichsten Einflussfaktoren. Einige davon beeinflussen auch die Zuverlässigkeit. Der trivialste Einfluss auf die Zuverlässigkeit beispielsweise aus Sicht der Mechanik ist durch das Verhältnis von Belastbarkeit zur Belastung gegeben. Diese selbst werden aber wieder durch weitere Faktoren bestimmt, wie aus Tabelle 2.2 hervorgeht.

Tabelle 2.2 Auswahl mechanischer Einflüsse auf die Zuverlässigkeit

Belastung	Belastbarkeit
Drehzahl	Temperatur
Kraft	Werkstoff
Moment	Chemische Einflüsse
Schwingungen	Fertigungsverfahren
Stöße	Aufbau, Form und Gestalt

Die Zuverlässigkeit mechanischer Systemumfänge wird ebenfalls durch weitere Faktoren beeinflusst. Sie können aber nicht wie die in Tabelle 2.2 zu findenden Einflüsse direkt der Belastung oder der Belastbarkeit zugeordnet werden:

- Verbindungsaufbau
- Kraftübertragung
- Werkstoffpaarung
- Bedienfehler
- Montagefehler.

Wird versucht, alle diese Einflussfaktoren zusammenzufassen und durch eine Darstellung zu realisieren, bietet sich vor allem die Verwendung einer Netzstruktur an (Abb. 2.6).

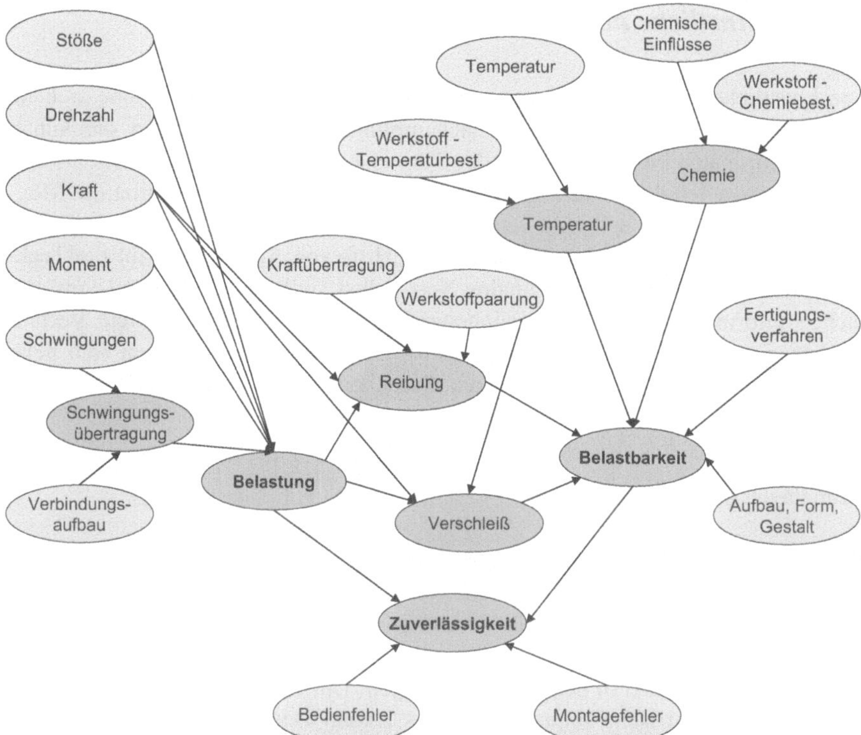

Abb. 2.6 Beispielhafte Darstellung mechanischer Einflussfaktoren auf die Zuverlässigkeit

Wie der Abb. 2.6 zu entnehmen ist, werden zur Gewährleistung einer besseren Verständlichkeit und Übersichtlichkeit einige der Einflussfaktoren weiter zusammengefasst. Beispielsweise ist die Schwingungsübertragung von den einwirkenden Schwingungen selbst als auch vom Verbindungsaufbau abhängig. Ähnlich verhält es sich bei der Reibung. Hier sind die beiden Einflüsse Kraftübertragung sowie Werkstoffpaarung dafür verantwortlich, dass die Reibung Auswirkungen auf die Belastbarkeit hat.

Wenn die aufgestellten Zusammenhänge zwischen den Einflussfaktoren sowie die Netzdarstellung betrachtet werden, ist es sinnvoll, Modelle zu suchen, mit welchen diese Strukturen zur Zuverlässigkeitsbestimmung verwendet werden können. Zusätzlich sollen diese Modelle die Fähigkeit besitzen, mit Hilfe gegebener Daten zu lernen, um Zuverlässigkeitsprognosen, ausgehend von diesen Daten, für ein neues System treffen zu können. Hierfür bieten sich zwei verschiedene mathematische Modelle an:

- Künstliche Neuronale Netze
- Bayes'sche Netze.

Im Folgenden wird auf diese beiden Modelle näher eingegangen.

2.9.1 Künstliche neuronale Netze

Die künstlichen neuronalen Netze sind den neuronalen Netzen, welche sich im Gehirn eines Menschen befinden, nachempfunden. Entstanden sind die künstlichen neuronalen Netze aufgrund der Tatsache, dass das Gehirn Informationen anders verarbeitet als ein herkömmlicher Computer. Das Gehirn besitzt die Möglichkeit seine Struktur selbst zu verändern, indem es Erfahrungen sammelt. Dieses Prinzip der Natur wird aufgegriffen und mit Hilfe von Algorithmen für die Technik nutzbar gemacht. Ein neuronales Netz selbst stellt einen Verbund von einfachen Informationsverarbeitungseinheiten dar, die sich über gewichtete Verbindungen gegenseitig Signale zusenden [2.8]. Die Verbindungen passen sich beim Lernen den Erfordernissen an. Je nach Aufgabenstellung bilden sich beim Training einige Verbindungen stärker, andere schwächer aus.

Grundlagen der neuronalen Netze

Beim biologischen Vorbild besteht die Nervenzelle (Neuron) aus einem Zellkern (Nucleus), mehreren sehr feinen Dendriten sowie einem Axon und ist über ein Netz von Synapsen mit anderen Neuronen verbunden. Die Informationen von verschiedenen Nervenzellen werden über Dendriten, die sich in einer baumartigen Struktur um den Zellkern befinden, empfangen. Das Abgeben von Informationen erfolgt durch elektrische Impulse über das Axon, welches sich in verschiedene Zweige aufteilt. Diese Zweige docken an den Dendriten anderer Nervenzellen an. Die so entstandenen Verbindungen werden als Synapsen bezeichnet. Eine menschliche Nervenzelle hat normalerweise zwischen 1.000 und 10.000 Synapsen, welche Verbindungen zu anderen Nervenzellen ermöglichen.

Wenn die Signale der Vorgängerzelle stark genug sind, um den Schwellenwert der Zelle zu überwinden, entsteht an der Basis des Axons ein Nervenimpuls, der durch das Axon an die Nachfolger dieser Zellen weitergeleitet wird. Das menschliche Gehirn verfügt über 30 bis 100 Milliarden neuronaler Nervenzellen, die mit ungefähr einer Billiarde Synapsen verbunden sind. Wenn wir etwas lernen, wird diese Vernetzung verändert [2.46].

Die künstlichen neuronale Netze wurden 1943 von McCulloch und Pitts entwickelt. Diese bewiesen, dass neuronale Netze jede arithmetische und logische Funktion berechnen können [2.46]. In Tabelle 2.3 ist die Übertragung des biologischen Modells auf das technische Modell dargestellt.

Tabelle 2.3 Vergleich biologisches und technisches Modell

Biologisches Modell	Technisches Modell
Zellkörper	Neuron
Axon und Dendriten	Verbindung
Stärke der Verbindung	Gewichtung
Ausgabe der Zelle	Ausgabe des Neurons

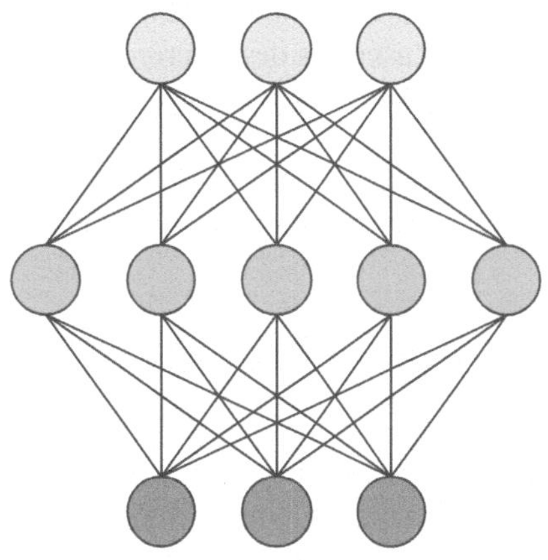

Abb. 2.7 Künstliches neuronales Netz

In Abb. 2.7 wird ein künstliches neuronales Netz aufgezeigt, bei dem die Zellen und Axone deutlich zu erkennen sind.

Aufbau und Funktionsweise eines künstlichen neuronalen Netzes

Die Neuronen werden üblicherweise in Schichten organisiert. Es gibt sowohl für die Eingaben als auch für die Ausgaben zwei verschiedene Möglichkeiten, wie das Neuron die Werte empfängt, respektive weitergibt. Diese sind von der Schicht, in der sich das Neuron befindet, abhängig. Falls es sich in der Eingabe- oder Ausgabeschicht befindet, werden die Werte vom Benutzer eingegeben oder an diesen ausgegeben. Befindet es sich in einer Zwischenschicht, stammen die Eingaben von einem anderen Neuron beziehungsweise werden an ein solches weitergegeben. Ein Neuron verarbeitet die Eingabe und gibt dann die neue Information wieder aus.

Die Verarbeitung der Informationen in einem Neuron basiert auf den folgenden Schritten:

1. Eingabe von anderen Neuronen
2. Propagierungsfunktion: Die Propagierungsfunktion NET_j gewichtet die einzelnen Eingaben und gibt an, wie sie aufzuarbeiten sind. Laut [2.37] wird üblicherweise die Gl. (2.56) verwendet. Diese wird auch als linearer Kombinierer bezeichnet. Die Ausgabe o_i der vorgeschalteten Neuronen wird mit den Gewichten w_{ij} multipliziert, anschließend werden sie addiert.

$$NET_j = \sum_{i=1}^{k} w_{ij} \cdot o_i \tag{2.56}$$

3. Aktivierungsfunktion: Die gewichtete Netzeingabe wird von der Aktivierungsfunktion unter Berücksichtigung des vorherigen Zustandes des Neurons weiterverarbeitet. Hierbei gibt es nach [2.37] verschiedene Aktivierungsfunktionsklassen.
4. Ausgabefunktion: Die Ausgabefunktion berechnet die Werte aus dem Aktivierungszustand des Neurons.
5. Ausgabe an andere Neuronen.

Lernen der künstlichen neuronalen Netze

Das Lernen findet durch Veränderung des Netzes über eine Lernregel statt. Diese besteht aus einem Algorithmus, der dem Netz beibringt, für eine bestimmte Eingabe, eine gewünschte Ausgabe zu erzeugen. Es gibt eine Reihe von Ansatzmöglichkeiten [2.37, 2.24]:

- Aufbauen und Löschen von Verbindungen
- Aufbauen und Löschen von Neuronen
- Modifikation der Gewichtung von Verbindungen
- Variation der internen Parameter, wie beispielsweise der Änderung der Aktivierungsfunktion oder die Änderung des Schwellenwerts.

Die dritte Variante ist ein beliebter Ansatz, da damit auch die erste Variante simuliert werden kann [2.24, 2.32, 2.37], indem die Gewichte der Verbindungen auf 0 oder 1 gesetzt werden. Jeder Knoten berechnet aufgrund seiner gewichteten Eingabewerte und seines Schwellenwertes einen reellen Ausgabewert. Das Lernen geschieht durch die Bestimmung der Gewichte und Schwellenwerte der einzelnen Verbindungen. Erfolgt die Anpassung der Gewichte nach jedem Datensatz, wird dies als Online-Training bezeichnet. Beim Offline-Training hingegen werden die Gewichte erst nach mehreren Beispielen verändert.

Für weiterführende Informationen zu künstlichen neuronalen Netzen, vor allem zum Netzaufbau und die verschiedenen Lernverfahren wird auf [2.24] und [2.37] verwiesen.

2.9.2 Bayes'sches Netz

Unter einem Bayes'schen Netz wird ein gerichteter, azyklischer Graph verstanden. Es ist eine spezielle Formulierung eines wahrscheinlichkeitstheoretischen Modells. Nach der Definition von [2.21] besitzt ein Bayes'sches Netzwerk folgende Eigenschaften:

- Es besteht aus einer Anzahl von Variablen und einer Anzahl von Verbindungen zwischen den Variablen.
- Jede der Variablen hat eine endliche Anzahl von Zuständen.

- Die Variablen und die Verbindungen bilden einen azyklischen Verbindungsgraphen, d. h. es gibt keine direkte Verbindung vom ersten zum letzen Glied.
- Jeder Variable mit Eltern wird eine Potentialtabelle zugeordnet. Als Eltern werden die im Netz vorhergehenden Knoten bezeichnet, als Kinder die nachfolgenden.

Ursprung des Bayes'schen Netzes

Die Bayes'schen Netze sind nach dem englischen Mathematiker Thomas Bayes benannt, der sich im 18. Jahrhundert intensiv mit der Wahrscheinlichkeitsrechnung beschäftigt hat. Im Jahre 1763, zwei Jahre nach seinem Tod, wurde sein Werk „Essay Towards Solving a Problem in the Doctrine of Chances" veröffentlicht. In diesem wird beschrieben, wie mit bedingten Wahrscheinlichkeiten gerechnet wird.

Einsatz der Bayes'schen Netze

Laut [2.15] werden Bayes'sche Netzwerke in vielen Bereichen des Lebens verwendet: Die Bayes'schen Netze werden u. a. in der Bioinformatik und in der Medizin eingesetzt, beispielsweise für die Diagnose angeborener Herzfehler oder die Diagnose neuromuskulärer Erkrankungen. In der Raumfahrt setzt die NASA Bayes'sche Netze beim Start von Raumfähren zur Steuerung des Antriebssystems ein. Unter Microsoft Windows wird ein Bayes'sches Netz zur Behebung von Druckerproblemen verwendet. Beim elektronischen Handel werden individuelle Kundenprofile mit Hilfe von Bayes'schen Netzen erstellt.

Berechnen von Bayes'schen Netzen

Das Bayes'sche Netz basiert auf dem Satz von Bayes, auch Bayestheorem genannt. Dieser gibt an, wie mit bedingten Wahrscheinlichkeiten gerechnet wird. Die Grundregel der Wahrscheinlichkeitsrechnung ist:

$$P(a|b)P(b) = P(a,b) = P(b|a)P(a) \tag{2.57}$$

Dabei ist $P(a|b)$ die bedingte Wahrscheinlichkeit von a unter der Bedingung b. $P(a|b)$ bezeichnet also die Wahrscheinlichkeit, mit der das Ereignis a eintrifft, wenn bekannt ist, dass das Ereignis b bereits eingetreten ist.

Daraus ergibt sich der Satz von Bayes:

$$P(b|a) = \frac{P(a|b)P(b)}{P(a)} \tag{2.58}$$

Konstruieren von Bayes'schen Netzen

Bei dem Konstruktionsprozess eines Bayes'schen Netzes gibt es laut [2.45] vier Stufen. Im ersten Schritt werden die Variablen des Netzes festgelegt. Anschließend ist die Struktur des Bayes'schen Netzes festzulegen. Falls ein direkter Zusammenhang zwischen zwei Variablen besteht, so werden diese mit einer Kante verbunden. Beim Verbinden muss darauf geachtet werden, dass kein Zyklus entsteht, da sonst die Wahrscheinlichkeit von sich selbst abhinge [2.33]. Als Zyklus wird ein Pfad bezeichnet, der mit demselben Knoten beginnt, mit dem er endet. In einem dritten Schritt werden die so genannten CPTs, die Tabellen bedingter Wahrscheinlichkeiten (Englisch: Conditional Probability Tables) festgelegt. Die Anzahl der bedingten Wahrscheinlichkeiten in den CPTs wächst exponentiell mit der Anzahl der Elternvariablen. Durch das exponentielle Wachstum wird das Füllen der CPTs sehr aufwendig und im Extremfall nicht mehr manuell durchführbar. Im letzten Schritt wird das Netz getestet und im Bedarfsfall angepasst. Bei der Erstellung des Netzes werden gewöhnlich mehrere Iterationen durchgeführt, bis eine zufriedenstellende Lösung erreicht wird. Besonders der dritte Schritt bietet sich an, durch den Einsatz maschineller Lernverfahren abgewandelt zu werden. Hierdurch entstehen zwei Vorteile: Zum einen wird durch das maschinelle Lernen der CPTs der Konstruktionsprozess verbessert, vereinfacht und beschleunigt. Zum anderen ist es möglich, die Qualität des konstruierten Bayes'schen Netzes zu steigern [2.45].

Lernen der Bayes'schen Netze

Ziel des Lernens ist, dass die Struktur eigenständig den jeweiligen Daten angepasst wird. Beim Lernen von Bayes'schen Netzen gibt es zwei verschiedene Randaspekte. Zum einen ist die Struktur des Netzes wichtig, genauso aber auch die verschiedenen zu lernenden Daten. Beim Lernen der Struktur geht es um die Ermittlung bedingter Unabhängigkeiten, die Daten werden durch bedingte Wahrscheinlichkeitsverteilung an den Knoten des Netzes ermittelt. Laut [2.29, 2.45] sind vier verschiedene Fälle zu unterscheiden, die aufgrund ihrer unterschiedlichen Komplexität mit unterschiedlichen Methoden behandelt werden müssen (Tabelle 2.4). Die zu lernenden Daten können vollständig oder unvollständig sein. Ein weiteres Kriterium ist, ob die Struktur bekannt oder unbekannt ist. Hierbei stellt die Situation „Struktur unbekannt“ und „unvollständige zu lernende Daten“ die größte Herausforderung dar. Weiterführende Informationen sind in [2.28] zu finden.

Tabelle 2.4 Unterschiedliche Methoden des Lernens Bayes'scher Netze

Struktur	zu lernende Daten	Methode
Bekannt	Vollständig	Analytische Lösung
Bekannt	Unvollständig	Expectation-Maximization (EM), Adaptive-Probabilistic-Network
Unbekannt	Vollständig	Lokale Suche
Unbekannt	Unvollständig	Strukturelle EM

2.9.3 Vergleich von Neuronalen Netzen und Bayes'schen Netzen anhand eines Anwendungsbeispiels

In den vorigen Abschnitten sind bereits die Vor- und Nachteile des Neuronalen Netzes bzw. des Bayes'schen Netzes thematisiert worden. Jetzt interessiert aber, welche der beiden Modelle sich für die Zuverlässigkeitstechnik eher eignet. Deshalb werden in diesem Kapitel beide Modelle miteinander verglichen. Anhand des Beispiels von Wälzlagern soll dies geschehen. Dafür müssen zuerst die vorhandenen Daten analysiert werden, inwieweit diese für die Modelle anwendbar sind. Nach dem Vergleich mit Abb. 2.6, in der die verschiedenen Einflussfaktoren zu finden sind, kristallisieren sich für diesen Fall die folgenden heraus:

- Belastung
- Belastbarkeit
- Drehzahl
- Temperatur
- Chemische Einflüsse.

Da die Modelle die Daten der oben aufgelisteten Einflussfaktoren nicht direkt übernehmen können, muss eine Datenaufbereitung durchgeführt werden. Hierbei werden die Daten dahingehend umgestaltet, dass sich diese nur noch im Bereich zwischen 0 und 1 bewegen. Für diesen Anwendungsfall stehen insgesamt 220 Datensätze zur Verfügung. Davon werden 180 Datensätze für das Lernen sowie 40 Testdatensätze für die anschließende Überprüfung verwendet. Werden diese Datensätze nun auf die Modelle angewendet, stellt sich heraus, dass durch die begrenzte Anzahl der Datenreihen die Bayes'schen Netze kein zufriedenstellendes Ergebnis liefern [2.28]. Liegen die Anzahl der unbekannten Zustände im Vergleich zu den bekannten Zuständen wie im vorliegenden Fall in einem sehr ungünstigen Verhältnis, so eignen sich Bayes'sche Netze zwar nicht zur Zuverlässigkeitsprognose, können aber als effektive Datenbank verwendet werden. Im Gegensatz dazu sind die Ergebnisse der Neuronalen Netze zufriedenstellend. Die Überprüfung der unterschiedlichen Netzaufbauten der Neuronalen Netze mit Hilfe der 40 Testdatensätze liefert das Ergebnis, dass bis zu 67% der Daten innerhalb eines zuvor definierten, geringen Toleranzfeldes liegen. Dadurch zeigt sich, dass Neuronale Netze für diese Art der Anwendung besser geeignet sind. Weiterführende Informationen hierzu sind in [2.28] zu finden.

2.10 Literatur

[2.1] Avizienis A (1997) Toward Systematic Design of Fault-Tolerant Systems, Computer, Vol. 30, Issue 4

[2.2] Balzert H (1996) Lehrbuch der Software-Technik. Spektrum Akad. Verlag, Heidelberg

[2.3] Beichelt F (1993) Zuverlässigkeits- und Instandhaltungstheorie. Teubner, Stuttgart

[2.4] Beichelt F (1995) Stochastik für Ingenieure – Einführung in die Wahrscheinlichkeitstheorie und Mathematische Statistik. Teubner, Stuttgart

[2.5] Bertsche B, Lechner G (2004) Zuverlässigkeit im Fahrzeug- und Maschinenbau. 3. Aufl, Springer, Berlin

[2.6] Birolini A (2004) Reliability Engineering – theory and practice, 4. Aufl, Springer, Berlin

[2.7] Bröhl H P (1995) Das V-Modell – der Standard für die Softwareentwicklung. 2. Aufl, Oldenbourg-Verlag, München

[2.8] Callan R (2003) Neuronale Netz im Klartext. Pearson Education, München

[2.9] Deutsches Institut für Normung (1990) DIN 40041 Zuverlässigkeit Begriffe, Beuth, Berlin

[2.10] Deutsches Institut für Normung (1999) DIN IEC 61508 Funktionale Sicherheit sicherheitsbezogener elektrischer/elektronischer/programmierbarer elektronischer Systeme – Teil 1 Allgemeine Anforderungen. Beuth, Berlin

[2.11] Farr W (1996) Software reliability modeling survey. In: Lyu M R (Hrsg) Software Reliability Engineering. McGraw Hill and IEEE Computer Society Press: 71–117

[2.12] Fenton N E, Neil M (1999) A Critique of Software Defect Prediction Models. In: IEEE Transactions on Software Engineering, Vol 25, No 5: 675–689

[2.13] Gandy A, Jensen U (2005) Checking a Semiparametric Additive Risk Model. Lifetime Data Analysis 11: 451–472

[2.14] Gausemeier J, Lückel J (2000) Entwicklungsumgebungen Mechatronik – Methoden und Werkzeuge zur Entwicklung mechatronischer Systeme. HNI-Verlagsschriftenreihe, Bd 80, Paderborn

[2.15] Heffner A (2002) Bayes'sche Netzwerke. http://www.heffners.de/uni/bayes/bayes.htm

[2.16] Henze N (2006) Stochastik für Einsteiger. Vieweg, Wiesbaden

[2.17] IEC 60050: Internationales elektrotechnisches Wörterbuch (2003). Beuth, Berlin

[2.18] IEEE 610 – Standard Glossary of Software Engineering Terminology

[2.19] Jäger P (2007) Zuverlässigkeitsbewertung mechatronischer Systeme in frühen Entwicklungsphasen. Bericht Nr. 121, Dissertation, Institut für Maschinenelemente, Universität Stuttgart

[2.20] Jäger P, Arnaout T, Bertsche B, Wunderlich H J (2005) Frühe Zuverlässigkeitsanalyse mechatronischer Systeme. VDI-Berichte 1884, 22. Tagung Technische Zuverlässigkeit, Düsseldorf

[2.21] Jensen F (2001) Bayesian Networks and Decision Graphs. Springer, New York

[2.22] Kececioglu D (1993) Reliability Engineering Handbook, Vol 2. Prentice Hall, cop. Engelwood Cliffs, NJ

[2.23] Krengel U (2003) Einführung in die Wahrscheinlichkeitstheorie und Statistik. Vieweg, Wiesbaden

[2.24] Kriesel, D.: Ein kleiner Überblick über Neuronale Netze. http://www.dkriesel.com/fileadmin/downloads/neuronalenetze-de-delta-dkrieselcom.pdf

[2.25] Laprie J C (1992) Dependability – Basic Concepts and Terminology: IFIP WG 10.4 Dependable Computing and Fault Tolerant Systems, Vol 5, Springer, Wien

[2.26] Lauber R, Göhner P (1998) Prozessautomatisierung 1, 3. Aufl, Springer, Berlin

[2.27] Lyu R M (Hrsg) (1996) Handbook of Software Reliability. McGraw-Hill, New York

[2.28] Menrad A (2008) Ermittlung von Einflussfaktoren der Zuverlässigkeit auf Datenbasis anwendbar auf frühe Entwicklungsphasen. Studienarbeit, Institut für Maschinenelemente, Universität Stuttgart

[2.29] Murphy K (1998) A Brief Introduction to Graphical Models and Bayesian Networks, University of British Columbia, Vancouver, Canada

[2.30] Musa J D (2004) Software Reliability Engineering: More Reliable Software Faster and Cheaper: More Reliable Software Faster and Cheaper 2nd Edition, Authorhouse

[2.31] Musa J D, Iannino A, Okumoto K (1987) Software Reliability: Measurement, Prediction, Application. McGraw Hill, New York

[2.32] Otto S (2002) Neuronale Netze Proseminar. Institut für Informatik, Technische Universität Clausthal

[2.33] Otto S (2006) Bayes'sche Netzwerke – Machine Learning. Universität Tübingen
[2.34] Göhner P, Zimmer E, Arnaout T, Wunderlich H J (2004) Reliability Considerations for Mechatronic Systems on the Basis of a State Model. Proceedings of the Dependability and Fault Tolerance Workshop; 17th International Conference on Architecture of Computing Systems (ARCS'04), Augsburg: 106–112
[2.35] Pentti H, Atte H (2002) Failure Mode and Effects Analysis of Software-based Automation Systems. STUK-YTO-TR 190, Helsinki http://www.stuk.fi/julkaisut/tr/stuk-yto-tr190.pdf
[2.36] Pradhan D K (1996) Fault-Tolerant Computer System Design, Prentice Hall, New Jersey
[2.37] Scherer A (1997) Neuronale Netze – Grundlagen und Anwendungen. Vieweg, Braunschweig
[2.38] Vaidya N H, Pradhan D K (1993) Fault-Tolerant Design Strategies for High Reliability and Safety: IEEE Transactions on Computers, Vol 42, No 10
[2.39] Verband der Automobilindustrie (1996) VDA 4.2 Sicherung der Qualität vor Serieneinsatz System FMEA. VDA, Frankfurt
[2.40] Verband der Automobilindustrie (2000) VDA 3 Teil 1 Qualitätsmanagement in der Automobilindustrie – Zuverlässigkeitssicherung bei Automobilherstellern und Lieferanten – Zuverlässigkeitsmanagement. 3.Aufl, Frankfurt
[2.41] Verband der Automobilindustrie (2000) VDA 3 Teil 2 Qualitätsmanagement in der Automobilindustrie – Zuverlässigkeitssicherung bei Automobilherstellern und Lieferanten – Zuverlässigkeits-Methoden und -Hilfsmittel. 3. Aufl, Frankfurt
[2.42] Verein Deutscher Ingenieure (1990) VDI 4001 Blatt 2 Terminologie der Zuverlässigkeit. Beuth, Berlin
[2.43] Verein Deutscher Ingenieure (1993) VDI 2221 Methodik zum Entwickeln und Konstruieren technischer Systeme und Produkte. Beuth, Berlin
[2.44] Verein Deutscher Ingenieure (2004) VDI 2206 Entwicklungsmethodik für mechatronische Systeme. Beuth, Berlin
[2.45] Wittig F (2002) Maschinelles Lernen Bayes'scher Netze für benutzeradaptive Systeme. Dissertation, Universität Saarbrücken
[2.46] Zell A (1994) Simulation Neuronaler Netze. Addison-Wesley Publishing Company, Bonn

Kapitel 3
Methodik zur Zuverlässigkeitsbewertung in frühen Entwicklungsphasen

Bernd Bertsche unter Mitarbeit von Jochen Gäng

Im Folgenden soll eine Methodik zur Zuverlässigkeitsbewertung mechatronischer Systeme vorgestellt werden, die in frühen Entwicklungsphasen anwendbar ist. Eine wichtige Anforderung an diese Methodik ist die Verknüpfung an mechatronischen Entwicklungsmethoden, um so die Entwicklungstätigkeiten sowie die Konzeptauswahlentscheidungen zu unterstützen. Dies erlaubt dann das zuverlässigste Konzept auszuwählen. Dadurch können Kosten und Zeit gespart werden, da

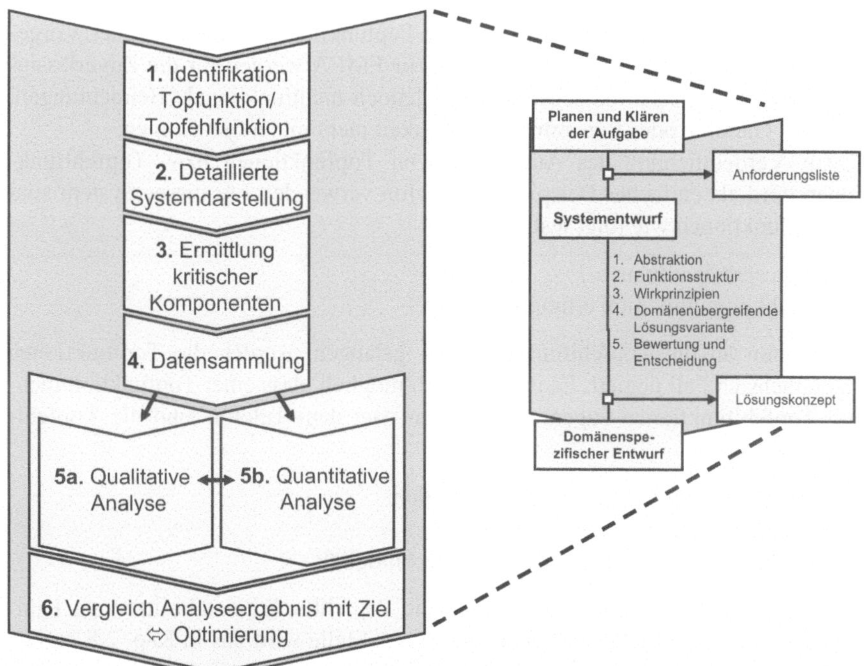

Abb. 3.1 Methodik zur Zuverlässigkeitsbewertung in frühen Entwicklungsphasen [3.46, 3.19]

die Auswahl eines unzuverlässigen Konzepts im Nachhinein viele aufwändige Änderungen bis zu einer Neukonzeption mit sich bringen kann.

Für die Auswahl der Entwicklungsmethode bietet sich das V-Modell aus der Richtlinie VDI 2206 [3.44] an (siehe Kap. 2.2). Mit dem Schwerpunkt der frühen Entwicklungsphasen muss besonders die erste Phase des V-Modells, der Systementwurf, näher betrachtet werden.

Anhand des Systementwurfes ist eine Vorgehensweise entstanden, die insgesamt sechs Schritte umfasst (Abb. 3.1). Diese sind im Laufe der Förderzeit der Forschergruppe nach und nach erweitert worden. Im Folgenden werden die einzelnen Schritte detailliert beschrieben und erklärt.

3.1 Identifikation Topfunktion/Topfehlfunktion

Im ersten Teilschritt der Methodik zur Zuverlässigkeitsbewertung werden so genannte Topfunktionen und Topfehlfunktionen bestimmt. Hierbei stellen die Topfunktionen die Art von Funktionen dar, welche eine hohe Abstraktionsebene besitzen. Nach [3.2] sind Topfunktionen zur Erfüllung der Produktziele für das Gesamtsystem unerlässlich. Die Topfunktionen werden weiter untergliedert in Teilsystemfunktionen und Subsystemfunktionen bis hin zu Bauteilfunktionen (Abb. 3.2). Wie zu sehen ist, können Topfunktionen aus mehreren Teilsystemfunktionen bestehen.

Die Vorgehensweise zur Erlangung der Topfunktionen ähnelt dabei der Vorgehensweise bei der FMEA. Im Gegensatz zur FMEA werden für die Zuverlässigkeitsbewertung mechatronischer Systeme jedoch nichtfunktionale Betrachtungen, wie z. B. Garantie oder Reparaturfreundlichkeit nicht mit aufgenommen.

Zur Verdeutlichung des Aufstellens von Topfunktionen bzw. Topfehlfunktionen wird als einfaches Beispiel ein Telefon verwendet. Für dieses System sind die Topfunktionen wie folgt festgelegt:

- Ferngespräch aufbauen
- Sprachkommunikation ermöglichen.

Um nun an die Topfehlfunktionen zu gelangen, werden die Topfunktionen im einfachsten Fall negiert. Es ist aber auch möglich, dass einer Topfunktion mehrere Topfehlfunktionen zugeordnet werden. Bei dem Telefon sind die Topfehlfunktionen:

- Aufbau eines Ferngesprächs nicht möglich
- Sprachkommunikation nicht möglich
- Sprachkommunikation nur eingeschränkt möglich.

Die aufgestellten Topfunktionen bzw. die Topfehlfunktionen besitzen aus Kundensicht verschiedene Wertigkeiten. An dieser Stelle wird das in Kap. 2.8 bereits schon erwähnte Klassierungsverfahren nach [3.10] eingesetzt. Beispielsweise ist eine Funktion, die nur eingeschränkt nutzbar ist, für den Kunden nicht so gravie-

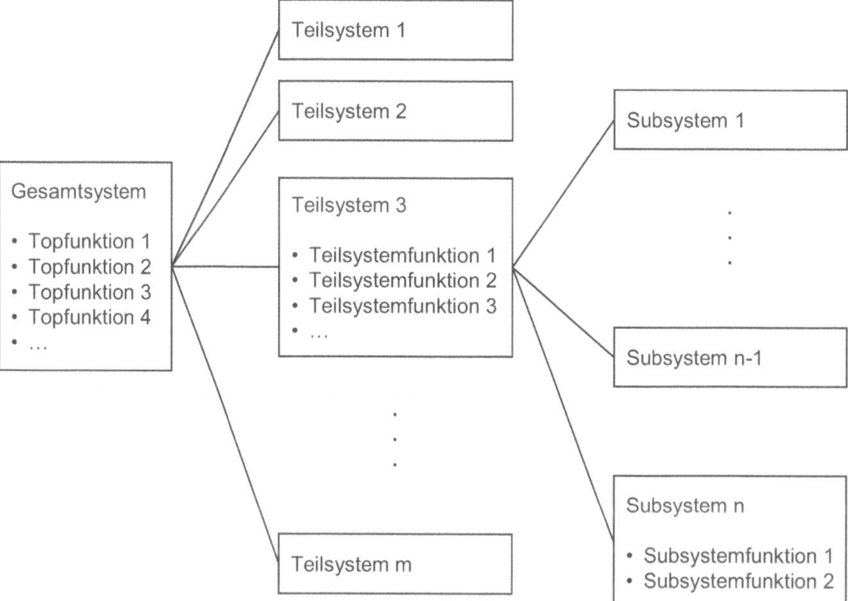

Abb. 3.2 Hierarchische Aufteilung der Funktionen des Systems

rend wie eine Funktion, die gar nicht zur Verfügung steht. Diesen Schweregraden und dadurch auch den Funktionen bzw. den Fehlfunktionen werden in einem weiteren Schritt Zuverlässigkeitsziele zugeordnet. Dadurch wird ermöglicht, dass die Zuverlässigkeitsbewertung mit den vorgegebenen Zuverlässigkeitszielen verglichen werden kann. Wie die einzelnen Zuverlässigkeitszielwerte ermittelt werden, ist in Kap. 2.8 erklärt.

3.2 Detaillierte Systemdarstellung

Im zweiten Schritt soll ausgehend von den Topfunktionen bzw. Topfehlfunktionen eine Methode verwendet werden, die Informationen wie beispielsweise aus dem Lastenheft oder allgemein von einem prinzipiellen Aufbau aufnehmen kann und damit eine funktionale Beschreibung ermöglicht. Informationen können nach [3.45] in unterschiedlicher Form vorliegen.

- Verbale Beschreibung,
- Blockbild/Graph,
- Prinzipskizzen,
- Prinzipschaltplan,
- Materielle Muster.

Die Quellen der Informationsgewinnung für frühe Entwicklungsphasen sind nach [3.31]

- Erfahrung,
- Bekannte Produkte,
- Vorentwicklung,
- Kataloge,
- Normen,
- Anforderungslisten.

Wird exemplarisch der Bereich Mechanik herausgegriffen, kann hier die Informationslage mit Hilfe einer Prinzipskizze und einer verbalen Beschreibung untersucht werden. Die Prinzipskizzen zeigen sowohl Hauptelemente des zu entwickelnden Produkts als auch eine grobe Baugruppenanordnung. Mittels der verbalen Beschreibung wird zusätzlich der funktionale Aufbau analysiert. Letzteres tritt auch stets bei der Anwendung der gesamten Informationsarten über alle Domänen hinweg auf. Deshalb ist es sinnvoll Methoden anzuwenden, welche funktionale Gesichtspunkte in den Vordergrund stellen. Hier können z. B. so genannte Anwendungsfälle (englisch: Use Case) verwendet werden. Der generelle Aufbau einer Anwendungsfall-Schablone ist in Abb. 3.3 zu sehen. Im Folgenden werden die einzelnen Punkte detailliert beschrieben.

1. Eintrag eines kurzen und sinnvollen Namens des Anwendungsfalls
2. Beschreibung des Ziels
3. Angabe von Bedingungen, welche erfüllt sein müssen, bevor der Anwendungsfall aufgerufen wird. Hierbei können mehrere Bedingungen möglich sein. Diese werden dann durchnummeriert.
4. Die Angabe des erwarteten Ergebnisses, das nach einem erfolgreichen Durchlaufen des Anwendungsfalls erwartet wird.
5. Die Angabe des erwarteten Ergebnisses, das nach einem fehlerhaften Durchlaufen des Anwendungsfalls erwartet wird.
6. Aufzählung von beteiligten Personen und Systemen, z. B. Nutzer, Maschinen, Softwarekomponenten.
7. Beschreibung des Hauptablaufs, welcher als Schrittfolge hin zum Ziel des Anwendungsfalls definiert ist.
8. Erweiterungen der Schrittfolgen aus Punkt 7.
9. Bestimmung des Ereignisses, das die Schrittfolge bestimmt.
10. Bezeichnung der einzelnen Schritte.
11. Neben dem Hauptablauf kann es noch alternative Schrittfolgen geben, welche ebenso zum Ziel des Anwendungsfalls führen.

Ein Vorteil der Verwendung der Anwendungsfälle ist, dass sie Teil der Unified Modeling Language (UML) sind. UML stellt eine standardisierte und weit verbreitete Modellierungssprache für Software dar. Durch die grafische Notation und die verschiedenen Werkzeuge kann UML sowohl von Software-Experten als auch von Ingenieuren verstanden werden. Dadurch kann UML als eine Schnittstelle zwischen den Domänen dienen.

Anwendungsfall < Nr >	**< Anwendungsfall Name >** ***1***	
Ziel	***2***	
Vorbedingung	***3***	
Nachbedingung Erfolg	***4***	
Nachbedingung Fehlschlag	***5***	
Akteure	***6***	
Beschreibung ***7***	Schritt	Aktion
	Ereignis	***9***
	1.1	***10***
	1.2	***10***
	…	
Erweiterung ***8***	Schritt	Aktion
	Ereignis	***9***
	1.1.1	***10***
	1.2.1	***10***
Alternativen	***11***	

Abb. 3.3 Anwendungsfall-Schablone in Anlehnung an [3.24]

Mittels der Beschreibung der funktionalen Ablauffolge in den Anwendungsfällen besteht die Möglichkeit Informationen über das System, explizit über mögliche zu verbauende Komponenten, zu erfahren. Wird beispielsweise in einem der formulierten Anwendungsfälle die Abfrage einer Geschwindigkeitsinformation beschrieben, so kann daraus gefolgert werden, dass in dem betrachteten System ein Sensor verbaut werden muss, der eine Geschwindigkeitsinformation liefert. Werden nun alle Anwendungsfälle systematisch nach solchen Informationen durchsucht, so lässt sich mit den gewonnenen Erkenntnissen ein erstes physikalisches Modell aufbauen, in dem die aus den Anwendungsfällen identifizierten mechanischen und elektro-mechanischen Komponenten enthalten sind. Diese sind aber nicht vollständig, da alle Komponenten eines Systems nur durch eine funktionale Ablauffolge nicht identifiziert werden können. In einer ersten Abstraktion kann in dem aufgestellten physikalischen Modell die Steuerung, welche aus Elektronik und Software besteht, als Informationsverarbeitung betrachtet werden. Im Laufe des Entwicklungsprozesses muss festgelegt werden, welcher Teil davon in Software und welcher in Elektronik umgesetzt werden soll. Weiterführende Informationen zu dem sogenannten Hardware/Software-Codesign sind in Kap. 8.1.3 zu finden.

Als Basis für weitere Zuverlässigkeitsanalysen wird nun ein Modell benötigt, welches Strukturen und das Verhalten des mechatronischen Systems beschreiben kann. Da mechatronische Systeme im Allgemeinen über Software verfügen, kann kein Modell verwendet werden, welches auf physikalischen Eigenschaften basiert. Geeigneter ist ein Modell, welches das System funktional betrachtet sowie in der Lage ist, funktionale und systematische Fehler zu untersuchen. Auch die in dem Buch thematisierten frühen Entwicklungsphasen können durch diese funktionale Betrachtungsweise einfacher dargestellt werden.

3.2.1 Qualitative Verhaltensmodelle

Ein Modell lässt sich nach [3.7, 3.44] durch die drei konstituierenden Merkmale Abbildung, Verkürzung und Pragmatik definieren. Durch den Einsatz von Modellen während der Entwicklung entstehen gemäß der Richtlinie VDI 2206 zur Entwicklung mechatronischer Systeme [3.44] Zeit- und Kostenvorteile, da das Verhalten eines mechatronischen Systems bereits vor der Erstellung eines Prototyps überprüft werden kann. Indem ein Modell vom Original abstrahiert, wird die Komplexität reduziert und komplexe Systeme werden damit besser beherrschbar.

Man unterscheidet verschiedene Arten von Modellen, welche sich nach Einsatzzweck (Zuverlässigkeitsanalyse, Funktionsprüfung, …), Gegenstand der Modellbildung (Zuverlässigkeit, Verhalten, …) und verwendeter Darstellungsformen (Modelica, SystemC, CAD, …) untergliedern lassen. In der Mechatronik beschreiben Anforderungs- und Verhaltensmodelle bereits frühzeitig die geforderten Funktionen des Gesamtsystems.

Wie in [3.44] erläutert, erfordert die Modellbildung eine realitätsnahe Beschreibung des Systems. Auf Basis eines solchen Modells kann eine Modellanalyse Eigenschaften und Verhalten des mechatronischen Systems ermitteln. Zur Bestimmung der Zuverlässigkeit ist dabei insbesondere von Interesse, welche Fehler im System vorhanden sein können und wie sich diese auf das Verhalten des Gesamtsystems, bis hin zu einem möglichen Systemversagen, auswirken können.

Um den Entwickler beim Entwurf und der frühzeitigen Analyse funktionaler Zusammenhänge im mechatronischen System zu unterstützen, müssen folgende Anforderungen an die Modellbildung und -analyse erfüllt sein:

- Ganzheitliche Beschreibung und Analyse hybrider Systeme: Das Verhalten der Komponenten aus den unterschiedlichen Domänen (Mechanik, Elektronik, Software) muss in einer geeigneten Modellierungssprache zusammen mit menschlichen Bedieneingriffen beschrieben werden können. Es sind hybride Verhaltensweisen abzubilden, die sich sowohl aus zeit-/wertekontinuierlichen als auch zeit-/wertediskreten Vorgängen zusammensetzen. Ein ganzheitliches Modell muss alle Komponenten integrieren, sodass eine domänenübergreifende Analyse des Systemverhaltens ermöglicht wird.

- Modellierung unvollständiger und unpräziser Informationen: Oftmals, zumeist in frühen Entwicklungsphasen sind Komponenten oder das Verhalten einzelner Komponenten des Systems nur teilweise festgelegt. Dies führt zu unvollständigen Informationen über das Systemverhalten. Weiter können Informationen zwar vorliegen, jedoch noch unscharf bzw. unpräzise sein. Ein Beispiel hierfür ist die Angabe, dass „Wasser aufzuheizen ist, bis es heiß ist", ohne dass konkret Temperatur und Zeitdauer angegeben sind.
- Durchgängigkeit im Produktentstehungsprozess: Einmal erstellte Modelle müssen im Rahmen der weiteren Entwicklung wiederverwendet werden können, um so eine erhöhte Effizienz zu erreichen. Beispielsweise müssen Modelle eine schrittweise Verfeinerung bis hin zum Übergang in den detaillierten Entwurf bzw. die Implementierung ermöglichen.

Je nach Domäne unterscheiden sich die verbreiteten Modellierungssprachen und -werkzeuge, welche jeweils auf die speziellen Erfordernisse einer Domäne eingehen. In der Regelungstechnik sind beispielsweise Blockdarstellungen und Differenzialgleichungen üblich. Da jedoch die programmierbare Logik eines Systems, die sich aus Software und Elektronik zusammensetzt, immer in Bezug zu der technischen Umgebung definiert ist, genügt eine isolierte Modellierung einzelner Domänen nicht. Als Lösung für dieses Problem wurde von den Autoren der Ansatz einer qualitativen Modellierungssprache gewählt. Es wird nachfolgend eine kurze Einführung in qualitative Modellierungssprachen sowie in die eigens entwickelte Methode der Situationsbasierten Qualitativen Modellbildung und Analyse (SQMA) gegeben.

3.2.2 Qualitative Modellierungssprachen

Qualitative Modellierungssprachen stellen nach [3.40] vereinfachte Modelle realer Systeme dar, welche das grundlegende Systemverhalten beschreiben und dabei Details des Systems vernachlässigen. Das Qualitative Reasoning ist ein Teilbereich der Künstlichen Intelligenz, welches versucht menschliche Denkweisen und kontinuierliche Größen wie Zeit und Raum anzunähern. Dadurch ist es möglich, auch hybride, diskret-kontinuierliche Systeme zu beschreiben.

Wichtige Ansätze zur qualitativen Modellbildung sind diejenigen von Brown [3.8], Forbus [3.15] und Kuipers [3.28]. Letzterer wird häufig in der Literatur zitiert. Er verwendet Intervalle, um physikalische Größen zu repräsentieren sowie qualitative Constraints (z. B. Addition, Multiplikation, Negation), um das Verhalten auf Grundlage der Intervalle zu modellieren.

Ein Vergleich der eigens für die Automatisierungstechnik entwickelten SQMA-Methode in [3.40] mit anderen qualitativen Modellierungssprachen hat gezeigt, dass SQMA sehr gut für die Modellierung komplexer technischer Prozesse und deren Analyse geeignet ist. Während die qualitative Modellbildung programmierbarer mechatronischer Systeme in Kap. 7.4 ausführlich erläutert wird, sollen hier zunächst die Grundzüge der SQMA-Methode in einer kurzen Übersicht vorgestellt werden.

3.2.3 Die Situationsbasierte Qualitative Modellbildung und Analyse (SQMA)

Für den Einsatz qualitativer systemtheoretischer Modelle in der Automatisierungstechnik wurde am Institut für Automatisierungs- und Softwaretechnik der Universität Stuttgart seit den 1990-er Jahren die Situationsbasierte Qualitative Modellbildung und Analyse (SQMA) entwickelt (vgl. [3.16, 3.30]). Ausgehend davon wurde SQMA in [3.35] um die Möglichkeit zur Online-Prozessüberwachung auf sicherheitskritische Zustände erweitert. Zusätzliche Ergänzungen wurden im Rahmen der Forschergruppe „Systemzuverlässigkeit mechatronischer Systeme“ vorgenommen. Diese umfassen unter anderem unscharfe Intervallgrenzen [3.40] und die ganzheitliche Analyse komplexer softwarebasierter Prozessautomatisierungssysteme hinsichtlich Sicherheit [3.4] und Zuverlässigkeit [3.48].

Folgende Konzepte zeichnen die SQMA-Methode aus:

1. SQMA-Modelle weisen eine hierarchische Struktur auf. Komplexe Systeme können somit schrittweise zerlegt werden, bis ein Modell aus verschiedenen Hierarchieebenen entsteht.
2. SQMA-Modelle setzen sich aus einzelnen SQMA-Komponenten mit eindeutig definierten Schnittstellen zusammen, die untereinander verknüpft sind. Einzelne Komponenten können mehrfach in verschiedenen Modellen verwendet werden.
3. Wie bei den anderen oben genannten qualitativen Ansätzen werden Modellgrößen in SQMA mit Hilfe von Intervallen beschrieben.
4. Das Verhalten einer SQMA-Komponente wird durch qualitative Regeln festgelegt.
5. Für Komponenten und das Gesamtsystem werden Situationen sowie Übergänge (Transitionen) rechnergestützt ermittelt.

Um ein SQMA-Modell zu erstellen und am Rechner zu analysieren, muss zunächst für jede SQMA-Komponente eine Textdatei erstellt werden, welche die Modellbeschreibung enthält. In zusätzlichen Dateien werden daraufhin die Komponenten für ein bestimmtes System festgelegt und miteinander verknüpft. Zuletzt wird die Systemumgebung definiert, falls das System Schnittstellen mit der Umgebung besitzt.

Darüber hinaus besteht die Möglichkeit, SQMA-Modelle grafisch darzustellen sowie die Übergänge zwischen Situationen am Bildschirm zu visualisieren. Abbildung 3.4 zeigt einen beispielhaften Ausschnitt aus der grafischen Struktur des SQMA-Modells einer Wandler-Überbrückungskupplung. Neben der Wandler-Überbückungskupplung (ts_Kupplung), welche über ein Ventil angesteuert wird (ts_Ventil), sind Sensoren (z. B. ts_BeschlSensor) sowie die programmierbare Steuerung (sw_ClutchCtrl) dargestellt. Die Schnittstellen zum menschlichen Bediener wurden für eine erste Analyse vernachlässigt.

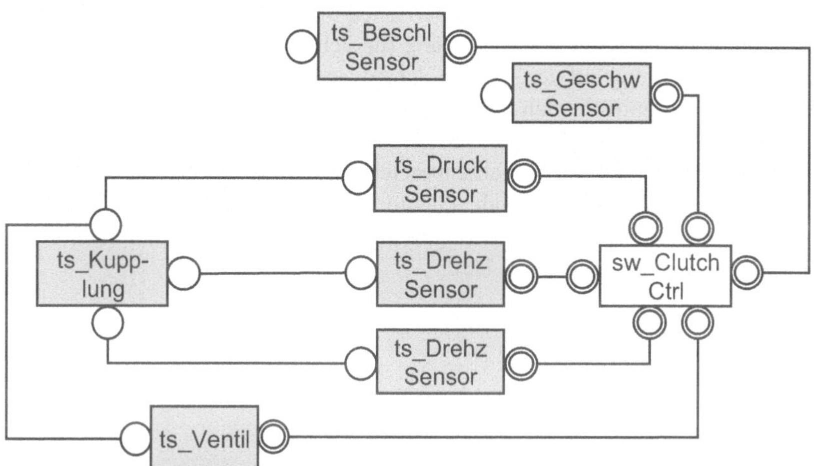

Abb. 3.4 SQMA-Modell

3.3 Ermittlung kritischer Komponenten

Ein System kann, wie bereits in Kap. 2.3 zu finden ist, aufgrund mehrerer Ursachen ausfallen. Hierbei gibt es Komponenten im System, die mit einer größeren Wahrscheinlichkeit ausfallen und dadurch je nach Eintritt sowie nach Anordnung in der Zuverlässigkeitsstruktur ein größeres Risiko, d. h. das Produkt der Schadensschwere und der Eintrittswahrscheinlichkeit, als die anderen Komponenten darstellen. Die Komponenten mit einem hohen Risiko haben einen hohen negativen Einfluss auf die Zuverlässigkeit, sind daher kritisch anzusehen und sollten nie ausfallen. Bezogen auf die Zuverlässigkeitsarbeit bedeutet dies, dass Komponenten mit einem höheren Risiko im Gegensatz zu denen mit einem geringeren Risiko stärker betrachtet werden müssen. Hierfür bieten sich Analysearten an, welche die Einstufung der Komponenten in Kritikalitätsklassen vornehmen. Beispielsweise kann hier die ABC-Analyse genannt werden.

Auch für die Zuverlässigkeitsbewertung mechatronischer Systeme wird eine globale Risikobestimmung, aber nicht nur auf Komponentenebene, sondern auf

Funktionsebene durchgeführt. Ausgehend von dem Modell des Systems erfolgt die Risikoabschätzung. Hierzu werden zunächst die globalen Fehlerauswirkungen ermittelt. Unter einer globalen Auswirkung wird nach [3.29] ein physikalischer Effekt verstanden, welcher zu einem Fehlverhalten des Gesamtsystems führt. Dies bemerkt der Benutzer durch einen Verlust an Komfort oder gar durch den vollständigen Ausfall der zugehörigen Funktion.

Für die Risikoabschätzung werden die durch die SQMA aufgestellten Situationen und Zustände verwendet, um aufzuzeigen, welche Komponenten bzw. welche kombinierten Situationen kritisch für das Gesamtsystem anzusehen sind. Diese Vorgehensweise verfeinert die generischen Vorgaben der Norm IEC 61508 hinsichtlich einer risikobasierten Bewertung für sicherheitsbezogene Systeme und erlaubt eine Übertragung auf den Bereich der Zuverlässigkeitsanalyse.

Zur Auswahl der zutreffenden Kritikalitätsklassen, wird ein Risikograph gemäß [3.10] verwendet. Hierbei betrachtete Kriterien sind das Schadensmaß, die Aufenthaltsdauer von Personen im Gefahrenbereich, die Möglichkeit zur Gefahrenabwendung sowie die Auftretenswahrscheinlichkeit. Wurde eine Kritikalität festgelegt, wird die globale Auswirkung daraufhin in die einzelnen Komponenten zurück verfolgt (vgl. auch Kap. 7.2.1.2).

3.4 Datensammlung

Neben dem Aufzeigen von Schwachstellen und Fehlerzusammenhängen sind für die quantitative Zuverlässigkeitsbewertung vor allem entsprechende Informationen in Form von Lebensdauerdaten erforderlich. Hierzu gibt es nach IEEE 1413 [3.23] mehrere Möglichkeiten, um an diese zu gelangen.

- Gesichertes Wissen aus firmeneigenen oder allgemeinen Datenbanken.
- Gesichertes Wissen aus physikalischen Vorhersagen.
- Empirisch bzw. experimentell ermittelte Ergebnisse aus Tests oder Feldeinsätzen
- Wissen aus nichtdokumentierten Quellen.

Gemäß Kap. 2.3 basieren Fehler in der Mechanik bzw. der Elektronik, welche zu Ausfällen führen können, im Gegensatz zur Software nicht nur auf inhärenten Fehlern, sondern auch auf physikalischen Begebenheiten. Dementsprechend unterscheidet sich das Vorgehen der Datensammlung. Das heißt, nicht alle aufgezählten Möglichkeiten aus obiger Aufzählung zur Erlangung von Informationen in Form von Lebensdauerdaten können für die Software verwendet werden [3.18].

Eine Herausforderung der Datensammlung in frühen Entwicklungsphasen ist, dass die für die Bestimmung genauer Zuverlässigkeitswerte benötigten Randbedingungen, wie beispielsweise Temperatur oder Belastung, häufig fehlen. Deshalb fokussiert sich dieser Abschnitt auf den Umgang mit unsicheren Informationen bzw. auf die Frage, wie Informationen ermittelt werden können. Zu Beginn ist es wichtig, Begrifflichkeiten zu klären. Oftmals ist von Unsicherheit, Unschärfe und Ungenauigkeit die Rede. Im Folgenden werden die Begriffe definiert.

- Unsicherheit:
  Nach [3.42] kennzeichnet Unsicherheit im generischen Sinne eine Situation, in der es unmöglich ist, die Merkmale und Prozesse eines gegebenen Sachverhalts exakt zu beschreiben. Bei der Wissensrepräsentation tritt Unsicherheit immer dann in Erscheinung, wenn das Wissen mit der gegebenen Modellsprache über bestimmte Aspekte eines Sachverhalts nicht adäquat formuliert werden kann. Dadurch kann es vorkommen, dass die gegebenen Informationen nicht korrekt sind.
- Unschärfe:
  Die klassische Logik wird durch zwei abgegrenzte Zustände ausgezeichnet. Diese werden typischerweise als wahr oder falsch bezeichnet. Oftmals sind diese beiden Aussagen nicht ausreichend. Hier ist es sinnvoll, unscharfe Logik, wie beispielsweise die Fuzzy-Logik, einzusetzen. Hierbei werden Zugehörigkeitsfunktionen beschrieben, die Elementen einer Grundmenge eine reelle Zahl zwischen 0 bis 1 zuordnet. Dadurch wird ermöglicht, dass Elemente auch nur mit einer bestimmten Zugehörigkeit einem Zustand angehören.
- Ungenauigkeit/Impräzision:
  Ungenauigkeit und Impräzision sind Synonyme und bedeuten die Abweichungen einer Repräsentationsform von der Form der dargestellten Realität. Ein Modell zum Beispiel ist ungenau, wenn – bei überwiegender Übereinstimmung mit der Realität – einige Parameter nicht mit den realen Eigenschaften korrelieren. Zahlenwerte sind ungenau, wenn keine ein-eindeutige Beziehung zum Korrelat besteht [3.42].

Im Folgenden werden verschiedene Ansätze vorgestellt, mit denen es möglich ist, trotz Unsicherheiten, Unschärfe oder auch Ungenauigkeit der Informationen Zuverlässigkeitsdaten zu erstellen. Hierbei muss vor allem auf die wichtigste Randbedingung, die Datensituation, geachtet werden.

Zur Darstellung der ganzen Randbedingungen bietet es sich an, einen Programmablaufplan zu verwenden. Dieser repräsentiert eine grafische Darstellung des Ablaufs von Operationen in einem System (Abb. 3.5). Je nach Datensituation soll durch den Programmablaufplan eine passende Analyseart aufgezeigt werden. Insgesamt stehen 5 verschiedene Analysearten zur Verfügung:

1. Die Verwendung von Versuchsdaten
2. Nutzung von Netzstrukturen
3. Nutzung von quantitativem Expertenwissen
4. Nutzung von qualitativem Expertenwissen
5. Verwendung von Ausfallratenkatalogen.

In den nächsten Abschnitten wird auf die einzelnen Punkte eingegangen.

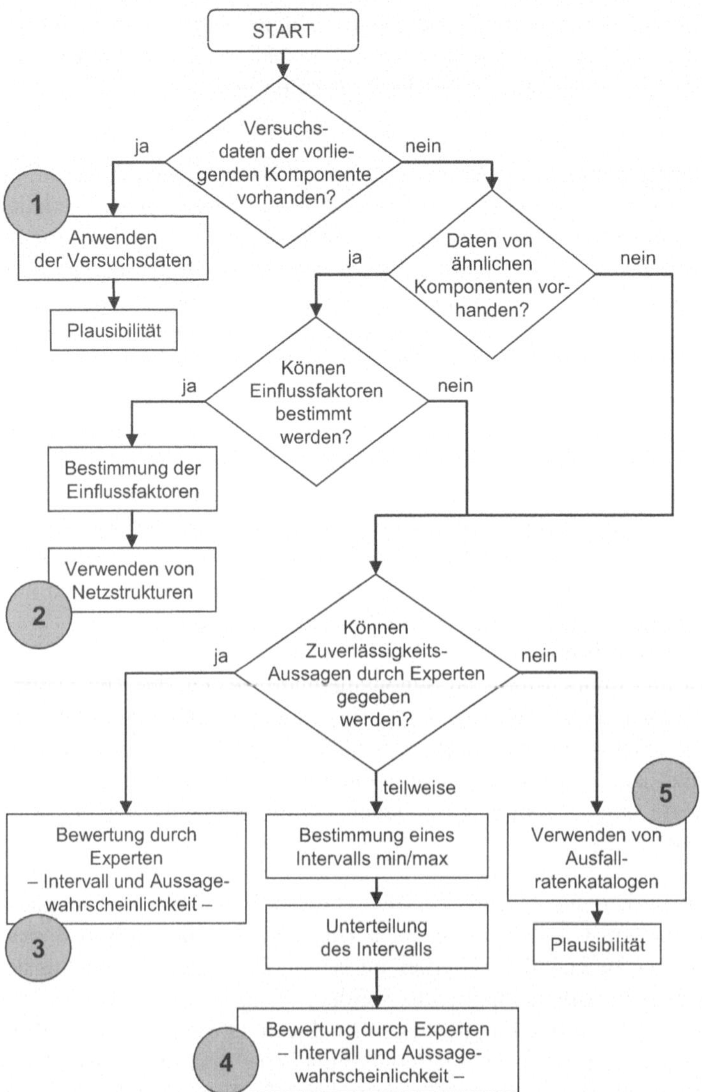

Abb. 3.5 Programmablaufplan für den Umgang mit unsicheren Daten

3.4.1 Verwendung von Versuchsdaten

Bei der Verwendung von Versuchsdaten muss angemerkt werden, dass die Qualität und auch der Umfang der Daten sehr stark variieren kann. Versuchs- bzw. Testbedingungen, welche genau auf das neue System abgestimmt sind, existieren zumeist in den frühen Entwicklungsphasen nicht. Zwar kann die betrachtete Komponente bereits im Einsatz gewesen und getestet worden sein, jedoch meistens in einem anderen System. Bei der Übernahme der Daten für das neue System können sich Randbedingungen ändern, so dass der Zuverlässigkeitswert von dem bekannten abweichen kann.

Die Berechnung der Zuverlässigkeitswerte funktioniert genauso wie es für alle Komponenten bzw. Systeme bekannt ist: mit Hilfe einer Verteilung. Für die in diesem Abschnitt exemplarisch betrachtete Domäne Mechanik bietet sich an, die Weibull-Verteilung zu verwenden, da es mit dieser möglich ist, verschiedene Ausfallarten abzubilden. Diese umfassen Frühausfälle, Zufallsausfälle sowie Verschleiß- und Ermüdungsausfälle. Allgemein kann bei der Auswertung der Daten zwischen einer zweiparametrigen und einer dreiparametrigen Weibullverteilung unterschieden werden. Der Unterschied liegt darin, dass bei der dreiparametrigen Weibullverteilung die ausfallfreie Zeit t_0 berücksichtigt wird. Diese Zeit symbolisiert, bis zu welchem Zeitpunkt kein Ausfall der Komponente auftritt. Im Gegensatz dazu sind in der zweiparametrigen Weibullfunktion nur der Formparameter b sowie die charakteristische Lebensdauer T integriert. Ausfälle treten hier bereits schon gleich zu Beginn auf.

Die Vorgehensweise zur Ermittlung der zuverlässigkeitstechnischen Kenngrößen ist bei den angesprochenen Verteilungsarten identisch. Zuerst werden die Daten nach der Ausfallzeit aufsteigend geordnet und anschließend einem Rang zugewiesen, welcher abhängig von der Anzahl der Prüflinge ist. Dieses nun ermittelte Zahlenpaar wird in ein Diagramm übertragen. Häufig kommt es auch vor, dass neben den Ausfallzeiten weitere Informationen von nicht ausgefallenen Komponenten vorliegen. Auch diese können in die Auswertung mit einfließen. Zur Vertiefung dieses Themengebietes sowie des Themas Vertrauensbereiche, welches vor allem bei einer geringen Anzahl von Tests relevant ist, wird auf weiterführende Literatur wie [3.2] oder [3.5] verwiesen.

Eine weitere Möglichkeit zur Erlangung von Zuverlässigkeitswerten liegt darin, dass aus einer firmeninternen Datenbank die Informationen entnommen werden. Häufig sind viele Werte hinterlegt, zudem sind auch die Belastungen, Werkstoffe sowie die Randbedingungen bekannt. Dadurch wird ermöglicht, dass die verwendeten Informationen eine höhere Plausibilität als die aus unbekannten Quellen aufweisen.

Ein essentieller Punkt dieses Abschnitts ist die Überprüfung der Plausibilität der Informationen bzw. Daten sowie die Ähnlichkeit der Produkte. Eine Ähnlichkeit liegt vor, wenn die Produkte bezüglich des Verhältnisses aus Belastung und Belastbarkeit, der Einsatzbedingungen (z. B. Lastkollektive oder Temperatur) und der Gestalt ähnlich sind, wohingegen für die Plausibilitätsprüfung eine Übereinstimmung der Größenordnung der Daten von Vorgänger- und aktuellem Produkt vorliegen muss. Da durch die Verwendung von ähnlichen, aber nicht immer hundertprozentig identischen Komponenten sowie deren Randbedingungen ausgegangen wird, müssen diese Punkte näher betrachtet werden. Beispielsweise sind die Änderungen bei Vorgängerprodukten in der Mechanik zumeist nicht allzu groß, da es sich in aller Regel um Änderungskonstruktionen bzw. Anpassungskonstruktionen handelt. Dadurch ist die Gestalt zumeist ähnlich. Komplette Neuentwicklungen, bei denen gar keine Ähnlichkeit mehr vorliegt, sind bei der Mechanik eher die Ausnahme. Anders kann dies bei Betrachtung von anderen Komponenten, die keinen direkten Bezug aufweisen, aussehen. Hier können die Grundfunktionen ähnlich sein, aber der Einbauraum und der Einsatzzweck können sich unterscheiden. Darüber hinaus muss auch noch auf unterschiedliche Einflüsse geachtet werden, um die Plausibilität sicherzustellen. Beispielsweise können hier die auf die Komponenten einwirkenden Belastungen, die Belastbarkeit der Komponente oder das Temperaturkollektiv genannt werden. Bei Abweichungen von Belastung und Belastbarkeit treten sehr unterschiedliche Zuverlässigkeitswerte auf. Deshalb ist es sinnvoll, dass diese Einflüsse schon in dieser Phase abgeschätzt werden können sowie von den bereits vorliegenden Komponenten die Einflussfaktoren bekannt sind.

3.4.2 Nutzung von Netzstrukturen

Zuverlässigkeitsdaten müssen nicht immer direkt von der zu untersuchenden Komponente vorliegen. Es besteht auch die Möglichkeit, die Zuverlässigkeitsdaten von Komponenten, die bereits getestet wurden, welche aber nicht zwingend identisch, sondern nur ähnlich zu der untersuchten sind, zu nutzen. Sinnvoll ist es aber hierbei, dass Informationen über die Einflussfaktoren wie beispielsweise die Temperatur oder die Lastzustände vorliegen. Falls diese bekannt sind, können Netzstrukturen verwendet werden. Besonders sinnvoll ist es, wenn die Strukturen automatisch aus den vorliegenden Daten lernen können. Hier sind vor allem Neuronale Netze und Bayes'sche Netze zu nennen.

Da bereits in Kap. 2.9 die Verwendung von Netzstrukturen thematisiert wurde, wird für weiterführende Informationen auf dieses Kapitel verwiesen.

3.4.3 Nutzung von quantitativem Expertenwissen

Neben der Nutzung von Informationen aus Datenbanken ist es auch möglich, Wissen aus nichtdokumentierten Quellen zu erlangen. Stichwort hierbei ist das Expertenwissen. Jedoch kann die Situation vorkommen, dass die befragten Experten sich nicht in der Lage befinden, immer quantitative Aussagen bzw. Einschätzungen über die Zuverlässigkeit von Komponenten zu treffen. Oftmals liegt die Tatsache darin begründet, dass sich die Experten durch später überprüfbare schlechte oder falsche Angaben anfechtbar machen. Somit wollen viele ihr Wissen nicht immer offen preisgeben.

Eine weitere Herausforderung besteht im Aufnehmen des Expertenwissens, da die Informationen, die zwischen Personen ausgetauscht werden, nach [3.36] nicht immer korrekt ausgetauscht werden. Insgesamt gibt es vier verschiedene Schritte des Informationsaustausches. Zuerst muss der Experte die Frage des Interviewers verstehen. Anschließend muss er sich an die relevanten Informationen erinnern, um die Fragen beantworten zu können. Diese Informationen werden dann beurteilt und bewertet. Als letzter Schritt werden die Informationen sowie die Bewertungen dem Interviewer mitgeteilt. Die nächste Herausforderung liegt darin, dass die Information vom Interviewer korrekt aufgenommen wird. Nach [3.36] kann es vorkommen, dass sich der Experte teilweise mit zu vielen Informationen auseinandersetzen muss, um die Fragen beantworten zu können. Dies kann dazu führen, dass die Antworten des Experten ungenau werden, da der Experte Vereinfachungen und Annahmen trifft.

Tabelle 3.1 Schwierigkeitsklassen für Expertenwissen [3.26]

Ziel der Frage	Schwierigkeitsgrad
erster und letzter Ausfall	1
Maxima und Mittelwerte	2
Wahrscheinlichkeiten	3
Verteilungsparameter	4

Für einen Experten gestaltet es sich zumeist schwierig, genaue Verteilungsparameter anzugeben. Viel einfacher für ihn ist es beispielsweise einen Bereich des Ausfallzeitpunktes einer Komponente anzugeben. In Tabelle 3.1 sind diese unterschiedlichen Schwierigkeitsklassen der Information angegeben. Hierbei symbolisiert eine hohe Ziffer einen hohen Schwierigkeitsgrad.

Falls die Experten keine quantitativen Angaben zur Zuverlässigkeit geben können oder wollen, muss eine weitere Art der Informationsgewinnung von Experten in Betracht gezogen werden. Diese sind in den folgenden Abschnitten zu finden.

3.4.4 Nutzung von qualitativem Expertenwissen

Liegen anstatt Zuverlässigkeitsdaten nur Informationen über das Verhandensein der einzelnen Komponenten eines Systems vor, jedoch keine Zuverlässigkeitsdaten, so kann auf unterschiedliche Art und Weise trotzdem eine Zuverlässigkeitsaussage bestimmt werden. Zum einen ist es möglich, durch Experten eine qualitative Aussage dahingehend zu erhalten, dass die einzelnen Komponenten des Systems nach ihrer Ausfallwahrscheinlichkeit sortiert werden. Dadurch werden die „Haupttreiber" ermittelt, welche die Zuverlässigkeit bzw. die Unzuverlässigkeit des Systems maßgeblich bestimmen.

Die andere Möglichkeit besteht darin, dass die Komponenten des Systems einzeln betrachtet werden. Das Ziel ist es, qualitative Aussagen zu quantifizieren. Dieses Vorgehen wird in mehrere Punkte unterteilt:

1. Es werden unterschiedliche Datenquellen verwendet, um ein Minimum und ein Maximum des Zuverlässigkeitswertes der Komponente zu bestimmen. Diese Datenquellen können firmeninterne Daten, sowie Herstellerangaben sein oder

aus Ausfallratenkatalogen stammen. Alternativ kann in diesem Punkt auch das Minimum und das Maximum von den Experten genannt werden. Dies würde dem ersten Punkt aus Tabelle 3.1 entsprechen. Beide Möglichkeiten können auch miteinander kombiniert werden. Die gefundenen Informationen aus den Datenquellen können durch Experten weiter eingeschränkt werden. In allen Fällen muss aber überprüft werden, ob die Werte plausibel sind.
2. Der Bereich des Minimums und des Maximums wird nun in einem nächsten Schritt weiter unterteilt. Hierbei sollen gleichgroße Intervalle entstehen. Die Anzahl der Intervalle kann von den Experten gewählt werden. Empfehlenswert ist eine Einteilung in mindestens drei Intervalle.
3. Der Experte wird nun gefragt, in welchem Intervall und mit welcher Aussagewahrscheinlichkeit er diese Komponente abschätzt. Mehrfachnennungen sind möglich, jedoch soll die Summe der Aussagewahrscheinlichkeit immer 100% betragen. Dadurch wird eine Verteilung erzeugt, mit der dann die Ausfallrate eingegrenzt werden kann.

Das folgende Beispiel soll diese Herangehensweise aufzeigen:
Die Zuverlässigkeit eines Tasters soll untersucht werden. Durch die Verwendung von unterschiedlichen Datenquellen und anschließender Plausibilitätsprüfung werden von den Experten eine minimale Ausfallrate von $\lambda = 400$ FIT und eine maximale Ausfallrate von $\lambda = 580$ FIT festgelegt. Nach der weiteren Unterteilung des bestimmten Intervalls stehen den Experten in dem vorliegenden Beispiel für ihre Schätzung insgesamt sechs gleichgroße Intervalle zur Verfügung. In Tabelle 3.2 sind diese Intervalle sowie die unterschiedlichen Aussagen der Experten zu finden.

Tabelle 3.2 Expertenaussage über die Zuverlässigkeit eines Tasters

	λ = [400 FIT, 430 FIT)	λ = [430 FIT, 460 FIT)	λ = [460 FIT, 490 FIT)	λ = [490 FIT, 520 FIT)	λ = [520 FIT, 550 FIT)	λ = [550 FIT, 580 FIT)
Experte 1	0,1	0,8	0,1			
Experte 2				0,7	0,3	
Experte 3			1,0			
Experte 4	0,1	0,2	0,3	0,2	0,1	0,1
Experte 5		0,1	0,8	0,1		
Experte 6		0,25	0,25	0,25	0,25	
Experte 7			0,25	0,5	0,25	

Durch diese Expertenaussagen kann in einem abschließenden Schritt die Ausfallrate als Verteilung angegeben werden.

3.4.5 Verwendung von quantitativem und qualitativem Expertenwissen

Wird ein System betrachtet, dessen Komponenten durch die Experten aus Zuverlässigkeitssicht nicht vollständig quantitativ erfasst werden können, besteht die Möglichkeit zusätzlich qualitatives Expertenwissen zu nutzen. Die bereits bestimmten quantitativen Zuverlässigkeitswerte werden hierfür genommen und der Größe nach sortiert. Dabei bietet es sich an, dass die „unzuverlässigste" Komponente ganz oben steht. Komponenten, welche noch keinen Zuverlässigkeitswert zugewiesen bekommen haben, sollten auf eine separate Liste gesetzt werden. Nun werden diese Komponenten durch einen Gruppenentscheid der Experten in die existierende Liste der quantifizierten Komponenten einsortiert. Abbildung 3.6 soll dies aufzeigen.

Wie bei den kombinierten Daten zu sehen ist, liegt beispielsweise Komponente 4 nach dem Ermessen der Experten in ihrem Zuverlässigkeitswert zwischen Komponente 3 und Komponente 7. Der Komponente 3 und Komponente 7 ist ein Zuverlässigkeitswert hinterlegt, so dass für Komponente 4 ein Bereich angegeben werden kann, der zwischen diesen beiden liegt. In dem vorliegenden Fall besitzt die Komponente 4 also eine Ausfallrate im Bereich von 1120 FIT $< \lambda <$ 1200 FIT.

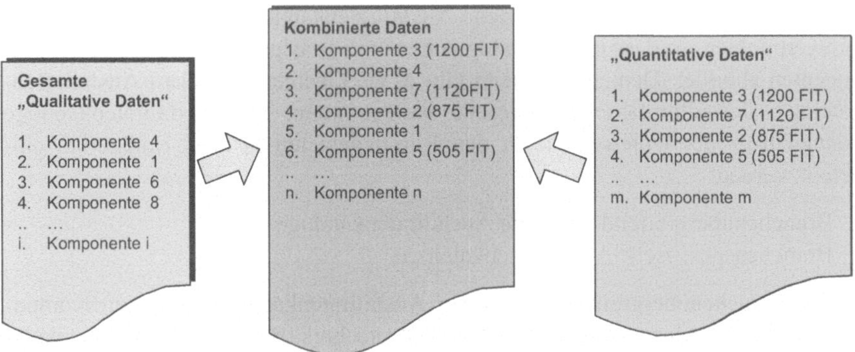

Abb. 3.6 Zusammenführen von qualitativen und quantitativen Expertenwissen

3.4.6 Verwendung von Ausfallratenkatalogen

Die geschichtliche Entwicklung von Ausfallratenkatalogen reicht bis zum zweiten Weltkrieg zurück. Während dieser Kriegszeit kam es zu vielen Fehlern durch neu eingesetzte Waffentechnologien. Zudem war das Auftreten der Fehler nicht prognostizierbar. Aus diesem Grunde wurden in den USA in der Zeit zwischen 1945 und 1950 verschiedene Navy-, Army- und Air Force-Studien betrieben, die sich insbesondere mit den Themen Geräteinstandhaltung, Instandhaltungskosten und Zuverlässigkeit elektronischer Komponenten beschäftigten.

Das steigende Zuverlässigkeitsbewusstsein in den USA über den Militärbereich hinaus führte nach [3.11] in den frühen 50er Jahren des vergangenen Jahrhunderts zur Einsetzung der „IEEE Transactions on Reliability", die sich ebenfalls mit der Zuverlässigkeit elektronischer Komponenten befasste. Im Jahre 1957 veröffentlichte AGREE (Advisory Group on the Reliability of Electronic Equipment) einen Bericht, der umgehend zu einer Militärspezifikation (MIL-SPEC) über die Zuverlässigkeit elektronischer Komponenten des US-Militärs führte. Diese Entwicklung gab auch den Ausschlag für die Schaffung eines Ausfallratenkataloges, mit dessen Hilfe die Ausfallraten elektronischer Komponenten in militärisch verwendeten Komponenten und Systemen abgeschätzt werden sollten. Das dort vorgestellte Militärhandbuch ist das als Grundlage aller Ausfallratenkataloge geltende MIL-HDBK-217. Dieses beinhaltet Daten über die Zuverlässigkeit einzelner Komponenten und Bauteile sowie Verfahren, mit denen die Systemzuverlässigkeit aus der Zuverlässigkeit der verbauten Komponenten und Bauteile ermittelt werden können.

3.4.6.1 Übersicht und Inhalt der Ausfallratenkataloge

Heutzutage gibt es viele verschiedene Ausfallratenkataloge mit unterschiedlichen Schwerpunkten, so dass jeder Katalog zumeist einen begrenzten Umfang an Komponenten abbildet. Dementsprechend gibt es auch keinen „Standard-Ausfallratenkatalog", der allumfassend eingesetzt werden kann. Die Ausfallratenkataloge können trotz der Unterschiede in den Einsatzgebieten in zwei Kategorien eingeteilt werden:

- Branchenübergreifend relevante Ausfallratenkataloge
- Branchenspezifische Ausfallratenkataloge.

Die branchenübergreifend relevanten Ausfallratenkataloge umfassen Komponenten aus dem Maschinenbau und der Elektrotechnik. Bekannte Ausfallratenkataloge für diese Kategorie sind in Tabelle 3.3 zu finden.

Im Gegensatz zu den branchenübergreifenden Ausfallratenkataloge aus Tabelle 3.3 entstammen die Daten der branchenspezifischen Ausfallratenkataloge aus Datenbanken von sicherheitskritischen Branchen. Beispiele hierfür sind die Verfahrenstechnik, Offshore-Anwendungen sowie Kernkraftwerkstechnik. Die Anzahl der erhältlichen Ausfallratenkataloge dieser Kategorie ist sehr groß, aber nach [3.21] ist die Implementierung in Zuverlässigkeitsprognosen recht selten.

Werden Ausfallraten anhand der Ausfallratenkataloge bestimmt, gibt es noch eine weitere Unterscheidung. Sie können je nach ihrem Aufbau in zwei Gruppen eingeteilt werden:

- Ausfallratenkataloge mit Berechnungsmodellen zur Bestimmung der Ausfallrate
- Ausfallratenkataloge als reine Ausfalldatensammlung.

Tabelle 3.3 Übersicht branchenübergreifender Ausfallratenkataloge

Titel des Katalogs	Datenquelle/ Art der Daten	Veröffentlicht von (Jahr)	Bemerkungen
China GJB/z 299B	Elektronische Komponenten	Chinesisches Militär	Basiert auf einer älteren Version von MIL-HDBK-217
EPRD-97 (Electronics Parts Reliability Data)	Elektronische Komponenten	Reliability Analysis Center, USA (1997)	Datenbank aus Felddaten
IEC TR 62380	Elektronische Komponenten	IEC, Schweiz (2004)	Nachfolger von RDF 2000 und RDF 95
MIL-HDBK-217F	Elektronische Komponenten	US Department of Defense, USA (1995)	Standardwerk
NPRD-95 (Non-electronic Parts Reliability Data)	Nicht-elektronische Komponenten	Reliability Analysis Center, USA (1995)	Datenbank aus Felddaten
NSWC-98 (Naval Surface Warfare Center)	Mechanische Komponenten	NSWC, USA (1998)	Mathematische Modelle und Methoden
Telcordia SR-332	Elektronische Komponenten	AT&T Bell Labs, USA	Identisch zu Bellcore TR-332

Ausfallratenkataloge mit Berechnungsmodellen zur Bestimmung der Ausfallrate (z. B. MIL-HDBK-217F) beschreiben eine Vorgehensweise zur Bestimmung der Ausfallrate abhängig von den Betriebs- und Einsatzbedingungen einer Komponente. Hierzu wird eine vorgegebene oder zu ermittelnde Basisausfallrate mit den anhand der Berechnungsmodelle bestimmten Faktoren multiplikativ verrechnet. Üblicherweise kann die laut Ausfallratenkatalog tatsächliche Ausfallrate λ_p gemäß IEEE 1413 [3.23] als Funktion einer Basisausfallrate λ_G und einer Reihe von Einflussfaktoren π_i beschrieben werden:

$$\lambda_p = f(\lambda_G, \pi_i) \tag{3.1}$$

Im Gegensatz hierzu muss bei den Ausfallratenkatalogen, die als reine Ausfalldatensammlung aufgebaut sind (z. B. NPRD), die Ausfallrate nicht erst berechnet, sondern direkt aus den Tabellen abgelesen werden.

3.4.6.2 Vor- und Nachteile von Ausfallratenkatalogen

In [3.21] werden verschiedene Ausfallratenkataloge miteinander verglichen. Hauptaugenmerk liegt auf den Unterschieden der Ausfallraten, wenn ein und dieselbe Komponente betrachtet wird. Als Anschauungsobjekte werden hierbei verschiedene elektronische Komponenten verwendet. Auffällig ist, dass es immense Differenzen zwischen den einzelnen Ausfallraten gibt. Beispiele für die Streuung der Ausfallraten zwischen den einzelnen Katalogen sind in [3.1] veröffentlicht. So liegen die Daten nach [3.1] für einen Wechselstrommotor zwischen $\lambda = 0{,}15$ FIT und $\lambda = 556$ FIT, was einer Abweichung um den Faktor 3700 entspricht. Dies zeigt, dass eine zuverlässige Datensammlung ein wichtiger Faktor ist. Ohne zuverlässige und konsistente Daten, deren Herkunft und Einsatzbedingungen über die gesamte Lebensdauer bekannt sind, werden die Berechnungen verfälscht. Deshalb sollten in den Ausfallratenkatalogen immer umfassende und vielfältige Daten mit einer genauen Aufschlüsselung der im Betrieb herrschenden Belastungen und Einsatzbedingungen enthalten sein.

Des Weiteren zeigt sich, dass insbesondere die Arbeit mit gedruckten Ausfallratenkatalogen einen enormen zeitlichen Arbeitsaufwand erfordert, da die dort beinhalteten Berechnungsmodelle oftmals von einer Vielzahl von Faktoren abhängen. Dadurch wird die korrekte Eingabe und Bedienung erschwert. In dieser Hinsicht bietet das Ermitteln der Zuverlässigkeitswerte mit Hilfe von softwarebasierten Lösungen, welche einige der Ausfallratenkataloge anbieten, eine enorme Erleichterung: Hier wird der Anwender gezielt durch das jeweilige Berechnungsmodul geführt und die jeweils nötigen Eingaben über Dialoge angefordert.

3.5 Qualitative und quantitative Analyse

Wie in Kap. 2.1 dargestellt, wird bei den Zuverlässigkeitsbewertungen zwischen qualitativen und quantitativen Analysen unterschieden. Auch bei der vorliegenden Zuverlässigkeitsbewertung für mechatronische Systeme werden diese beiden Analysearten betrachtet. In Abhängigkeit der zur Verfügung stehenden Informationen entscheidet sich, welche Analyseart genutzt werden kann.

Bei der qualitativen Analyse kommen vorwiegend die FMEA und die FTA zum Einsatz. Für weiterführende Informationen für diese beiden Analysen wird auf Kap. 2.1.1 bzw. auf [3.2] verwiesen. Als ein interessanter Aspekt ist anzusehen, dass mit Hilfe von SQMA Fehlerzusammenhänge herausgelesen werden können. Zudem lassen sich auch System- und Funktionsstrukturen erstellen. Diese mögliche Automatisierung reduziert den Arbeitsaufwand bei der Erstellung deutlich.

Neben der qualitativen Analyse kann bei der Methodik zur Zuverlässigkeitsbewertung mechatronischer Systeme auch eine quantitative Analyse durchgeführt werden. Dafür muss aber gewährleistet sein, dass die verwendeten Komponenten identifiziert und für diese jeweils ein Zuverlässigkeitswert vorliegt.

Als Herausforderung ist die Bewertung der Software zu sehen. In der Literatur sind zwar zahlreiche Modelle bekannt, die mittels verschiedener Softwaremaße, wie z. B. der Anzahl der Codezeilen, die Software-Zuverlässigkeit beschreiben. Jedoch existiert nach [3.37] und [3.41] kein Modell, welches für alle Einsatzbereiche verwendbar ist. Basierend auf Regressionsmethoden werden die verschiedenen Modelle durch vorhandene Datensätze aufgestellt. Die teilweise großen Unterschiede zwischen den Ergebnissen deuten darauf hin, dass kein allgemein gültiges und normiertes Software-Zuverlässigkeitsmodell existiert. Dies wird auch in [3.14] bestätigt. Eine Herausforderung besteht darin, dass schon in frühen Entwicklungsphasen Informationen über die Software-Zuverlässigkeit benötigt werden, um eine quantitative Aussage treffen zu können. Dies ist aber nicht immer möglich. Aus diesem Grund wird eine Vorgehensweise benötigt, durch die, neben einer quantitativen Bestimmung der Zuverlässigkeit, eine Auswahl des zuverlässigsten Lösungskonzepts mit Hilfe eines relativen Vergleichs vorgenommen werden kann.

Die im Weiteren verwendete Vorgehensweise ermöglicht es, trotz des Fehlens eines allgemein gültigen Software-Zuverlässigkeitsmodells, einen relativen Vergleich zwischen verschiedenen Lösungskonzepten vorzunehmen. Der Ansatz basiert auf der Verwendung eines unbekannten Parameters. Prinzipiell ist zwar die Anwendung dieses unbekannten Parameters (hier: α) nicht auf die Software beschränkt, jedoch ist die Anwendung hier am sinnvollsten.

In der Regel ist für ein Gesamtsystem ein Zuverlässigkeitsziel vorgegeben (siehe Kap. 3.1). Es wird nun ein Grenzwert α_{zul} für den unbekannten Parameter α angegeben, bei dem das vorgegebene Zuverlässigkeitsziel gerade noch erreicht wird. Dieser Grenzwert kann als „Entwicklungsspielraum" definiert werden. Dadurch können zwar für mechatronische Systeme keine absoluten Zuverlässigkeitswerte bestimmt werden, aber ein relativer Vergleich ist über diesen Ansatz möglich. In Kap. 7.2.2 sind noch weitere Ansätze zu finden, mit denen es möglich ist, unter bestimmten Randbedingungen die Zuverlässigkeit des mechatronischen Systems absolut zu bestimmen.

Anhand eines abstrakten Beispiels soll das Vorgehen des relativen Vergleiches erklärt werden. Das zu betrachtende mechatronische System besteht aus den Domänen Mechanik, Elektronik und Software. In den einzelnen Domänen tritt jeweils nur eine Ausfallart auf. Zudem wird angenommen, dass die Ausfallzeitpunkte der insgesamt drei Ausfallarten unabhängig sind sowie jeweils einer Exponentialverteilung folgen. Die letzte Annahme ist, dass die Domänen in Reihe verknüpft sind. Daraus folgt für das Gesamtsystem eine Ausfallrate von

$$\lambda_{System} = \lambda_{Mechanik} + \lambda_{Elektronik} + \lambda_{Software} \tag{3.2}$$

Als Entwicklungsziel sei

$$\lambda_{System} \leq \lambda_{Ziel} \tag{3.3}$$

vorgegeben. Um dieses Ziel zu erreichen, ist die Formel umzustellen nach

$$\lambda_{Software} \leq \lambda_{System} - \lambda_{Mechanik} - \lambda_{Elektronik} = \lambda_{zulässig\ Software}\,. \tag{3.4}$$

Hierbei kann $\lambda_{zulässig\ Software}$ als diejenige Ausfallrate der Software interpretiert werden, bei dem das Zuverlässigkeitsziel des gesamten mechatronischen Systems gerade noch erreicht wird.

Diese aufgezeigte Berechnungsmethode wird entsprechend Abb. 3.7 für drei zu vergleichende Lösungsvarianten A, B und C durchgeführt. Als Ergebnis werden zulässige Software-Ausfallraten ausgegeben, bei denen das Zuverlässigkeitsziel für das Gesamtsystem gerade erreicht wird. Diese Ergebnisse werden miteinander verglichen, wobei eine größere Softwareausfallrate einen größeren Entwicklungsspielraum darstellt.

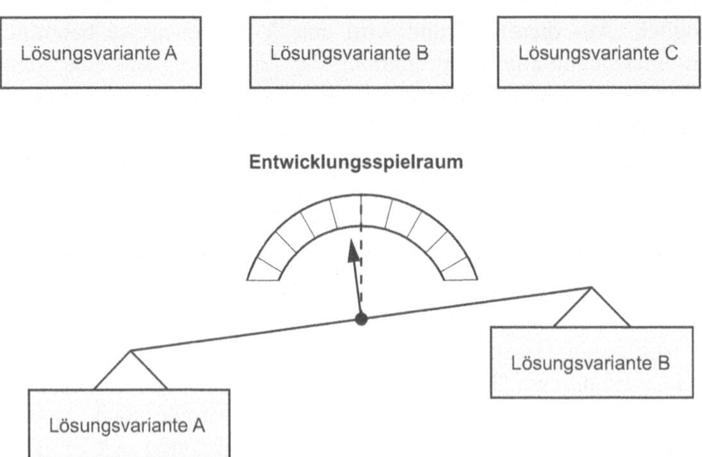

Abb. 3.7 Auswahl einer Lösungsvariante aufgrund des Entwicklungsspielraums [3.27]

Zwar kann durch dieses Vorgehen die zuverlässigste Lösungsvariante eines mechatronischen Systems quantitativ ermittelt werden, jedoch sollten Annahmen für das Ausfallverhalten von Software getroffen werden. Hierbei sollte der Ausfallzeitpunkt funktional unabhängig und durch eine Exponentialverteilung beschrieben sein. Daraus und unter der Verwendung des Entwicklungsspielraums α sowie der Einflussgrößen E folgt für eine beliebige Software-Komponente die Gleichung

$$\lambda_i = \alpha \cdot E_i \tag{3.5}$$

Der Faktor α beschreibt einen Zusammenhang zwischen den Einflussgrößen, die in frühen Entwicklungsphasen bestimmbar sind, und deren Ausfallraten λ.

Implizite Softwarezuverlässigkeit

Die Auswahl an Größen, die Einfluss auf die Software haben, ist sehr vielfältig. Dies kann von der Programmkomplexität, der Defektdichte oder der Programmiersprache bis hin zu weichen Einflussgrößen wie der Teamzusammensetzung oder Arbeitsbedingungen reichen. Hierbei beschreibt die Defektdichte, welche nach [3.32] ein wichtiges Maß zur Bestimmung der Software-Zuverlässigkeit darstellt, das Verhältnis zwischen der Anzahl der Fehler und einer definierten Größe der Anzahl der Codezeilen. Aus obigen Gründen wird die Defektdichte für die Zuverlässigkeitsbestimmung weiter untersucht.

Der hier vorgestellte Ansatz soll aber nicht auf Informationen aus Test und Betrieb zurückgreifen, sondern auf das in den Unternehmen häufig nicht oder nur unzureichend dokumentierte Wissen von Experten. Diese Experten können oftmals auf langjährige Erfahrung zurückgreifen. In [3.14] wird vorgeschlagen die oben beschriebene Defektdichte über ein Bayes'sches Netz zu bestimmen. Das Wissen der Experten kann durch diesen Ansatz formalisiert werden. Weiterführende Informationen über Bayes'sche Netze sind in Kap. 2.9 zu finden.

Um den Repräsentanten für die Zuverlässigkeitsbewertung, die Defektdichte, quantitativ zu bestimmen, werden von den Experten noch verschiedene Informationen zum Füllen des Bayes'schen Netzes benötigt. Konkret wird in [3.14] eine Möglichkeit zum Aufstellen eines Bayes'sches Netzes vorgestellt. In diesem Beispiel müssen die in frühen Phasen abschätzbaren Einflussfaktoren wie Komplexität des Problems, Entwicklungs- sowie Testaufwand bestimmt werden (Abb. 3.8). Als Ausgangsknoten erhält man die Defektdichte. Jedem Knoten wird ein diskreter Wertebereich zugewiesen. Beispielsweise kann der Wertebereich des Knotens „Komplexität des Problems" zwischen sehr niedrig und sehr hoch liegen. Der gegenseitige Einfluss der Knoten wird in Form von Tabellen angegeben. Die Werte in diesen Tabellen basieren auf dem Expertenwissen der jeweiligen Anwender.

Neben der Defektdichte müssen noch weitere Einflussgrößen zur Erlangung der Zuverlässigkeit betrachtet werden. So spielt die unterschiedliche Nutzungszeit *op* (operational profile) der Softwarekomponente eine große Rolle. Es wird angenommen, dass zwei Softwarekomponenten betrachtet werden. Die eine besitzt eine Defektdichte von 30 Fehler pro 1000 Codezeilen, wird aber sehr selten aufgerufen, wohingegen die andere Softwarekomponente eine geringere Defektdichte von 5 Fehler pro 1000 Codezeilen aufweist, jedoch permanent im Einsatz ist. Hier-

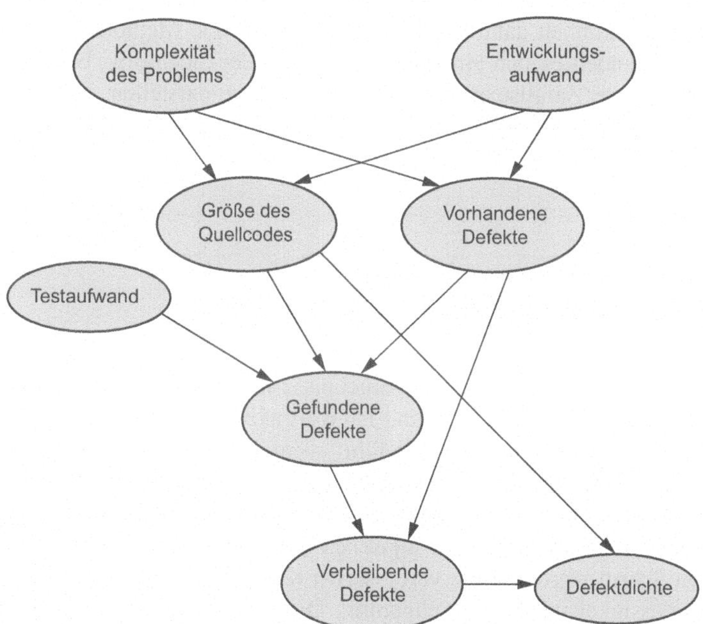

Abb. 3.8 Beispiel für ein Bayes'sches Netz zur Ermittlung der Defektdichte [3.14]

durch wird ersichtlich, dass nicht nur die Defektdichte *dd* die Zuverlässigkeit bestimmt. Die nun verwendete Gleichung lautet dann

$$\lambda_i = \alpha \cdot dd_i \cdot op_i \tag{3.6}$$

Der Faktor op_i wird wie auch die Defektdichte dd_i durch die Experten bestimmt. Bis auf den Faktor α können alle weiteren Größen bestimmt werden. Somit stellt α bei der Bestimmung der Zuverlässigkeit verschiedener Lösungsvarianten den letzten verbleibenden Freiheitsgrad dar. Dieser kann als Vergleichsmaßstab für den Entwicklungsspielraum verwendet werden. Zu berücksichtigen ist, dass α für alle Softwarekomponenten als konstant angenommen wird. Dies ist zulässig, da zunächst davon ausgegangen wird, dass sich alle Softwarekomponenten beim Auftreten eines Fehlers identisch verhalten. Falls diese Annahmen nicht ausreichen, können weitere komponentenspezifische Einflussgrößen integriert werden. Eine Ausweitung auf ein mehrdimensionales α ist jedoch nicht ohne weiteres möglich.

Die einzelnen Komponenten aller Domänen müssen nun in eine Zuverlässigkeitsstruktur angeordnet werden. Hierfür wird die Fehlerbaumanalyse genutzt. Pro Schweregrad wird jeweils ein Fehlerbaum erstellt.

Berechnung

Bei der Befragung der Experten kann es vorkommen, dass diese nicht nur exakte Zahlenwerte nennen können, sondern auch unscharfe Daten bzw. Verteilungen angeben werden. Diese können dann mit Hilfe der Monte-Carlo-Methode behandelt werden. Hierbei handelt es sich um ein Verfahren aus der Stochastik, bei dem sehr häufig durchgeführte Zufallsexperimente die Grundlage darstellen. Mit den Ergebnissen wird versucht, analytisch nicht oder nur aufwändig lösbare Probleme mit Hilfe von Simulationen numerisch zu lösen.

3.6 Vergleich des Analyseergebnisses mit dem Zuverlässigkeitsziel

Im letzten Schritt werden die vorliegenden Ergebnisse mit den gesetzten Zielen verglichen. Ist die Abweichung von Soll- und Ist-Wert akzeptabel, so muss keine weitere Zuverlässigkeitsoptimierung durchgeführt werden. Falls nun aber Soll- und Istwert weit auseinander liegen, ist eine Optimierung notwendig. Dazu werden alle kritischen Komponenten aus den Domänen herausgegriffen und ihre Eigenschaften, z. B. deren Größe, Material oder logische Zusammenhänge, überarbeitet. In einem nächsten Schritt werden diese verbesserten Komponenten integriert und eine weitere Zuverlässigkeitsanalyse durchgeführt. Dieser Vorgang wird so lange wiederholt, bis das gewünschte Ziel erreicht wird.

3.7 Fallbeispiel für die Methodik der Zuverlässigkeitsbewertung

Im folgenden Fallbeispiel soll die Vorgehensweise der in den vorigen Kapiteln vorgestellten Methodik der Zuverlässigkeitsbewertung für mechatronische Systeme in frühen Entwicklungsphasen verdeutlicht werden. Gegenstand der Betrachtung ist ein Getriebe. Hierbei soll ein CVT (engl.: Continuously Variable Transmission, dt.: Getriebe mit stufenloser Übersetzung) und ein Stufenautomatgetriebe gegenübergestellt werden. Durch den Konzeptvergleich soll ermittelt werden, welches der beiden Getriebe das zuverlässigere Konzept ist.

In beiden Getrieben ist jeweils ein Wandlerelement mit einer Wandlerüberbrückungskupplung zu finden. Im Folgenden wird auf die beiden Getriebevarianten sowie auf das Wandlerelement mit der Wandlerüberbrückungskupplung eingegangen.

Stufenautomatgetriebe bestehen aus einem Wandler mit einem nachgeschalteten Getriebe in Planetenbauart [3.3]. Hierbei wird ein wesentlicher Anteil des Bauraumes durch die zur Schaltung benötigten Kupplungen und Bremsen benötigt. Im Gegensatz zu einem vergleichbaren Handschaltgetriebe kommt ein Automatgetriebe dank des Einsatzes eines hydrodynamischen Drehmomentwandlers mit einer weniger großen Spreizung aus. Eine der wichtigsten Baugruppen eines automatischen Getriebes ist die Steuerung. Sie ist zuständig für die Betätigung der Bremsen und Kupplungen im Getriebe. Deren Steuerung beeinflusst direkt die vom Fahrer empfundene „Schaltqualität“ des Getriebes.

Da das Leistungsangebot eines Verbrennungsmotors durch ein herkömmliches Getriebe wegen der endlichen Anzahl an Schaltstufen nicht optimal genutzt werden kann, werden CVTs verwendet. Mit einer stufenlos variablen Getriebeübersetzung kann der Motor, je nach Wunsch, im verbrauchs- oder fahrleistungsoptimalen Betriebspunkt betrieben werden. Das zentrale Bauelement dieser Getriebe ist der Variator. Er besteht im Wesentlichen aus den Kegelscheiben und der Kette. Die Leistung wird über die Kette, die zwischen zwei axial verstellbaren Kegelscheiben umläuft, reibschlüssig übertragen. Durch die axiale Verstellung der Kegelscheiben läuft die Kette auf variablen Durchmessern, so dass sich die Übersetzung stufenlos ändern lässt [3.3].

In Abb. 3.9 sind beide Getriebe als Konzeptskizze zu sehen.

In Fahrzeugen wird als Anfahrelement ein Drehmomentwandler eingesetzt. Dieser ermöglicht, dass beim Anfahren hohe Drehmomente am Abtrieb bei relativ geringem Drehmoment am Antrieb erzeugt werden können. Die Kraft wird durch zwei Schaufelräder, einem durch den Motor angetriebenen und einem zweiten durch den erzeugten Ölstrom angetriebenen Schaufelrad, über das Medium Öl vom Motor auf das Getriebe übertragen. Diese beiden Schaufelräder befinden sich im Drehmomentwandler. Da diese beiden Schaufelräder nur über das Medium Öl miteinander verbunden sind, ergeben sich unterschiedliche Drehzahlen des Motors und des Getriebes. Der Wirkungsgrad ist bei hohen Motordrehzahlen gering, deshalb werden teilweise Wandlerüberbrückungskupplungen eingebaut.

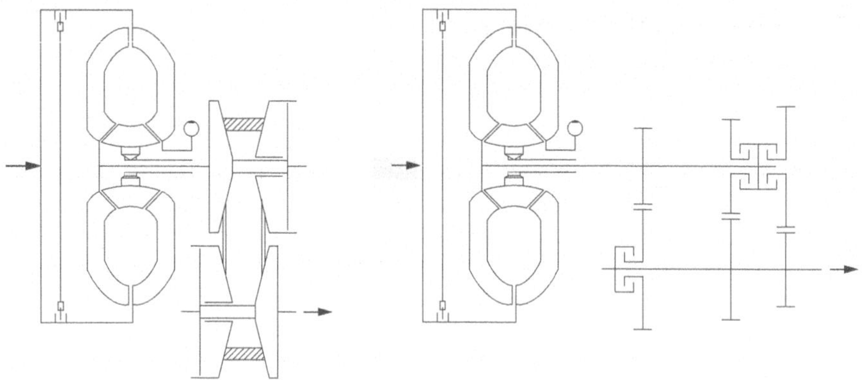

Abb. 3.9 Konzeptskizze eines CVTs und eines Stufenautomats

Eine Wandlerüberbrückungskupplung ist nach [3.13] eine zusätzliche Kupplung, die in einem Drehmomentwandler enthalten ist und sich bei entsprechend hoher Drehzahl ab einem bestimmten Gang zuschaltet. Dadurch wird eine feste Verbindung vom Motor zum Getriebe hergestellt, um den Schlupf im Wandler zu reduzieren und den Wirkungsgrad zu steigern.

3.7.1 Identifikation Topfunktion/Topfehlfunktion

Mit Hilfe der Konzeptskizzen sowie allgemeiner Überlegungen können die Topfunktionen eines Getriebes aufgestellt werden. Diese sind:

- Ändern der Übersetzungen
- Wandeln der Drehzahl
- Wandeln des Drehmoments

Diesen Topfunktionen werden im nächsten Schritt die dazugehörigen Topfehlfunktionen hinzugefügt:

- Ändern der Übersetzung nur eingeschränkt möglich
- Ändern der Übersetzung nicht möglich
- Wandeln der Drehzahl nur eingeschränkt möglich
- Wandeln der Drehzahl nicht möglich
- Wandeln des Drehmoments nur eingeschränkt möglich
- Wandeln des Drehmoments nicht möglich

Da die Funktionen bzw. Topfehlfunktionen für den Kunden unterschiedliche Wertigkeiten besitzen, werden diese anhand des Klassierungsverfahrens nach [3.10] bewertet. Zusätzlich wird den einzelnen Schweregraden ein Zuverlässigkeitszielwert zugewiesen, welcher in die spätere Berechnung einfließt (Tabelle 3.4).

Tabelle 3.4 Zuverlässigkeitszielwerte in Abhängigkeit der Schweregrade

Schweregrad	Zuverlässigkeitszielwert
I	$R_I(t=5a) \approx 1$
II	$R_{II}(t=5a) \geq 0{,}99$
III	$R_{III}(t=5a) \geq 0{,}95$
IV	$R_{IV}(t=5a) \geq 0{,}9$

Die obigen Topfehlfunktionen, bei denen die Funktionalität eingeschränkt, aber nicht vollständig verfügbar ist, stellen eine Nichterfüllung der Hauptfunktion dar. Deshalb werden diesen der Schweregrad III zugeordnet. Die anderen drei Topfehlfunktionen sind von ihrer Kritikalität höher einzustufen, so dass ihnen der Schweregrad II zugeordnet wird.

3.7.2 Detaillierte Systembeschreibung

Durch die detaillierte Systemdarstellung wird die Gesamtfunktionalität aufgezeigt. Zuerst wird das Anwendungsfall-Diagramm des Getriebes erstellt (Abb. 3.10).

Da Abb. 3.10 es nicht ermöglicht, einen funktionalen Ablauf des Systems sowie die Identifikation von möglichen Komponenten zu liefern, werden die einzelnen Anwendungsfälle des Anwendungfall-Diagramms noch verfeinert. Exemplarisch

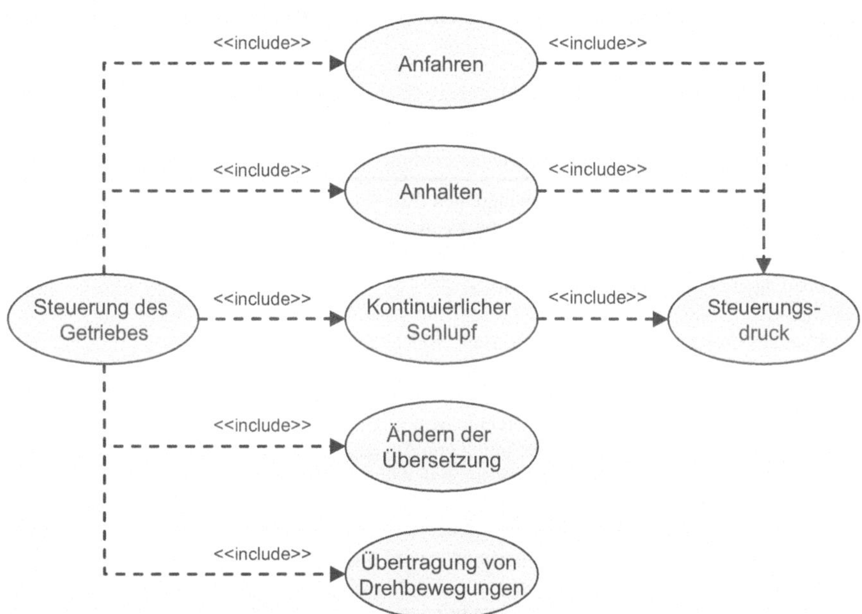

Abb. 3.10 Anwendungsfall-Diagramm eines Getriebes

Tabelle 3.5 Anwendungsfall „Anfahren" [3.25]

Anwendungsfall	Anfahren
Ziel	Wandlerüberbrückungskupplung schließen
Vorbedingung	Wandlerüberbrückungskupplung ist offen
Nachbedingung Erfolg	Kupplungsdruck ist höher als ein bestimmter Wert (Kupplung geschlossen)
Nachbedingung Fehlschlag	Kupplungsdruck zu niedrig (Kupplung offen)
Akteure	
Auslösendes Ereignis	Positive Beschleunigung und Geschwindigkeit ≥ 20 km/h
Beschreibung	1. Magnetventil bis zur Position 1 öffnen 2. Wenn Kupplungsdruck ≥ konstant, dann Magnetventil in Position 2 öffnen 3. Übergabe an Funktionalität „Schlupf" wenn Kupplungsdruck einen bestimmten Wert erreicht
Erweiterung	keine
Alternativen	keine

wird dies für die Fälle „Anfahren" (Tabelle 3.5) und „Schlupf" (Tabelle 3.6), welches eine Teildisziplin eines Getriebes darstellt, verdeutlicht.

Anhand dieses Anwendungsfalls können einige mögliche Komponenten, welche zur Realisierung dieser Funktionalität beitragen, ermittelt werden. Beispielsweise wird ein Magnetventil direkt angesprochen. Des Weiteren wird von einer Beschleunigung, einer Geschwindigkeit, sowie einem Kupplungsdruck gesprochen. Da es sich hierbei um Messgrößen handelt, müssen Sensoren verwendet werden, welche in der Lage sind, diese Größen zu messen.

Tabelle 3.6 Anwendungsfall „Kontinuierlicher Schlupf" [3.25]

Anwendungsfall	Kontinuierlicher Schlupf
Ziel	Drehschwingungen dämpfen
Vorbedingung	Kupplungsdruck entspricht Mindestdruck
Nachbedingung Erfolg	$\Delta n_{\text{aktuell}} \approx \Delta n_{\text{nominal}}$
Nachbedingung Fehlschlag	$\Delta n_{\text{aktuell}} \neq \Delta n_{\text{nominal}}$
Akteure	
Auslösendes Ereignis	Kupplungsdruck erreicht Schwellenwert
Beschreibung	1. Messung von $\Delta n_{\text{aktuell}}$ 2. Berechnung von $\Delta n_{\text{nominal}}$ als Funktion von Drehzahl und Drehmoment 3. Berechnung von $\Delta n_{\text{nominal}} - \Delta n_{\text{aktuell}}$ 4. Ventilposition in Abhängigkeit von $\Delta n_{\text{nominal}} - \Delta n_{\text{aktuell}}$ nachstellen 5. Beginne wieder bei Schritt 1
Erweiterung	2a. Im Sportmodus wird $\Delta n_{\text{nominal}}$ halbiert
Alternativen	3a. Wenn $\Delta n_{\text{aktuell}} >> \Delta n_{\text{nominal}}$, dann Magnetventil langsamer in Position bringen 3b. Im Fehlerfall wird das Magnetventil vollständig geschlossen

Durch diesen Anwendungsfall können noch weitere Informationen gewonnen werden. Hier werden Drehzahlen thematisiert, welche ebenso wie die anderen Größen gemessen werden müssen. Nach diesen beiden Anwendungsfällen können bereits die folgenden Komponenten aufgelistet werden:

- Ölpumpe
- Magnetventil
- Drehzahlsensoren
- Drucksensor
- Geschwindigkeitssensor
- Beschleunigungssensor
- Informationsverarbeitung

Werden die weiteren Anwendungsfälle aufgestellt und systematisch nach möglichen Komponenten durchsucht, kann ein erstes physikalisches Modell aufgestellt werden. Jedoch können Komponenten wie beispielsweise Lager, Dichtungen oder Wellen nicht durch die Anwendungsfälle ermittelt werden. Um an diese Informationen zu gelangen müssen zusätzlich z. B. Konzeptskizzen herangezogen werden.

Im Vergleich mit den Konzeptskizzen stellt das aufgestellte physikalische Modell sowohl eine Erweiterung hinsichtlich der zu verbauenden Sensoren und Aktoren als auch der Steuerung dar. Sämtliche durch die obigen Anwendungsfälle ermittelte Sensordaten gehen zur weiteren Verarbeitung in die so genannte Informationsverarbeitung ein, welche bisher noch als Black Box zu sehen ist. Der Aufbau der Informationsverarbeitung kann in der jetzigen Phase noch nicht festgelegt werden. Dieser Umstand und die noch nicht ausreichende Detaillierung der Mechanik führen dazu, dass eine weitergehende Konzeptkonkretisierung in die Wege geleitet werden muss.

Bei der Konzeptkonkretisierung werden die Konzeptskizzen aus Abb. 3.9 verwendet und Überlegungen getroffen, welche Elemente für die Zuverlässigkeitsbetrachtung weiterhin untersucht werden müssen. In dem vorliegenden Fall muss beispielsweise noch auf Dichtungen geachtet werden. Auch die einzelnen Lamellen der Kupplung müssen zuverlässigkeitstechnisch näher analysiert werden. Sollten die Umfänge des zu betrachteten Systems sehr komplex sein, können neben den Konzeptskizzen weitere Informationen, z. B. aus FMEAs von Vorgängern oder aus Schadensstatistiken, zum Auffinden zuverlässigkeitstechnisch relevanter Komponenten verwendet werden.

Da nicht nur die mechanische Seite des Systems betrachtet wird, ist der nächste Schritt zur Erstellung eines realitätsnahen Modells die Detaillierung der bisher abstrahierten Informationsverarbeitung. Es muss im Laufe der Entwicklung die Aufteilung der Steuerungs- und Regelungsalgorithmen auf die Elektronik bzw. die Software festgelegt werden. Dies kann entweder über Kontrollflussgraphen geschehen oder aber über die weitere Verwendung von Werkzeugen beispielsweise aus der Sprache UML. Die Kontrollflussgraphen haben den Vorteil, dass sie bereits unter Voraussetzung der akribischen Ausarbeitung der Anwendungsfälle aus diesen abgeleitet werden können. Nachteilig ist, dass bei komplexen Systemen die Kontrollflussgraphen schnell unübersichtlich werden und kaum mehr zu handhaben sind.

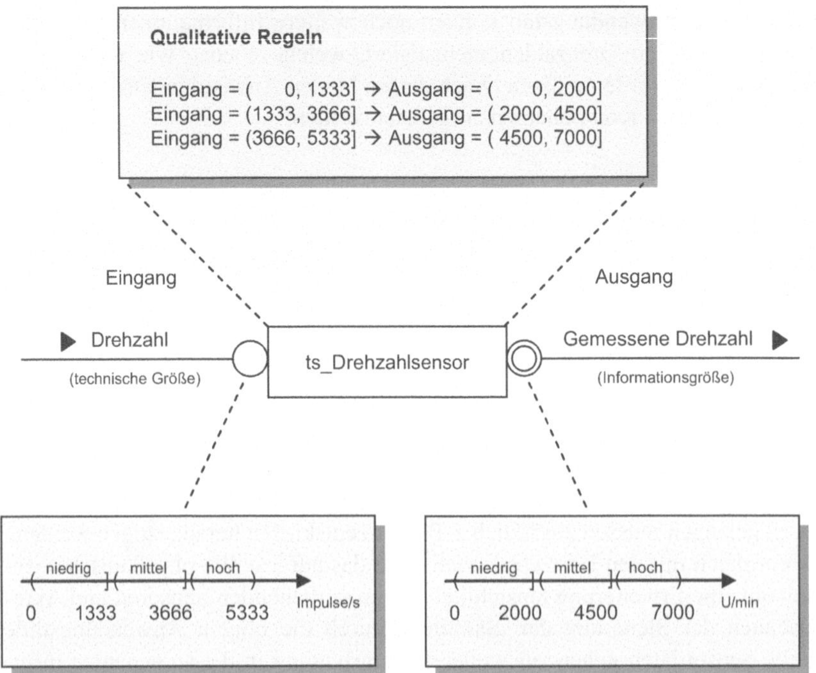

Abb. 3.11 Ausschnitt der qualitativen Beschreibung der Komponente Drehzahlsensor [3.47]

Als nächster Schritt muss für die Elektronik abgewogen werden, ob fertige Industriekomponenten oder eine anwendungsspezifische Schaltung entwickelt werden soll. Generell muss zwischen einer Implementierung aus diskreten Komponenten und höchstintegrierten Lösungen unterschieden werden [2.18].

Weitere Überlegungen zur Software/Hardware für das CVT bzw. das Stufen-Automatgetriebe sind im Rahmen der Datensammlung in Kap. 3.7.4.2 zu finden.

Nach Kap. 7.2.1.1 und [3.47] kann durch die SQMA das Systemverhalten mittels einfacher Regeln modelliert werden. Der Zusammenhang zwischen mehreren Größen innerhalb einer Komponente wird durch diese Regeln vorgegeben. Da hierfür die Größen qualitativ durch Intervalle dargestellt werden, müssen keine präzisen Angaben vorhanden sein. Beispielsweise kann der Wert eines Drehzahlsensors eines Getriebes lediglich durch die Größen niedrig, mittel und hoch beschrieben werden. In Abb. 3.11 wird beispielhaft ein Drehzahlsensor mit seinen Eingangs- und Ausgangsgrößen, sowie den Regeln zwischen diesen, gezeigt.

3.7.3 Risikoanalyse

Anhand des SQMA-Modells wird eine Risikoabschätzung angeschlossen. Auch hier wird wieder als Beispiel der Drehzahlmesser aus Kap. 3.7.2 verwendet. Die

Regeln von dem Zusammenhang zwischen dem Ein- und Ausgang sind bereits in Abb. 3.11 zu sehen.

Durch das Einbringen von weiteren Regeln ist es möglich, bestimmten Zuständen einer Komponente Attribute zuzuweisen. Hierbei wird beispielsweise fehlerhaft (F) oder bestimmungsgemäß (B) unterschieden.

Rechnergestützt werden alle möglichen Zustände der einzelnen Komponenten ermittelt und in einer Tabelle hinterlegt. Mit einem Analysewerkzeug können in einem weiteren Schritt nach der Beschreibung der Abhängigkeiten zwischen den Komponenten automatisch alle möglichen Situationen des Gesamtsystems durch globale Systemgleichungen generiert werden. Die globalen Fehlerauswirkungen im qualitativen Modell werden dabei ermittelt und in Kritikalitätsklassen nach [3.10] eingeteilt. Durch eine Rückverfolgung in einzelne Systemkomponenten im Modell gelingt es dann, Schwachstellen im System zu ermitteln.

3.7.4 Datensammlung und Analyse

In dem folgenden Abschnitt werden die Datensammlung und die Analyse – sowohl die qualitative als auch die quantitative – angesprochen.

3.7.4.1 Qualitative Analyse

Bei den qualitativen Analysen wurde eine Fehlerbaumanalyse durchgeführt. Exemplarisch ist ein Ausschnitt der FTA des Stufenautomats in Abb. 3.12 zu finden.

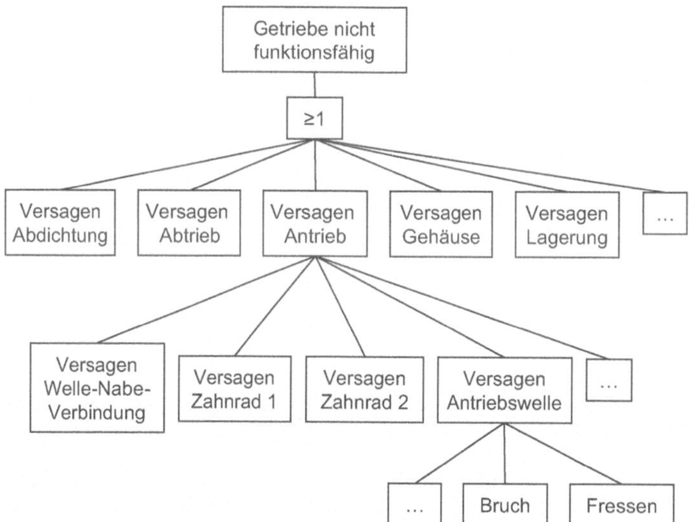

Abb. 3.12 Ausschnitt aus dem Fehlerbaums des Stufenautomats

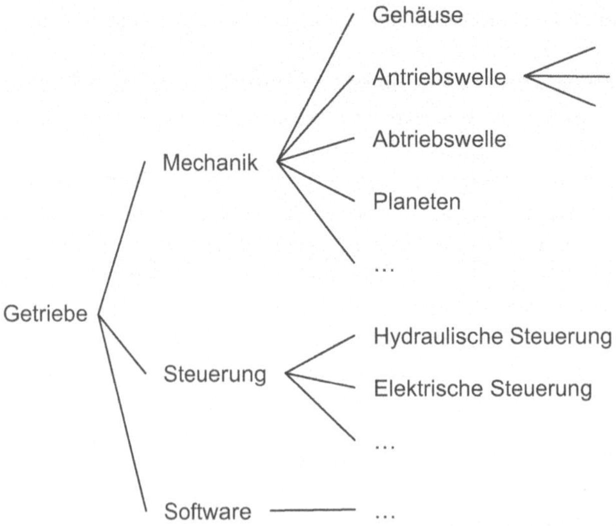

Abb. 3.13 Systemstruktur eines Getriebes

Außerdem wurde auch eine FMEA durchgeführt. Alle 5 Schritte, wie sie in Kap. 2.1.1.1 zu finden sind, wurden hierbei thematisiert. Einige der Schritte sind in den folgenden Abbildungen zu finden.

Abbildung 3.13 zeigt die Systemstruktur des Stufenautomats. Zuerst wird das Getriebe in Mechanik, Steuerung und Software unterteilt.

Im nächsten Schritt, der Funktionsstruktur, werden die Funktionen des Getriebes notiert. Hier ist exemplarisch ein Auszug anhand des Beispiels Antriebswelle zu finden (Abb. 3.14).

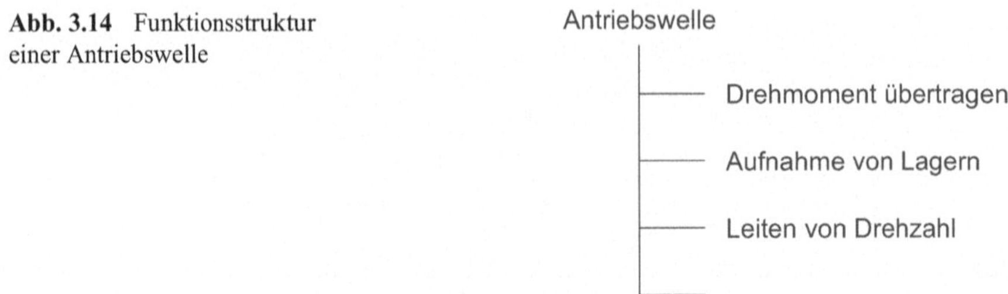

Abb. 3.14 Funktionsstruktur einer Antriebswelle

Anschließend erfolgt die Fehleranalyse, also die Ermittlung von möglichen Fehlern im Getriebe, die Ermittlung der Fehlerursachen sowie der Fehlerfolgen. Schritt 4, die Risikobewertung im FMEA-Formblatt ist in Abb. 3.15 zu sehen. Auch hier wird wieder die Antriebswelle betrachtet.

Fehlerfolge	B	Fehlerart	Fehlerursache	Vermeidungsmaßnahme	A	Entdeckungs-maßnahme	E	RPZ	V/T
Systemelement - Antriebswelle									
Funktion: Drehmoment übertragen / wandeln									
Getriebe nicht mehr funktionsfähig	9	Bruch	Ungeeignete Materialwahl	Erfahrung der Mitarbeiter	3	Dauerlauf	2	54	Müller
				Gestaltung nach bewährten Konstruktionen	3	Dauerlauf/Test	2	54	Maier
			Falsche Konstruktive Auslegung/falsche Dimension	Erfahrung der Mitarbeiter	2	Dauerlauf	2	36	Maier
				Gestaltung nach bewährten Konstruktionen	3	Dauerlauf/Test	2	54	Schmidt
			Falsche Wärmebehandlung festgelegt	Erfahrung der Mitarbeiter	3	Dauerlauf	4	108	Müller
				Gestaltung nach bewährten Konstruktionen	3	Dauerlauf/Test	3	81	Hofmann
			Materialfehler	Korrekte Produktionsprozesse	3	Röntgen	2	54	Meier
			Unzulässige Belastung	Ermittlung von Lastkollektiven	5	Anbringen von Sensoren	2	90	Schmitt
Funktion: Abdichtung von Schmieröldruckbereichen									
Erhöhte Leckage, Kühlung und Schmierung von Getriebekomponenten nicht gewährleistet	5		Falsche Oberflächenhärte	Erfahrung der Mitarbeiter	4	Dauerlauf	5	140	Schmitt
			Falsche Oberflächenrauheit	Erfahrung der Mitarbeiter	4	Dauerlauf	4	112	Schmitt
			Falsche Dimensionierung/ falsche Auslegung	Erfahrung der Mitarbeiter	3	Dauerlauf	3	63	Müller
				Gestaltung nach bewährten Konstruktionen	3	Dauerlauf/Test	4	84	Meier
Erhöhter Verschleiß an Schaltelementen	7	Dichtwirkung nicht gewährleistet	Zu hohe Betriebstemperatur	Erfahrung der Mitarbeiter	4	Dauerlauf	3	84	Hoffmann
			Falsche Montage	Korrekte Produktionsprozesse	4	Sichtprüfung	5	140	Schmidt
Funktion: ...									

Abb. 3.15 Ausschnitt einer FMEA für eine Antriebswelle

3.7.4.2 Quantitative Analyse

Neben der unsicheren Datenlage sowie den Vorgehensweisen zur Erlangung von Zuverlässigkeitsinformationen müssen die existierenden Planungsunsicherheiten aus diesem Fallbeispiel berücksichtigt werden.

Für die vorliegenden Getriebevarianten kann durch die Planungsunsicherheiten das Getriebeeingangsmoment lediglich in Form einer Gleichverteilung angegeben werden. Für beide Getriebevarianten, dem CVT und dem Stufenautomat, wird hierbei dasselbe Getriebeeingangsmoment angenommen.

Ein CVT verfügt im Gegensatz zu einem Stufenautomat über keine definierten Gangstufen. Um eine Vergleichbarkeit zwischen den beiden Getriebearten darstellen zu können, werden für das CVT fiktive Gangstufen definiert. Die Übersetzungen der fiktiven Gangstufen sind identisch zu denen des Stufenautomats. Der erste Gang hat die Übersetzung 2,9, der 2. Gang besitzt eine Übersetzung von 2,0 und der 3. Gang liefert die Übersetzung 1,0. Die Laufzeitanteile des Wandlers sowie der drei Gänge, gemessen in Umdrehungen der Getriebeeingangswelle, werden als bekannt vorausgesetzt. Es wird ferner davon ausgegangen, dass das Getriebeeingangsmoment konstant ist.

Durch die vorangegangene SQMA-Analyse aus Kap. 3.7.3 wurden exemplarisch für das CVT folgende kritische Komponenten ermittelt:

- Axiallager im Wandler,
- Ölpumpe,
- Lauffläche des oberen Kegelscheibensatzes,
- die Lauffläche des unteren Kegelscheibensatzes.

Bei dem Stufenautomaten wird der identische Wandler und somit auch dasselbe Axiallager verbaut, was bei identischer Belastung zum gleichen Ausfallverhalten führen wird. Auch die Ölpumpe der beiden Varianten ist baugleich, wird aber im Automaten weniger stark belastet. Das Hauptunterscheidungsmerkmal zwischen CVT und Automat sind die Stufensätze des Automaten und die Kegelräder des CVTs. Je nach Gangstufe kann es beim Stufenautomat zu den Ausfallarten Zahnbruch und Grübchen führen. Im Gegensatz dazu kann beim CVT die Kette reißen oder die Kegelräder können verschleißen.

Manche der aufgeführten Parameter, welche die Verteilung der Ausfallarten beschreiben, sind nur näherungsweise bekannt. Diese Unsicherheit kann dadurch berücksichtigt werden, dass den unsicheren Parametern statt eines festen Zahlenwertes eine Wahrscheinlichkeitsverteilung zugeordnet wird. Die folgende Datenbeschreibung spiegelt dies wider.

Bekannte Größen in frühen Entwicklungsphasen

Im Folgenden ist exemplarisch die Datenermittlung der kritischen Komponenten aufgezeigt. Die übrigen Zuverlässigkeitsinformationen der anderen vorhandenen Komponenten sind durch Datenbanken und Experten ermittelt worden.

Bei dem Axiallager des Wandler wird nach [3.27] von weibullverteiltem Ausfallverhalten ausgegangen. Aufgrund von Vorgängerinformationen wird eine bestimmte B_{10}-Lebensdauer angenommen. Beispielsweise beträgt der B_{10}-Wert $8 \cdot 10^8$ Umdrehungen bei einem Eingangsdrehmoment der Eingangswelle von 130 Nm. Dies bedeutet, dass nach dieser Anzahl an Umdrehungen 10% der Axiallager ausgefallen sind. Für die Ausfallsteilheit des Axiallagers wird, basierend auf Literaturangaben [3.2], ein Parameter von $b = 1{,}1$ angenommen.

Für die Ölpumpe wird für die Verteilungsparameter folgende Parameter vorgegeben:

- $t_0 = 1 \cdot 10^8$ Umdrehungen Eingangswelle
- $b = 1{,}3$
- $B_{10} = 2 \cdot 10^8$ Umdrehungen Eingangswelle

Werden die Laufflächen der Kegelscheibensätze betrachtet, ist festzustellen, dass der obere motornahe Scheibensatz aufgrund der geringeren Anpressradien höhere flächenspezifische Anpressungen auf die Kette aufzubringen hat als der untere Satz. Dies führt zu einer höheren Belastung und dadurch zu einem früheren Ausfall des oberen Satzes.

Da die Scheibensätze ein vergleichsweise neues Produkt sind, sind die Daten zum Ausfallverhalten in einer frühen Entwicklungsphase noch mit Unsicherheit behaftet. So sind für die Scheibensätze Vorversuche durchgeführt worden, und es ergaben sich B_{50}-Werte für die einzelnen Gänge von 300 Mio. Umdrehungen für den 1. Gang und 360 Mio. Umdrehungen für den 2. Gang. Im dritten Gang traten in den Vorversuchen keine Ausfälle auf. Aufgrund von Überlegungen kombiniert mit einer Spannungsanalyse wird eine Gleichverteilung auf dem Intervall von [460 Mio.; 500 Mio.] Umdrehungen der Eingangswelle angenommen.

Für die Formparameter der einzelnen Gänge können aufgrund der geringen Versuchsumfänge keine sicheren Werte angegeben werden. Zur Beschreibung dieser Unsicherheiten wird ebenfalls wieder die Gleichverteilung herangezogen. Der Formparameter wird für

- den 1. Gang mit $b = [2,5; 2,9]$,
- den 2. Gang mit $b = [1,9; 2,5]$,
- den 3. Gang mit $b = [1,1; 1,9]$

angesetzt. Beim Stufenautomatgetriebe wird dieselbe Ölpumpe wie beim CVT eingesetzt, nur wird diese weniger stark belastet. Die entsprechenden angepassten Verteilungsparameter sind von Experten bestimmt worden:

- $t_0 = [10$ Mio.; 30 Mio.$]$ Umdrehungen Eingangswelle
- $b = 1,5$
- $B_{10} = [150$ Mio.; 200 Mio.$]$ Umdrehungen Eingangswelle.

Aufbau der Steuerung der beiden Getriebe

Für die Steuerung des CVT wurde eine vereinfachte Architektur basierend auf [3.20] verwendet (Abb. 3.16). Diese wird nachfolgend aus der Sicht des Kenntnisstands in frühen Phasen und im Hinblick auf die Zuverlässigkeitsbetrachtung beschrieben. Für das Beispiel des Stufenautomaten wird auf entsprechende Änderungen der Steuerung im Vergleich zum CVT hingewiesen.

Aufbau des Steuergeräts

Das Steuergerät soll aus einem Mikrocontroller sowie der entsprechenden Software bestehen. Zudem sollen auf dem Controller Speicher sowie Schnittstellen für Feldbusse (z. B. CAN) und andere Ein- und Ausgangssignale untergebracht sein. Sensoren zur Erfassung von Signalen (z. B. Drehzahlsensor) und Aktoren zur Beeinflussung der eigentlichen physikalischen Prozessgrößen sollen der Einfachheit

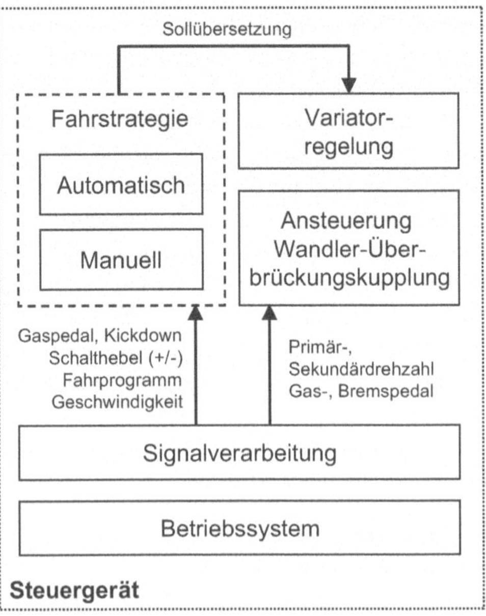

Abb. 3.16 Steuergerät mit Softwarekomponenten und relevanten Ein- und Ausgangssignalen nach [3.27]

halber nicht betrachtet werden. Sie können aber als weitere Komponenten in das Modell eingefügt werden, wenn dieser Detaillierungsgrad erforderlich sein sollte. Die Software zur Getriebesteuerung enthält in diesem Fallbeispiel die Komponenten Betriebssystem, Signalverarbeitung und Fahrstrategie (Automatisch/Manuell) sowie die Regelung der Hydraulik zur Einstellung des Getriebes (Variatorregelung) und die Ansteuerung der Wandler-Überbrückungskupplung.

Ausfall durch Komponenten

Allgemein muss definiert werden, ab welchem Zeitpunkt das Getriebe nicht mehr funktionsfähig ist. Dafür wurde festgelegt, dass das Getriebe nicht mehr ordnungsgemäß funktioniert,

- wenn das Betriebssystem ausfällt und dadurch die Basisdienste nicht mehr zur Verfügung stehen.
- sobald ein Fehler auftritt und damit falsche Signale ausgegeben werden. Eine mögliche Verfeinerung wären Fehlertoleranzmaßnahmen wie z. B. die Einführung einer Plausibilitätsprüfung.
- wenn sowohl das manuelle wie auch automatische Schalten nicht mehr gewährleistet wird.
- sobald es bei der Variatorregelung zu einem Durchrutschen der Kette kommt.
- sobald die Wandlerüberbrückungskupplung ausfällt.

Zuverlässigkeitsblockschaltbild

Aus den obigen Überlegungen ergibt sich das folgende Zuverlässigkeitsblockschaltbild für die Getriebesteuerung des CVT (Abb. 3.17). Im Fall des Stufenautomaten entfällt außerdem die Variatorregelung, die spezifisch für das CVT ist.

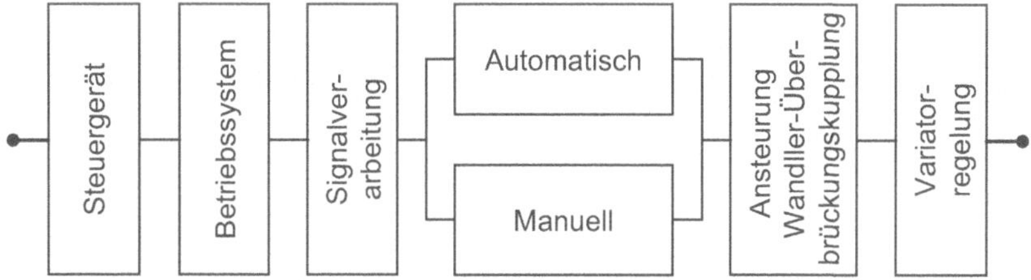

Abb. 3.17 Zuverlässigkeitsblockschaltbild der Getriebesteuerung für das CVT [3.27]

Bestimmung der Defektdichte für die Softwarekomponenten

Anhand eines geeigneten Modells muss zunächst die Defektdichte der einzelnen Softwarekomponenten abgeschätzt werden. Basierend auf Abb. 3.8 wurden Abhängigkeiten festgelegt und an das vorliegende Problem angepasst. Als Eingangsinformation für die Berechnung der Defektdichte sind die Knoten „Komplexität des Problems", der „Entwicklungsaufwand" sowie der „Testaufwand" zu nennen.

Berechnung

Durch die Datensammlung sind verschiedene Parameter bekannt, die gewissen Wahrscheinlichkeitsverteilungen folgen. Hieraus resultiert eine Wahrscheinlichkeitsverteilung des Grenzwertes für α, die mit $\alpha_{zul,CVT}$ für das CVT und mit $\alpha_{zul,Stuf}$ für den Stufenautomaten bezeichnet werden. Einige der Parameter beeinflussen sowohl das CVT als auch den Stufenautomaten. Deshalb sind $\alpha_{zul,CVT}$ und $\alpha_{zul,Stuf}$ nicht unabhängig voneinander.

Aufgrund der angenommenen Ungenauigkeiten der Eingangsdaten, die in Form von Verteilungen dargestellt werden, wird zur Berechnung von $\alpha_{zul,CVT}$ und $\alpha_{zul,Stuf}$ die Monte Carlo Methode (MCM) genutzt. Die MCM zieht aus den verteilten Eingangsdaten entsprechend der jeweiligen Wahrscheinlichkeitsverteilung diskrete Werte und berechnet einen Ergebniswert. Dieser Vorgang wird in n Wiederholungen (Replikationen) durchgeführt, wodurch sich dann für den gesuchten Faktor $\alpha_{zul,CVT}$ und $\alpha_{zul,Stuf}$ wiederum eine Verteilung ergibt.

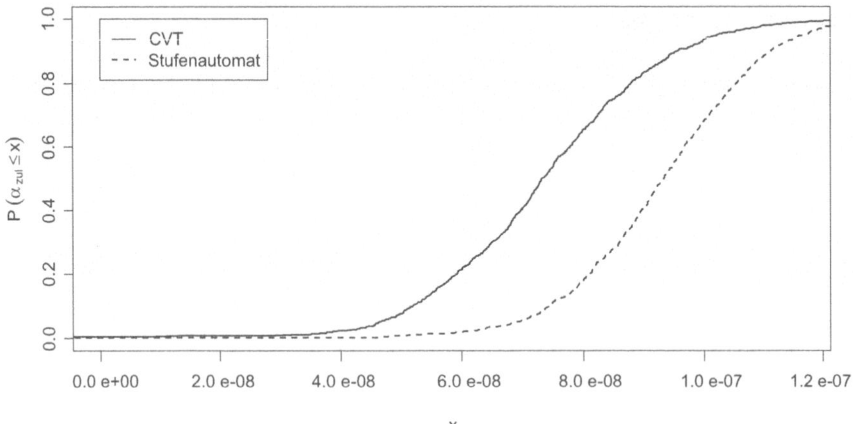

Abb. 3.18 Verteilungsfunktion von $\alpha_{zul,CVT}$ und $\alpha_{zul,Stuf}$ [3.27]

In dem vorliegenden Beispiel ist das Zuverlässigkeitsziel ein Grenzwert für den B_{10}-Wert. Werden die sich ergebenden empirischen Verteilungsfunktionen von $\alpha_{zul,CVT}$ und $\alpha_{zul,Stuf}$ grafisch dargestellt (Abb. 3.18), so wird deutlich, dass der Stufenautomat einen größeren Entwicklungsspielraum besitzt als das CVT. Dies ist dadurch zu sehen, dass die Verteilungsfunktion von $\alpha_{zul,CVT}$ „links" von der Verteilungsfunktion von $\alpha_{zul,Stuf}$ liegt, was im Sinn der so genannten stochastischen Ordnung bedeutet, dass $\alpha_{zul,CVT}$ kleiner als $\alpha_{zul,Stuf}$ ist.

Aus Abb. 3.18 lässt sich aber nicht schließen, dass $\alpha_{zul,CVT} \leq \alpha_{zul,Stuf}$ immer (d. h. mit Wahrscheinlichkeit 1) gilt. Dies geschieht mit Hilfe der Verteilungsfunktion von $\alpha_{zul,CVT} - \alpha_{zul,Stuf}$ (Abb. 3.19). In dieser Darstellung lässt sich die Wahrscheinlichkeit direkt durch den Schnittpunkt der Kurve mit der y-Achse ablesen. Hierbei ergibt sich, dass $\alpha_{zul,CVT}$ mit einer Wahrscheinlichkeit von ca. 80% kleiner ist als

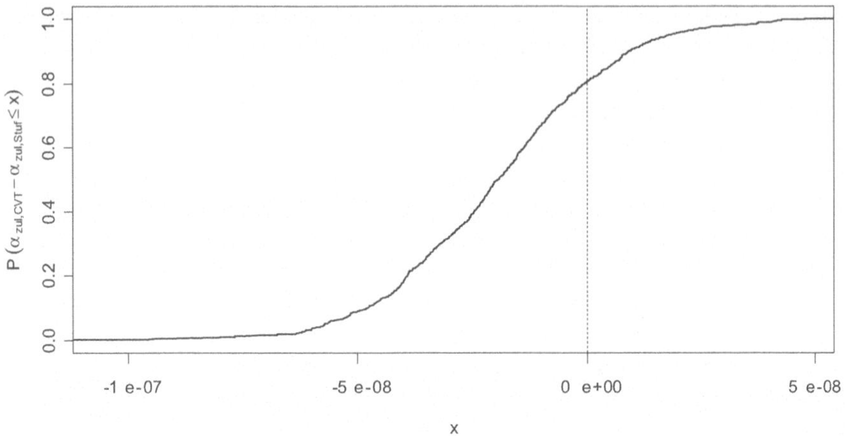

Abb. 3.19 Verteilung der Differenz der Faktoren α_{zul} beider Lösungsvarianten [3.27]

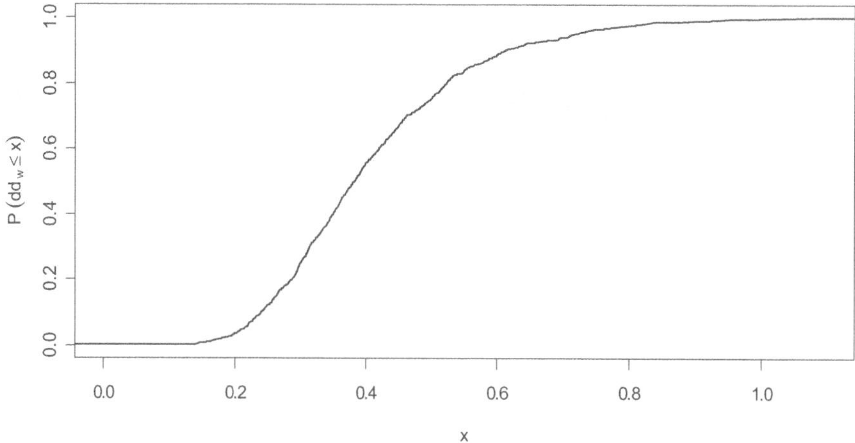

Abb. 3.20 Beispielhafte Verteilungsfunktion der Defektdichte für die Softwarekomponente zur Steuerung der Wandler-Überbrückungskupplung [3.27]

$\alpha_{zul,Stuf}$. Somit weist der Stufenautomat mit einer Wahrscheinlichkeit von 80% einen höheren Entwicklungsspielraum auf als das CVT.

Eine Problemstellung wurde bisher noch nicht erwähnt. Bei der Berechnung von $\alpha_{zul,CVT}$ und $\alpha_{zul,Stuf}$ kann es vorkommen, dass kein $\alpha \geq 0$ existiert, mit dem das Ziel erreicht wird. Das heißt, dass in einem solchen Fall das Ziel selbst mit fehlerfreien Software nicht erreicht werden kann. Falls dieser Fall eintritt, wird $\alpha = -\infty$ gesetzt. Wird in dem vorliegenden Beispiel der B_{10}-Wert der Umdrehungen der Eingangswelle auf $1{,}5 \cdot 10^8$ Umdrehungen erhöht, wird mit einer Wahrscheinlichkeit von ca. 35% das gesteckte Zuverlässigkeitsziel des CVTs nicht erreicht (Abb. 3.21).

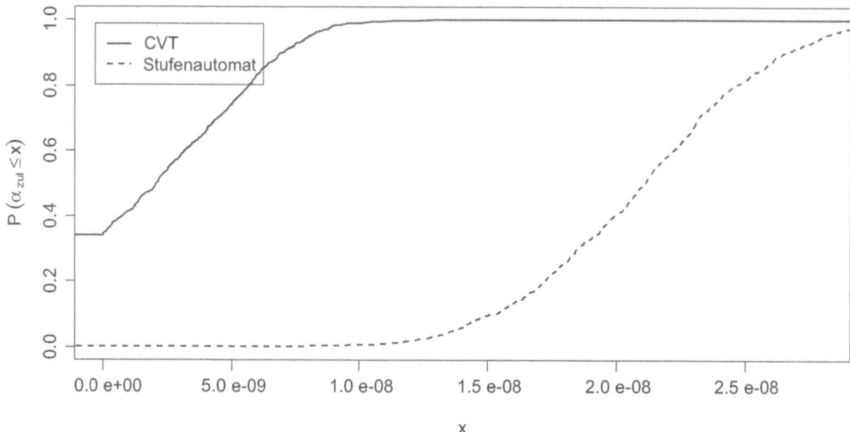

Abb. 3.21 Verteilungsfunktionen von $\alpha_{zul,CVT}$ und $\alpha_{zul,Stuf}$ bei verschärftem Zuverlässigkeitsziel [3.27]

3.8 Wechselwirkungen

Die Zuverlässigkeitsanalyse beispielsweise in der Mechanik beinhaltet laut Kap. 2.4.1 eine Untersuchung von Wechselwirkungen, d. h. das gegenseitige aufeinander Einwirken von Komponenten bzw. Systemen. Jedoch werden die Wechselwirkungen bei der vorgestellten Zuverlässigkeitsbewertung mechatronischer Systeme in frühen Entwicklungsphasen bisher nicht berücksichtigt – es wird von einem Boole'schen Modell zur Zuverlässigkeitsmodellierung ausgegangen.

Zwar liegen Arbeiten zur Beschreibung von systeminternen Abhängigkeiten, wie z. B. passive Zustände oder Lastverteilung [3.38, 3.39] vor, diese sind aber auf einer funktionalen Ebene anzusiedeln. Von größerem Interesse sind die Wechselwirkungen, die aufgrund des reinen Systemaufbaus und der Interaktion von Komponenten miteinander existieren.

Ein erster wesentlicher Schritt in diese Richtung ist die Berücksichtigung von Wechselwirkungen im System, die sich auf die Systemzuverlässigkeit auswirken können. Zusätzlich dazu müssen Schnittstellenprobleme beim Systemdesign bewertet, vermindert und aufgehoben werden können. Dafür muss zuerst untersucht werden, wie die einzelnen Domänen miteinander interagieren und welche Definitionen der Wechselwirkungen bereits existieren.

3.8.1 Beschreibung von Wechselwirkungen

In den nächsten Kapiteln wird diskutiert, welche prinzipiellen Möglichkeiten bestehen um Wechselwirkungen zu beschreiben. Hierbei wird auf die Grundkräfte der Physik als auch auf eine Definition nach VDI 2206 [3.44] eingegangen.

3.8.1.1 Grundkräfte der Physik

In der Physik werden Wechselwirkungen durch die so genannten Grundkräfte der Physik definiert [3.43]. Hierbei werden unter den Grundkräften der Physik die Kräfte verstanden, die allen physikalischen und chemischen Phänomenen zu Grunde liegen. Insgesamt gibt es vier verschiedene Grundkräfte:

- Starke Wechselwirkung
- Elektromagnetische Wechselwirkung
- Schwache Wechselwirkung
- Gravitation.

Für die Betrachtung mechatronischer Systeme ist die Beschreibung durch die Grundkräfte nicht passend, da Interaktionen der Software nicht alleine physikalisch beschrieben werden können.

3.8.1.2 Flussarten nach VDI 2206

In der Richtlinie VDI 2206 [3.44] ist eine Definition zu finden, welche Wechselwirkungen zwischen den einzelnen Komponenten der Mechatronik beschreibt. Dieser Standard unterscheidet

- Materialfluss,
- Energiefluss,
- Informationsfluss.

Auch hier wird, ähnlich wie bei den Domänen, zwischen physikalischen und nichtphysikalischen Größen unterschieden. Der Materialfluss sowie der Energiefluss basieren auf physikalischen Grundlagen. Die Information ist eine nichtphysikalische Größe, die Übertragung der Information erfolgt aber durch eine physikalische Größe. Um einen Überblick über die unterschiedlichen Wechselwirkungen zu geben, sind in Tabelle 3.7 einige Beispiele zu finden.

Tabelle 3.7 Abstrakte Wechselwirkungen mit Beispielen

Abstrakte Wechselwirkungen	Beispiele
Materialfluss	Transport von Körpern, Gasen oder Flüssigkeiten, z. B. in einer Wasserkühlung oder einer hydraulischen Bremse
Energiefluss	Druck, Biegung, Scherung, Wandlung elektrischer in mechanische Energie, z. B. mittels eines Elektromotors
Informationsfluss	Methodenaufrufe, Datenaustausch zwischen Prozessen, Signale zwischen elektronischen Bauteilen

3.8.2 Notation der Wechselwirkungen

Neben den Definitionen der Wechselwirkungen muss auch die Notation der Wechselwirkungen betrachtet werden. Hierbei ist es sinnvoll, eine Notation zu wählen, welche eine einfache Integration in die bestehende Methodik zur Zuverlässigkeitsbewertung mechatronischer Systeme in frühen Entwicklungsphasen ermöglicht. In den nachfolgenden Kapiteln werden verschiedene Notationsmöglichkeiten diskutiert.

3.8.2.1 DSM – Design Structure Matrix

Eine Matrix eignet sich nach [3.6] allgemein besonders gut, wenn zwei verschiedene Sichten betrachtet werden. In der vorliegenden Betrachtung sind dies die verschiedenen Komponenten bzw. Elemente eines mechatronischen Systems. Zudem hat eine Matrixdarstellung folgende Vorteile:

- Die Darstellung der Information ist kompakt
- Es besteht die Möglichkeit der systematischen Abbildung der Elemente eines Systems
- Eine Matrix hat eine klare und lesbare Darstellung.

Aus diesem Grund ist im Jahre 1981 von Stewart ebenfalls eine Matrix eingeführt worden – die so genannte DSM. Hierbei steht DSM für Design Structure Matrix (deutsch: Einflussmatrix). Anfänglich war die DSM dafür gedacht, Prozesse zu strukturieren. Nach [3.33] lässt sich die DSM mittlerweile zur Analyse aller möglichen Arten von Merkmalen einsetzen, wie Merkmale der strategischen Planung, von Bauteilen oder Funktionen. Des Weiteren dient die DSM der Darstellung eines komplexen Systems. Bei der DSM werden die betrachteten Elemente eines Produktes zeilen- und spaltenweise in einer Matrix aufgetragen. Anschließend wird ein vorhandener Einfluss eines Elementes auf ein anderes im entsprechenden Schnittpunkt der Elemente in der Matrix markiert.

Eine Erweiterung der DSM bzw. von Einflussmatrizen ist eine Grafendarstellung der Merkmale. Hier kann vor allem bei komplexen Systemen die Struktur besser abgebildet werden. Laut [3.34] können nämlich übergreifende Strukturzusammenhänge gerade bei großen bzw. komplexen Produktstrukturen mit Hilfe einer Matrix nicht sinnvoll visualisiert werden.

Für die Betrachtung der Zuverlässigkeit mechatronischer Systeme sind hauptsächlich die Funktions-DSM und die Komponenten-DSM von Interesse. Bei der Funktions-DSM werden Abhängigkeiten zwischen zwei Funktionen durch das Setzen eines Kreuzes auf die Schnittstelle der den betrachteten Funktionen zugeordneten Spalten bzw. Zeilen gekennzeichnet. Die Notation bei der Komponenten-DSM erfolgt ähnlich, nur dass hier die Vernetzungen zwischen den Komponenten des betrachteten Systems abgebildet werden. Beispielhaft ist in Abb. 3.22 eine Komponenten-DSM abgebildet.

		Komponenten							
		1	2	3	4	5	6	7	8
Komponenten	1								
	2				X				
	3								X
	4		X						
	5							X	
	6								
	7					X			
	8			X					

Abb. 3.22 Komponenten-DSM-Matrix

3.8.2.2 Schichtenmodell

Neben der Design Structure Matrix soll noch eine weitere Möglichkeit aufgezeigt werden, wie Wechselwirkungen mechatronischer Systeme notiert werden können. Hierzu wurde das Schichtenmodell nach [3.22] aufgegriffen. Dieses Schichtenmodell ist an das OSI-Modell aus der Kommunikationstechnik angelehnt. Insgesamt umfasst das Modell neun Schichten. Im Einzelnen sind dies:

- Mechanik
- Elektromechanik
- Elektronik
- Datenverbindung
- Netzwerk
- Transport
- Session
- Präsentation
- Applikation

Wird das vorliegende Modell abstrahiert, ergeben sich noch fünf Schichten. Im Vergleich zu dem Schichtenmodell nach [3.22] sind die letzten sechs Schichten, welche der Software zugeordnet werden, auf zwei Basisschichten reduziert worden: der Treiberschicht und der Softwareschicht. Das modifizierte Modell ist in Abb. 3.23 zu sehen.

Die unterste Schicht des Modells repräsentiert die Mechanik, gefolgt von der Elektromechanik, der Elektronik, der Treiberschicht und der Softwareschicht. Das mechatronische System, welches eigentlich aus den drei Domänen Mechanik, Elektronik und Software besteht, wird hier durch die Elektromechanik sowie durch die Treiberschicht ergänzt.

Aus Abb. 3.23 wird herausgelesen, dass nur die miteinander verbundenen Schichten auf direktem Weg miteinander interagieren. Beispielsweise bedeutet dies, dass die Mechanik mit der Elektromechanik interagiert, nicht aber auf direktem Weg mit der Software. Die Interaktion zwischen der Mechanik und Software erfolgt transitiv über mehrere Schichten hinweg. Falls nun beispielsweise diese Interaktion ermöglicht werden soll, müssen die Schichten Elektromechanik, Elektronik und die Treiberschicht durchlaufen werden. Über einen Sensor, der die Elektromechanik repräsentiert, werden die Informationen über ein Bus-System an den Mikroprozessor (Elektronik) weitergegeben. Dieser führt anschließend die Informationen über die Treiberschicht zur Software.

Name der Schicht
Software
Treiber
Elektronik
Elektromechanik
Mechanik

Abb. 3.23 Schichtenmodell

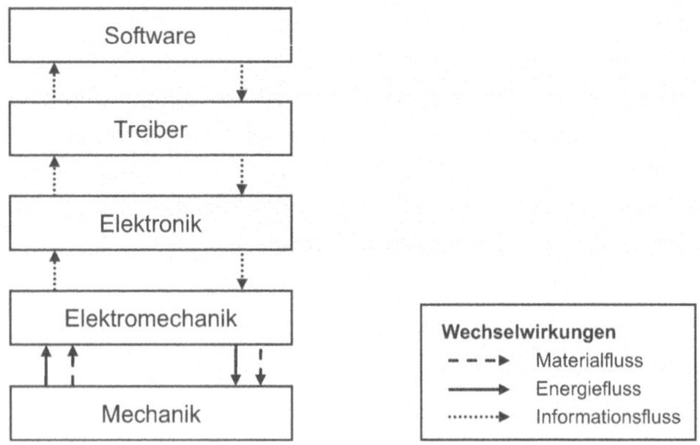

Abb. 3.24 Schichtenmodell und deren Wechselwirkungen nach [3.17]

Um die vorliegende Notation zu erweitern, werden die in Kap. 3.8.1.2 eingeführten Definitionen der abstrakten Wechselwirkungen verwendet. Das erweiterte Schichtenmodell ist in Abb. 3.24 zu finden.

Bisher wurden die Wechselwirkungen innerhalb eines mechatronischen Systems angesprochen. Die Wechselwirkungen zwischen zwei oder mehreren mechatronischen Systemen müssen ebenfalls untersucht werden. Im ersten Schritt werden die einzelnen Schichten betrachtet und analysiert, ob eine direkte Verknüpfung mit derselben Schicht überhaupt möglich ist.

- Mechanik: Verbindungen zwischen Mechanikschichten sind möglich. Als abstrakte Wechselwirkungen nach der Definition aus Tabelle 3.6 stehen der Materialfluss als auch der Energiefluss zur Auswahl. Beispielsweise soll eine Welle mit einem Zahnrad verbunden sein. Hier ist der Energiefluss für die Wechselwirkung verantwortlich.
- Elektromechanik: Verbindungen zwischen elektromechanischen Schichten verschiedener Systeme sind nicht möglich. Wenn ein Sensor betrachtet wird, besteht keine direkte Verbindung zu einem Aktor. Die einzige Möglichkeit von Wechselwirkungen zwischen diesen beiden Schichten ist die Propagierung über die Mechanik oder über die Elektronikschicht.
- Elektronik: Wie bereits bei der Elektromechanik kurz erwähnt, ist eine Verbindung zwischen der Elektronikschicht zwischen verschiedenen mechatronischen Systemen möglich. Hierbei werden Informationen ausgetauscht. Beispielsweise können diese Informationen über ein Bus-System zwischen den einzelnen Elektronikschichten ausgetauscht werden.
- Treiber: Verbindungen zwischen den Treiberschichten zweier mechatronischer Systeme sind nicht möglich. Informationen können nur über die Elektronikschicht auf andere Systeme übertragen werden.

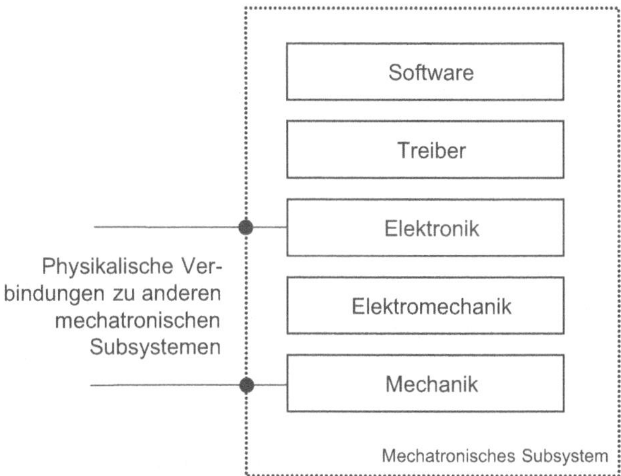

Abb. 3.25 Wechselwirkungen zwischen mechatronischen Systemen nach [3.46]

- Software: Ähnlich wie die Treiberschicht ist auch in der Softwareschicht keine direkte Verknüpfung zwischen zwei mechatronischen Systemen möglich. Es liegt nur eine logische Verknüpfung zwischen diesen vor, die Informationen selbst werden aber über die Elektronikschicht übertragen.

Zusammengefasst wird dies in Abb. 3.25 aufgezeigt.

Neben den benannten Wechselwirkungen in und zwischen den mechatronischen Systemen gibt es noch weitere Wechselwirkungen. Diese treten mit der Umwelt auf. Beispiel hierfür ist die Temperatur oder der Elektromagnetismus. Hierbei handelt es sich um physikalische Phänomene, die auch wieder Komponenten, welche auf physikalischen Größen basieren, beeinflussen können und durch die in Tabelle 3.7 aufgelisteten abstrakten Wechselwirkungen beschrieben werden können. Diese Komponenten sind in den Bereichen Mechanik, Elektromechanik und Elektronik zu finden. Die Software selbst besitzt keine physikalischen Eigenschaften, so dass sie auch nicht von den Wechselwirkungen mit der Umwelt betroffen ist.

Verknüpfung mit SQMA

Da die SQMA ähnlich zu dem Schichtenmodell aufgebaut ist, bietet es sich an, dass eine Verknüpfung zwischen den beiden eingerichtet wird. Hierfür müssen aber die Schnittstellen aus der SQMA – der menschliche Bedieneingriff, technische Größen und Informationsgrößen – erweitert werden. Die Schnittstelle technische Größe wird weiter aufgeteilt in Energiefluss und Materialfluss. Dadurch sind alle abstrakten Wechselwirkungen aus Tabelle 3.7 zu finden.

Durch die einfache Handhabung, der leichten Verständlichkeit sowie der Verknüpfungsmöglichkeit zur SQMA wird für die Methodik zur Zuverlässigkeitsbewertung mechatronischer Systeme vorgeschlagen, dass Wechselwirkungen mit Hilfe des Schichtenmodells beschrieben werden.

3.8.3 Anwendungsbeispiel

Zum besseren Verständnis wird im Folgenden ein Anwendungsbeispiel erläutert. Dieses besteht aus einem Automatikgetriebe sowie einem Motor. In Abb. 3.26 ist dies zu sehen.

Wie ersichtlich wird, gibt es zwischen den mechanischen Komponenten des Getriebes und des Motors eine Wechselwirkung, die durch einen Energiefluss repräsentiert wird. Bei den elektronischen Komponenten werden Informationen beispielsweise über einen CAN-Bus übertragen. Des Weiteren wird in Abb. 3.26 eine logische Verbindung zwischen den Software-Komponenten aufgezeigt. Hier ist es aber nicht möglich, dass ein direkter Informationsaustausch stattfindet. Ein Informationsaustausch kann nur durch eine Propagierung an untere Schichten geschehen. Hierbei werden die Informationen von der Software als erstes zur Elektronikschicht weitergegeben. Anschließend gelangen diese beispielsweise über den CAN-Bus an die Elektronikschicht des anderen Systems und von dort zur Software.

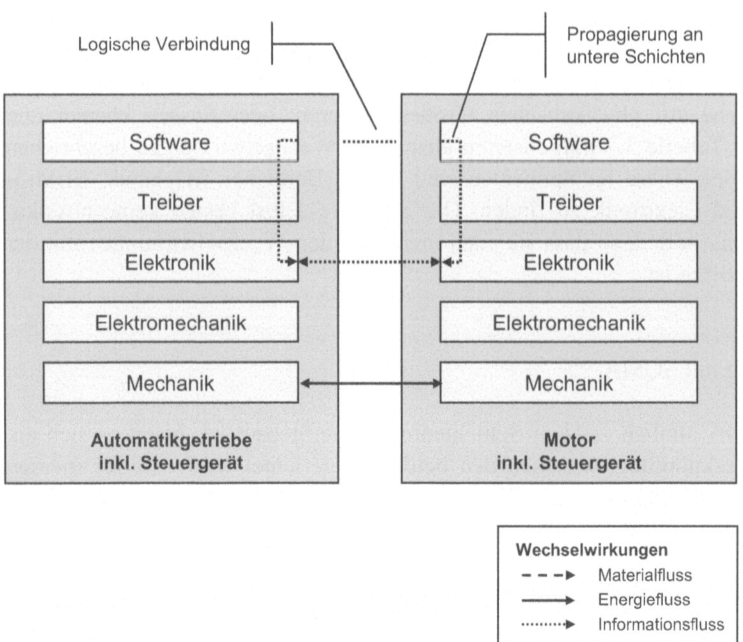

Abb. 3.26 Wechselwirkungen zwischen einem Automatikgetriebe und einem Motor

3.9 Zuverlässigkeitssteigernde Maßnahmen für mechatronische Systeme

Bei der Betrachtung zuverlässigkeitssteigernder Maßnahmen sind zwei grundlegende Möglichkeiten aus [3.9, 3.12] zur Erreichung der Soll-Zuverlässigkeit für Rechensysteme betrachtet worden:

- Fehlervermeidung
- Fehlertoleranz.

Die Fehlervermeidung (fault avoidance) bezeichnet die Steigerung der Zuverlässigkeit durch Verbesserung der konstruktiven Maßnahmen, um das Auftreten von Fehlern von vornherein zu vermeiden. Dies lässt sich durch sorgfältigeren Entwurf, eine erhöhte Anzahl von Tests und Verbesserungen vor Inbetriebnahme, Verwendung von geeigneteren Materialien und verbesserten Herstellungstechniken erreichen. Jedoch setzen physikalische Gesetze sowie nur begrenzt vorhandene Zeit und Mittel den Verbesserungsmöglichkeiten Grenzen. In diesem Buch wird auf Techniken zur Fehlervermeidung nicht näher eingegangen.

Die Fehlertoleranz (fault tolerance) bezeichnet die Fähigkeit eines Systems, auch mit einer begrenzten Anzahl fehlerhafter Komponenten die spezifizierte Funktion zu erfüllen.

Diese Definitionen sind abhängig davon, was unter einer fehlerhaften Komponente verstanden wird. Daraus folgt, dass die Sicht auf die Hierarchie die Einordnung in eine der beiden Definitionen bedingen kann. Als Beispiel kann die Härtung einer Schaltung angegeben werden.

Die Forschergruppe hat diese obigen Definitionen verwendet und diese Zuverlässigkeitsansätze für Rechensysteme auf mechatronische Systeme übertragen. Tabelle 3.8 zeigt Beispiele für Verfahren in den einzelnen Domänen.

Neben den Verfahren für einzelne Domänen sind darüber hinaus auch Verfahren einsetzbar, welche mehrere Domänen betreffen. Tabelle 3.9 zeigt einige Beispiele.

Im Rahmen der Forschergruppe wurden ausgehend von dem genannten Stand der Wissenschaft folgende Erweiterungen erarbeitet:

- Verfahren der Fehlervermeidung und -toleranz
- Konzepte zur Kategorisierung, Katalogisierung und Bereitstellung von zuverlässigkeitssteigernden Maßnahmen
- Bewertung der Auswirkung zuverlässigkeitssteigernder Maßnahmen auf die tatsächliche Steigerung der Zuverlässigkeit.

Tabelle 3.8 Zuverlässigkeitssteigernde Maßnahmen in den Domänen

	Vermeidung	Toleranz
(Elektro-)Mechanik	Entwurfsmaßnahmen, methodisches Konstruieren, Korrosionsschutz, Wahl der Werkstoffe z. B. Prüfung, Röntgen	Strukturelle Redundanz, z. B. mehrfacher Radbolzen, Federn usw.
Elektronik	Entwurfsmaßnahmen, z. B. Verhindern von Übersprechen, Routen von Leitungen Prüfung: z. B. Validierung und Test	Strukturelle Redundanz, zeitliche Redundanz, Informationsredundanz, Fehlerkorrigierende Protokolle und Codes, Voter usw.
Software	Entwurfsmaßnahmen, z. B. Entwurfsparadigmen, Modellierung Prüfung: Inspektion, Test, Formale Verifikation	Vermeidung (von Fehlern) durch: Entwurfsmaßnahmen, z. B. Entwurfsparadigmen, definierte Entwicklungsprozesse Prüfung, z. B. formale Verifikation, Test, Review Toleranz (von Fehlern) durch: Überwachung im Betrieb, Redundanz z. B. aufgrund diversitärer Software-Komponenten usw.

Für die Mechanik wurde untersucht, welche Werkstoffe bereits in frühen Entwicklungsphasen (siehe Kap. 5.2.4) ausgewählt werden sollen. Des Weiteren sind Konstruktions-Checklisten erstellt worden. Für die Domäne der Elektronik wurden

Tabelle 3.9 Zuverlässigkeitssteigernde Maßnahmen über die Domänen hinweg

	Vermeidung	Toleranz
Software und Elektronik	Produktionstests, z. B. softwarebasierter Selbsttest, In-Circuit-Emulation von Prozessoren	Software behandelt Elektronikfehler: Softwareredundanz zur Tolerierung von Elektronik-Ausfällen, Mehrfach gespeicherte Programme/Daten zur Kompensation von Speicherfehlern in der Elektronik Transparente Selbsttests für Speicher zur Fehlerdiagnose im Betrieb und dynamische Rekonfiguration
(Elektro-)Mechanik und Elektronik	Kühlkörper, Kühlung zur Reduktion von Fehlern in der Elektronik, Dämpfung von Stößen, allgemein Reduktion des physikalischen Stress auf Bauteile	Elektronik behandelt Mechanikfehler: Adaptive elektronische Regelung/ Steuerung
(Elektro-)Mechanik und Elektronik und Software	Auslegung der elektronischen Steuerung/Regelung, sodass zulässige Betriebsgrenzen eingehalten werden (auch bei Bedienfehlern)	Software/Elektronik behandelt Mechanikfehler: Adaptive Steuerung/Regelung

hardwarebeschleunigte Testverfahren, Fehlertoleranz/-vermeidung erarbeitet (siehe Kap. 8.3.1). Für die Software wurde ein Protokoll realisiert, welches die Abstimmung verschiedener redundanter Einheiten gewährleistet und so einen zentralen Voter überflüssig macht.

In Zusammenarbeit der Institute der Forschergruppe wurden diese einzelnen Verfahren in ein ganzheitliches Konzept integriert, welches es dem Ingenieur erlaubt, Fehlervermeidungs- und -toleranzverfahren in frühen Entwicklungsphasen gezielt auszuwählen. Das Konzept basiert auf Musterkatalogen. Deren Struktur ist zusammen mit einem Softwarewerkzeug in Kap. 7.6 erläutert.

Um eine möglichst hohe Zuverlässigkeitssteigerung mit möglichst geringem Aufwand zu erreichen, wird die Kritikalität von Komponenten im Rahmen einer Risikobewertung sowohl ganzheitlich für das mechatronische System (vgl. Kap. 3.3) als auch für die einzelnen Domänen vorgenommen (vgl. Kap. 5.2, 7.6 und 8.3). Dadurch wird zunächst qualitativ eine Aussage darüber getroffen, auf welche Teilsysteme bzw. Komponenten die zuverlässigkeitssteigernden Maßnahmen anzuwenden sind. Darüber hinaus kann mittels der Methoden der Zuverlässigkeitsbewertung aus Kap. 3 die konkrete Steigerung der Zuverlässigkeit quantifiziert werden. Während für die Mechanik und Elektronik ein kostenbasiertes Verfahren die optimale Kombination an Maßnahmen ermittelt, wird für die Software ein iterativer Prozess eingesetzt, welcher die Istzuverlässigkeit dem Sollwert schrittweise annähert.

3.10 Zusammenfassung

In dem vorliegenden Kapitel wurde eine Methodik zur frühzeitigen Zuverlässigkeitsbewertung mechatronischer Systeme vorgestellt. Diese Methodik wurde an eine bestehende Entwicklungsmethode angegliedert, um so aus Sicht der Zuverlässigkeit die Konzeptauswahlentscheidung zu unterstützen. Dadurch ist es möglich, das zuverlässigste Konzept auszuwählen. Insgesamt ist die Zuverlässigkeitsbewertung in sechs Schritte unterteilt. Wichtige Aspekte hierbei sind die Ermittlung möglicher Komponenten und deren Zusammenhänge innerhalb der detaillierten Systemdarstellung, sowie die Grundlagen für den Variantenvergleich der mechatronischen Systeme. Der Variantenvergleich liefert als Ergebnis einen Entwicklungsspielraum. Dieser gibt an, um wie viel Prozent eine Variante einer anderen überlegen bzw. unterlegen ist.

Des Weiteren wurden Wechselwirkungen in und zwischen den einzelnen Domänen der Mechatronik thematisiert. Im Rahmen dessen wurde ein Schichtenmodell entwickelt, welches das Zusammenwirken der Domänen erklärt. Diese Überlegungen ermöglichten die Eingliederung diesen Themenaspektes in die Methodik der Zuverlässigkeitsbewertung. Dadurch kann die in der Systemdarstellung zuerst angenommene Unabhängigkeit der Komponenten auf Basis der Boole'schen Algebra durch die Betrachtung von Wechselwirkungen erweitert werden.

Als letzter Punkt wurden Maßnahmen zur Steigerung der Zuverlässigkeit angesprochen. Diese Maßnahmen wurden in zwei Möglichkeiten untergliedert. Ausgehend von diesen Erläuterungen wurde hier zuerst auf zuverlässigkeitssteigernde Maßnahmen innerhalb jeder Domäne eingegangen, anschließend wurde eine domänenübergreifende Betrachtung durchgeführt.

3.11 Literatur

[3.1] ARINC Research Corporation (1964) Reliability Engineering. Englewood Cliffs, ARINC Research Corporation

[3.2] Bertsche B, Lechner G (2004) Zuverlässigkeit im Fahrzeug- und Maschinenbau. 3. Aufl, Springer, Berlin

[3.3] Bertsche B, Naunheimer H, Lechner G (2007) Fahrzeuggetriebe: Grundlagen, Auswahl, Auslegung und Konstruktion, Springer, Berlin

[3.4] Biegert U (2003) Ganzheitliche modellbasierte Sicherheitsanalyse von Prozessautomatisierungssystemen. Dissertation, Institut für Automatisierungs- und Softwaretechnik, Universität Stuttgart

[3.5] Birolini A (1997) Zuverlässigkeit von Geräten und Systemen. 4. Aufl, Springer, Berlin

[3.6] Bongulielmi L (2002) Die Konfigurations- und Verträglichkeitsmatrix als Beitrag zur Darstellung konfigurationsrelevanter Aspekte im Produktentstehungsprozess, Dissertation, Zürich

[3.7] Brockhaus in zehn Bänden (2004). 1.Aufl, Brockhaus, Mannheim.

[3.8] Brown J S, de Kleer J, Parc X (1984) A Framework for Qualitative Physics, Proceedings of the Sixth Annual Conference of the Cognitive Science Society: 11–18

[3.9] Chen L, Avizienis A (1978) N-Version Programming: A Fault-Tolerance Approach to Reliability of Software Operation. In: Fault Tolerant Computing, FTCS-8: 3–9

[3.10] Deutsches Institut für Normung (1999) DIN IEC 61508 Funktionale Sicherheit sicherheitsbezogener elektrischer/elektronischer/programmierbarer elektronischer Systeme – Teil 1 Allgemeine Anforderungen. Beuth, Berlin

[3.11] Dhillon B S (1983) Reliability Engineering in Systems Design and Operation. John Wiley & Sons Inc, New York

[3.12] Echtle K (1990) Fehlertoleranzverfahren. Springer, Berlin

[3.13] Fahrzeugtechnik Hetzel http://www.fzth.de/fehler.php?a=4&b=1&l=de&id=6

[3.14] Fenton N E, Neil M (1999) A Critique of Software Defect Prediction Models. In: IEEE Transactions on Software Engineering, Vol 25, No 5: 675–689

[3.15] Forbus K D (1981) Qualitative Reasoning about Physical Processes. IJCAI 1981: 326–330

[3.16] Fröhlich P (1997) Überwachung verfahrenstechnischer Prozesse unter Verwendung eines qualitativen Modellierungsverfahrens. Dissertation, Institut für Automatisierungs- und Softwaretechnik, Universität Stuttgart

[3.17] Gäng J, Bertsche B (2008) An Approach to Describe Interactions in and between Mechatronic Systems. ESREL 2008, 22.–25. September 2008, Valencia, Spanien

[3.18] Gäng J, Hofmann D, Wedel M, Bertsche B, Göhner P (2008) Übersicht zu frühzeitigen Softwarezuverlässigkeitsbewertungen mechatronischer Systeme aus Praxissicht. In: DVM-Bericht 902 Absicherung der Systemzuverlässigkeit, 2. Tagung DVM-Arbeitskreis Zuverlässigkeit mechatronischer und adaptronischer Systeme

[3.19] Gäng J, Wedel M, Bertsche B, Göhner P (2007) Determining Mechatronic System Reliability Using Quantitative and Qualitative Methods. ESREL 2007, 25.–27. Juni 2007, Stavanger, Norwegen

[3.20] Greiner J, Kiesel J, Veil A, Strenkert J (2004) Front-CVT Automatikgetriebe (WFC280) von Mercedes-Benz. In: VDI Berichte 1827, Getriebe in Fahrzeugen VDI, Düsseldorf

[3.21] Hofmann D (2006) Beschreibung und Vergleich von Ausfallratenkataloge. Studienarbeit, Institut für Maschinenelemente, Universität Stuttgart

[3.22] Hung S T, Gabel M J (2001) An Open System Interconnection Model for Mechatronics. IEEE/ASME International Conference on Advanced Intelligent Mechatronics Proceedings, 8.–12. Juli 2001, Como, Italy

[3.23] IEEE STD 1413.1-2002. (2002) IEEE Guide for Selecting and Using Reliability Predictions Based on IEEE 1413. IEEE, New York

[3.24] Jäger P (2007) Zuverlässigkeitsbewertung mechatronischer Systeme in frühen Entwicklungsphasen. Bericht Nr. 121, Dissertation, Institut für Maschinenelemente, Universität Stuttgart

[3.25] Jäger P, Arnaout T, Bertsche B, Wunderlich H J (2005) Frühe Zuverlässigkeitsanalyse mechatronischer Systeme. VDI-Berichte 1884, 22. Tagung Technische Zuverlässigkeit, Düsseldorf

[3.26] Jäger P, Bertsche B (2004) A New Approach To Gathering Failure Behavior Information About Mechanical Components Based On Expert Knowledge. Proc. RAMS 2004 Conference, 26.–29. Januar 2004, Los Angeles, CA

[3.27] Jäger P, Wedel M, Gandy A, Bertsche B, Göhner P, Jensen U (2005) Zuverlässigkeitsbewertung softwareintensiver mechatronischer Systeme in frühen Entwicklungsphasen, In: VDI-Berichte 1892.2 Mechatronik 2005, VDI, Düsseldorf,

[3.28] Kuipers B J (1994) Qualitative Reasoning: Modeling and Simulation with Incomplete Knowledge. Cambridge, MA, MIT Press

[3.29] Längst W (2003) Formale Anwendung von Sicherheitsmethoden bei der Entwicklung verteilter Systeme. Logos Verlag, Berlin

[3.30] Laufenberg X (1996) Ein modellbasiertes qualitatives Verfahren für die Gefahrenanalyse. Dissertation, Institut für Automatisierungs- und Softwaretechnik, Universität Stuttgart

[3.31] Lechner G, Naunheimer H (1994) Fahrzeuggetriebe. Springer, Berlin

[3.32] Li M N, Malaiya Y K, Denton J (1998) Estimating the Number of Defects: A Simple and Intuitive Approach. International Symposium of Software Reliability Symposium, Deutschland

[3.33] Lindemann U (2007) Methodische Entwicklung technischer Produkte – Methoden flexibel und situationsgerecht anwenden. 2.Aufl, Springer

[3.34] Lindemann U, Maurer M, Kreimeyer M (2005) Intelligent strategies for structiring products. In: Clarkson J, Huhtala M: Engineering Design – Theory and practise. Engineering Design Centre, University of Cambridge

[3.35] Manz S (2004) Entwicklung hybrider Komponentenmodelle zur Prozessüberwachung komplexer dynamischer Systeme. Dissertation, Institut für Automatisierungs- und Softwaretechnik, Universität Stuttgart

[3.36] Meyer M A, Booker J M (1991) Eliciting and Analyzing Expert Judgment: A Practical Guide. Academic Press, London

[3.37] Nagappan N, Williams L, Vouk M (2003) Towards a Metric Suite for Early Reliability Assessment. 14. IEEE International Symposium on Software Reliability Engineering, Denver, Colorado

[3.38] Pozsgai P, Neher W, Bertsche B (2002) Models to Consider Dependence in Reliability Calculation for Systems Consisting of Mechanical Components. In: Proceedings of 3rd International Conference on Mathematical Methods in Reliability, Trondheim, Norwegen: 539–542

[3.39] Pozsgai P, Neher W, Bertsche B (2003) Models to Consider Load-Sharing in Reliability Calculation and Simulation of Systems Consisting of Mechanical Components. In: Proceedings Annual Reliability & Maintenance Symposium Tampa, USA: 493–499.

[3.40] Rebolledo M (2004) Situation based process monitoring in complex systems considering vagueness and uncertainty. Dissertation, Institut für Automatisierungs- und Softwaretechnik, Universität Stuttgart

[3.41] Rosenberg L, Hammer T, Shaw J (1999) Software Metrics and Reliability. 9th International Symposium on Software Reliability Engineering, Deutschland

[3.42] Schlarb S (2007) Unscharfe Validierung strukturierter Daten. Dissertation, Universität Köln

[3.43] Tipler P A (1994) Physik. Spektrum, Heidelberg

[3.44] Verein Deutscher Ingenieure (2004) VDI 2206 Entwicklungsmethodik für mechatronische Systeme. Beuth, Berlin

[3.45] Wächter K (1989) Konstruktionslehre für Maschinenbauingenieure. Verlag Technik, Berlin

[3.46] Wedel M, Gäng J, Arnaout T, Göhner P, Bertsche B, Wunderlich H J (2007) Domänenergreifende Zuverlässigkeitsbewertung in frühen Entwicklungsphasen unter Berücksichtigung von Wechselwirkungen. 5. Paderborner Workshop, 22.–23. März 2007, Heinz Nixdorf Institut, Paderborn, HNI Verlagsschriftenreihe

[3.47] Wedel M, Göhner P (2005) Eine ganzheitliche qualitative Vorgehensweise zur Erhöhung der Zuverlässigkeit programmierbarer mechatronischer Systeme in frühen Entwicklungsphasen. Workshop „Zuverlässigkeit in eingebetteten Systemen" 13.–14. Oktober 2005, RWTH Aachen

[3.48] Wedel M, Göhner P (2006) Holistic Qualitative and Model-based Reliability Analysis of Programmable Mechatronic Systems. Mechatronics 2006 – 4th IFAC-Symposium on Mechatronic Systems

Kapitel 4
Mathematische Modelle zur quantitativen Analyse der Zuverlässigkeit

Uwe Jensen unter Mitarbeit von Maik Döring, Axel Gandy und Kinga Mathe

In diesem Kapitel werden zum einen die Regressionsmodelle der Lebensdaueranalyse vorgestellt. Zum anderen werden mathematische Modelle zur Beschreibung komplexer Systeme betrachtet, welche aus Komponenten zusammengesetzt sind. Mögliche Abhängigkeiten zwischen den Lebensdauern der Komponenten werden durch so genannte Copula-Modelle beschrieben, die es unter anderem ermöglichen, den Einfluss des Grades der Abhängigkeit auf die Zuverlässigkeit des Gesamtsystems zu untersuchen.

4.1 Lebensdaueranalyse (Survival Analysis)

4.1.1 Einführung

Die Lebensdauern mechatronischer Systeme hängen von vielen unkontrollierbaren Faktoren ab. Daher kann die Lebensdauer für ein einzelnes System nicht genau vorhergesagt werden. Jedoch können statistische Aussagen für bestimmte Grundgesamtheiten von mechatronischen Systemen gemacht werden. Dafür ist es wichtig, mathematische Modelle für die Wahrscheinlichkeitsverteilung der Lebensdauern zur Verfügung zu haben. Aus Feld- oder Versuchsdaten können diese Verteilungen bzw. Parameter dieser Verteilungen statistisch geschätzt werden. Aus der Kenntnis solcher Lebensdauerverteilungen lässt sich eine Reihe von Kennwerten ableiten wie z. B.:

- der Erwartungswert (mittlere Lebensdauer),
- ein Quantil wie der B_{10}-Wert; das ist der Zeitpunkt, den 90% der Systeme einer Population ohne Ausfall erreichen,
- die Zuverlässigkeit zu einem bestimmten Zeitpunkt t, also die Wahrscheinlichkeit, mit der ein System diesen Zeitpunkt ohne Ausfall überlebt; zur Definition siehe auch Kap. 1.2.

Einfache Modelle stellen bekannte Familien von Wahrscheinlichkeitsverteilungen dar wie die der Weibull- oder der Lognormalverteilung. Diese Verteilungsklassen sind durch endlich viele Parameter festgelegt und werden deshalb parametrische Verteilungsmodelle genannt. In vielen Fällen liegen heterogene Populationen von Systemen vor, die nicht durch solch einfache Modelle beschrieben werden können. Hierzu müssen komplexere Modelle herangezogen werden, die es erlauben, voneinander abweichende Kenngrößen der einzelnen Objekte zu adjustieren und den Effekt der Zensierung, der im Folgenden näher erklärt wird, zu berücksichtigen. Besonders geeignet sind hierfür Modelle der so genannten Survival Analysis, die ursprünglich für Lebensdaueruntersuchungen in der Medizin entwickelt wurden. Sie tragen den beiden genannten Forderungen Rechnung, nämlich:

- **Zensierung**. In medizinischen Lebensdaueruntersuchungen geschieht es, dass Patienten aus der Untersuchung ausscheiden oder das zeitliche Ende der Studie überleben. Offenbar können für eine Prognose der Lebensdauerverteilung nicht ausschließlich die während der Studie aufgetretenen Todesfälle einbezogen werden, sondern es muss auch die Anzahl der Ausgeschiedenen und der Überlebenden berücksichtigt werden. Andernfalls würde die statistische Schätzung der Lebensdauerverteilung verfälscht und extrem von der Dauer der Studie abhängen. Dieser Effekt, dass bei Lebensdauerstudien die Daten nur innerhalb eines gewissen Zeitintervalls aufgenommen werden können, wird Zensierung genannt. Solche Abschneideeffekte treten auch bei Lebensdauerstudien mechatronischer Systeme auf. Im Maschinenbau werden Dauerlaufversuche von z. B. elektrischen Kleinmotoren, wie sie in Kap. 6 näher beschrieben werden, aus Kostengründen ebenso nach einer bestimmten Zeit abgebrochen, so dass für diese Motoren oder Bauteile nicht nur Ausfallzeiten, sondern auch Zensierungszeiten beobachtet werden. Die Schätzung der Lebensdauerverteilung solcher Motoren muss dann um den Zensierungseffekt bereinigt werden.
- **Berücksichtigung von Kovariablen**. In der Medizin stehen für Lebensdaueruntersuchungen meistens keine homogenen Patientenkollektive zur Verfügung. Vielmehr unterscheiden sich die Patienten in einer Reihe von Merkmalen, den so genannten Kovariablen, wie z. B. Alter, Geschlecht, Blutdruck etc. Ebenso unterscheiden sich bei den oben genannten Dauerlaufversuchen die einzelnen Motoren in ihrer Bauart und der Belastung, unter der sie geprüft werden. Bei der statistischen Schätzung der Lebensdauerverteilung sollten die Werte der beobachteten Kovariablen berücksichtigt werden, damit die Schätzung der Lebensdauerverteilung entsprechend angepasst und adjustiert werden kann.

Die statistischen Verfahren, die zur Berücksichtigung des Zensierungseffektes und der Kovariablen notwendig sind, beruhen auf modernen Methoden der Theorie der Punktprozesse und der Martingaltheorie. Diese Verfahren lassen sich unmittelbar verallgemeinern auf den Fall mehrerer beobachteter Zeitpunkte je Objekt. Beispielsweise werden bei der Beurteilung der Zuverlässigkeit von Software die Zeitpunkte beobachtet, zu denen Fehler (bugs) auftreten. Bei reparierbaren mechatronischen Systemen können die Zeitpunkte von Ausfällen beobachtet werden. Werden außerdem verschiedene Kovariablen je Objekt beobachtet, kann beurteilt werden, welche dieser Kovariablen einen signifikanten Effekt auf das Risiko eines Ausfalls oder des Auftretens eines Softwarefehlers haben. Ausführlich werden die Regressionsmodelle der Lebensdaueranalyse in den Monographien [4.2, 4.3, 4.12, 4.32] dargestellt.

In den folgenden Abschnitten werden zunächst das Modell der zufälligen Rechtszensierung beschrieben sowie Punkt- und Zählprozesse eingeführt. Anschließend wird auf die Regressionsmodelle von Aalen und Cox eingegangen. Für einige Anwendungen ist es erforderlich, das Cox-Modell zu erweitern und Change-Points in den Kovariablen zuzulassen. Dies wird in Kap. 4.1.6 beschrieben, bevor auf Anwendungen in der Softwarezuverlässigkeit und bei der Auswertung von Dauerlaufversuchen bei elektrischen Kleinmotoren eingegangen wird.

4.1.2 Das Modell der zufälligen Rechtszensierung

Die nichtnegative Zufallsvariable T mit unbekannter Verteilungsfunktion $F(t) = P(T \le t)$, $t \in \mathbb{R}$, beschreibe die zu untersuchende Lebensdauer. Beobachtet werden kann T nur, wenn die maximale Beobachtungsdauer (Zensierungszeit) C nicht überschritten wird. Tatsächlich beobachtet wird also das Minimum $Z = \min\{T, C\}$ und die Indikatorvariable $\delta = I(T \le C)$, die angibt, ob die Lebensdauer beobachtet wurde ($\delta = 1$) oder die Zensierungszeit ($\delta = 0$). Ein Objekt befindet sich zum Zeitpunkt t unter Risiko, wenn es weder ausgefallen ist noch zensiert wurde, d. h. $t < Z = \min\{T, C\}$. Es wird angenommen, dass C eine von T unabhängige Zufallsvariable ist mit Verteilungsfunktion $G(t) = P(C \le t)$, $t \in \mathbb{R}$. Das Ziel ist es, aufgrund einer Stichprobe von unabhängigen, identisch wie (Z, δ) verteilten Zufallsgrößen $(Z_1, \delta_1), \ldots, (Z_n, \delta_n)$ mit $Z_i = \min\{T_i, C_i\}$ und $\delta_i = I(T_i \le C_i)$, eine statistische Schätzung für die unbekannte Verteilung F der Lebensdauer anzugeben.

Wird keine Verteilungsklasse, die durch (endlich viele) Parameter festgelegt ist, wie die der Weibull- oder der Lognormalverteilung zu Grunde gelegt, so ist die Verteilung F als Funktion (nichtparametrisch) zu schätzen. Dafür setzen wir, um den technischen Aufwand möglichst gering zu halten, voraus, dass F absolut stetig ist mit einer Dichte f und einer Hazard- oder Ausfallrate

$$\lambda_F(t) = \lim_{h \to 0+} \frac{1}{h} P(T \le t + h \mid T > t) = \frac{f(t)}{1 - F(t)}. \tag{4.1}$$

Die kumulierte Hazardrate $\Lambda(t) = \int_0^t \lambda_F(s) ds$ legt die Verteilung F eindeutig über den Zusammenhang $1 - F(t) = \exp\{-\Lambda(t)\}$ fest. Diese Wahrscheinlichkeit

$1-F(t)$ wird in der Literatur oft auch mit $R(t)$ (Zuverlässigkeit, Reliability) oder mit $S(t)$ (Survival Probability) bezeichnet. Wir werden in diesem Kapitel durchgehend die Bezeichnung $\bar{F}(t)=1-F(t)$ verwenden.

Liegt keine Zensierung vor, d. h. alle Werte der Zufallsvariablen $T_1,...,T_n$ können beobachtet werden, dann ist die nichtparametrische Schätzung der Verteilungsfunktion F gegeben durch die empirische Verteilungsfunktion.

$$F_n^e(t)=\frac{1}{n}\sum_{i=1}^{n} I(T_i \le t). \tag{4.2}$$

Dabei ist F_n^e eine Treppenfunktion mit Sprüngen der Höhe $1/n$ an den beobachteten Zeitpunkten T_i, $i=1,...,n$. Bei Vorliegen von Zensierung ist eine Modifikation notwendig, die auf den Kaplan-Meier-Schätzer führt: Die n beobachteten Paare $(Z_1,\delta_1),...,(Z_n,\delta_n)$ werden den Werten von Z_i nach geordnet $Z_{(1)} \le Z_{(2)} \le ... \le Z_{(n)}$, wobei $\delta_{(i)}$ der der Größe Z_i zugeordnete Zensierungsindikator ist. Der Kaplan-Meier-Schätzer $1-F_n(t)$ für die Überlebensfunktion $\bar{F}(t)=1-F(t)$ ist dann gegeben durch

$$1-F_n(t)=\prod_{i:Z_{(i)}\le t}\left(1-\frac{\delta_{(i)}}{n-i+1}\right), \quad t\in\mathbb{R}. \tag{4.3}$$

$1-F_n$ ist eine Treppenfunktion, der Graph hat Sprünge ausschließlich an den unzensierten Beobachtungen.

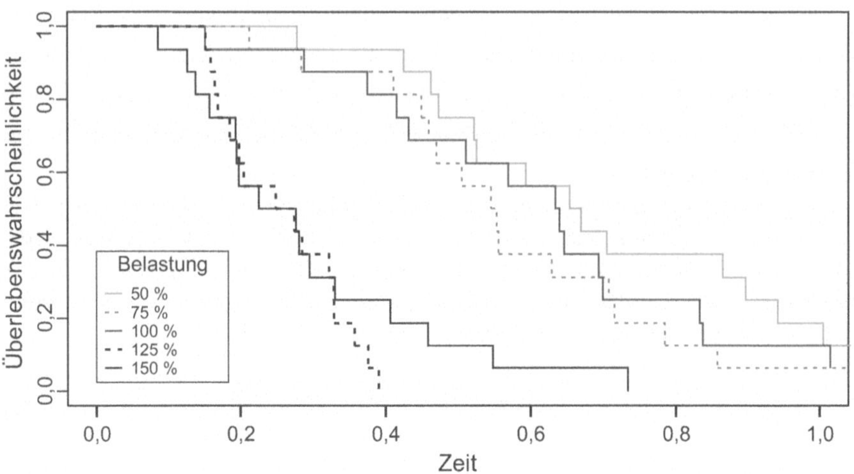

Abb. 4.1 Kaplan-Meier-Schätzer der Überlebenswahrscheinlichkeit für verschiedene Belastungsniveaus. Die Zeitskala wurde auf einen fiktiven Wert normiert [4.20]

Am Institut für Konstruktion und Fertigung in der Feinwerktechnik (IKFF) der Universität Stuttgart wurden Versuchsstände für rotatorische Kleinmotoren aufgebaut. Das Versuchsprogramm umfasste edelmetallkommutierte Kleinantriebe, die im Konstantbetrieb getestet wurden. Dabei wurden jeweils 16 identische Motoren bei fünf unterschiedlichen Belastungsstufen (50, 75, 100, 125, 150 Prozent des Nennwertes) untersucht. In Kap. 6 wird auf den Versuchsaufbau näher eingegangen, siehe auch [4.20]. Durch Variation der Belastung kann die Auswirkung des Motorstroms auf den elektrischen Verschleiß und damit auf die Lebensdauer ermittelt werden. Für das nichtparametrische Modell der Rechtszensierung sind in Abb. 4.1 die Kaplan-Meier-Schätzer unter den verschiedenen Belastungen zu sehen. Es ist hier wie auch bei anderen Modellen zu erkennen, dass die drei niedrigeren Belastungsstufen deutlich von den zwei höchsten Belastungsstufen zu unterscheiden sind.

4.1.3 Punkt- und Zählprozesse

Um die asymptotischen Eigenschaften des Kaplan-Meier-Schätzers nachzuweisen und Erweiterungen um Kovariablen einzubeziehen, muss die Lebensdaueranalyse eingebettet werden in die Martingaltheorie und in die Theorie der Punkt- und Zählprozesse. Im Rahmen dieser Einführung soll kein aufwändiger technischer Apparat entwickelt werden; vielmehr sollen die verwendeten Begriffe so weit wie möglich anschaulich erläutert werden, um ein „passives" Verständnis für diese aktuellen Werkzeuge zu vermitteln. Für Details in diesem Kontext wird auf [4.4] verwiesen.

Ist (S_n), $n \in \mathbb{N}$, eine Folge aufsteigend geordneter Zufallsvariablen, so lässt sich diese als zufällige Folge von Zeitpunkten interpretieren, zu denen bestimmte Ereignisse eingetreten sind: $0 < S_1 < S_2 < S_3 < \dots$. Eine solche Folge wird Punktprozess genannt. Bei Vorgabe eines festen Zeitpunkts $t \geq 0$ kann die Anzahl der Ereignisse gezählt werden, die bis zu diesem Zeitpunkt eingetreten sind: $N(t) = \sum_{n=1}^{\infty} I(S_n \leq t)$. Dieser Zufallsprozess wird Zählprozess genannt. Als Funktion der Variablen t stellt $N(t)$ eine Treppenfunktion dar mit Sprüngen der Höhe eins an den Zufallszeitpunkten S_n. Sind beispielsweise die so genannten Zwischenankunftszeiten $S_{n+1} - S_n$, $n = 1, 2, 3, \dots$ unabhängige, identisch und exponentialverteilte Zufallsvariablen, so handelt es sich bei dem entsprechenden Zählprozess um einen Poisson-Prozess.

Ein Zählprozess $N(t)$ lässt sich unter der Annahme von gewissen nicht sehr restriktiven Bedingungen additiv zerlegen in einen (absolut) stetigen Anteil $\int_0^t \lambda(s)ds$ und ein Martingal $M(t)$. Somit ergibt sich die Darstellung

$$N(t) = \int_0^t \lambda(s)ds + M(t). \tag{4.4}$$

Die (nichtnegative) Funktion λ kann von Zufallsgrößen abhängen und wird Intensität genannt. Ein Martingal $M(t)$ ist ein stochastischer Prozess, für den der bedingte Erwartungswert eines zukünftigen Zuwachses bei gegebenen Werten aus der Vergangenheit gleich null ist: $E[M(t+h)-M(t) \mid M(s), s \leq t] = 0,$ für beliebige Werte $t, h \geq 0.$ Oft wird dieser Zusammenhang auch so interpretiert, dass die zufällige Treppenfunktion $N(t)$ durch die stetige Funktion $\int_0^t \lambda(s)ds$ zu einem Martingal kompensiert wird. Das Integral $\int_0^t \lambda(s)ds$ über die Intensität wird deshalb auch Kompensator genannt. Das Martingal ist ein Zufallsprozess mit Erwartungswert $E[M(t)] = 0$ für alle $t \geq 0,$ und variiert daher in Abhängigkeit der Variablen t um den Wert null, vergleichbar mit den so genannten Fehlervariablen in der gewöhnlichen linearen Regression.

Als Beispiel sollen die zufälligen Zeitpunkte S_n die Ausfallzeitpunkte eines reparierbaren Systems beschreiben, wobei die Reparaturzeiten vernachlässigbar sind. Dann gibt $N(t)$ die Anzahl der Ausfälle bis zur Zeit t an und die Intensität $\lambda(t)$ beschreibt die Ausfallneigung des Systems zur Zeit $t.$ Ist im einfachsten Fall die Intensität eine feste Konstante $\lambda(t) = \lambda,$ so ergibt sich als Zählprozess ein Poisson-Prozess mit Parameter $\lambda.$ Also ist in diesem Fall $N(t) - \lambda t$ ein Martingal.

Die Kernidee, die den verschiedenen Regressionsmodellen zu Grunde liegt, besteht darin, eine nichtnegative Zufallsfunktion $\lambda(t)$ vorzugeben, die sich als Intensität eines entsprechenden Zählprozesses interpretieren lässt. Bevor hierauf näher eingegangen wird, soll noch erwähnt werden, dass die Beobachtung nur eines einzigen Zeitpunktes T (Lebensdauer eines Systems) in der oben beschriebenen Zählprozesstheorie enthalten ist: Der Zählprozess $N(t) = I(T \leq t)$ springt in diesem Fall nur einmal zur Zeit $T.$ Werden außer T keine weiteren beeinflussenden Zufallsgrößen beobachtet und besitzt T die Verteilung F mit der Dichte $f,$ so ist die Intensität dieses Zählprozesses im Wesentlichen durch die gewöhnliche Hazardrate $\lambda_F(t) = f(t)/(1-F(t))$ gegeben. Für den Zählprozess ergibt sich somit

$$N(t) = I(T \leq t) = \int_0^t I(T \geq s)\lambda_F(s)ds + M(t), \; t \geq 0. \tag{4.5}$$

Insofern ist die Intensität eine Verallgemeinerung der Hazardrate einer Zufallsvariablen. Details zu diesem allgemeinen Modell zur Beschreibung einer zufälligen Lebensdauer sind in [4.4] zu finden.

Im Folgenden werden zwei Regressionsmodelle der Lebensdaueranalyse, nämlich das Aalen-Modell und das Cox-Modell, vorgestellt. Bei beiden Modellen werden n Objekte beobachtet. Zur Beschreibung werden n zugehörige Zählprozesse $N_1(t), \ldots, N_n(t)$ zu Grunde gelegt. Dabei können je Objekt entweder mehrere Zeitpunkte beobachtet werden (Softwarezuverlässigkeit, Auftreten von Fehlern) oder nur ein Ereignis (Dauerlaufversuche, Lebensdauer oder Zensierungszeitpunkt). Für jedes Objekt i, $i=1,\dots,n$, werden zusätzlich k Kovariablen beobachtet, die Einfluss auf das Ausfallverhalten haben: $Y_{i1},\dots,Y_{ik}$.

Die verschiedenen Regressionsmodelle unterscheiden sich voneinander durch die unterschiedliche Modellierung der Intensität der Zählprozesse.

4.1.4 Das Aalen-Modell

Aalen hat dieses Modell 1980 in der Arbeit [4.1] vorgestellt. Das nach ihm benannte Modell wird auch additives Hazard-Modell genannt, da die Intensität für das Objekt i eine Linearkombination der Kovariablen $Y_{i1}(t),\dots,Y_{ik}(t)$ ist

$$\lambda_i(t)=\alpha_1(t)\cdot Y_{i1}(t)+\alpha_2(t)\cdot Y_{i2}(t)+\dots+\alpha_k(t)\cdot Y_{ik}(t),\quad i=1,\dots,n. \tag{4.6}$$

In diesem allgemeinen Modell dürfen die Kovariablen von der Zeit abhängen. Insbesondere wird die Kovariable $Y_{ij}(t)$ Null gesetzt, falls sich das Objekt i nicht mehr unter Risiko befindet. Die unbekannten Gewichtsfunktionen α_j sind deterministisch und für alle Objekte gleich, sie werden auch Regressionsfunktionen oder Basisintensitäten genannt. Bei gegebenen Kovariablenwerten kann $\alpha_j(t)$ interpretiert werden als die durchschnittliche Anzahl der Ausfälle pro Zeiteinheit und pro Einheit der Einflussgröße Y_{ij} zur Zeit t.

Aufgrund der Beobachtungen der Zählprozesse $N_1(t),\dots,N_n(t)$ und der Kovariablen $Y_{i1}(t),\dots,Y_{ik}(t)$, $i=1,\dots,n$ sollen die unbekannten Regressionsfunktionen geschätzt werden. Dazu werden zunächst die integrierten Basisintensitäten $B_j(t)=\int_0^t\alpha_j(s)ds$ geschätzt. Anschließend ergeben sich durch Glättung mit Hilfe von Kernfunktionen Schätzer für die Basisintensitäten. Einzelheiten zum Schätzverfahren und den Eigenschaften der Schätzer können in [4.2, 4.3] nachgelesen werden.

4.1.5 Das Cox-Modell

Das bekannteste Regressionsmodell ist das von Cox 1972 in [4.9] eingeführte Proportional-Hazards-Modell. Dieses Modell ist dadurch gekennzeichnet, dass die Intensität für einen Ausfall des i-ten Objektes (z. B. eines mechatronischen Systems), $i=1,\dots,n$, gegeben ist durch

$$\lambda_i(t)=\lambda_0(t)\cdot R_i(t)\cdot\exp\{\beta_1Y_{i1}+\beta_2Y_{i2}+\dots+\beta_kY_{ik}\}=\lambda_0(t)\cdot R_i(t)\cdot\exp\{\boldsymbol{\beta}^T\mathbf{Y}_i\}. \tag{4.7}$$

Hierbei bezeichnet $\lambda_0(t)$ die unbekannte, deterministische Basisintensität, auch Baselinehazardrate genannt, die für alle Objekte gleich ist. Des Weiteren ist $R_i(t)$ ein Risikoindikator, der angibt, ob das Objekt i zum Zeitpunkt t unter Risiko steht oder nicht und deshalb entsprechend nur die Werte eins oder null annimmt. Die k beobachteten Merkmale (Kovariablen) des i-ten Objektes werden im Argument der Exponentialfunktion additiv miteinander verknüpft, wobei die Gewichte β_j die zu schätzenden Regressionsparameter sind. Der Vektor $\boldsymbol{\beta}^T = (\beta_1,...,\beta_k)$ bezeichnet die Regressionsparameter und der Vektor $\mathbf{Y}_i^T = (Y_{i1},...,Y_{ik})$ die Kovariablen des i-ten Objektes.

Die für alle Objekte gleiche Basishazardrate $\lambda_0(t)$ wird also multipliziert mit einem Faktor, der von den Werten der beobachteten Kovariablen abhängt, und größer als eins (Risikozuschlag) oder kleiner als eins (Risikoabschlag) ausfallen kann. In diesem Modell ist das Hazardverhältnis für zwei unter Risiko stehende Objekte, nummeriert mit 1 und 2,

$$\frac{\lambda_1(t)}{\lambda_2(t)} = \exp\{\beta^T(\mathbf{Y}_1 - \mathbf{Y}_2)\}, \tag{4.8}$$

konstant über die Zeit. Die Größe $\exp\{\beta_j\}$ ist bekannt als relative risk, also der Faktor, um den sich das Ausfallrisiko erhöht, wenn der Wert der j-ten Kovariablen um eine Einheit erhöht wird.

Um dieses Modell an dieser Stelle zu veranschaulichen, wird Bezug genommen auf ein vereinfachtes Modell der in Kap. 4.1.8.4 und ausführlich in Kap. 6 beschriebenen Dauerlaufversuche von Kleinmotoren. Bei den $n = 232$ Motoren seien nur zwei Kovariablen beobachtet worden: Y_{i1} gibt die Nennspannung (Motortyp) und Y_{i2} die Belastungsstufe bezogen auf das Nennmoment des i-ten beobachteten Motors an. Weist der Motor mit der Nr. $i = 100$ die Nennspannung 18 V bei einer Belastung von 125% auf, so lautet die Ausfallintensität zur Zeit t (falls der Motor noch unter Beobachtung steht und noch nicht ausgefallen ist): $\lambda_{100}(t) = \lambda_0(t)\exp(\beta_1 \cdot 18 + \beta_2 \cdot 125)$. Die unbekannte Basishazardrate $\lambda_0(t)$ und die Regressionskoeffizienten β_1 und β_2 sind aufgrund einer Stichprobe, bestehend aus Versuchsdaten, statistisch zu schätzen.

Beobachtet werden n Objekte in einem Zeitintervall $[0,\tau]$, $0 < \tau < \infty$. Aufgrund dieser Beobachtungen sollen Schätzer für die Regressionsparameter $\boldsymbol{\beta}^T = (\beta_1,...,\beta_k)$ und die Basishazardrate $\lambda_0(t)$ gefunden werden. Ein weit verbreitetes Verfahren für eine solche Schätzung ist die Maximum-Likelihood-Methode, siehe [4.7, 4.33]. Diese Methode kann jedoch nicht direkt angewandt werden, da die Likelihoodfunktion neben den Regressionsparametern auch eine zu schätzende Funktion enthält, nämlich die Basishazardrate $\lambda_0(t)$. Das Cox-Modell erlaubt es nun, mit Hilfe einer geschickten Umformulierung, die Schätzung der Funktion $\lambda_0(t)$ von der Schätzung der Regressionsparameter zu trennen. Das wird möglich durch die Verwendung des so genannten Partial-Likelihoods, siehe [4.2, 4.3]. Die Schätzer der Regressionsparameter erhält man durch Maximierung des Logarithmus der Partial-Likelihood-Funktion L:

$$\log L(\boldsymbol{\beta}) = \sum_{i=1}^{n} \int_0^{\tau} \boldsymbol{\beta}^T \mathbf{Y}_i \, dN_i(t) - \int_0^{\tau} \log\left(\sum_{i=1}^{n} R_i(t) \cdot \exp\left\{\boldsymbol{\beta}^T \mathbf{Y}_i\right\} \right) d\left(\sum_{i=1}^{n} N_i(t) \right). \tag{4.9}$$

Die geschätzten Parameter $\hat{\boldsymbol{\beta}}_n$ fließen in die dann folgende Berechnung der Basisintensität mit ein. Für die Schätzung der Basisintensität anhand der vorliegenden Daten, wird zunächst die kumulierte Hazardfunktion $\Lambda_0(t) = \int_0^t \lambda_0(s)ds$ geschätzt durch den Breslow-Schätzer

$$\hat{\Lambda}_n(t) = \int_0^t \frac{d\left(\sum_{i=1}^{n} N_i(s)\right)}{\sum_{i=1}^{n} R_i(s) \cdot \exp\left\{\hat{\boldsymbol{\beta}}_n^T \mathbf{Y}_i(s)\right\}}. \tag{4.10}$$

Durch Glättung mit Hilfe einer Kernfunktion lässt sich hieraus ein Schätzer für die Basisintensität λ_0 gewinnen (siehe [4.3] auf Seite 483). Unter bestimmten Regularitätsannahmen kann gezeigt werden, dass die Schätzfolge $\hat{\boldsymbol{\beta}}_n$ die übliche Konvergenzrate $\sqrt{n}$ besitzt, und dass die Zufallvariablen $\sqrt{n}\left(\hat{\boldsymbol{\beta}}_n - \boldsymbol{\beta}_0\right)$ in Verteilung gegen eine normalverteilte Zufallsvariable konvergieren. Darüber hinaus kann die schwache Konvergenz von $\sqrt{n}\left(\hat{\Lambda}_n(t) - \Lambda_0(t)\right)$ nachgewiesen werden.

4.1.6 Das Cox-Modell mit Change-Point

Die Auswertung verschiedener Datensätze hat gezeigt, dass die funktionale Form, in der die Kovariablen als Argument in die Exponentialfunktion eingehen, in gewissen Situationen nicht linear ist. In diesen Fällen kann das Cox-Modell erweitert werden. Im Folgenden wird eine Erweiterung mit Change-Points in den Kovariablen vorgestellt. Eine Übersicht über Change-Point Modelle ist in [4.28] zu finden. In dem nachfolgenden Kap. 4.1.7 werden einige Verfahren präsentiert, mit deren Hilfe die Güte der Anpassung des Modells an die Daten (Model Checks) beurteilt werden kann.

In dem einfachsten Cox-Modell mit Change-Point wird angenommen, dass für die ersten k Kovariablen das gewöhnliche lineare Modell gilt. Für die Kovariable $Y_{i,k+1}$ gibt es einen Wechsel des Regressionskoeffizienten von β_{k+1} zu $\beta_{k+1} + \beta_{k+2}$, wenn $Y_{i,k+1}$ einen Schwellenwert ξ überschreitet. Dieser Schwellenwert wird Change-Point (kurz CP) genannt. Die zu Grunde liegende Regressionsfunktion ist in dem Change-Point stetig, aber nicht differenzierbar. Das Modell hat die folgende Form

$$\lambda_i(t) = \lambda_0(t) \cdot R_i(t) \cdot \exp\{\sum_{j=1}^{k} \beta_j Y_{ij} + \beta_{k+1} Y_{i,k+1} + \beta_{k+2}(Y_{i,k+1} - \xi)^+\},\ i = 1,...,n, \tag{4.11}$$

wobei a^+ das Maximum von a und null ist, $\lambda_0(t)$ wieder eine Basisintensität beschreibt, $R_i(t)$ wie im Cox-Modell der Risikoindikator und $\xi \in \mathbb{R}$ der Change-Point ist. Nimmt die Kovariable $Y_{i,k+1}$ einen Wert an, der kleiner als der Schwellenwert (CP) ξ ist, so ist β_{k+1} der zugehörige Regressionskoeffizient. Für größere Werte von $Y_{i,k+1}$ ist $\beta_{k+1} + \beta_{k+2}$ der Regressionskoeffizient. Da die Regressionsfunktion im Argument der Exponentialfunktion stetig und stückweise linear in der Variablen $Y_{i,k+1}$ ist, wird von einem Cox-Modell mit Bent-Line Change-Point gesprochen.

Zu schätzen sind die Regressionsparameter $\beta_1,...,\beta_{k+2}$, der CP ξ sowie die unbekannte Basisintensität $\lambda_0(t)$. Wie im Cox-Modell kann die Schätzung der Regressionskoeffizienten einschließlich des CP getrennt werden von der der Basisintensität. Die Maximierung des entsprechend modifizierten Partial-Likelihood liefert Schätzer $\hat{\beta}_1,...,\hat{\beta}_{k+2}$ und $\hat{\xi}$. Die asymptotischen Eigenschaften mit wachsendem Stichprobenumfang n wurden in [4.29] und [4.35] untersucht. Dabei ergab sich, dass sowohl die Schätzer der Regressionskoeffizienten als auch der CP-Schätzer mit der Rate $\sqrt{n}$ konvergieren und asymptotisch normalverteilt sind. Die $\sqrt{n}$-Konsistenz von $\hat{\xi}$ basiert auf der Stetigkeit der Partial-Likelihood-Funktion in der Variablen ξ und steht im Gegensatz zur Annahme anderer Autoren, welche die Konergenzrate n erwartet haben. Für den Nachweis der asymptotischen Eigenschaften wird auf Techniken aus der Theorie der empirischen Prozesse zurückgegriffen. Die kumulierte Basisintensität wird wieder mit Hilfe der Breslow-Formel, welche in Gl. (4.10) dargestellt ist, geschätzt. In [4.35] wurde gezeigt, dass $\sqrt{n}\left(\hat{\Lambda}_n(t) - \Lambda_0(t)\right)$ gegen einen Gaußschen Prozess konvergiert.

Das Modell kann dahingehend erweitert werden, dass statt der Exponentialfunktion eine allgemeine bekannte Linkfunktion gewählt wird und mehrere CPs in mehr als nur einer Kovariablen zugelassen werden. Für diese Erweiterungen lassen sich die gleichen Eigenschaften wie in dem Grundmodell mit einem CP nachweisen, siehe [4.35].

Ein sehr umfassendes allgemeines Modell ist das lineare Transformationsmodell mit CPs, das nicht nur das Cox-Modell sondern auch allgemeine Frailty-Modelle als Spezialfall enthält. Einzelheiten zu diesem Modelltyp können in [4.30] und [4.35] gefunden werden.

4.1.7 Anpassungstests

Bei der Auswahl eines Modells oder der Anpassung eines Modelltyps an Daten werden statistische Anpassungstests bzw. Methoden des so genannten statistischen Model Checking benötigt. Dafür stehen graphische Verfahren zur Verfügung, die optisch Aufschluss über die Güte der Anpassung geben können. Für spezielle Fragestellungen stehen auch statistische Tests zur Verfügung.

Konkrete zu beantwortende Fragen sind etwa: Lassen sich die Daten besser durch ein Cox-Modell oder ein Aalen-Modell darstellen? Weist das Cox-Modell in einer Kovariablen einen Change-Point auf? Ist eine Kovariable zu berücksichtigen oder nicht? Für einige Fragestellungen sind graphische Verfahren und statistische Tests bekannt, für andere mussten diese entwickelt werden [4.14, 4.17, 4.18, 4.19].

Häufig verwendete Grundbausteine für einen Anpassungstest sind die Martingalresiduen. Ist N der beobachtete Zählprozess mit Intensität λ, so stellt $M(t) = N(t) - \int_0^t \lambda(s)ds$ ein Martingal dar, das jedoch in λ noch unbekannte Parameter enthält. Dies können z. B. die Gewichtsfunktionen $\alpha_j(t)$ im Aalen-Modell oder die Regressionskoeffizienten und die Basishazardrate im Cox-Modell sein. Werden in λ die unbekannten Parameter durch statistische Schätzer ersetzt, so ergeben sich die Martingalresiduen

$$\hat{M}(t) = N(t) - \int_0^t \hat{\lambda}(s)ds. \tag{4.12}$$

Da die eingesetzten Schätzer gegen die tatsächlichen Werte mit wachsendem n konvergieren (Konsistenz), sollten sich die Martingalresiduen für „große" Stichprobenumfänge wie ein Martingal verhalten.

Hieraus ergibt sich schon das erste graphische Verfahren: Werden die Parameterschätzer als Modellparameter zu Grunde gelegt, so lässt sich mit Hilfe einer Monte-Carlo-Simulation eine sehr große Anzahl von Martingalresiduen erzeugen, die, geeignet standardisiert, in einem festen Bereich um die t-Achse streuen sollten (vergleiche die Abb. 4.4 in Kap. 4.1.8.2).

Das zweite graphische Verfahren betrifft speziell ein Cox-Modell mit einem möglichen Change-Point (CP) in einer Kovariablen. Ein in [4.21] und [4.40] untersuchtes Verfahren besteht darin, die Martingalresiduen $\hat{M}_i(\tau)$ für die einzelnen Objekte ohne Berücksichtigung der betreffenden Kovariablen zu berechnen und gegen den Wert der Kovariablen aufzutragen. Ergibt sich ein lineares Schaubild, so liegt kein CP vor. Wenn ein oder mehrere Knickpunkte zu erkennen sind, könnte es sich um CPs handeln und ein Cox-Modell mit CPs wäre anzupassen (vergleiche Abb. 4.5).

Natürlich besteht ein Interesse daran, theoretisch basierte statistische Tests zu verwenden, z. B. für die Nullhypothese, dass ein Aalen-Modell vorliegt. Es stellte sich jedoch heraus, dass in der Literatur nur wenige, stark eingeschränkte Vorschläge für Anpassungstests für das Aalen-Modell existieren. Einige der vorgeschlagenen Tests haben nur begrenzten praktischen Nutzen: Einige Anpassungstests überprüfen restriktive Untermodelle. Bei anderen Tests greift die asymptotische Verteilung, auf der sie beruhen, noch nicht für praktische Stichprobengrößen. Ferner war die Güte (Macht, power, siehe z. B. [4.33]) der Tests relativ niedrig, d. h., dass der Test ein Modell, das nicht zur Nullhypothese gehört, also etwa bei Vorliegen eines Cox-Modelles, nur mit geringer Wahrscheinlichkeit „erkennt". Im Jahr 2003 wurde von Aalen selbst anlässlich einer Tagung vorgeschlagen, ausgehend von Plots der Martingalresiduen den „fit" des Modells zu beurteilen. Jedoch fehlt diesen Plots eine solide theoretische Grundlage. Dadurch wurde eine Untersuchung motiviert, einen Test zu entwickeln, der bestimmte Alternativmodelle „gut" erkennt.

In [4.17] wird ein gerichteter Test vorgeschlagen, der auf gewichteten Martingalresiduen aufsetzt. Die Teststatistik

$$T = \frac{1}{\sqrt{n}} \sum_{i=1}^{n} \int_0^{\tau} c_i(s) d\hat{M}_i(s). \tag{4.13}$$

stellt ein gewichtetes Mittel der Martingalresiduen über die Zeit und über die Objekte dar. Die Gewichtsfunktionen $c_i(s)$ können hierbei unter gewissen Einschränkungen frei gewählt werden, um spezifische Alternativen möglichst gut zu entdecken. In [4.17] werden die asymptotische Verteilung der Testgröße T untersucht und es wird diskutiert, wie die Ausrichtung gegen gewisse Alternativen erfolgen kann. Die bekannteste Alternative hierbei ist das Proportional-Hazards-Model von Cox. Simulationsstudien ergaben, dass die Tests für reale Stichprobenumfänge anwendbar sind und dass sie bestimmte ausgewählte Alternativen gut erkennen. In Tabelle 4.1 sind die empirischen Ablehnungsraten für drei Varianten $T^{(1)}, T^{(2)}, T^{(3)}$ der Teststatistik T für verschiedene Stichprobenumfänge bei jeweils 10 000 Wiederholungen der Simulation enthalten. In der linken Hälfte der Tabelle lässt sich bei einem zu Grunde gelegten Aalen-Modell erkennen, dass die Ablehnungsraten (wie gewünscht) unterhalb des asymptotischen Niveaus von $\alpha = 0{,}05$ liegen. In der rechten Tabellenhälfte lassen die Ablehnungsraten bei Vorliegen eines Cox-Modelles auf eine rasch mit dem Stichprobenumfang wachsende Macht des Tests schließen, also auf eine hohe Wahrscheinlichkeit das Alternativmodell aufzudecken.

Die (günstigen) Eigenschaften der in [4.17] und für allgemeinere Modellklassen in [4.14, 4.19] vorgeschlagenen Anpassungstests lassen sich wie folgt zusammenfassen:

- Die Tests sind asymptotisch verteilungsfrei.
- Die asymptotische Verteilung der Teststatistiken kann sowohl unter der Nullhypothese als auch unter Alternativhypothesen bestimmt werden.

Tabelle 4.1 Empirische Ablehnungsraten verschiedener in [4.17] vorgeschlagener Tests ($T^{(1)}, T^{(2)}, T^{(3)}$)

	Beobachtetes Niveau $\lambda_1(t) = (1 + x_i) \cdot R_i(t)$				*Beobachtete Macht* $\lambda_1(t) = 0.5 \cdot R_i(t) \cdot \exp(2x_i)$			
n	$T^{(1)}$	$T^{(2)}$	$T^{(3)}$	*McKU*	$T^{(1)}$	$T^{(2)}$	$T^{(3)}$	*McKU*
75	0.0350	0.0272	0.0341		0.1693	0.0262	0.0538	
150	0.04300	0.0399	0.0431		0.2996	0.0838	0.1354	
300	0.0452	0.0420	0.0442	0.212	0.5198	0.2286	0.3084	0.243
600	0.0490	0.0472	0.0459		0.8060	0.5320	0.6276	
1200	0.0468	0.0485	0.0486	0.106	0.9734	0.8847	0.9256	0.579

Simulationen zum asymptotischen Niveau 0,05. McKU steht für einen in der Literatur bereits vorhandenen Test. In der ersten Simulation triff die Nullhypothese zu ($\lambda_1(t) = (1 + x_i) \cdot R_i(t)$), in der zweiten ist die Alternative wahr ($\lambda_1(t) = 0.5 \cdot R_i(t) \cdot \exp(2x_i)$).

- Im wichtigen Fall einfacher Stichproben (unabhängig, identisch verteilt) kann die Konsistenz des Tests gezeigt werden. Fast alle benötigten Bedingungen sind in diesem Fall erfüllt, wenn die Kovariablen beschränkt sind.
- Die Tests können durch geeignete Wahl der Gewichtsfunktionen so ausgerichtet werden, dass sie bestimmte Alternativen besonders gut erkennen, z. B. das Cox Modell.
- Beim Testen gegen die Alternativhypothese, dass ein Cox Modell vorliegt, muss nicht die Baselinehazardrate geschätzt werden, was der praktischen Anwendbarkeit und der Güte des Tests zu Gute kommt.
- Der verwendete Ansatz erweist sich als tragfähige Basis für die Verallgemeinerung auf andere Punktprozessmodelle. In [4.18] ist die Anwendung der Idee auf ein semi-parametrisches Teilmodell des Aalen-Modells dargestellt.

4.1.8 Anwendungen

In diesem Abschnitt sollen ganz unterschiedliche Problemstellungen aus verschiedenen Anwendungsbereichen dargestellt und bearbeitet werden. Bevor das Regressionsmodell von Aalen zur Beurteilung der Zuverlässigkeit von Open-Source-Software herangezogen wird, werden in dem ersten Unterabschnitt zwei sehr bekannte klassische Modelle der Softwarezuverlässigkeit vorgestellt.

Die schon mehrfach erwähnte Studie zur Auswertung von Dauerlaufversuchen mit Kleinmotoren wurde in Zusammenarbeit mit dem Institut für Konstruktion und Fertigung in der Feinwerktechnik der Universität Stuttgart durchgeführt. Die Ergebnisse werden in Kap. 4.1.8.4 vorgestellt.

4.1.8.1 Klassische Modelle der Softwarezuverlässigkeit

Vor mehr als 30 Jahren erschienen die ersten Veröffentlichungen zum Thema Software-Zuverlässigkeit (unter anderen [4.25] und [4.27]). Seitdem hat es eine ganze Reihe von Vorschlägen zur Modellierung der Softwarezuverlässigkeit gegeben. Im Folgenden sollen kurz zwei grundlegende Modelle vorgestellt werden.

Die klassischen Zuverlässigkeitsmodelle lassen sich in Modelle, welche den Verteilungstyp der Zeit zwischen der Entdeckung von zwei Fehlern vorgeben (Typ I), und Modelle, welche auf der Verteilungsvorgabe der Fehleranzahl beruhen (Typ II), einteilen. Zum Typ I zählt das Jelinski-Moranda-Modell. Unter der Annahme, dass Fehler sofort nach der Entdeckung behoben werden, kann davon ausgegangen werden, dass die Zeit zwischen der Entdeckung von Fehlern tendenziell zunimmt. Ein Modell vom Typ II ist das Goel-Okumoto-Modell. Unter der Annahme, dass Fehler sofort nach ihrer Entdeckung behoben werden, kann davon ausgegangen werden, dass die Anzahl der entdeckten Fehler mit der Zeit abnimmt. Dieser Verbesserungseffekt wird in beiden Fällen reliability growth genannt.

Eine ausführliche Beschreibung existierender Zuverlässigkeitsmodelle für Software ist z. B. in [4.39] oder [4.42] zu finden.

Das Modell von Jelinski und Moranda

Im Modell von Jelinski und Moranda werden folgende Annahmen getroffen:

- Die Anzahl der Fehler ist eine unbekannte, jedoch feste Konstante.
- Beobachtete Fehler werden unmittelbar fehlerfrei behoben („perfect repair").
- Die Zeiten zwischen zwei Ausfällen sind unabhängige und exponentialverteilte Zufallsgrößen.
- Jeder Fehler trägt für die Systemzuverlässigkeit mit dem gleichen Gewicht bei.

Es wird weiter angenommen, dass die Fehlerentdeckungsrate proportional zu der Anzahl der in der Software vorhandenen Fehler ist.

Sei N_0 die unbekannte Anzahl der existierenden Fehler in der Software vor dem Beginn der Testphase. Die Ausfallintensität zu Beginn der Testphase ist $N_0 \cdot \phi$, wobei die unbekannte Proportionalitätskonstante ϕ die Ausfallintensität angibt, die jeder Fehler im System verursacht. Für $i = 1,\ 2, \dots,\ N_0$ werden die Zeiten zwischen dem $(i-1)$-ten und dem i-ten Fehler mit T_i bezeichnet. Die Zeiten T_i sind unabhängige und exponentialverteilte Zufallsvariablen mit den Parametern

$$\lambda_i = \phi \cdot \left(N_0 - (i-1)\right), \quad i = 1,2,\dots,N_0. \tag{4.14}$$

Das Schätzen der Parameter N_0 und ϕ anhand der in einer Anwendung vorliegenden Daten kann nach der Maximum-Likelihood-Methode erfolgen.

Das Modell von Goel und Okumoto

Im Modell von Goel und Okumoto werden folgende Annahmen getroffen:

- Die Anzahl der auftretenden Fehler folgt in jedem Zeitintervall einer Poisson-Verteilung.
- Beobachtete Fehler werden unmittelbar fehlerfrei behoben („perfect repair").
- Das Auftreten von Fehlern wird durch einen inhomogenen Poisson-Prozess (NHPP, Nonhomogenius Poisson Process) beschrieben.

Die Anzahl der auftretenden Fehler $N(t)$ im Intervall $(0,t]$ besitzen eine Poisson-Verteilung mit Parameter $m(t)$, d. h.

$$P(N(t)=n)=\frac{[m(t)]^n}{n!}\exp\left[\left(-m(t)\right)\right],\ n=0,1,2,..., \tag{4.15}$$

wobei $m(t)$ die erwartete Anzahl der Ausfälle im Intervall $(0,t]$ angibt. Durch Verwendung unterschiedlicher Funktionen m, der so genannten „mean value functions", werden unterschiedliche NHPP modelliert. Es wird angenommen, dass die Funktion m die Bedingungen $m(0)=0$ und $\lim_{t\to\infty} m(t)<\infty$ erfüllt, d. h. es wird eine endliche mittlere Gesamtfehleranzahl vorausgesetzt. Die von Goel und Okumoto vorgeschlagene Funktion ist

$$m(t)=a\left[1-\exp\left(-bt\right)\right],\ a>0,\ b>0. \tag{4.16}$$

Die Ausfallintensität ist dann $\lambda(t)=a\cdot b\cdot\exp(-bt)$. Die Parameter a und b der Funktion m können mit Hilfe der Maximum-Likelihood-Methode geschätzt werden.

4.1.8.2 Anwendung des Aalen-Modells zur Beurteilung der Softwarezuverlässigkeit

Gegenwärtig stehen nur wenige Daten über Softwareausfälle aus der klassischen Softwareentwicklung zur Verfügung. Selbst eine intensive Recherche führte nur auf wenige veröffentlichte Datensätze. Softwareunternehmen veröffentlichen Fehlerberichte aus ihrer Softwareentwicklung normalerweise nicht. Ein Indiz dafür ist auch, dass der größte öffentlich zugängliche Datensatz (siehe [4.37]) nahezu 30 Jahre alt ist. Insbesondere stehen zur Zeit auch keine Daten aus dem Bereich der Softwareentwicklung für mechatronische Produkte zur Verfügung. Der Studie zu Grunde gelegt waren daher Fehlerberichte aus dem Bereich der Open-Source-Software. Die Entwicklung von Open-Source-Software erfolgt im Allgemeinen dezentral und wird öffentlich zugänglich im Internet organisiert. Ein nicht unerheblicher Teil der Arbeit war das Sammeln und Aufbereiten der Daten aus diesem Bereich. Über die Auswertung dieser Daten wird im Detail in folgenden Publikationen berichtet [4.13, 4.16, 4.34].

Analysiert wurde ein spezieller Datensatz, der auf einem Teil der Open-Source-Software GNOME Desktop Umgebung basiert, siehe [4.24]. Dabei wurden 73 Projekte in der Zeit vom 1. März 2001 bis zum 1. Oktober 2002 beobachtet. Als Zeiteinheit wurden Jahre gewählt. Von Interesse war dabei die Größe der Projekte, wobei damit hier die Anzahl der Codezeilen gemeint ist. Die Daten wurden mit Hilfe des Aalen-Modells (siehe Kap. 4.1.4) analysiert.

Zunächst wurde ein Modell mit nur einer Kovariablen, der Projektgröße, untersucht. Bezeichne $S_i(t)$ die Zeilenanzahl (geteilt durch 1000) des Projektes i zum Zeitpunkt t. Der zugehörige Wert $\alpha(t)$ kann dann als die mittlere Anzahl der Fehler zum Zeitpunkt t pro tausend Zeilen und pro Jahr interpretiert werden.

$$\lambda_i(t) = \alpha(t) \cdot S_i(t), \; i = 1, \ldots, 73. \tag{4.17}$$

Im linken Teil der Abb. 4.2 ist ein Schätzer $\hat{B}$ für $B(t) = \int_0^t \alpha(s)ds$, der nach der Methode der kleinsten Quadrate gewonnen wurde, mit einem asymptotischen punktweisen 95%-Konfidenzintervall dargestellt (vergleiche [4.2, 4.3]). Ein geglätteter Schätzer $\hat{\alpha}$ für die Funktion α ist im rechten Teil der Abb. 4.2 zu sehen. Die senkrechten Linien entsprechen dabei den ersten und letzten 60 Tagen, da hierbei Randeffekte die Darstellung beeinträchtigen können.

Um die Modellanpassung zu verbessern, wurde das Modell auf drei Kovariablen erweitert, „alte Codezeilenanzahl“ Y_{i1}, „Codezeilenzuwachs“ Y_{i2} und „Fehlerzuwachs“ Y_{i3}:

$$Y_{i1}(t) = S_i(t - v), \tag{4.18}$$

$$Y_{i2}(t) = S_i(t) - S_i(t - v), \tag{4.19}$$

$$Y_{i3}(t) = N_i(t) - N_i(t - v), \tag{4.20}$$

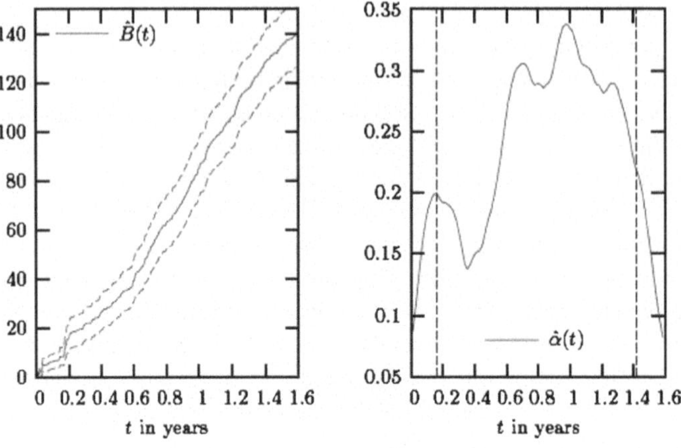

Abb. 4.2 Schätzungen im Fall von einer Kovariablen [4.16]

wobei jeweils die letzten $v = 30$ Tage berücksichtigt wurden. Nach dem Aalen Modell wurde für die Intensität

$$\lambda_i(t) = \alpha_1(t) \cdot S_i(t-v) + \alpha_2(t) \cdot (S_i(t) - S_i(t-v)) + \alpha_3(t) \cdot (N_i(t) - N_i(t-v)), \quad (4.21)$$

angenommen, wobei $i = 1,\dots,73$.

In Abb. 4.3 sind die geglätteten Schätzer $\hat{\alpha}_1, \hat{\alpha}_2$ und $\hat{\alpha}_3$ für die Funktionen α_1, α_2 und α_3 dargestellt. Damit alle Kovariablen auch verfügbar sind, beginnen die Kurven erst $v = 30$ Tage nach Beobachtungsbeginn, d. h. $t = 0$ entspricht dem 31. März 2001. Auch hier kann es zu Randeffekten kommen.

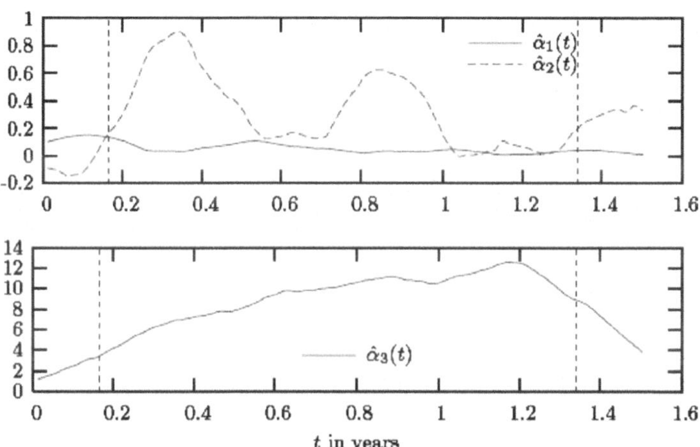

Abb. 4.3 Schatzungen im Fall von drei Kovariablen [4.16]

Ist $\hat{\alpha}_2(t) > \hat{\alpha}_1(t)$, kann dies so interpretiert werden, dass sich zum Zeitpunkt t mehr Fehler aus dem neuen Code, also dem in den letzten 30 Tagen hinzugefügten, als aus dem alten Code begründen. Kurz nach dem Zeitpunkt $t = 1$ Jahr war der neue Code kurzzeitig weniger anfällig. Eine mögliche Begründung ist, dass Ende Juni 2002, dies entspricht $t = 1,2$, eine neue Version der GNOME Software herausgegeben wurde. Kurz davor wurde die Entwicklung neuer Funktionen eingeschränkt und die Fehlersuche intensiviert.

Im Verlauf der Analyse stellte sich die Frage, wie beurteilt werden kann, ob ein Modell mit drei Kovariablen eine statistisch signifikant bessere Anpassung ergibt als ein solches mit nur einer Kovariablen.

Zum Vergleich der beiden Modellansätze wurden die standardisierten Martingalresiduen im Modell mit einer Kovariablen (linker Teil der Abb. 4.4) und mit drei Kovariablen (rechter Teil der Abb. 4.4) abgebildet. Wie zu erwarten, zeigen die Graphiken eine bessere Anpassung des Modells mit drei Kovariablen.

Des Weiteren wurden die Modelle mit Hilfe des in [4.17] vorgeschlagenen Anpassungstest untersucht. Dabei ergab sich im Fall von einer Kovariable ein

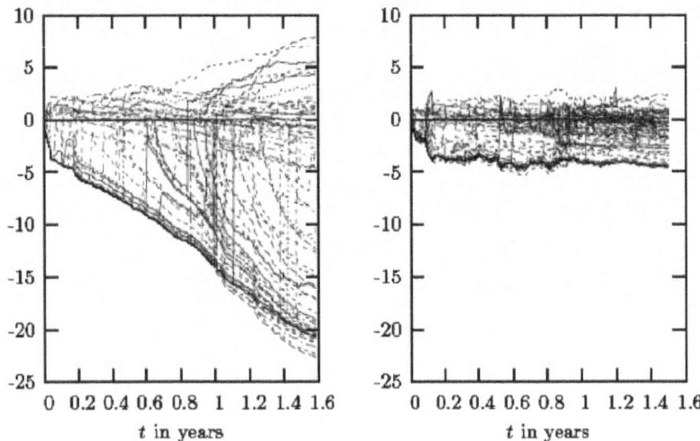

Abb. 4.4 Standardisierte Martingalresiduen, links mit einer und rechts mit drei Kovariablen [4.16]

p-Value (siehe z. B. [4.11]) von 0.01, d. h. dass dieser Wert kleiner ist als die üblicherweise zu Grunde gelegte Fehlerwahrscheinlichkeit 1. Art von $\alpha = 0,05$ und die Nullhypothese eines Aalen-Modells mit einer Kovariablen abgelehnt werden muss. Dagegen hat sich im Modell mit drei Kovariablen ein p-Value von 0.7805 ergeben, der (deutlich) größer ist als $0,05$ und somit nicht zur Ablehnung eines Modells mit drei Kovariablen führt. Der deutlich höhere Wert lässt dabei auf eine bessere Anpassung des Modells mit drei Kovariablen schließen.

4.1.8.3 Anwendung des Cox-Modells zur Beurteilung der Softwarezuverlässigkeit

Fehlerdaten von Eclipse, ein Open-Source-Framework zur Entwicklung von Software, wurden mit Hilfe des Cox-Modells analysiert. Vergleiche auch Kap. 7.7.2 und [4.41, 4.43].

Bei den zugänglichen Daten konnten Fehler nur einzelnen Programmen oder Projekten zugeordnet werden. Die Zeiten des Eintretens der Fehler wurden nicht veröffentlicht. Um dennoch eine Auswertung zu ermöglichen, wurde angenommen, dass die Fehler gleichverteilt im Beobachtungszeitraum auftraten. Die Daten wurden mit Hilfe des Cox-Modells mit folgenden drei Kovariablen abgebildet:

- McCabe Komplexität (VG_{sum}),
- Zeilenanzahl des gesamten Codes ($TLOC_{sum}$, total lines of code),
- Zeilenanzahl des ausführenden Codes ($MLOC_{sum}$, method lines of code).

Zur Beschreibung der gewählten Kovariablen und deren Einfluss auf die Zuverlässighkeit von Software sei auf [4.43] verwiesen. Die Intensität des Zählprozesses ist daher

$$\lambda(t) = \lambda_0(t) \cdot \exp\{\beta_1 \cdot VG_{sum} + \beta_2 \cdot TLOC_{sum} + \beta_3 \cdot MLOC_{sum}\}. \tag{4.22}$$

Die Regressionsparameter $\beta_1, \beta_2, \beta_3$ können mit Hilfe der Maximum-Partial-Likelihood-Methode geschätzt werden, die Basisintensität durch eine Glättung des Breslow-Schätzers.

4.1.8.4 Anwendung des Cox-Modells auf Kleinmotoren-Daten

In experimentellen Dauerlaufversuchen, vergleiche [4.20] bzw. [4.36], wurden am Institut für Konstruktion und Fertigung in der Feinwerktechnik (IKFF) der Universität Stuttgart rotatorische Kleinantriebe untersucht. Diese werden in Kap. 6 ausführlich beschrieben.

Als Beispiel diente die Untersuchung einer Baureihe von DC-Motoren in den Varianten 12 V-, 18 V- und 24 V-Nennspannung. Innerhalb des jeweiligen Spannungstyps wurden die Belastungen, bezogen auf das Nennmoment, in den Stufen zu 50, 75, 100, 125 und 150 Prozent variiert. Bei gleich bleibender Motorspannung (Nennspannung) führen die verschiedenen Belastungen zu unterschiedlichen Drehzahlen und elektrischen Eingangsleistungen. Zusätzlich wurden Versuche mit von der Nennspannung abweichenden Betriebsspannungen mit 18 V-Motoren bei Belastung mit dem Nennmoment durchgeführt. Insgesamt lagen der statistischen Auswertung, die im Folgenden beschrieben wird, 29 unterschiedlich parametrisierte Dauerläufe mit je acht Prüflingen pro Parametersatz zu Grunde.

Für die statistische Analyse der Daten wurde das Cox-Modell verwendet, mit dessen Hilfe die Lebensdauern der Kleinmotoren in Abhängigkeit von verschiedenen Einflussgrößen modelliert werden können. Im vorliegenden Fall sind diese Größen, die Kovariablen, beschrieben durch:

- die Belastung in Prozent,
- die Nennspannung in V,
- die Betriebsspannung in V,
- den Strom in mA,
- die Drehzahl in rpm,
- die elektrische Leistung in W.

Für jeden Prüfling $i = 1,\ldots,232$ wurden in der Studie der Vektor der Kovariablen $\boldsymbol{Y}_i \in \mathbb{R}^6$, die Zeiten $Z_i = \min\{T_i, C_i\}$ und der Zensierungsindikator δ_i beobachtet. Dabei entspricht T_i der Lebensdauer und C_i der maximalen Beobachtungsdauer des Prüflings *i*. Für den zugehörigen Zählprozess des Prüflings *i* ergibt sich

$$N_i(t) = I\left(T_i \le t, \delta_i = 1\right) \tag{4.23}$$

mit der Intensität

$$\lambda_i(t) = \lambda_0(t) \cdot R_i(t) \cdot \exp(\boldsymbol{\beta}^T \mathbf{Y}_i) \tag{4.24}$$

wobei $\lambda_0(t)$ die unbekannte Basisintensität bezeichnet. Der Prozess $R_i(t)$ gibt an, ob das Individuum *i* zum Zeitpunkt *t* unter Risiko steht ($R_i(t) = 1$) oder nicht ($R_i(t) = 0$). Der unbekannte Parametervektor $\boldsymbol{\beta} \in \mathbb{R}^6$ ist aus den Daten zu schätzen.

In diesem allgemeinen Modell gehen die verschiedenen Kovariablen als Argument der Exponentialfunktion linear ein. Für viele Kovariablen ist diese Art der Modellierung sinnvoll. Beispielsweise hat die Kovariable „Belastung" einen linearen Einfluss. Nimmt die Belastung zu, so steigt auch die Ausfallrate. Allerdings trifft die Annahme der Linearität nicht immer zu. Teilweise lässt sich ein Datensatz besser beschreiben, wenn statt der Linearität einer direkt beobachteten Kovariable eine geeignete Funktion dieser Variable in das Modell aufgenommen wird. Um Abweichungen von dem linearen Einfluss festzustellen, werden Martingalresiduen, siehe Kap. 4.1.7, bestimmt und geglättet. Wenn das Modell korrekt ist, müssen die Werte der Residuen im gesamten Bereich der Beobachtungswerte um null herum streuen. Werden die Martingalresiduen, die ohne die jeweilige Kovariable berechnet werden, gegen eben diese Kovariable in einem Koordinatensystem abgetragen, so wird ungefähr die funktionale Form dieser Kovariablen durch eine Glättung der Residuen erhalten (siehe Abb. 4.5).

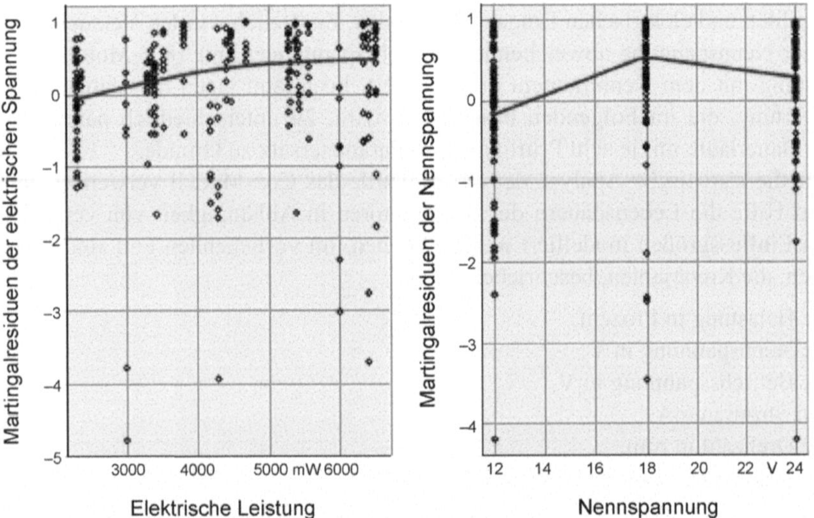

Abb. 4.5 Martingalresiduen der elektrischen Leistung (links) und der Nennspannung (rechts) [4.36]

Eine Gerade lässt auf einen linearen Einfluss schließen, so wie er im einfachen Cox-Modell angenommen wird. Ändert sich der Einfluss einer Kovariablen abrupt an einer Stelle, so wird diese Stelle als Change-Point bezeichnet (vergleiche Kap. 4.1.6). In unserer Analyse wird ein Cox-Modell mit einem Change-Point verwendet, welches folgende Gestalt hat

$$\lambda_i(t) = \lambda_0(t) \cdot R_i(\mathrm{t}) \cdot \exp\left(\boldsymbol{\beta}_1^T \boldsymbol{Y}_{1\mathrm{i}} + \beta_2 Y_{2\mathrm{i}} + \beta_3 (Y_{2\mathrm{i}} - \xi)^+\right) \tag{4.25}$$

Der Parametervektor ($\boldsymbol{\beta}_1^T, \beta_2, \beta_3$) sowie der Change-Point Parameter ξ lassen sich durch die Maximum-Partial-Likelihood-Methode schätzen. Mit Hilfe eines von Gandy und Jensen entwickelten Anpassungstests, siehe [4.14] und [4.19], ist es möglich, zu überprüfen, ob ein Change-Point in einer Kovariablen vorkommt.

Die Auswertung der vorliegenden Daten hat ergeben, dass die Kovariablen Belastung, Strom, Nennspannung, Drehzahl, Betriebsspannung und elektrische Leistung einen signifikanten Einfluss haben. Eine Untersuchung der Martingalresiduen für alle Motoren zeigte, dass alle Kovariablen bis auf die Nennspannung linear in das Modell eingehen. In der Kovariablen Nennspannung liegt ein Change-Point bei 18 V vor. Das belegte der durchgeführte Anpassungstest.

Für die weiterführende Analyse und die Übertragung der Erkenntnisse auf nicht unmittelbar geprüfte Lastfälle bzw. Motoren wurde ein Modell betrachtet, in dem die Kovariable Nennspannung mit einem Change-Point bei 18 V eingeht. Dieses Modell ermöglichte eine von obigen Kovariablen abhängige Prognose der Lebensdauerverteilung für einen nicht geprüften Lastfall oder einen fiktiven Motor, also Aussagen über die Lebensdauer bei nicht getesteten Kovariablenkonstellationen.

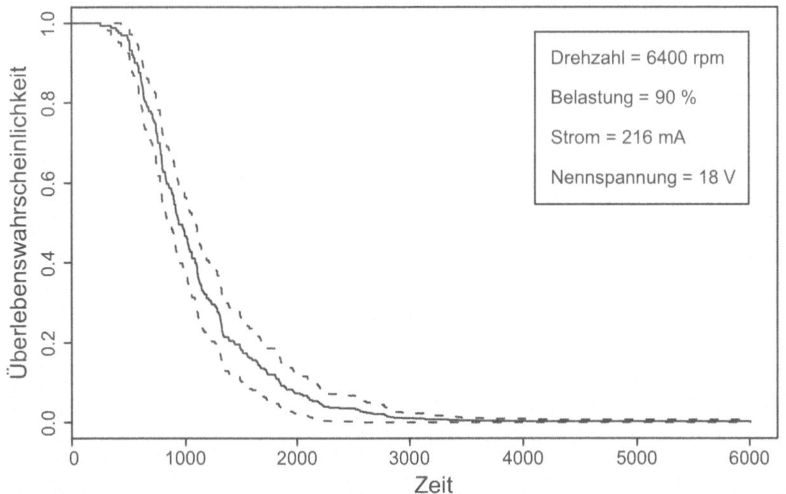

Abb. 4.6 Überlebenswahrscheinlichkeiten eines 18 V-Motors bei 90% Nennlast mit Vertrauensintervallen (gepunktet) [4.36]

Beispielsweise ergab sich im Falle eines 18 V-Motors mit einer Belastung von 90 Prozent des Nennmomentes, einem zugehörigen Motorstrom von 216 mA und einer Drehzahl von 6400 rpm die in Abb. 4.6 dargestellten Überlebenswahrscheinlichkeiten mit ihren Vertrauensintervallen. Aus dieser Funktion der Überlebenswahrscheinlichkeiten lässt sich der MTBF-Wert (Mean Time Between Failure) zu 1098 h für diesen Lastfall bei diesem Motortyp bestimmen.

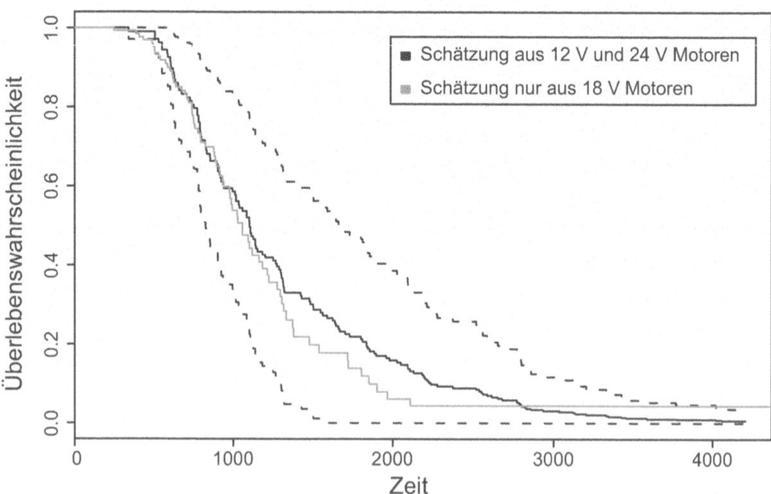

Abb. 4.7 Validierung des Modells [4.36]

Um das Modell zu validieren, wurde die Schätzung der Survivalkurve für einen Motortyp (18 V) aus zwei unterschiedlichen Datensätzen bestimmt. Dem ersten Datensatz lagen 12 V- und 24 V-Motoren zu Grunde. Basis des anderen Datensatzes stellten die Ausfalldaten der 18 V-Motoren selbst dar. Betrachtet wurde ein 18 V-Motor bei hundertprozentiger Belastung. In der Abb. 4.7 sind die ermittelten Verteilungen gegenübergestellt.

Wie der Abb. 4.7 zu entnehmen ist, liegt die 18 V-Kurve innerhalb der Vertrauensintervalle der Berechnungen aus den 12 V- und 24 V-Motoren. In diesem Fall kann also davon ausgegangen werden, dass die Schätzungen des verwendeten Cox-Modells mit Change-Point zu verlässlichen Aussagen über nicht direkt beobachtete Motortypen führt.

Der Anwender könnte somit seine ohnehin vorhandenen Dauerlaufdaten in solch ein Modell einbringen und auf dessen Basis dann auch in frühen Entwicklungsphasen erste Aussagen über die Wahrscheinlichkeitsverteilung der Lebensdauer für einen gewünschten Lastfall und Motor ableiten. Die Treffgenauigkeit der Aussagen würde mit dem Umfang der eingearbeiteten Datensätze aus Testreihen steigen. Des Weiteren ergeben sich dadurch Optimierungsmöglichkeiten bezüglich der Motorvariantenauswahl und der zugehörigen Betriebsparameter.

4.2 Komplexe Systeme

In diesem Unterkapitel wird jetzt ein struktureller Aufbau aus Teilsystemen, auch Komponenten genannt, berücksichtigt. Dabei hängt die Zuverlässigkeit des Systems von der Zuverlässigkeit der Komponenten und der Struktur des Systems ab.

4.2.1 Einführung

Betrachtet wird ein komplexes System, das aus n Komponenten besteht. Das System kann zwei Zustände annehmen: intakt (mit 1 kodiert) oder defekt (mit 0 kodiert). Dabei hängt der Zustand des Systems von den einzelnen Zuständen (intakt oder defekt) der n Komponenten ab.

Mathematisch bedeutet dies, dass eine Strukturfunktion $\Phi:\{0,1\}^n \to \{0,1\}$ existiert, welche die funktionale Abhängigkeit des Zustandes des Systems von den Zuständen der einzelnen Komponenten darstellt. Es wird angenommen, dass die Funktion Φ in jeder Komponente monoton wachsend ist. Außerdem gelte $\Phi(0,\ldots,0)=0$ (d. h. wenn alle n Komponenten defekt sind, so ist auch das System defekt) bzw. $\Phi(1,\ldots,1)=1$ (d. h. sind alle n Komponenten intakt, so ist auch das System intakt).

Im Falle eines Seriensystems mit n Komponenten, d. h. das System ist defekt, wenn mindestens eine Komponente defekt ist, gilt

$$\Phi(x_1,\ldots,x_n)=\prod_{i=1}^{n} x_i. \tag{4.26}$$

Für ein Parallelsystem mit n Komponenten, d. h. das System ist defekt, wenn alle Komponenten defekt sind, gilt

$$\Phi(x_1,\ldots,x_n)=1-\prod_{i=1}^{n}(1-x_i). \tag{4.27}$$

Die nichtnegativen, zufälligen Lebensdauern der n Komponenten $T_1,\ldots,T_n$ haben die gemeinsame Verteilung

$$H(t_1,...,t_n)=P(T_1\le t_1,...,T_n\le t_n),\quad t_i\ge 0,\quad i=1,...,n. \tag{4.28}$$

Der Zustand der i-ten Komponente zum Zeitpunkt t wird durch die Zufallsvariable $X_i(t)=I(T_i>t)$ beschrieben, wobei I die Indikatorfunktion bezeichnet, die den Wert eins annimmt, wenn die Bedingung erfüllt ist. Ist die Bedingung nicht erfüllt, dann nimmt die Funktion I den Wert null an. Die Ausfallwahrscheinlichkeit des Systems zum Zeitpunkt t ist gegeben durch

$$F^S(t)=P\big(\Phi(X_1(t),\ldots,X_n(t))=0\big). \tag{4.29}$$

In vielen Fällen ist es notwendig, Abhängigkeiten zwischen den Lebensdauerverteilungen der Komponenten zu berücksichtigen. Dies wird dadurch realisiert, dass die gemeinsame Verteilung mit Hilfe einer Copula dargestellt wird. Dieser Ansatz ist im nächsten Abschnitt erläutert.

Häufig stehen in frühen Entwicklungsphasen für ein Produkt mehrere Realisierungskonzepte zur Auswahl. Jedes dieser Konzepte ist für sich ein komplexes System. In Kap. 4.2.3 werden Methoden vorgestellt, wie Konzepte miteinander verglichen werden können. Um Abhängigkeiten zwischen den Komponenten zu berücksichtigen, werden Ordnungsrelationen für mehrdimensionale Verteilungen und Copulas eingesetzt.

Zur Beurteilung der Zuverlässigkeit eines komplexen Systems, wird der Einfluss der Zuverlässigkeit der einzelnen Komponenten auf das gesamte System untersucht. Welchen Anteil hat eine Komponente an der Verfügbarkeit des Systems? Welche Komponente verursacht mit größter Wahrscheinlichkeit einen Ausfall des Systems? Um solche Fragen zu beantworten, werden als Kennzahlen so genannte Importanzmaße in Kap. 4.2.4 betrachtet.

Ein häufig auftretendes Problem besteht darin, dass die Lebensdauerverteilung der Komponenten eines komplexen Systems gerade in frühen Entwicklungsphasen oft nicht exakt bekannt ist. Dazu werden zwei unterschiedliche Ansätze in Kap. 4.2.5 untersucht, die dieses Problem berücksichtigen. Die erste Möglichkeit beruht auf der Annahme, dass die unbekannten Verteilungen der Komponentenlebensdauern in der Nähe von bestimmten (bekannten) Verteilungen liegen. Eine zweite Möglichkeit, die Unsicherheit über die zutreffende Lebensdauerverteilung zu modellieren, bildet ein Bayes-Ansatz.

4.2.2 Copula-Modelle zur Berücksichtigung von Abhängigkeiten

Eine Copula ist eine Funktion, die einen funktionalen Zusammenhang zwischen den Randverteilungsfunktionen verschiedener Zufallsvariablen und ihrer gemeinsamen mehrdimensionalen Wahrscheinlichkeitsverteilung angibt. Copulas werden eingesetzt, um Rückschlüsse auf die Art der stochastischen Abhängigkeit verschiedener Zufallsvariablen zu erhalten oder um Abhängigkeiten gezielt zu modellieren.

Im Folgenden soll die Idee einer Copula an einem Beispiel eines Systems mit zwei Komponenten demonstriert werden. Eine allgemeine Definition wird im nächsten Abschnitt angegeben. Die Lebensdauern der zwei Komponenten seien durch die Zufallsvariablen T_1 und T_2 mit den Verteilungsfunktionen F_1 und F_2 modelliert. Ihre gemeinsame Verteilungsfunktion H kann dann mit Hilfe einer Copula $C\colon\ [0,1]\times[0,1]\to[0,1]$ und den Verteilungsfunktionen F_1 und F_2 dargestellt werden:

$$H(t_1,t_2)=P(T_1\le t_1,T_2\le t_2)=C\big(P(T_1\le t_1),P(T_2\le t_2)\big)=C\big(F_1(t_1),F_2(t_2)\big). \quad (4.30)$$

Sind die Lebensdauern der beiden Komponenten stochastisch unabhängig, so ergibt sich die gemeinsame Verteilung als Produkt der Randverteilungen, $H(t_1,t_2)=F_1(t_1)\cdot F_2(t_2)$. Dies führt auf die so genannte Produktcopula $C(u_1,u_2)=u_1\cdot u_2$. Wenn die beiden Komponenten positiv linear abhängig sind, d.h. der Wert des Korrelationskoeffizienten der Zufallsvariablen T_1 und T_2

beträgt eins, so wird für die Copula die Minimumfunktion erhalten, $C(u_1,u_2) = \min\{u_1,u_2\}$.

Einerseits kann zu gegebenen eindimensionalen Verteilungen durch die Wahl einer Copula eine gemeinsame, mehrdimensionale Verteilungsfunktion bestimmt und dadurch eine stochastische Abhängigkeit zwischen den Komponenten modelliert werden. Andererseits kann eine beliebige mehrdimensionale Verteilungsfunktion immer mit Hilfe einer Copula und den eindimensionalen Randverteilungen dargestellt werden (Satz von Sklar, [4.38]). Ferner lässt sich eine Copula selbst als eine mehrdimensionale Verteilungsfunktion mit auf dem Intervall [0,1] gleichverteilten Randverteilungen auffassen. Ausführlich werden Copula-Modelle in den Monographien [4.31, 4.38] beschrieben.

4.2.2.1 Grundlagen

Eine Copula ist eine n-dimensionale Verteilungsfunktion auf dem Einheitswürfel, deren eindimensionale Randverteilungen Gleichverteilungen auf [0,1] sind, d. h.

- $C(\boldsymbol{u}) = 0$ für alle $\boldsymbol{u} \in [0,1]^n$, falls mindestens eine Koordinate von $\boldsymbol{u}$ null ist.
- $C(\boldsymbol{u}) = u_i$ für alle $\boldsymbol{u} \in [0,1]^n$, falls alle Koordinaten von $\boldsymbol{u}$ außer u_i eins sind.

Es ist bekannt (Satz von Sklar, [4.38]), dass eine beliebige mehrdimensionale Verteilung, hier die gemeinsame Verteilung der Komponentenlebensdauern H, immer mit Hilfe einer Copula dargestellt werden kann, indem als Argumente die eindimensionalen Randverteilungen in die Copula eingesetzt werden. Das bedeutet, falls $F_1,...,F_n$ die (Rand-) Verteilungen der Lebensdauern $T_1,\ldots,T_n$ sind, dann existiert eine n-dimensionale Copula C, so dass

$$H(t_1,...,t_n) = C\big(F_1(t_1),...,F_n(t_n)\big), \tag{4.31}$$

für alle $t_1,\ldots,t_n$ gilt. Für stetige Verteilungen $F_1,\ldots,F_n$ ist C eindeutig bestimmt. Da eine Copula C selbst eine n-dimensionale Verteilungsfunktion ist, induziert sie ein Wahrscheinlichkeitsmaß $\tilde{C}$ auf dem n-dimensionalen Einheitswürfel. Für $0 \le u \le 1$ werden die Bezeichnungen $B_0^u = [0,u]$ und $B_1^u = (u,1]$ eingeführt. Somit folgt für $0 \le u_i \le 1,\ i = 1,...,n$

$$C(u_1,...,u_n) = \tilde{C}\left(\prod_{i=1}^{n}[0,u_i]\right) = \tilde{C}\left(\prod_{i=1}^{n} B_0^{u_i}\right). \tag{4.32}$$

Um das von einer Copula induzierte Wahrscheinlichkeitsmaß zu erläutern, wird der Spezialfall $n = 2$ betrachtet. Seien Y_1,Y_2 zwei auf dem Intervall [0,1] gleichverteilte Zufallsvariablen mit gemeinsamer zweidimensionaler Verteilungsfunktion

$$C(u_1,u_2) = P\big(Y_1 \le u_1, Y_2 \le u_2\big),\ u_1,u_2 \in [0,1], \tag{4.33}$$

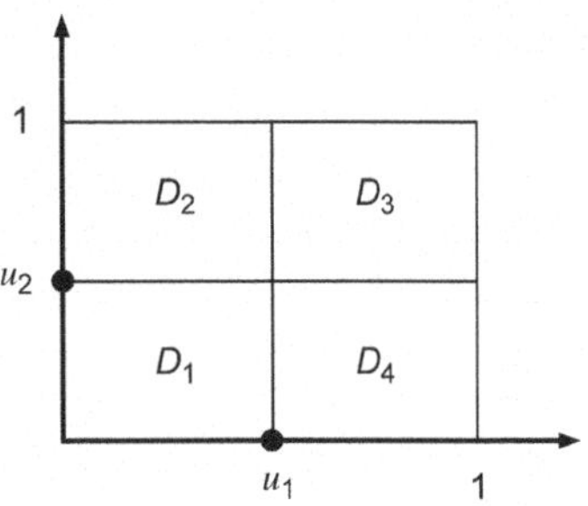

Abb. 4.8 Definitionsbereich einer zweidimensionalen Copula

und induziertem Wahrscheinlichkeitsmaß $\tilde{C}$. Für die Mengen $D_1 = B_0^{u_1} \times B_0^{u_2}$, $D_2 = B_0^{u_1} \times B_1^{u_2}, D_3 = B_1^{u_1} \times B_1^{u_2}$ und $D_4 = B_1^{u_1} \times B_0^{u_2}$ aus Abb. 4.8 ergibt sich

$$\begin{aligned}
\tilde{C}(D_1) &= P\left(0 \le Y_1 \le u_1, 0 \le Y_2 \le u_2\right) = C(u_1,u_2),\\
\tilde{C}(D_2) &= P\left(0 \le Y_1 \le u_1, u_2 \le Y_2 \le 1\right) = C(u_1,1) - C(u_1,u_2) = u_1 - C(u_1,u_2),\\
\tilde{C}(D_3) &= P\left(u_1 \le Y_1 \le 1, u_2 \le Y_2 \le 1\right) \\
&= 1 - C(u_1,1) - C(1,u_2) + C(u_1,u_2) = 1 - u_1 - u_2 + C(u_1,u_2),\\
\tilde{C}(D_4) &= P\left(u_1 \le Y_1 \le 1, 0 \le Y_2 \le u_2\right) = C(1,u_2) - C(u_1,u_2) = u_2 - C(u_1,u_2).
\end{aligned} \tag{4.34}$$

Ähnlich wie die gemeinsame Verteilungsfunktion H der Komponentenlebensdauern lässt sich die gemeinsame Überlebensfunktion $\bar{H}$ mit Hilfe des von der Copula induzierten Maßes darstellen:

$$\bar{H}(t_1,\ldots,t_n) = P(T_1 > t_1,\ldots,T_n > t_n) = \bar{C}\left(F_1(t),\ldots,F_n(t)\right), \tag{4.35}$$

wobei $\bar{C}$ definiert ist durch

$$\bar{C}\left(u_1,\ldots,u_n\right) = \tilde{C}\left(\prod_{j=1}^{n} B_1^{u_j}\right),\ 0 \le u_i \le 1,\ i = 1,\ldots,n. \tag{4.36}$$

Für die Menge $D_3 = B_1^{u_1} \times B_1^{u_2}$ aus Abb. 4.8 folgt dann

$$\tilde{C}(D_3) = P\left(u_1 \le Y_1 \le 1, u_2 \le Y_2 \le 1\right) = \bar{C}(u_1,u_2). \tag{4.37}$$

Im Folgenden wird der Einfluss der Abhängigkeit zwischen den Komponenten auf die Systemzuverlässigkeit analysiert. Dabei wird die Systemzuverlässigkeit als Funktion der Randverteilungen der Komponenten, der Strukturfunktion und der Copula dargestellt.

Sei dafür $\Phi : \{0,1\}^n \to \{0,1\}$ eine Strukturfunktion, C eine Copula und seien $F_1,\ldots,F_n$ die Randverteilungen der Lebensdauern der n Komponenten eines komplexen Systems. Die Ausfallwahrscheinlichkeit des Systems ist gegeben durch

$$F^S(t) = P(\Phi(X_1(t),\ldots,X_n(t)) = 0) = G_{\Phi,C}\left(F_1(t),\ldots,F_n(t)\right), \tag{4.38}$$

wobei die Funktion $G_{\Phi,C}:[0,1]^n \to [0,1]$ in Abhängigkeit von Φ und C eindeutig berechnet werden kann

$$G_{\Phi,C}(u_1,\ldots,u_n) = 1 - \sum_{x\in\{0,1\}^n} \Phi(x)\cdot \tilde{C}\left(\prod_{i=1}^{n} B_{x_i}^{u_i}\right). \tag{4.39}$$

Die Funktion $G_{\Phi,C}$ ist monoton wachsend (komponentenweise) und stetig. Zur Herleitung dieser Formel siehe [4.4, 4.15].

4.2.2.2 Beispiele

Unabhängige Komponenten

Können die Lebensdauern der Komponenten durch unabhängige Zufallsvariablen $T_1,\ldots,T_n$ beschrieben werden, so ist C die Produkt-Copula Π

$$C(u_1,\ldots,u_n) = \Pi(u_1,\ldots,u_n) = u_1\cdot u_2\cdot\ldots\cdot u_n. \tag{4.40}$$

Somit gilt

$$G_{\Phi,C}(u_1,\ldots,u_n) = 1 - \sum_{x\in\{0,1\}^n} \Phi(x)\prod_{i=1}^{n} u_i^{1-x_i}(1-u_i)^{x_i}. \tag{4.41}$$

Seien $\overline{F}_i(t) = P(X_i(t)=1) = 1-F_i(t),\, i=1,\ldots,n$ die Überlebenswahrscheinlichkeiten der einzelnen Komponenten zum Zeitpunkt t. Daraus lässt sich die Ausfallwahrscheinlichkeit des Systems wie folgt berechnen

$$F^S(t) = 1 - \sum_{x\in\{0,1\}^n} \Phi(x)\prod_{i=1}^{n}\left(F_i(t)\right)^{1-x_i}\left(\overline{F}_i(t)\right)^{x_i}. \tag{4.42}$$

Parallelsysteme

Für ein Parallelsystem mit n Komponenten (d. h. das System ist defekt, wenn alle Komponenten defekt sind) gilt $\Phi(x_1,\ldots,x_n) = 1-\prod_{i=1}^{n}(1-x_i)$ und somit $G_{\Phi,C} = C$. Folglich gilt für die Ausfallwahrscheinlichkeit des Systems

$$F^S(t) = G_{\Phi,C}(F_1(t),\ldots,F_n(t)) = C(F_1(t),\ldots,F_n(t)) = H(t,\ldots,t). \tag{4.43}$$

Im Falle eines Parallelsystems mit unabhängigen Komponenten ergibt sich

$$F^S(t) = C(F_1(t),\ldots,F_n(t)) = \prod_{i=1}^{n} F_i(t). \tag{4.44}$$

Seriensysteme

Für ein Seriensystem mit n Komponenten (d. h. das System ist defekt, wenn mindestens eine Komponente defekt ist) gilt $\Phi(x_1,\ldots,x_n)=\prod_{i=1}^{n} x_i$ und in Gl. (4.39) sind alle Summanden null bis auf den für $\boldsymbol{x}=(1,\ldots,1)$. Somit folgt

$$G_{\Phi,C}(u_1,\ldots,u_n)=1-\tilde{C}\left(\prod_{i=1}^{n} B_1^{u_i}\right)=1-\bar{C}(u_1,\ldots,u_n). \tag{4.45}$$

Für die Systemzuverlässigkeit ergibt sich

$$1-F^S(t)=\bar{H}(t,\ldots,t)=\bar{C}(F_1(t),\ldots,F_n(t)). \tag{4.46}$$

Im Fall $n=2$ gilt $G_{\phi,C}(u_1,u_2)=u_1+u_2-C(u_1,u_2)$ und somit

$$F^S(t)=F_1(t)+F_2(t)-C(F_1(t),F_2(t)). \tag{4.47}$$

Im Falle eines Seriensystems mit n unabhängigen Komponenten ergibt sich

$$F^S(t)=1-\prod_{i=1}^{n}\bar{F}_i(t). \tag{4.48}$$

4.2.3 Vergleich von Lebensdauerverteilungen

In einem Entwicklungsprozess für ein Produkt ergeben sich mehrere Möglichkeiten der Realisierung. Jede Möglichkeit ist für sich ein komplexes System. In frühen Entwicklungsphasen liegen typischerweise nur ungenaue Informationen über die zur Auswahl stehenden Systeme selbst und somit oft auch über die zur Lebensdauerberechnung notwendigen Eingangsdaten vor.

In [4.23] wurde untersucht, wie sich komplexe Systeme vergleichen lassen. Eine Möglichkeit besteht darin, die Systemlebensdauerverteilungen direkt zu vergleichen. Dies führt auf einen Vergleich von eindimensionalen Verteilungsfunktionen. Um den Einfluss von Abhängigkeiten zwischen den Komponenten auf die Systemzuverlässigkeit analysieren zu können, müssen unterschiedliche mehrdimensionale Verteilungsfunktionen miteinander verglichen werden.

Eine weitere Möglichkeit besteht in der Betrachtung gewisser Kennzahlen der Systemlebensdauerverteilung. Eindimensionale Charakteristiken der Lebensdauerverteilung des Systems lassen sich durch Funktionale $q: D \to \bar{\mathbb{R}}$, wobei D die Menge aller eindimensionalen und absolutstetigen Verteilungsfunktionen und $\bar{\mathbb{R}}$ die erweiterte reelle Achse ist, beschreiben. Im Folgenden werden drei wichtige, eindimensionale Eigenschaften der Ausfallwahrscheinlichkeit eines Systems betrachtet.

- Das p-Quantil Q_p für $0 < p \leq 1$

$$Q_p\left(F^S\right) = \inf\left\{t \in \mathbb{R}_+ : F^S(t) \geq p\right\}. \tag{4.49}$$

- Die Systemzuverlässigkeit S_t zum Zeitpunkt t

$$S_t(F^S) = P(\Phi(X_1(t),...,X_n(t)) = 1) = 1 - F^S(t) = \bar{F}^S(t). \tag{4.50}$$

- Der Erwartungswert E

$$E\left(F^S\right) = \int_0^\infty \bar{F}^S(t)\,dt. \tag{4.51}$$

Das 10%-Quantil der Lebensdauerverteilung $Q_{0.1}\left(F^S\right)$ wird oft auch als B_{10}-Lebensdauer bezeichnet.

Ziel ist es, im Fall der (nicht notwendigerweise genauen) Kenntnis der Randverteilungen der Komponentenlebensdauern des Systems und Unkenntnis der Abhängigkeit der einzelnen Komponenten, die oben genannten Zuverlässigkeitsmaße abschätzen zu können. Eine Eingrenzung solcher Kennzahlen, wie z. B. der Lebensdauerquantile, ist häufig von Interesse.

4.2.3.1 Vergleich eindimensionaler Verteilungsfunktionen

Zum Vergleich zweier Verteilungen wird der Begriff der stochastischen Ordnung auf der Menge D der eindimensionalen Verteilungsfunktionen verwendet. Für $F, G \in D$ gilt

$$F \leq_{st} G\text{, wenn } F(t) \geq G(t) \text{ für alle } t \in \mathbb{R}. \tag{4.52}$$

Um die obige Bedingung zu erfüllen, muss der Graph der Verteilungsfunktion F oberhalb von G liegen und darf G nicht schneiden (aber berühren). In vielen Fällen schneiden sich die Verteilungsfunktionen jedoch.

Sind bei einem Vergleich von Lebensdauerverteilungen nicht die späten Ausfälle, sondern die frühen Ausfallerscheinungen von Interesse, so ist die stochastische Ordnung „$\leq_{st}$“ zum Vergleich ungeeignet. Sie kann jedoch wie folgt modifiziert werden

$$F \leq_\alpha G\text{, wenn } \min\left(F(t),\alpha\right) \geq \min\left(G(t),\alpha\right) \text{ für alle } t \in \mathbb{R}, \tag{4.53}$$

wobei α ein Zahlenwert zwischen null und eins ist.

Hierbei wird berücksichtigt, dass es für die Überlegenheit eines Konzeptes über ein anderes ausreicht, wenn bis zu einer bestimmten Ausfallwahrscheinlichkeit α eine Verteilungsfunktion ständig niedrigere bzw. höhere Werte als die Vergleichsverteilungsfunktion aufweist. Ist dies der Fall, so kann trotz einer Überschneidung

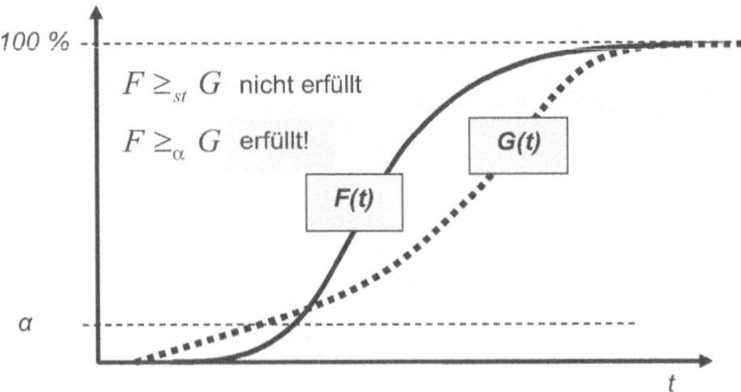

Abb. 4.9 Einschränkung des Vergleichs auf einen Bereich [4.22]

der Ausfallwahrscheinlichkeitsfunktionen bei höheren Ausfallwahrscheinlichkeiten eine Aussage über die Unter- bzw. Überlegenheit gemacht werden. Abbildung 4.9 illustriert den modifizierten Vergleich.

In frühen Entwicklungsphasen liegt nur wenig Erfahrung über die Zuverlässigkeit der einzelnen Komponenten und somit auch nur wenig Erfahrung über die Zuverlässigkeit des Systems vor. Um die Ungenauigkeit über die Lebensdauerverteilung in parametrischen Modellen einzubeziehen, werden Bayes-Ansätze betrachtet. Die Unsicherheit über den Wert der Parameter wird mit Hilfe von a-priori Verteilungen dieser Parameter ausgedrückt.

Da die Systemlebensdauer von diesen stochastisch verteilten Eingangsgrößen abhängt, ist die Verteilungsfunktion der Systemlebensdauer ebenfalls zufällig. Um dennoch einen Vergleich durchführen zu können, bietet sich die Betrachtung der Wahrscheinlichkeiten

$$\begin{aligned} &P\left(F \leq_{st} G\right) \text{ und } P\left(F \geq_{st} G\right) \text{ bzw.} \\ &P\left(F \leq_{\alpha} G\right) \text{ und } P\left(F \geq_{\alpha} G\right) \end{aligned} \tag{4.54}$$

an, wobei α ein Zahlenwert zwischen null und eins ist.

4.2.3.2 Vergleich mehrdimensionaler Verteilungsfunktionen

Um beim Vergleich Abhängigkeiten zwischen den Komponenten auf die Systemzuverlässigkeit zu berücksichtigen, müssen unterschiedliche, mehrdimensionale Verteilungsfunktionen miteinander verglichen werden.

Seien $T_1,...,T_n$ nichtnegative Zufallsvariablen mit gemeinsamer Verteilungsfunktion H, Randverteilungen $F_1,...,F_n$ und gemeinsamer Überlebensfunktion

$$\bar{H}\left(t_1,...,t_n\right) = P\left(T_1 > t_1,...,T_n > t_n\right). \tag{4.55}$$

Nun werden zwei n-dimensionale $(n \geq 2)$ Verteilungsfunktionen $H_1, H_2 \in D(F_1,...,F_n)$ miteinander verglichen, wobei $D(F_1,...,F_n)$ die Menge aller Verteilungsfunktionen mit Randverteilungen $F_1,...,F_n$ darstellt.

- H_2 ist größer bezüglich der **PLOD-Ordnung** (positive lower orthant dependent) als H_1, in Zeichen $H_1 \prec_{cL} H_2$, falls $H_1(\boldsymbol{t}) \leq H_2(\boldsymbol{t})$ für alle $\boldsymbol{t} = (t_1,...,t_n) \in \mathbb{R}^n$.
- H_2 ist größer bezüglich der **PUOD-Ordnung** (positive upper orthant dependent) als H_1, in Zeichen $H_1 \prec_{cU} H_2$, falls $\bar{H}_1(\boldsymbol{t}) \leq \bar{H}_2(\boldsymbol{t})$ für alle $\boldsymbol{t} = (t_1,...,t_n) \in \mathbb{R}^n$.
- H_2 ist größer bezüglich der **Konkordanz-Ordnung** als H_1, in Zeichen $H_1 \prec_c H_2$, wenn $H_1(\boldsymbol{t}) \leq H_2(\boldsymbol{t})$ und $\bar{H}_1(\boldsymbol{t}) \leq \bar{H}_2(\boldsymbol{t})$ für alle $\boldsymbol{t} = (t_1,...,t_n) \in \mathbb{R}^n$.

Für den Fall $n = 2$ sind in der obigen Definition alle Ordnungen äquivalent, was aus der Beziehung

$$\bar{H}(t_1,t_2) = 1 - F_1(t_1) - F_2(t_2) + H(t_1,t_2), \tag{4.56}$$

folgt. Dies gilt jedoch nicht für höhere Dimensionen.

Der Vergleich zweier Verteilungsfunktionen mit festen Randverteilungen reduziert sich auf den Vergleich der dazugehörenden Copulas. Seien $H_1, H_2 \in D(F_1,...,F_n)$ zwei Verteilungsfunktionen und C_1, C_2 eine jeweils zugehörige Copula, d. h.

$$\begin{aligned} H_1(t_1,...,t_n) &= C_1(F_1(t_1),...,F_n(t_n)), \\ H_2(t_1,...,t_n) &= C_2(F_1(t_1),...,F_n(t_n)), \end{aligned} \tag{4.57}$$

bzw. mit der Definition von $\bar{C}$ in Gl (4.35) in Kap. 4.2.2.1

$$\begin{aligned} \bar{H}_1(t_1,...,t_n) &= \bar{C}_1(F_1(t_1),...,F_n(t_n)), \\ \bar{H}_2(t_1,...,t_n) &= \bar{C}_2(F_1(t_1),...,F_n(t_n)). \end{aligned} \tag{4.58}$$

Ferner bezeichne U die Verteilungsfunktion einer auf [0,1] gleichverteilten Zufallsvariablen, d. h. $U(u) = u \cdot I(0 \leq u \leq 1) + I(1 < u)$. Damit folgt $C_1, C_2 \in D(U,...,U)$ und es gilt:

- $H_1 \prec_{cL} H_2$, genau dann wenn $C_1 \prec_{cL} C_2$.
- $H_1 \prec_{cU} H_2$, genau dann wenn $C_1 \prec_{cU} C_2$.
- $H_1 \prec_c H_2$, genau dann wenn $C_1 \prec_c C_2$.

Für den Fall $n = 2$ existieren in der Fachliteratur wohlbekannte Maße, die die Abhängigkeit von zwei Zufallsvariablen X, Y beschreiben, dazu gehören Kendall's tau $\tau_{X,Y}$ oder Spearman's rho $\rho_{X,Y}$. Diese lassen sich mit Hilfe der Copula C darstellen:

$$\tau_{X,Y} = 4 \iint_{[0,1]^2} C(u,v)dC(u,v) - 1, \qquad \rho_{X,Y} = 12 \iint_{[0,1]^2} C(u,v)dudv - 3. \tag{4.59}$$

Die Monotonie der Copula bzgl. der oben eingeführten Ordnungen überträgt sich auf die Monotonie der zwei oben eingeführten Maße.

Für die Untersuchung der Ausfallwahrscheinlichkeit eines Parallel- bzw. Seriensystems im Fall der Erhöhung der Abhängigkeit der Systemkomponenten wird die stochastische Ordnung verwendet. Sei $q: D \to \overline{\mathbb{R}}$, wobei D die Menge aller eindimensionalen, absolutstetigen Verteilungsfunktionen und $\overline{\mathbb{R}}$ die erweiterte reelle Achse ist, ein nicht fallendes Funktional bezüglich der stochastischen Ordnung auf D (d. h. aus $F_1 \le_{st} F_2$ folgt $q(F_1) \le q(F_2)$). Beispielsweise sind der Erwartungswert, die Zuverlässigkeit zum Zeitpunkt t und das p-Quantil nicht fallende Funktionale bezüglich der stochastischen Ordnung. Seien C_1, C_2 zwei n-dimensionale Copulas und es bezeichne $F_{C_1}^S$, $F_{C_2}^S$ die zugehörigen Verteilungsfunktionen der Systemlebensdauern.

$$\begin{aligned} F_{C_1}^S(t) &= G_{\Phi,C_1}(F_1(t),...,F_n(t)), \\ F_{C_2}^S(t) &= G_{\Phi,C_2}(F_1(t),...,F_n(t)). \end{aligned} \tag{4.60}$$

- Falls für ein Parallelsystem $C_1 \prec_{cL} C_2$ gilt, so folgt

$$q\left(F_{C_2}^S\right) \le q\left(F_{C_1}^S\right). \tag{4.61}$$

- Falls für ein Seriensystem $C_1 \prec_{cU} C_2$ gilt, so folgt

$$q\left(F_{C_1}^S\right) \le q\left(F_{C_2}^S\right). \tag{4.62}$$

Falls q monoton nicht wachsend ist, kehrt sich das Ungleichheitszeichen um.

Im Folgendem wird für ein $0 < p \le 1$ das p-Quantil Q_p und für ein $t > 0$ die Systemzuverlässigkeit S_t betrachtet. Ziel ist es, im Fall der (nicht notwendigerweise genauen) Kenntnis der Randverteilungen der Komponentenlebensdauern des Systems und Unkenntnis der Abhängigkeit der einzelnen Komponenten, die oben genannten Zuverlässigkeitsmaße abschätzen zu können. Hierzu werden die so genannten Fréchet-Hoeffding-Schranken benutzt (siehe [4.38]).

$$\begin{aligned} M(u_1,...,u_n) &= \min\left\{u_1,...,u_n\right\}, \\ W(u_1,...,u_n) &= \max\left\{1 - n + \sum_{i=1}^{n} u_i, 0\right\}. \end{aligned} \tag{4.63}$$

Während M selbst wieder eine Copula ist, so ist W für $n \geq 3$ keine Verteilungsfunktion mehr.

Es ist bekannt, dass für jede beliebige Copula C gilt $W \prec_{cL} C \prec_{cL} M$. Dies bedeutet für ein Parallelsystem

$$\begin{aligned} Q_p\left(F_M^S\right) &\leq Q_p\left(F_C^S\right) \leq Q_p\left(F_W^S\right), \\ S_t\left(F_M^S\right) &\leq S_t\left(F_C^S\right) \leq S_t\left(F_W^S\right). \end{aligned} \tag{4.64}$$

Im Fall von $n = 2$ gilt auch $W \prec_{cU} C \prec_{cU} M$. Dann folgt für ein Seriensystem

$$\begin{aligned} Q_p\left(F_W^S\right) &\leq Q_p\left(F_C^S\right) \leq Q_p\left(F_M^S\right), \\ S_t\left(F_W^S\right) &\leq S_t\left(F_C^S\right) \leq S_t\left(F_M^S\right). \end{aligned} \tag{4.65}$$

Das obige Beispiel liefert uns untere und obere Grenzen für die Quantile eines Parallel- bzw. Seriensystems. Folglich liegt das Quantil eines Parallelsystems im Interval $[Q_p\left(F_M^S\right), Q_p\left(F_W^S\right)]$, hingegen liegt das Quantil eines Seriensystems im Intervall $[Q_p\left(F_W^S\right), Q_p\left(F_M^S\right)]$. Somit ist die untere Grenze des Quantils eines Parallelsystems gleich der oberen Grenze eines Seriensystems. Damit wird die Tatsache veranschaulicht, dass eine stärkere Abhängigkeit zwischen den Komponenten eines Seriensystems die Zuverlässigkeit des Systems steigert. Für ein Parallelsystem ist das Gegenteil der Fall: Die Systemzuverlässigkeit fällt mit wachsender Abhängigkeit.

4.2.3.3 Marshall-Olkin-Verteilung

Als konkretes Beispiel wird ein komplexes System mit zwei Komponenten betrachtet. Die Komponenten unterliegen gewissen „Schocks", die zum Ausfall von einer oder beiden Komponenten führen. Die Zeiten Z_1, Z_2, Z_{12} beschreiben das Auftreten eines Schocks, wobei unterschieden wird, ob dies nur bei der ersten, nur bei der zweiten oder bei beiden Komponenten zum Ausfall führt. Dabei seien Z_1, Z_2, Z_{12} unabhängige und exponentialverteilte Zufallsvariablen mit den Parametern $\lambda_1, \lambda_2, \lambda_{12}$.

Die Lebensdauern der Komponenten seien dann

$$T_1 = \min\{Z_1, Z_{12}\} \text{ und } T_2 = \min\{Z_2, Z_{12}\} \tag{4.66}$$

und besitzen somit folgende Verteilungsfunktionen

$$F_i(t) = 1 - \exp\left(-(\lambda_i + \lambda_{12})t\right), i = 1,2. \tag{4.67}$$

Für die gemeinsame Verteilung von T_1 und T_2 ergibt sich die so genannte Marshall-Olkin-Verteilung

$$\begin{aligned} H(t_1,t_2) &= \bar{H}(t_1,t_2) + F_1(t_1) + F_2(t_2) - 1 \\ &= \exp\left(-\lambda_1 t_1 - \lambda_2 t_2 - \lambda_{12} \max\{t_1, t_2\}\right) \\ &\quad - \exp\left(-(\lambda_1 + \lambda_{12})t_1\right) - \exp\left(-(\lambda_2 + \lambda_{12})t_2\right) + 1. \end{aligned} \tag{4.68}$$

Dies führt auf die Copula

$$C_{\alpha,\beta}(u_1,u_2) = \min\left\{(1-u_1)^{1-\alpha}(1-u_2), (1-u_1)(1-u_2)^{1-\beta}\right\} + u_1 + u_2 - 1, \tag{4.69}$$

wobei $0 \le u_1, u_2 \le 1$ und $\alpha = \dfrac{\lambda_{12}}{\lambda_1 + \lambda_{12}}$, $\beta = \dfrac{\lambda_{12}}{\lambda_2 + \lambda_{12}}$ sind. Dabei gilt

$$\begin{aligned} &C_{0,0}(u_1,u_2) = \lim_{\alpha \to 0+} C_{\alpha,\beta}(u_1,u_2) = \lim_{\beta \to 0+} C_{\alpha,\beta}(u_1,u_2) = \Pi(u_1,u_2) = u_1 \cdot u_2, \\ &C_{1,1}(u_1,u_2) = M(u_1,u_2) = \min\{u_1,u_2\}. \end{aligned} \tag{4.70}$$

Das bedeutet, dass sich beim Grenzübergang $\lambda_1 \to \infty$, $\lambda_2 \to \infty$ oder $\lambda_{12} = 0$ die Produktcopula (Unabhängigkeit) ergibt. Beim Grenzübergang $\lambda_{12} \to \infty$ oder $\lambda_1 = \lambda_2 = 0$ wird die obere Fréchet-Hoeffding-Schranke für die Copula erhalten.

Die Familie $C_{\alpha,\beta}$, $0 \le \alpha, \beta \le 1$ ist sowohl in α als auch in β jeweils bei festgehaltenem, zweiten Parameter geordnet bezüglich der Konkordanz-Ordnung. Für $0 \le \alpha, \beta \le 1$ gilt $\Pi \prec_c C_{\alpha,\beta} \prec_c M$. Bezeichne $F^{Par}_{C_{\alpha,\beta}}$ bzw. $F^{Ser}_{C_{\alpha,\beta}}$ die Verteilungsfunktion der Systemlebensdauer eines Parallelsystems bzw. eines Seriensystems. Für alle $t > 0$ gilt dann (vergleiche Gln. (4.64) und (4.65))

$$S_t\left(F^{Ser}_{\Pi}\right) \le S_t\left(F^{Ser}_{C_{\alpha,\beta}}\right) \le S_t\left(F^{Ser}_{M}\right) = S_t\left(F^{Par}_{M}\right) \le S_t\left(F^{Par}_{C_{\alpha,\beta}}\right) \le S_t\left(F^{Par}_{\Pi}\right). \tag{4.71}$$

Es ergibt sich bezüglich der stochastischen Ordnung

$$F^{Ser}_{\Pi} \le_{st} F^{Ser}_{C_{\alpha,\beta}} \le_{st} F^{Ser}_{M} = F^{Par}_{M} \le_{st} F^{Par}_{C_{\alpha,\beta}} \le_{st} F^{Par}_{\Pi}. \tag{4.72}$$

Für ein Parallelsystem folgt

$$\bar{F}^S(t) = \exp\left(-(\lambda_1 + \lambda_{12})t\right) + \exp\left(-(\lambda_2 + \lambda_{12})t\right) - \exp\left(-(\lambda_1 + \lambda_2 + \lambda_{12})t\right), \tag{4.73}$$

und für ein Seriensystem gilt

$$\bar{F}^S(t) = \exp\left(-(\lambda_1 + \lambda_2 + \lambda_{12})t\right). \tag{4.74}$$

Die Zuverlässigkeitsfunktionen für verschiedene Copulas mit gleichen Randverteilungen $F_i(t) = 1 - \exp(-10t)$, $i = 1, 2$, sind im Fall eines Parallelsystems in Abb. 4.10 und für ein Seriensystem in Abb. 4.11 dargestellt.

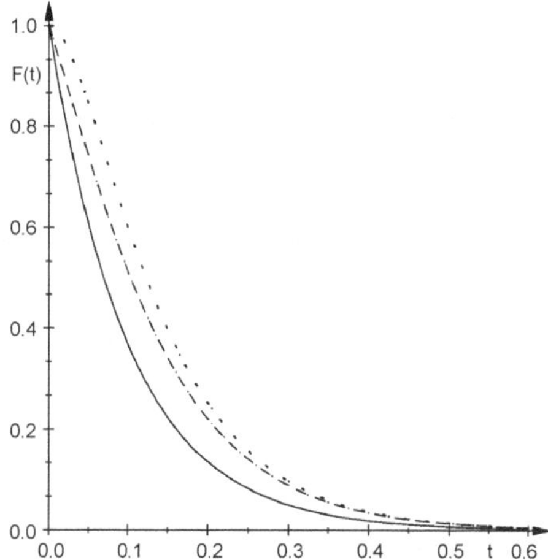

Abb. 4.10 Zuverlässigkeiten eines Parallelsystems

Die gepunktete Linie stellt den Unabhängigkeitsfall dar, wobei $\lambda_1 = \lambda_2 = 10$, $\lambda_{12} = 0$ gewählt wurde. Die Strich-Punkt-Kurve entspricht der Konstellation $\lambda_1 = \lambda_2 = \lambda_{12} = 5$. Die durchgezogene Kurve entspricht der oberen Fréchet-Hoeffding-Schranke $M(u_1, u_2) = \min\{u_1, u_2\}$, wobei $\lambda_1 = \lambda_2 = 0$, $\lambda_{12} = 10$ gewählt wurde.

Für das Parallelsystem lässt sich erkennen, dass je größer die Abhängigkeit, also λ_{12} ist, umso kleiner ist die Zuverlässigkeit des Systems. Andererseits folgt für ein Seriensystem, dass mit wachsender Abhängigkeit die Zuverlässigkeit des Systems zunimmt.

Ferner gilt, dass (wie zu erwarten) ein Parallelsystem in jedem Fall zuverlässiger als ein Seriensystem ist. Für die obere Fréchet-Hoeffding-Schranke

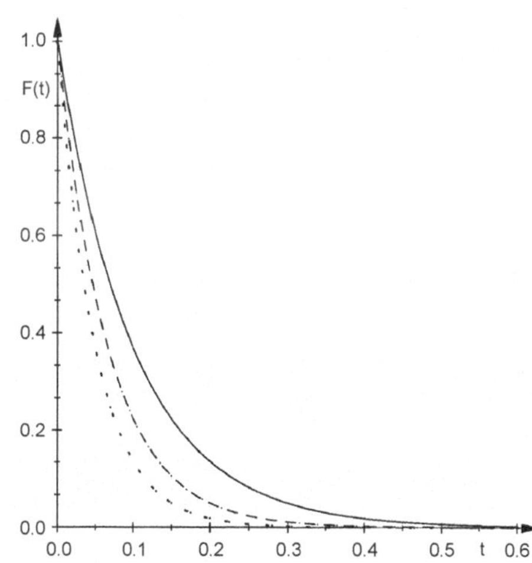

Abb. 4.11 Zuverlässigkeiten eines Seriensystems

$(\lambda_1 = \lambda_2 = 0)$ ergibt sich im Parallel- und Seriensystem dieselbe Zuverlässigkeitsfunktion, d. h. die obere Schranke (bzgl. der Copulas) der Zuverlässigkeit eines Seriensystems entspricht der unteren Schranke der Zuverlässigkeit eines Parallelsystems:

Das beste Seriensystem entspricht bezüglich der Zuverlässigkeit dem schlechtesten Parallelsystem, bei vorgegebenen Randverteilungen von T_1, T_2 (Exponentialverteilung mit Parameter zehn). Die Korrelation ist in diesem Grenzfall $\rho(T_1, T_2) = 1$.

4.2.4 Importanzmaße für die Komponenten eines komplexen Systems

Die unterschiedlichen Komponenten eines komplexen Systems beeinflussen die Zuverlässigkeit des gesamten Systems in unterschiedlicher Weise. Dabei ergeben sich folgende Fragen, siehe auch [4.6]:

- Welchen Anteil hat eine Komponente an der Zuverlässigkeit des gesamten Systems?
- Wie hängt die intakte Funktionsweise eines Systems von der intakten Funktionsweise einer Komponente ab?
- Wie erhöht sich die Zuverlässigkeit des Systems, wenn die Zuverlässigkeit der Komponente erhöht wird?
- Welche Komponente verursacht mit größter Wahrscheinlichkeit einen Ausfall des Systems?
- Welche Komponenten tragen mit höchster Wahrscheinlichkeit zum Ausfall des gesamten Systems bei?

Die quantitativen Kriterien zur Beantwortung dieser Fragen heißen Importanzmaße oder Wichtigkeiten der Komponenten. Dabei können die ersten drei Fragestellungen mit einem von Birnbaum [4.8] eingeführten Kriterium, dem so genannten Birnbaum-Importanzmaß, beantwortet werden. Die letzten beiden Fragen geben dagegen Anlass zur Definition des von Barlow und Proschan [4.5] entwickelten Kriteriums.

Unter Berücksichtigung von Abhängigkeiten zwischen den Komponenten komplexer Systeme werden mit Hilfe von Copulas Importanzmaße definiert. Die Ausgangssituation ist wie immer dieselbe. Es seien $T_1, \ldots, T_n$ die nichtnegativen, zufälligen Lebensdauern der n Komponenten mit Verteilungen $F_1, \ldots, F_n$ und Dichten $f_1, \ldots, f_n$. Für $i = 1, \ldots, n$ und $t > 0$ nimmt die Zufallsvariable $X_i(t)$ den Wert eins an, falls die Komponente i zum Zeitpunkt t funktioniert und null, falls Komponente i zum Zeitpunkt t ausgefallen ist. Es sei C eine bekannte Copula und Φ eine Strukturfunktion. Die Ausfallwahrscheinlichkeit des Systems ist gegeben durch

$$F^S(t) = P\big(\Phi(\boldsymbol{X}(t)) = 0\big) = G_{\Phi,C}\big(F_1(t),\dots,F_n(t)\big). \qquad (4.75)$$

Zu einem Vektor $\boldsymbol{x} = (x_1,\dots,x_n) \in \mathbb{R}^n$ werden folgende Bezeichnungen eingeführt

$$\begin{aligned}(1_i,\boldsymbol{x}) &= (x_1,\dots,x_{i-1},1,x_{i+1},\dots,x_n) \in \mathbb{R}^n,\\ (0_i,\boldsymbol{x}) &= (x_1,\dots,x_{i-1},0,x_{i+1},\dots,x_n) \in \mathbb{R}^n.\end{aligned} \qquad (4.76)$$

Im Folgenden bezeichne $h_{1i}(t)$ die Wahrscheinlichkeit für die Verfügbarkeit des Systems zum Zeitpunkt t, wenn sich die Komponente i im bestmöglichen Zustand (d. h. $X_i(t) = 1$) befindet. Im Gegensatz dazu bezeichne $h_{0i}(t)$ die Wahrscheinlichkeit für die Verfügbarkeit des Systems zum Zeitpunkt t, wenn sich die Komponente i im schlechtmöglichsten Zustand (d. h. $X_i(t) = 0$) befindet:

$$\begin{aligned}h_{1i}(t) &= P\big(\Phi((1_i,\boldsymbol{X}(t))) = 1\big),\\ h_{0i}(t) &= P\big(\Phi((0_i,\boldsymbol{X}(t))) = 1\big).\end{aligned} \qquad (4.77)$$

Sind die Komponenten unabhängig, d. h. $C(u_1,\dots,u_n) = \Pi(u_1,\dots,u_n) = \prod_{i=1}^n u_i$, dann lassen sich $h_{1i}(t)$ und $h_{0i}(t)$ auch als bedingte Wahrscheinlichkeiten darstellen:

$$\begin{aligned}h_{1i}(t) &= P\big(\Phi(\boldsymbol{X}(t)) = 1 \mid X_i(t) = 1\big),\\ h_{0i}(t) &= P\big(\Phi(\boldsymbol{X}(t)) = 1 \mid X_i(t) = 0\big).\end{aligned} \qquad (4.78)$$

Nach dem Satz von der totalen Wahrscheinlichkeit folgt dann für die Zuverlässigkeit des Systems

$$\overline{F}^S(t) = 1 - F^S(t) = P\big(\Phi(\boldsymbol{X}(t)) = 1\big) = \overline{F}_i(t)\cdot h_{1i}(t) + F_i(t)\cdot h_{0i}(t), \qquad (4.79)$$

wobei $\overline{F}_i(t) = 1 - F_i(t)$ ist.

Nun können die Zuverlässigkeits-Importanzmaße für komplexe Systeme mit abhängigen Komponenten eingeführt werden.

4.2.4.1 Improvement Potential

Das „Improvement Potential" der Komponente i zum Zeitpunkt t gibt die Wahrscheinlichkeit dafür an, dass ein ausgefallenes System beim Versetzen der Komponente i in den bestmöglichen Zustand wieder funktioniert.

$$I^A(i,C) = P\big(\{\Phi((1_i,\boldsymbol{X}(t))) = 1\} \cap \{\Phi(\boldsymbol{X}(t)) = 0\}\big). \qquad (4.80)$$

Aufgrund der Monotonie der Strukturfunktion Φ und mit Hilfe einfacher Mengenoperationen folgt für das Improvement Potential auch folgende Darstellung

$$I^A(i,C) = h_{1i}(t) - \bar{F}^S(t). \tag{4.81}$$

Das Impovement Potential $I^A(i,C)$ lässt sich somit als Differenz zwischen der Systemzuverlässigkeit, wobei die Komponente i im bestmöglichen Zustand ist, und der Systemzuverlässigkeit mit der aktuellen Komponente i interpretieren.

4.2.4.2 Birnbaum-Importanzmaß

Das „Birnbaum-Importanzmaß" der Komponente i zum Zeitpunkt t gibt die Wahrscheinlichkeit dafür an, dass ein System mit schlechtmöglichster Komponente i ausfällt, aber mit dem bestmöglichen Zustand der Komponente i wieder funktioniert.

$$I^B(i,C) = P\left(\left\{\Phi\left(\left(1_i, \boldsymbol{X}(t)\right)\right) = 1\right\} \cap \left\{\Phi\left(\left(0_i, \boldsymbol{X}(t)\right)\right) = 0\right\}\right). \tag{4.82}$$

Das Birnbaum-Importanzmaß hängt nur von der Struktur des Systems und der Zuverlässigkeit der anderen Komponenten ab. Dieses Maß lässt sich auch als Wahrscheinlichkeit dafür interpretieren, dass ein funktionierendes System durch Ausfall der Komponente i ausfällt. Analog lässt sich auch das Birnbaum-Importanzmaß als Differenz darstellen.

$$I^B(i,C) = h_{1i}(t) - h_{0i}(t). \tag{4.83}$$

Das Birnbaum-Importanzmaß gibt den größtmöglichen Gewinn an Systemverfügbarkeit an, der durch Installation der Komponente i in das System erreicht werden kann. Dieser Gewinn wird genau dann erzielt, wenn i absolut zuverlässig ist. Für große Werte $I^B(i,C)$ folgt, dass kleine Änderungen in der Zuverlässigkeit der Komponente i relativ große Änderungen der Systemzuverlässigkeit bewirken. Der Einfluss der Verfügbarkeit eines Elementes auf die Systemverfügbarkeit steigt also mit dessen Birnbaum-Importanzmaß.

Sowohl das Improvement Potential, als auch das Birbaum-Maß hängen von der Zeit t ab. Die Komponenten eines Systems ändern somit ihre Importanz in Abhängigkeit der Zeit.

4.2.4.3 Barlow-Proschan-Importanzmaß

Barlow und Proschan schlugen eine Mittelung des Birnbaum-Importanzmaßes über die Zeit vor. Das Barlow-Proschan-Importanzmaß der Komponente i ist gegeben durch

$$I^{B-P}(i,C)=\int_0^\infty f_i(t)\cdot\left(h_{1i}(t)-h_{0i}(t)\right)dt. \tag{4.84}$$

Es lässt sich als Wahrscheinlichkeit dafür interpretieren, dass Komponente i einen Systemausfall verursacht. Eine Komponente ist demnach wichtiger, wenn ihr Ausfall eher zum Systemausfall führt.

4.2.4.4 Normierte Importanzmaße

Unter der Annahme, dass ein Systemausfall mit dem Ausfall von genau einer Komponente zusammen fällt, gilt für das Barlow-Proschan-Maß

$$\sum_{i=1}^{n} I^{B-P}(i,C)=1. \tag{4.85}$$

Dies gilt für das Improvement Potential oder dem Birbaum-Importanzmaß im Allgemeinen nicht. Daher ist es sinnvoll, diese Maße bzgl. der Komponenten zu normieren.

$$I^{A,N}(i,C)=\frac{I^A(i,C)}{\sum_{j=1}^{n} I^A(j,C)}. \tag{4.86}$$

$$I^{B,N}(i,C)=\frac{I^B(i,C)}{\sum_{j=1}^{n} I^B(j,C)}. \tag{4.87}$$

Die normierten Maße geben den Anteil der Verbesserung durch die Komponente i an der gesamt möglichen Verbesserung an.

Ein weiteres normiertes Importanzmaß wird erhalten, wenn ähnlich wie beim Barlow-Proschan-Maß über ein Zeitintervall $[0,t_0]$ gemittelt und anschließend bzgl. der Komponenten normiert wird:

$$I_{t_0}^{B-P,N}(i,C)=\frac{\int_0^{t_0} f_i(t)\cdot\left(h_{1i}(t)-h_{0i}(t)\right)dt}{\sum_{j=1}^{n}\int_0^{t_0} f_j(t)\cdot\left(h_{1j}(t)-h_{0j}(t)\right)dt}. \tag{4.88}$$

Im Fall von unabhängigen Komponenten lässt sich $I_{t_0}^{B-P,N}(i,C)$ als Wahrscheinlichkeit dafür interpretieren, dass Komponente i einen Systemausfall im Zeitintervall $[0,t_0]$ verursacht unter der Bedingung, dass das System im Zeitintervall $[0,t_0]$ ausfällt.

4.2.4.5 Parallelsystem

Für ein Parallelsystem mit n Komponenten gilt

$$\begin{aligned} &\Phi(x_1,\ldots,x_n) = 1 - \prod_{i=1}^{n}(1-x_i), \\ &\bar{F}^S(t) = 1 - G_{\Phi,C}(F_1(t),\ldots,F_n(t)) = 1 - C(F_1(t),\ldots,F_n(t)). \end{aligned} \tag{4.89}$$

Für Komponente i, $i = 1,\ldots,n$, gilt damit

$$\begin{aligned} h_{1i}(t) &= P(\Phi((1_i, \boldsymbol{X}(t))) = 1) = 1, \\ h_{0i}(t) &= P(\Phi((0_i, \boldsymbol{X}(t))) = 1) = \sum_{x\in\{0,1\}^n} \Phi((0_i, \boldsymbol{x}))\cdot \tilde{C}\left(\prod_{j=1}^{n} B_{x_j}^{F_j(t)}\right) \\ &= 1 - C(F_1(t),\ldots,F_{i-1}(t),1,F_{i+1}(t),\ldots,F_n(t)) = 1 - C((1_i, \boldsymbol{F}(t))). \end{aligned} \tag{4.90}$$

Dabei entspricht $\tilde{C}$ dem zur Copula C gehörigen Wahrscheinlichkeitsmaß (siehe Kap. 4.2.2.1) und $\boldsymbol{F}(t) = (F_1(t),\ldots,F_n(t))$.

Das Improvement Potential der Komponente i eines Parallelsystems ist gegeben durch

$$I^A(i,C) = h_{1i}(t) - \bar{F}^S(t) = F^S(t) = C(F_1(t),\ldots,F_n(t)), \quad i = 1,\ldots,n. \tag{4.91}$$

In einem Parallelsystem hat jede Komponente dasselbe Improvement Potential Somit besitzen alle Komponenten die gleiche Wichtigkeit. Für das normierte Improvement Potential eines Parallelsystems folgt somit

$$I^{A,N}(i,C) = \frac{1}{n}. \tag{4.92}$$

Das Birnbaum-Importanzmaß eines Parallelsystems ist

$$I^B(i,C) = h_{1i}(t) - h_{0i}(t) = C((1_i, \boldsymbol{F}(t))), \quad i = 1,\ldots,n. \tag{4.93}$$

Im Spezialfall eines Parallelsystems mit zwei Komponenten gilt

$$I^B(1,C) = F_2(t) \text{ und } I^B(2,C) = F_1(t). \tag{4.94}$$

Daran lässt sich erkennen, dass die Summe bezüglich der Komponenten der Birnbaum-Importanzmaße sich nicht zu Eins ergeben muss. Das Birnbaum-Importanzmaß der Komponente i eines Parallelsystems ist unabhängig von der Zuverlässigkeit der Komponenten i. Es lässt sich allein aus der Zuverlässigkeit der anderen Komponenten und der Copula berechnen. Im Fall von unabhängigen Komponenten, d. h. $C = \Pi$, ergibt sich

$$I^B(i,\Pi) = \prod_{\substack{j=1 \\ j\neq i}}^{n} F_j(t) = \frac{F^S(t)}{F_i(t)}, \quad i = 1,\ldots,n. \tag{4.95}$$

Bei unabhängigen Komponenten besitzt die Komponente mit der größten Zuverlässigkeit ($\bar{F}_i(t) = 1 - F_i(t)$) auch die größte Birnbaum-Importanz. Zu beachten ist, dass dies für Parallelsysteme mit abhängigen Komponenten bzw. allgemeinen Copulas nicht gelten muss. Das normierte Birnbaum-Importanzmaß der Komponente i berechnet sich dann durch

$$I^{B,N}(i,\Pi) = \frac{1}{F_i(t)} \cdot \left(\sum_{j=1}^{n} \frac{1}{F_j(t)} \right)^{-1}. \tag{4.96}$$

Das Barlow-Proschan-Maß der Komponente i eines Parallelsystems berechnet sich durch

$$I^{B-P}(i,C) = \int_0^\infty f_i(t) \cdot C\left(\left(1_i, \boldsymbol{F}(t)\right)\right) dt, \quad i = 1,\ldots,n. \tag{4.97}$$

Im Spezialfall $n = 2$ folgt durch partielle Integration

$$I^{B-P}(1,C) = \int_0^\infty f_1(t) \cdot F_2(t) dt = 1 - \int_0^\infty F_1(t) \cdot f_2(t) dt = 1 - I^{B-P}(2,C). \tag{4.98}$$

Dies zeigt die Normierungseigenschaft Gl. (4.85) des Barlow-Proschan-Maßes in diesem Spezialfall.

4.2.4.6 Seriensystem

Für ein Seriensystem mit n Komponenten gilt

$$\Phi(x_1,\ldots,x_n) = \prod_{i=1}^{n} x_i. \tag{4.99}$$

Für Komponente i, $i = 1,\ldots,n$, gilt

$$\begin{aligned} h_{1i}(t) &= P\left(\Phi\left(\left(1_i, \boldsymbol{X}(t)\right)\right) = 1\right) = \sum_{\boldsymbol{x}\in\{0,1\}^n} \Phi\left(\left(1_i, \boldsymbol{x}\right)\right) \cdot \tilde{C}\left(\prod_{j=1}^{n} B_{x_j}^{F_j(t)} \right) \\ &= \bar{C}\left(F_1(t),\ldots,F_{i-1}(t), 0, F_{i+1}(t),\ldots,F_n(t)\right) = \bar{C}\left(\left(0_i, \boldsymbol{F}(t)\right)\right), \qquad (4.100) \\ h_{0i}(t) &= P\left(\Phi\left(\left(0_i, \boldsymbol{X}(t)\right)\right) = 1\right) = 0, \end{aligned}$$

wobei $\bar{C}$ durch Gl. (4.36) in Kap. 4.2.2.1 definiert ist. Das Improvement Potential der Komponente i eines Seriensystems ist gegeben durch

$$I^A(i,C) = h_{1i}(t) - \bar{F}^S(t) = \bar{C}((0_i, \boldsymbol{F}(t))) - \bar{C}(\boldsymbol{F}(t)), \quad i = 1,\ldots,n. \tag{4.101}$$

Im Fall von unabhängigen Komponenten, d. h. $C = \Pi$, ergibt sich

$$I^A(i,\Pi) = \prod_{\substack{j=1\\ j\neq i}}^{n} \bar{F}_j(t) - \prod_{j=1}^{n} \bar{F}_j(t) = \frac{F_i(t)}{\bar{F}_i(t)} \bar{F}^S(t), \quad i = 1,\ldots,n. \tag{4.102}$$

In einem Seriensystem hat die Komponente mit der geringsten Zuverlässigkeit somit das größte Improvement Potential. „Eine Kette ist so belastbar wie ihr schwächstes Glied.“ Das normierte Improvement Potential der Komponente i berechnet sich dann durch

$$I^{A,N}(i,\Pi) = \frac{F_i(t)}{\bar{F}_i(t)} \cdot \left(\sum_{j=1}^{n} \frac{F_j(t)}{\bar{F}_j(t)} \right)^{-1}. \tag{4.103}$$

Das Birnbaum-Importanzmaß der Komponente i eines Seriensystems ist gegeben durch

$$I^B(i,C) = h_{1i}(t) - h_{0i}(t) = \bar{C}((0_i, \boldsymbol{F}(t))), \quad i = 1,\ldots,n. \tag{4.104}$$

Im Spezialfall eines Seriensystems mit zwei Komponenten gilt

$$I^B(1,C) = \bar{F}_2(t) \text{ und } I^B(2,C) = \bar{F}_1(t). \tag{4.105}$$

Auch das Birnbaum-Importanzmaß der Komponente i eines Seriensystems ist unabhängig von der Zuverlässigkeit der Komponente i. Es lässt sich also auch allein aus der Zuverlässigkeit der anderen Komponenten und der Copula berechnen. Im Fall von unabhängigen Komponenten, d. h. $C = \Pi$, ergibt sich

$$I^B(i,\Pi) = \prod_{\substack{j=1\\ j\neq i}}^{n} \bar{F}_j(t) = \frac{\bar{F}^S(t)}{\bar{F}_i(t)}, \quad i = 1,\ldots,n. \tag{4.106}$$

Bei unabhängigen Komponenten besitzt die Komponente mit der geringsten Zuverlässigkeit auch die größte Birnbaum-Importanz. Das normierte Birnbaum-Importanzmaß der Komponente i berechnet sich dann durch

$$I^{B,N}(i,C) = \frac{1}{\bar{F}_i(t)} \cdot \left(\sum_{j=1}^{n} \frac{1}{\bar{F}_j(t)} \right)^{-1}. \tag{4.107}$$

Das Barlow-Proschan-Maß der Komponente i eines Seriensystems berechnet sich durch

$$I^{B-P}(i,C) = \int_0^\infty f_i(t) \cdot \bar{C}\left(\left(0_i, \boldsymbol{F}(t)\right)\right) dt, \quad i = 1,\ldots,n. \tag{4.108}$$

Im Spezialfall $n = 2$ gilt

$$I^{B-P}(1,C) = \int_0^\infty f_1(t) \cdot \bar{F}_2(t) dt \text{ und } I^{B-P}(2,C) = \int_0^\infty \bar{F}_1(t) \cdot f_2(t) dt. \tag{4.109}$$

4.2.5 *Berücksichtigung ungenauer Informationen über die Verteilung der Komponentenlebensdauern*

Ziel ist die Analyse der Zuverlässigkeit eines komplexen Systems, falls nur ungenaue Informationen über die Lebensdauerverteilung einzelner Systemkomponenten vorliegen. Insbesondere liegt in frühen Entwicklungsphasen nur wenig Erfahrung über die Zuverlässigkeit der einzelnen Komponenten vor.

Eine Möglichkeit, ungenaue Eingangsdaten zu handhaben, ist es, Grenzen für die entsprechenden Werte zu bestimmen. Diese Vorgehensweise liefert allein Informationen über den besten und schlechtesten anzunehmenden Wert bestimmter Systemlebensdauerkenngrößen, wie z. B. die mittlere Lebensdauer (MTTF). Da Eingangsgrößen die Rechnungszielgröße in nicht monotoner Art und Weise beeinflussen könnten, wäre die Existenz innerer Extrema möglich. Zur Auffindung dieser Extrema können numerische Methoden eingesetzt werden. Je größer die Anzahl mit Ungenauigkeitsbandbreiten versehener Eingangsgrößen wird, desto aufwendiger ist der Einsatz solcher Methoden. Ein weiteres Problem ist der Umstand, dass der beste bzw. schlechteste Fall sehr optimistisch bzw. pessimistisch ist. Dementsprechend ist es möglich, dass sich die Wertebandbreiten zu vergleichender Konzepte überschneiden, was dann keine Aussage darüber zuließe, welches Konzept auszuwählen ist.

Eine andere Möglichkeit, Ungenauigkeiten von Eingangsgrößen zu berücksichtigen, ist es, diese als Zufallsvariablen aufzufassen. Der Hintergrund dieses Vorgehens besteht in der Fähigkeit von Experten, Auskunft darüber zu geben, welche Werte von Eingangsgrößen „wahrscheinlicher" bzw. „weniger wahrscheinlich" sind.

Es werden im Folgenden zwei Strategien verfolgt, um die Ungenauigkeit über die Lebensdauerverteilung in das Modell einzubeziehen. Zunächst wird ein nicht parametrisches Modell betrachtet, in dem die tatsächlich vorliegenden Verteilungen der Komponentenlebensdauern von bestimmten (bekannten) vorgegebenen Verteilungen abweichen können.

Zum anderen wird ein parametrisches Modell betrachtet, in dem die Verteilungen der Komponentenlebensdauern bis auf einige Parameter bekannt sind (z. B.

Weibull-Verteilung). Die Unsicherheit über den Wert dieser Parameter wird im Rahmen eines so genannten Bayes-Modells mit Hilfe von a-priori Verteilungen dieser Parameter ausgedrückt.

4.2.5.1 Abweichungen der Komponentenlebensdauern

Es wird angenommen, dass die wahren unbekannten Verteilungen der Komponentenlebensdauern nicht exakt vorliegen. Bekannt ist lediglich, dass diese von bestimmten (bekannten) Verteilungen einen gewissen Abstand haben. Die Abweichungen, die mit einem Abstandsmaß d gemessen werden, sollen eine vorgegebene Schranke $\varepsilon > 0$ nicht überschreiten.

Sind $F_1,...,F_n$ die Verteilungen der Zufallsvariablen $T_1,\ldots,T_n$, so gibt es bekannte Verteilungen $G_1,\ldots,G_n$ mit

$$d(F_i,G_i) \le \varepsilon, \quad i=1,...n. \tag{4.110}$$

Als Abstandsmaß kann z. B. der Supremumsabstand

$$d(F,G) = \sup_{t\in[0,\infty)} |\, F(t) - G(t)\,|, \tag{4.111}$$

oder der L^1-Abstand

$$d(F,G) = \int_0^\infty |\, F(t) - G(t)\,|\, dt, \tag{4.112}$$

betrachtet werden. In Abb. 4.12 liegt die tatsächliche Verteilung F im gestrichelten Bereich um G. Damit wird untersucht, welche Auswirkungen diese Art der Unsicherheit auf die Lebensdauer des Systems hat.

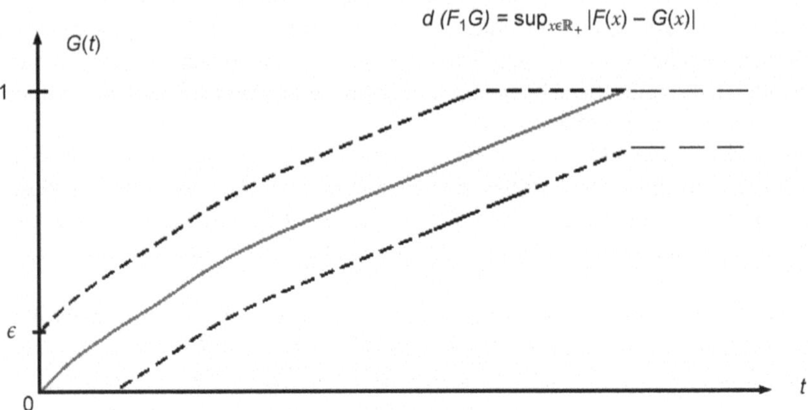

Abb. 4.12 Illustration des Bereiches für Verteilungsfunktionen, die bei einem maximalen punktweisen Abstand zulässig sind

Um zu einer Schätzung der unbekannten Verteilungen der Komponentenlebensdauern zu gelangen, wird die Menge aller Verteilungen betrachtet, die sich in einer Umgebung (bezüglich eines vorgegeben Abstandsmaßes) von den aus den gegebenen noch unsicheren Informationen geschätzten Verteilungen befinden. Dabei wird diejenige Verteilung aus dieser Umgebung gewählt, für die gewisse Kenngrößen extremale Werte annehmen. Beispielsweise wird die Verteilung mit dem niedrigsten 10%-Quantil aus der Umgebung ausgewählt. Eindimensionale Charakteristiken der Lebensdauerverteilung des Systems lassen sich durch Funktionale $q: D \to \overline{\mathbb{R}}$ beschreiben, wobei wie zuvor D die Menge aller eindimensionalen, absolut stetigen Verteilungsfunktionen und $\overline{\mathbb{R}}$ die erweiterte, reelle Achse ist. Beispiele für q können der Erwartungswert oder Lebensdauerquantile sein. In Anwendungen ist von Interesse, eine bestimmte Garantie für diese Charakteristika zu gewährleisten. In der Zuverlässigkeitsbetrachtung mechatronischer Systeme werden oft Lebensdauerquantile (z. B. 10%-Quantile) der Systemelemente angegeben.

Um gewisse Eigenschaften des Systems garantieren zu können, soll ein möglichst kleiner Wert des Funktionals q erreicht werden. Für einen möglichen Vektor von Verteilungsfunktionen $\boldsymbol{F} = (F_1, \ldots, F_n)$ sei die Ausfallwahrscheinlichkeit des Systems mit Hilfe einer Strukturfunktion und einer Copula gegeben durch

$$F^S(t) = G_{\Phi,C}\left(F_1(t), \ldots, F_n(t)\right). \tag{4.113}$$

Folgendes Optimierungsproblem bzgl. aller möglichen n-dimensionalen Vektoren von Verteilungsfunktionen $\boldsymbol{F}$ wird versucht zu lösen:

$$\begin{aligned} &q\left(F^S\right) \to \min \\ &d\left(F_i, G_i\right) \le \varepsilon, \quad i = 1, \ldots, n. \end{aligned} \tag{4.114}$$

Eine allgemeine Lösung des Optimierungsproblems Gl. (4.114) kann nicht erwartet werden. Jedoch ist es in einigen speziellen Fällen möglich, eine Lösung anzugeben.

Supremumsabstand

Ist die Nebenbedingung des Optimierungsproblems mit Hilfe des Supremumsabstands

$$d\left(F_i, G_i\right) = \sup_{t \in [0,\infty)} | F_i(t) - G_i(t) |, \tag{4.115}$$

gegeben und ist das Funktional q bezüglich der stochastischen Ordnung monoton nicht fallend (siehe Kap. 4.2.3), dann kann eine Lösung eindeutig angegeben werden. Die Lösung $\boldsymbol{F}^0$ des Optimierungsproblems Gl. (4.114) ist dann gegeben durch

$$F_i^0(t) = \min\left\{G_i(t) + \varepsilon;\ 1\right\},\ i = 1, \ldots, n. \tag{4.116}$$

Quantile

Das Optimierungsproblem Gl. (4.114) für den Fall des p-Quantils $q = Q_p$ für $0 < p \leq 1$ wird betrachtet. Dieses ist definiert durch

$$Q_p(F) = \inf\{t \in [0,\infty) : F(t) \geq p\}. \tag{4.117}$$

In diesem Fall lässt sich eine untere Schranke für die Lösung des Optimierungsproblems angeben. Deren Darstellung ist technisch recht aufwendig. Definiere für $i = 1,...,n$, $s \geq 0$, $t \in [0,\infty)$ und $z \in [0,1]$

$$\begin{aligned} G_i^{s,z}(t) &= \max\{G_i(t), z \cdot I(s \leq t)\}, \\ z_i(s) &= \sup\{z \in [0,1] : d(G_i, G_i^{s,z}) \leq \varepsilon\}, \\ G^s(t) &= \left(G_1^{s,z_1(s)}(t), \ldots, G_n^{s,z_n(s)}(t)\right). \end{aligned} \tag{4.118}$$

Die untere Schranke für das p-Quantil $Q_p(F^S)$ ist dann gegeben durch

$$t_0 = \inf\{t \in [0,\infty) : G_{\phi,C}(G^t(t)) \geq p\}. \tag{4.119}$$

In vielen Fällen lässt sich t_0 nur numerisch bestimmen. Im Allgemeinen muss G^{t_0} nicht die Lösung von Gl. (4.114) sein, siehe dazu [4.15]. Ähnliche Aussagen können in speziellen Situationen auch für das Erwartungswertfunktional getroffen werden, siehe z. B. [4.15].

Ein Problem dieses Ansatzes ist es, dass lediglich Grenzen erhalten werden. Diese sind meistens zu pessimistisch, insbesondere wenn das System viele Komponenten enthält. Des Weiteren ist ein aufwändiges Optimierungsproblem zu lösen.

4.2.5.2 Bayes-Ansatz

Eine andere Möglichkeit, die Unsicherheit über die zutreffende Lebensdauerverteilung zu modellieren, bildet ein Bayes-Ansatz. Hierbei wird angenommen, dass die Lebensdauerverteilungen der Komponenten einer parametrischen Klasse angehören, wie z. B. der Klasse der Weibull-Verteilungen. Für die zugehörigen Parameter sind a-priori Verteilungen gegeben, welche das Vorwissen von Experten widerspiegeln.

Es wird angenommen, dass die Verteilungen der Komponentenlebensdauern von einem Parameter $\boldsymbol{\theta} = (\theta_1,...,\theta_p) \in \mathbb{R}^p$ abhängen.

$$\boldsymbol{F}^{\boldsymbol{\theta}} = (F_1^{\boldsymbol{\theta}},...,F_n^{\boldsymbol{\theta}}). \tag{4.120}$$

Ferner wird angenommen, dass der Parameter θ zufällig ist und eine bekannte Verteilung π besitzt. Somit sind auch gewisse Kenngrößen der Systemlebensdauerverteilung $q\left(F^S\right)$ zufällig. Es bezeichne G die Verteilungsfunktion der Zufallsvariablen $q\left(F^S\right)$. Explizite Formeln für die Verteilungsfunktion G sind im Allgemeinen nicht zu erwarten. Allerdings ist es in vielen Fällen möglich, diese mittels Monte-Carlo-Simulationen zu approximieren.

Mit der Monte-Carlo-Methode kann auf einfache Art und Weise eine von Zufallsvariablen beeinflusste Zielgröße ermittelt werden. Hierbei wird nicht analytisch vorgegangen, sondern es werden auf Basis einer großen Anzahl an Zufallsexperimenten (sog. Replikationen) Simulationen durchgeführt. Entsprechend der Verteilungsfunktion der Eingangsgrößen werden in jeder Monte-Carlo-Replikation für die Elemente des Zufallsvektors Zufallswerte „gewürfelt". Es ergibt sich somit in jeder Replikation i ein Vektor $\theta(i)$. Die je Replikation ermittelten, nun deterministischen Werte der Eingangsgrößen werden entsprechend der Berechnungsvorschrift zur Ermittlung der Verteilungsfunktion G genutzt. Wird dieses Verfahren in vielen Replikationen wiederholt, so ergibt sich eine Verteilung für die Zielgröße.

Seien $\theta(1),\ldots,\theta(k)$ unabhängige und nach π-verteilte Zufallsvektoren. Numerisch lässt sich die empirische Verteilungsfunktion dieser Stichprobe

$$\hat{G}_k(t)=\frac{1}{k}\sum_{i=1}^{k} I\left(q\left(F^S(t)\right)<t\right), \tag{4.121}$$

berechnen. Nach dem Satz von Glivenko-Cantelli konvergiert für k gegen unendlich die Folge von Schätzern $\hat{G}_k$ gleichmäßig gegen die wahre Verteilungsfunktion G.

Dieser Ansatz kann auch für Ungenauigkeiten bezüglich der Copula verallgemeinert werden. In diesem Fall, wird eine geeignete Klasse von parametrischen Copulas gewählt und den Parametern der Copulas eine Verteilung zugeordnet.

Beispiel

Ein Seriensystem mit zwei Komponenten wird betrachtet. Es wird angenommen, dass die gemeinsame Verteilung der Ausfallzeiten einer Marshall-Olkin-Verteilung entspricht.

$$T_1=\min(Z_1,Z_{12}),\quad T_2=\min(Z_2,Z_{12}), \tag{4.122}$$

wobei Z_1,Z_2,Z_{12} unabhängige und exponentialverteilte Zufallsvariablen mit den Raten $\lambda_1,\lambda_2,\lambda_{12}$ sind. Die Copula der gemeinsamen Verteilung von T_1 und T_2 sei eine verallgemeinerte Cuadras-Augé-Copula

$$C_{a,b}(u_1,u_2)=\min\left\{u_1^{1-a}\cdot u_2,u_1\cdot u_2^{1-b}\right\}. \tag{4.123}$$

Für weitere Details siehe auch Kap. 4.2.3.3 und [4.15, 4.38].

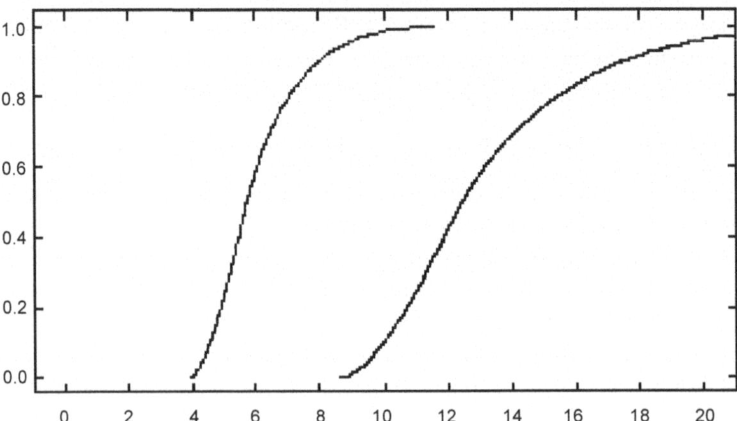

Abb. 4.13 Simulierte Verteilungsfunktionen von $Q_{0.1}(F^S)$ und $Q_{0.2}(F^S)$ eines Seriensystems mit zwei Komponenten und der Copula $C_{0.5,0.5}$ [4.15]

Es sei bekannt, dass $C_{0.5,0.5}$ die Copula des Systems ist und das T_1, T_2 exponentialverteilt mit den Raten θ_1 und θ_2 sind. Ferner wird angenommen, dass θ_1 und θ_2 unabhängige und auf dem Intervall $[0.005, 0.015]$ gleichverteilte Zufallsvariablen sind. Durch Simulationen werden die Verteilungsfunktionen des 0.1-Quantils und des 0.2-Quantils der Systemlebensdauerverteilung approximiert, siehe Abb. 4.13.

In Abb. 4.14. ist die Auswirkung einer wachsenden Abhängigkeit auf die simulierten Verteilungsfunktionenen des 0.2-Quantils der Systemlebensdauerverteilung

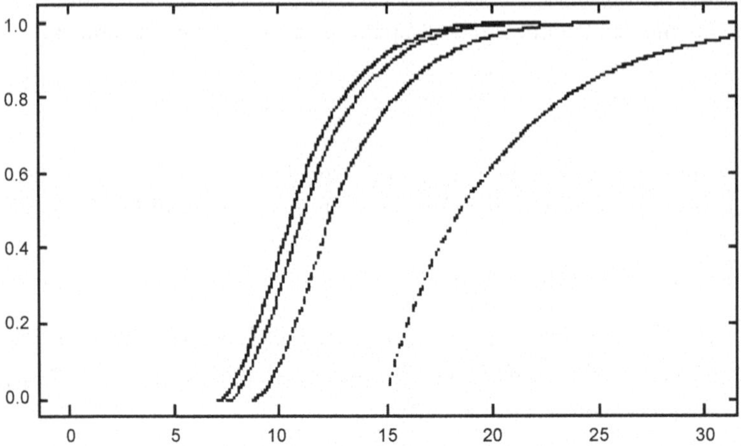

Abb. 4.14 Simulierte Verteilungsfunktionen von $Q_{0.2}(F^S)$ eines Seriensystems mit zwei Komponenten und den Copulas (von links nach rechts) $W, \Pi, C_{0.5,0.5}$ und M [4.15]

dargestellt. Die Abhängigkeit ist dabei durch Ersetzung der Copula $C_{0.5,0.5}$ durch die untere Fréchet-Hoeffding-Schranke $W(u_1,u_2)=\max\{u_1+u_2-1,0\}$, die Produktcopula $\Pi(u_1,u_2)=u_1\cdot u_2$, oder durch die obere Fréchet-Hoeffding-Schranke $M(u_1,u_2)=\min\{u_1,u_2\}$ modelliert.

4.2.6 Fallbeispiel

Das folgende Beispiel stellt exemplarisch dar, wie der Konstrukteur eines Produktes auch schon in frühen Phasen des Produktlebenszyklus Zuverlässigkeitsbewertungen durchführen kann. Es ist hervorzuheben, dass im Folgenden die grundsätzliche Machbarkeit im Fokus der Betrachtungen steht. Es wird daher an einigen Stellen auf die Darstellung aller Einzelheiten verzichtet. Für Details siehe auch Kap. 5.1.2.2 bzw. [4.22, 4.23].

4.2.6.1 Ausgangspunkt

Es wird angenommen, dass die folgenden Anforderungen zur Entwicklung eines Getriebes vorliegen:

- Drehmomentwandlung von 200 Nm auf 400 Nm,
- Werkstoffvorgabe: 20 MoCro 4,
- Bauraumrestriktionen: T < 25 mm, B < 130 mm, $H < H_{max}$,
- Drehrichtung am Abtrieb: irrelevant.

Die Entwicklungsgruppe hat zwei mögliche Konzepte, einen Stufen- und einen Planetenradsatz, ausgearbeitet. Das Drehmoment wird im ersten Konzept direkt vom Ritzel auf das Rad übertragen. Das zweite Konzept besteht aus Sonnenrad, Hohlrad, zwei Planetenrädern und den entsprechenden Planetenlagern.

Um verschiedene Szenarien zu definieren, werden drei verschiedene Unterfallbeispiele betrachtet, die sich jeweils in der zugestandenen Bauraumhöhe H_{max} unterscheiden. Für den Stufenradsatz werden die Szenarien 160 mm, 180 mm und 200 mm unterschieden, wobei die Zahlenangaben jeweils für die maximale Bauraumhöhe Hmax stehen. Der Planetenradsatz behält in allen drei Szenarien die identische Bauraumhöhe von 130 mm, da bei diesem Konzept die Höhe durch die Bauraumbreite vorgegeben ist.

4.2.6.2 Systemzuverlässigkeit beider Konzepte

Bei beiden Konzepten handelt es sich im Sinne der Zuverlässigkeitstechnik um Seriensysteme. Fällt eine Komponente aus, so fällt das gesamte System aus. Aus

Sicht der Zuverlässigkeitstechnik geht es aber nicht primär um die Komponenten selbst, sondern um die entsprechenden Ausfallarten. So kann z. B. ein Zahnrad aufgrund von Grübchen oder Zahnbruch ausfallen. Eine Komponente „Zahnrad" kann somit als ein Modellsystem, bestehend aus den Systemelementen „Grübchen" und „Bruch", dargestellt werden.

Der Stufenradsatz besteht aus Ritzel und Rad und wird somit zuverlässigkeitstechnisch durch ein Seriensystem bestehend aus vier Systemelementen modelliert. Aus ähnlichen Überlegungen resultiert für das Konzept „Planetenradsatz" eine Serienstruktur mit zwölf Systemelementen, vergleiche Kap. 5.1.2.2. Es wird angenommen, dass die Ausfallzeiten der Systemelemente stochastisch unabhängig sind. Dadurch wird ermöglicht, eine vergleichsweise einfache Modellierung der Systemzuverlässigkeit zu wählen.

In der Fallstudie wird davon ausgegangen, dass für die Zuverlässigkeitsbewertung der beiden Konzepte keine Felddaten oder andere Vorinformationen vorliegen. Einzige Berechnungsgrundlage soll die Norm DIN 3990 sein [4.10]. In dieser Norm werden viele Einflussfaktoren wie z. B. Belastung, Geometrie, Qualität oder Material bei der Lebensdauerberechnung von Zahnrädern berücksichtigt.

Viele der in [4.10] genannten Variablen, wie z. B. die Zahnradbreite oder das Übersetzungsverhältnis, sind schon zu Anfang der Entwicklung durch Anforderungen festgelegt. Andere sind durch Entwurfsrichtlinien vorbestimmt. Dennoch sind etliche Variablen in frühen Entwicklungsphasen nicht mit Sicherheit bekannt. Es handelt sich hierbei oft um Qualitätsfaktoren oder die wirkende äußere Belastung. So ist z. B. am Anfang einer Getriebeentwicklung noch nicht mit Sicherheit das exakte Fahrzeuggewicht bekannt, was zu Unsicherheiten bei der Getriebebelastung führt.

Für beide Konzepte des Fallbeispiels seien die folgenden Eingangsgrößen nicht mit Sicherheit bekannt:

- Die Belastung, die das konstante Moment M verursacht, und die daraus resultierende Kraft F_t.
- Der Qualitätsfaktor K_1, der von der Produktionsqualität abhängt.
- Die Faktoren $K_{H\alpha}$ und $K_{F\alpha}$ sind ebenfalls qualitätsabhängig und können deswegen nicht exakt festgelegt werden.

Es könnten sicherlich noch weitere Faktoren existieren, die in frühen Entwicklungsphasen mit Unsicherheiten belegt sind. Für unsere Zwecke sollen die getroffenen Annahmen ausreichend sein, da sie die Haupteinflüsse abdecken. Wir nehmen des Weiteren an, dass die Parameter aller produzierten Einheiten identisch sind. Dies bedeutet, dass alle Produkte auf gleiche Weise produziert (Qualitätsfaktoren) und genutzt (äußere Belastung) werden. Eine Möglichkeit, Ungenauigkeiten von Eingangsgrößen zu berücksichtigen, besteht darin, diese als Zufallsvariablen aufzufassen. Dabei werde in diesem Beispiel den unsicheren Eingangsdaten eine Gleichverteilung oder Dreiecksverteilung zu Grunde gelegt. Eine Beschreibung der konkret genutzten Verteilungen ist in Kap. 5.1.2.2 zu finden.

Sei ψ der Zufallsvektor aller, die Verteilung beeinflussenden zufälligen Eingangsgrößen (T, K_1, $K_{H\alpha}$, $K_{F\alpha}$). Es bezeichne F_ψ^W die Ausfallzeitverteilung des Stufenradsatzes und F_ψ^P die Ausfallzeitverteilung des Planetenradsatzes.

Als Analysewerkzeug wird die Monte-Carlo-Methode (siehe auch Kap. 4.2.5.2) genutzt. Hierbei werden entsprechend der Verteilungsfunktion der Eingangsgrößen (M, K_1, $K_{H\alpha}$ und $K_{F\alpha}$) in jeder Monte-Carlo-Replikation für die Elemente des Zufallsvektors ψ Zufallswerte „gewürfelt". Es ergibt sich somit in jeder Replikation *i* ein Vektor ψ_i. Die je Replikation ermittelten, nun deterministischen Werte der Eingangsgrößen werden entsprechend der Berechnungsvorschrift zur Ermittlung der Zahnradbeanspruchungen genutzt. Wird dieses Verfahren in vielen Replikationen wiederholt, so ergibt sich eine Verteilung für die Zielgröße.

4.2.6.3 Vergleich beider Konzepte

Die Frage ist, wie auf Basis von F_ψ^W und F_ψ^P die zwei Konzepte miteinander verglichen werden können.

Direkte Vergleiche der Konzepte

Bei einem Vergleich der beiden Konzepte Stufen- und Planetenradsatz wäre eine erste Möglichkeit ein Vergleich mittels der stochastischen Ordnung (siehe Kap. 4.2.3.1). Es bietet sich die Betrachtung der Wahrscheinlichkeiten $P\left(F_\psi^W \leq_{st} F_\psi^P\right)$ und $P\left(F_\psi^W \geq_{st} F_\psi^P\right)$ an.

Mittels der Monte-Carlo-Methode werden *n* unabhängige Proben ψ_i gezogen und die Schätzfunktionen

$$\begin{aligned} P\left(F_\psi^W \leq_{st} F_\psi^P\right) &\approx \frac{1}{n}\sum_{i=1}^{n} I\left(F_{\psi_i}^W \leq_{st} F_{\psi_i}^P\right), \\ P\left(F_\psi^W \geq_{st} F_\psi^P\right) &\approx \frac{1}{n}\sum_{i=1}^{n} I\left(F_{\psi_i}^P \leq_{st} F_{\psi_i}^W\right), \end{aligned} \tag{4.124}$$

genutzt. In Tabelle 4.2 ist das Ergebnis für $n = 10\,000$ Monte-Carlo-Replikationen dargestellt. Es muss bei der Interpretation der Ergebnisse beachtet werden, dass solche Proben, in denen sich die Verteilungsfunktionen schneiden, nicht erfasst werden und somit kann $P\left(F_\psi^W \leq_{st} F_\psi^P\right) + P\left(F_\psi^W \geq_{st} F_\psi^P\right)$ kleiner als eins sein.

In Szenario 160 gilt $F_{\psi_i}^W \leq_{st} F_{\psi_i}^P$ für alle der durchgeführten Monte-Carlo-Replikationen. Das Planetenradsystem ist also deutlich besser ist als der Stufenradsatz. In den beiden anderen Szenarien kann keine eindeutige Entscheidung

Tabelle 4.2 Simulation der Ergebnisse für die Wahrscheinlichkeit der Anordnung [4.23]

	$P(F_\psi^W \leq_{st} F_\psi^P)$	$P(F_\psi^W \geq_{st} F_\psi^P)$
Szenario 160	1,0000	0,0000
Szenario 180	0,6394	0,0272
Szenario 200	0,1402	0,4811

Tabelle 4.3 Simulation der Ergebnisse für die Wahrscheinlichkeit der Anordnung [4.23]

	$P(F_\psi^W \leq_{0.5} F_\psi^P)$	$P(F_\psi^P \leq_{0.5} F_\psi^W)$
Szenario 160	1,0000	0,0000
Szenario 180	0,8611	0,0272
Szenario 200	0,3116	0,4811

getroffen werden. Szenario 180 zeigt die Überlegenheit des Planetenradsystems in der Mehrzahl der Monte-Carlo-Replikationen.

Aus Zuverlässigkeitssicht besteht oftmals ein stärkeres Interesse an Informationen über frühe Ausfallerscheinungen und an geringen Ausfallwahrscheinlichkeiten für geringe Lebensdauern. Dieser Umstand kann beim Vergleich durch eine Modifikation der Stochastischen Ordnung (siehe Kap. 4.2.3.1) berücksichtigt werden. In Tabelle 4.3 sind die Überlegen- bzw. Unterlegenheitswahrscheinlichkeiten für die einzelnen Szenarien auch unter Nutzung des modifizierten Vergleichs dargestellt.

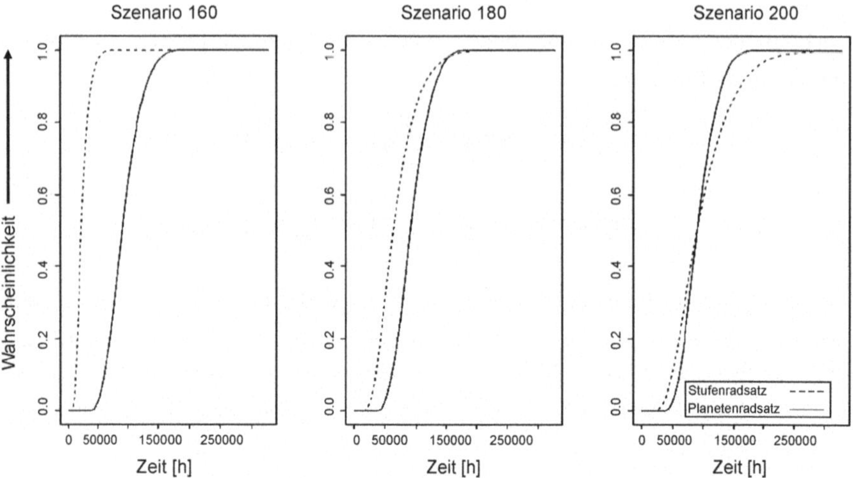

Abb. 4.15 Empirische Verteilungsfunktionen der 10%-Quantile der zwei Konzepte in den drei Szenarien [4.23]

Eindimensionale Vergleiche

Eine andere Möglichkeit F_ψ^W und F_ψ^P miteinander zu vergleichen, ist die Betrachtung eindimensionaler Charakteristika der Verteilungen. Solche Charakteristika sind z. B. Lebensdauerquantile. Für die folgenden Betrachtungen nutzen wir wieder die Monte-Carlo-Simulation mit $n = 10\,000$ Replikationen. Für unser Fallbeispiel betrachten wir die 10%- und 20%-Lebensdauerquantile der Konzepte Planetenradsatz und Stufenradsatz, $Q_{0.1}\left(F_\psi^P\right), Q_{0.1}\left(F_\psi^W\right), Q_{0.2}\left(F_\psi^P\right), Q_{0.2}\left(F_\psi^W\right)$.

In Abb. 4.15 sind beispielsweise die geschätzten Verteilungen der 10%-Quantile der Lebensdauerverteilungen des Planetenradsatzes (durchgezogene Linie) und die drei Szenarien, die durch den unterschiedlichen zur Verfügung stehenden Bauraum zur Realisierung des Konzeptes Stufenradsatz (gestrichelte Linie) gekennzeichnet sind. Es ist zu erkennen, dass sich im Szenario 160 (links) eine deutliche Überlegenheit eines Konzeptes ergibt, während im Szenario 200 (rechts) keine offensichtliche Rangordnung herrscht.

Die grafische Darstellung der geschätzten Dichten der Differenzen $Q_{0.1}\left(F_\Psi^P\right) - Q_{0.1}\left(F_\Psi^W\right)$ ist in Abb. 4.16 dargestellt. Die durchgezogene Kurve entspricht dem Szenario 160, die gepunktete Kurve dem Szenario 180 und die gestrichelte Kurve dem Szenario 200. Wenn sich der größere Anteil der Fläche unter der Dichtefunktion auf der rechten Seite vom Ursprung aus befindet, dann ist der Planetenradsatz überlegen. Liegt der Grossteil der Wahrscheinlichkeitsmasse auf der linken Seite, so ist der Stufenradsatz zu bevorzugen.

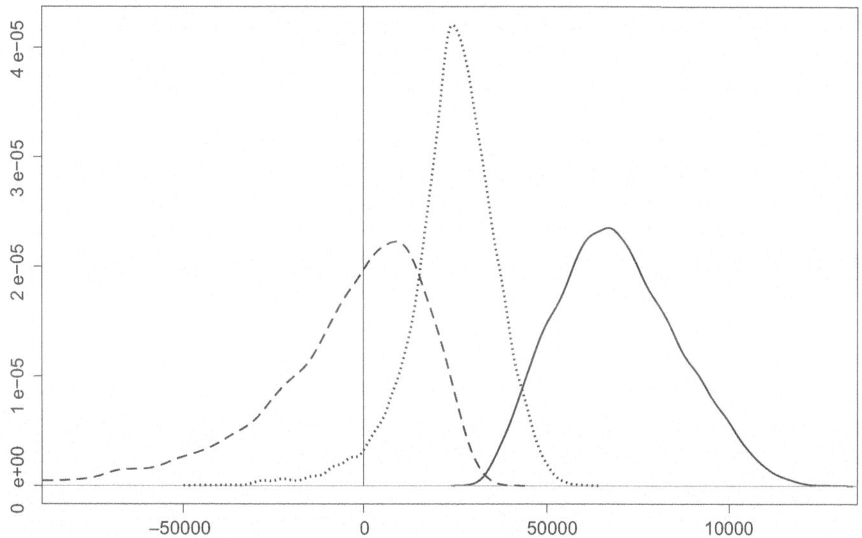

Abb. 4.16 Dichte der Differenz der 10%-Quantile [4.23]

Von Interesse ist also die Wahrscheinlichkeit $P\left(Q_{0.1}\left(F_{\Psi}^{W}\right) \leq Q_{0.1}\left(F_{\Psi}^{P}\right)\right)$. Die entsprechenden geschätzten Wahrscheinlichkeitswerte können für die einzelnen Szenarien aus Tabelle 4.4 entnommen werden.

Tabelle 4.4 Vergleich von $P\left(Q_{p}\left(F_{\Psi}^{W}\right) \leq Q_{p}\left(F_{\Psi}^{P}\right)\right)$ für $p = 10\%$ und 20% [4.23]

	$P\left(Q_{0.1}\left(F_{\Psi}^{W}\right) \leq Q_{0.1}\left(F_{\Psi}^{P}\right)\right)$	$P\left(Q_{0.2}\left(F_{\Psi}^{W}\right) \leq Q_{0.2}\left(F_{\Psi}^{P}\right)\right)$
Szenario 160	1,0000	1,0000
Szenario 180	0,9650	0,9368
Szenario 200	0,5055	0,4354

Fazit: Mit diesem exemplarischen Fallbeispiel konnte gezeigt werden, dass die zuverlässigkeitstechnische Konzeptbewertung in den frühen Entwicklungsphasen mechanischer Systeme durch den Einsatz von Expertenwissen und Monte-Carlo-Simulation möglich ist. Die Bewertung basiert auf der Wahrscheinlichkeit der Unter- oder Überlegenheit eines Konzeptes im Vergleich zu einem anderen Konzept auf Basis aktueller Informationen. Somit steht schon in frühen Entwicklungsphasen ein Werkzeug zur Verfügung, das Entscheidungen aus Zuverlässigkeitssicht unterstützt. Dadurch kann das Risiko zu langer Entwicklungszeiten aufgrund einer zu späten oder nicht erfolgten Zuverlässigkeitsorientierung gesenkt werden.

4.2.7 Entwicklung eines JAVA-basierten Software Paketes: SyRBA

Die für die Anwendung bei der Bewertung von Produkten in frühen Entwicklungsphasen wichtigsten Verfahren wurden in einem Programmpaket, genannt SyRBA (System Reliability using Bayesian Analysis), implementiert. Mit SyRBA ist es auf einfache Art und Weise möglich, Zuverlässigkeitsanalysen von komplexen Systemen durchzuführen. Das Programm wurde für einige Beispiele in Veröffentlichungen eingesetzt [4.15, 4.23, 4.26].

Die Entwicklung von SyRBA wurde begonnen, da kein verfügbares Programm den Anforderungen entsprach. Die Standard-Statistikprogramme S-PLUS und R weisen z. B. nur eine sehr rudimentäre Unterstützung von Objekten auf, was die Berechnung komplexer Systeme stark erschwert. Ferner ist deren zu Grunde gelegte Sprache eine interpretierte und daher langsame Sprache; größere Systeme sind aber rechenintensiv.

Deshalb wurde eine JAVA-basierte Programmbibliothek erstellt. JAVA wurde ausgewählt, da es plattformunabhängig ist und grafische Oberflächen einfach erstellt werden können. Für den praktischen Einsatz ist es mühsam, immer komplette JAVA-Klassen erzeugen zu müssen. Um dies zu umgehen, wurde eine Einbindung in die so genannte Eclipse-Oberfläche realisiert. Eclipse ist eine in JAVA implementierte Open-Source Entwicklungsumgebung. Das für Eclipse entwickelte Plug-In ermöglicht die Nutzung von SyRBA mit Hilfe einer Skriptsprache. Dadurch können schrittweise Modelle erstellt und ausgewertet werden. Ein Screenshot der Oberfläche ist in Abb. 4.17 zu sehen. Der Funktionsumfang von SyRBA umfasst:

- Verschiedene Verteilungen (z. B. Normal-, Beta-, Gamma-, Weibull-, und Lognormalverteilung) und ihre Verteilungsfunktionen, Dichten, Hazardraten, Erwartungswerte, … sind implementiert. Es lassen sich z. B. Tabellen von Werten der Verteilungsfunktionen oder von Quantilen erstellen. Ebenso ist eine grafische Darstellung der Verteilungsfunktionen, Dichten, … möglich.
- Ein Markov-Chain Monte-Carlo (MCMC) Verfahren ermöglicht die Berechnung von Bayes-Modellen. Die oben erwähnten Verteilungen können hierbei leicht eingesetzt werden. Die Idee, die den MCMC-Verfahren zu Grunde liegt, ist die folgende: Es wird eine Markovkette so konstruiert, dass deren stationäre Verteilung gerade mit der a-posteriori Verteilung der Parameter im Bayes-Modell übereinstimmt. Der in SyRBA implementierte Metropolis-Hastings Algorithmus arbeitet mit solch einer Markovkette. Um eine schnellere Konvergenz gegen die stationäre Verteilung zu erreichen, wird ein einfaches adaptives Verfahren eingesetzt.
- Einige Copulas zur Modellierung von Abhängigkeiten können eingesetzt werden.
- Die Verteilungsfunktion der Lebensdauer von komplexen Systemen, die aus Parallel/Seriensystemen zusammengesetzt sind, kann berechnet werden.

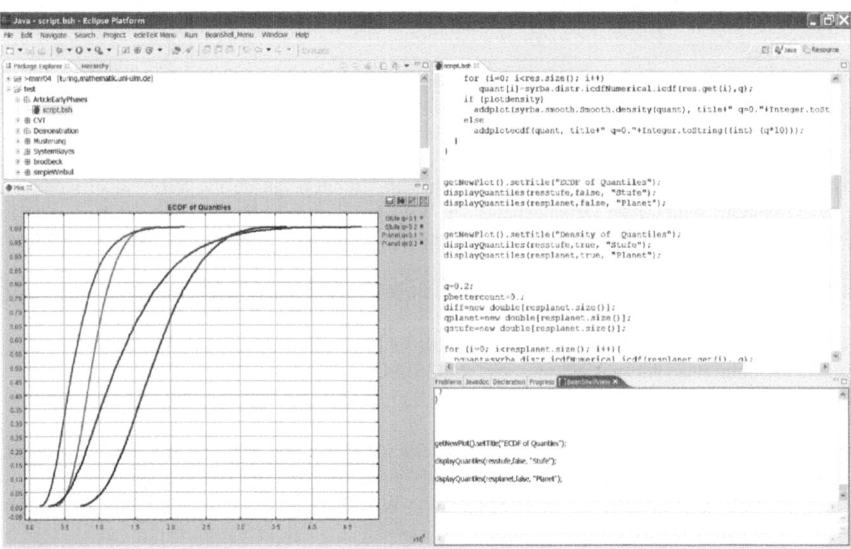

Abb. 4.17 Screenshot der Eclipse-Umgebung mit SyRBA. Rechts oben eine Skript-Datei, rechts unten die Ausgabe von ausgeführten Befehlen und links unten ein Plot von Verteilungsfunktionen

- Komplexe Systeme können miteinander verglichen werden [4.23].
- Verschiedene Möglichkeiten, Plots zu erstellen, sind gegeben (Abb. 4.17). So können z. B. Verteilungsfunktionen, empirische Verteilungsfunktionen, Kern-Dichte-Schätzungen grafisch dargestellt werden. Die Plots können als EPS-Datei exportiert werden

4.3 Literatur

[4.1] Aalen O O (1980) A Model for Nonparametric Regression of Life Times. In: Kozek A, Rosinski J (Eds.) Mathematical Statistics and Probability Theory, Vol 2 of Lecture Notes in Statistics, Springer, New York: 1–23

[4.2] Aalen O O, Borgan O, Gjessing S (2008) Survival and Event History Analysis: A Process Point of View. Springer, New York

[4.3] Andersen P K, Borgan O, Gill RD, Keiding N (1993) Statistical Models Based on Counting Process. Springer, New York

[4.4] Aven T, Jensen U (1999) Stochastic Models in Reliability. Springer, New York

[4.5] Barlow R, Proschan F (1975) Statistical Theory of Reliability. Wiley, New York

[4.6] Beichelt F (1993) Zuverlässigkeits- und Instandhaltungstheorie. Teubner, Stuttgart

[4.7] Beichelt F (1995) Stochastik für Ingenieure – Einführung in die Wahrscheinlichkeitstheorie und Mathematische Statistik. Teubner, Stuttgart

[4.8] Birnbaum, Z W (1969) On the importance of different components in a multicomponent system. In: Krishnajah PR (ed) Multivariate Analysis II, Academic Press: 581–592

[4.9] Cox D R (1972) Regression Models and Life Tables. J. Roy. Statist. Soc. Ser. B 34: 187–220

[4.10] DIN 3990 Tragfähigkeitsberechnung von Stirnrädern

[4.11] Dufner J, Jensen U, Schumacher E (2004) Statistik mit SAS. Teubner, Stuttgart

[4.12] Fleming T, Harrington D (1991) Counting Processes and Survival Analysis. Wiley, New York

[4.13] Gandy A (2002) A Nonparametric Additive Risk Model with Application in Software Reliability. Diplomarbeit, Universität Ulm

[4.14] Gandy A (2005) Directed Model Checks for Regression Models from Survival Analysis. Dissertation, Universität Ulm, Logos Verlag, Berlin

[4.15] Gandy A (2005) Effects of Uncertainties in Components on the Survival of Complex Systems with Given Dependencies. In: Wilson A, Limnios N, Keller-McNulty S, Armijo Y (eds) Modern Statistical and Mathematical Methods in Reliability. Worls Scientific, New Jersey: 177–189,

[4.16] Gandy A, Jensen U (2004) A nonparametric approach to software reliability. Appl. Stoch. Models Bus. Ind. 20: 3–15

[4.17] Gandy A, Jensen U (2005) On Goodness of Fit Tests for Aalen's Additive Risk Model. Scandinavian Journal of Statistics 32: 425–445

[4.18] Gandy A, Jensen U (2005) Checking a Semiparametric Additive Risk Model. Lifetime Data Analysis 11: 451–472

[4.19] Gandy A, Jensen U (2007) Model Checks for Cox-Type Regression Models Based on Optimally Weighted Martingale Residuals. Preprint, Universität Hohenheim

[4.20] Gandy A, Jensen U, Köder T, Schinköthe W (2005) Ausfallverhalten bürstenbehafteter Kleinantriebe. Mechatronik F&M 11-12: 14–17

[4.21] Gandy A, Jensen U, Lütkebohmert C (2005) A Cox Model with a Change-Point Applied to an Actuarial Problem. Brazilian Journal of Probability and Statistics 19: 93–109

[4.22] Gandy A, Jäger P, Bertsche B, Jensen U (2006) Berücksichtigung von Ungenauigkeiten bei Zuverlässigkeitsanalysen in frühen Entwicklungsphasen. Konstruktion 6: 78–82

[4.23] Gandy A, Jäger P, Bertsche B, Jensen U (2007) Decision Support in Early Development Phases – A Case Study from Machine Engineering. Reliability Engineering & System Safety 92: 921–929
[4.24] GNOME project (2003) http://www.gnome.org
[4.25] Goel A L, Okumoto K (1979) Time-dependent Error-detection Rate Model for Software Reliability and other Performance Measures. IEEE Transactions on Reliability R-28: 206–211
[4.26] Jäger P, Wedel M, Gandy A, Bertsche B, Göhner P, Jensen U (2005) Zuverlässigkeitsbewertung softwareintensiver mechatronischer Systeme in frühen Entwicklungsphasen. VDI Konferenz Mechatronik, Wiesloch bei Heidelberg
[4.27] Jelinski Z, Moranda P (1972) Software Reliability Research. In: Freiberger W (Ed.) Statistical Computer Performance Evaluation. Academic Press, New York
[4.28] Jensen U, Lütkebohmert C (2007) Change-Point Models. Review in: Ruggeri F, Kenett R, Faltin W (eds-in-chief) Encyclopedia of Statistics in Quality and Reliability. In section: Shelemyahu Zacks (section ed) Statistical and Stochastic Modeling. Vol 1: 306–312, Wiley New York
[4.29] Jensen U, Lütkebohmert C (2008) A Cox-type Regression Model with Change-Points in the Covariates. Lifetime Data Analysis 14: 267–285
[4.30] Jensen U, Lütkebohmert C (2008) A Transformation Model Based on Bent-Line Change-Points in the Covariates. Preprint, Universität Hohenheim
[4.31] Joe H (1997) Multivariate Models and Dependence Concepts. Chapman & Hall/CRC, Boca Raton
[4.32] Kalbfleisch J D, Prentice R L (2002) The Statistical Analysis of Failure Time Data. Wiley, New York
[4.33] Krengel U (2003) Einführung in die Wahrscheinlichkeitstheorie und Statistik. Vieweg, Wiesbaden
[4.34] Lütkebohmert C (2003) Counting process models of software reliability and their statistical analysis. Diplomarbeit, Universität Ulm
[4.35] Lütkebohmert-Marhenke C (2007) Cox-type Regression and Transformation Models with Change-Points based on Covariate Thresholds. Dissertation, Universität Hohenheim
[4.36] Lütkebohmert C, Jensen U, Beier M, Schinköthe W (2007) Wie lange lebt mein Kleinmotor? – Ausfallverhalten und statistische Analyse. Mechatronik 9: 40–43
[4.37] Musa J D (1980) Software reliability data. Technical Report, Data and Analysis Center for Software
[4.38] Nelson R B (2006) An introduction to copulas. Springer, New York
[4.39] Singpurwalla N D, Wilson S P (1999) Statistical Methods in Software Engineering. Springer, New York
[4.40] Therneau T, Grambsch P, Fleming T (1990) Martingale-based residuals for survival
[4.41] Wedel M, Jensen U, Göhner P (2008) Mining Software Code Repositories and Bug Databases using Survival Analysis Models. Proceeding ESEM
[4.42] Xie M (1991) Software Reliability Modelling, World Scientific, Singapore
[4.43] Zimmermann T, Premraj R, Zeller A (2007) Predicting defects for eclipse. In Proceedings Promise repository of empirical software engineering data. http://promisedata.org, Software Engineering Chair, Saarland Universität

Kapitel 5
Zuverlässigkeitsbetrachtung mechanischer Systemumfänge in frühen Entwicklungsphasen

Bernd Bertsche unter Mitarbeit von Jochen Gäng

In diesem Kapitel werden Aspekte aufgezeigt, welche bei der Zuverlässigkeitsbetrachtung mechanischer Systemumfänge in frühen Entwicklungsphasen wichtig sind. Zum einen ist dies die unsichere Datenlage. Zum anderen werden zuverlässigkeitssteigernde Maßnahmen angesprochen. Da die reine Steigerung ohne die Betrachtung des Kostenaspekts nicht sinnvoll ist, wird dieser im abschließenden Kapitel angesprochen.

5.1 Informationen in frühen Entwicklungsphasen

In diesem Abschnitt wird aufgezeigt, welche Informationen für mechanische Systeme schon in frühen Entwicklungsphasen zur Verfügung stehen. Bereits in Kap. 3.4 ist das Thema Informationen für mechatronische Systeme in frühen Entwicklungsphasen thematisiert worden. Hier wurde angesprochen, welche Darstellungsformen des zu entwickelnden Produkts in den frühen Entwicklungsphasen zur Verfügung stehen sowie welche Informationsquellen vorhanden sind. Für die Mechanik können Prinzipskizzen, Blockbilder sowie verbale Beschreibungen als wichtige Darstellungsformen genannt werden. Als Informationsquellen werden bei der Mechanik Kataloge, Normen, Anforderungslisten und vor allem auch Informationen, die nicht allgemein oder nur begrenzt zugänglich sind, wie z. B. Erfahrungswissen und Vorentwicklungskenntnis, verwendet. Die Bedeutung von Kenntnissen aus vorherigen Entwicklungen ist sehr groß, denn Neukonstruktionen machen neben Änderungs- und Anpassungskonstruktionen nach [5.36] nur einen kleinen Teil der gesamten Entwicklungstätigkeiten aus. Wichtiger Aspekt bei den Konstruktionen ist der Änderungsumfang. Bei Neukonstruktionen werden teilweise neue Lösungsprinzipien verwendet, während bei Anpassungskonstruktionen lediglich Einzelteile angepasst oder Dimensionen geändert, aber niemals neue Wirkungsprinzipien integriert werden. Deshalb liegt bei Neukonstruktionen weniger Ähnlichkeit vor als bei der Anpassungskonstruktion.

5.1.1 Prinzipskizzen als Informationsträger

Ein wichtiges Kommunikationsmittel bei der Konzipierung mechanischer Strukturen ist die Prinzipskizze. Durch diese kann festgestellt werden, wie das spätere System funktionieren soll. Dementsprechend finden sich in der Prinzipskizze zumindest die Hauptfunktionsgruppen wieder. In Abb. 5.1 ist die Prinzipskizze eines CVT dargestellt, bei der die Hauptelemente zu erkennen sind.

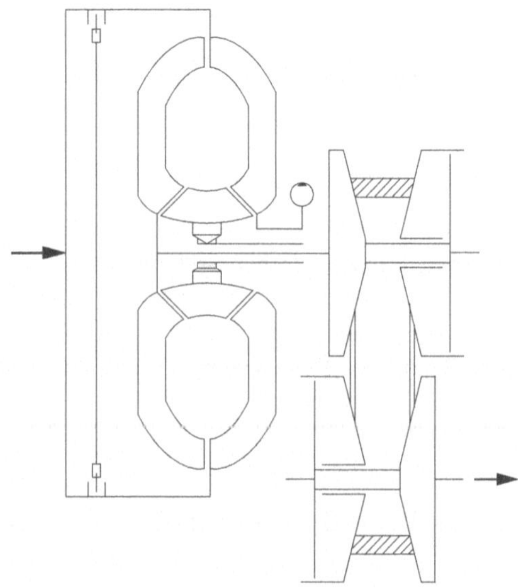

Abb. 5.1 Prinzipskizze eines CVT [5.8]

Als Anfahrelement wird ein Wandler mit Kupplungsüberbrückung genutzt. Eine Ölpumpe dient zur Druckölversorgung. Als letztes wird durch die Schubgliederbandanordnung die Drehzahl-Drehmoment-Wandlung gewährleistet.

Neben diesen Informationen können durch Prinzipskizzen zum einen die Art von Bauteilen und Baugruppen, deren Anzahl sowie zum anderen die Baugruppenanordnung im Bauraum ermittelt werden. Wird die Prinzipskizze jedoch mit einer Konstruktionszeichnung verglichen, finden sich folgende Informationsdefizite:

- Genaue Art und Anzahl aller Bauteile
- Genaue Dimensionierung und Geometrie der Bauteile.

So kann beispielsweise aus der Prinzipskizze von Abb. 5.1 nicht herausgelesen werden, welche Art von Ölpumpe zum Einsatz kommen soll. Auch die Anzahl der Bauteile kann nicht direkt aus der Prinzipskizze herausgelesen werden. Eine Möglichkeit stellt die Verwendung einer Stückliste von einer ausgearbeiteten Zusammenbauzeichnung dar. Jedoch ist diese in frühen Entwicklungsphasen zumeist nicht vorhanden. Aber gerade durch das bewusste Offenlassen der Art und Anzahl der Bauteile sowie der Dimensionierung besteht in frühen Entwicklungsphasen die

Möglichkeit, durch Diskussionen mit den beteiligten Entwicklern sich auf eine Verwirklichung zu einigen. Dadurch wäre die Prinzipskizze schon sehr konkretisiert, was dann fast schon als Informationsträger für die Schnittstellen zwischen Konzeptphase und Entwurfsphase anzusehen ist.

5.1.2 Zuverlässigkeitsanalysen in frühen Entwicklungsphasen

Von besonderer Bedeutung für die Zuverlässigkeitsarbeit in frühen Entwicklungsphasen sind die aufgrund der Informationsträger zugänglichen Eingangsdaten für die Zuverlässigkeitsbewertung von Lösungsvarianten. Anhand des bekannten, aber eigentlich für die späteren Phasen bestimmten Ablaufs der Systemzuverlässigkeitsanalyse (Abb. 5.2) soll gezeigt werden, welche Aussagen das Informationsniveau in frühen Entwicklungsphasen erlaubt.

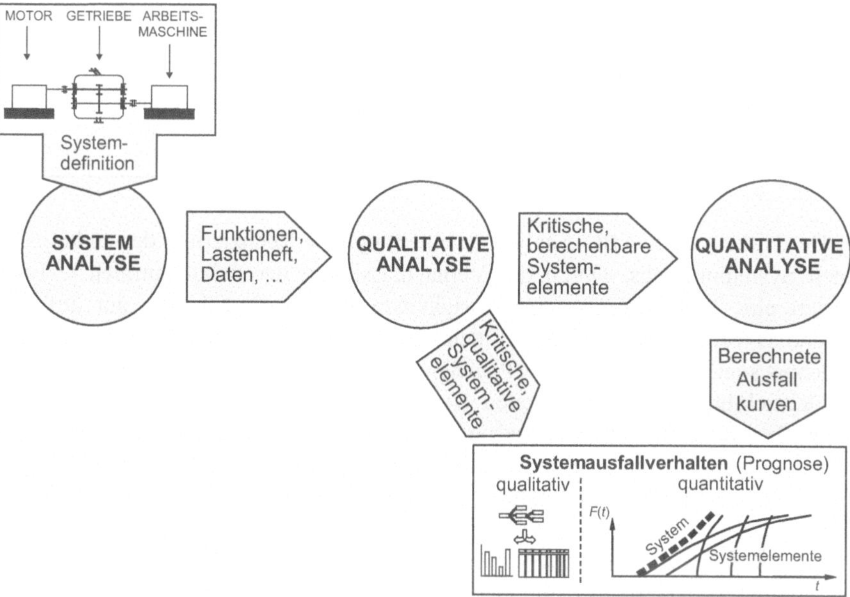

Abb. 5.2 Vorgehensweise zur Berechnung der Systemzuverlässigkeit [5.4]

Ausgehend von der angesprochenen Prinzipskizze aus Kap. 5.1.1 kann als weitere Darstellungsmöglichkeit ein Gliederungsbaum gewählt werden. Vorteil von diesem ist, dass hier die einzelnen Komponenten und deren Subkomponenten, welche aus den Prinzipskizzen herausgelesen werden können, notiert sind. Dieser Gliederungsbaum sowie die Prinzipskizze kann dann als Grundlage für erste Zuverlässigkeitsbetrachtungen verwendet werden.

5.1.2.1 Zuverlässigkeitsanalysearten in frühen Entwicklungsphasen

Werden qualitative Zuverlässigkeitsanalysen mechanischer Systemumfänge betrachtet, hat sich nach [5.4] die so genannte ABC-Analyse bewährt. Mittels dieser Vorgehensweise werden Bauteile in der jeweiligen Anwendung in ihrer Zuverlässigkeitsrelevanz identifiziert. Hierbei werden, wie der Name schon preisgibt, insgesamt 3 Bewertungsstufen unterschieden (Tabelle 5.1)

Tabelle 5.1 ABC-Klassifizierung von Systemelementen

	A-Teile (risikoreich)	B-Teile (risikoreich)	C-Teile (risikoneutral)
Beanspruchung	Beanspruchung durch definierbare statische und dynamische Belastung, Lastkollektiv bekannt, leistungsführend	Beanspruchung vorwiegend durch Reibung, Verschleiß, extreme Temperaturen, Erschütterungen, Schmutz und Korrosion	Beanspruchung stochastisch durch Stöße, Reibung, Verschleiß etc.
Lebensdauerberechnung	Lebensdauerberechnung möglich und weitgehend gesichert	Lebensdauerberechnung nicht möglich oder nicht gesichert	keine rechnerische Auslegung möglich
Ausfallverhalten	Ausfallverhalten aus Wöhlerveruchen bekannt, Formparameter $b > 1{,}0$	Ausfallverhalten schätzen oder durch Versuche ermitteln, Formparameter $b \geq 1{,}0$	nur Zufalls- oder Frühausfälle, Formparameter $0 < b \leq 1{,}0$

Der Nutzen einer ABC-Analyse ist eine mögliche Reduzierung des zu betrachteten Systemumfangs. Durch die Vernachlässigung der risikoneutralen C-Teile basiert eine anschließende zuverlässigkeitstechnische Berechnung nur auf den A- und B-Teilen. Im Falle der Prinzipskizze des CVTs von Abb. 5.1 kann das Ergebnis sein, dass der Steg des Planetenradsatzes sowie die Schaltelemente unter Berücksichtigung der funktionalen Nutzung als C-Teile klassiert werden. Das heißt, dass die ABC-Analyse auch in der Konzeptphase einsetzbar ist, sofern die Komponenten bezüglich ihrer funktionalen Beteiligung einteilbar sind. Für die meisten mechanischen Systemumfänge ist dies möglich.

Werden die Betrachtungen nicht nur an Prinzipskizzen sondern anhand von grobmaßstäblichen Zeichnungen durchgeführt, so ist der Detaillierungsgrad höher und es treten eventuell A- und B-Komponenten auf, die auf der Basis einer Prinzipskizze nicht erkannt werden konnten. Sobald einige Komponenten nicht erkannt werden, hat dies einen direkten Einfluss auf die Systemmodellierung und kann gravierende Folgen haben. Besäße ein nicht betrachtetes A-Teil z. B. keine ausfallfreie Zeit t_0, so würde dies die Gesamtzuverlässigkeit des Systems stark beeinflussen. Deshalb ist es von Bedeutung, sich im Rahmen der Zuverlässigkeitsermittlung in frühen Phasen mit dem Risiko nicht berücksichtigter Bauteile zu befassen. Abbildung 5.3 zeigt die Einzelteile und Baugruppen eines CVT und dokumentiert dadurch im Vergleich zur entsprechenden Prinzipskizze in Abb. 5.1 das vorhandene Risiko.

Abb. 5.3 Einzelteile und Baugruppen eines CVT [5.7]

Im Gegensatz zu der Prinzipskizze sind in Abb. 5.3 zusätzlich folgende Komponenten zu finden:

- das Gehäuse
- mehrere Lagerungen
- die statischen und dynamischen Dichtungen
- die Anzahl der Schaltelemente.

Wie zu sehen ist, handelt es sich in diesem Beispiel bei den in der Prinzipskizze nicht enthaltenen Bauteilen teilweise um solche, welche die Lebensdauer eines Systems stark beeinflussen können. Beispielsweise unterliegen Lagerungen und dynamische Dichtungen einem ermüdungs- und verschleißorientierten Ausfallverhalten. Dementsprechend ist es riskant, nur anhand einer Prinzipskizze eine Zuverlässigkeitsvorhersage zu treffen. Aus diesem Grund werden im Folgenden noch weitere Analysearten angesprochen, welche in frühen Entwicklungsphasen verwendet werden können.

Neben der ABC-Analyse stehen in den frühen Entwicklungsphasen Checklisten zur Verfügung. Checklisten ermöglichen das einfache Durchgehen und Analysieren des Konzepts. Dabei soll die Checkliste eine Vielzahl an gefährdeten Teilen enthalten. Die Abfrage, ob ein entsprechendes Bauteil vorhanden ist, muss ein Expertenteam mit „Ja“ oder „Nein“ beantworten. Ist einmal das Vorhandensein einer Bauteilart festgestellt worden, so muss innerhalb des Expertenteams festgelegt werden, wie viele Bauteile mit welchen Funktionen vorhanden sein werden.

Dies kann ein Nachteil sein, da bei großen Systemen mit zunehmender Analysedauer eine Verminderung der Analysegüte entstehen kann.

Eine weitere Möglichkeit die Vollständigkeit aller Komponenten für das Systems zu erlangen, ist ein Abgleich mit Vorgängerprodukten. Hierbei sollte eine gewisse Ähnlichkeit des Vorgängerprodukts vorhanden sein. Je ähnlicher sich die Produkte sind, desto höher ist die Anzahl der aus diesem Vergleich gewonnenen Komponenten.

Des Weiteren kann eine Leistungsflussanalyse durchgeführt werden. Diese basiert auf der Überlegung, dass die kritischen Komponenten bei mechanischen Systemumfängen meistens im Leistungsfluss liegen. Ermüdungsausfälle sowie verschleißbedingte Ausfälle entstehen zumeist an Stellen, an denen Leistung übertragen wird. Durch die konsequente Verfolgung der in das System eingehenden Leistung wird sichergestellt, dass die kritischsten Komponenten erkannt und gesondert betrachtet werden.

Als letzte Möglichkeit gibt es die Funktionsrealisierungsprüfung. Diese Vorgehensweise dient dazu, die Konzeptstruktur auf die Realisierbarkeit der geforderten Funktion hin zu überprüfen. Hierdurch wird zwar nicht zwingend eine Konzeptkonkretisierung vorgenommen, jedoch kann die Prinzipskizze überprüft werden.

Zusammenfassend gilt, dass es ein Aufwand ist, ausgehend von Prinzipskizzen ein System zuverlässiger zu gestalten. Je mehr Informationen vorliegen – vor allem in Form von Vorgängerprodukten oder grobmaßstäblichen Zeichnungen – desto einfacher kann die Zuverlässigkeit mitbetrachtet werden.

5.1.2.2 Berücksichtigung von Ungenauigkeiten in frühen Entwicklungsphasen

Frühe Entwicklungsphasen erschweren die quantitative Zuverlässigkeitsanalyse mechanischer Systeme. Es ist recht schwierig, an alle Komponenten zu gelangen und darüber hinaus noch deren Zuverlässigkeitswerte zu bestimmen, als auch die Tatsache, dass die Bauteildimensionen noch gar nicht festgelegt sind. Anhand der im vorigen Abschnitt beschriebenen Prinzipskizze ist das umzusetzende System beliebig skalierbar und somit prinzipiell beliebig zuverlässig. Dies zeigt, dass durch die Prinzipskizze alleine keine quantitative Zuverlässigkeitsberechnung durchgeführt werden kann. Hierfür wird eine weitere Information benötigt, die Bauraumrestriktion. Häufig kann diese Information aus dem Lastenheft herausgelesen werden. Allgemein wird der Bauraum in die drei räumlichen Dimensionen eingeschränkt. Alle Konzepte müssen sich dieser Restriktion beugen. Dies führt dazu, dass sich die Geometrie anhand des zur Verfügung stehenden Bauraums ergibt, was einen Unterschied zur üblichen Auslegung von Maschinenelementen darstellt. Hier werden die Dimensionen in Abhängigkeit von Belastungen festgelegt. Erst anschließend ergibt sich daraus der Bauraum.

Im Folgenden wird auf ein Beispiel eingegangen, welches den festgesetzten Bauraum verwendet, um durch weitere Informationen wie äußere Belastungen die Lebensdauer und die Zuverlässigkeit des Systems zu berechnen.

Die nachstehenden Anforderungen sind für die Entwicklung eines Getriebes festgelegt:

- Drehmomentwandlung von 200 Nm auf 400 Nm
- Werkstoff 20MoCr4
- Bauraum: $T < 25$ mm, $B < 130$ mm, $H < \mathrm{H}_{\mathrm{max}}$
- Drehrichtung am Abtrieb ist irrelevant.

Insgesamt werden zwei verschiedene Getriebevarianten betrachtet. Einerseits ein Planetenradsatz und andererseits ein Stufenradsatz (Abb. 5.4). Der Stufenradsatz umfasst zwei Komponenten: nämlich das Ritzel und das Rad. Der Planetenradsatz besteht aus einer Sonne, einem Hohlrad, zwei Planeten und die entsprechenden Planetenlager.

Abb. 5.4 Verschiedene Getriebevarianten – links ein Planentenradsatz, rechts ein Stufenradsatz

Um verschiedene Szenarien zu definieren, werden drei Beispiele betrachtet, die sich jeweils in der zugestandenen Bauraumhöhe H_{max} unterscheiden. Für den Stufensatz werden die Szenarien $H_{max} = 160$ mm, $H_{max} = 180$ mm sowie $H_{max} = 200$ mm gewählt. Der Planetenradsatz behält in allen drei Szenarien die identische Bauraumhöhe von $H_{max} = 130$ mm, da der Bauraum des Planetenradsatzes durch die Bauraumbreite und nicht durch die Bauraumhöhe vorgegeben ist.

Nachdem die zu bewertenden Systeme mit ihren Einzelkomponenten vorliegen, sollten die möglichen Ausfallarten und darauffolgend ein Zuverlässigkeitsblockschaltbild aufgestellt werden. Bei den Zahnrädern sind Zahnbruch und Grübchenbildung dominierende Ausfallarten. Wälzlager fallen zumeist aufgrund von Grübchenbildung aus. Dementsprechend umfasst das Blockdiagramm vom Stufensatz insgesamt vier Systemelemente. Beim Planetensatz beinhaltet das Blockdiagramm zwölf Systemelemente, da beide Flanken des Planetenrades belastet sind und es dadurch an beiden Flanken zu Grübchen kommen kann. Für beide Varianten entspricht das Zuverlässigkeitsblockdiagramm einer reinen Reihenanordnung.

Die Basis für weitere Untersuchungen bilden die in [5.18] hinterlegten Wöhlerlinien für Zahnräder und die in [5.14] und [5.15] dargelegten Berechnungsvorschriften für die Tragfähigkeit von Stirnrädern.

Zuerst werden die Beanspruchungen der Zahnfüße (σ_F) und Zahnflanken (σ_H) mit den Formeln

$$\sigma_F = \frac{F_t}{b_{Rad} \cdot m_n} \cdot Y_\beta \cdot Y_\varepsilon \cdot Y_{FS} \cdot K_A \cdot K_V \cdot K_{F\alpha} \cdot K_{F\beta} \tag{5.1}$$

und

$$\sigma_H = Z_B \cdot \sqrt{K_A \cdot K_V \cdot K_{H\alpha} \cdot K_{H\beta}} \cdot Z_\beta \cdot Z_\varepsilon \cdot Z_H \cdot Z_E \cdot \sqrt{\frac{F_t}{d_1 \cdot b_{Rad}} \cdot \frac{u+1}{u}} \tag{5.2}$$

ermittelt. Zwar sind in den Gl. (5.1) und (5.2) viele Faktoren wie beispielsweise der Anwendungsfaktor K_A, der Aufteilungsfaktor K_γ oder der Dynamikfaktor K_V notiert, diese stehen aber teilweise durch die zu Beginn festgelegten Anforderungen fest. Manche Faktoren basieren hingegen auf Erfahrungswerten, was sie innerhalb bestimmter Grenzen vorhersagbar macht. Andere Faktoren können aber in der frühen Entwicklungsphase nur mit Unsicherheiten angegeben werden. Diese Unsicherheiten können beispielsweise als Zufallsvariablen wiedergegeben werden.

Eine der größten Schwierigkeiten in diesem Beispiel ist die große Sensitivität der Lebensdauer bei der Nutzung von Wöhlerlinien. Bereits eine geringe Erhöhung der Beanspruchung verringert die Lebensdauer. Da vor allem die Beanspruchung in den frühen Entwicklungsphasen nicht exakt festgelegt werden kann, sollte eine Berechnung die Ungenauigkeiten berücksichtigen können. Einige Faktoren aus den Gl. (5.1) und Gl. (5.2) sind ebenfalls von der Beanspruchung abhängig und werden für das Beispiel mittels einer stochastischen Verteilung beschrieben. Im Folgenden werden die einzelnen Faktoren und deren Verteilungen aufgelistet:

- Das Drehmoment M, aus welchem die Kraft F_t berechnet wird, ist gleichverteilt [285 Nm; 315 Nm]
- Der Qualitätsfaktor K_I, welcher für die Berechnung von K_V benötigt wird, ist in Form einer Dreiecksverteilung [8,5; 13,6; 21.8] angegeben
- $K_{H\alpha}$ und $K_{F\alpha}$ werden ebenfalls mit einer Dreiecksverteilung [1; 1,04; 1,15] beschrieben

Mit Hilfe einer Monte-Carlo Berechnung ist es nun möglich die verschiedenen Varianten sowie deren Szenarien zu simulieren. Als Ergebnis werden die B_{10}-Lebensdauern für alle Varianten ausgegeben. Diese sind in Abb. 5.5 zu sehen.

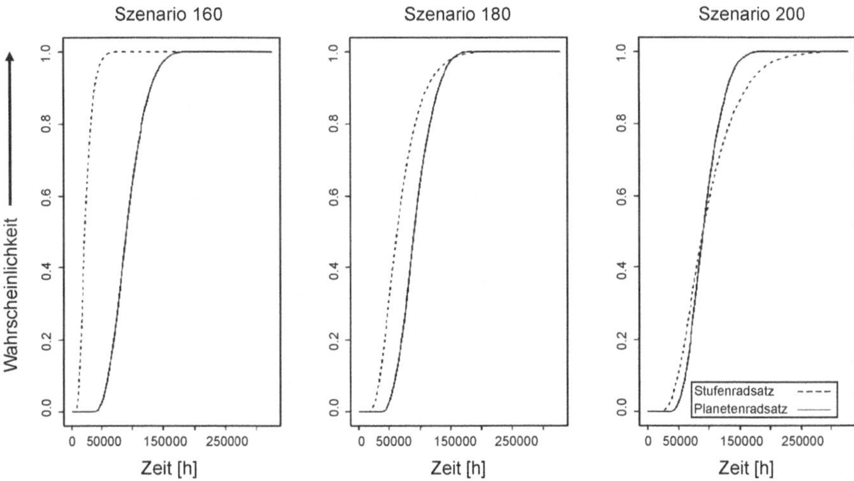

Abb. 5.5 Verteilung des 10%-Lebensdauerquantils der beiden Konzepte [5.25]

Anhand der Abb. 5.5 lässt sich erkennen, dass bei einer Bauraumhöhe von $H = 160$ mm der Planetenradsatz dem Stufenradsatz stark überlegen ist. Jedoch relativiert sich diese Aussage bei den anderen Bauraumhöhen. Hierzu ist eine weitere Betrachtung nötig.

Diese Betrachtungen, Erklärungen zu diesen Berechnungen, weiterführende Informationen sowie die mathematischen Grundlagen für dieses Beispiel sind in Kap. 4.2.6 zu finden.

5.2 Zuverlässigkeitssteigernde Maßnahmen in der Mechanik

Bereits in Kap. 3.9 wurden zuverlässigkeitssteigernde Maßnahmen thematisiert und eine Auftrennung zwischen der Fehlervermeidung und der Fehlertoleranz vorgenommen. Diese Überlegungen werden in diesem Kapitel aufgegriffen. Speziell für die Entwickler wird eine Art Hilfestellung angeboten, welche das Konzipieren neuer zuverlässigerer Systeme erleichtert. Dabei wird auf die richtigen Entwurfsmaßnahmen sowie auf Toleranzmöglichkeiten eingegangen. Durch eine Art Checkliste oder den Einsatz von Mustern, welche in Kap. 7.6 näher erklärt werden, ist es möglich, die Zuverlässigkeit in dieser frühen Phase zu steigern. Da es aber elementar ist, die Grundlagen zur Steigerung der Zuverlässigkeit zu verstehen, wird zuerst auf die gesamten Vorgehensweisen, die wichtigsten Ausfallarten mechanischer Systeme und deren Ursachen eingegangen. Unterteilt wird dieses Thema zum einen in das methodische Konstruieren, in dem Grundregeln der Gestaltung sowie Gestaltungsprinzipien und Konstruktionskataloge zu finden sind. Zum anderen werden Redundanzen in mechanischen Systemen, äußere Einflüsse wie beispielsweise Tribologie, Korrosion sowie die Werkstoffauswahl für frühe Entwicklungsphasen angesprochen. Auf andere Aspekte wie Konstruktionsvorschriften wie z. B. bei Schraubenverbindungen oder beim Gießen wird hier nicht eingegangen.

5.2.1 Methodisches Konstruieren

Das Ziel des vorliegenden Kapitels des Methodischen Konstruierens ist es, Methoden vorzustellen, die ermöglichen, dass Fehler von Anfang an durch eine systematische Vorgehensweise so gut wie möglich ausgeschlossen werden. Nach Pahl und Beitz bedeutet Konstruktionsmethodik, konkrete Handlungsweisen zum Entwickeln und Konstruieren technischer Systeme anzuwenden [5.40]. Diese Handlungsweisen setzen sich aus den Erkenntnissen der Konstruktionswissenschaft und der Denkpsychologie, aber auch aus Erfahrungen mit unterschiedlichen Anwendungen zusammen. Durch Ablaufpläne werden inhaltliche und organisatorische Verknüpfungen von Arbeitsschritten und Konstruktionsphasen geschaffen. Zur Verwirklichung von Zielsetzungen werden Regeln, Prinzipien und Richtlinien, wie sie nachfolgend auszugsweise vorgestellt werden, verwendet. Die Konstruktionsmethodik soll dazu dienen, branchenunabhängig anwendbar zu sein, das Finden optimaler Lösungen zu erleichtern, Lösungen nicht zufallsbedingt zu erzeugen sowie helfen Fehlentscheidungen zu vermeiden.

5.2.1.1 Grundregeln der Gestaltung

Die Grundregeln stellen zwingende Anweisungen zur Gestaltung dar [5.40]. Eine Nichtbeachtung kann zu mehr oder weniger großen Nachteilen, Fehlern oder Schäden, also zur Abnahme der Zuverlässigkeit führen. Die Grundregeln der Gestaltung sind wie folgt:

- Eindeutigkeit
- Einfachheit
- Sicherheit.

In Tabelle 5.2 sind die wichtigsten Aspekte der Grundregeln stichwortartig zu sehen.

Tabelle 5.2 Grundregeln der Gestaltung

Eindeutigkeit	Einfachheit	Sicherheit
Klare Zuordnung der Teilfunktionen innerhalb einer Funktionsstruktur	Möglichst geringe Anzahl verwendeter Komponenten und Vorgänge	Forderung nach einer gegebenen Sicherheit für Mensch und Umgebung
Wirkstruktur muss eine geordnete Führung des Energie-, Stoff- und Signalfluss vorweisen	Funktionen sind mit möglichst wenigen Teilfunktionen zu realisieren	Forderung nach Unfallfreiheit technischer Produkte und nach dem damit verbundenen Umweltschutz
Vermeidung von Zwangszuständen durch definierte konstruktive Dehnungsrichtungen und -möglichkeiten	Bei der Gestaltung sind geometrische und symmetrische Formen zu bevorzugen	Zuverlässige Umsetzung der Funktionserfüllung
Eindeutig definierter Lastzustand nach Art, Größe, Häufigkeit und Zeit		

5.2.1.2 Gestaltungsprinzipien

Neben den beschriebenen Grundregeln der Gestaltung gibt es Gestaltungsprinzipien. Diese Gestaltungsprinzipien stellen Strategien dar, welche dazu dienen sollen, eine Baustruktur zu entwickeln, die den jeweiligen Anforderungen am besten gerecht wird und günstig umzusetzen ist. Allerdings sind diese Strategien nur unter bestimmten Voraussetzungen anwendbar. Unterteilt werden diese Strategien in Prinzipien der

- Kraftleitung,
- Aufgabenteilung,
- Selbsthilfe,
- Stabilität.

In Tabelle 5.3 sind die zu beachteten Aspekte der Gestaltungsprinzipien zusammengefasst. Für weiterführende Literatur wird auf [5.40] verwiesen.

Tabelle 5.3 Gestaltungsprinzipien

Kraftleitung	Aufgabenteilung	Selbsthilfe	Stabilität
Vermeidung scharfer Umlenkungen sowie schroffer Querschnittsänderungen	Zuordnung einzelner Teilfunktionen zu verschiedenen Funktionsträger	Erzielung einer unterstützende Wirkung durch geschickte Wahl der Komponenten sowie deren Anordnung	Berücksichtigung vom Einfluss von Störungen auf das System
Verformungen unter Belastung sollen in die gleiche Richtung weisen	Umsetzung möglichst vieler Funktionen mit wenigen Funktionsträger	Hilfskraft bei der Selbstverstärkung und Selbstausgleichung wird unter Normallast gewonnen	Auftretende Störungen sollen resultierende Wirkungen erzeugen, die der Störung entgegenwirken
Kraftfluss stets geschlossen halten sowie kurze und direkte Kraftleitung		Beim Überlastfall sollen selbstschützende Lösungen eingesetzt werden	Unterscheidung in stabile, indifferente und labile Gleichgewichtszustände
Bevorzugung von symmetrischer Formen			
Ausgleichen von Nebengrößen direkt am Entstehungsort			

5.2.2 *Erhöhung der Zuverlässigkeit mechanischer Systeme durch Redundanzen*

Als einer der trivialsten Lösungen zur Erhöhung der Zuverlässigkeit erweist sich auf den ersten Blick die Verwendung von Redundanzen. Hierbei wird durch die n-fache Ausführung derselben Komponente die Zuverlässigkeit gesteigert. Die mathematische Grundlage bildet die Boole'sche Algebra mit ihrem Parallelsystem (siehe Kap. 2.1.2.4).

Werden Redundanzen in mechanischen Systemen betrachtet, wird schnell deutlich, dass diese nur in einem äußerst geringen Rahmen realisiert werden können. Aufgrund des großen Platzbedarfs und des damit zunehmenden Gewichtes ist eine mehrfache Verfügbarkeit mechanischer Komponenten eine kostspielige und meist unrentable Angelegenheit.

Die Ausfälle, welche mittels Redundanzen gemindert werden können, sind unterschiedlichster Art und besitzen deshalb auch verschiedene Ursachen. Bei der Betrachtung von Kraftfahrzeugen können folgende Beispiele für redundante Strukturen im mechanischen Anteil genannt werden:

- Die Räder werden nicht nur durch einen Zentralverschluss befestigt, wie es zu Zeiten der Einführung bis hin in die späten 60er Jahren üblich ist, sondern durch mindestens drei einzelne Radschrauben oder Radmuttern.
- Moderne Kraftfahrzeuge verfügen über mindestens zwei voneinander getrennten Bremskreisläufen. Versagt einer dieser beiden Bremskreisläufe durch beispielsweise eine Leckage, so ist der zweite Bremskreislauf noch imstande, das Fahrzeug, wenn auch mit verminderter Leistung, sicher zum Stehen zu bringen.

Anders als bei Kraftfahrzeugen, welche sich nur auf dem Land bewegen, ist bei Flugzeugen eine dreifache Redundanz vorgeschrieben, da schon ein kleiner Ausfall zu einem sehr hohen Schaden von Material und Menschenleben führen kann. Noch teuerer als die Luftfahrt ist die Raumfahrt. Deshalb werden dort Bauteile zumeist in siebenfacher Redundanz ausgeführt. Es kommt dort zwar äußerst selten zu Verlusten, aber ein gewisses Risiko lässt sich trotzdem nicht ausschließen [5.39].

Zusammenfassung Redundanz in mechanischen Systemen

Der Entwickler soll sich bereits im Vorfeld Gedanken über den Einsatz von Redundanzen machen. Wichtige Aspekte sind hierbei:

- Sicherheit
- Bauraum
- Kosten
- Gewicht
- Umsetzung.

Bei einer sicherheitskritischen Komponente sollte überlegt werden, diese redundant auszulegen, wenn dies von der Umsetzung möglich ist. Darüber hinaus sind aber auch der dafür benötigte Bauraum, das zusätzliche Gewicht sowie die Kosten zu beachten. Sollten diese Aspekte alle problemlos mit den Forderungen des Gesamtsystems einhergehen, ist der Einsatz einer redundanten Komponente sinnvoll. Dieses Vorgehen kann genauso für nicht sicherheitskritische Komponenten vorgenommen werden.

5.2.3 Ursachen und Behebungsmöglichkeiten für Ausfälle mechanischer Systeme

Um die Zuverlässigkeit steigern zu können, müssen zuerst mögliche Ausfallarten bzw. deren Ursachen betrachtet werden. Erst anschließend können die Behebungsmöglichkeiten dieser Ausfälle respektive deren Verbesserungsmöglichkeiten angesprochen werden. Als wichtige Themen für die Ursachen der Ausfälle können hierbei u. a. die Tribologie, Korrosion, thermische Belastungen und Schwingungen erwähnt werden. Eine Weiterführung dieser Thematik ist in [5.32] zu finden.

5.2.3.1 Tribologie

Die Tribologie nach DIN 50323 [5.16] befasst sich mit aufeinander einwirkenden Oberflächen in Relativbewegung und beinhaltet die Teilgebiete Reibung, Verschleiß, Schmierung und Grenzflächenwechselbeziehungen sowohl zwischen Festkörpern als auch Flüssigkeiten und Gasen. Ein tribologisches System wird wie in Abb. 5.6 durch die Elemente Grundkörper, Gegenkörper, Zwischenstoff und dem umgebenden Medium beschrieben.

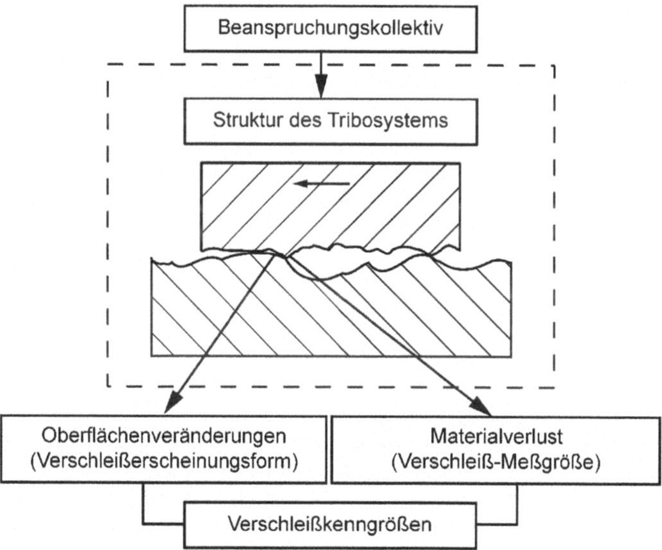

Abb. 5.6 Tribologisches System nach DIN 50320 [5.13]

Reibung

Reibung tritt immer dann auf, wenn eine Relativbewegung zwischen sich berührenden Körpern vorliegt. Dabei wirkt die Reibung der Relativbewegung in Form einer Kraft entgegen.

Liegt die Reibung innerhalb eines Körpers vor, so wird sie als innere Reibung bezeichnet. Von äußerer Reibung wird gesprochen, wenn die sich berührenden Stoffbereiche verschiedenen Körpern angehören [5.3]. Reibungsarten lassen sich je nach Art der Relativbewegung der Reibpartner zueinander unterteilen. Hierbei kann zwischen Gleitreibung, Rollreibung, Wälzreibung, Bohrreibung und Stoßreibung unterschieden werden.

Verschleiß

Nach DIN 50320 [5.13] ist Verschleiß ein fortschreitender Materialverlust der Oberfläche eines festen Körpers, des so genannten Grundkörpers. Der Materialverlust entsteht hierbei durch Kontakt- oder Relativbewegungen zwischen einem Grundkörper und einem Gegenkörper, welcher sowohl feste, flüssige wie auch gasförmige Konsistenz besitzen kann. Neben der Art der Bewegung und der Beschaffenheit von Grund- und Gegenkörper gibt es noch andere Einflussgrößen wie den Zwischenkörper, die Belastung, das umgebende Medium sowie die Temperatur.

Insgesamt kann zwischen drei Verschleißarten unterschieden werden: dem adhäsiven Verschleiß, der Abrasion und der Oberflächenzerrüttung. In Tabelle 5.4 sind diese Verschleißarten mit deren Ursachen, Folgen und möglichen Gegenmaßnahmen aufgelistet.

Tabelle 5.4 Verschleißarten mit deren Ursachen, Folgen und Gegenmaßnahmen

	Adhäsiver Verschleiß	Abrasion	Oberflächenzerrüttung
Ursache	Zu hohe Flächenpressung	Kontakt- und Relativbewegungen zwischen zwei Körpern	Tribologische Wechselbeanspruchungen in den Oberflächenbereichen von Grund- und Gegenkörper
Folge	Ausbildung und Trennung von Grenzflächen-Haftverbindungen der Berührungsflächen von Grund- und Gegenkörper	Materialabtrag infolge ritzender Beanspruchung des Grundkörpers durch harte Rauheitsspitzen des Gegenkörpers oder durch harte Partikel des Zwischenstoffs	Ermüdung, Rissbildung, Risswachstum und Abtrennung von Partikeln
Gegenmaßnahme	Berechnung der Flächenpressung	Erneuerung des Schmierstoffes oder mit Hilfe des Einsatzes von Metall-Kunststoff- oder Metall-Keramik-Paarungen die Abrasion vermindern	Verfahren zur Erhöhung der Oberflächenspannung, bspw. durch Nitrieren, Oxidieren oder Kugelstrahlen der Oberflächen.

Zusammenfassend kann gesagt werden, dass unterschiedliche Konzipierungsmöglichkeiten gewählt werden können, um dem Verschleiß entgegenzuwirken. Eine Minderung und somit Behebungsmaßnahme der Reibung und somit auch des Verschleißes bringt entweder die Wahl von Reibpaarungen mit möglichst geringem Materialabtrag und niedriger Haftreibungs- und Gleitreibungszahl oder eine zusätzliche Schmierung des Systems mittels Schmierstoffen.

Schmierung

Die Schmierstoffauswahl richtet sich nach bestimmten Anforderungskriterien wie der Gebrauchsdauer, der Geschwindigkeit der bewegten Teile, der Fremdeinflüsse in Form von Wärme, dem Abrieb, der Verschmutzung sowie der Belastung. Insgesamt wird bei den Schmiermitteln zwischen Schmierölen, Schmierfetten und Festschmierstoffen unterschieden.

Schmieröle

Für eine gute Wärmeabfuhr und hohe Gleitgeschwindigkeiten zeichnen sich Schmieröle als die effektivste Lösung aus. Zusätzlich zur eigentlichen Schmierfunktion fördern sie Abrieb und Fremdstoffe aus den Reibstellen heraus. Allerdings nimmt bei einer Ölschmierung im Gegensatz zu einer Schmierung mittels Schmierfett der konstruktive Aufwand zu. Dichtungen sind hierbei in angemessenem Umfang vorzusehen. Beispielsweise vermindert der Einsatz von Ölfiltern einerseits die Durchflussmenge und verschlechtert somit den Wirkungsgrad, steigert hingegen durch das Herausfiltern von Verunreinigungen die Zuverlässigkeit der Gesamtmaschine sowie die Lebensdauer des Schmieröls.

Schmierfette

Schmierfette werden bei besonders hohen Anforderungen bezüglich der Temperatur und Konsistenz eingesetzt. Der Temperaturbereich beträgt –70°C bis ca. +350°C. Vorteile liegen vor allem im deutlich geringeren Konstruktionsaufwand, da Schmierfette kaum oder in wesentlich geringerem Umfang aus dem Einsatzbereich heraus fließen und teilweise sogar eine abdichtende Wirkung aufweisen. Durch die damit verbundenen, meist größeren Wartungsintervalle werden die Haltungskosten des Gerätes erheblich gesenkt. Gegenüber diesen Vorteilen sind jedoch die Nachteile nicht zu vernachlässigen. Fette können die Wärme nicht abführen und aufgrund des Verbleibens der Schmiermasse an einem Ort können auch keine unerwünschten Fremdkörper aus der Reibstelle gefördert werden.

Festschmierstoffe

Unter extremen Bedingungen, denen Schmierfette oder -öle nicht genügen, kommen Festschmierstoffe zum Einsatz. Diese Festschmierstoffe sind in verschiedene Gruppen bezüglich ihrer chemischen Struktur einzuordnen:

- Verbindungen mit Schichtgitterstruktur (Graphit, Molybdändisulfid usw.)
- Oxidische und fluoridische Verbindungen der Übergangs- und Erdalkalimetalle
- Weiche Metalle (Blei, Indium, Silber und andere)
- Polymere, hier erwähnenswert Polytetrafluorethylen (PTFE).

Die wichtigsten Aspekte der einzelnen Schmierstoffe werden in Tabelle 5.5 zusammengefasst und gegeneinander abgewogen.

Tabelle 5.5 Vergleich von Schmieröl, Schmierfett und Festschmierstoff

	Schmieröl	Schmierfett	Festschmierstoff
Wärmeabfuhr	gut	mittel	schlecht
Abtransport von Fremdstoffen und Abtrieb	gut	mittel	schlecht
Konstruktiver Aufwand	hoch	mittel	mittel

Checkliste für die Tribologie

Im Folgenden werden nochmals die wichtigsten Maßnahmen zur Verminderung der Reibung bzw. des Verschleißes zusammengefasst:

- Kurze Einlaufphasen
- Geeignete Wahl der Materialpaarung nach Reibzahlen und Einsatzbedingungen
- Schmierung.

5.2.3.2 Korrosion

Nach DIN EN ISO 8044 [5.20] ist die Korrosion als Angriff und Zerstörung metallischer Werkstoffe durch chemische oder elektrochemische Reaktionen mit Wirkstoffen aus der Umgebung definiert. Der Schädigungsprozess geht dabei von der Oberfläche des angegriffenen Werkstoffes aus. Unterschieden wird dabei zwischen verschiedenen Erscheinungsformen [5.9] sowie je nach Werkstoff dem korrosiven Wirkstoff, welcher das Bauteil umgibt.

Korrosionsarten und -ursachen

Insgesamt wird zwischen mehreren Korrosionsarten unterteilt, wobei die Unterschiede zumeist durch den Wirkstoff gekennzeichnet sind. Im Einzelnen sind dies:

- Mulden- und Lochkorrosion: Sie entsteht vor allem bei nichtrostenden Stählen in Kontakt mit chlorionenhaltigem Wirkmedium. Besonders gefährlich ist diese Art der Korrosion bei Leitungen und Behältern, welche unter Druck stehen.

- Kontaktkorrosion: Sie tritt auf, wenn zwei unterschiedliche Werkstoffe zusammentreffen und Feuchtigkeit vorhanden ist. Diese Feuchtigkeit wirkt dabei als Elektrolyt, das unedlere der beiden Metalle wird durch Auflösen zerstört.
- Spaltkorrosion: Die Ursache der Spaltkorrosion sind unterschiedliche Sauerstoffkonzentrationen im Elektrolyt, welche durch einen behinderten Luftzutritt entstehen.
- Belüftungskorrosion: Der Mechanismus der Belüftungskorrosion ist ähnlich dem der Spaltkorrosion. Das Problem wird ebenfalls auf die unterschiedlichen Sauerstoffkonzentrationen zurückgeführt und kommt bei Behältern vor, welche teilweise mit Wasser gefüllt sind. Die Korrosionsstelle liegt dabei knapp unterhalb der Wasseroberfläche.
- Selektive Korrosion: Hier bildet sich entlang bestimmter Gefügebereiche ein Korrosionsangriff. Diese Art der Korrosion wird differenziert in interkristalline und transkristalline Ausprägungen. Da die Ausprägung der selektiven Korrosion im Korngrößenbereich liegt, ist eine Erkennung mit bloßem Auge nicht möglich und daher besonders gefährlich.
- Spannungsriss- und Schwingungsrisskorrosion: Im Maschinenbau entsteht aufgrund starker Zugbelastungen und gleichzeitigem elektrochemischen Angriff eine Spannungsriss- und Schwingungsrisskorrosion. Je nach Wirkmedium und Belastungsart verläuft diese interkristallin oder transkristallin.

Checkliste für Korrosionsschutzmaßnahmen

Grundsätzlich ist in allen Phasen der Konstruktion auf die Vermeidung von Korrosion zu achten. Zuerst werden die wichtigen Aspekte angesprochen, welche beim Entwurf eines mechanischen Systems zur Vermeidung der Korrosion wichtig sind [5.9]:

- Allgemein muss auf die elektrochemischen Potentiale der verschiedenen Materialien geachtet werden, um eine Korrosion zu vermeiden.
- Wahl der Werkstoffe: Die Auswahl ist in Abhängigkeit von den zu erwartenden Umgebungsbedingungen zu treffen. Dazu ist es notwendig, das Korrosionsverhalten der Werkstoffe gegenüber verschiedenen Wirkmedien zu kennen.
- Korrosionsschutzanstriche: Durch den Korrosionsschutzanstrich wird durch die Vermeidung des Kontakts vom Werkstoff mit dem umgebenden Medium die Korrosion verhindert.
- Alternativ zu herkömmlichen Schutzanstrichen gibt es auch Überzüge auf metallischer Basis. Beispiele sind hier Feuerverzinken von Stahlbauteilen durch Tauchen in flüssigem Zink oder galvanisch abgeschiedene Metallüberzüge mit Schichtmetallen wie Nickel und Chrom sowie Mehrfachschichten.
- Kathodischer Korrosionsschutz: Bei der Methode mit Opferanoden wird das zu schützende Bauteil leitend mit Magnesiumplatten verbunden. Dies findet beispielsweise bei im Boden verlegten Rohren Anwendung. Dabei werden die unedlen Magnesiumplatten, die Opferanoden, aufgelöst. Die Ausführung mit Fremdstromanoden aus Graphit hingegen benötigt extra eine elektrische

Stromversorgung. Bauteile aus Aluminium werden zusätzlich zu ihrer bereits natürlich vorhandenen Korrosionsbeständigkeit durch das Verfahren der anodischen Oxidation optimiert.
- Verminderung der Aggressivität des umgebenden Stoffes: Hierzu werden zum Beispiel Kühlschmierstoffen und Schmierstoffen so genannte Inhibitoren beigemengt, welche eingeschleppte, aggressive Bestandteile binden und somit unschädlich machen.

Eine **korrosionsgerechte Konstruktion** wird dadurch realisiert, indem darauf geachtet wird, dass Bauteile oder Maschinen keine korrosionsgefährdeten Stellen aufweisen. Oft sind Korrosionserscheinungen nicht zu vermeiden, sondern nur zu mindern. Die korrosionsgerechte Konstruktion wird durch verschiedene Gestaltungsrichtlinien beschrieben:

- Kontaktkorrosionsstellen sind durch die Wahl gleicher Werkstoffe vermeidbar. Ist dies aufgrund technologischer oder wirtschaftlicher Anforderungen nicht möglich, können Isolierzwischenschichten zwischen die verschiedenen Materialien eingebracht werden.
- Oberflächen sollten möglichst glatt beschaffen sein.
- Spalte sind zu vermeiden und sachgerecht ausgeführte Schweißverbindungen Schraubenverbindungen vorzuziehen. Die Verwendung geschlossener Profile ist ebenfalls von Vorteil. Sollten Spalte nicht vermieden werden können, leisten beispielsweise Muffen oder Überzüge Abhilfe. Zudem können diese ausreichend groß gestaltet werden, so dass eine Belüftung ermöglicht wird.
- Um Spannungsspitzen auszuschließen, ist auf scharfkantige Kerben sowie schroffe Querschnittsübergänge zu verzichten.
- Bei korrosionsbeanspruchten Bauteilen sollte auf einen guten Flüssigkeitsabfluss geachtet werden sowie Abflusslöcher vorsehen, um somit Feuchtigkeitssammelstellen zu vermeiden.
- Die Wanddicke sollte auf eine ausreichend lange und gleiche Lebensdauer ausgelegt sein. Dies erfordert einen so genannten Wanddickenzuschlag oder einen Werkstoffeinsatz.
- Bei Schweißverbindungen ist besonders auf entstehende Spalte zu achten. Schweißnähte sollten ohne verbleibenden Wurzelspalt ausgeführt werden. Die bessere Lösung hinsichtlich der Korrosion bringen Stumpfnähte oder durchgeschweißte Kehlnähte.
- Mechanische oder thermische Wechselbeanspruchungen sind korrosionsfördernd und daher zu vermindern. Insbesondere durch Resonanzerscheinungen verursachte Schwingbeanspruchungen sind zu vermeiden.
- Die Lebensdauer lässt sich mit Hilfe einer Druckvorspannung als Eigenspannung erhöhen. Dies wird durch Kugelstrahlen, Prägepolieren, Nitrieren oder ähnlichen Verfahren erreicht.

Fertigung und Montage

Schon bei der Fertigung einzelner Bauelemente bis hin zur Montage kann durch geeignete Lagerung, Behandlung und Verarbeitung der Materialien das Risiko späterer Korrosionsherde erheblich gesenkt werden. Vorarbeiten wie das fachgerechte Vorbereiten von Schweißnähten sind exakt und nach vorgegebener Anweisung durchzuführen. Bei der anschließenden Montage sollte auf möglichst reine und trockene Innenräume geachtet und die zu lackierenden Bauteile von Verunreinigungen auf der zu beschichtenden Oberfläche befreit werden.

5.2.3.3 Thermische Belastungen

Ein weiteres Problem bei technischen Produkten sind thermische Belastungen. Diese treten nicht nur bei Verbrennungsvorgängen oder Ähnlichem auf, sondern sind oft auch ein Begleitprodukt der Reibung oder höheren elektrischen Leistungen. Da das unterschiedliche Wärmeverhalten der Werkstoffe bereits von der konstruktiven Seite berücksichtigt werden soll, werden diese Forderungen im Folgenden erwähnt.

Checkliste für thermische Belastungen

- Ausdehnungsgerechte Gestaltung: Um ein Klemmen eines mechanischen Gerätes durch sich mit der Temperatur ausdehnende Werkstoffe zu vermeiden, wird bereits beim Entwurf auf eine ausdehnungsgerechte Gestaltung geachtet. Die Eigenschaft der Ausdehnung wird durch eine stoffspezifische Längenausdehnungszahl beschrieben. Besonders ist dieses Phänomen im thermischen Maschinenbau zu berücksichtigen, aber auch andere Umstände wie leistungsstarke Antriebe oder Baugruppen, Reibungsvorgänge, Ventilationserscheinungen oder auch stark schwankende Umgebungstemperaturen sind zu beachten. Dieses Verhalten des Werkstoffes wird durch die Anwendung eines ausdehnungsgerechten Gestaltens berücksichtigt und somit optimiert [5.40].
- Wärmeabfuhr: Realisiert wird die Wärmeabfuhr je nach Anforderung durch einfache Rippen bis hin zu aufwändigen Kühlsystemen mit Flüssigkeitskühlung und Kühlkanälen, wie sie beispielsweise bei Verbrennungsmotoren in Kraftfahrzeugen Anwendung zu finden sind.
- Wärmeeinfluss bei Kunststoffen: Da bei Kunststoffen im Vergleich zu metallischen Werkstoffen wesentlich niedrigere Zersetzungstemperaturen vorliegen, ist die Wahrscheinlichkeit höher, bei Betrieb eines technischen Produktes diese Temperatur auch zu erreichen. Hierbei besitzen die drei Kunststoffarten Duroplast, Elastomer und Thermoplast unterschiedliche Eigenschaften. Während Thermoplaste in Abhängigkeit von der Temperatur erst in einem bestimmten Bereich zwischen der Glas- und der Zersetzungstemperatur weich werden, zersetzen sich Duroplaste ohne vorherige Konsistenzänderung ab einer gewissen

Grenztemperatur irreversibel und können somit einen Ausfall des Gesamtproduktes verursachen. Neben der Zersetzung im hohen Temperaturbereich besteht bei Kunststoffen bei tiefen Temperaturen die Gefahr, dass es zu Versprödungen und somit zum Versagen des Materials kommt. Aus diesem Grund ist bei der Wahl der Kunststoffe auch neben den Anforderungen an die Festigkeitseigenschaften, der Temperaturbereich, welcher das spätere Produkt beeinflusst, besonders zu berücksichtigen [5.41].

- Grenztemperaturen: Metallische Werkstoffe können im Gegensatz zu Kunststoffen größeren Temperaturdifferenzen gerecht werden. Allerdings sollte auch hier auf die eintretenden Grenztemperaturen geachtet werden, um eine möglichst lange Gebrauchszeit des technischen Produktes zu ermöglichen.

5.2.4 Werkstoffauswahl

Durch die richtige Auswahl von Werkstoffen ist es möglich, die Lebensdauer der Komponenten und somit die Zuverlässigkeit des Gesamtsystems zu steigern. Jedoch sind die Zusammenhänge der verschiedenen Einflüsse sehr komplex, was eine Auswahl des geeigneten Werkstoffes in frühen Entwicklungsphasen nicht erleichtert.

In Kap. 5.2.4.1 bis 5.2.4.3 werden die für die Werkstoffauswahl relevanten Themen wie der Wöhlerversuch, die lineare Schadensakkumulation sowie das Haigh-Diagramm erläutert. Anschließend werden für schwingende als auch für statische Belastungen Vorschläge aufgezeigt, welche Werkstoffe am besten für die frühe Entwicklungsphase, abhängig von den jeweiligen Einflüssen, geeignet sind.

5.2.4.1 Wöhlerversuch

Die Wöhlerlinie aus dem Wöhlerversuch stellt die konservativste Möglichkeit aller existierenden Lebensdauerlinien dar. Beim Wöhlerversuch werden sinusförmige Schwingspiele als Grundlage verwendet. Die Belastungsfälle der Wöhlerversuche können durch die Abhängigkeit der Mittelspannung S_m bzw. des Spannungsverhältnisses R unterschiedlich aussehen. Dargestellt werden die Versuchsergebnisse aus dem Wöhlerversuch durch ein doppellogarithmisches Netz. Dadurch wird eine geradlinige Annäherung der Versuchsergebnisse im Zeitfestigkeitsbereich ermöglicht. Insgesamt gibt es drei verschiedene Bereiche, die abhängig von der Schwingspielzahl N sind (Abb. 5.7).

- Kurzzeitfestigkeit:
  Hier wird der Bereich unterhalb von ca. $1 \cdot 10^4$ bis $1 \cdot 10^5$ Schwingspielen betrachtet. Diese Art der Ermüdung tritt bei hohen plastischen Dehnamplituden auf, die zu frühem Versagen führen.

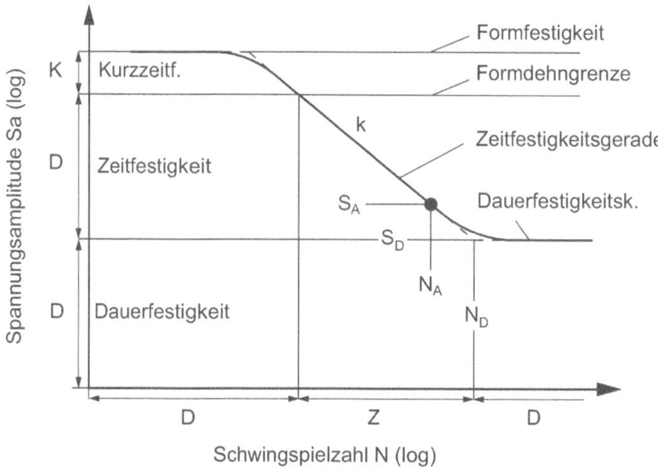

Abb. 5.7 Kennwerte einer Wöhlerlinie und Abgrenzung der Bereiche der Dauerfestigkeit (D), der Zeitfestigkeit (Z) und der Kurzzeitfestigkeit (K) [5.26]

- Zeitfestigkeit:
  Dieser Bereich liegt zwischen $1 \cdot 10^4$ und etwa $2 \cdot 10^6$ Schwingspielen, wobei die absoluten Werte vom Werkstoff abhängig sind. Die Wöhlerlinie verläuft hierbei, wenn eine doppellogarithmische Darstellung gewählt wird, nahezu linear mit einer bestimmten Steigung.
- Dauerfestigkeit:
  Der Bereich der Dauerfestigkeit ist genau wie der Zeitfestigkeitsbereich abhängig vom Werkstoff. Werden ferritisch-perlitische Stähle betrachtet, beginnt die Dauerfestigkeit bei ca. $1-5 \cdot 10^6$ Schwingspielen. Bei austenitischen Stählen und kubisch-flächenzentrierten Basiswerkstoffen ist die Amplitude nicht konstant, d. h. eine echte Dauerfestigkeit ist hier nicht existent. Daher wird hier meist die ertragbare Amplitude bei 10^7 Lastwechseln als Dauerfestigkeit bezeichnet.

5.2.4.2 Lineare Schadensakkumulation

Das einfachste und am häufigsten angewandte Verfahren zur Lebensdauerberechnung eines unter Schwingbeanspruchung stehenden Bauteils ist das Verfahren der linearen Schädigungsakkumulations-Hypothese nach Palmgren und Miner. Dieses ist auch als Miner-Regel bekannt. Hierbei wird davon ausgegangen, dass jede schwingende Beanspruchung in einem Bauteil eine Schädigung verursacht. Diese summieren sich auf, bis ein kritischer Schädigungswert erreicht wird, bei dem das Bauteil versagt. Die Gesamtschädigung bzw. die Schadenssumme D eines Bauteils wird durch die Anzahl im Betrieb auftretenden Spannungsamplituden der i-ten

Stufe n_i sowie der jeweils in dieser Stufe ertragbaren Schwingspielzahl N_i dargestellt.

$$D = \sum_{i=1}^{m} \Delta D_i = \sum_{i=1}^{m} \frac{n_i}{N_i} \tag{5.3}$$

Der kritische Schädigungswert für die Gesamtschädigung D, bei dem es zu einem Versagen des Bauteils kommt, liegt bei $D=1$. Für die Berechnung der Schädigung gibt es drei Ansätze, welche sich im Dauerfestigkeitsbereich unterscheiden (Abb. 5.8). Im Folgenden werden diese kurz erläutert.

- Miner elementar:
  Hierbei wird die Zeitfestigkeitsgerade der Wöhlerlinie in den Dauerfestigkeitsbereich hinein verlängert. Dies stellt einen konservativen Ansatz dar. Spannungen im Bereich der Dauerfestigkeit werden gleich wie die Spannungen in der Zeitfestigkeit bewertet. Dies kann bei einigen Werkstoffen zu einer Überschätzung des Schädigungsanteils der Spannungen im Dauerfestigkeitsbereich führen.
- Miner orginal:
  Bei Miner orginal wird eine Parallele zur Abszisse definiert, welche in der Höhe der Dauerfestigkeit S_D des Werkstoffes verläuft. Nach dieser Festlegung kann ein Bauteil eine Schwingbeanspruchung unterhalb der Dauerfestigkeit S_D beliebig oft ertragen, ohne dass es zu einem Versagen führt.
- Miner modifiziert:
  Da auch die Spannungsamplituden im Bereich der Dauerfestigkeit einen nennenswerten Schädigungsbeitrag verursachen können, wird bei Miner modifiziert die fortschreitende Schädigung im Dauerfestigkeitsbereich berücksichtigt.

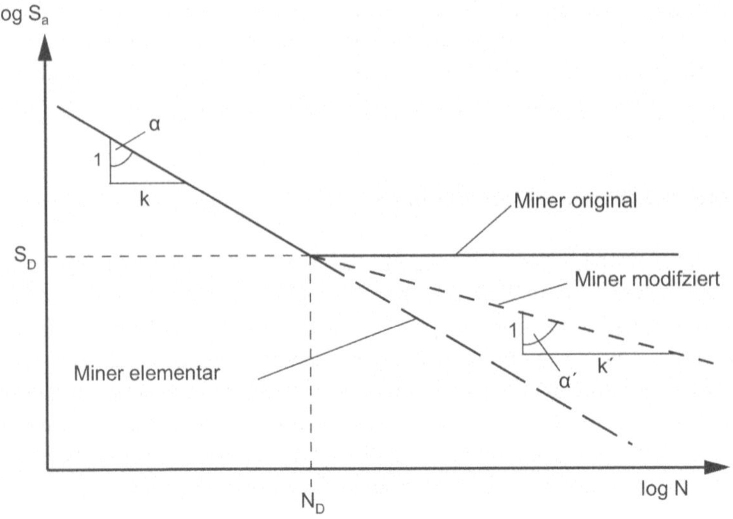

Abb. 5.8 Modifikationen der Miner-Regel [5.42]

Dies geschieht, indem die Gerade des Dauerfestigkeitsbereiches eine Neigung in Abhängigkeit von der fortschreitenden Schädigung aufweist. Jedoch ist die Neigung flacher als die der Zeitfestigkeit ($k' < k$).

5.2.4.3 Haigh-Diagramm

Da auch die Mittelspannung auf die Schwingspielzahl bzw. auf die Spannungsamplitude einen Einfluss besitzt, gibt es nach DIN 50100 [5.12] eine ganze Reihe von Darstellungsarten von Dauerfestigkeits-Schaubildern. Seit einigen Jahren wird für Schwingfestigkeitsbetrachtungen das Schaubild nach Haigh bevorzugt, da es problemlos zu einem Dauer- und Zeitfestigkeits-Schaubild erweitert werden kann. Dadurch kann es alle Informationen aus den Wöhlerlinien für verschiedene Spannungsverhältnisse oder Mittelspannungen darstellen. Im Schaubild nach Haigh wird die dauerfest ertragbare Schwingspielzahl über die Mittelspannung aufgetragen, wodurch sich die Dauerfestigkeitslinie mit einer werkstoffspezifischen Steigung M ergibt (Abb. 5.9).

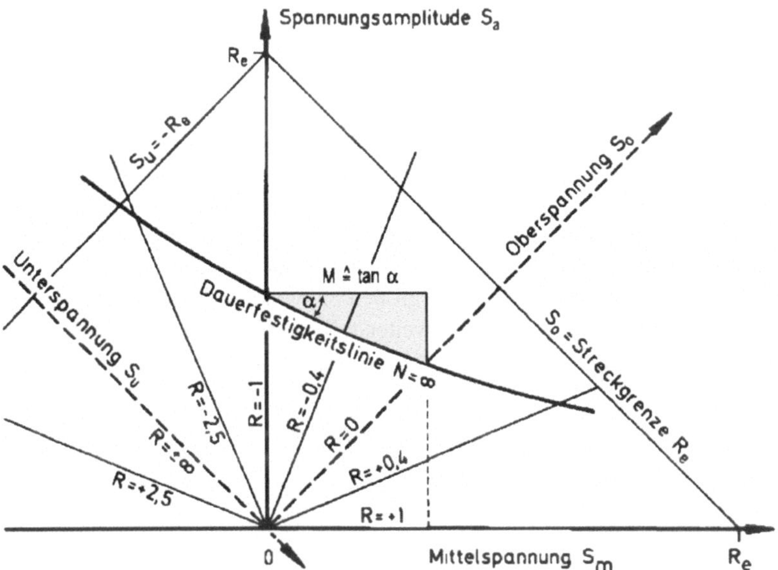

Abb. 5.9 Dauerfestigkeits-Schaubild nach Haigh [5.26]

5.2.4.4 Frühzeitige Auswahl des Werkstoffes bei schwingender Belastung

Die während des Bauteilbetriebes am häufigsten auftretende Belastungsart ist die schwingende Belastung. Sie kann auch in Kombination mit einer überlagerten statischen Last auftreten. Dies bedeutet für die schwingende Beanspruchung, dass sie um eine statische Mittelspannung schwingt, welche zwangsläufig die zulässige Spannungsamplitude beeinflusst. In der frühen Entwicklungsphase ist der reale Beanspruchungsverlauf sicher nicht bekannt. Deshalb sind auch hier erst einmal die Werkstoffgruppen zu bevorzugen, die sich relativ unempfindlich gegenüber sich ändernden Spannungsamplituden, Mittelspannungen und sonstigen äußeren Einflussfaktoren zeigen.

Wenn in der frühen Entwicklungsphase die Häufigkeit eines auftretenden Spannungsausschlages noch nicht bekannt ist, wird dem Bereich der Dauerfestigkeit des Werkstoffes eine besondere Bedeutung beigemessen, da nach Miner orginal Schwingungsamplituden in diesem Bereich unendlich oft ertragen werden können. Somit muss die Anzahl der Lastspielzahl nicht beachtet werden, was für die Auslegung in der frühen Entwicklungsphase besonders von Vorteil ist. Jedoch zeigen nicht alle Werkstoffgruppen eine echte Dauerfestigkeit. Bei manchen Werkstoffgruppen ist vielmehr eine Abnahme der Dauerfestigkeit S_D über die Schwingspielzahl zu beobachten. So zeigen häufig Werkstoffe mit einer kubisch-raumzentrierten Gitterstruktur, wie etwa ferritisch-perlitische Stähle, eine echte Dauerfestigkeit mit einem horizontalen Verlauf der Dauerfestigkeitslinie (Typ I) im Wöhlerdiagramm. Bei Werkstoffen mit einer kubisch-flächenzentrierten Gitterstruktur, wie beispielsweise Aluminiumlegierungen oder austenitische Stähle, stellt sich selbst bei großer Schwingspielzahl kein horizontaler Verlauf der Dauerfestigkeitslinie ein. Hier wird vielmehr eine Ersatzdauerfestigkeit S_D im Normalfall bei $N_D = 10^8$ ermittelt (Typ II) (Abb. 5.10).

Gerade für Bauteile, bei denen davon ausgegangen werden muss, dass sie während ihrer späteren Betriebsdauer eine große Anzahl an Schwingspielen erfahren werden, sind Werkstoffe, die einen Kurvenverlauf der Wöhlerlinie Typ I zeigen, also eine kubisch-raumzentrierten Gitterstruktur besitzen, zu bevorzugen. Von Werkstoffen, die keine echte Dauerfestigkeit zeigen, ist dagegen abzusehen, um das Risiko eines Anrisses des Bauteils bei großen Schwingspielzahlen durch Überschreiten der über die Schwingspielzahl weiter fallenden Dauerfestigkeitslinie im Wöhlerdiagramm zu vermeiden.

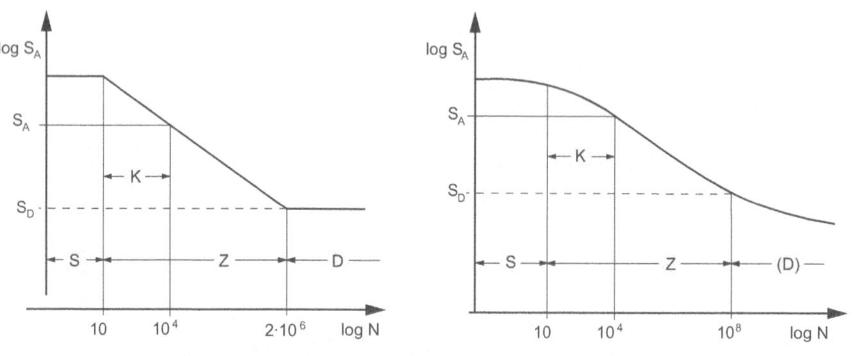

Abb. 5.10 Typische Kurvenverläufe von Wöhlerkurven: links Typ I, rechts Typ II [5.42].

Die Höhe der Dauerfestigkeit eines Werkstoffes wird näherungsweise mit Hilfe eines Umrechnungsverhältnisses aus der Zugfestigkeit R_m eines Werkstoffes bestimmt. Für die verschiedenen Werkstoffklassen und Grundbelastungsfälle sind jeweils Bereiche für das Umrechnungsverhältnis angegeben (Abb. 5.11), mit der Empfehlung, dass jeweils die kleinen Werte des Umrechnungsverhältnisses für hohe Zugfestigkeiten zu wählen sind. Dadurch wird der tendenziell höheren Empfindlichkeit hochfester Werkstoffe gegenüber schwingender Beanspruchung Rechnung getragen.

Näherungswerte der Verhältnisse von $\frac{\text{Dauerschwingfestigkeit}}{\text{Zugfestigkeit}}$				
Kennwerte	Zeichen	Stahl	Gußeisen	Leichtmetall
Zug/Druck-wechselfestigkeit	σ_{zdW}	0,3 ÷ 0,45	0,2 ÷ 0,3	0,2 ÷ 0,35
Biege-wechselfestigkeit	σ_{bW}	0,4 ÷ 0,55	0,3 ÷ 0,4	0,3 ÷ 0,5
Torsions-wechselfestigkeit	τ_W	0,2 ÷ 0,35	0,25 ÷ 0,35	0,2 ÷ 0,3
Zug-schwellfestigkeit	σ_{Sch}	0,5 ÷ 0,6	0,3 ÷ 0,4	
Biege-schwellfestigkeit	σ_{bSch}	0,6 ÷ 0,7	0,4 ÷ 0,55	
Torsion-schwellfestigkeit	τ_{Sch}	0,3 ÷ 0,4	0,4	0,3

Bemerkung: Die Näherungswerte sind für polierte Oberflächen gültig. Für hohe Zugfestigkeiten sind die kleineren Werte zu verwenden, für niedrigere die größeren.

Abb. 5.11 Berechnungstafel für das Umrechnungsverhältnis zur Abschätzung der Dauerfestigkeit aus der Zugfestigkeit [5.42].

Genau diese Erkenntnis führt aber dazu, dass bei nur ungenau bekanntem Beanspruchungsverlauf über die Betriebszeit, wie es bei frühen Entwicklungsphasen der Fall ist, sowie bei gleichzeitiger Forderung nach einer hohen Zuverlässigkeit eher auf hochfeste Werkstoffe verzichtet werden sollte. Weiter wird auch bei einer überlagerten statischen Last, die im Bauteil zu einer Mittelspannung führt, der Einfluss des Werkstoffes tendenziell mit steigender Zugfestigkeit innerhalb der einzelnen Werkstoffgruppen größer. So steigt die Mittelspannungsempfindlichkeit M nach den ausgewerteten Versuchsergebnissen von Sonsino (Abb. 5.12) mit der Zugfestigkeit an. Dies bedeutet wiederum, dass die Neigung, dargestellt durch die Mittelspannungsempfindlichkeit M, der Linien mit N = konstant im Haigh-Schaubild zunimmt, wodurch der Wert der Änderung der ertragbaren

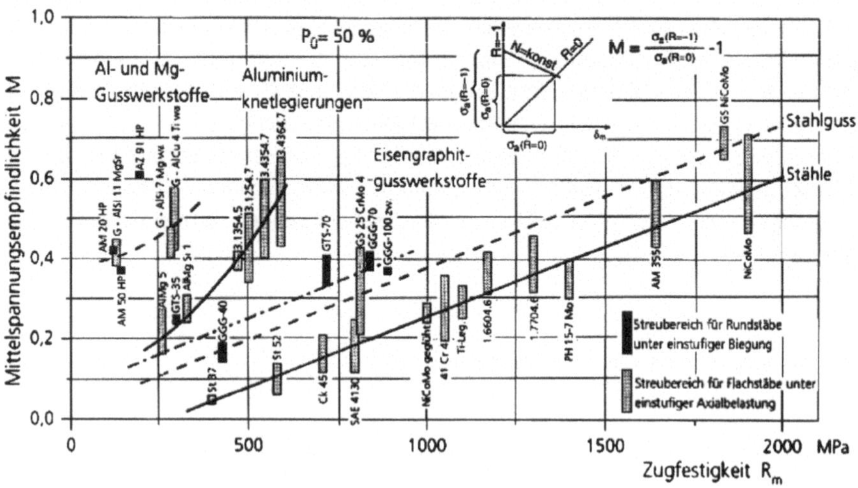

Abb. 5.12 Mittelspannungsempfindlichkeit M verschiedener Stahl-, Eisenguss- und Aluminium-Werkstoffe, nach Sonsino [5.26]

Spannungsamplitude ΔS_a, der sich bei der Variation der Mittelspannung S_m einstellt, vergrößert wird. Für frühe Entwicklungsphasen, in denen die Mittelspannung von der im Betrieb durchaus abweichen kann, bedeutet dies, dass eine geringe Änderung der Mittelspannung bereits zu einer signifikanten Änderung der ertragbaren Spannungsamplitude führt und somit die Lebensdauer des Bauteils falsch eingeschätzt wird. Des Weiteren liegen in der Versuchsauswertung nach Sonsino die Mittelspannungsempfindlichkeiten M der unterschiedlichen Werkstoffgruppen in unterschiedlichen Bereichen und zeigen eine unterschiedlich starke Mittelspannungsempfindlichkeitsänderung $\dot{M}$. Dadurch lässt sich auch bei dem Vergleich der einzelnen Werkstoffgruppen eine unterschiedlich gute Eignung für frühe Entwicklungsphasen ableiten. Grundgedanken für diese Annahmen sind, dass in den frühen Entwicklungsphasen der Beanspruchungsverlauf kaum bekannt ist und dass eine hohe Zuverlässigkeit gefordert wird. Für den Mittelspannungseinfluss kann festgehalten werden, dass Werkstoffe mit einer geringeren Zugfestigkeit innerhalb ihrer Werkstoffgruppe eher für frühe Entwicklungsphasen geeignet sind. Der Grund dafür ist, dass sie eine geringere Mittelspannungsempfindlichkeit zeigen und dass beim Vergleich der Werkstoffgruppen auf Basis des Mittelspannungseinflusses vor allem Stähle und Stahlguss zu bevorzugen sind, da sie sowohl geringe M als auch geringe $\dot{M}$-Werte im Vergleich zu den anderen Werkstoffgruppen, wie etwa Aluminiumknetlegierungen oder Aluminium- und Magnesiumgusswerkstoffe, aufweisen.

Ähnlich dem Mittelspannungseinfluss ist auch der Eigenspannungseinfluss für duktile Werkstoffe definiert. Für eine Reihe von Stählen wird nach einer Gegenüberstellung der Mittelspannungsempfindlichkeit M und der Eigenspannungsempfindlichkeit M_E von Macherauch und Wohlfahrt sogar eine Abschätzung mit $M = M_E$ ohne einen signifikanten Fehler möglich. Dadurch entspricht der Verlauf der Eigenspannungsempfindlichkeit jedoch der Mittelspannungsempfindlichkeit und der Werkstoffeinfluss auf die Mittelspannungs- und die Eigenspannungsempfindlichkeit ist für die betrachteten Stähle gleich. Somit lässt sich ebenfalls für hochfeste Stähle feststellen, dass bei einer geringen Änderung der Eigenspannung S_E mit einer großen Änderung der Dauerfestigkeit S_{DE} zu rechnen ist. Werkstoffmechanisch ist dies dadurch zu erklären, dass bei Stählen mit niederer Festigkeit, unter Annahme des elastisch-idealplastischen Werkstoffverhaltens, ein Teil der Eigenspannungen durch Überlagerung von Last- und Eigenspannungen, insofern deren Summe den Bereich des plastischen Werkstoffverhaltens erreicht, wieder abgebaut wird. Bei hochfesten Stählen hingegen wird der plastische Bereich des Werkstoffes nicht erreicht und es kommt zu keinem Abbau von Eigenspannungen. Häufig werden Eigenspannungen während des Herstellungsprozesses in das Bauteil impliziert, weshalb in einer frühen Entwicklungsphase über die genaue Höhe der Eigenspannungen im späteren Bauteil keine genaue Aussage getroffen werden kann. Dies führt tendenziell dazu, dass gerade für frühe Entwicklungsphasen Werkstoffe mit niedrigeren Festigkeitswerten zu bevorzugen sind.

5.2.4.5 Statische Belastungen

Bei Belastungen in einem Temperaturbereich, in dem der Einfluss des Kriechens technisch nicht relevant ist ($T < 0{,}4\ T_S$), ist vor allem wichtig, dass der Werkstoff sich nicht plastisch verformt. Dies setzt zum einen eine hohe Streckgrenze R_e voraus, zum anderen, dass der Werkstoff bei einer Zunahme der Mehrachsigkeit durch Fließen und nicht durch Sprödbruch versagt. Eine mehrachsige Beanspruchung ergibt sich bei einer Änderung des Bauteilquerschnitts, sowie durch Eigenspannungen, die durch Oberflächenbearbeitung oder Wärmebehandlung ins Bauteil eingetragen werden. Da die Größe eventuell auftretender mehrachsiger Beanspruchungen in der frühen Entwicklungsphase nicht abzuschätzen ist, ist es wichtig, dass die verwendeten Werkstoffe unempfindlich auf eben solche Beanspruchungen reagieren. Besonders geeignet erweisen sich hier duktile Werkstoffe, da deren Mohrsche Hüllparabel eine Parabelform zeigt. Diese erlaubt, dass beim Erreichen des kritischen Mohrschen Spannungskreises das Bauteil durch Fließen versagt bzw. es zu einem Spannungsabbau durch Fließen an den höchstbeanspruchten Stellen kommt, ohne dass das Bauteil versagt. In der Darstellungsform der Mohrschen Hüllparabel bedeutet dies, dass der Mohrsche Spannungskreis die Hüllparabel an den Flanken berührt und somit den Wert der kritischen Schubspannung erreicht (Abb. 5.13).

Bei einer stark dreiachsigen Beanspruchung lassen duktile Werkstoffe außerdem ein Ansteigen der größten Hauptspannung ohne plastische Verformung zu, bis die kritische Normalspannung erreicht wird (Abb. 5.14). Mit Hilfe der erweiterten Schubspannungshypothese erklärt sich dieser Effekt dadurch, dass durch die Zunahme der Mehrachsigkeit der Durchmesser des Mohrschen Spannungskreises, welcher sich aus der Differenz zwischen der größten und der kleinsten Hauptspannung ergibt, kleiner wird, jedoch auf der Spannungsachse weiter nach

Abb. 5.13 Mohrsche Hüllparabel für einen duktilen Werkstoff bei einachsiger Beanspruchung [5.42]

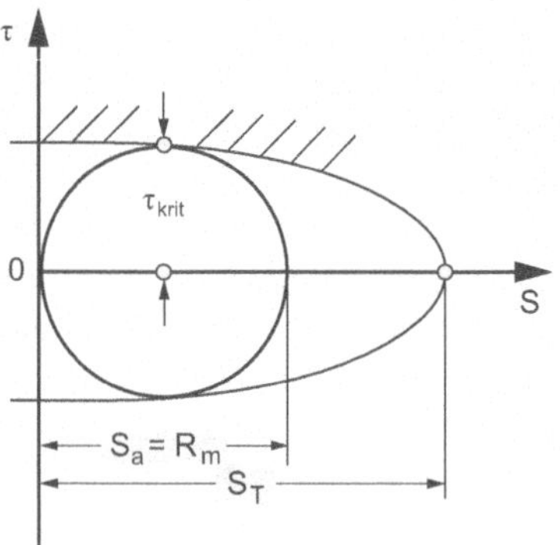

links wandert. Durch den verringerten Durchmesser des Mohrschen Spannungskreises erreicht dieser nicht mehr die kritische Größe um die Flanken der Mohrschen Hüllparabel zu berühren und durch Gleiten zu versagen. Vielmehr erreicht die maximale Hauptspannung die kritische Normalspannung am Scheitel der Hüllparabel und es kommt zu einem Bauteilversagen durch Sprödbruch. Im Gegensatz dazu erlaubt ein spröder Werkstoff aufgrund der Form seiner Mohrschen Hüllparabel keine Verformungen im Kerbgrund, was bei einer Zunahme der Normalspannung zwangsläufig bedeutet, dass mit einem Sprödbruch zu rechnen ist (Abb. 5.15).

Dieser Unterschied zwischen dem Werkstoffverhalten bedingt quasi einen zusätzlichen Widerstand gegenüber Versagen durch mehrachsige Beanspruchung von duktilen Werkstoffen. Deutlich wird diese zusätzliche „Sicherheit" durch die bezogene Kerbzugfestigkeit, die über die Formzahl für unterschiedliche Werkstoffe aufgetragen wird (Abb. 5.16). Dabei nehmen duktile Werkstoffe für das Verhältnis aus Zugfestigkeit der gekerbten Probe zur Zugfestigkeit der ungekerbten Probe, der so genannten bezogene Kerbzugfestigkeit, Werte von $R_{m,k}/Rm > 1$ an, was einer „zusätzlichen Sicherheit" entspricht. Hingegen nehmen ideal spröde Werkstoffe mit steigender Formzahl bezogene Kerbzugfestigkeitswerte $R_{m,k}/R_m < 1$ an.

Bei einer Belastung unter einem technisch relevanten Temperatureinfluss kommt es nach einer gewissen Zeit zu einer Kriechschädigung, die im Wesent-

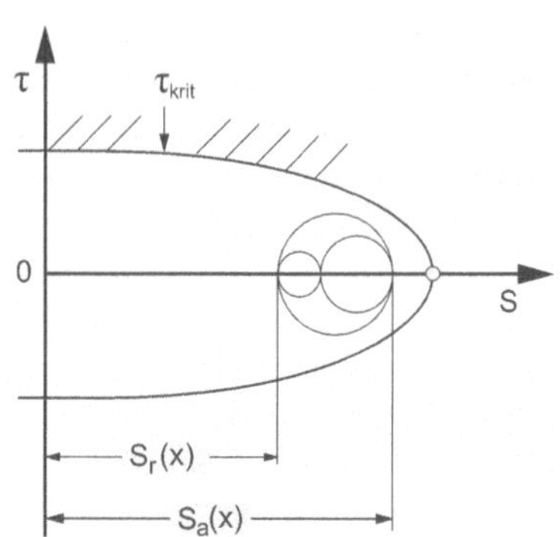

Abb. 5.14 Mohrsche Hüllparabel für einen duktilen Werkstoff bei mehrachsiger Beanspruchung [5.42]

Abb. 5.15 Mohrsche Hüllparabel für einen spröden Werkstoff [5.42]

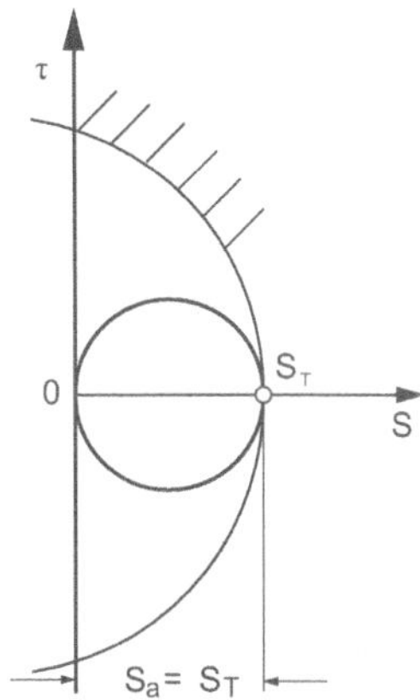

lichen durch Porenbildung verursacht wird. Der Beginn der Kriechschädigung hängt von dem Gefüge, der Höhe der Temperatur und der Spannung ab. Dennoch gilt generell, dass durch die Verringerung der Verformungsfähigkeit eines Werkstoffes, was durch eine mehrachsige Beanspruchung verursacht werden kann, die Entstehung von Poren gefördert wird, da die Anzahl der belasteten Korngrenzen steigt und damit auch die potentiellen Entstehungsorte für Poren zunehmen. Für eine generelle Auswahl von Werkstoffen, die sich unempfindlich gegenüber Porenbildung und somit unempfindlich gegenüber Kriechschädigung zeigen, ist zu beachten, dass die Orte im Gefüge, an denen Poren entstehen, gering gehalten werden. Typische Orte, an denen sich Poren bilden sind bei ferritisch-perlitischen bzw. bainitischen Stählen die Korngrenzen. Jedoch ist bei niederen Belastungen in bestimmten Fällen eine Porenbildung an bestimmten gröberen Ausscheidungen wie Carbiden, Sulfiden und Oxiden möglich. Diese Art der Porenbildung wird vor allem bei martensitischen Stählen mit einem Chromgehalt zwischen 9% und 12% beobachtet.

Weiter ist bei warmfesten martensitischen Stählen darauf zu achten, dass Poren ebenfalls an ehemaligen Austenitkorngrenzen, sowie an Subkorngrenzen, auch als Martensitlatten bezeichnet, auftreten können [5.37]. Ganz allgemein sind also gerade in frühen Entwicklungsphasen Werkstoffe zu bevorzugen, die möglichst

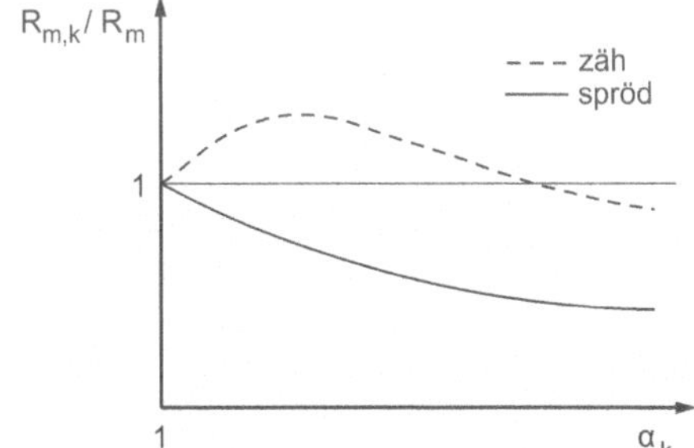

Abb. 5.16 Prinzipieller Verlauf der bezogenen Kerbzugfestigkeit über die Formzahl bei zähen und spröden Werkstoffen

wenig solcher Ausscheidungen, die eine Porenbildung verursachen können, aufweisen. Jedoch ist die Porenbildung nicht die einzige Versagensursache und auch die verbleibende Zeit ist vom Auftreten der ersten Poren bis zum Versagen des Bauteils sowohl werkstoff- als auch beanspruchungsabhängig. So zeigen „verformungsfreundliche" Stähle wie z. B. 10CrMo9-10 eine weniger deutlich ausgeprägte Porenbildung, obwohl der Lebensdauerverbrauch dennoch weiter fortgeschritten sein kann als bei Proben mit ausgeprägter Porenbildung [5.37].

5.2.5 Einfluss von unsicheren Daten auf die Zuverlässigkeit

Werden frühe Entwicklungsphasen betrachtet, kann es häufig vorkommen, dass eine Informationsunsicherheit vorliegen kann. Vor allem wird dies auch bei der überschlägigen Berechnung der Belastungen und dadurch auch bei der Werkstoffauswahl ersichtlich.

Unsicherheiten bei der Werkstoffauswahl können in unterschiedlichster Art und Weise auftreten. Dies kann z. B. durch eine Variation der Spannungsamplitude, des Mittelspannungseinflusses, der Oberflächenbeschaffenheit oder auch der Bauteiltemperatur geschehen.

5.2.5.1 Zusammenhang zwischen der Lebensdauer und der Spannungsamplitude

Die Basis der Abschätzung des Einflusses einer Varianz der Spannungsamplitude auf die Lebensdauer bilden die Miner-Regeln aus Kap. 5.2.4.2. Im Bereich der Zeitfestigkeit $S_a > S_D$ verläuft die Wöhlerlinie bei allen Miner-Regeln als Gerade mit der Neigung k im doppellogarithmischen Diagramm (Abb. 5.17). Erst im Bereich der Dauerfestigkeit $S_a < S_D$ unterscheiden sich die Miner-Regeln, weshalb eine differenzierte Betrachtung des Zusammenhangs von Schadenssumme und Schwingspielzahl im Bereich der Zeitfestigkeit und der Dauerfestigkeit vorgenommen werden muss.

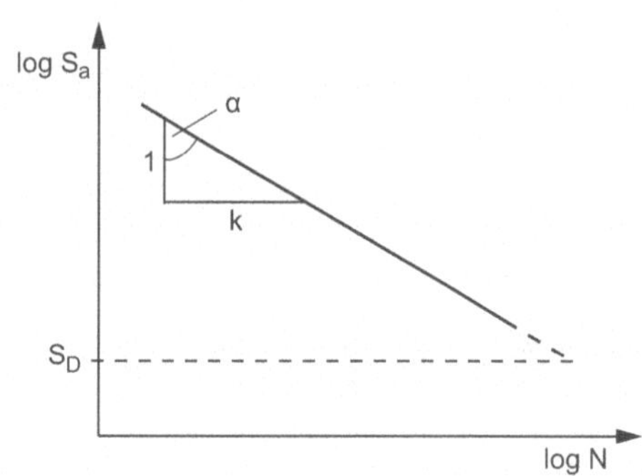

Abb. 5.17 Zeitfestigkeitsbereich der Wöhlerlinie [5.42]

Die für die Berechnung der Lebensdauer benötigte Neigung k entspricht dem Tangens des Winkels α zwischen einer Parallelen zur Ordinate und der Zeitfestigkeitslinie der Wöhlerlinie im doppellogarithmischen Wöhlerdiagramm. Für k gilt:

$$\tan\alpha = k = -\frac{\log N_D - \log N_i}{\log S_D - \log S_{ai}} \tag{5.4}$$

Daraus ergibt sich:

$$\begin{aligned} -k \cdot \log\frac{S_D}{S_{ai}} = \log\frac{N_D}{N_i} \quad &\Rightarrow \log\left(\frac{S_D}{S_{ai}}\right)^k = \log\left(\frac{N_D}{N_i}\right)^{-1} \\ \Rightarrow \frac{N_i}{N_D} = \left(\frac{S_D}{S_{ai}}\right)^k & \end{aligned} \tag{5.5}$$

Im Bereich der Zeitfestigkeit wird die ertragbare Schwingspielzahl N_i in Abhängigkeit von der jeweiligen Spannungsamplitude S_{ai} beschrieben durch:

$$N_i = N_D\left(\frac{S_D}{S_{ai}}\right)^k \qquad \forall S_{ai} \geq S_D \tag{5.6}$$

Der Punkt, an dem die Wöhlerlinie von der Zeit- in die Dauerfestigkeit übergeht, wird durch die Spannung S_D und die Schwingspielzahl N_D beschrieben. Die Neigung der Zeitfestigkeitsgeraden ist durch k gegeben.

Um den Einfluss der Variation der Spannungsamplitude auf die Schwingspielzahl und schließlich auf die Lebensdauer zu berücksichtigen, wird die Amplitudenspannung S_{ai} in Gl. (5.4) durch eine um den Faktor P variierte Spannungsamplitude $S_{ai,neu}$ ersetzt. Dabei ergibt sich der Faktor P aus dem Prozentsatz p, um den sich die Spannungsamplitude verändert.

$$S_{ai,neu} = P \cdot S_{ai} \text{ mit } P = 1 + \frac{p}{100}, p \text{ in } \% \tag{5.7}$$

Der Prozentsatz p ist dabei vorzeichenbehaftet, was bedeutet, dass bei einer Erhöhung der Amplitudenspannung ein positiver und entsprechend bei einer Erniedrigung der Amplitudenspannung ein negativer Prozentsatz p anzusetzen ist. Mit Gl. (5.5) ergibt sich dann für die ertragbare Schwingspielzahl bei veränderter Spannungsamplitude:

$$N_{i,neu} = N_D\left(\frac{S_D}{S_{ai,neu}}\right)^k = \frac{1}{P^k} \cdot N_D \cdot \left(\frac{S_D}{S_{ai}}\right)^k = \frac{1}{P^k} \cdot N_i \quad \forall S_{ai,neu} \geq S_D \tag{5.8}$$

Durch den Zusammenhang zwischen der ursprünglich ertragbaren Schwingspielzahl N_i und der, in Folge der veränderten Spannungsamplitude, ertragbaren

Schwingspielzahl $N_{i,neu}$, ergibt sich für den Zusammenhang zwischen der ursprünglichen Schadenssumme D und der veränderten Schadenssumme D_{neu}

$$D_{neu} = \sum_{i=1}^{m} \frac{n_i}{N_{i,neu}} = P^k \sum_{i=1}^{m} \frac{n_i}{N_i} = \left(1 + \frac{p}{100}\right)^k \cdot D \tag{5.9}$$

Dieser Zusammenhang zwischen der neuen und der ursprünglichen Schadenssumme beschränkt sich jedoch auf den Zeitfestigkeitsbereich (Abb. 5.7). Wird der Zeitfestigkeitsbereich jedoch durch die ursprüngliche Spannungsamplitude S_{ai} oder die variierte Spannungsamplitude $S_{ai,neu}$ unterschritten, so ergeben sich in Abhängigkeit der zu Grunde gelegten Miner-Regel unterschiedliche Zusammenhänge zwischen den angesetzten Spannungsamplituden und der ertragbaren Schwingspielzahl. Diese Unterschiede bei den ertragbaren Schwingspielzahlen bedingen folglich auch einen unterschiedlichen Zusammenhang zwischen der veränderten und der ursprünglichen Schadenssumme sowohl zwischen den Miner-Regeln, als auch beim Vergleich zwischen dem Zeit- und dem Dauerfestigkeitsbereich. Aufgrund dessen ist eine getrennte Betrachtung des Dauerfestigkeitsbereiches der unterschiedlichen Miner-Regeln notwendig.

Um von der Schadenssumme D auf die Lebensdauer L schließen zu können wird der antiproportionale Zusammenhang zwischen Lebensdauer und Schadenssumme genutzt:

$$\frac{1}{D} \sim L \tag{5.10}$$

Damit ergibt sich für die Beziehung zwischen der Lebensdauer L auf der Basis der ursprünglichen Spannungsamplitude S_{ai} und der Lebensdauer $L_{neu,}$ welche sich aus der veränderten Spannungsamplitude $S_{ai,neu}$ abgeleitet werden kann:

$$L_{neu} = \frac{D}{D_{neu}} \cdot L \tag{5.11}$$

Auf die genauen Formeln der unterschiedlichen Miner-Regeln wird nicht eingegangen und auf [5.24] verwiesen. Stattdessen wird ein Beispiel präsentiert, mit dem nachvollzogen werden kann, welchen Einfluss eine Änderung der Spannungsamplitude besitzt.

Beispiel

Für die wirkende Belastung wird ein Belastungskollektiv angenommen (Tabelle 5.6), das stufenweise um $\Delta p = 1\%$ verringert wird. Die Anzahl der wirkenden Schwingspiele n_i der einzelnen Stufen des Beanspruchungskollektives sind so gewählt, dass bei dem Ausgangsbeanspruchungskollektiv, also dem Kollektiv mit $P = 1$, gerade die Schadenssumme $D = 1$ erreicht wird. Als Werkstoff wird ein Titanlegierung TiAl2,5V gewählt mit einer Neigung $k = 11{,}63$.

Tabelle 5.6 Ausgangsbeanspruchungskollektiv bei $P = 100\%$

Lastkollektiv	**1**	**2**	**3**
S_a [MPa]	800	600	500
n	100	30	7754
N	134	3796	31624

Auf Basis der drei Miner-Regeln wird für jeden Faktor P des erniedrigten Beanspruchungskollektives jeweils die dazugehörige Schadenssumme D_{neu} ermittelt und in einem Diagramm über den Faktor P aufgetragen (Abb. 5.18). Die Schadenssumme D_{neu} ergibt sich dabei aus dem Verhältnis, der bei allen Kollektiven gleich bleibenden Anzahl der wirkenden Schwingspielzahl n_i zur jeweiligen ertragbaren Schwingspielzahl $N_{i,neu}$. Die ertragbare Schwingspielzahl $N_{i,neu}$ wird dabei aus dem Wöhlerdiagramm ermittelt, indem für die erniedrigten Spannungsamplituden $S_{ai,neu}$ die dazugehörige ertragbare Schwingspielzahl $N_{i,neu}$ abgelesen wird.

Der sich ergebende Zusammenhang (Abb. 5.18) zwischen der Schadenssumme D und dem Faktor P, um den sich die Spannungsamplitude verändert, verdeutlicht, welchen erheblichen Einfluss eine geringe Variation der Spannungsamplitude auf die Schadenssumme hat. So bewirkt im betrachteten Beispiel eine Verringerung der angesetzten Spannungsamplitude S_{ai} um $p = -10\%$ auf $P = 90\%$ eine Reduzierung der Schadenssumme D von $D = 1$ auf $D_{neu} = 0{,}294$, was einer Verringerung von D um 70,6% entspricht. Im betrachteten Beispiel wird der Zusammenhang zwischen der Variation der Spannungsamplitude und der Schadenssumme besonders deutlich.

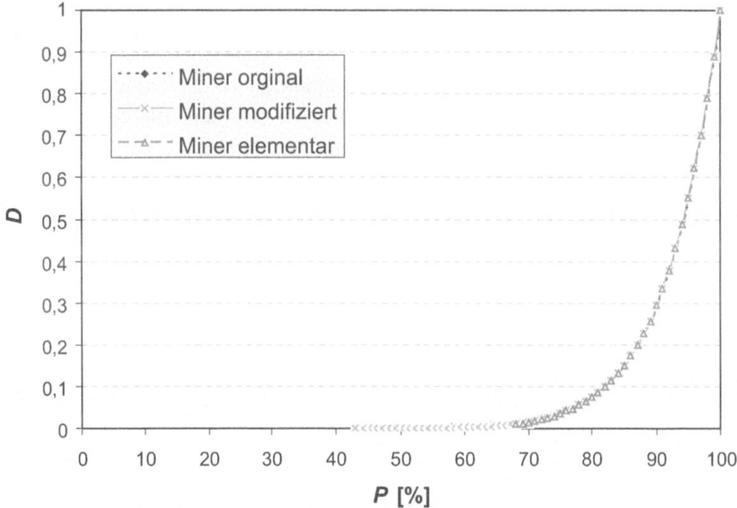

Abb. 5.18 Zusammenhang zwischen P und D für das gewählte Beanspruchungskollektiv in Abhängigkeit von den unterschiedlichen Miner-Regeln

Mit dem antiproportionalen Zusammenhang zwischen Lebensdauer und Schadenssumme darf für die Lebensdauer eine der Reduzierung der Schadenssumme entsprechende Steigerung angenommen werden, was für den betrachteten Fall bedeutet, das eine $p = 10\%$ Reduzierung der Spannungsamplitude eine immense Steigerung der Lebensdauer bedeutet. Dadurch wird der überproportionale Zusammenhang zwischen der Variation der Spannungsamplitude um den Prozentsatz p und der Lebensdauer L_{neu} besonders deutlich. Zudem besteht nur ein marginaler Unterschied zwischen den verschiedenen Schädigungsakkumulations-Hypothesen.

In Bezug auf frühe Entwicklungsphasen kann aus diesen Ergebnissen abgeleitet werden, wie wichtig es ist, dass genaue Daten über die wirkenden Spannungen im späteren Betrieb des zu untersuchenden Bauteils vorliegen. Denn bereits eine geringe Abweichung der angenommenen Spannungsamplitude für die Lebensdauervorhersage in der frühen Entwicklungsphase von der tatsächlich im Betrieb wirkenden Spannungsamplitude hat erhebliche Auswirkungen auf die Lebensdauer, so dass ermittelte Lebensdauerwerte aufgrund ihrer erheblichen Streuung unbrauchbar werden.

5.2.5.2 Relevanz des Mittelspannungseinflusses

Der Einfluss der Mittelspannung S_m auf die ertragbare Spannungsamplitude kann durch verschiedene Ansätze beschrieben werden (Abb. 5.19). Eine Möglichkeit repräsentiert die Goodman- Geraden, welche eine Verlängerung der Sekante nach Schütz aus dem Haigh-Schaubild darstellt.

Die Gleichung der Goodmann-Geraden lautet hierbei:

$$S_a(S_m) = S_a(S_m = 0) \cdot \left[1 - \left(\frac{S_m}{S_G} \right) \right]. \tag{5.12}$$

Die Spannungen S_G bezeichnet im Haigh-Schaubild diejenige Mittelspannung S_m, bei der die Goodman-Gerade die Abszisse schneidet. Es ist jedoch zulässig, um eine bessere Anpassung an Versuchsergebnisse zu erhalten, die Spannungen $S_G = x \cdot R_e$ bzw. $S_G = x \cdot R_m$, mit x als Variable, geeignet zu wählen.

Die Abschätzung nach Goodman stellt jedoch für den Bereich $R > 0$ eine sehr konservative Abschätzung der Beziehung zwischen ertragbarer Spannungsamplitude S_a und Mittelspannung S_m dar, weshalb in der FKM-Richtlinie [5.23] für kerbbeanspruchte Bauteile aus verformungsfähigen Werkstoffen eine dreifach abgeknickter Geradenzug für die Beschreibung der Beziehung vorgeschlagen wird. Dabei werden die Geraden im Bereich $-\infty < R \leq 0$ durch die Steigung M, für $0 < R \leq 0{,}5$ durch die Steigung $M/3$ und im hohen Zug- Schwellbereich $0{,}5 < R < \infty$ durch eine Parallele zur Abszisse beschrieben. Der Wert der Steigung $M/3$ ab $R > 0$ ist eine rein empirische Größe und soll die Spannungsumlagerung im Kerbgrund, auf Grund plastischer Verformung, berücksichtigen [5.26]. Dieser Vorschlag der Beschreibung der Beziehung gilt nach der FKM-Richtlinie jedoch nur für eigenspannungsfreie Bauteilquerschnitte, da Eigenspannungen die Mittelspannungsabhängigkeit verändern.

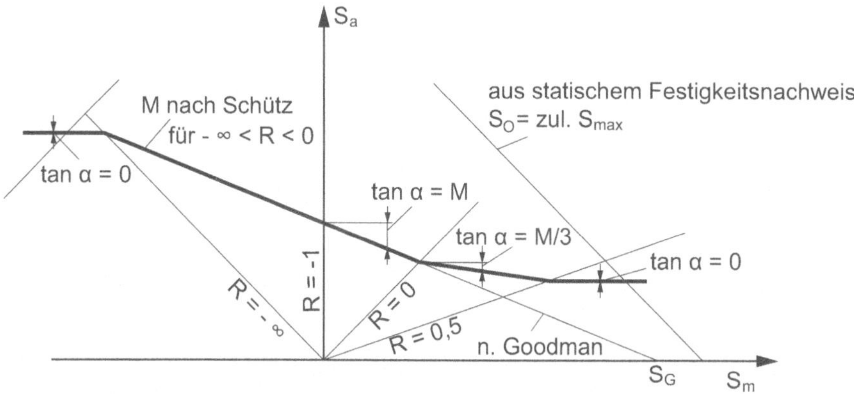

Abb. 5.19 Beziehung zwischen ertragbarer Spannungsamplitude und Mittelspannung, dargestellt durch die Sekante von Schütz, die Goodman-Gerade, die Gerber Parabel, sowie der Vorschlag der FKM- Richtlinie [5.23]

In Bezug auf die frühe Entwicklungsphase kann eine solche Einschränkung allerdings nicht erfüllt werden, da noch nicht abzuschätzen ist, welcher Eigenspannungszustand, auf Grund von Herstellung, Wärmebehandlung etc. im Bauteil vorliegen wird. Deshalb wird der Einfluss der Mittelspannung nach dem konservativeren Ansatz nach Goodman abgeschätzt. Bei dem Ansatz nach Goodman wird die Schütz-Gerade mit der Steigung M für den Bereich $R>0$ verlängert. Bei dem Ansatz nach Goodman ergibt sich eine ertragbare Spannungsamplitude S_a (S_m):

$$S_a(S_m) = S_a(S_m = 0) - M \cdot S_m \tag{5.13}$$

Somit wird der Zusammenhang zwischen ertragbarer Spannungsamplitude S_a und Mittelspannung S_m für $\mathrm{R}>-\infty$ beschrieben. Allerdings wird der Einfluss der Mittelspannung dadurch mehr oder weniger stark überbewertet. Werkstoffmechanische Einflüsse wie Ver- und Entfestigungsmechanismen während der Schwingbeanspruchung werden bei der Ermittlung des Mittelspannungseinflusses nicht berücksichtigt. Auch werden Effekte wie der Bauschinger Effekt oder das Hochtrainieren nicht berücksichtigt.

Die Beziehung aus Gl. (5.13) gilt allerdings nur für $R>-\infty$ weshalb $S_m>-S_a(S_m)$ sein muss. Wird die Wöhlerlinie für die korrigierte Spannungsamplitude dargestellt, so ergibt sich bei einer positiven Mittelspannung S_m eine zu kleinen, ertragbaren Schwingspielzahlen N hin verschobene Wöhlerlinie

Durch die Verschiebung der Wöhlerlinie bei einer Veränderung der Mittelspannung, ändert sich auch die ertragbare Schwingspielzahl. Damit dies aus der gegebenen Wöhlerlinie für die Mittelspannung $S_m=0$ herauslesen werden kann, muss die Spannungsamplitude auf eine fiktive Spannungsamplitude $S_a{}^*(S_m)$ so verändert werden, dass deren Schnittpunkt mit der Wöhlerlinie dann die ertragbare Schwingspielzahl $N\,(S_a(S_m))$ ergibt. Die Spannungsamplitude $S_a(S_m=0)$ wird gerade um die Strecke $\overline{\Delta S}$ im doppellogarithmischen Diagramm in die Gegenrichtung der sich verändernden ertragbaren Spannungsamplitude verschoben. Für eine Mittelspannung $S_m > 0$ bedeutet dies, dass die Strecke, um die sich die ertragbare Spannungsamplitude verringert, zu der Strecke der Spannungsamplitude bei $S_m = 0$ addiert wird. Die sich ergebende Spannungsamplitude ist dann die fiktive Spannungsamplitude $S_a{}^*(S_m)$, deren Schnittpunkt mit der ursprünglichen Wöhlerlinie gerade die, durch die Mittelspannung verringerte Schwingspielzahl $N(S_a(S_m))$ ergibt. Voraussetzung für die so ermittelte Schwingspielzahl ist, dass die Beanspruchung im Zeitfestigkeitsbereich der Wöhlerlinie liegt, bzw. die Wöhlerlinie auf der Elementaren Miner-Regel basiert.

Für die Strecke $\overline{\Delta S}$ im doppellogarithmischen Diagramm zwischen der Spannungsamplitude S_a $(S_m = 0)$ und der veränderten Spannungsamplitude $S_a(S_m)$ ergibt sich:

$$\overline{\Delta S} = \log S_a\left(S_m = 0\right) - \log S_a\left(S_m\right). \tag{5.14}$$

Die fiktive Spannungsamplitude $S_a{}^*(S_m)$ wird aus der geometrischen Addition der Strecke $S_a(S_m = 0)$ und der Strecke $\overline{\Delta S}$ ermittelt:

$$S_a{}^*\left(S_m\right) = 10^{\left(\log S_a\left(S_m = 0\right) + \overline{\Delta S}\right)} = 10^{\left(2 \cdot \log S_a\left(S_m = 0\right) - \log S_a\left(S_m\right)\right)} = \frac{\left(S_a\left(S_m = 0\right)\right)^2}{S_a\left(S_m\right)}. \tag{5.15}$$

Für die ertragbare Schwingspielzahl $N(S_a(S_m))$ ergibt sich dann:

$$N\left(S_a\left(S_m\right)\right) = N\left(S_a\left(S_m{}^*\right)\right) = N_D \cdot \left(\frac{S_D}{S_a{}^*\left(S_m\right)}\right)^k. \tag{5.16}$$

Werden Gl. (5.13) bis (5.16) miteinander kombiniert, folgt

$$N\left(S_a\left(S_m\right)\right) = N\left(S_a\left(S_m = 0\right)\right) \cdot \left(1 - \frac{M \cdot S_m}{S_a\left(S_m = 0\right)}\right)^k. \tag{5.17}$$

Für den Mittelspannungseinfluss wird eine aufgrund der wirkenden Spannungsamplitude veränderte ertragbare Spannungsamplitude $S_a(S_m)$ definiert, aus der die fiktive Spannungsamplitude $S_a^*(S_m)$ resultiert. Das Verhältnis zwischen der Differenz aus fiktiver Spannungsamplitude $S_a^*(S_m)$ und ursprünglicher Spannungsamplitude $S_a(S_m = 0)$ zur ursprünglichen Spannungsamplitude entspricht gerade dem Prozentsatz p, um den sich die Spannungsamplitude verändert:

$$p = \frac{S_a^*\left(S_m\right) - S_a\left(S_m = 0\right)}{S_a\left(S_m = 0\right)} \cdot 100\% \tag{5.18}$$

Somit ist der Mittelspannungseinfluss auf die Variation um einen Prozentsatz p zurückgeführt. Es ergibt sich für die geänderte Lebensdauer L_{neu} unter der Voraussetzung, dass die Veränderung der Spannungsamplitude ausschließlich von der Variation der Mittelspannung S_m herrührt:

$$\begin{aligned} L_{neu} \geq L_{neu,elementar} &= \left(1 + \frac{p}{100}\right)^{-k} \cdot L \\ &= \left(1 + \frac{S_a^*(S_m) - S_a(S_m = 0)}{S_a(S_m = 0)}\right)^{-k} \cdot L \end{aligned} \tag{5.19}$$

Weiter vereinfacht ergibt sich für die geänderte Lebensdauer:

$$\begin{aligned} L_{neu} \geq L_{neu,elementar} &= \left(\frac{S_a^*(S_m)}{S_a(S_m = 0)}\right)^{-k} \cdot L \\ &= \left(\frac{S_a(S_m = 0)}{S_a(S_m = 0) - M \cdot S_m}\right)^{-k} \cdot L \end{aligned} \tag{5.20}$$

Beispiel

Für das Beispiel wird der Werkstoff 42CrMo4 betrachtet. Dieser besitzt eine Streckgrenze von $R_e = 650\,\text{MPa}$, eine Zugfestigkeit von $R_m = 1100\,\text{MPa}$ sowie eine Neigung $k = 15{,}1$. Des Weiteren besitzt der Werkstoff eine Mittelspannungsempfindlichkeit $M = 0{,}28$. Da nach dem Haigh-Schaubild die Mittelspannungen unterhalb der Streckgrenze des Werkstoffes liegen, weil sonst plastische Verformungen Eigenspannungen implizieren, wird die Mittelspannung zwischen $S_{m,min} = -350\,\text{MPa}$ und $S_{m,max} = +350\,\text{MPa}$ variiert.

Die Veränderung l der Lebensdauer unter einem Mittelspannungseinfluss M stellt sich dar als:

$$l = \frac{L_{neu} - L}{L} \cdot 100\% = \left(\left(1 - \frac{M \cdot S_m}{S_a(S_m = 0)}\right)^{k} - 1\right) \cdot 100\% \tag{5.21}$$

In Abb. 5.20 ist zu sehen, wie die Beziehung zwischen $S_a(S_m = 0)$, $S_a(S_m > 0)$ und der Lebensdauerveränderung l anhand der Wöhlerlinie zu verstehen ist.

Auf Basis der Veränderung wird die Lebensdaueränderung in Abhängigkeit der Mittelspannung S_m in einem Diagramm dargestellt. Dabei wird für verschiedene Spannungsamplituden $S_a(S_m = 0)$ der Wöhlerlinie ohne Mittelspannungseinfluss jeweils die Veränderung l über die Mittelspannung S_m aufgetragen. Im Folgenden wird für positive Mittelspannungen mit Hilfe der beispielhaften Amplituden von

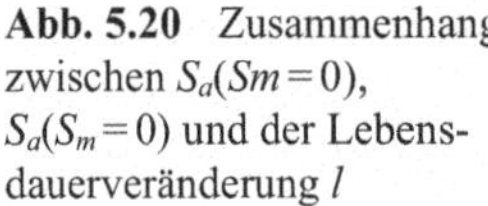

Abb. 5.20 Zusammenhang zwischen $S_a(Sm=0)$, $S_a(S_m=0)$ und der Lebensdauerveränderung l

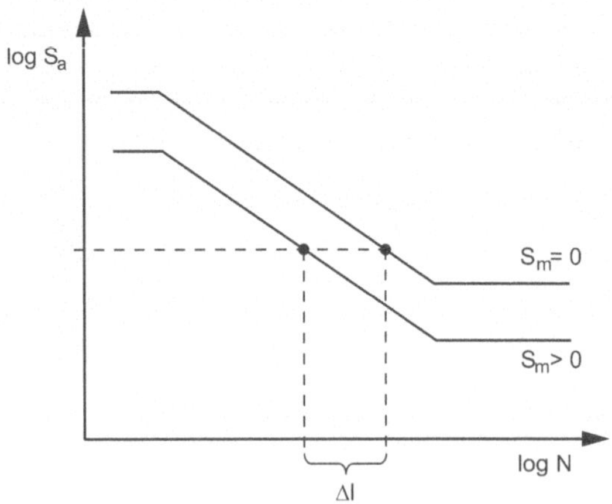

Sa = 100 MPa sowie Sa = 600 MPa geprüft, wie sich die Lebensdauer verändert (siehe Abb. 5.21 und Abb. 5.22).

Der Bereich der Mittelspannung $S_m > 0$ ist von besonderer Bedeutung, da dort die Lebensdauer sich verringert und somit die Lebensdauervorhersage zur unsicheren Seite hin verändert wird. Der starke Anstieg der Lebensdauerveränderung l bei kleinen Spannungsamplituden im Vergleich zu großen Spannungsamplituden liegt zum einen daran, dass die Mittelspannung im Verhältnis zur Spannungsamplitude sehr viel größer ist als bei großen Spannungsamplituden. Zum anderen ist die Lebensdauer bei kleinen Spannungsamplituden viel größer, weshalb eine Veränderung der Mittelspannung bei der logarithmischen Auftragung im Wöhlerdiagramm auch eine viel größere Veränderung l bewirkt.

Die Auftragung der Lebensdauer über die Mittelspannung sagt nicht etwa aus, dass mit Versagen zu rechnen ist, wenn $l \approx -100\%$ erreicht ist. Vielmehr hat eine

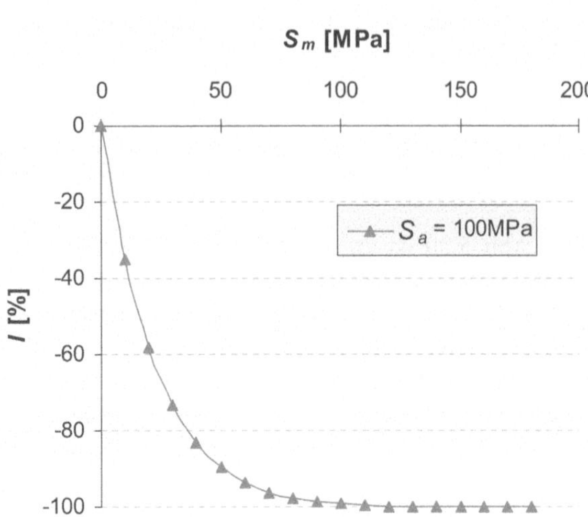

Abb. 5.21 Zusammenhang zwischen Lebensdauerveränderung l und Mittelspannung $S_m > 0$ für den Grundwerkstoffs 42CrMo4 für $S_a = 100\text{MPa}$ [5.24]

Abb. 5.22 Zusammenhang zwischen Lebensdauerveränderung l und Mittelspannung $S_m > 0$ für den Grundwerkstoffs 42CrMo4 für $S_a = 600$MPa [5.24]

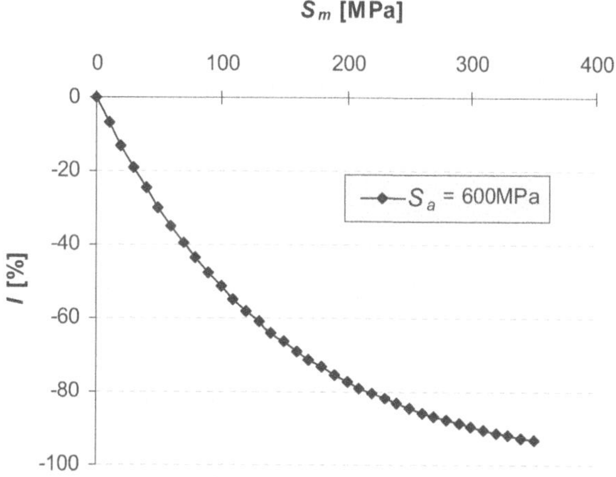

weitere Veränderung der Lebensdauer in Folge des Mittelspannungseinflusses bezogen auf die ursprüngliche Lebensdauer L_0 einen so geringen Einfluss, dass keine sichtbare weitere Lebensdauerveränderung l mehr auftritt.

5.2.5.3 Relevanz der Oberflächenbeschaffenheit

Unter der Voraussetzung, dass die Oberflächenbeschaffenheit durch das Diagramm nach Siebel und Gaier (Abb. 5.23) berücksichtigt wird, vereinfacht sich die Bestimmung der Relevanz genauer Daten von der Oberflächengüte eines Bauteils auf den Oberflächenfaktor f. Der Oberflächenfaktor entspricht hierbei einer Verringerung der ertragbaren Beanspruchung.

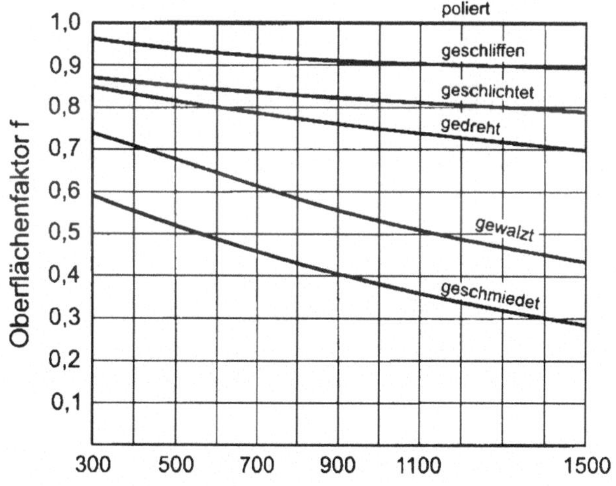

Abb. 5.23 Einfluss der Oberfläche auf die Schwingfestigkeit [5.42]

Der Ansatz für die Berechung der Lebensdauer in Abhängigkeit der Oberflächenbeschaffenheit ist ähnlich wie der des Einflusses der Mittelspannung auf die Lebensdauer. Für die Spannungsänderung ΔS durch die Oberflächenbeschaffenheit gilt (Abb. 5.24):

$$\Delta S = \log S_{a,pol} - \log S_a . \tag{5.22}$$

Die fiktive Spannungsamplitude S_a* ist um den Betrag der Spannungsamplitude gegenüber der Spannungsamplitude bei polierter Oberfläche $S_{a,pol}$ erhöht. Dies geht aber mit einer Senkung der ertragbaren Schwingspielzahl N einher.

$$\begin{aligned}\log S_a^* &= \log S_{a,pol} + \Delta S = \log S_{a,pol} + \log S_{a,pol} - \log S_a \\ &= 2 \cdot \log S_{a,pol} - \log S_a\end{aligned} \tag{5.23}$$

Daraus folgt:

$$\log S_a^* = \log \frac{S_{a,pol}^{\;\;2}}{S_a} \Rightarrow S_a^* = \frac{S_{a,pol}^{\;\;2}}{S_a} = \frac{S_{a,pol}^{\;\;2}}{S_{a,pol} \cdot f} = \frac{S_{a,pol}}{f} = P \cdot S_{a,pol} . \tag{5.24}$$

Für die ertragbare Schwingspielzahl ergibt sich mit Gl. (5.6) und Gl. (5.24):

$$\begin{aligned}N\left(S_{a,pol}\right)_{f<1} &= N\left(S_a^*\right)_{f=1} = N_D \left(\frac{S_D}{\frac{S_{a,pol}}{f}} \right)_{f=1}^{k} = N_D \left(\frac{S_D}{S_{a,pol}} \cdot f \right)_{f=1}^{k} \\ &= N\left(S_{a,pol}\right)_{f=1} \cdot f^k\end{aligned} \tag{5.25}$$

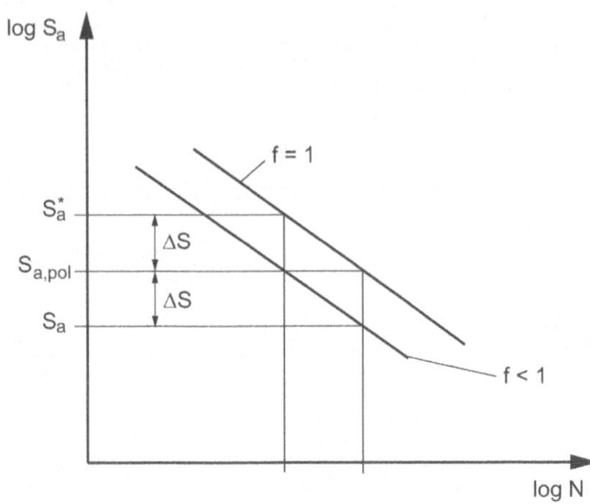

Abb. 5.24 Spannungsänderung

Für die korrigierte ertragbare Schwingspielzahl ergibt sich, bezogen auf die ursprüngliche Wöhlerlinie mit $f = 1$:

$$N(S_a) = N(S_{a,pol}) \cdot f^k . \tag{5.26}$$

Wird wieder vom Zusammenhang zwischen Lebensdauer L_{neu} und Variation der Spannungsamplitude um den Prozentsatz p ausgegangen, so ergibt sich eine Veränderung der Lebensdauer infolge der Variation der Oberflächengüte zu:

$$L_{neu} \geq L_{neu,elementar} = f^k \cdot L \tag{5.27}$$

Beispiel

In diesem Beispiel wird vom Werkstoff 42CrMo4 sowie vom Werkstoff C45v ausgegangen. Der Zusammenhang zwischen korrigierter Lebensdauer L_{neu} aufgrund des Oberflächeneinflusses und der Lebensdauer L für eine polierte Oberfläche ergibt eine Lebensdauerveränderung l von:

$$l = \frac{\Delta L}{L} \cdot 100\% = \left(f^k - 1\right) \cdot 100\% \tag{5.28}$$

Durch die Auftragung der Lebensdauerveränderung l über den Oberflächenfaktor f in den Grenzen zwischen $f = 0{,}36$ und $f = 1$ und mit der durch die Wöhlerlinie des Werkstoffes gegebenen Neigung $k = 15{,}1$ (42CrMo4) sowie $k = 4{,}1$ (C45v) ergibt sich folgender Zusammenhang (Abb. 5.25).

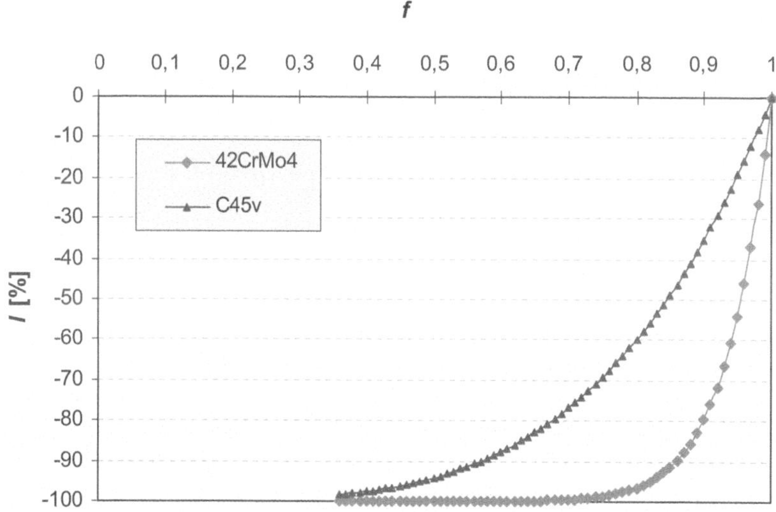

Abb. 5.25 Zusammenhang zwischen Lebensdauerveränderung l und Oberflächenfaktor f für den Grundwerkstoff 42CrMo4 und C45v [5.24]

Der Zusammenhang zwischen dem Oberflächenfaktor f und der Lebensdaueränderung l ist vor allem im Bereich der hohen Oberflächengüten mit $f > 0{,}8$ interessant, da in dem Bereich eine kleine Änderung der Oberflächengüte bereits einen signifikanten Einfluss auf die Lebensdauerveränderung l hat. So verändert sich die Lebensdauer bei dem Werkstoff 42CrMo4 um $l \approx -95\%$ bei einer Reduzierung der Oberflächengüte von poliert auf geschlichtet, was einer Veränderung des Oberflächenfaktors von $\Delta f \approx 0{,}2$ entspricht. Wird hingegen die Oberflächengüte von gewalzt auf geschmiedet verringert, was einem $\Delta f \approx 0{,}15$ entspricht, so ist praktisch keine weitere Lebensdauerveränderung mehr zu beobachten. Dies liegt vor allem an der logarithmischen Darstellung der Wöhlerlinie, weshalb eine weitere Reduzierung der bereits verringerten ertragbaren Schwingspielzahl bei gleicher Spannungsamplitude im Vergleich zur Ausgangsschwingspielzahl keinen signifikanten Einfluss mehr hat. Wird dahingehen der Werkstoff C45v betrachtet, wird durch den geringeren Wöhlerlinienneigung k der Einfluss der Oberfläche nicht mehr so drastisch. Eine Reduzierung des Oberflächenfaktors auf $f = 0{,}8$ bedingt hier eine Lebensdauerveränderung von $l \approx -60\%$.

5.2.5.4 Relevanz der Bauteiltemperatur

Der Einfluss der Bauteiltemperatur kann für die reine Ermüdungsbeanspruchung mit Hilfe des Temperatureinflussfaktors f_T aus dem AD-Merkblatt S2 [5.1] näherungsweise abgeschätzt werden. Der Einfluss der Temperatur wird durch die fiktive Variation der Spannungsamplitude berücksichtigt. Hier ist der Ansatz genau gleich wie bei der Relevanz der Oberflächenbeschaffenheit auf die Lebensdauer.

Für die korrigierte Lebensdauer ergibt sich dann:

$$L_{neu} \geq L_{neu,elementar} = f_T{}^k \cdot L \tag{5.29}$$

Mit der rechnerischen Beschreibung des Verlaufes des Korrekturfaktors f_T über die Temperatur T^* nach [5.1] ergibt sich für die korrigierte Lebensdauer:

$$L_{neu} \geq L_{neu,elementar} = \left(1{,}03 - 1{,}5 \cdot 10^{-4} \cdot T^* - 1{,}5 \cdot 10^{-6} \cdot T^{*2}\right)^k \cdot L \tag{5.30}$$

Der Einfluss einer technisch relevanten Kriechbeanspruchung kann nicht abgeschätzt werden, da die Einflussfaktoren auf das zeitabhängige Verhalten des Bauteils so vielschichtig sind, dass diese nicht mit einem Korrekturfaktor abgeschätzt werden können. Somit wird die Abschätzung der Relevanz genauer Daten beim Temperatureinfluss auf die reine Ermüdungsbeanspruchung beschränkt.

Alle betrachteten Einflussfaktoren wirken sich auf die Lebensdauer mit k-facher Potenz aus, weshalb eine Schwankung bei diesen Parametern einen signifikanten Einfluss auf die Lebensdauer hat. Für die frühe Entwicklungsphase bedeutet dies, dass möglichst genaue Daten über die später im Betrieb herrschenden Randbedingungen vorliegen müssen, um eine zuverlässige Lebensdauervorhersage treffen zu können.

Beispiel

Bei der Betrachtung des Temperatureinflusses auf den Werkstoff 42CrMo4 wird der Belastungsfall auf eine reine Ermüdungsbeanspruchung ohne Haltezeit beschränkt, so dass technisch relevante Kriechschädigung am Bauteil ausgeschlossen werden kann. Damit beschränkt sich die Berücksichtigung des Temperatureinflusses auf den Temperatureinflussfaktor f_T. Die Lebensdaueränderung l aufgrund des Einflusses der Temperatur T^* kann wie folgt beschrieben werden:

$$\begin{aligned} l &= \frac{L_{neu} - L}{L} \cdot 100\% \\ &= \left(\left(1{,}03 - 1{,}5 \cdot 10^{-4} \cdot T^* - 1{,}5 \cdot 10^{-6} \cdot T^{*2} \right)^k - 1 \right) \cdot 100\% \end{aligned} \tag{5.31}$$

Im betrachteten Beispiel wird der Temperaturbereich auf $100\,°\text{C} \leq T^* \leq 600\,°\text{C}$ beschränkt, da die Berücksichtigung des Temperatureinflusses mit dem Temperatureinflussfaktor eben nur für den genannten Temperaturbereich zulässig ist (Abb. 5.26).

Aufgrund der k-fachen Potenz des Temperatureinflussfaktors f_T bei der Lebensdauerveränderung ist gerade bei Temperaturveränderungen im Bereich der niedrigen Temperaturen $T^* < 300\,°\text{C}$ (Abb. 5.24) die Variation der Lebensdauerveränderung l signifikant. So bewirkt eine Variation der Temperatur von $T^* = 100\,°\text{C}$ auf $T^* = 300\,°\text{C}$ eine Variation der Lebensdauerveränderung von $\Delta l = 91\%$. Eine Erhöhung der Temperatur von $T^* = 400\,°\text{C}$ auf $T^* = 600\,°\text{C}$ dagegen bringt praktisch keine weitere Variation der Lebensdauerveränderung l.

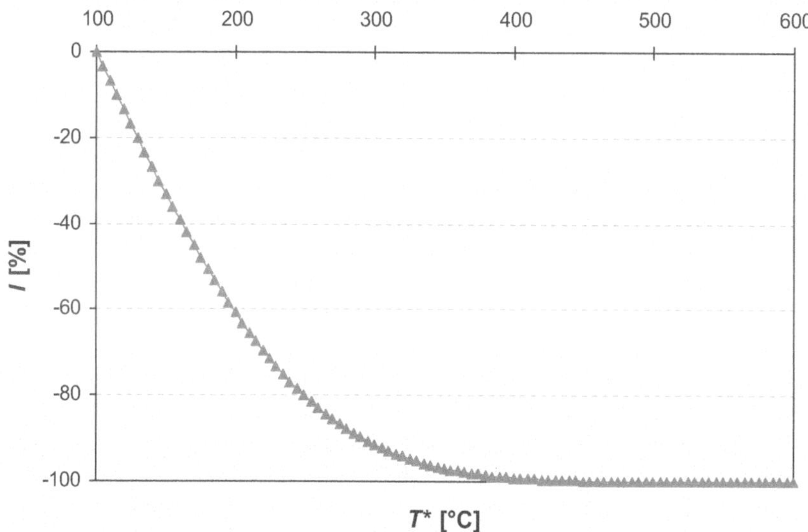

Abb. 5.26 Zusammenhang zwischen Lebensdauerveränderung l und Temperaturerhöhung T^* für den Grundwerkstoffs 42CrMo4 [5.24]

5.3 Kosten auf Basis unscharfer Daten

Nicht nur die reine Zuverlässigkeit ist bei der Betrachtung von Neuentwicklungen wichtig. Ein weiterer wichtiger Faktor sind die Kosten. Werden auch hier frühe Entwicklungsphasen betrachtet, wird schnell klar, dass eine betriebswirtschaftliche Berechnung nicht immer möglich sein wird. Jedoch ist es gerade in dieser Phase möglich, durch die richtigen Entscheidungen viele Kosten zu sparen. Dies repräsentiert die so genannte „Rule of Ten“ (Abb. 5.27).

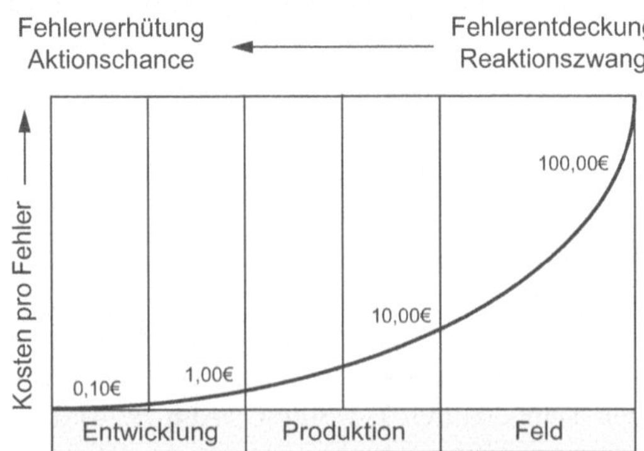

Abb. 5.27 Rule of Ten

Je früher geklärt werden kann, ob das Produkt zum einen zuverlässig und zum anderen auch kostengünstig ist, desto eher kann Geld eingespart werden. Deshalb besteht der Wunsch, Kosten so früh wie möglich und auch so schnell wie möglich zu ermitteln. Ein Nachteil liegt aber darin, dass die Informationen über das Produkt noch gar nicht vorliegen bzw. noch nicht vollständig sind. Nach [5.2, 5.35] wäre es ideal, wenn die Kosten bereits bekannt wären, sobald die Anforderungen definiert sind, aber kaum etwas vom neuen Produkt bekannt ist. Jedoch gestaltet sich die Kostenbestimmung komplexer Produkte in frühen Phasen als schwierig, da die Kosten als Summe von verschiedenen Teilkosten, welche als Materialkosten, Kosten für die einzelnen Arbeitsgänge, usw. verstanden werden, aufgebaut sind. Die Datentiefe ist in dieser Phase nicht vorhanden und es muss überlegt werden, ob diese für eine erste Abschätzung überhaupt benötigt wird. Auch die Qualität der Daten kann sich unterschiedlich gestalten. Für bekannte Baugruppen bzw. Zukaufteile liegen häufig schon die Informationen über die Kosten vor, für neu entwickelte Produkte ist dies aber nicht der Fall. Auch liegen die Kosten in unterschiedlichster Detaillierung vor. Zum einen kann es sein, dass nur die Materialkosten bekannt sind, zum anderen können aber auch noch zusätzlich die Fertigungskosten mit aufgeführt sein. Eine Kombination der Daten unterschiedlicher Detaillierungsstufen ist nicht sinnvoll. Deshalb sollte hier nach [5.21] ein Kompromiss im Detaillierungsgrad gefunden werden. Alle diese Aspekte führen dazu, dass in den frühen Phasen nur eine Schätzung der Kosten in Frage kommt.

Ähnlich wie in Kap. 3.4 kommen durch das Schätzen auch hier wieder die Expertenaussagen zum Tragen. Unter systematischer Anwendung ist das Schätzen eine Alternative, die doch genügend genaue Ergebnisse liefert. Im Folgenden werden nach [5.21] vier Maßnahmen vorgestellt, mit denen die Schätzgenauigkeit erhöht werden kann.

1. Unterteilendes Schätzen
   Produkte sollten nicht nur als Komplettsystem geschätzt werden. Sinnvoller gestaltet es sich, wenn mehrere Einzelschätzungen von Baugruppen getroffen werden. Zwar werden durch die Einzelschätzungen insgesamt gesehen mehr Fehler gemacht, jedoch werden durch den Fehlerausgleich, d. h. des „Sich-Herausmittelns" zufälliger Fehler, die Genauigkeiten höher sein als durch eine einzige Schätzung.
2. Schätzung durch mehrere Personen
   Bei der Schätzung durch einen einzelnen Experten kann, ähnlich wie bei dem unterteilenden Schätzen, ein großer Fehler entstehen. Sinnvoll wäre es, dass mehrere Experten voneinander unabhängig befragt werden. Mit Hilfe einer Diskussion ist dann möglich, die Ausreißer der Ergebnisse anzusprechen und einen Mittelwert zu bilden.
3. Kombination von Schätzung und genauer Kostenermittlung
   Je nach Aufwand ist es sinnvoll einzelne kostenbestimmende Subsysteme oder Komponenten genauer abzuschätzen. Hierdurch wird der relative Gesamtfehler reduziert.
4. Vergleichendes Schätzen
   Schätzergebnisse können weiterhin verbessert werden, wenn den Experten Kosten ähnlicher Produkte oder andere Daten zur Verfügung gestellt werden.

5.3.1 Kurzkalkulation

Unter Kurzkalkulation wird nach DIN 32990 [5.17] eine vereinfachte Methode zur Kostenermittlung für einen definierten Kostenträger verstanden. Der Grundgedanke liegt hierbei darin, dass nicht eine Kalkulation, welche auf einer vollständigen Produktdokumentation beruht, durchgeführt wird, sondern nur wichtige und bekannte Einflussfaktoren zur Ermittlung der Kosten betrachtet werden. Einflussfaktoren, welche während der Konstruktion normalerweise nicht bekannt sind, werden bei der Kurzkalkulation nicht untersucht. Aus diesem Grund eignet sich die Kurzkalkulation gut zur Verwendung in frühen Phasen.

Um den Aufwand zur Schätzung weiter zu reduzieren, gibt es in der Praxis folgende Überlegung: eine Neuentwicklung in dem Sinne, dass alle Komponenten eines Systems komplett neu konzipiert werden, tritt so gut wie nie ein. Das heißt, einige der verbauten Komponenten in dem neuen System sind bereits bekannt. Diese müssen nicht neu kalkuliert werden, ihre Kosteninformationen können übernommen werden. In der nachfolgenden Auflistung sind noch weitere Komponenten und ihre Kosteninformationen zu finden:

- Gleichteile: Kosten bekannt
- Wiederholteile: Kosten bekannt
- Normteile, Kaufteile: Kosten teilweise bekannt, Preisangebot einholen
- Ähnlichteile: aufgrund früherer Kalkulationen schätzen
- Neuteile: neu kalkulieren oder qualifiziert schätzen.

Wie durch die Auflistung zu sehen ist, tritt vor allem durch die Neuteile eine gewisse Unsicherheit der Kostenabschätzung ein. Deshalb sollte für eine möglichst exakte Kostenabschätzung die Anzahl an Neuteile möglichst gering sein. Die Norm-, Kauf- und Ähnlichteile können über Abschätzungen anhand anderer Komponenten getroffen werden.

5.3.1.1 Anwenden von Ähnlichkeitsgesetzen

In der Praxis wird häufig eine einfache und schnelle Möglichkeit angewandt, mit der die Kosten neuer Produkte ermittelt werden. Diese basiert darauf, dass die neuen Produkte mit den Kosten vorhandener Produkte verglichen werden. Wichtig hierbei ist es, ähnliche Produkte zu finden. Gerade in großen Firmen mit vielen verschiedenen Produkten gestaltet sich die Suche teilweise als schwierig. Deshalb zeigt Hillebrand in [5.29, 5.30] eine Möglichkeit, um ähnliche Produkte mit Hilfe eines ermittelten Ähnlichkeitsmaßes computergestützt zu suchen. Zur Ermittlung der Kosten anhand eines ähnlichen Produktes werden Einflussgrößen benötigt. Im Folgenden werden verschiedene Ansätze aufgezeigt.

Gewichtskalkulation

Die Gewichtskostenkalkulation ermöglicht, die Herstellkosten ähnlicher Produkte auf Basis des Gewichtes zu ermitteln. Dazu werden die Informationen über das ähnliche Produkt, dessen Herstellkosten HK_0 sowie dessen Gewichts G_0 benötigt. Für die Berechnung der Herstellkosten gelten folgende Voraussetzungen:

- Die beiden zu vergleichenden Produkte müssen gleichartig sein. Hierbei sind Punkte wie gleiche Konstruktion, gleiche Fertigung, gleiche Materialien und gleiche Stückzahl- und Größenbereich verstanden.
- Die Kosten müssen sich proportional zu dem Gewicht verhalten.
- Eine Extrapolation sollte nicht wesentlich über den erfassten Bereich hinaus reichen.
- Je größer die Produkte sind, desto genauer wird die Aussage über die Herstellkosten. Dasselbe gilt auch für kleine Produkte, welche in großer Stückzahl gefertigt werden.

Werden alle diese Voraussetzungen erfüllt, wird zuerst ein Gewichtskostensatz HK_g anhand des vorliegenden ähnlichen Produktes berechnet.

$$HK_g = \frac{HK_0}{G_0} \tag{5.32}$$

Anschließend werden die Herstellkosten HK_i des neuen Produktes durch Multiplikation seines Gewichtes G_i mit dem oben berechneten Gewichtskostensatz HK_g ermittelt.

$$\frac{HK_i}{HK_0} = \frac{G_i}{G_0} \tag{5.33}$$

$$HK_i = HK_0 \cdot \frac{G_i}{G_0} = G_i \cdot HK_g \tag{5.34}$$

Die Abschätzung der Kosten mit Hilfe dieses gezeigten Verfahrens kann verbessert werden, wenn der Gewichtskostensatz nicht konstant angenommen wird, sondern anderen mathematischen Funktionen folgt.

Vereinfachte Ermittlung von Material- und Herstellkosten

Im Gegensatz zur Gewichtskostenkalkulation, welche nur die Herstellkosten betrachtet, können mit dem vorliegenden Vorgehen, welches in der VDI 2225 „Technisch-Wirtschaftliches Konstruieren" [5.45] zu finden ist, auch die Materialkosten erfasst werden. Hierfür werden verschiedene Angaben benötigt. Durch eine Stückliste oder durch eine maßstäbliche Skizze werden für jedes Bauteil die Bruttowerkstoffkosten W_b ermittelt. Hierfür muss zuerst das Nettomaterialvolumen V_n und unter Berücksichtigung des Verschnittes das Bruttomaterialvolumen V_b ermittelt werden. Das Bruttomaterialvolumen wird verwendet, um die Bruttowerkstoffkosten W_b zu berechnen. Jedoch muss dafür die Relativkosten-Zahl k_V^* sowie die volumenbezogene Werkstoffkosten k_{V0} bekannt sein. Die Relativkostenzahl ist in der VDI 2225 [5.45] abhängig vom Werkstoff nachzuschauen, die volumenbezogenen Werkstoffkosten können beim Zulieferer nachgefragt werden. Aus diesen Beziehungen folgt die Gleichung

$$W_b = V_b \cdot k_V^* \cdot k_{V0} \tag{5.35}$$

Werden die Bruttowerkstoffkosten W_b mit dem Werkstoffgemeinkosten-Zuschlagsfaktor g_W verrechnet, erlangt man die Materialkosten M.

$$M = W_b \cdot (1 + g_W) \tag{5.36}$$

Der Werkstoffgemeinkosten-Zuschlagsfaktor g_W wird speziell in den Unternehmen ermittelt. Er stellt das Verhältnis zwischen Werkstoffkosten und Materialkosten dar. Dieser letzte Schritt kann auch – ausgehend von der Gewichtskostenkalkulation – für andere Kurzkalkulationen verwendet werden. Abschließend werden alle Materialkosten und die volumenbezogenen Werkstoffkosten addiert, um die Kosten des gesamten Produktes zu erlangen.

Beispiel

Zur besseren Verständlichkeit wird ein Beispiel – eine Getriebewelle – präsentiert. Das Nettovolumen der Getriebewelle beträgt $V_n = 8132\,\text{cm}^3$, anhand der vorliegenden grobmaßstäblichen Skizze kann ein Bruttovolumen von $V_b = 4550\,\text{mm}^3$ herausgelesen werden. In der Norm VDI 2225 [5.45] ist die Relativkosten-Zahl mit $K_V^* = 1{,}7$ angegeben, die volumenbezogenen Werkstoffkosten betragen $K_{vo} = 14{,}10€/\text{dm}^3$. Daraus lassen sich die Bruttowerkstoffkosten W_b errechnen.

$$W_b = V_b \cdot k_V^* \cdot k_{V0} = 4550 mm^3 \cdot 1{,}7 \cdot 14{,}10 \frac{€}{\text{dm}^3} = 107{,}87€ \tag{5.37}$$

Davon ausgehend können die Materialkosten berechnet werden. Der dafür benötigte Werkstoffgemeinkosten-Zuschlagsfaktor g_W wird mit 0,1 angegeben. Daraus folgt

$$M = W_b \cdot (1 + g_W) = 107{,}87€ \cdot 1{,}1 = 118{,}66€\,. \tag{5.38}$$

5.3.1.2 Regressionsanalyse

Bisher sind nur Ansätze zu finden, welche lediglich mit einem Einflussfaktor arbeiten. Es kann aber vorkommen, dass dieser eine Einflussfaktor nicht ausreichend ist, um die Kosten zu beschreiben. Hier kann dann beispielsweise die Regressionsanalyse angewandt werden. Häufig arbeitet die Regressionsanalyse mit einem additiven Ansatz vom Typ

$$\text{Y} = \text{a} + \text{b}_1 \cdot X_1 + b_2 \cdot X_2 + \ldots + b_n \cdot X_n\,, \tag{5.39}$$

wobei Y die Zielfunktion und X_1, X_2, …, X_n die Einflussfaktoren darstellen. Es können darüber hinaus auch multiplikative Ansätze verwendet werden. Mit der Regressionsanalyse werden die Faktoren a und b_n so bestimmt, dass die Summe der Quadrate der Istwertabweichungen von den mit der Formel errechneten Werten minimiert wird. Da die Beziehungen der Einflussfaktoren für die Kostenermittlung es nicht immer ermöglichen genau einen der angesprochenen Anätze zu verwenden, kommt es häufig vor, dass eine Kombination der Ansätze angewendet wird. Dadurch wird deutlich, dass die Regressionsanalyse sehr flexibel einsetzbar ist. Jedoch sind auch einige Nachteile zu finden. Allgemein basiert die Berechnung der Kosten auf dem Wissen von Istwerten in Form von Kosteninformationen. Da diese Informationen nicht immer vorliegen, können auch die Berechnungen nicht sehr genau werden. Zudem ist die Regressionsanalyse nicht zwangsläufig auf andere Produkte übertragbar, da hier die Einflussfaktoren zumeist verschieden sind. Dies bedeutet, dass es nicht eine absolut richtige Formel zur Anwendung auf jedes Produkt gibt. Häufig kommt es auch vor, dass die Regressionsanalyse schlecht interpretiert werden kann, da zwischen der Zielfunktion und den Faktoren ausgehend vom physikalischen und monetären Verständnis kein logischer Zusammenhang hergestellt werden kann. Ein weiterer Nachteil im Vergleich mit der Gewichtskostenkalkulation und der Kalkulation nach VDI 2225 [5.45] liegt in der benötigten Zeit zum Ermitteln der Einflussfaktoren sowie die Kosteninformationen.

5.3.1.3 Neuronale Netze

Bei den neuronalen Netzen besteht wie bei der Regressionsanalyse die Möglichkeit, mehrere Einflussfaktoren zur Bestimmung der Kosten zu verwenden. Seit Anfang der neunziger Jahre steigt das Interesse bei der Benutzung von neuronalen Netzen auf diesem Sektor, wie durch die Veröffentlichungen von [5.11, 5.43, 5.46] zu sehen ist. Die Grundlagen der neuronalen Netze sind in Kap. 2.9.1 zu finden, so dass hier nicht mehr darauf eingegangen werden muss. Ein Vorteil der Neuronalen Netze besteht darin, dass sie eine gute Anpassungsfähigkeit besitzen, d. h. dass diese aus bestehenden Datensätzen lernen können. Zudem sind die Verknüpfungen zwischen den Neuronen zumeist sinnvoll und physikalisch nachvollziehbar. Nachteilig gestaltet sich, dass Kosteninformationen vorhanden sein müssen, was in frühen Entwicklungsphasen recht schwierig ist, sowie der große Aufwand bei der Erstellung des Netzes.

5.3.2 Sachmerkmalleisten

Da es sich häufig schwierig gestaltet, Einflussgrößen für die verschiedensten Bauteile aufzunotieren, bietet sich für Normteile die Verwendung der DIN 4000 [5.19] an. Hier sind so genannte Sachmerkmalleisten zu finden. Diese sind folgendermaßen definiert: Sachmerkmalleisten dienen dem Zusammenfassen, Abgrenzen und Auswählen von genormten und nichtgenormten, materiellen und immateriellen Gegenständen, die einander ähnlich sind. Sie unterstützen darüber hinaus das Dokumentieren und Speichern sowie das Austauschen der Daten von Gegenständen mit Hilfe von informationstechnischen Verfahren.

Die Sachmerkmalleisten sind für die verschiedensten Normteile in [5.19] hinterlegt, so dass diese für den ersten Einsatz verwendet werden können. Charakteristisch

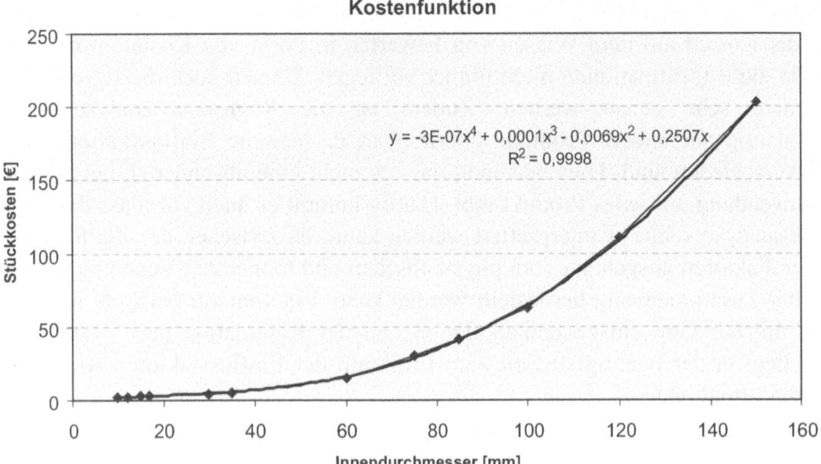

Abb. 5.28 Verhältnis zwischen Kosten und Masse eines Rillenkugellagers

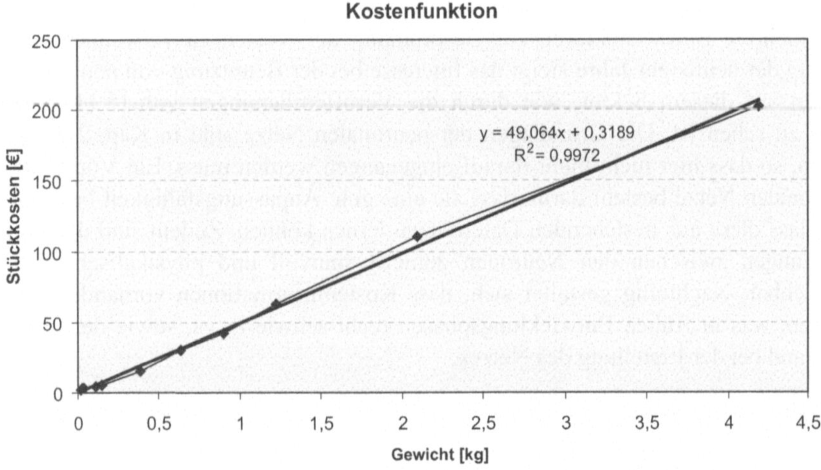

Abb. 5.29 Verhältnis zwischen Kosten und Innendurchmesser eines Rillenkugellagers

für die Sachmerkmalleisten in der Norm ist das Aufzeigen der unterschiedlichen Varianten durch einen so genannten Bild-Code. Werden beispielsweise Lager in der Norm betrachtet, gibt es hier Unterteilungen in Rillenkugellager, Schrägkugellager, 3- und 4-Punktlager usw. Diese sind nochmals weiter unterteilt in mehrere Untergruppen. Zusätzlich sind bei den Lagern viele weitere Sachmerkmale hinterlegt. Die wichtigsten sind im Folgenden aufgelistet:

- Bohrungsdurchmesser
- Kegel der Bohrung
- Außendurchmesser

- Flanschaußendurchmesser
- Gesamtbreite
- Lagerluft
- Käfigausführung
- Äußere Form
- Masse.

Da in frühen Entwicklungsphasen diese Informationen nur bedingt vorliegen, ist es sinnvoll, die Anzahl der Sachmerkmale zu reduzieren. Im vorliegenden Beispiel wäre dies die Verwendung eines vereinfachten Bild-Codes, Werkstoff, Masse oder Innendurchmesser. Ausgehend von Verkaufskosten wird untersucht, welche Beziehungen zum einen zwischen Kosten und Masse als auch zwischen Kosten und Innendurchmesser zu finden sind. Als Lager bzw. als Bild-Code wird ein Rillenkugellager verwendet, bei dem der Werkstoff der Einzelkomponenten immer identisch ist. Die Betrachtung des Zusammenhangs zwischen Kosten und Masse ist sehr ähnlich zu der Gewichtskostenkalkulation, wobei diese bei der Verwendung von Sachmerkmalleisten nur eine von vielen Möglichkeiten darstellt.

Mathematisch gesehen liegt beim Verhältnis zwischen Kosten und Masse ein linearer Zusammenhang dar (Abb. 5.28), beim Verhältnis zwischen Kosten und Innendurchmesser ist es ein polynomischer Ansatz (Abb. 5.29).

5.4 Zuverlässigkeit und Kosten

Da nicht nur die alleinige Kostenbetrachtung interessant ist, werden im Folgenden die Kombination aus Kosten und Zuverlässigkeit betrachtet. Es werden Ansätze vorgestellt, welche die Optimierung von Zuverlässigkeit und Kosten ermöglichen. In Tabelle 5.7 ist eine Übersicht der verschiedenen Ansätze nach [5.28] zu sehen.

Tabelle 5.7 Übersicht der Zuverlässigkeitsoptimierungsansätze

	Zuverlässigkeitsoptimierungsansätze
Selivanov	Gesamtkosten eines Produktes über dem Produktlebenszyklus
Churchman	Instandhaltungskosten abgezinst, mit Beschaffungskosten im Produktlebenszyklus
Brunner	Produktgesamtkosten unter Berücksichtigung von MTBF und Minimierung über Zuverlässigkeitsniveau
Köchel	Maximierung der Systemzuverlässigkeit über Redundanzen
Messerschmitt	Minimierung von Entwicklungskosten über Aufwandsfunktion
Kapur	Aufwandsminimierungsalgorithmus
Kohoutek	Zuverlässigkeitskosten als Summe aus Kosten der zuverlässigkeitsgerechten Konstruktion, Kosten der zuverlässigkeitsgerechten Herstellung und Garantiekosten
Schnegas	Kosten und Zuverlässigkeit als auslegungstheoretischer Zusammenhang

5.4.1 Gesamtkostenmodell nach Selivanov

Selivanov [5.22] berechnet die Gesamtkosten K_{ges} eines technischen Erzeugnisses über dessen Nutzungsdauer wie folgt:

$$K_{ges} = A + B \cdot t + C \cdot t^n \tag{5.40}$$

Mit A einmalige Kosten
$B \cdot t$ zur Betriebsdauer proportionale Kosten
$C \cdot t^n$ mit Betriebsdauer wachsende Kosten
n Instandsetzungsexponent
t Betriebsdauer

Nach einer Division durch die Betriebsdauer erhält man eine zeitbezogene Form für die Gesamtkosten, welche durch eine Ableitung minimiert werden kann. Die optimale Nutzungsdauer eines Produktes beträgt dann

$$t_{opt} = \sqrt[n]{\frac{A}{(n-1) \cdot C}} \ . \tag{5.41}$$

Steigen die Instandsetzungskosten im Laufe des Produktlebens stark an ($n > 2$), so lässt sich mit obiger Formel eine optimale Nutzungsdauer berechnen. Ist ein Produkt hingegen nicht besonders anfällig für „Alterungskosten", so kann mit der Formel umgekehrt eine Mindestbetriebsdauer zur rentablen Nutzung errechnet werden (Abb. 5.30).

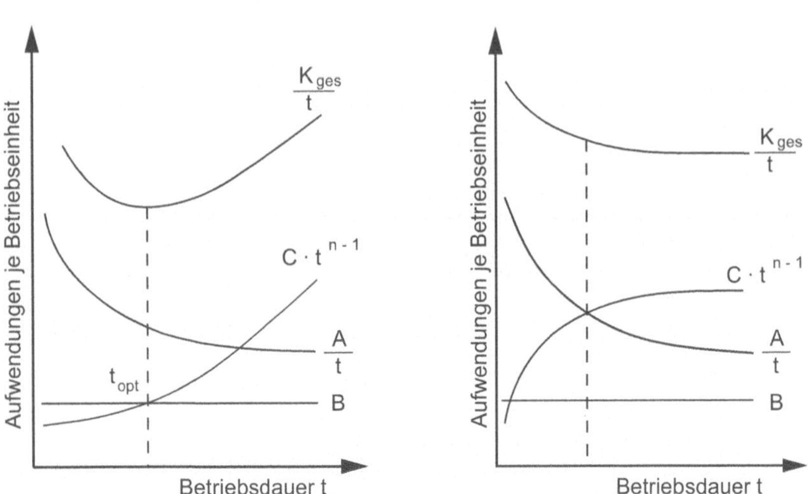

Abb. 5.30 Betriebsdauer von Komponenten in Abhängigkeit der Instandsetzungskosten [5.27]

Leider eignet sich der Einsatz dieser Methode nicht für die frühen Entwicklungsphasen, da die Kostenanteile B und C kaum im Vorfeld ermittelt werden können. Interessant ist aber die Einbindung des Ausfallverhaltens nach Weibull. So kann der mit der Nutzungsdauer wachsende Kostenanteil im Zusammenhang mit dem Ausfallverhalten dargestellt werden.

5.4.2 Gesamtkostenmodell nach Churchman

Churchman erfasst die Gesamtkosten eines Produktes in Anlehnung an die Investitionsrechnung [5.27]. Dazu zinst er die Instandhaltungskosten ab und integriert die Beschaffungskosten. Die Verbindung von Zuverlässigkeit und Kosten ist hier jedoch nur in geringem Umfang durch die Instandhaltungskosten je Zeitintervall gegeben. Diese werden als bekannt übernommen oder aus der Zuverlässigkeit abgeschätzt. Folglich besitzen die Zuverlässigkeitsstruktur sowie das Konzept zur Sicherstellung des Betriebs und dessen Parameter im Konstruktionsprozess keinen direkten Einfluss auf das Kostenmodell:

$$K_{ges,j} = \left[A + \sum_{j=1}^{m} \frac{C_{IH,j}}{q^{(j-1)}} \right] \cdot \frac{T_m}{T_V} \tag{5.42}$$

Mit
- A einmalige Kosten
- $K_{ges,j}$ Gesamtkosten im j-ten Intervall
- $C_{IH,j}$ Instandhaltungskosten im j-ten Intervall
- j Laufindex der betrachteten Intervalle (vorzugsweise Jahre)
- q Abzinsungsfaktor
- T_m Betrachtungsintervall
- T_V Verschrottungsintervall

5.4.3 Modell zur Optimierung von Zuverlässigkeit und Lebenslaufkosten

Das vorliegende Modell wurde von Brunner [5.10] erstellt und basiert auf optimalen Ausfallabständen. Für die „Mean Time between Failures“ (MTBF) bzw. θ wird hierbei das Optimum ermittelt. Nach [5.6] beschreibt der MTBF den Mittelwert der ausfallfreien Arbeitszeit einer Betrachtungseinheit bei Vorliegen einer konstanten Ausfallrate λ. Die Gesamtkosten K_{ges} setzen sich aus Produkt- und Instandhaltungskosten zusammen:

$$K_{ges} = c_P + c_{IH} = c_1 + k_1 \cdot \theta^m + c_2 + k_2 \cdot \frac{N}{\theta} \tag{5.43}$$

Mit c_P Produktkosten
c_{IH} Instandhaltungskosten
c_1 von MTBF unabhängiger, fixer Kostenanteil
$k_1\, \theta^m$ von Zuverlässigkeitsniveau abhängiger Kostenanteil
θ Ausfallabstand
m Zuverlässigkeitsexponent zur Berücksichtigung der Produktbranche
c_2 fixe Instandhaltungskosten
k_2 variable Reparaturkosten eines Ausfalls
N Nutzungsdauer

Nun wird diese Gleichung nach θ minimiert und die Nutzungsdauer so variiert, dass sie zeitlich korrekt dargestellt wird. Dazu wird sie mit der Barwertmethode abgezinst und es ergibt sich die aktualisierte Nutzungsdauer N_a. Dies ist nötig, da die zeitlichen Unterschiede zwischen Anschaffung und Instandhaltung mehrere Jahre betragen können. So ergibt sich schließlich der kostenoptimale Ausfallabstand:

$$\theta_{opt} = \left(\frac{k_2 \cdot N_a}{k_1 \cdot m} \right)^{\frac{1}{1+m}} \tag{5.44}$$

Auch hier stellt sich das Problem der Datenermittlung für k_1, c_1 und in besonderem Maße für m. Dieser stellt nach [5.10] einen langjährigen Erfahrungswert eines Unternehmens dar, der über diese Zeitspanne hinweg über Versuchsreihen ermittelt werden kann. Wird die oben genannte Formel gedeutet, so ist der optimale Ausfallabstand eines Produktes umso größer, je größer die Nutzungsdauer und der Kostenanteil k_2 ist. Reziprok wirkt sich der Kostenanteil k_1 aus: je kleiner er wird, umso größer ist dann die optimale MTBF.

5.4.4 Modell zur Ermittlung des kostenoptimalen Redundanzgrades nach Köchel

Nach Hartig [5.27] ist das Modell über die Redundanzen einer Produktstruktur gut geeignet, um es in der frühen maschinenbaulichen Konzeptphase anzuwenden. Die Systemzuverlässigkeit wird anhand von Redundanzen und deren Kostenverursachung ermittelt und optimiert [5.34]. Dieses Modell ist vorzugsweise bei einfachen Serienstrukturen technischer Systeme anzuwenden. Ein Überblick über die Serienstruktur mit variablen Redundanzen ist in Abb. 5.31 dargestellt:

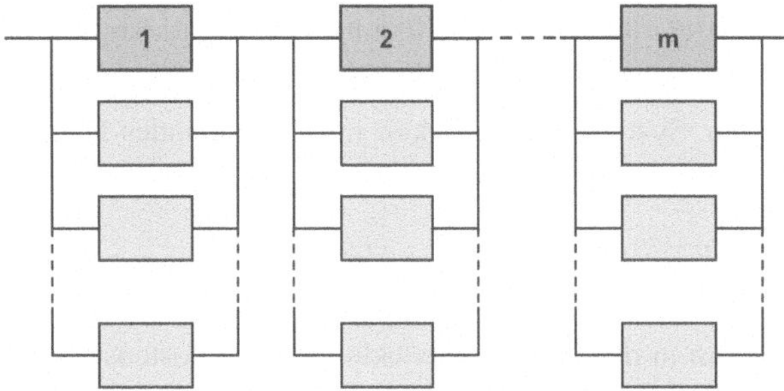

Abb. 5.31 Produktstruktur, bei der Komponenten in Serie geschalten sind [5.27]

Die Systemzuverlässigkeit kann nun recht einfach ermittelt werden:

$$R_s(t) = \prod_{i=1}^{m} \left(1 - \prod_{j=1}^{k} F_i(t) \right) \tag{5.45}$$

Mit $R_s(t)$ Systemzuverlässigkeit
$F(t)$ Ausfallwahrscheinlichkeit
k Serienelement
m Anzahl der Serienelemente
i, j Laufvariable

Implementiert man die Komponentenanzahl m sowie die Anzahl der redundanten Komponenten, ergibt sich die Systemzuverlässigkeit in Abhängigkeit der Redundanzelemente wie folgt:

$$R_s(v) = \left(1 - F_1^{\,v_1+1}\right) \cdot \left(1 - F_2^{\,v_2+1}\right) .. \left(1 - F_m^{\,v_m+1}\right) \tag{5.46}$$

Wird die obige Formel mittels des Produktzeichens vereinfacht und maximiert diese bzw. den Logarithmus dessen, so erhält man eine Zielgleichung:

$$\sum_{k=1}^{m} c_k \cdot v_k \leq C . \tag{5.47}$$

Mit c Redundanzelementevektor = $(v_1, v_2, \ldots, v_m)$
c_k Kosten je Redundanzelement
C verfügbarer Kostenrahmen

Nun müssen sämtliche Redundanzelemente durchgerechnet werden, um die maximale Systemzuverlässigkeit in Abhängigkeit des Redundanzgrads zu erhalten. Dabei soll die Summe der Komponentenkosten nicht den Kostenrahmen C überschreiten. Der Optimierungsalgorithmus läuft dann wie folgt ab:

- Einbau eines Redundanzelementes so, dass auf die jeweiligen Kosten c_k bezogen der größtmögliche Zuwachs der Systemzuverlässigkeit erreicht werden kann
- Ermittlung des Serienelements, welches durch Parallelschalten eines zusätzlichen Elements derselben (Bau-)art bezogen auf die Kosten c_k den maximalen Zuverlässigkeitsgewinn erzielt

- Wiederholung des Vorgangs mit einem weiteren Redundanzelement, Abgleich
- Abbruch dann, wenn der verfügbare Kostenrahmen erreicht wird.

Dabei kann der Zuwachs der Systemzuverlässigkeit mittels folgender Formel bestimmt werden:

$$\frac{1}{c_i}\left[\ln\left(1-F_k^{v_i+2}\right)-\ln\left(1-F_k^{v_i+1}\right)\right] \rightarrow \underset{1\le i\le m}{Max} \tag{5.48}$$

Mithilfe dieses Vorgangs kann in der frühen Entwicklungsphase kostensensitiv eine Systemzuverlässigkeit ermittelt werden. Dies ist insbesondere dann von Vorteil, wenn sicherheitsrelevante Teile im Spiel sind. Fallen diese aus, greifen Redundanzelemente ein. Diese stabilisieren den Betrieb und stellen eine hohe Zuverlässigkeit und somit auch eine hohe Verfügbarkeit sicher. Interessant ist nun, die Kosten anhand eines Rahmens vorzugeben und sich so schon frühzeitig im Wettbewerb einen guten Platz sichern zu können. Kritisch gilt es jedoch anzumerken, dass bei komplexeren Produktstrukturen das Modell nur sehr schwer anwendbar ist.

5.4.5 Modell zur Optimierung der Entwicklungskosten

Das Modell nach Messerschmitt [5.38] hat zum Ziel, die Entwicklungskosten über eine Aufwandsfunktion zu minimieren. Diese ist jedoch sehr abstrakt und nur schwierig anzuwenden und resultiert aus der Zuverlässigkeitssteigerung einer Komponente. Ferner bedarf sie Erfahrungswerten, ist also bei einer echten Neukonstruktion gar nicht anwendbar.

$$K_E = \sum_{i=1}^{n} G_i(\Delta R_i) \rightarrow Min. \tag{5.49}$$

Mit K_E Entwicklungskosten
G_i Aufwandsfunktion
R_i Zuverlässigkeit einer Komponente i

Vorteilhaft ist der Einsatz dieser Methode in Hinsicht auf den Abgleich mit dem aktuellen Stand der Technik oder anhand des Zuverlässigkeitsgewinns gegenüber Vorgängermodellen. Da die Aufwandsfunktion kaum exakt und einfach determinierbar ist, wird diesem Modell keine praktische Anwendung beigemessen.

5.4.6 Aufwandsminimierungs-Algorithmus

Ähnlich dem Modell zur Optimierung der Entwicklungskosten versucht auch der Effort Minimization Algorithm [5.33] eine Minimierung des Entwicklungsaufwandes über die Komponentenzuverlässigkeiten zu erzielen. Hierzu müssen die Zuverlässigkeiten der einzelnen Komponenten aufsteigend sortiert werden. Wichtig ist dann die Bestimmung einer so genannten Grenzzuverlässigkeit. Sie bildet die

Grundlage für die Festlegung, ob die Zuverlässigkeit einer Komponente erhöht werden muss oder ausreichend ist – im Hinblick auf die Erfüllung der Systemzuverlässigkeit. Es gilt wieder, eine Aufwandsfunktion in Abhängigkeit der System- und Komponentenzuverlässigkeiten zu ermitteln und diese zu minimieren:

$$\sum_{i=1}^{n} G(R_i, R_i^*) \rightarrow Min. \tag{5.50}$$

Mit G Aufwandsfunktion
R_i Zuverlässigkeit einer Komponente i
R_i* Geforderte Zuverlässigkeit Komponente i

Da die Komponenten wiederum in Serie geschalten sind, ergibt das Produkt ihrer Zuverlässigkeiten die Gesamtzuverlässigkeit:

$$\prod_{i=1}^{n} R_i^* \geq R^* \tag{5.51}$$

mit R^* Gesamtzuverlässigkeit.

Nach [5.27] erfolgt die Minimierung des Aufwandes wie folgt: Die Grenzzuverlässigkeit wird so festgelegt, dass möglichst geringe Zuverlässigkeitserhöhungen an den Komponenten notwendig sind. Um nun eine Betrachtung der Kosten vorzunehmen, ist die Annahme über die Höhe der anfallenden Kosten im Falle einer Erhöhung der Komponentenzuverlässigkeit zu treffen bzw. aus Vorgängerprodukten zu ermitteln, z. B. als Zuverlässigkeits-Kosten-Funktionen auf verschiedenen Komponentenebenen. In Verbindung dieser Funktion mit der Grenzzuverlässigkeit ergibt sich das Hauptproblem der Anwendbarkeit dieser Methode in der frühen Entwicklungsphase: Erhöht eine Komponente die Gesamtzuverlässigkeit überdurchschnittlich, indem sie über der Grenzzuverlässigkeit liegt, so ist der Einsatz einer Komponente, die deutlich unter der Grenzzuverlässigkeit liegt, nur mit erheblichem Aufwand realisierbar. Ferner kann die Ermittlung der Funktion zu einem frühen Zeitpunkt nur sehr vage erfolgen, da über das Zuverlässigkeitsniveau wenig bekannt ist. So muss die Grenzzuverlässigkeit stets so hoch gewählt werden, dass sie nicht überschritten werden kann, da sich sonst Zuverlässigkeiten größer 1 errechnen lassen, vgl. Gl. (5.52) und Gl. (5.53).

$$R_i^* = \begin{cases} R_0^* \; wenn \; i \leq k_0 \\ R_i \; wenn \; i > k_0 \end{cases} \tag{5.52}$$

Mit R_0* Grenzzuverlässigkeit
k_0 Maximalwert der Variablen j zur Erfüllung von Gl. (5.53)

$$R_j < \left[\frac{R^*}{\prod_{i=j+1}^{n+1} R_i} \right]^{\frac{1}{j}}, \quad R_0^* < \left[\frac{R^*}{\prod_{j=k_0+1}^{n+1} R_j} \right]^{\frac{1}{k_0}} \tag{5.53}$$

5.4.7 Zuverlässigkeitskostenmodell nach Kohoutek

Kohoutek [5.31] definiert die Zuverlässigkeitskosten als Summe der Kosten der zuverlässigkeitsgerechten Konstruktion, Kosten der zuverlässigkeitsgerechten Herstellung und den Garantiekosten. Die beiden ersteren hängen von einem Qualitätskoeffizienten π_Q ab:

$$COR = CRD + CRM + WC = f_1(\pi_Q) + f_2(\pi_Q) + WC \tag{5.54}$$

Mit COR Zuverlässigkeitskosten (Cost of Reliability)
CRD Kosten der zuverlässigkeitsgerechten Konstruktion (Cost of Reliability Design)
CRM Kosten der zuverlässigkeitsgerechten Herstellung (Cost of Reliability of Manufacturing)
WC Garantiekosten (Warranty Cost)
π_Q Qualitätskoeffizient
f_1, f_2 empirische Funktion

Die empirischen Funktionen f_1 für die Entwicklung und f_2 für die Herstellung sollen verschiedenste Einflussfaktoren auf die Kosten und Zuverlässigkeit eines Produktes beinhalten. So sollen für die Erstellung der Funktion f_1 die Anzahl der notwendigen zuverlässigkeitsrelevanten Konstruktionsschritte, mögliche Umweltbelastungen, die Komplexität und das allgemeine Qualitätsniveau mit einbezogen werden. Ähnlich soll für die Ermittlung von Funktion f_2 der allgemeine Qualitätskoeffizient in Verbindung mit fixen und variablen Kosten mit einbezogen werden. Dieser Koeffizient π_Q ist hauptsächlich für Einsatzbereiche der Elektronikindustrie ermittelt und in die amerikanische Militärspezifikation MIL-HDBK-217 übernommen worden [5.27]. Als letzte Größe der Gl. (5.47) sind die Garantiekosten (WC) zu ermitteln. Diese werden als Funktion der anfänglichen Ausfallrate dargestellt, bildlich als „Badewannenkurve" bekannt. Ferner spielen hierbei Service- und Reparaturkosten sowie mit Garantiefällen verbundene Kosten wie Rückrufe etc. eine Rolle.

Die Anwendbarkeit im Maschinenbau ist insofern fraglich, da die Qualitätsfunktion π_Q vermehrt nicht zur Verfügung steht. Ohne diese lassen sich entsprechend die empirischen Funktionen f_1 und f_2 nicht ermitteln. Weiterhin wird die Produktstruktur nicht als Einflussfaktor implementiert, was für die Ermittlung der Zuverlässigkeit im Hinblick auf die verursachenden Kosten ungenügend ist.

5.4.8 Kosten und Zuverlässigkeit als auslegungstheoretischer Zusammenhang

Dieser hier vorgestellte Ansatz ist vor allem für den Maschinenbau interessant. Ein Zusammenhang zwischen Kosten und Zuverlässigkeit kann über den allge-

Längs-beanspruchung Zug/Druck	Biege-beanspruchung	Schub- oder Tangential-beanspruchung	Torsion
$A_{erf.} \geq \frac{F}{B_{zul.z/d}}$	$W_{erf.} \geq \frac{M_b}{B_{zul.b}}$	$A_{erf.} \geq \frac{F_Q}{B_{zul.\tau}}$	$W_{erf.} \geq \frac{M_t}{B_{zul.t.}}$

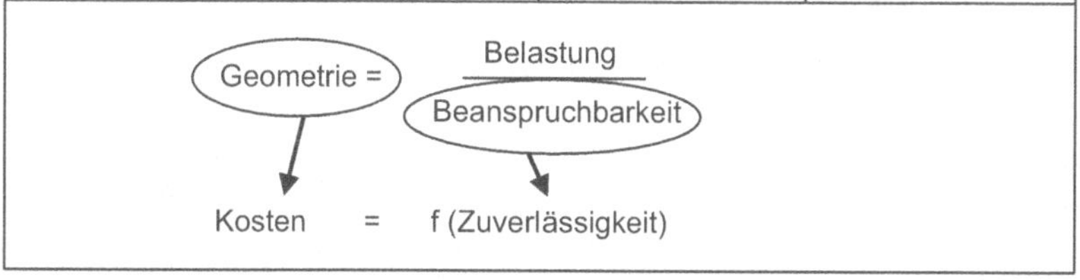

Abb. 5.32 Kosten-Zuverlässigkeitsbeziehungen anhand der Geometrie beim Entwurf [5.44]

meinen Dimensionierungsansatz zur Bestimmung der erforderlichen Geometrien abgeleitet werden [5.44]. Konkrete Beanspruchungsarten liegen dabei zugrunde. Die Geometrie eines Produktes hängt folglich von der Belastung sowie der Beanspruchbarkeit ab (Abb. 5.32).

Die Kosten eines Produktes hängen wesentlich von Geometrie und Werkstoff ab. Um nun die Zuverlässigkeit einbringen zu können, wird die Geometrie wie oben beschrieben durch Belastung und Beanspruchbarkeit definiert. Letztere ist eine Funktion abhängig von Werkstoff, Lebensdauer und der Zuverlässigkeit.

Die Materialkosten werden in ihrem Wachstum in Abhängigkeit zum Volumen betrachtet, somit ergibt sich der kubische Ansatz

$$\phi_V = \phi_L{}^3. \tag{5.55}$$

Mit φ_V Geometriekosten Volumen
φ_L Geometriekosten Länge

Allgemein lassen sich die Materialkosten nach dem Ansatz der volumenbezogenen Materialkosten wie folgt berechnen:

$$MK = k_V \cdot V = k_V \cdot \frac{m}{\rho} = k_m \cdot m. \tag{5.56}$$

Mit MK Materialkosten
k_v Kostenfaktor Volumen
k_m Kostenfaktor Masse
m Masse
ρ Dichte

Daraus resultiert die für Pumpen, Motoren und Getriebe vorgeschlagene Materialkostengleichung:

$$MK_2 = MK_1 \cdot (\frac{L_2}{L_1})^3. \tag{5.57}$$

Mit MK Materialkosten
L_i Bauteilabmessung Baureihe i

Hierbei ist L eine maßgebliche Bauteilabmessung, vorzugsweise in einer parametrierten CAD-Zeichnung. Somit lassen sich recht schnell und einfach Baureihen erstellen und mittels der oben genannten Formel auch schnell die Kosten berechnen. Baureihen sind definiert als technische Gebilde (Maschinen, Baugruppen oder Einzelteile), die dieselbe Funktion mit der gleichen Lösung in mehreren Größenstufen bei möglichst gleicher Fertigung in einem weiten Anwendungsbereich erfüllen [5.5]. Anhand der Normzahlreihe zeigt [5.44] exemplarisch, wie stark Kosten steigen. Beläuft sich beim Stufensprung auf 1,06 der Kostenzuwachs noch auf das 1,2-fache gegenüber dem Originalteil, so ist es beim Stufensprung 1,6 schon das 4-fache. Die Ursache dafür liegt in der Potenzierung der Längenunterschiede.

Ähnlich verhält es sich demnach für die Fertigungslohnkosten. Diese werden in Abhängigkeit der zu bearbeitenden Fläche berechnet, also wird die maßgebende Bauteilabmessung quadriert.

$$\varphi_A = \varphi_L^{\,2} \tag{5.58}$$

Längs-beanspruchung Zug/Druck	Biege-beanspruchung	Schub- oder Tangential-beanspruchung	Torsion
$B_{vorh.z/d} \geq \frac{F}{A_{vorh.}}$	$B_{vorh.b} \geq \frac{M_b}{W_{vorh.}}$	$B_{vorh.\tau} \geq \frac{F_Q}{A_{vorh.}}$	$B_{vorh} \geq \frac{M_t}{W_{vorh.}}$
$A_{vorh.} \rightarrow \varphi_L^2$	$W_{vorh.} \rightarrow \varphi_L^3$	$A_{vorh.} \rightarrow \varphi_L^2$	$W_{vorh.} \rightarrow \varphi_L^3$

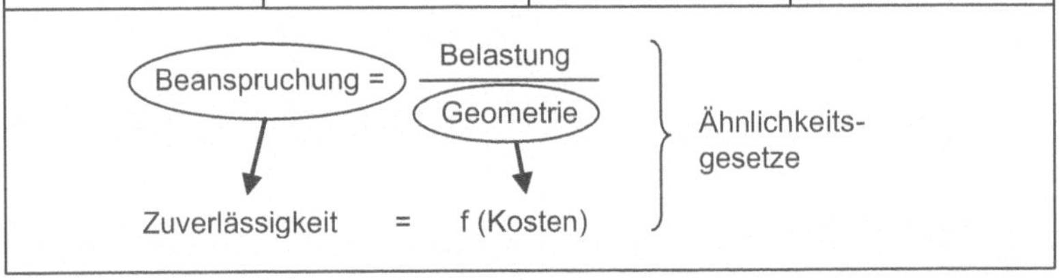

Abb. 5.33 Zuverlässigkeits-Kosten-Beziehungen bei der Nachweisrechnung in der Entwicklung [5.44]

Damit ergibt sich für die Fertigungslohnkosten *FLK*

$$FLK_2 = FLK_1 \cdot (\frac{L_2}{L_1})^2 \tag{5.59}$$

Werden die die gewonnenen Erkenntnisse abstrahiert, so lässt sich folgende allgemeine Gleichung für Kosten in Zusammenhang mit der Geometrie ableiten:

$$\varphi_K = \varphi_L{}^n \tag{5.60}$$

Dies wiederum führt auf einen Zusammenhang zwischen der Zuverlässigkeit und einer Funktion in Abhängigkeit der Kosten (Abb. 5.33).

5.5 Literatur

[5.1] AD-Merkblätter (1981) Druckbehälterverordnung und mit vorläufigen Technischen Regeln Druckbehälter (TRB). Vereinigung der Technischen Überwachungs-Vereine e.V. Essen, Carl Heymanns Verlag, Köln.

[5.2] Becker J, Prischmann M (1994) Konstruktionsbegleitende Kalkulation mit neuronalen Netzen – Methoden aus der Informatik zur Losung betriebswirtschaftlicher Probleme. Kostenrechnungspraxis Ausgabe 3: 167–171

[5.3] Bertsche B (2006) Vorlesung Konstruktionslehre 1–4, Universität Stuttgart

[5.4] Bertsche B, Lechner G (2004) Zuverlässigkeit im Fahrzeug- und Maschinenbau. 3. Aufl, Springer, Berlin

[5.5] Binz H (2003) Methodisches Konstruieren. Vorlesungsmanuskript, Institut für Konstruktionstechnik und Technisches Design, Universität Stuttgart

[5.6] Birolini A (1997) Zuverlässigkeit von Geräten und Systemen. 4. Aufl, Springer, Berlin

[5.7] Boos M, Krieg W E (1994) Stufenloses Automatikgetriebe Ecotronic von ZF. ATZ 96

[5.8] Braess H H, Seiffert U (2000) Vieweg Handbuch Kraftfahrzeugtechnik. Braunschweig, Wiesbaden, Vieweg

[5.9] Braun H, Dobler H D, Doll W, Fischer U, Günter W, Heinzler M, Höll H, Ignatowitz E, Röhrer T, Röhrer W, Schilling K, Strecker D (2002) Fachkunde Metall. Europa-Lehrmittel, Haan-Gruiden

[5.10] Brunner F J (1992) Wirtschaftlichkeit industrieller Zuverlässigkeitssicherung. Vieweg, Braunschweig

[5.11] Büttner K, Kohlhase N, Birkhofer H (1995) Rechnerunterstütztes Kalkulieren komplexer Produkte mit neuronalen Netzen. Konstruktion 47: 295–301

[5.12] Deutsches Institut für Normung (1978) DIN 50100 Werkstoffprüfung – Dauerschwingversuch, Begriffe, Zeichen, Durchführung, Auswertung. Beuth, Berlin

[5.13] Deutsches Institut für Normung (1979) DIN 50320 Verschleiß Begriffe, Systemanalyse von Verschleißvorgängen, Gliederung des Verschleißgebietes. Beuth, Berlin

[5.14] Deutsches Institut für Normung (1987) DIN 3990 Teil 2 Tragfähigkeitsberechnung von Stirnrädern – Berechnung der Grübchentragfähigkeit. Beuth, Berlin

[5.15] Deutsches Institut für Normung (1987) DIN 3990 Teil 3 Tragfähigkeitsberechnung von Stirnrädern – Berechnung der Zahnfußtragfähigkeit. Beuth, Berlin

[5.16] Deutsches Institut für Normung (1988) DIN 50323 Teil 1 Tribologie Begriffe. Beuth, Berlin

[5.17] Deutsches Institut für Normung (1989) DIN 32990 Kosteninformationen: Begriffe zu Kosteninformationen in der Maschinenindustrie. Beuth, Berlin

[5.18] Deutsches Institut für Normung (1990) DIN 3990 Teil 41 Tragfähigkeitsberechnung von Stirnrädern – Anwendungsnorm für Fahrzeuggetriebe. Beuth, Berlin

[5.19] Deutsches Institut für Normung (1992) DIN 4000 Sachmerkmals-Leisten. Beuth, Berlin

[5.20] Deutsches Institut für Normung (1999) DIN EN ISO 8044 Korrosion von Metallen und Legierungen – Grundbegriffe und Definitionen. Beuth, Berlin

[5.21] Ehrlenspiel K, Kiewert A, Lindemann U (2005) Kostengünstig Entwickeln und Konstruieren – Kostenmanagement bei der integrierten Produktentwicklung. 5. Aufl, Springer, Berlin

[5.22] Eichler C (1985) Instandhaltungstechnik. Verlag Technik, Berlin

[5.23] FKM-Richtlinie (2003) Rechnerischer Festigkeitsnachweis für Maschinenbauteile aus Stahl, Eisenguss- und Aluminiumwerkstoffen, 5. Aufl, VDMA-Verlag GmbH Frankfurt

[5.24] Funk M (2008) Zusammenhang zwischen Zuverlässigkeit und Werkstoffeigenschaften bezogen auf die Unsicherheiten in frühen Entwicklungsphasen. Studienarbeit, Institut für Maschinenelemente, Universität Stuttgart

[5.25] Gandy A, Jäger P, Bertsche B, Jensen U (2007) Decision Support in Early Development Phases – A Case Study from Machine Engineering. Reliability Engineering & System Safety 92: 921–929

[5.26] Haibach E (2005) Betriebsfestigkeit – Verfahren und Daten zur Bauteilbewertung. 3. Aufl, Springer, Berlin

[5.27] Hartig J (1996) Kostenrelativierte Zuverlässigkeitsoptimierung in der Konzeptphase maschinenbaulicher Produktentwicklung. Dissertation, Universität Rostock

[5.28] Hess, C (2007) Qualitäts- und Zuverlässigkeitskostenmodelle im Entwicklungsprozess unter Betrachtung der Einflüsse von Zuverlässigkeitsparametern auf die Produktkosten. Studienarbeit, Institut für Maschinenelemente, Universität Stuttgart

[5.29] Hillebrand A (1991) Ein Kosteninformationssystem für die Neukonstruktion. Hanser, München

[5.30] Hillebrand A, Ehrlenspiel K (1986) Suchkalkulation – ein Hilfsmittel zum kostengünstigen Konstruieren. CAD-CAM Report 1: 53–57

[5.31] Ireson W G, Coombs C F (1988) Handbook of Reliability Engineering and Management. Mc Graw-Hill, New York

[5.32] Kamm, A (2008) Zuverlässigkeitssteigerung von mechatronischen Systemen. Studienarbeit, Institut für Maschinenelemente, Universität Stuttgart

[5.33] Kapur K C, Lamberson L R (1977) Reliability in Engineering Design. John Wiley & Sons, New York

[5.34] Köchel P (1982) Zuverlässigkeit technischer Systeme. Fachbuchverlag, Leipzig

[5.35] König T (1995) Konstruktionsbegleitende Kalkulation auf der Basis von Ahnlichkeitsvergleichen. Hochschulschrift Eul, Bergisch Gladbach

[5.36] Lechner G, Naunheimer H (1994) Fahrzeuggetriebe. Springer, Berlin

[5.37] Maile K (2006) Werkstoffeigenschaften, Zusammenstellung wichtiger Zusammenhänge für das Kompetenzfeld „Einsatz von Werkstoffen und deren Beurteilung in Bezug auf Bauteilverhalten". Vorlesungsmanuskript, Institut für Materialprüfung, Werkstoffkunde und Festigkeitslehre, Universität Stuttgart

[5.38] Messerschmitt, Bölkow, Blohm (1986) Technische Zuverlässigkeit. Springer, Berlin

[5.39] Meyna A (1990) Zuverlässigkeitsbewertung zukunftsorientierter Technologien. Vieweg, Braunschweig

[5.40] Pahl G, Beitz W, Feldhusen J, Grote K H (2006) Konstruktionslehre – Grundlagen erfolgreicher Produktentwicklung, Methoden und Anwendung. 7. Aufl, Springer, Berlin

[5.41] Roos E (2005) Leichtbau. Vorlesungsmanuskript, Institut für Materialprüfung, Universität Stuttgart

[5.42] Roos E (2006) Festigkeitslehre I. Vorlesungsmanuskript, 30. Aufl, Institut für Materialprüfung, Universität Stuttgart

[5.43] Schaal S (1992) Integrierte Wissensverarbeitung mit CAD am Beispiel der konstruktionsbegleitenden Kalkulation. Hanser, München

[5.44] Schnegas H (2002) Kosten- und zuverlässigkeitsbasierte Auslegungsmodell maschinenbaulicher Produkte. Shaker-Verlag, Aachen
[5.45] Verein Deutscher Ingenieure (1997) VDI 2225 Konstruktionsmethodik – Technisch-wirtschaftliches Konstruieren, Beuth, Berlin
[5.46] Wolfram M (1994) Feature-basiertes Konstruieren und Kalkulieren. Hanser, München

Kapitel 6
Systemzuverlässigkeit in frühen Entwicklungsphasen am Beispiel feinwerktechnischer mechatronischer Systeme

Wolfgang Schinköthe unter Mitarbeit von Michael Beier und Thilo Köder

Feinwerktechnische Antriebssysteme enthalten mechanische, elektromechanische und elektronische Komponenten. Sie sind kleine, aber komplexe mechatronische Systeme, die auch kostengünstig verfügbar sind. Die Ermittlung von Basisdaten und das Testen von Methoden für die Berechnung der Zuverlässigkeit in frühen Entwicklungsphasen ist am Beispiel feinwerktechnischer mechatronischer Subsysteme deshalb einfacher, schneller und effizienter möglich als beispielsweise an komplexen Maschinen oder Fahrzeugen.

Methoden zur Zuverlässigkeitsermittlung in frühen Entwicklungsphasen wurden deshalb an diesen leicht handhabbaren Demonstratoren untersucht und dabei neue Erkenntnisse anderer Gruppen verifiziert, z. B. neue mathematische bzw. statistische Methoden. Die hier dargestellten Ergebnisse basieren dabei vorwiegend auf den im Rahmen der Forschergruppe 460 zu diesem Themenkreis entstandenen Berichten [6.37], wissenschaftlichen Arbeiten [6.3, 6.22, 6.36, 6.39] und Veröffentlichungen [6.1, 6.2, 6.23, 6.24, 6.25, 6.28, 6.38, 6.54, 6.60, 6.70].

6.1 Stand der Technik bei feinwerktechnischen mechatronischen Systemen

Mechatronische Systeme bzw. Subsysteme der Feinwerktechnik, beispielsweise Gleichstromkleinmotoren mit hoch übersetzenden Getrieben, integrierten inkrementalen Gebern und zugehöriger Mess- und Regelelektronik, finden in vielen Erzeugnissen eine breite Anwendung. Sie bilden häufig Schnittstellen zwischen der elektronischen und mechanischen Systemebene innerhalb komplexer mechatronischer Systeme, dienen der Interaktion oder Adaption in diesen und sind damit wichtige Komponenten mechatronischer Gesamtsysteme [6.33, 6.34, 6.51]. Trotzdem sind vergleichsweise wenige Daten zum Ausfallverhalten derartiger Subsysteme vorhanden und diese häufig auch noch sehr unscharf, wie nachfolgend zunächst allgemein und dann ganz konkret für die untersuchten Baugruppen gezeigt wird.

6.1.1 *Zuverlässigkeitsangaben feinwerktechnischer mechatronischer Systeme allgemein*

Die hier zu betrachtenden mechatronischen Systeme der Feinwerktechnik bestehen aus mechanischen Komponenten (Getrieben, Lagern, Verbindungselementen), elektromechanischen Komponenten (Wicklungen, Kommutatoren) und Elektronik (Ansteuerung, Regelung, integrierte Messtechnik, Software). Den Ausgangspunkt für die Ermittlung der Systemzuverlässigkeit des Antriebes bilden somit die Zuverlässigkeiten und damit das Ausfallverhalten dieser Komponenten, Abb. 6.1.

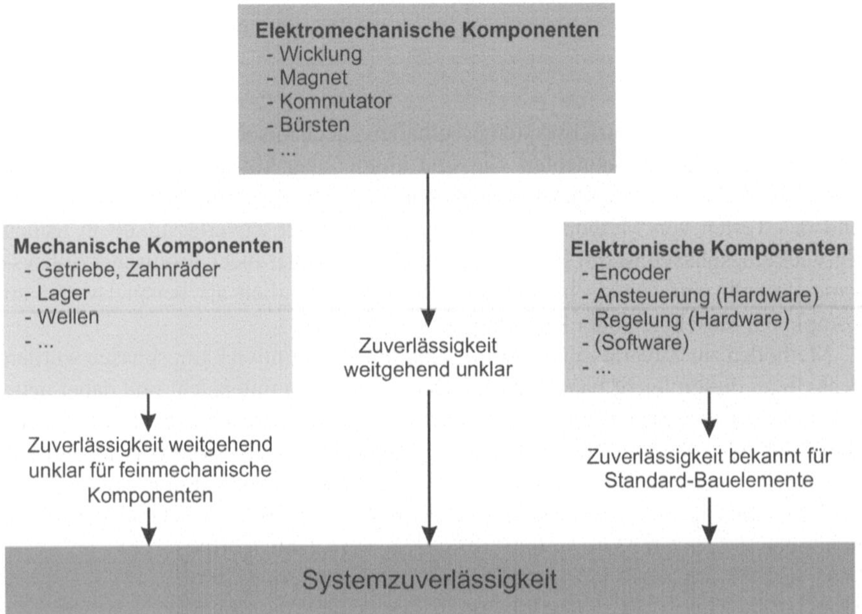

Abb. 6.1 Beispielhafter Aufbau mechatronischer Systeme der Feinwerktechnik

Elektronische Komponenten. Diese sind, soweit es sich um serienmäßige Standardkomponenten handelt, über Katalogdaten einer ersten überschlägigen Ermittlung zugänglich. Beispielsweise sind im MIL-HDBK-217 [6.44] oder in [6.62], aber auch in den Bauelementekatalogen der Hersteller mindestens für die jeweiligen Produktfamilien bzw. Technologieklassen Daten vorzugsweise in Form konstanter Ausfallraten angegeben [6.12]. Mit Hilfe dieser Daten lässt sich die Gesamtzuverlässigkeit einer rein elektronischen Baugruppe, z. B. einer Ansteuerschaltung eines Antriebssystems, in erster Näherung bestimmen. Der Softwareanteil ist in diesen Komponenten vergleichsweise gering und soll deshalb hier nicht näher betrachtet werden, siehe dazu Kap. 7.

In Mechanik und Elektronik werden die untersten Hierarchieebenen für die Zuverlässigkeit verschieden definiert. In der Elektronik stellen auch sehr komplexe Systeme wie Mikroprozessoren letztlich nur einzelne Bauelemente dar. Zuverlässigkeitskenngröße ist hier meist die konstante Ausfallrate λ, die Zufallsausfälle innerhalb des konstanten Teils der typischen Badewannenkurve repräsentiert. Die Zuverlässigkeit während der Nutzungsdauer kann dann als einfache Exponentialverteilung für die Überlebenswahrscheinlichkeit dargestellt werden. Die komplette Schaltung ist über das Boolesche Modell abzubilden und folgt wiederum einer Exponentialverteilung [6.65]. Ganz anders sieht es natürlich aus, wenn es um die Entwicklung von Bauelementen und das Einbringen gezielter Maßnahmen zur Fehlertoleranz geht. Diese Fragestellungen werden in Kap. 8 untersucht.

Mechanische Komponenten. Bei den mechanischen Komponenten sind Bauelemente zunächst üblicherweise auf tieferer Ebene definiert, z. B. eine Schraube, ein Zahnrad, eine Welle, eine Lagerbuchse. Für sich allein ist deren Ausfallverhalten jedoch nicht zu ermitteln, erst die Belastungen und Rückwirkungen zwischen solchen Bauelementen führen zum Ausfall. Mechanische Einzelteile ohne Last (Ausnahme Kunststoffteile [6.26]) unterliegen abgesehen von Korrosion kaum Alterungserscheinungen, so dass Ausfallraten dafür nicht existent sind. Unter Last hängt ihre Lebensdauer jedoch maßgeblich von dem Zusammenwirken aller Einzelteile in der jeweiligen Baugruppe und ihrer Beschaffenheit ab. Aus Sicht der Zuverlässigkeit müssen also Baugruppen die Basiselemente der untersten Zuverlässigkeitsebene bilden, hier beispielsweise Getriebestufen und Lager.

Während der Nutzung treten meist systematische Schädigungen, beispielsweise durch Verschleiß und damit zeitabhängige Ausfallraten auf. Kennzeichnend ist die starke gegenseitige Beeinflussung der Einzelteile, so dass stets der Gesamtzusammenhang (Einbauverhältnisse, Last, Verschleiß, Umwelt u. a.) betrachtet werden muss und dadurch allgemeingültige Daten oft fehlen. Meist sind zwei- und dreiparametrige Weibullverteilungen für die Beschreibung besser geeignet als reine Exponentialfunktionen. Unter diesen Einschränkungen können Verteilungen und Kennwerte für das Ausfallverhalten mechanischer Baugruppen für definierte Einsatzbedingungen angegeben werden. Da die mechanischen Einzelteile nicht voneinander unabhängig sind, ist auch die Boolesche Logik erst ab den Baugruppen als unterste Zuverlässigkeitsebene und nicht für deren Einzelteile zulässig.

Nötig sind umfangreiche experimentelle Untersuchungen, um das Ausfallverhalten von Baugruppen und Systemen zu ermitteln. Derartig umfangreiche experimentelle Untersuchungen sind im Maschinen- und im Fahrzeugbau üblich [6.11, 6.48, 6.56, 6.57], in der Feinwerktechnik bisher jedoch eher die Ausnahme. Für Wälzlager gibt es beispielsweise insbesondere bei Wälzlagerherstellern umfangreiche Untersuchungen. Katalogangaben sind B_{10}-Quantile, allerdings fehlen häufig Angaben zu den tatsächlichen Verteilungen, diese lassen sich nur manchmal ableiten. Für Gleitlager ist die Datenlage etwas weniger komfortabel, aber immer noch gut. Generell stellen Lager jedoch seltener die Ausfallursache in elektromechanischen Antriebssystemen dar, zumal je nach Lebensdauerwunsch ohnehin im Vorfeld die dafür geeigneten Lagertypen ausgewählt werden. Ausfälle in den mechanischen Komponenten elektromechanischer Antriebssysteme sind meist in den Getrieben begründet. Hierzu gibt es nur wenige konkrete Veröffentlichungen [6.8, 6.14, 6.16, 6.49, 6.50, 6.58, 6.59]. So sind beispielsweise neue Projekte zur Tragfähigkeitsberechnung für Zahnradgetriebe mit kleinem Modul in Arbeit, die existierenden Normen helfen hier nicht weiter [6.11] oder sind gar zurückgezogen. Deshalb bilden Getriebe hier einen Schwerpunkt.

Elektromechanische Komponenten. Meist wird nur der komplette Motor [6.42] oder Aktor [6.71] als elektromechanische Komponente hinsichtlich seines Ausfallverhaltens untersucht. Ein Herunterbrechen auf Einzelteile oder kleinere Baugruppen innerhalb des Motors wird kaum praktiziert und ist auch wenig hilfreich. Nur für einzelne kritische Komponenten, wie Kontakte, Schleifringe oder Bürsten [6.21, 6.30, 6.31, 6.45, 6.46, 6.61, 6.66, 6.67, 6.68] sind Untersuchungen zu finden. Insgesamt bilden die elektromechanischen Komponenten deshalb hier einen weiteren Schwerpunkt.

Berechnung der Systemzuverlässigkeit. Die Berechnung der Systemzuverlässigkeit scheitert häufig an den elektromechanischen und mechanischen Systembestandteilen, also an Motoren und feinwerktechnischen Getrieben. Für frühe Entwicklungsphasen sind dabei prinzipiell quantitative (rechnerische) Methoden und qualitative Methoden (FMEA, Fehlerbaummethode usw.) einsetzbar, sofern in den frühen Phasen bereits genügend konzeptionelle Klarheit zum System besteht und auch hinreichend sichere Basisdaten für die noch unzureichend spezifizierten Komponenten verfügbar sind. Dies ist jedoch meistens nicht zutreffend.

Alle quantitativen Methoden zur Berechnung der Systemzuverlässigkeit gehen zudem von dimensionierten Komponenten und Systemen aus, die für Tests in ausreichender Zahl verfügbar sein müssen. Die genutzte Datenbasis ist generell auch sehr heterogen und unvollständig. Für mechanische und elektromechanische Baugruppen fehlt eine ausreichende Datenbasis völlig. Eine quantitative Erfassung der Zuverlässigkeit in frühen Entwicklungsphasen ist damit weitgehend noch nicht möglich. Diese Methoden sind also eher für späte Entwicklungsphasen geeignet. Deshalb wird derzeit oft auf qualitative Methoden zur Ermittlung der Zuverlässigkeit in frühen Entwicklungsphasen ausgewichen [6.43]. Man behilft sich mit Konstruktionsregeln, Maßnahmen für die Fertigung, Qualitätssicherung und Servicemaßnahmen (vorbeugende Instandsetzung) zur Absicherung der Zuverlässigkeit.

Hier werden deshalb zunächst bekannte Zuverlässigkeitstechniken und Methoden auf feinwerktechnische, also miniaturisierte mechanische und elektromechanische Baugruppen angewandt, um Daten zu ermitteln und Verfahren zu verifizieren. Letztlich ist es das Ziel, Methoden für eine vorausschauende Berechnung der Systemzuverlässigkeit mechatronischer Systeme zunächst in der Entwurfsphase und dann insbesondere auch in frühen Entwicklungsphasen zu erarbeiten.

6.1.2 Verfügbarkeit konkreter Daten und gesicherter Erkenntnisse

Die Verfügbarkeit konkreter Daten und gesicherter Erkenntnisse zum Ausfallverhalten feinwerktechnischer Systeme und deren Komponenten wird beispielhaft an Kleinmotoren und zugehörigen Getrieben, teils zusätzlich mit integrierten inkrementalen Gebern und dazugehöriger Regelelektronik, aufgezeigt. Diese finden in vielen feinwerktechnischen Erzeugnissen, von der Audio- und Videotechnik bis zum PC, von der Messtechnik bis zur biomedizinischen Technik und darüber hinaus in sehr vielen anderen Gebieten, insbesondere in der Kfz-Technik, eine sehr breite Anwendung. Sie werden in großen Stückzahlen teilweise sehr kostengünstig gefertigt und wurden hier für die weiteren Untersuchungen ausgewählt.

6.1.2.1 Daten und Erkenntnisse zur Lebensdauer von Kleinmotoren

Angaben von Motorherstellern. Um eine Aussage über die Verfügbarkeit von Zuverlässigkeitsdaten für Gleichstromkleinantriebe zu erhalten, wurde eine Recherche zu bürstenbehafteten (DC-)Motoren und bürstenlosen, elektronisch kommutierten (EC-)Motoren durchgeführt. Insgesamt wurden 53 Hersteller von DC-Motoren und 35 Anbieter von EC-Motoren zu Lebensdauerangaben befragt und deren Kataloge ausgewertet. Zunächst fanden nur die reinen Katalogdaten Berücksichtigung, Abb. 6.2.

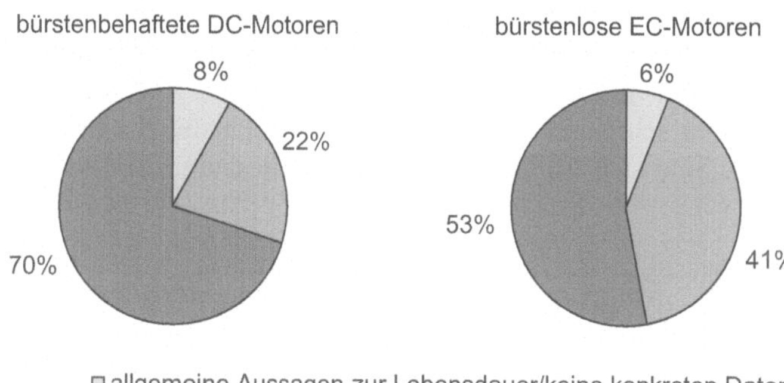

Abb. 6.2 Angaben zur Produktlebensdauer von Kleinmotoren in Herstellerkatalogen [6.36]

Die Ergebnisse der Untersuchungen zeigen eine sehr große Unsicherheit und eine unbefriedigende Situation. In vielen Fällen wird im Katalog gar nicht auf die Zuverlässigkeit bzw. Lebensdauer eingegangen, sondern eine Nachfrage von Seiten des Kunden abgewartet. In anderen Fällen werden nur pauschale Angaben gemacht, wie beispielsweise lange Lebensdauer, ohne Angabe von weiteren Werten oder Bedingungen dazu. Sind schließlich Zahlenwerte angegeben, handelt es sich oft um Spannweiten, die einen sehr großen Bereich, mehrere Typen und weite Anwendungsgebiete abdecken.

Angaben zum Bezug der Werte sind bei DC-Motoren in den Katalogen nicht enthalten, so dass unklar bleibt, ob es sich beispielsweise um eine ausfallfreie Zeit t_0 oder eine B_{10}-Lebensdauer handelt. Insgesamt sind die Angaben damit nur wenig aussagekräftig und in vielen Fällen nur als grober Richtwert für mehrere Motortypen zu verstehen. Bei EC-Motoren hängt die erreichbare Lebensdauer überwiegend von der Lagerbauart ab. Einige Anbieter beziehen sich auf die verbauten Kugellager und geben daher, ohne dies deutlich auszusprechen, eine B_{10}-Lebensdauer des Gesamtsystems an, die aber letzten Endes nur das Ausfallverhalten der Lagerbaugruppe widerspiegelt. Ansonsten werden auch hier zum großen Teil Bereiche angegeben bzw. Mindestlebensdauern von beispielsweise 20.000 h, die als ausfallfreie Zeiten interpretiert werden könnten.

Um diese Datenlage zu schärfen, wurden aus jedem Bereich der Befragten jeweils 14 Herstellerfirmen zusätzlich telefonisch kontaktiert. Hierbei lag der Schwerpunkt auf Herstellern von Kleinmotoren im unteren Leistungsbereich bis ca. 100 W. Ziel war es, den Bezug der Kenndaten der Kataloge herauszufinden, Abb. 6.3. Bei Betrachtung der Ergebnisse muss berücksichtigt werden, dass die Gesprächspartner je nach Verfügbarkeit beim Anruf aus unterschiedlichen Bereichen kamen, vom Vertrieb über die technische Beratung, den Versuch bis hin zur Entwicklungsabteilung. Daher ist die Aussagekraft der Antworten eingeschränkt, charakterisiert aber trotzdem die derzeitige Situation.

Überraschenderweise definieren die meisten Hersteller ihre Angaben als ausfallfreie Zeiten. Dieser Wert ist zwar für den Kunden günstig, bedeutet jedoch für den Hersteller, dass er bei einer solch konkreten Zusage zuvor umfangreiche Tests ausgeführt hat oder sehr große Reserven einbeziehen muss. Vor allem bei EC-Motoren verwundert es sehr, dass hier nicht grundsätzlich die B_{10}-Lebensdauern angeben werden. Sind sich doch alle Hersteller darin einig, dass nur die

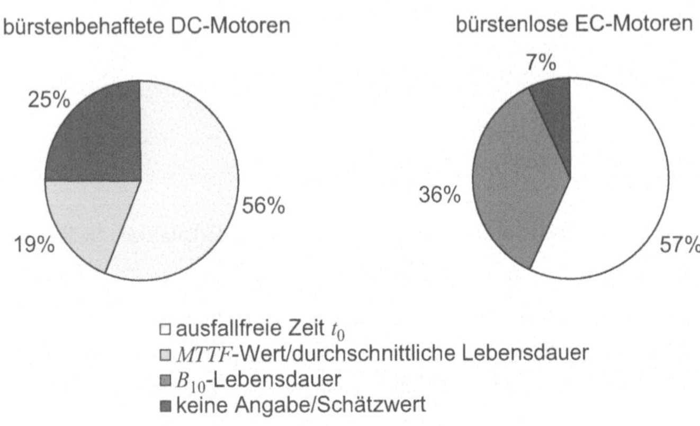

Abb. 6.3 Bezug der Lebensdauerangaben (Ergebnisse telefonischer Nachfragen) [6.36]

Lager als Ausfallursache in EC-Motoren in Frage kommen und somit eine Übernahme des gängigen Lagerkennwertes sinnvoll erscheint.

Des Weiteren wurde im Rahmen dieser Umfrage auch die Vorgehensweise der Firmen bei der Ermittlung von Zuverlässigkeitsdaten in frühen Entwicklungsphasen abgefragt. Es zeigte sich, dass keiner der Befragten in der Konzeptphase der Entwicklung quantitative Zuverlässigkeitsmethoden für die elektromechanischen Teilsysteme nutzt. Allenfalls kommen Festigkeits- bzw. Lagerberechnungen in frühen Phasen zum Einsatz. Ansonsten stützt sich die Entwicklung derzeit auf qualitative und quantitative Erfahrungswerte von Vorgängern. Erste konkrete Ergebnisse werden stets durch Versuche und Dauerläufe mit Prototypen bzw. in Vorserientests ermittelt. Bei Lebensdaueraussagen zu einem bestimmten Motortyp wird in aller Regel dabei so verfahren, dass die Hersteller kundenspezifische Versuche durchführen, bei denen die exakten späteren Einsatzbedingungen nachvollzogen und somit nur für diese Anwendungen Aussagen getroffen werden.

Einflussgrößen auf die Motorlebensdauer. Diese sind vielgestaltig, weshalb es nahezu unmöglich ist, eine allgemeingültige Aussage zur Lebensdauer von Antrieben zu machen. Eine solche Aussage muss immer an die Betriebsparameter geknüpft sein. Den größten Einfluss auf die Lebensdauer haben der Betriebspunkt, die Betriebsart und die Umgebungseinflüsse. Unter dem Betriebspunkt werden der Strom, das zugehörige Drehmoment und die daraus resultierende Drehzahl verstanden, bei der der Motor betrieben wird. Für die gewünschte Anwendung ist zunächst der geeignete Motor auszuwählen. Dabei sind auch die Hinweise der Hersteller bezüglich der optimalen Betriebsbedingungen für die verschiedenen Motorbauformen zu berücksichtigen.

Theoretisch nimmt mit steigender Drehzahl der mechanische Verschleiß des Motors zu und damit die Lebensdauer ab. Genauso verhält es sich mit der elektrischen Belastung. Je höher die elektrische Belastung ist, desto stärker sinkt die Lebensdauer. Aus den bisherigen Untersuchungen folgt jedoch, dass der mechanische Einfluss dem elektrischen Verschleiß deutlich unterzuordnen ist [6.29].

Grundsätzlich gilt, dass bei bürstenbehafteten Motoren das Kommutierungssystem die Schwachstelle darstellt, die als erstes zum Ausfall führt. Alle anderen zumeist mechanischen Komponenten sind so ausgelegt, dass die Lebensdauer in einem unkritischen Bereich liegt. Typischerweise werden bei bürstenbehafteten Gleichstromkleinstmotoren unter normalen Beanspruchungen von den Herstellern Betriebsstunden/Lebensdauern von ca. 1.000 bis 3.000 h benannt. Bei extremem Aussetzbetrieb mit hoher Überlast kann diese aber auch deutlich sinken und nur einige 100 h reine Betriebszeit oder gar noch weniger betragen. Eine Optimierung der bürstenbehafteten Motoren in Hinblick auf deutlich höhere Lebensdauern macht dabei nur begrenzt Sinn, da durch den Einsatz von elektronisch kommutierten Motoren die Lebensdauer bei entsprechend höherem Kostenaufwand viel prägnanter gesteigert werden kann. Hier sind dann Lebensdauern in Höhe von 20.000 … 30.000 Betriebsstunden üblich, die aus den Lagern resultieren.

Bisher durchgeführte Untersuchungen im Bereich von Elektromotoren beziehen sich hauptsächlich auf größere Antriebe mit Graphitbürsten, allgemeingültige Modelle oder Berechnungsansätze zur Zuverlässigkeit fehlen jedoch. Gerade bei den bürstenbehafteten Kleinmotoren gibt es bisher keine geeignete Beschreibungsform für das Ausfallverhalten des elektromechanischen Subsystems, so dass Versuche weiterhin unumgänglich sind. Nicht zuletzt wegen des stark zunehmenden Interesses an der Zuverlässigkeitstechnik und der steigenden Nachfrage von Kundenseite nach Zuverlässigkeitsangaben besteht hier ein akuter Handlungsbedarf. Einzelne Firmen sind bereits auf diesem Gebiet tätig und widmen sich dieser Problematik. Allerdings sind auch deren Daten auf Grund der hohen Produktvielfalt der einzelnen Hersteller meist recht unvollständig. Da es sich zudem um sehr sensible Daten handelt, ist nahezu keine Veröffentlichung von Ergebnissen erhältlich, Ausnahmen sind [6.30, 6.31, 6.42, 6.45, 6.66]. Auf Grund des hohen Kosten- und Zeitaufwands besteht jedoch ein reges Interesse an geeigneten quantitativen Verfahren für eine frühzeitige Bestimmung der Zuverlässigkeit, wie die Umfragen zeigten. Dies bestätigt den hier verfolgten Ansatz, zur Ermittlung der nötigen Datenbasis eigene Prüfanlagen aufzubauen, Dauertests vorzunehmen, anschließend entsprechende Modelle aufzustellen und diese zu verifizieren.

6.1.2.2 Daten und Erkenntnisse zur Lebensdauer von Kleingetrieben

Angaben von Getriebeherstellern. Um einen Überblick zu Zuverlässigkeitsangaben bei Kleingetrieben zu erhalten, wurde analog zur Motorrecherche eine Recherche im Bereich der Kleinplanetenradgetriebe vorgenommen [6.3]. Kleinplanetenradgetriebe, vorzugsweise in Kunststoff, sind die am weitesten verbreiteten Kleingetriebe, die in Kombination mit o. g. Motoren zum Einsatz kommen. Die Umfrage teilt sich in zwei unterschiedliche Recherchen auf, Sichtung der Kataloge nach Lebensdauerangaben und Befragung der Hersteller nach Methoden der Zahnradauslegung sowie daraus ableitbarer Lebensdauerbestimmung. Im Bereich der Kleinplanetenradgetriebe sind dabei weit weniger Hersteller am Markt als bei Motoren. Es galt folgende Eingrenzung für die Recherche: Außendurchmesser bis 50 mm, Zahnradwerkstoff beliebig.

Insgesamt wurden zunächst 31 Herstellerkataloge gesichtet und ausgewertet. In den meisten Fällen wird auf eine Angabe zur Lebensdauer verzichtet, lediglich 45% der Hersteller treffen eine Aussage. Als generelle Begründung wird auf zu unterschiedliche Einsatzfälle und zu verschiedene Belastungen verwiesen. Da sich hierdurch eine sehr hohe Zahl an verschiedenen Einsatzbedingungen ergibt, sehen sich die Hersteller häufig nicht in der Lage, eine Lebensdauer anzugeben. Abbildung 6.4 gibt die Ergebnisse der Umfrage grafisch wieder.

Werden die konkreten Lebensdauerangaben zu Planetenradgetrieben aufgeschlüsselt, enthalten 21% der gesichteten Kataloge mit Lebensdauerangabe eine B_{10}-Lebensdauer, 14% den so genannten B_{50}-Wert, 21% sprechen von der ausfallfreien Zeit t_0 und die restlichen 44% machen eine nicht klassifizierbare Aussage, z. B. „zwischen 200 und 10.000 Stunden". Die B_{10}-Lebensdauerangaben betreffen dabei typischerweise Planetenradgetriebe mit Metallzahnrädern. Hier bildet das eingesetzte Kugellager laut Hersteller die Schwachstelle, weshalb die für Kugellager typische Lebensdauerangabe B_{10} bzw. L_{10} zum Einsatz kommt. Insgesamt ist dies für den Kunden wiederum eine recht unscharfe Information zur Lebensdauer der betrachteten Getriebe. Gemachte Angaben sind kaum interpretiert bzw. werden für das komplette Getriebesortiment von Baugrößen zwischen ca. 20 mm bis rund 100 mm Außendurchmesser abgegeben.

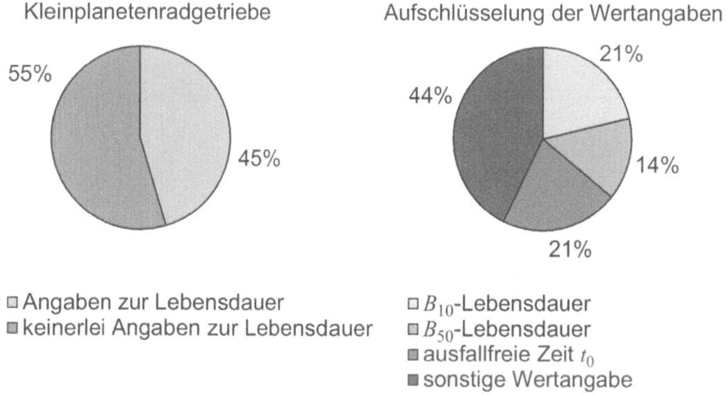

Abb. 6.4 Angaben zur Lebensdauer von Planetenradgetrieben in Herstellerkatalogen [6.3]

Der zweite Teil der Umfrage galt den genutzten Grundlagen zur Getriebeauslegung. Die Umfrage teilte sich in drei Teilgebiete: Ausfallverhalten von Kunststoffzahnrädern im Betrieb, Nachrechnung der Betriebsfestigkeit und rechnerische Bestimmung einer Lebensdauer.

Als Ausfallursache eines Planetenradgetriebes in feinwerktechnischer Dimension mit Kunststoffverzahnung wird zu 60% Zahnbruch und jeweils mit 20% Zahnbruch infolge eines Flankenverschleißes oder ein vollständiger Zahnflankenverschleiß angegeben. Davon sind am häufigsten die Planetenräder betroffen. Einen deutlich geringeren Anteil hat hier das Sonnenrad, das Hohlrad fällt kaum aus. Als maßgebende Belastung für den Ausfall wird mit 72% das wirkende Drehmoment, mit 14% die Drehzahl und ebenfalls 14% die Erwärmung als Folge der Verlustleistung angeben. Abbilldung 6.5 verdeutlicht dies.

Bei der Nachrechnung der Betriebsfestigkeit kommt zum größten Teil (50%) eine kommerzielle Software zum Einsatz. 33% nutzen hierfür eine firmeneigene Software und lediglich 17% setzten keine Software ein. Bei den Ermittlungen der Zahnfußbeanspruchung, der Zahnflankenbeanspruchung und der Zahn- bzw. Zahnflankentemperatur wendet der Großteil der Firmen die zurückgezogene VDI 2545 [6.64] in der veröffentlichten Form bzw. mit eigener Erweiterung an. Ein geringer Anteil verwendet Berechnungen aus eigenen Erfahrungswerten bzw. nach den Verfahren von Niemann oder Hoechst. Eine Berechnung der Zahnverformung im Betrieb wird von lediglich 20% durchgeführt. Spätestens seit der Rücknahme der VDI 2545 herrscht große Unsicherheit zur Festigkeitsberechnung von Kunststoffzahnrädern und daraus ableitbaren Lebensdauerwerten. Am Markt verfügbare Software stellt dem Konstrukteur zwar Werkzeuge zur Verfügung, wer aber nach einer genormten Berechnung Ausschau hält, sucht vergeblich.

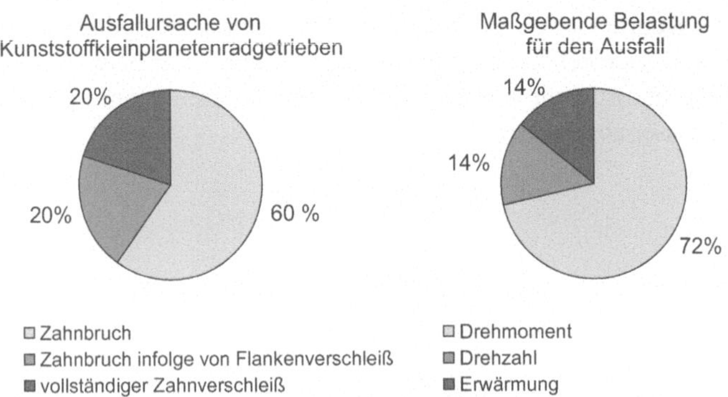

Abb. 6.5 Ergebnisse einer Umfrage zu Ausfallursachen und maßgebenden Belastungen von Kleinplanetenradgetrieben mit Kunststoffverzahnung [6.3]

Eine Lebensdauerabschätzung bzw. eine Zuverlässigkeitsbetrachtung wird von allen Beteiligten der Umfrage letztlich nicht durchgeführt. Dieses Ergebnis zeigt, dass ein großer Handlungsbedarf besteht. Wie schon mehrfach angesprochen, werden Lebensdaueraussagen zukünftig bei Entwicklungsprozessen und auch für Kaufentscheidungen immer wichtiger.

Einflussgrößen auf die Getriebelebensdauer. In diesen Getrieben beeinflussen viele Parameter die Lebensdauer. Die entscheidende Rolle für die Funktionalität des Getriebes spielen wohl die Planetenräder, deren Verzahnung sowie deren Lagerung. Neben dem Verschleiß der Lagerung sind im Bereich der Kunststoffverzahnungen als Ausfallursachen insbesondere Aufschmelzen, Zahnflankenverschleiß und Zahnbruch anzutreffen. Ausschlaggebend dafür ist außer bei Zahnbruch die Reibung zwischen den Zahnflanken. Während bei Zahnbruch das Getriebe generell ausfällt (Blockade), tritt Verschleiß der Zahnflanke schon früh auf und schreitet kontinuierlich fort bis hin zum Ausfall. Laut [6.27] tritt ein Ausfall bei ca. 20% Verschleiß bezogen auf den Modul auf.

Die Umfrageergebnisse als auch die Voruntersuchungen in der ersten Projektphase haben ergeben, dass der Verschleiß der Planetenräder mit das ausschlaggebende Kriterium der Zuverlässigkeit eines Getriebes darstellt. Da sich das Verschleißverhalten eines Planeten direkt auf die Tribologie der zwei eingreifenden Zahnflanken im Betrieb zurückführen lässt, ergeben sich allein durch die Kombination unterschiedlicher Werkstoffe und Schmiermittel unzählige Möglichkeiten. Untersuchungen hierzu werden schon seit mehreren Jahren durchgeführt. Arbeiten zu tribologischen Eigenschaften und zur Geometrie der Verzahnung enthalten beispielsweise [6.20, 6.49, 6.50, 6.52]; derzeit laufen an der Forschungsstelle für Zahnräder und Getriebebau (FZG) hierzu Forschungsarbeiten mit metallverzahnten Getrieben. Bei feinwerktechnischen Getrieben insbesondere auch in Kunststoff darf der Einfluss durch die Erwärmung dabei nicht außer Acht gelassen werden. Die Problematik hierbei besteht in der durch die Außenmaße des Getriebes bedingten geringen Oberfläche zum Wärmeaustausch mit der Umgebung. Die

Erwärmung der Zahnflanken führt in diesem Zusammenhang ebenfalls zu einer Minderung der Lebensdauer, siehe auch [6.64].

Je nach Stufenuntersetzung besitzen entweder die Planeten oder das Sonnenrad die kleinste Zähneanzahl und somit die höchste Zahneingriffszahl bei gleicher Tangentialkraft. Da der Verschleiß der Zahnflanken zunächst proportional zur Anzahl der Eingriffe am Zahn, der wirkenden Reibung und damit auch proportional zur Gleitgeschwindigkeit an den Zahnflanken angenommen wird, leiten sich daraus bereits die wesentlichen Schwachstellen ab. Dies ergab auch die Industrieumfrage. Mit Erhöhung der Drehzahl steigen die Eingriffszahlen der jeweiligen Zahnflanke. Durch eine steigende Belastung ergibt sich eine Erhöhung der Reibkraft zwischen den zwei Reibpartnern. Resultierend daraus tritt ein verstärkter Verschleiß an der Zahnflanke auf. Hierbei sollte nach [6.20] der Belastung wesentlich mehr Aufmerksamkeit gewidmet werden, da sich die Zahnweitenabnahme auf das wirkende Drehmoment zurückführen lässt.

Ansätze die Versagensarten umfassend zu erschließen, wurden bereits mehrfach veröffentlicht. Allerdings ist die Anzahl der beeinflussenden Faktoren so vielfältig, dass diese Untersuchungen noch lange nicht vollständig sind. Bereits in [6.52] wurden als wesentliche Einflussparameter der Werkstoff, das Herstellungsverfahren, die Schmierung, die wirkende Umfangsgeschwindigkeit und die Werkstoffpaarung erkannt. Neuere Untersuchungen im Trockenlauf der Getriebe enthalten [6.19, 6.20, 6.69]. Die Fertigung der Zahnräder hat ebenfalls Einfluss auf die Lebensdauer der Getriebe. So zeigte [6.40], dass spritzgegossene Zahnräder aus Polyoximethylen (POM) bei gleichen Zahnradgeometrien höhere Lebensdauern erreichen als spanend erzeugte POM Zahnräder.

Zudem gibt es unterschiedlichste Untersuchungen zu den idealen Materialpaarungen, Fettschmierungen und Zahngeometrien im Bereich der Kunststoffverzahnungen [6.6, 6.18, 6.49, 6.52]. Generell ist bekannt, dass Materialpaarungen unterschiedlicher Werkstoffe höhere Laufzeiten erzielen [6.47, 6.55]. Je nach Hersteller kommen verschiedene Materialpaarungen zum Einsatz, z. B. Kunststoff-Metall-Paarungen oder auch Kunststoff-Kunststoff-Paarungen zwischen Planetenrad und Sonnenrad. Dies hat dann Einfluss auf den Ausfallort (Planet oder Sonnenrad).

Einen weiteren Einflussfaktor stellt die Fettschmierung zwischen den Komponenten dar. Sie minimiert den wirkenden Reibkoeffizienten μ und trägt so zu einem verminderten Verschleiß bei. Je nach Anwendungsfall werden unterschiedliche Fettschmierungen eingesetzt, im Extremfall sogar Trockenlauf realisiert. Dementsprechend unterscheiden sich die zu erwartenden Laufzeiten der Getriebe stark. Die Einflüsse der Schmierung bzw. der Schmierungshäufigkeit wurden beispielsweise bereits in [6.52] untersucht. Hier wurde gezeigt, dass durch eine einmalige Fettschmierung der zu erwartende Verschleiß an der Zahnflanke wesentlich gehemmt werden kann. Untersuchungen in [6.35] bestätigten, dass bereits durch eine einmalige Fettschmierung der Getriebe hohe Lebensdauern erzielbar sind. [6.40] zeigte, dass eine Nachschmierung der Getriebe keinen nennenswerten Vorteil gegenüber der Einmalschmierung erbringt.

Die Planetenradträger werden je nach Anbieter aus verschiedenen Materialien ausgeführt. Manche Hersteller nutzen Metallträger, andere setzen glasfaserverstärkten Kunststoff ein. Dieser birgt das Risiko, im Kerbgrund der Lagerbolzen (Befestigungsstellen auf der Trägerscheibe) zu brechen und dementsprechend die Stufe zu blockieren. Gerade in klein dimensionierten Getrieben bietet ein metallischer Planetenträger auch eine verbessere Wärmeabfuhr.

Je nach Ausführungsart des Getriebes bzw. der Getriebestufe sowie abhängig von den unterschiedlichen Materialpaarungen, dem eingesetzten Schmierstoff und den wirkenden Belastungsparametern kann die Lebensdauer eines Getriebes zwischen wenigen Stunden bis zu mehreren tausend Stunden betragen. Häufig überschreiten Kunststoffgetriebe die Lebensdauer eines angeflanschten mechanisch kommutierten Gleichstrommotors der zugeordneten Baugröße, zumindest in den für diese Motoren ungünstigen, nicht reversierenden Betriebsarten. Dies ist ein weiterer Grund, weshalb in den vergangenen Jahren den Lebensdauern von Kunststoffgetrieben in der Feinwerktechnik weniger Beachtung geschenkt wurde. Erst mit dem Einsatz von elektronisch kommutierten Motoren in größeren Stückzahlen kristallisiert sich das Getriebe als Systemschwachstelle heraus, insbesondere bei Kunststoffgetrieben. Damit gewinnen deren Lebensdauerdaten zunehmend an Bedeutung. Im Fall von Metallverzahnungen wird von Herstellern dagegen angegeben, dass die Verzahnung die Lagerlebensdauern erreicht oder gar überschreitet und somit die Getriebelebensdauer bei Werten von 20.000 … 30.000 h liegt. Dies entspricht dann den erwartenden Lebensdauern von EC-Motoren.

6.1.2.3 Unsicherheit und Schwankungsbreite in den Zuverlässigkeitsangaben

Die Recherche von Katalogangaben zu Lebensdauerwerten sowohl für Motoren als auch für Getriebe ergab eine sehr heterogene Datenlage hinsichtlich konkreter Lebensdauerangaben. Wie groß dabei die Verunsicherung sein kann, soll nachfolgend am Beispiel bürstenbehafteter Kleinantriebe verdeutlicht werden. Ausgangspunkt ist dafür die o. g. Befragung von 53 Motorherstellern (Kap. 6.1.2.1).

Nur wenige Hersteller benannten darin überhaupt konkrete Zahlenwerte, jedoch blieb der Bezug zunächst meistens unklar. Auf Nachfrage gaben einige Hersteller an, dass ihre Angaben einer ausfallfreien Zeit t_0 entsprechen, andere verstanden unter ihren Werten die mittlere Lebensdauer bzw. den *MTTF*-Wert (Mean Time To Failure) und wieder andere machten keine weitere Spezifikation. Eine Visualisierung dieser Zuverlässigkeitsangaben (t_0, *MTTF* und B_{10}) zeigt Abb. 6.6. Unter Annahme einer zweiparametrigen Weibullverteilung mit einem Formparameter $b=2$ und einer Kennwertgröße von 3.000 h wurden die Ausfallwahrscheinlichkeiten in einem Weibullnetz aufgetragen. Handelt es sich bei den Angaben um eine ausfallfreie Zeit t_0, so entsteht automatisch eine dreiparametrige Weibullverteilung, deren Verteilungsfunktion für die Ausfallwahrscheinlichkeit für $(T–t_0)\geq 0$,

$b \geq 0$ mit der charakteristischen Lebensdauer T und dem Formparameter b gegeben ist durch

$$F(t) = 1 - \exp\left(-\left(\frac{t - t_0}{T - t_0}\right)^b\right) \tag{6.1}$$

Bei Betrachtung der Kennlinien ist zu erkennen, dass ohne jegliche Angabe des Formparameters b und Charakterisierung des Kennwertes keine informative Aussage über die Ausfallwahrscheinlichkeit getroffen werden kann. Eine Katalogangabe von 3.000 h als Lebensdauer für einen DC-Kleinmotor bedeutet im Fall der Angabe als ausfallfreie Zeit, dass kein Motor vor diesem Zeitpunkt ausfällt. Das sich daran anschließende Ausfallverhalten ist abhängig vom Formparameter. In Abb. 6.6 ist ein beispielhafter weiterer Verlauf der dreiparametrigen Weibullverteilung für $b = 2$ eingetragen, weil keine Eingrenzung erfolgt, sind andere Formparameter jedoch auch möglich. Der weitere Verlauf bleibt somit unklar.

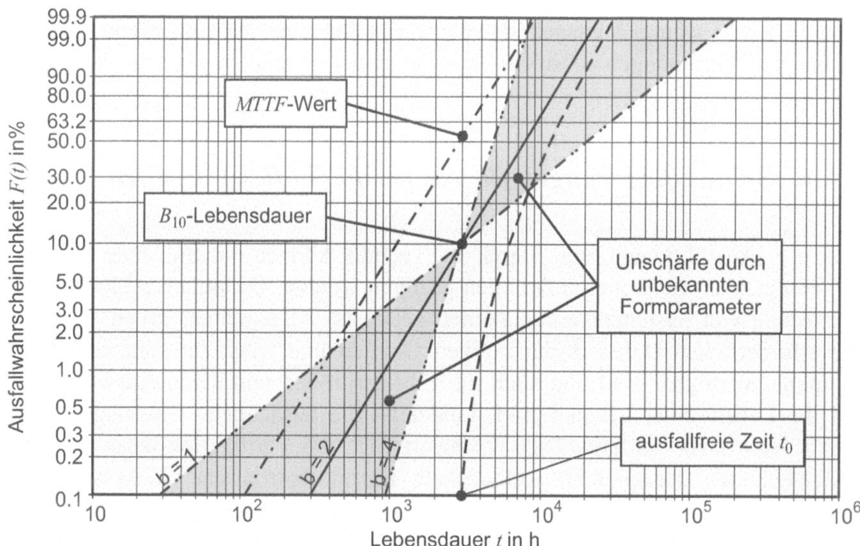

Abb. 6.6 Interpretationsspielraum bei Zuverlässigkeitsdaten als Folge unvollständiger Katalogangaben [6.36]

Stellt die Angabe jedoch einen B_{10}-Wert dar, ist damit zu rechnen, dass innerhalb der ersten 3.000 Stunden 10% der Motoren ausfallen. Wann erste Ausfälle zu erwarten sind und welches Ausfallverhalten sich danach einstellt, ist wiederum vom Formparameter und in diesem Fall auch noch stark von der Art der Weibullverteilung (zwei- oder dreiparametrig) abhängig. Im Falle einer dreiparametrigen Verteilung wäre vor der B_{10}-Lebensdauer auch eine ausfallfreie Zeit anzusetzen. In

Abb. 6.6 sind zur Verdeutlichung der Spannweite des Ausfallverhaltens vor und nach einer Betriebszeit von 3.000 h beispielhaft nur zwei weitere zweiparametrige Weibullverteilungen mit $b = 1$ bzw. $b = 4$ eingetragen. Deutlich wird auch hier die sehr hohe Unsicherheit bezüglich früherer und späterer Ausfälle und damit auch bezüglich der Werte anderer Quantile.

Soll die Lebensdauerangabe gar einem *MTTF*-Wert entsprechen, liegt die Ausfallwahrscheinlichkeit je nach zu Grunde liegender Verteilung und damit der Formparameter b zu dieser Zeit (3.000 h als *MTTF*-Wert) sogar bei 45%–65% [6.36], für $b = 1$ bei 63,2%. Dies ist eine Größenordnung, bis zu der diese Systeme wohl nur selten betrieben werden, da zu diesem Zeitpunkt bereits viel zu viele Ausfälle aufgetreten sind. Über das Ausfallverhalten zu früheren und damit den interessierenden Zeitpunkten kann hier kaum eine Aussage getroffen werden, sowohl Formparameter als auch Art der Verteilung müssten dazu bekannt sein. Der einzige hier gegebene Wert, der *MTTF*-Wert, liegt viel zu weit von den praktisch interessierenden Ausfallwahrscheinlichkeiten entfernt. In Abb. 6.6 deutet die Kennlinie einer zweiparametrigen Verteilung mit $b = 2$ beispielhaft die Situation auch für vorgelagerte Ausfälle an. Anhand dieser Beispiele sieht man sehr anschaulich, wie wenig Aussagekraft solche Katalogdaten besitzen, wenn Bezugsgrößen und Verteilungen nebst Verteilungsparametern nicht angegeben sind.

6.1.3 Schlussfolgerungen für ein beispielhaftes Vorgehen

Aus o. g. Ausführungen zum Stand der Technik können nachfolgende Schlussfolgerungen für die weiteren Arbeiten gezogen werden. Quantitative Modelle zur Ermittlung von Systemzuverlässigkeiten gehen im Allgemeinen davon aus, dass die erforderlichen Daten in der nötigen Qualität und Quantität zum jeweiligen Zeitpunkt verfügbar sind und auch die Einflussgrößen und deren Auswirkungen auf die Lebensdauer bekannt sind. Leider ist die tatsächliche Datenlage in der Praxis weit davon entfernt. Dies erschwert auch die Verifikation neuer Modelle und Methoden. Beispielhaft soll deshalb für mechatronische Subsysteme der Feinwerk- und Gerätetechnik eine Datenbasis zur Überprüfung neuer Methoden und Modelle sowie neuer statistischer Algorithmen geschaffen werden. Die Datenlage ist hier im Vergleich zum Maschinenbau zudem noch weit ungünstiger.

Zunächst werden Ausfalldaten feinwerktechnischer Antriebe (Kleinmotoren) und Kleingetriebe im Rahmen von Dauerlauftests unter verschiedenen Lastbedingungen ermittelt. Damit steht ein erster Datensatz mit einer deutlich höheren Qualität zur Verfügung, als bisher in der Literatur zu finden. Aufbauend darauf kann dann die Ermittlung der Zuverlässigkeit in frühen Entwicklungsphasen erfolgen. Dazu werden erste Modelle zur Ableitung von Zuverlässigkeitsdaten für beliebige Lastfälle und beliebige Systemkonfigurationen aus Dauerversuchen anderer Lastfälle und anderer Konfigurationen vorgestellt. In Kap. 6.7 wird dies beispielhaft für die Datenermittlung für fiktive neue Kleinmotoren unter verschiedenen neuen Lastbedingungen auf der Basis von Testergebnissen vorhandener, aber davon abweichender Testfälle gezeigt. Gleiches ist auch für Getriebe möglich. Damit können in frühen Entwicklungsphasen Aussagen über noch nicht getestete Werte von Betriebsparameter innerhalb der betrachteten Baureihe oder gar zu fiktiven Motoren bzw. Getrieben ermittelt werden und dies in Form von Verteilungsfunktionen mit Vertrauensgrenzen, also als qualitativ hochwertige Daten.

6.2 Auswahl der untersuchten feinwerktechnischen mechatronischen Systeme

Typische elektromechanische bzw. mechatronische Baugruppen in der Feinwerktechnik sind Antriebe und Aktoren. DC-Motoren mit integrierten inkrementalen Gebern und zugehöriger Ansteuer- und Regelelektronik finden in vielen feinwerktechnischen Erzeugnissen und darüber hinaus in anderen Gebieten, insbesondere in der Kfz-Technik, eine sehr breite Anwendung. Derartige feinwerktechnische Baugruppen stellen komplexe mechatronische Subsysteme dar, bestehend aus den drei Domänen mechanische Komponenten (Getrieben, Lager), elektromechanische Komponenten (Aktoren) und Elektronik (Ansteuerung, Regelung, integrierte Messtechnik), siehe Abb. 6.1.

Den Ausgangspunkt für die Ermittlung der Systemzuverlässigkeit bildet das Ausfallverhalten der Basiselemente aus Zuverlässigkeitssicht. Die Randbedingungen sind durch die funktionellen Beanspruchungen sowie die Umgebungsbedingungen festgelegt. Daten und Methoden für die Beschreibung der Zuverlässigkeit dieser Basiselemente fehlen sowohl für elektromechanische als auch für feinmechanische Baugruppen meist völlig. Es liegen nur wenige konkrete Aussagen bezüglich des Ausfallverhaltens vor. Feinmechanische Lager, Getriebe u. a. gleichen zwar den Baugruppen des Maschinenbaus, umfangreiche Untersuchungen zur Zuverlässigkeit und eine Verifizierung der Auslegungsmethoden bei kleinen Abmessungen fehlen jedoch.

Zur Ermittlung dieser Basisdaten wurde eine Auswahl aus dem breiten Sortiment feinwerktechnischer Antriebe und Getriebe getroffen. Zunächst stehen dabei die jeweiligen elektromechanischen und mechanischen Komponenten im Mittelpunkt, aus denen sich das gesamte Antriebssystem zusammensetzt. Aber auch das komplette System soll hinsichtlich des Ausfallverhaltens betrachtet werden.

6.2.1 Bürstenbehaftete Gleichstromkleinmotoren

Das Leistungsspektrum feinwerktechnischer Kleinmotoren reicht bis ca. 500 W. Die Bauformen erstrecken sich vom Schrittmotor über mechanisch oder elektronisch kommutierte Gleichstrommotoren bis zu Synchron- und Asynchronmotoren. Um mit möglichst überschaubarem Aufwand und Zeitbedarf eine erste Datenbasis zur beispielhaften Weiterverarbeitung zu erzeugen, wurden hier bürstenbehaftete Gleichstromkleinstmotoren und deren Getriebe als konkrete Untersuchungsobjekte ausgewählt. Die Motoren weisen Verschleiß auf, ihre Lebensdauer ist deshalb auf wenige tausend Stunden begrenzt. Trotzdem werden sie sehr breit eingesetzt, da häufig kein Dauerbetrieb sondern eher kurzzeitiger Positionierbetrieb anzutreffen ist und die Laufzeiten dann ausreichend sind. Hinzu kommen Kostenaspekte und die leichte Steuer- bzw. Regelbarkeit. Im Gegensatz dazu wird die Lebensdauer elektronisch kommutierter Motoren, Schrittmotoren, Synchron- oder Asynchronmotoren im Allgemeinen zunächst nur von der Lagerlebensdauer begrenzt. Handelt es sich bei den Lagern um Wälzlager, liegen die Lebensdauern dann bei 20.000 … 30.000 h und mehr.

Eingrenzung der untersuchten DC-Motoren. Konkret wurden bürstenbehaftete DC-Kleinmotoren mit Durchmessern zwischen 10 mm und 40 mm ausgewählt, dabei vorzugsweise hochdynamische Hohlläufermotoren und in kleinerer Zahl Motoren mit konventionellen eisenbehafteten Rotoren. Da hier vorrangig nicht die konkreten Daten interessieren, sondern die Verteilungsfunktionen und die Nutzung der Daten für frühe Entwicklungsphasen, sind die konkreten Motorbezeichnungen und Laufzeiten nicht aufgenommen und die Ergebnisse anonymisiert aufbereitet. Durch die unterschiedlichen Bauformen der Motoren variieren dabei die zur Belastung aufzubringenden Drehmomente stark, je nachdem ob Motoren mit oder ohne Getriebe betrieben werden. Als mögliche Betriebsarten kommen Dauerbetrieb (gleichlaufend oder reversierend) und Aussetzbetrieb (Start-Stopp-Betrieb) in Betracht, wobei sowohl mit konstanter Last als auch bahngeregelt gefahren werden kann.

Aufbau und Eigenschaften der untersuchten DC-Motoren. Die hier vorrangig genutzten Hohl- oder Glockenläufermotoren bestehen aus freitragenden Wicklungen und haben daher einen eisenlosen Läufer, Abb. 6.7. Sie weisen eine kleine mechanische Zeitkonstante auf.

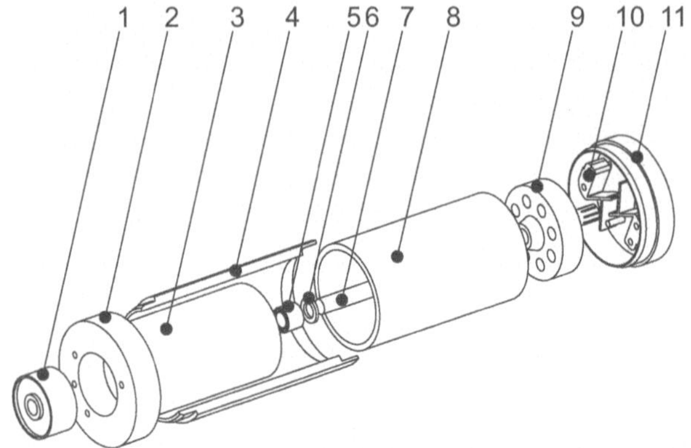

Abb. 6.7 Motoraufbau. *1 und 5 Lager; 2 Flansch; 3 Permanentmagnet; 4 Gehäuse (Rückschluss); 6 Scheibe; 7 Welle; 8 Wicklung; 9 Kollektorplatte; 10 Bürsten; 11 Bürstendeckel* [6.51]

Die Wicklungen sind beispielsweise als Schrägwicklungen [6.15] oder Rhomben [6.41] ausgeführt. Durch Kreuzen der Windungen erhält die Wicklung ihre mechanische Festigkeit. Zudem wird ein ausladender Wickelkopf vermieden, so dass eine kompakte Bauform realisiert werden kann. Der Läufer dreht sich im Luftspalt zwischen Gehäuse und innen liegendem Magnet. Als Dauermagnete werden je nach Anwendung Seltenerdmagnete oder AlNiCo-Magnete eingesetzt. Motoren für sehr kleine Leistungen besitzen häufig Bürsten und Kollektoren aus Edelmetall, da diese geringe Bürstenübergangswiderstände besitzen. Bei höheren Leistungen werden Kupfer-Graphit-Bürsten und Kupferkollektoren eingesetzt. Der Durchmesser der hier untersuchten Kollektoren betrug oft nur wenige Millimeter, teils nur 1 mm.

Scheibenläufermotoren mit eisenlosem Läufer sind sehr eng mit den Glockenläufermotoren verwandt. Bezüglich der begrenzenden Faktoren für die Lebensdauer gibt es keine prinzipiellen Unterschiede, so dass die Untersuchungsergebnisse aufeinander übertragbar sind. Es wurden hier allerdings keine eigenen Versuche mit Scheibenläufermotoren durchgeführt, siehe dazu [6.30, 6.31, 6.45].

Entscheidend für die Funktion des Motors ist die Kommutierung durch Bürsten und Kollektor. Durch das Schleifen der Bürsten auf den Kollektorlamellen entsteht mechanischer Abrieb und elektrische Erosion. Hierbei sind die Vorgänge an Edelmetallkommutatoren und Kupfer-Graphit-Kommutatoren verschieden. Im ersten Fall liegt ein direkter elektrischer Kontakt vor, wogegen die Stromleitung in Kupfer-Graphit-Kommutatoren durch eine isolierende Patina erfolgt.

Bei Motoren mit Edelmetallkommutierung liegt ein direkter elektrischer Kontakt zwischen den Edelmetallbürsten in Form von Blattfedern und dem Kollektor vor. Aus der einseitigen und damit unsymmetrischen Befestigung dieser federartigen Bürsten resultiert eine Vorzugsdrehrichtung. Grundsätzlich wird dabei zwischen Drücken und Ziehen der Bürsten unterscheiden. Im Fall der untersuchten Motoren ist die Drehrichtung entsprechend Drücken festgelegt. Dabei ist Drücken nicht mit dem Bürstenanpressdruck zu verwechseln. Dieser spielt eine entscheidende Rolle für das Kommutierungsverhalten. Die Schwierigkeit liegt darin, die richtige Balance zwischen zu hohem mechanischem Abrieb und elektrischem Verschleiß zu finden. Heben die Bürsten leicht von den Lamellen ab, besteht die Gefahr des Funkenschlags, bei zu hohem Anpressdruck nimmt der Abrieb stark zu. Die Anpresskraft der Laufflächen bei den untersuchten Motoren liegt im Bereich von wenigen cN, was der ertragbaren Belastung des eingesetzten Bürstenträgermaterials nahe kommt.

Bei Edelmetallkommutatoren wird zwischen Bürsten und Lamellen zudem ein Fettpfropf aufgebracht, um die Laufflächen zu schmieren. Dabei ist die Schmierung besonders zu Beginn des Motorlebens sehr wichtig, da der trockene Lauf schon bei wenigen Umdrehungen Schäden auf den Laufflächen verursacht, die im weiteren Betrieb zu einer verkürzten Lebensdauer führen. Nachdem die Bürsten und der Kollektor eingelaufen sind, ist der Schmierzustand nicht mehr so kritisch.

Häufig sind die Edelmetallbürsten mehrteilig in Fingerform ausgeführt, siehe dazu auch Abb. 6.23 in Kap. 6.4.1.3. Typischerweise bestehen die Bürsten aus einem Träger und der dazugehörigen Lauffläche (z. B. Goldplattierung). Edelmetallbürsten garantieren in Verbindung mit Edelmetallkollektoren eine gute Konstanz des ohnehin recht niedrigen Übergangswiderstandes auch nach langen Stillstandzeiten. Dadurch arbeiten die Motoren auch mit sehr kleinen Anlaufspannungen und zeigen geringe elektrische Störungen. Das Kommutierungssignal ist sehr ruhig und regelmäßig. Typische Einsatzgebiete für Edelmetallbürsten in Verbindung mit Edelmetallkollektoren sind kleine Gleichstrommotoren bei Dauerbetrieb und verhältnismäßig kleiner Strombelastung. Auch bei Gleichstromtachos kommt überwiegend diese Kombination zum Einsatz.

Bei Kupfer-Graphit-Kommutatoren erfolgt die Stromleitung zunächst im Graphit der Bürsten und dann durch eine isolierende Patina auf den Kollektorlamellen der Kupferkollektoren. Sie werden bei höherer Belastung eingesetzt. Der Übergangswiderstand ändert sich hier belastungsabhängig. Das Kommutierungssignal ist sehr unruhig. Durch die speziellen Eigenschaften der Bürsten können so genannte Spikes entstehen. Trotz dieser durch Abrisse bedingten, hochfrequenten Störungen haben sich diese Motoren ebenfalls weit verbreitet. Zudem eignen sich die Motoren für extremen Aussetzbetrieb (Start-Stopp). Die Lebensdauer von Graphitbürsten wird etwa dreimal so hoch angegeben wie die der Edelmetallbürsten, was beim Vergleich der Größenverhältnisse nicht verwundert.

Beim Abheben der Bürsten kann es zu Funkenentladungen kommen. Deshalb sind im Kollektor eingebettet häufig Kondensatoren parallel zu den Wicklungen geschaltet. Diese dämpfen Spannungsspitzen der auftretenden Zündspannungen und verringern den elektrischen Verschleiß deutlich. Man erhält eine abrissfreie und gleichmäßige Kommutierung. Je nach Hersteller wird dabei vom C-Ring oder dem CLL-Konzept gesprochen.

6.2.2 Planetenradgetriebe mit Kunststoffverzahnung

Feinwerktechnische Getriebe werden wegen der geringen Kosten häufig mit Kunststoffzahnrädern realisiert. Auf diese sollen nachfolgende Untersuchungen weitgehend eingegrenzt werden. Häufig kommen dabei Planetenradgetriebe zur Anwendung. Gegenüber den konventionellen Stirnradgetrieben oder auch Harmonic-Drive-Getrieben sind die übertragbaren Drehmomente deutlich höher. Die hohen Abtriebsmomente und Ausgangsleistungen resultieren aus der Anordnung mehrerer Planeten (normalerweise drei bis fünf) zwischen Sonnenrad und Hohlrad, auf die sich die Last der jeweiligen Stufe verteilt. Einsatz finden feinwerktechnische Planetenradgetriebe in Positioniersystemen, Stellaufgaben, Automatisierungsaufgaben und Kleinantrieben im Kfz-Bereich.

In den hier typischen Dimensionen können dann Abtriebsmomente bis zu mehreren Nm übertragen werden. Die dabei abgegebenen Systemleistungen können je nach Untersetzung, Getriebegröße und Drehzahl Werte bis 100 W oder auch noch darüber annehmen. Während bei den Kunststoffzahnrädern die Lebensdauer durch die Haltbarkeit der Zahnflanken bzw. der Zähne selbst und deren Verschleiß stark eingeschränkt ist, weisen metallische Zahnräder wesentlich höhere Laufzeiten auf, die laut Herstellerangabe in feinwerktechnischen Dimensionen nur durch die Lagerlebensdauer selbst begrenzt werden. Die hierbei zu erwartenden B_{10}-Werte liegen dann wieder bei ca. 20.000 h, was für Untersuchungen im Dauerlaufbetrieb einen großen Zeitaufwand darstellt.

Eingrenzung der untersuchten Getriebe mit Kunststoffverzahnung. Aus der Vielzahl an Möglichkeiten der Verzahnungsarten, Getriebebauarten und Dimensionen wurden Planetenradgetriebe mit Kunststoffverzahnung mit einem Außendurchmesser zwischen 20 mm und 30 mm gewählt. Bewusst wurden hier komplette Getriebe untersucht und nicht einzelne Stufen oder gar nur eine Zahnpaarung, wie bei Festigkeitsuntersuchungen üblich. Einerseits sind diese Getriebe an die ebenfalls untersuchten DC-Motoren direkt anflanschbar, so dass auch komplette Positioniersysteme getestet werden können. Andererseits sind nicht nur Ausfälle der Verzahnung, sondern auch andere Ausfälle, beispielsweise der Planetenlagerung, zu erwarten.

Aus den Umfrageergebnissen (siehe Kap. 6.1.2.2) war bekannt, dass sich der Verschleiß hauptsächlich an den Planetenrädern und nur teilweise am Sonnenrad auswirken wird. Zur Eingrenzung der Ausfallursachen wurden bei der Materialpaarung für den größten Teil der Untersuchungen deshalb das Sonnenrad und auch der Planetenträger aus metallischem Werkstoff gewählt. Planetenräder und Hohlrad werden als Kunststoffkomponenten ausgeführt. Damit konzentrieren sich Verschleiß und Ausfall auf die Planetenräder, was eine bessere Eingrenzung der Einflüsse ermöglicht. Als mögliche Betriebsarten kommen wieder Gleichlauf oder reversierender Betrieb in Frage. Die Untersuchungsergebnisse sollen vorzugsweise in Form von Verteilungen aufbereitet werden, um die Nutzung der Daten in frühen Entwicklungsphasen zu ermöglichen. Deshalb werden keine konkreten Getriebebezeichnungen angegeben.

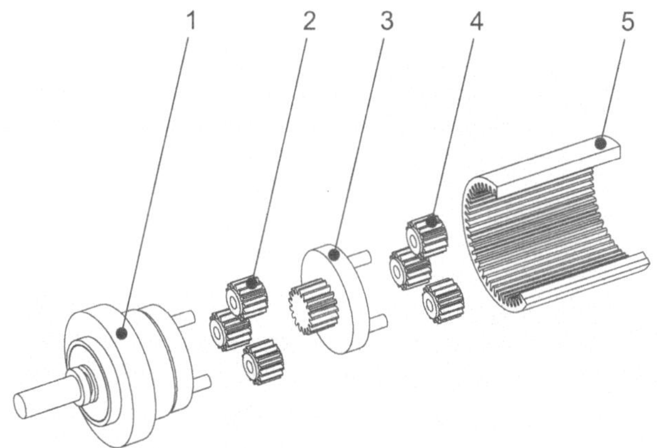

Abb. 6.8 Explosionsdarstellung eines zweistufigen Planetenradgetriebes mit rückkehrender Welle. *1 Abtriebsflansch mit integriertem Sinterlager und Abtrieb; 2 Planetenräder der 2. Stufe; 3 Planetenradträger und Sonnenrad; 4 Planetenräder der 1. Stufe; 5 Hohlrad* [6.3]

Aufbau und Eigenschaften der untersuchten Getriebe mit Kunststoffverzahnung. Der generelle Aufbau der untersuchten Planetenradgetriebe ist in Abb. 6.8 dargestellt. Das hier stillstehende Hohlrad wird am Motorflansch und auch mit dem Abtriebsflansch verdrehsicher befestigt (verschraubt). Auf der Welle des Antriebsmotors befindet sich das Sonnenrad der Stufe 1, welches das Getriebe antreibt. In das Sonnenrad der Stufe 1 und das Hohlrad greifen die Planeten ein. Diese nehmen die Belastung jeweils zu gleichen Teilen innerhalb einer Stufe auf. Die Planetenräder sind auf Laufbolzen auf dem so genannten Planetenträger gelagert. Das Sonnenrad der darauf folgenden (hier der zweiten) Stufe ist im Planetenträger der vorhergehenden Stufe eingepresst. Es bildet den Antrieb der zweiten Stufe. Hier greifen wiederum die Planeten, gelagert im Abtrieb des Getriebes, zwischen Hohlrad und Sonnenrad ein.

Eine Untersuchung macht auf Grund der zu erwartenden Laufzeiten nur im Bereich der Kunststoffverzahnungen Sinn. Anwender von Getrieben können jedoch im Allgemeinen nicht über alle möglichen Parameter eines solchen Getriebes tatsächlich frei entscheiden. Häufig geben die Getriebehersteller aus ihrer Sicht geeignete Materialpaarungen für die Verzahnung vor, entscheiden über die Schmierung und die Lagerung sowie über die Planetenträger. Für den Kunden zählt in erster Linie das erreichte Laufzeitergebnis unter seinen Einsatzparametern.

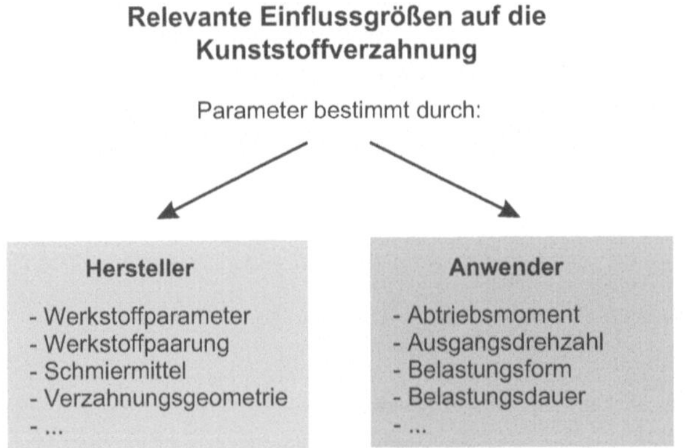

Abb. 6.9 Aufteilung der Einflussparameter auf Hersteller und Anwender [6.3]

Aus diesem Grunde wurde hier eine pragmatische Aufteilung eingeführt, die zeigt welche Parameter vom Endkunden selbst und welche nur vom Hersteller variiert werden können, Abb. 6.9. Die weiteren Untersuchungen wurden auf die Variation kundenspezifischer Einflüsse und deren Auswirkungen auf die Lebensdauer eingegrenzt.

6.2.3 Komplette feinwerktechnische Antriebssysteme

Neben dem Motor und dem Getriebe besteht ein komplettes Antriebssystem aus weiteren Komponenten, z. B. Messsystem und Regelung/Ansteuerung einschließlich Leistungsendstufen und Software. Die Steuerung (Leistungsstellglied und Regelung) des Motors ist Teil des elektronischen Teilsystems. Im Versuch werden die Motoren hier mit einer kommerziellen Steuerung betrieben. Dabei ist der Softwareanteil so gering, dass er für die Systembetrachtung irrelevant bleibt. Die einzelnen Ausfallraten der Elektronikbauteile sind bekannt, so dass eine näherungsweise analytische Berechnung möglich ist. Die Lebensdauer der reinen Ansteuerelektronik ist im Vergleich zu den restlichen Komponenten dabei sehr hoch, so dass hier nicht mit einem Auftreten eines Ausfalls zu rechnen ist und dies auch über die gesamte Versuchsdauer hinweg nicht geschah.

Im Normalfall ist die Ansteuerung mit einem Impulsgeber gekoppelt, und es liegt ein geschlossener Regelkreis vor. Bei den hier verwendeten Impulsgebern handelt es sich um integrierte Impulsgeber mit in den Motor integrierter Auswerteelektronik. Der Impulsgeber arbeitet berührungslos und kann daher ebenfalls zum elektronischen Teilsystem gezählt werden. Bei korrekter Montage treten keine mechanischen Verschleißerscheinungen auf, Frühausfälle bei Montagefehlern und Ausfälle der Sensorelektronik im Motorinneren aber schon.

Daneben gibt es noch weitere mechanische Bauteile, die eine untergeordnete Rolle spielen. Hierzu zählen Wellen, Lagerungen und Gehäuseteile. Diese Komponenten sind dauerfest ausgelegt bzw. überdimensioniert, so dass sie für das Ausfallverhalten der Motoren und Kunststoffgetrieben ebenfalls nicht maßgebend sind. Durch entsprechende Wahl des Lagertyps kann gewährleistet werden, dass die Lagerlebensdauer deutlich über den anderen Komponenten liegt.

Um das Ausfallverhalten des kompletten Systems einschätzen zu können, wurden deshalb parallel zu den spezifischen Untersuchungen an Motoren und Getrieben auch Komplettsysteme in oben genannter Zusammensetzung geprüft.

6.3 Versuchseinrichtungen und Prüfstrategie

Die Konzeption der Prüfstände und Prüfstrategien muss sehr sorgfältig erfolgen, damit keine Fehlereinflüsse die Versuchsergebnisse verfälschen. Zudem sollte eine hohe Flexibilität gewährleistet sein, um ohne hohe Zusatzkosten verschiedenste Prüfaufgaben zu bewältigen und eine langfristige Nutzung zu sichern. Wegen der langen Laufzeiten ist ein vollautomatischer Betrieb sinnvoll.

6.3.1 Prüfstände und Prüfprogramme für Motoren und Systeme

Die Motorlaufzeiten sind mit 4 bis 5 Monaten durchgehendem Betrieb unter Nennbedingungen relativ hoch. Andererseits muss trotzdem ein ausreichend großer Stichprobenumfang gewährleistet sein, um gesicherte Aussagen treffen zu können. Es gilt deshalb, einen Kompromiss zwischen dem Aufwand für die Prüfplätze und den statistisch wünschenswerten Prüflosen zu finden.

6.3.1.1 Aufbau der Motor- und Systemprüfstände

Prüfstände. Die genutzten Prüfstände ermöglichen zeitgleich Dauerläufe von 80 Prüflingen. Aus technischen Gründen wurde der Prüfstand zweigeteilt zu je 40 Motoren ausgeführt. Die beiden Versuchsstände in Abb. 6.10 sind in sich jeweils wiederum zweigeteilt. Der Hauptteil beschränkt sich auf reine Komponenten-Prüfplätze mit Wirbelstrombremsen für die elektromechanische Komponente, den Elektromotor und besitzt insgesamt einen Umfang von $2 \times 32 = 64$ Prüfplätzen, Abb. 6.12. Zur Komplettierung der Versuchsergebnisse stehen weitere $2 \times 8 = 16$ Plätze für Systemuntersuchungen an kompletten Antriebssystemen bestehend aus Motor, Getriebe, Encoder und Ansteuerelektronik zur Verfügung (Abb. 6.13), die Hysteresebremsen besitzen.

Die Bremsen zur gezielten Belastung der Motoren bilden einen wesentlichen Teil des Prüfstandes. Sie müssen insgesamt einen Drehzahlbereich von 0 min^{-1} bis 10.000 min^{-1} abdecken. Wegen des Einsatzes der Bremsen für unterschiedliche Motoren und Lastfälle ist eine stufenlose Einstellbarkeit des Bremsmoments bis zu 1 Nm erforderlich. Da es sich um Lebensdauertests handelt, sollten die Systeme

Abb. 6.10 Dauerlauf-Motorprüfstände einschließlich Ansteuer- und Auswerteelektroniken

Abb. 6.11 Wirbelstrombremse und Drehzahlmessung in einem Komponentenprüfplatz

zudem verschleißfrei arbeiten, um Bremsausfälle zu vermeiden. Einen weiteren wesentlichen Aspekt bei der Auswahl bildet die Kupplung zwischen Motor und Bremse. Bei Kleinstmotoren sind die zulässigen Lagerbelastungen gering, so dass vor allem Querkräfte beim Ankuppeln der Bremsen vermieden werden müssen.

Wirbelstrombremsen. Für die Untersuchung von Motoren ohne Getriebe sind vergleichsweise niedrige Drehmomente, allerdings bei hohen Drehzahlen, aufzubringen. Dafür wurden Wirbelstrombremsen konzipiert, da geeignete Systeme am Markt nicht verfügbar waren. Das Grundprinzip der Wirbelstrombremse beruht auf dem Induktionsgesetz, d. h. der Erzeugung einer Spannung in einem bewegten Leiter im Magnetfeld. Bewegen sich Ladungen relativ zu einem Magnetfeld, so erfahren diese auch eine Kraft, die so genannte Lorentzkraft senkrecht zur magnetischen Flussdichte und der Bewegungsrichtung. Ist diese Kraft hinreichend groß und ein leitfähiges Material vorhanden, schließt sich die Bahn der bewegten

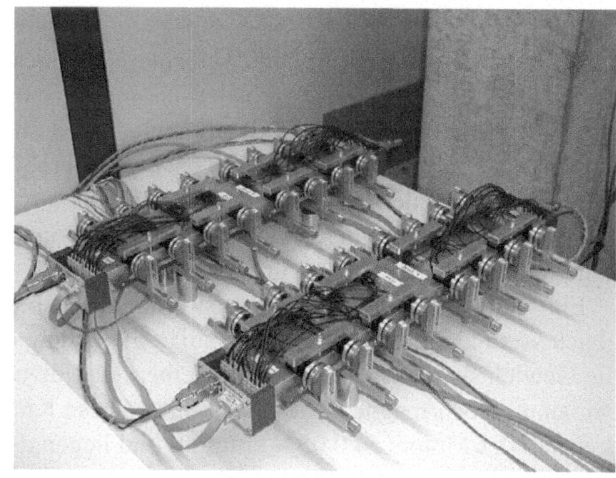

Abb. 6.12 Aufbau eines Komponenten-Prüfstands für 32 Motoren

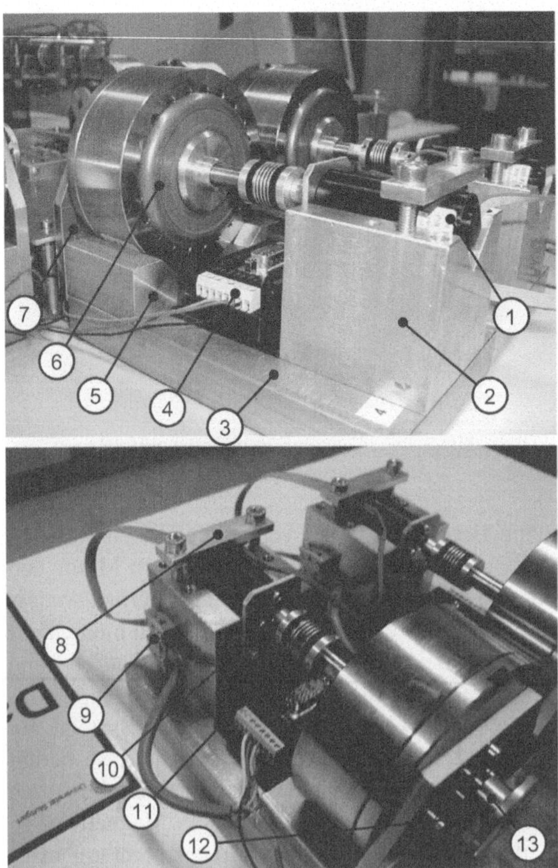

1 Prüfling
2 Motorblock
3 Grundplatte
4 Ansteuerung
5 Bremsblock
6 Hysteresebremse
7 Rückwand
8 Motorspanner
9 Steckverbinder
10 Verdrehsicherung
11 Metallbalgkupplung
12 Lichtschranke
13 Drehzahlscheibe

Abb. 6.13 Aufbau eines Systemprüfplatzes mit Hysteresebremse

Ladung zu einem Kreis. Wird also eine elektrisch leitende Platte durch ein Magnetfeld bewegt, entstehen Wirbelströme, die wiederum ein Magnetfeld erzeugen, welches immer der Ursache seiner Entstehung entgegenwirkt.

Wirbelstrombremsen arbeiten verschleißfrei, da eine Kopplung nur über den Luftspalt des Magnetkreises existiert. Für eine starke Bremswirkung ist jedoch eine vergleichsweise hohe Relativgeschwindigkeit zwischen Magnetfeld und Platte notwendig. Die Bremswirkung kann entweder durch Variation der Relativdrehzahl oder durch Verändern des Luftspalts eingestellt werden. Abbildung 6.11 zeigt die nach diesem Prinzip hier realisierten Wirbelstrombremsen und Abb. 6.12 einen kompletten Versuchsaufbau für 32 Motoren.

Ein weiterer Vorteil der Wirbelstrombremsen besteht im automatischen Ausgleich von Fluchtungsfehlern. Die radiale Belastung der Welle beschränkt sich auf die Gewichtskraft der Aluminiumscheibe und Unwuchten. Nicht zu vernachlässigen sind jedoch magnetische Axialkräfte. Diese Kräfte wurden für die Maximaldrehzahl des Motors zu 0,05 N ermittelt und liegen damit um den Faktor vier unter der zulässigen Axiallast der hier untersuchten Motoren. Die auftretende Erwärmung der Aluminiumscheibe im Betrieb hat sich als unproblematisch erwiesen.

Hysteresebremsen. Bei hohen Momenten und niedrigen Drehzahlen am Getriebeausgang eines kompletten Antriebssystems sind stärkere Bremsen nötig. Dafür wurden kommerzielle Hysteresebremsen eingesetzt. In Abb. 6.13 ist der Aufbau der Systemprüfplätze mit Hysteresebremsen dargestellt. Die Bremswirkung der Hysteresebremsen beruht auf der ständigen Ummagnetisierung eines Hysteresematerials. Man unterscheidet hier zwischen permanenterregten und fremderregten Bremsen. Der Vorteil von fremderregten Bremsen besteht darin, dass sich das Bremsmoment über eine Erregerwicklung nahezu stufenlos einstellen lässt. Bei permanenterregten Bremsen erfolgt die Einstellung rein mechanisch und kann somit nicht automatisiert während des Betriebs verändert werden.

Für die Untersuchung von Antriebssystemen einschließlich Steuerung (16 Einzelprüfplätze) oder auch den Test von reinen Getrieben sind Hysteresebremsen bestens geeignet. Durch Vorgabe des Wicklungsstroms kann das Bremsmoment eingestellt werden, auch Fahrprofile sind möglich. Nachteilig ist die mechanische Kopplung von Motor und Bremse, wobei aber die zulässigen Wellenlasten bei vorgeschalteten Getrieben deutlich höher sind und damit im Vergleich zum reinen Motorabtrieb keine Gefahr besteht, das Messergebnis zu verfälschen. Der Rotor der Hysteresebremse ist fest über eine Nabe mit einer intern gelagerten Welle verbunden, die mit dem Getriebeausgang zum Ausgleich von Fluchtungsfehlern über eine Metall-Faltenbalg-Kupplung verbunden wird. Der Rotor ragt in den Luftspalt zwischen feststehenden Jochringen. Wird über die Wicklung ein Magnetfeld im Luftspalt aufgebaut, erfährt das Rotormaterial bei Drehung ständig eine Ummagnetisierung entsprechend der sich ausbildenden Polstruktur. Das Durchlaufen der Hysterese bewirkt Ummagnetisierungsverluste, die letztlich für die Bremswirkung verantwortlich sind. Ein Teil der Energie bewirkt eine Erwärmung der Bremse. Das Drehmoment ist unabhängig von der Drehzahl, aber mit einer Hysterese zwischen steigender und fallender Strombelastung behaftet. Die größten Vorteile der Hysteresebremse sind einerseits wiederum das berührungslose und damit absolut verschleißfreie Bremsen sowie andererseits zusätzlich die hohen Drehmomente. Im Vergleich zu den Wirbelstrombremsen ist hier aber eine Verbindung zwischen Bremswelle und Motorwelle notwendig.

Ansteuerung von Komplettsystemen (Systemprüfstand). Für den Betrieb der kompletten Positioniersysteme werden kommerzielle Motorsteuerungen genutzt. Unter Verwendung des Encodersignals wird im geschlossenen Regelkreis geschwindigkeitsgeregelt gefahren. Encoder und Steuerung werden mit geprüft.

Steuer-, Auswerte- und Überwachungseinrichtung. Die Steuer-, Auswerte- und Überwachungseinrichtung übernimmt bei allen Versuchen während der Versuchsdurchführung die Aufzeichnung von Strom, Drehzahl, Temperatur und Laufzeit für jeden Motor sowie die Versuchsüberwachung insgesamt. Die Daten werden permanent gespeichert und mehrfach gesichert [6.1]. Während der Dauerläufe ist es aus Kostengründen nicht möglich, zusätzlich das Drehmoment zu messen. Da bei Gleichstrommotoren im intakten Zustand ein linearer Zusammenhang zwischen Motorstrom, Drehzahl und Drehmoment besteht, ist dies nicht zwingend erforderlich, da sowohl der Strom als auch die Drehzahl erfasst werden. Bei den Komponentenversuchen übernimmt die Steuer-, Auswerte- und Überwachungseinrichtung zusätzlich auch die Motorbestromung und das Reversieren.

Die notwendige Hardware zur Ansteuerung und Datenauswertung wurde in 19"-Racks integriert. Die gesamte Prüfstandsansteuerung und Datenauswertung erfolgt softwaremäßig über eine programmierte Oberfläche in LabView. Einen entscheidenden Einfluss auf die Qualität der Dauerlaufdaten hat die Messdatenerfassung. Für den Aufbau wurden zwei Grundgeräte 34970A der Firma Agilent mit zwei 40-Kanal Multiplexkarten (single-ended), zwei 20-Kanal-Multiplexkarten (double-ended) und einer Mehrfunktionsmodulkarte ausgerüstet. Die Geräte sind LabView-kompatibel und kommunizieren mittels der GPIB-Schnittstelle direkt mit dem Messrechner.

Abbildung 6.14 zeigt den Aufbau der Bedienoberfläche. Der Bildschirm ist in Bereiche für Einstellungen, Ausfallanzeige und Anzeige der Messwerte unterteilt. Für jede Zelle muss vor Beginn des Dauerlaufs eine Dauerlaufnummer, der Motorstrom und die zulässige Abweichung angegeben werden. Darüber hinaus muss das Ausfallkriterium definiert werden, z. B. Anzahl von Überschreitungen eines Grenzwertes. Dabei wird bei jedem Motor zwischen Temperaturausfall und Verlassen des zulässigen Strombereichs unterschieden. Im Anzeigebereich kann man sich die aktuellen Werte nach frei wählbaren Kriterien darstellen lassen. Die Datenspeicherung erfolgt nach jedem neu aufgenommenen Wert. Zudem wird jeden

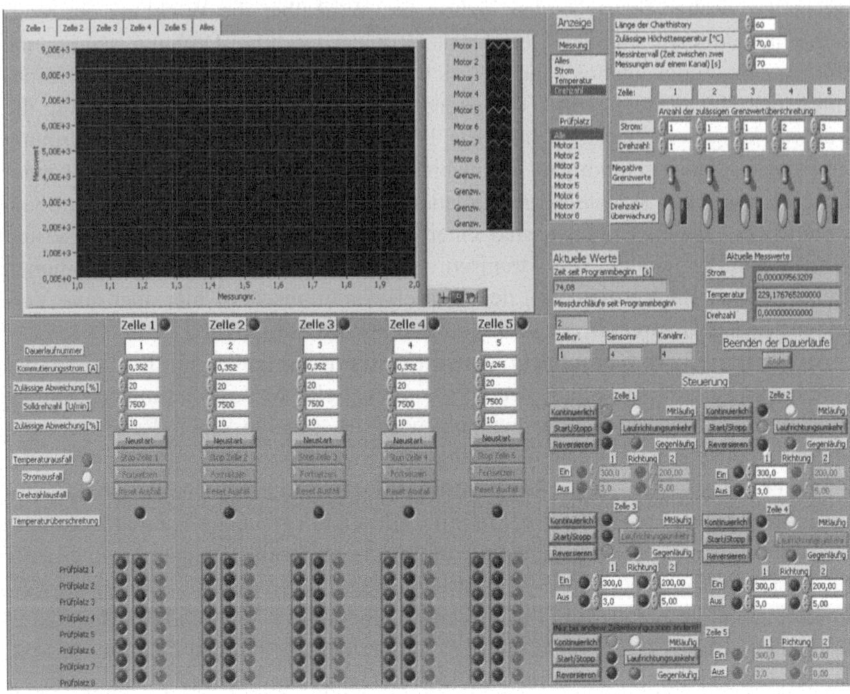

Abb. 6.14 Bedienoberfläche des Dauerlaufprüfstandes

Tag eine neue Datei angelegt, um später die großen Datenmengen problemlos verwalten zu können.

Sehr wichtig ist der interaktive Eingriff in alle Einstellungen. So können alle Parameter während der Versuche geändert oder angepasst werden, ohne dass ein Abbruch oder Neustart notwendig ist. Dies ist von besonderer Bedeutung, da so Prüflinge einzelner Zellen ausgetauscht und damit Dauerversuche überlappend gefahren werden können. Um möglichst konstante Randbedingungen zu erhalten, finden die Versuche in einem separaten, klimatisierten Raum statt. Ein Betrieb rund um die Uhr nutzt die Einrichtungen optimal. Insgesamt gewährleistet der Prüfstand eine sehr schnelle Anpassung an unterschiedliche Prüflinge.

Für die Dokumentation des Ausgangszustandes der Motoren wurde ein weiterer voll automatisierter Prüfstand zur Vermessung der Motorkennlinien aufgebaut. Mit Hilfe dieses Drehmomentprüfstands lassen sich *I*-*M*- und *n*-*M*-Kennlinien messen und daraus die *P*-*M*- und η-*M*-Kennlinie errechnen [6.28, 6.60]. Dabei können sowohl statische als auch dynamische Messungen durchgeführt werden. Das Maximaldrehmoment beträgt 1 Nm, was alle Betriebspunkte aus den Dauerversuchen abdeckt. Aus der Auswertung beschädigter, aber noch lauffähiger Motoren können zusätzliche Informationen aus den Kennlinien gewonnen werden.

6.3.1.2 Versuchsplanung

In der ersten Projektphase wurden vorzugsweise Versuche mit edelmetallkommutierten Motoren durchgeführt. Parallel zu den Versuchen mit den elektromechanischen Komponenten wurden auch Gesamtsysteme getestet. Bei diesen Gesamtsystemen werden ebenfalls Motoren mit Edelmetallkommutierung verwendet, jedoch zusätzlich Planetenradgetriebe mit Kunststoffzahnrädern verschiedener Übersetzungsverhältnisse angeflanscht. Zudem sind bei allen Systemen auch identische Ansteuerungen und Encoder im Einsatz, um eine bessere Vergleichbarkeit der Ergebnisse und höhere Stichprobenumfänge dieser Komponenten zu erzielen.

Zu Beginn der Versuchsplanung wurde nach geeigneten Teststrategien gesucht, um den Versuchsaufwand zu reduzieren bzw. die Testzeit zu verkürzen. Auf Grund der geringen Vorkenntnisse zum konkreten Ausfallverhalten von edelmetallkommutierten Motoren musste aber auf zensierte Versuche bzw. eine Zeitraffung weitgehend verzichtet werden. In wenigen Ausnahmen war eine Zensierung wegen sehr langer Laufzeiten jedoch nicht zu vermeiden.

Vollständige Versuche bedeuten in der Regel, dass alle Prüflinge einer Stichprobe einem Lebensdauertest bis zum Ausfall unterzogen werden. Es liegen somit von allen Prüflingen die Ausfallzeiten vor. Im Gegensatz zu den hier durchgeführten, vollständigen Untersuchungen ist in der Praxis oftmals nicht das gesamte Ausfallverhalten von Interesse, sondern die Erfüllung einer Zuverlässigkeitsforderung nachzuweisen. Daraus resultiert die Fragestellung nach der Mindestanzahl an Prüflingen. Diese Problemstellung spielt für die hier durchgeführten Untersuchungen nur eine untergeordnete Rolle und wird deshalb nicht näher erläutert.

Die Zielsetzung besteht hier insgesamt darin, möglichst schnell Daten zu gewinnen, Zusammenhänge zu bestimmten Motorparametern zu ermitteln, diese einerseits gegebenenfalls für Strategien zur Testzeitverkürzung zu nutzen und letztlich aber diese Daten und Erkenntnisse in frühe Entwicklungsphasen einfließen zu lassen, Abb. 6.15. Neben dem Ausfallverhalten und den Daten dazu ist es auch von hohem Interesse, früh vergleichende Aussagen zur Zuverlässigkeit verschiedener Konzepte (Motor- oder Wicklungsparameter) treffen zu können.

Tabelle 6.1 enthält alle Versuche mit Motoren und Komplettsystemen. In der Regel werden jeweils 16 Motoren eines Nennspannungstyps bei fünf verschiedenen Belastungen (Drehmoment in Relation zum Nenndrehmoment im Bemessungspunkt) im kontinuierlichen Dauerbetrieb getestet. Die Ergebnisse sollen dabei neben statistischen Verteilungen und Daten zum Ausfallverhalten auch einen

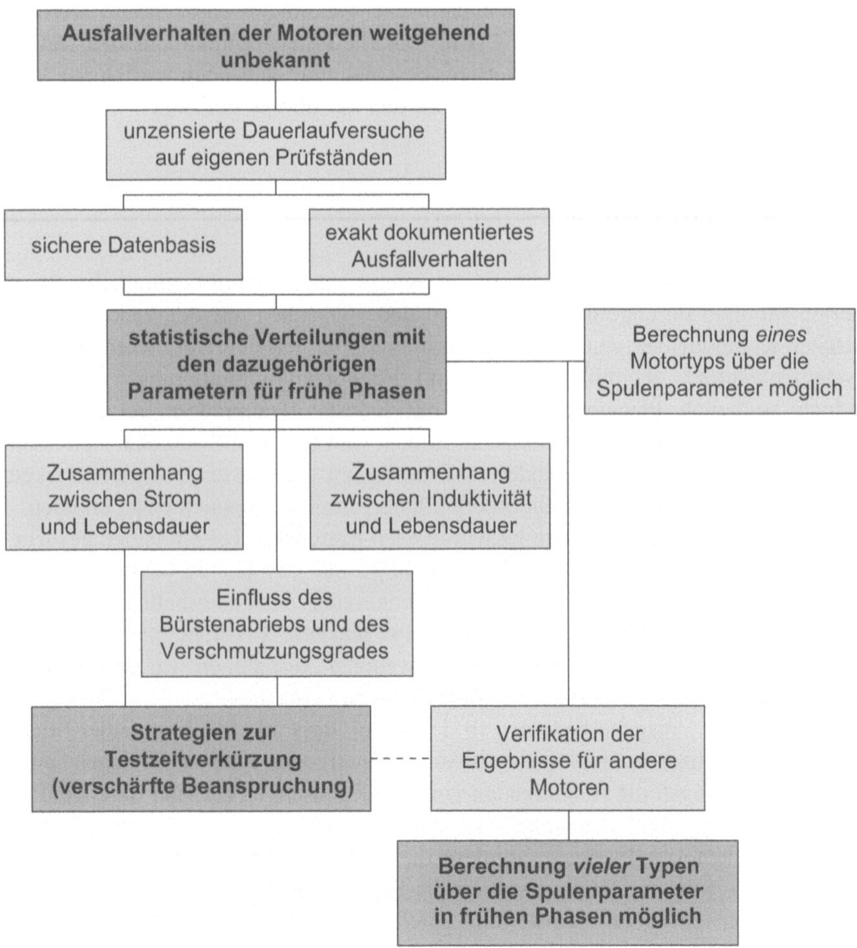

Abb. 6.15 Verschiedene Zielsetzungen der Dauerversuche mit Motoren [6.36]

Tabelle 6.1 Versuchsplan für Motoren und Komplettsysteme

Belastung bezogen auf Nennwert	150%	125%	100%	75%	50%
Motortyp 1					
12 V-Ausführung (konstant)	16 St.	16 St.	16 St.	16 St.	16 St.
12 V-Ausführung (reversierend)			16 St.		
18 V-Ausführung (konstant)	8 St.	8 St.	8 St.	8 St.	8 St.
24 V-Ausführung (konstant)	16 St.	16 St.	16 St.	16 St.	16 St.
Motortyp 2					
24 V-Ausführung (konstant)	8 St.		8 St.		
Komplettsystem aus Motor, Getriebe, Messsystem und Ansteuerung					
System 1, zweistufig 28:1 (rev.)					8 St.
System 2, dreistufig 69:1 (rev.)			8 St.		
System 3, dreistufig 102:1 (rev.)			8 St.		
System 4, dreistufig 152:1 (rev.)			8 St.		
System 5, dreistufig 249:1 (rev.)			8 St.		
System 6, dreistufig 369:1 (rev.)			8 St.		
System 7, dreistufig 546:1 (rev.)			8 St.		

möglichen Zusammenhang zwischen Motorstrom und Verschleiß aufdecken und den Einfluss der Auslegung auf die Lebensdauer aufzeigen, wobei stellvertretend dafür der Parameter Induktivität genutzt wird. Bei den Systemversuchen werden weitgehend identische Systeme aus Motor, Getriebe, Messsystem und Ansteuerelektronik in Prüflosen von acht Systemen getestet, allerdings mit verschiedenen Getriebeübersetzungen. Die Systeme sind elektrisch nicht gekoppelt, sondern einzeln über ihre zugehörigen Motorsteuerungen betrieben. Das Fahrprofil stellt eine reversierende Bewegung bestehend aus geschwindigkeitsgeregelter Hin- und Rückbewegung mit jeweils 5.000 min^{-1} und zwischengelagerter Pause dar.

Am Anfang einer Versuchsreihe wird immer eine Zelle bestehend aus acht Prüfplätzen komplett bestückt. Da die Komponentenprüfplätze elektrisch miteinander gekoppelt sind, werden alle Prüflinge einer Zelle mit denselben Parametern betrieben, d. h. allen Motoren liegt dieselbe Nennspannung zu Grunde und sie werden in der gleichen Betriebsart bei identischer Last und Drehzahl geprüft. Damit ist zugleich der Stichprobenumfang für die Versuchsreihen auf 8 bzw. 16 Motoren festgelegt. Die Versuche werden überwiegend im Dauerbetrieb mit konstanter Drehrichtung gefahren, da sich bei Vortests zeigte, dass diese Betriebsart von der Belastung der Motoren am kritischsten einzustufen ist. Die Ergebnisse hierzu werden im weiteren Verlauf noch beschrieben.

In wenigen Ausnahmefällen kam es vor, dass Versuchsreihen aus zeitlichen Gründen vor Ausfall aller acht Prüflinge abgebrochen werden mussten. In diesen Fällen muss sichergestellt sein, dass mindestens 85% der Prüflinge bereits vor Abbruch des Dauerlaufs ausgefallen sind. Die nicht ausgefallenen Motoren werden dann statistisch in den Gesamtstichprobenumfang bei der Auswertung mit einbezogen. Dadurch ist gewährleistet, dass der Versuchsplan unabhängig von einzelnen Ausreißern eingehalten werden kann. Die entstehenden Informationsverluste beziehen sich nur auf die Randbereiche, die für die Beschreibung des Ausfallverhaltens von geringerer Bedeutung sind. Der Abbruchzeitpunkt wird dabei operativ festgelegt und nicht fest vorgegeben (Typ-I-Zensierung).

6.3.2 Prüfstände und Prüfprogramme für Getriebe

Bei den Getrieben reichen die erwarteten Laufzeiten ebenfalls bis zu mehreren Monaten. Um einen sinnvollen Stichprobenumfang für die statistische Auswertung zu erhalten und den Aufwand der Prüfplätze gleichzeitig aber zu begrenzen, musste auch hier ein Mittelweg gefunden werden.

6.3.2.1 Aufbau der Getriebeprüfstände

Prüfstände. Realisiert wurden zwei Varianten von Getriebeprüfplätzen, Getriebe-Hysteresebremse-Kombinationen und Getriebe-Generator-Kombinationen, mit insgesamt 40 (5×8) Getriebe-Hysteresebremse-Kombinationen und 32 (4×8) Getriebe-Generator-Kombinationen, verteilt auf drei Versuchsstände, Abb. 6.16.

Abb. 6.16 Versuchsstand zu Getriebeuntersuchungen

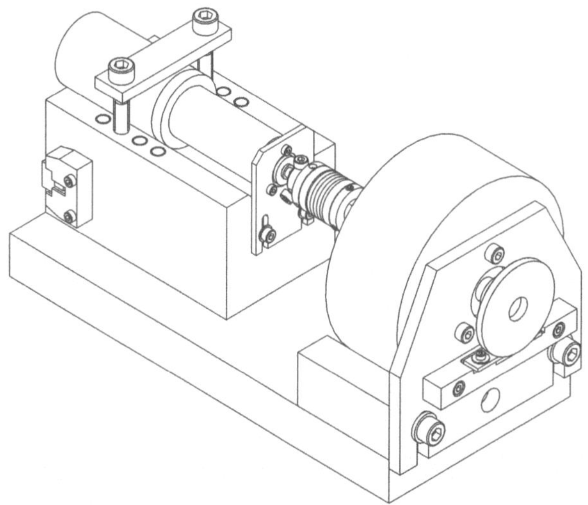

Abb. 6.17 Modifizierter Systemprüfstand zur Nutzung als Getriebeprüfstand (Beschreibung entspricht Abb. 6.13)

Die Abtriebsdrehzahl der geprüften Getriebe reicht von ca. 2 $\min^{-1}$ bis zu 2.000 $\min^{-1}$. Das Abtriebsmoment spreizt sich dabei jedoch nur von 100 mNm bis zu 800 mNm. Dieser Bereich sollte als Last stufenlos einstellbar sein. Wichtig ist dabei die Konstanz des Lastdrehmomentes.

Getriebe-Hysteresebremse-Kombinationen. Die komfortabelsten, aber auch aufwändigsten Getriebeprüfplätze sind hier analog den Systemprüfplätzen realisiert, allerdings mit speziell ausgewählten Antriebsmotoren, Abb. 6.17. Hier kamen vorzugsweise elektronisch kommutierte Motoren (EC-Motoren) zum Einsatz, in geringerer Zahl bei hoher Last auch DC-Motoren, die dann aber für die geprüften Getriebe überdimensioniert waren. Dadurch konnte insgesamt sichergestellt werden, dass die Motorlebensdauer deutlich größer als die Getriebelebensdauer blieb und Motorausfälle weitgehend auszuschließen sind. Als Bremsen wurden wiederum die bereits vorgestellten Hysteresebremsen genutzt. Die Bestromung der Bremsen erfolgte durch jeweils einzelne Konstantstromquellen, um den eingestellten Strom und abgeleitet daraus das wirkende Lastdrehmoment trotz Erwärmung konstant zu halten. Um die Hysteresebremsen einheitlich einstellen zu können, wurden diese vermessen und anhand dieser Daten im Prüfprozess eingestellt.

Getriebe-Generator-Kombinationen. Die zweite Art der Prüfstände nutzt Generatoren zur Lasterzeugung, wobei zunächst identische Antriebs- und Lastmotoren einschließlich deren Getriebe angestrebt wurden. Abbildung 6.18 zeigt das Grundprinzip in Form eines elektrischen Ersatzschaltbildes.

Jeder Prüfling (Motor mit Getriebe) wird mit einer zweiten Motor-Getriebe-Kombination gekoppelt. Diese wirkt nicht aktiv als Motor (M) sondern als Strom erzeugender Generator (G). In den Generatorkreis wird seriell ein Lastwiderstand (R_L) eingebracht, über den das wirkende Abtriebsmoment am Generator und damit

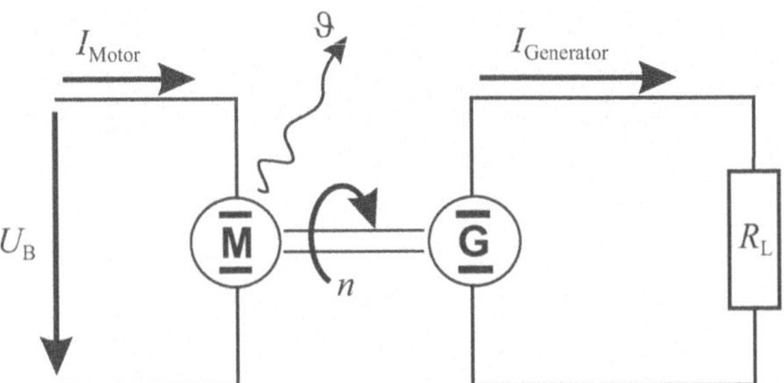

Abb. 6.18 Elektrisches Ersatzschaltbild der generatorischen Lasterzeugung [6.3]

am Prüfling selbst eingestellt werden kann. Die am Antriebsmotor wirkende Drehzahl ist über die Betriebsspannung (U_B) vorgegeben. Im mechanischen Aufbau wurden acht solcher Einzelstränge parallel angeordnet, siehe Abb. 6.19. Der Kühlkörper dient der passiven Kühlung der Antriebsmotoren, die elektrisch und thermisch am höchsten belastet sind.

Diese Prüfstände erlauben kostengünstige und sehr Platz sparende Aufbauten, zeigten aber insbesondere bei der angestrebten Nutzung identischer Systeme für den An- und Abtrieb auch Probleme. Ab einer Ausführung mit dreistufigem Getriebe im Generatorstrang traten Funktionsstörungen in den Generatorgetrieben auf, die dann mit einem Leistungsfluss entgegen der üblichen Richtung betrieben werden.

Letztlich wurden deshalb nur zweistufige, metallverzahnte Generatorgetriebe und somit nicht zum Prüfling identische Systeme eingesetzt, um störungsfreie Untersuchungen und konstante Belastungen zu gewährleisten. Die maximale Last ist bei diesen Prüfständen auf den Generatorbetrieb im Kurzschluss eingeschränkt. Die Generatorprüfstände wurden jedoch vorzugsweise bei niedrigen Belastungen und hohen Drehzahlen genutzt.

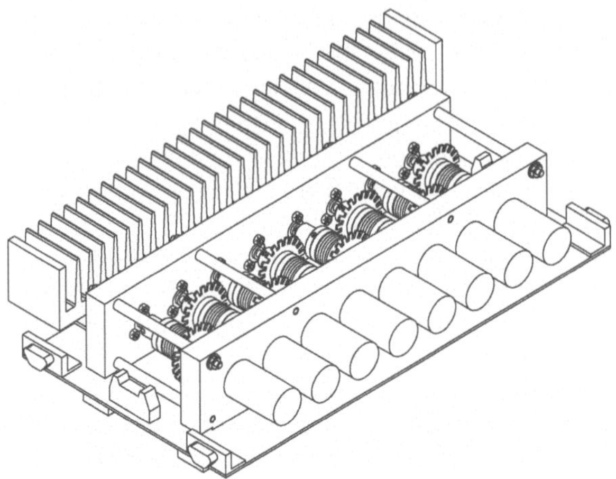

Abb. 6.19 Umgesetzter Generatorenprüfstand mit Motorkühlkörper [6.3]

Steuer-, Auswerte- und Überwachungseinrichtung. Das Ansteuerungs- und Messprogramm der Motoruntersuchungen wurde an die neue Messaufgabe angepasst. Da sich keine wesentlichen Änderungen an verwendeten Geräten als auch an der Software ergaben, soll dazu auf Kap. 6.3.1.1 verwiesen werden.

6.3.2.2 Versuchsplanung

Während der zweiten Projektphase wurde der Fokus der Untersuchungen auf Planetenradgetriebe mit Kunststoffverzahnung gerichtet. Zusätzlich wurden die Systemuntersuchungen der ersten Phase fortgeführt. Ziel der Untersuchungen ist es, analog den Motoren Laufzeitdaten unter variierenden Belastungen zu bekommen und daraus statistische Modelle zu generieren, mit deren Hilfe Lebensdauerdaten ohne spezifische Versuche abgeleitet werden können. Letztlich sollen also hypothetische Berechnungen solcher Baugruppen oder ganzer Baureihen mit nicht getesteten Lastparametern ermöglicht werden. So lassen sich Laufzeitinformationen zu grob dimensionierten Planetenradgetrieben schon in frühen Entwicklungsphasen gewinnen. Diese Vision soll nochmals in Abb. 6.20 verdeutlicht werden.

Unter diesem Aspekt wurde die Versuchsplanung vorgenommen. Ausgewählt wurden zwei- bis vierstufige Getriebe mit Kunststoffzahnrädern als Planeten. Um die mögliche große Vielfalt dabei einzugrenzen und statistisch hinreichende Prüfumfänge zu sichern, kommen in diesen Getrieben dabei lediglich zwei unterschiedliche Stufenübersetzungen zum Einsatz, mit denen dann Gesamtübersetzungen zwischen 14:1 und 2076:1 mit diversen Zwischenstufen abgebildet werden. Betriebsarten sind Konstantbetrieb und reversierender Betrieb analog den Motoren. Die Belastungen sollen relativ zum maximal vom Hersteller zugelassenen Drehmoment im Dauerbetrieb (Nennmoment) mindestens Stufungen von 50%, 75%, 100% und 125% aufweisen.

Werden die Parameter der angestrebten Untersuchungen nach DOE (Design of Experiments) zusammengefasst, ergeben sich als nominal skalierte Parameter die Stufenübersetzung und der Betriebszustand. Als ordinal skalierte Parameter werden hier die Stufenanzahl und die Belastung festgelegt. Auf Grund der Skalierungen kann schon vorab geschlussfolgert werden, dass eine Reduktion des Versuchsrahmens mit Hilfe einer teilfunktionellen Versuchsplanung nicht durchführbar ist. Dies lässt sich lediglich bei intervallskalierten bzw. verhältnisskalierten Parametern durchführen.

Betrachtet man weiterhin, dass hier trotz obiger Einschränkungen noch 14 verschiedene Getriebeübersetzungen bei vier unterschiedlichen Belastungsniveaus möglich wären, ergeben sich hierfür bereits 56 zu untersuchende Fälle. Dies führt multipliziert mit dem hier genutzten statistischen Prüflos von mindestens acht Prüflingen pro Untersuchung zu 450 zu untersuchenden Einzelfällen. Dieser Umfang ist im gegebenen Zeitrahmen und Versuchsfeld nicht realisierbar, würde wegen der sehr breiten Spreizung verschiedenartige Prüfstände, insbesondere unterschiedlichste Antriebs- und Lastmotoren erfordern und auch sehr hohe Kosten verursachen. Aus diesem Grund erfolgte eine Einschränkung durch eine repräsentative Versuchsauswahl.

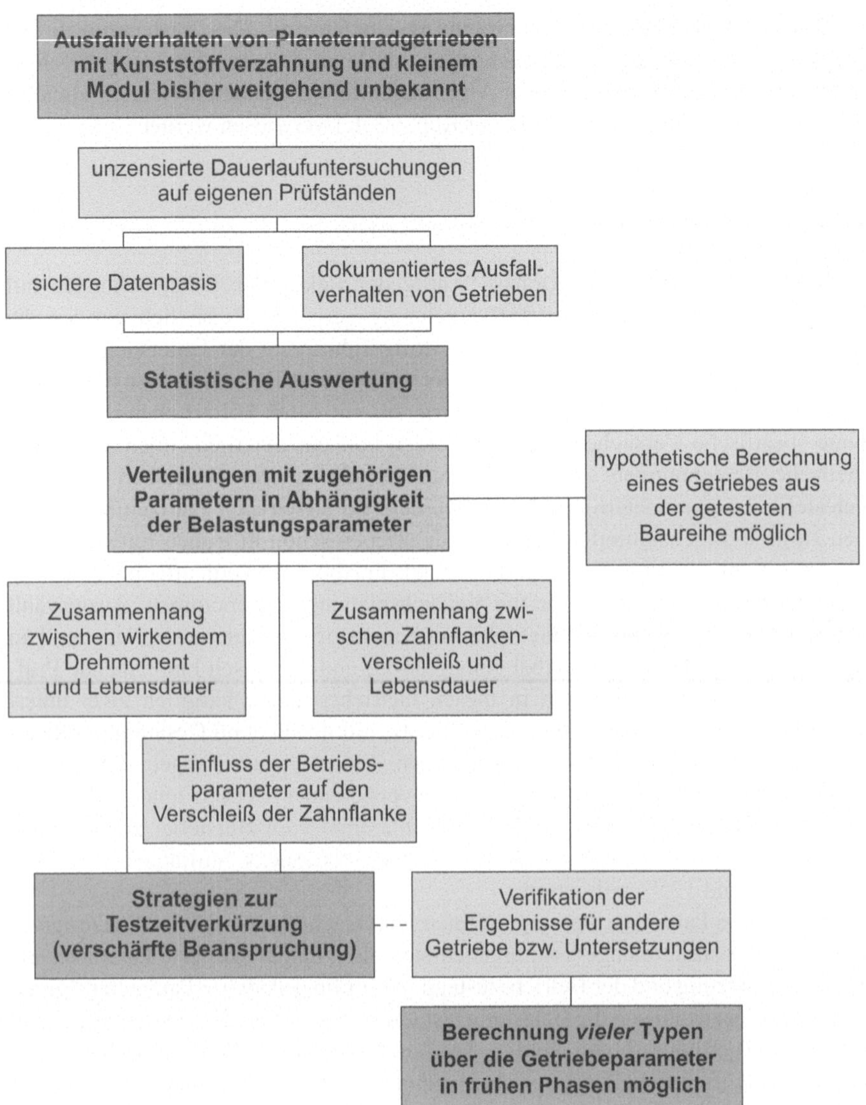

Abb. 6.20 Zielsetzungen der Dauerlaufuntersuchungen mit kunststoffverzahnten Planetenradgetrieben [6.3]

Getestet wurden zwei Getriebeserien von zwei unterschiedlichen Herstellern. Getriebetyp 1 besitzt Planeten aus Polyoxymethylen (POM), ein Hohlrad aus Polyamid (PA) und einen Träger mit Sonnenrad aus Metall. Getriebetyp 2 hingegen besteht aus glasfasergefülltem Polyamid. Dieser Typ wurde jedoch nur punktuell untersucht, weshalb darauf im Weiteren nicht näher eingegangen werden soll.

Tabelle 6.2 Versuchsplanung für kunststoffverzahnte Planetenradgetriebe

Belastung bezogen auf Nennwert	125%	115%	100%	86%	75%	60%	50%	16%
Getriebetyp 1; Planetenmaterial POM, Modul 0,4 mm								
zweistufige Ausführung								
14:1 (konstant)					8 St.		8 St.	
46:1 (konstant)	8 St.		8 St.		8 St.			
dreistufige Ausführung								
51:1 (konstant)	16 St.		16 St.		16 St.		8 St.	
308:1 (konstant)	8 St.		8 St.		8 St.			8 St.
vierstufige Ausführung								
189:1 (konstant)		8 St.	16 St.		8 St.			
2076:1 (konstant)			8 St.	8 St.				
2076:1 (reversierend)				8 St.				
Getriebetyp 2; Planetenmaterial gefülltes PA, Modul 0,4 mm								
zweistufige Ausführung								
19:1 (konstant)						8 St.		
19:1 (reversierend)						8 St.		
28:1 (konstant)			8 St.					
dreistufige Ausführung								
69:1 (konstant)			8 St.					
102:1 (reversierend)			8 St.					

Tabelle 6.2 zeigt den gesamten Prüfumfang. Die Untersuchungen am Getriebetyp 1 sollen jeweils bei der kleinsten (3,7:1) und der größten angebotenen (6,8:1) Stufenübersetzung durchgeführt werden. Hierdurch werden die größten Kräfte, Geschwindigkeiten und Belastungen erfasst. Diese Stufenübersetzungen werden jeweils nur untereinander zu Bauformen von zwei-, drei- und vierstufigen Getrieben kombiniert. Daraus folgen in den jeweiligen Bauformen die kleinste und größte mögliche Übersetzung. Die einzelnen Getriebebauformen werden in bis zu vier unterschiedlichen Belastungen getestet, um hieraus Zusammenhänge zwischen der Belastung und der Lebensdauer ziehen zu können. Getriebetyp 2 soll lediglich als ergänzende Messung dienen.

Die Losgröße jeder Untersuchung wurde auf mindestens acht Prüflinge festgesetzt, zur weiteren Absicherung sind auch Losgrößen von 16 Stück genutzt. Wie in Tabelle 6.2 zu erkennen ist, traten auch Zwischenstufen bei der Belastung auf. Diese resultieren dann aus Begrenzungen in den Möglichkeiten zur Lastaufbringung. So konnten bei den hohen Übersetzungen nicht generell 125% der Maximalbelastung eingestellt werden. In den Generatorprüfplätzen konnten zudem die Belastungen generell nicht frei eingestellt werden, so dass sich hier leicht abweichende Zwischenstufen ergaben. Auch musste Rücksicht auf die zur Anwendung kommenden Motoren genommen werden, beispielsweise war der maximal thermisch zulässige Dauerstrom der Motoren begrenzend.

Die gesamte Losgröße, bestehend aus acht Prüflingen, wird in einer Zelle eines Prüfstandes simultan gestartet und möglichst bis zum Ausfall aller Prüflinge getestet. Zensur soll hier auf Grund der kleinen Prüflose nicht angewandt werden. Während des Testablaufes werden ca. alle 90 Sekunden die Drehzahl und der Motorstrom erfasst. Auf eine Temperaturaufzeichnung wurde hier verzichtet, da bereits die Motorversuche zeigten, dass die gemessene Gehäusetemperatur keinerlei Rückschlüsse lieferte. Lediglich zu Überwachungszwecken werden zu Beginn der Dauerläufe Temperatursensoren eingesetzt. Durch die parallele Ansteuerung der Motoren unterliegt die gesamte Prüfzelle den gleichen Motorparametern.

6.4 Ergebnisse der Dauerversuche an Motoren und Komplettsystemen

Im folgenden Kapitel werden zunächst die Vorgehensweisen bei der Auswertung der Dauerlaufdaten der reinen Motoren beschrieben. Darauf aufbauend folgen dann komprimierte Kurzbeschreibungen der resultierenden Erkenntnisse. Ziel war es, Zusammenhänge zwischen den Betriebsparametern und den Laufzeiten zu ermitteln. Dabei entstandene konkrete Ausfalldaten sind wegen der jeweils sehr spezifischen Versuchsbedingungen hier nicht von entscheidendem Interesse. Aus den Daten sollen vielmehr Vorgehensweisen für frühe Entwicklungsphasen abgeleitet werden (Kap. 6.7). Details zu den durchgeführten Versuchen und deren Auswertung können in [6.36] nachgelesen werden.

6.4.1 Motoren mit Hohlläufern und Edelmetallbürsten

Das Versuchsprogramm umfasst vorwiegend edelmetallkommutierte Kleinmotoren im Konstantbetrieb, da dieser gegenüber dem Reversierbetrieb eine weit höhere Belastung darstellt. Extremer Start-Stopp-Betrieb wurde nicht betrachtet, dies ist eine vergleichsweise untypische Einsatzbedingung für diese Motoren.

6.4.1.1 Ausfallursachen

Bei den Dauerversuchen zeigten sich zwei Ausfallursachen, Lamellenschluss und Bürstenverschleiß, Abb. 6.21. Der Lamellenschluss ist dadurch gekennzeichnet, dass sich Abrieb zwischen den Kollektorlamellen anlagert, der zu Kriechströmen zwischen den Lamellen und in Folge zum Kurzschluss und damit Ausfall des Motors führen kann. Durch die lokale Überhitzung, bedingt durch den Kurzschlussstrom, kommt es zu einer starken Deformation des Kollektors.

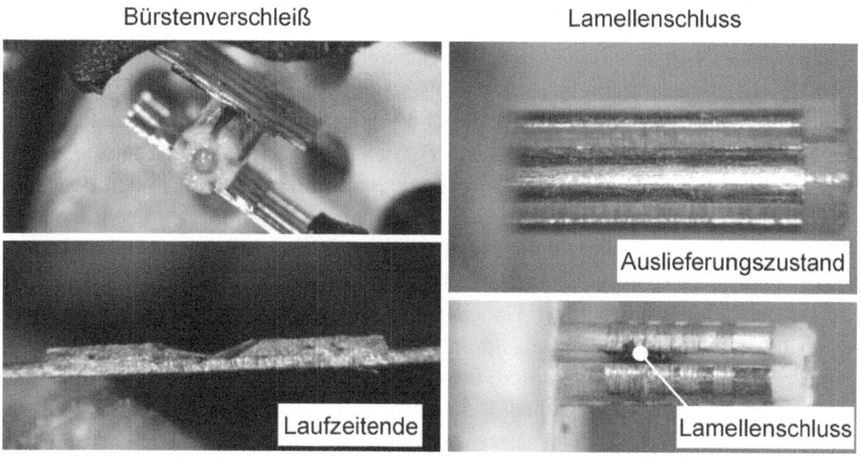

Abb. 6.21 Vorwiegende Ausfallursachen des elektromechanischen Teilsystems [6.36]

Bürstenabrieb hingegen beschreibt den Materialverlust der einzelnen Bürstenfinger. Ist die gesamte Lauffläche der Bürste verschlissen, so dass die Lamellen auf dem Trägermaterial laufen, liegt das Ausfallereignis Bürstenverschleiß vor. Der Verschleiß eines einzelnen Fingers muss dabei nicht zwangsläufig zum Ausfall führen, die Bürstenfinger können durch die Materialschwächung aber brechen.

Bei den hier untersuchten Hohlläufermotoren dominiert der Lamellenschluss. Der gemessene Bürstenverschleiß liegt zum Ausfallzeitpunkt durch Lamellenschluss erst im Bereich von 20%–50%, wobei die Plusbürste bei Konstantlauf deutlich stärker abgenutzt wird. Die sehr kleinen Abmessungen des Kollektors von ca. 1 mm im Durchmesser und die dementsprechend geringeren Lamellenzwischenräume begünstigen dabei das beschriebene Ausfallverhalten.

Diese Beobachtungen beziehen sich aber ausschließlich auf das hier betrachtete Kommutatorsystem und sind nicht unbegrenzt übertragbar. Bei Motoren mit eisenbehafteten Läufern und größeren Kollektordurchmessern konnte beispielsweise vorwiegend Bürstenverschleiß beobachtet werden, ebenso bei Graphitbürstenmotoren, wie später noch gezeigt wird.

Die Versuche haben auch gezeigt, dass keine anderen Komponenten einen noch früheren Ausfall bewirken. Die verwendeten Sinterlager wiesen bei allen Prüflingen keinerlei Schäden auf. Der Widerstand der Wicklungen blieb ebenfalls unverändert, so dass davon ausgegangen werden kann, dass durch die mechanische Belastung während des Betriebs keine Isolationsschäden oder Brüche entstehen. Dies gilt selbstverständlich nur innerhalb des thermisch zulässigen Betriebsbereichs.

6.4.1.2 Einfluss der Betriebsart

Betriebsarten definieren das Lastkollektiv und sind in der DIN EN 60034-1 in zehn Klassen (S1 … S10) unterteilt. Unabhängig von diesen nachfolgend erläuterten

Betriebsarten ist eigentlich noch zwischen kontinuierlichem oder reversierendem Betrieb zu unterscheiden, also dem Betrieb mit und ohne Drehrichtungswechsel. Beim Reversierbetrieb findet neben dem ständigen Zündfunken beim An- und Ausschalten noch ein ständiger Wechsel zwischen den Bürstenpolaritäten statt. Wird die Ausschaltzeit im Vergleich zur Betriebszeit klein gehalten, entsteht quasi ein reversierender Dauerbetrieb. Der reversierende Betrieb kommt in den Betriebsarten S1 bis S10 jedoch kaum vor, da deren Definitionen eher vom klassischen Energiewandler als von Positioniersystemen geprägt sind.

Dauerbetrieb S1 führt zu einem stationären eingeschwungenen Motorzustand. Für Lebensdauertests stellt der Dauerbetrieb zunächst die wichtigste Betriebsart dar, da er oft auch die Bemessungsgrundlage für die Motoren bildet.

Kurzzeitbetrieb S2 erfolgt unter kurzzeitiger konstanter Belastung, deren Dauer nicht ausreicht, den thermischen Beharrungszustand zu erreichen. Die Bestromungspausen sollten mindestens so lang sein, dass sich der Antrieb wieder auf Umgebungstemperatur abkühlen kann. Dabei sind kurzzeitig erhebliche Leistungsüberhöhungen zulässig und es kann eine deutliche Drehmomentsteigerung erzielt werden. Mit seinen langen Abkühlungsphasen und damit kalendermäßig langen Laufzeiten ist er für Lebensdauertests wenig geeignet.

Periodischer Aussetzbetrieb S3 ist durch ein zyklisches Ein- und Ausschalten gekennzeichnet, enthält laut Norm aber keine Richtungswechsel. Jeder Bestromungszyklus umfasst eine Betriebszeit mit konstanter Bestromung und eine Stillstandszeit mit stromlosen Wicklungen. Die Umgebungstemperatur wird beim Ausschalten nicht wieder erreicht. Nach einiger Zeit stellt sich ein quasistationärer Zustand ein. Extremer Start-Stopp-Betrieb (Aussetzbetrieb) mit hoher Überbestromung bzw. Last stellt dabei sicherlich die höchste Belastung für den Kommutator dar. Da dieser Einsatzfall selten und dann sehr spezifisch ist, wird auch extremer Start-Stopp-Betrieb hier nicht weiter ausgeführt. Es können dabei allerdings reine Laufzeiten (ohne Pausen) von weniger als 100 Stunden beobachtet werden, die dann aber auch 100.000 Start-Stopp-Zyklen und mehr beinhalten.

Die Betriebsarten S4 bis S10 bilden weitere Bestromungs- und Pausenzyklen ab. Von diesen speziellen Betriebsarten enthält lediglich die Betriebsart S8 auch Richtungswechsel, laut Norm aber ohne Stillstand dazwischen.

Als geeignete Betriebsarten für die Tests erweisen sich damit Dauerbetrieb S1 laut Norm und ein nicht in der Norm enthaltener Reversierbetrieb in Form eines quasi reversierenden Dauerbetriebes mit kurzen Stillstandszeiten, um auch den Einfluss von Richtungswechseln untersuchen zu können. Zur weiteren Eingrenzung auf eine der beiden Betriebsarten fanden Voruntersuchungen mit jeweils 16 Motoren einerseits mit konstanter Drehrichtung und andererseits reversierend (300 s Betrieb, 3 s Pause, Richtungsumkehr) unter gleicher Last (100% Nennlast) statt. Die Motoren stammten alle aus demselben Fertigungslos. Die Ausschaltzeit betrug 1% der Einschaltzeit und wurde nur eingefügt, um extreme dynamische Belastungen während des Reversierens zu vermeiden. Es liegt also tatsächlich ein reversierender Dauerbetrieb vor.

Nach 4.000 h waren bereits 15 der konstant betriebenen Motoren ausgefallen. Dagegen liefen 13 der 16 Motoren mit wechselnder Drehrichtung noch. Nur zwei

Motoren waren dabei tatsächlich ausgefallen, ein dritter Versuchsplatz musste aus anderen Gründen angehalten werden und fiel dadurch aus dem Prüflos. Aus Zeitgründen wurde der Versuch nach dieser Zeit dann abgebrochen, zumal die Unterschiede klar ersichtlich waren. Die Verteilungen dazu zeigt Abb. 6.22, wobei die Berechnung einer Verteilung zum Reversierbetrieb aus nur zwei Ausfällen nicht zulässig ist und deshalb nur die beiden Ausfälle eingetragen sind. Die nicht ausgefallenen Prüflinge wurden in den Ausfallwahrscheinlichkeiten berücksichtigt. Der direkte Vergleich zeigt klar, dass die Motoren mit konstanter Drehrichtung erheblich früher ausfallen.

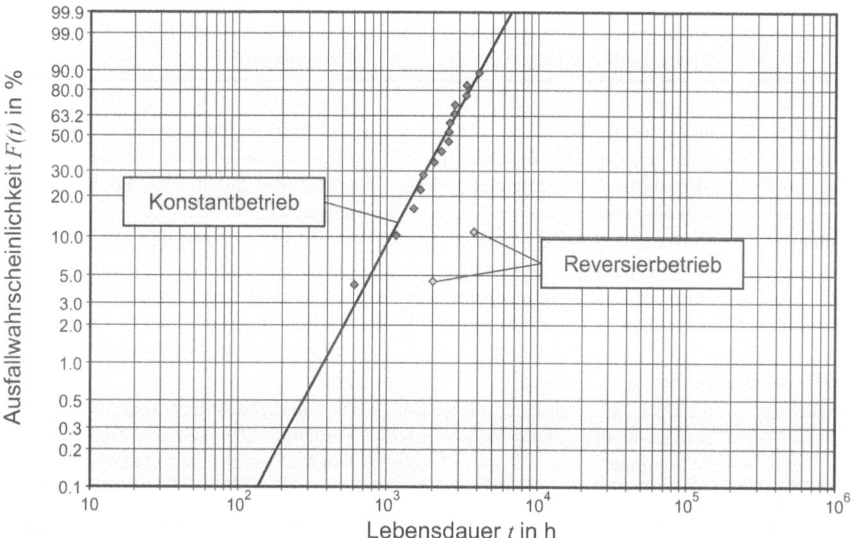

Abb. 6.22 Lebensdauervergleich bei unterschiedlichen Betriebsarten bei Nennlast [6.36]

Nach Demontage der Motoren wurde als Ausfallursache generell Lamellenschluss festgestellt. Der Bürstenverschleiß wurde zusätzlich ermittelt. Im Konstantbetrieb war dabei keine der Bürsten komplett verschlissen, allerdings weisen die Bürsten mit negativer Spannung (Minuspol) nahezu keine Abriebspuren auf, während die Plusbürsten starken Abrieb zeigen, siehe dazu Abb. 6.23 im nachfolgenden Kapitel. Beim Reversierbetrieb verteilt sich der Bürstenverschleiß dagegen gleichmäßig auf beide Bürsten.

Während des Betriebes ist eine Schmierung zwischen Bürsten und Kollektor notwendig, um verstärktem Verschleiß entgegenzuwirken. Zu diesem Zweck wird ein Fettpfropf auf den Kommutator aufgebracht. Hochgeschwindigkeitsaufnahmen haben gezeigt, wie in beiden Fällen zu Betriebsbeginn zunächst das Fett um den Kollektor verteilt wird. Danach wird das Fett im Konstantbetrieb nach außen weg gefördert und verteilt sich ungleichmäßig. Der Konstantbetrieb neigt zur Ausbildung von Fettanhäufungen in Drehrichtung. Die Richtungsumkehr beim

Reversierbetrieb saugt dagegen den Fettpfropf immer wieder an den Kollektor und lässt eine bessere räumliche Verteilung des Schmierfetts entstehen. Auch nach größerer Laufzeit sind noch Unterschiede in der Verteilung des Restfetts zu erkennen. Beim Reversierbetrieb umlagert ein relativ gleichmäßiger Ring aus Schmierfett den Kollektor.

Dieser Vorversuch hat eindeutig gezeigt, dass die Belastung für das Kommutierungssystem im Dauerbetrieb deutlich höher ist. Tabelle 6.3 verdeutlicht die Unterschiede nochmals. Deshalb wurde im Folgenden vorzugsweise im kontinuierlichen Dauerbetrieb S1 getestet.

Tabelle 6.3 Dauerläufe mit kontinuierlichem und reversierendem Betrieb im Vergleich

	Kontinuierlicher Dauerbetrieb	Reversierbetrieb
Betriebsparameter	kontinuierlicher Betrieb, hier Rechtslauf	reversierend mit jeweils 300 s Betrieb, 3 s Pause, Richtungsumkehr
Bürstenverschleiß	Plusbürste verschleißt sehr stark, Minusbürste ohne gravierende Verschleißspuren	Plus- und Minusbürste werden gleichmäßig stark durch den Umpolvorgang abgenutzt
Kollektorverschleiß	Verschleiß ca. 10%, teilweise sehr starke Rillenbildung erkennbar	Verschleiß ca. 10%, teilweise etwas glatter als beim Dauerbetrieb
Fettschmierung	Schmierung wird sehr schnell verbraucht und teilweise weggeschleudert	Schmierung länger erhalten, Position des Fettpfropfens nahezu konstant, kann dann mehr Abrieb aufnehmen
Lebensdauer	gering	hoch
Einflüsse	die Drehzahl spielt eine untergeordnete Rolle, der elektrische Verschleiß ist dominant	die ständigen Anfahr- und Abbremsvorgänge haben keinen entscheidenden Einfluss auf die Lebensdauer

6.4.1.3 Einfluss von elektrischem Verschleiß und mechanischem Abrieb

Ziel dieser Untersuchungen war es, den Einfluss des bereits zuvor angedeuteten elektrischen Verschleißes gegenüber dem mechanisch bedingten Abrieb zu quantifizieren, um auf Ausfallursachen zu schließen. Die durchgeführten Versuche werden zunächst beispielhaft anhand einer 12 V-Serie von Motoren beschrieben. Insgesamt liegen hier 80 Motortests mit konstanter Drehrichtung zu Grunde. Dabei wurden jeweils 16 Motoren bei fünf unterschiedlichen Belastungsstufen getestet, d. h. sowohl die elektrische Leistung als auch die Betriebsdrehzahl variieren.

Auch hier fällt sofort auf, dass nur die Plusbürsten deutliche Verschleißmerkmale aufweisen, Abb. 6.23. Die Finger der Minusbürste erreichen lediglich Verschleißwerte < 5% bezogen auf die Gesamtbürstendicke. Abbildung 6.24 bestätigt diesen ersten Eindruck. Hier wurden für über 400 vermessene einzelne Finger einer Bürstenpolarität der mittlere Verschleiß nach [6.36] berechnet und die Streuungen dieser Verschleißwerte grafisch veranschaulicht. Bei beiden Bürsten muss zunächst mindestens ein mechanischer Verschleiß auftreten, da beide mechanisch gleich belastet sind. Offensichtlich führt dieser mechanische Verschleiß nur zu

Abb. 6.23 Vergleich der Finger von Minusbürste (links) und Plusbürste (rechts) [6.36]

sehr geringem Abrieb, wie an der Minusbürste zu sehen. Der zusätzliche elektrische Verschleiß tritt offensichtlich nur an der Plusbürste auf.

Schließlich wurden die Ausfallzeitpunkte in Abhängigkeit der Drehmomentbelastung näher untersucht. Dabei ist die vom Motor aufgenommene elektrische Leistung das Maß für den elektrischen Verschleiß, wobei der Motorstrom bei Lasterhöhung ansteigt. Der rein mechanische Verschleiß definiert sich dagegen über den Gleitvorgang der Bürste auf dem Kollektor und über die bei allen Versuchen identische Bürstenanpresskraft. Er ist damit unabhängig von der elektrischen Belastung bzw. der Drehmomentbelastung des Motors. Dies bedeutet, dass bei abnehmender Drehzahl und gleich bleibender Laufzeit die Anzahl an Übergleitungen abnimmt. Nimmt die Drehzahl durch zunehmende elektrische Belastung ab, sinkt jedoch die Lebensdauer.

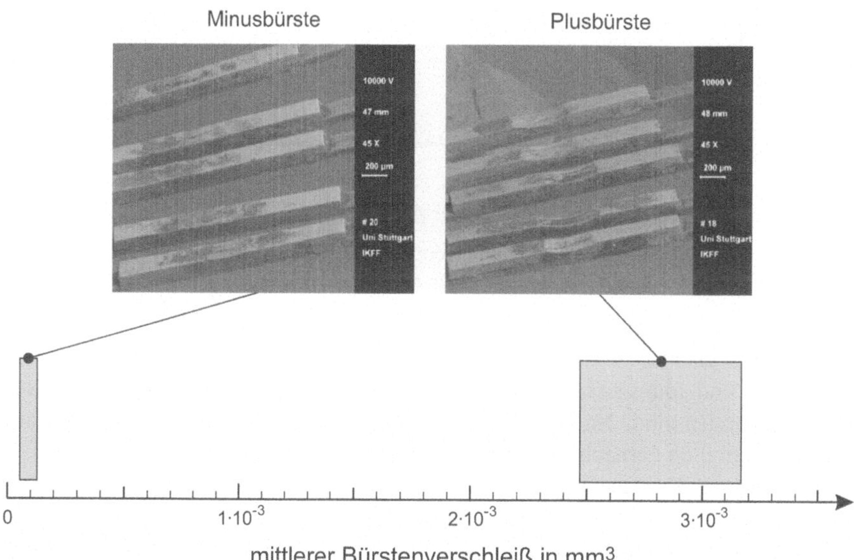

Abb. 6.24 Streuung des Bürstenverschleißes pro Finger in Abhängigkeit der Polarität [6.36]

Abbildung 6.25 veranschaulicht die hier beschriebenen Vorgänge. Bei den eingetragenen Datenpaaren handelt es sich um Mittelwerte aus jeweils 16 unabhängig voneinander geprüften Motoren in fünf verschiedenen Belastungsstufen. Die Datenpaare mit derselben Lebensdauer auf der x-Achse gehören zusammen und spiegeln die Betriebsparameter der jeweiligen Versuchsreihe wider. Die Trendlinien für die mechanisch und elektrisch verursachte Bürstenbelastung verdeutlichen die Zusammenhänge. Die auf die Sekundärachse des Diagramms bezogenen Datenpunkte der elektrischen Leistung entsprechen dabei den zugehörigen Drehmomentbelastungsstufen von 150%, 125%, 100%, 75% und 50% bezogen auf das vom Hersteller angegebene Nenndrehmoment. Dazu gehören dann jeweils verschiedene Drehzahlen. Abbildung 6.25 zeigt, dass mit abnehmender Leistung die Lebensdauer tendenziell zunimmt. Wäre der mechanische Verschleiß dominant, müsste durch die dabei drastisch steigende Gesamtübergleitungszahl die Lebensdauer abnehmen, was aber nicht der Fall ist.

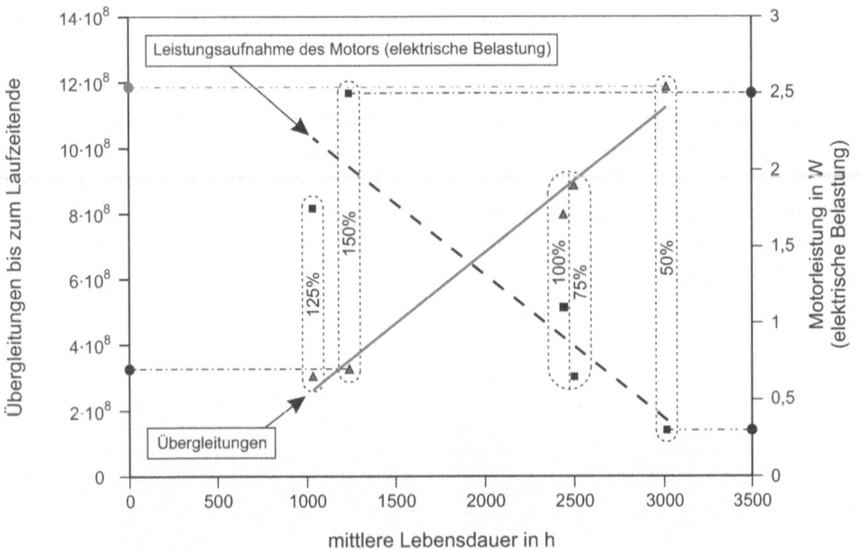

Abb. 6.25 Einfluss der mechanischen Gleitvorgänge und der elektrischen Belastung auf die Lebensdauer bei unterschiedlichen mechanischen Belastungen [6.36]

Um die Ergebnisse zusätzlich abzusichern, wurde ein einzelner Motor fremd angetrieben und somit sichergestellt, dass keinerlei elektrische Einflüsse am Kollektor vorhanden sind. Nach mehr als 1.500 h waren an beiden Bürsten und am Kollektor lediglich vernachlässigbare Laufspuren zu erkennen.

Das hier am Beispiel der 12 V-Reihe beschriebene Verhalten hat sich ausnahmslos bei allen weiteren Versuchen der anderen Baureihen bestätigt. Die Ergebnisse stimmen zudem mit vergleichbaren Untersuchungen an Flachspulenmotoren überein [6.30, 6.31, 6.45].

Es ist also zu schlussfolgern, dass der rein mechanische Verschleiß nur einen sehr geringen Anteil an der Abnutzung von Bürste und Kollektor bei edelmetallkommutierten Motoren ausmacht. Die Plusbürste ist einem maßgeblichen zusätzlichen elektrischen Verschleiß unterworfen.

6.4.1.4 Einfluss der Motorbelastung

Hier soll der Zusammenhang zwischen Belastung und Lebensdauer ermittelt werden. Als Basis für diese Untersuchungen dienen drei Nennspannungstypen einer Motorserie, so dass bis auf die Wicklungen ein identischer Aufbau vorliegt. Der Stichprobenumfang liegt bei 16 bzw. 8 Motoren im Dauerbetrieb mit konstanter Drehrichtung. Eine Belastungshöhe von 100% entspricht dem vom Hersteller angegebenen Nenndrehmoment, andere Belastungen sind darauf bezogen. Die Belastungshöhe stellt dabei auch ein Maß für die elektrischen Bedingungen am Übergang Bürste zu Kollektor dar. Alle Ausfälle wurden durch Lamellenschluss verursacht.

Die Ergebnisse werden in Abb. 6.26 für die 12 V-Reihe veranschaulicht. Aus den Datensätzen dieser Spannungsreihe wurden die zugehörigen Ausfallverteilungen ermittelt. Auf Grund des geringen Stichprobenumfangs ist noch keine eindeutige Entscheidung zwischen zwei- oder dreiparametrigen Weibullverteilungen möglich. Es ist aber deutlich zu erkennen, dass mit zunehmender Belastung die Lebensdauer innerhalb einer Baureihe erwartungsgemäß sinkt.

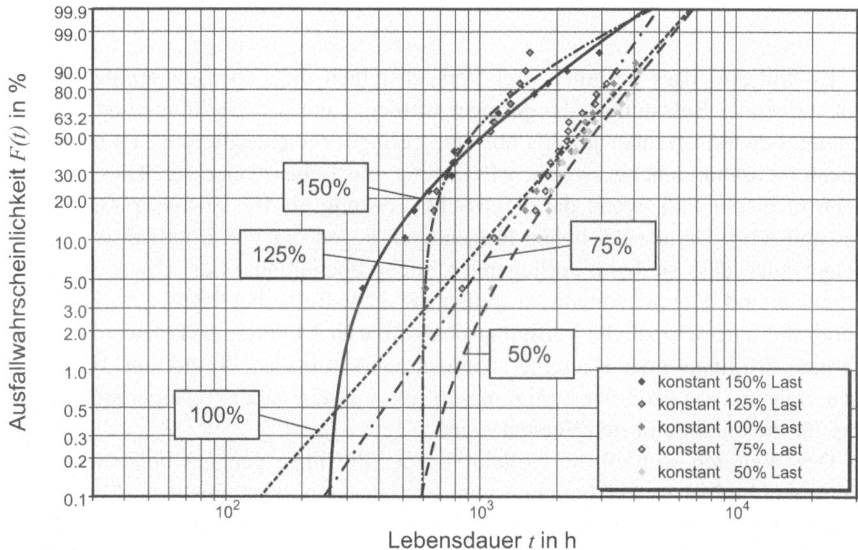

Abb. 6.26 Verteilungsfunktionen der 12 V-Nennspannungsreihe, verschiedene Belastungen [6.36]

Die Ergebnisse der weiteren Spannungsreihen bestätigen die Beobachtungen, Abb. 6.27. Um dies zu verdeutlichen und auch die entsprechenden Unsicherheiten darzustellen, wurden die charakteristischen Lebensdauern der Verteilungen bestimmt und in einem separaten Diagramm zusammengefasst. Die Lebensdauern sind dabei über der Drehmomentbelastung aufgetragen. Die Streuungen bilden den 90%-Vertrauensbereich ab, der sich aus den Stichprobenumfängen ergibt.

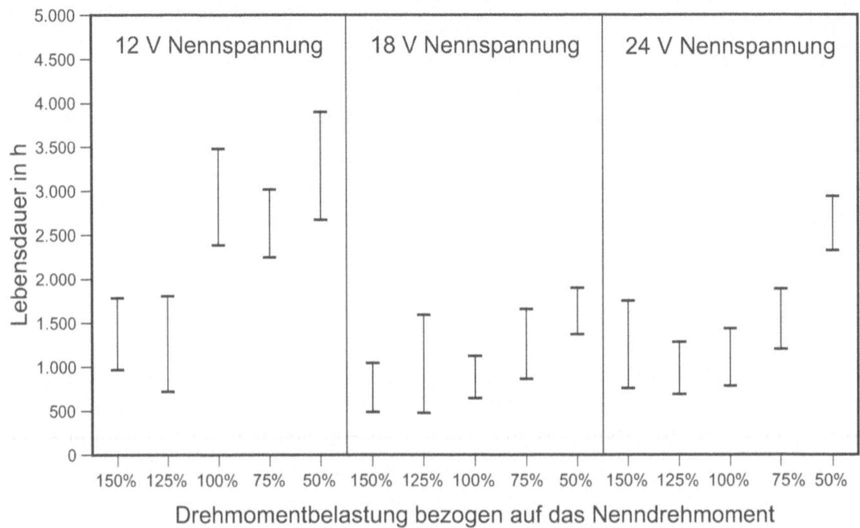

Abb. 6.27 Vergleich der charakteristischen Lebensdauern mit 90%-Vertrauensbereich [6.36]

Es fällt auf, dass bei allen drei Versuchsreihen die Lebensdauerunterschiede mit steigender Belastungshöhe geringer werden. Eine weitere Steigerung der Belastung bewirkt offenbar jeweils nur eine geringe Verschlechterung. Es liegt kein linearer Zusammenhang zwischen Belastung und Lebensdauer vor. Dies ist auch dann nicht der Fall, wenn die elektrische Leistung als Bezug dieser Kennlinien gewählt wird. Gerade bei hohen Belastungen liegen die Werte teilweise so dicht beieinander, dass sie beim vorliegenden Stichprobenumfang nur schwer zu unterscheiden sind. Der scheinbare Ausreißer der 12 V-Reihe bei 100% Last kann nur durch die unterschiedliche Fertigungscharge dieser Motoren erklärt werden. Alle übrigen Prüflinge einer Baureihe stammen aus identischer Produktion. Hier lässt sich erahnen, wie groß der Fertigungseinfluss und die daraus resultierende Streuung für die durchgeführten Versuche sind.

Des Weiteren wurden die Kollektoren der Prüflinge genauer untersucht. Das Verschleißbild ist in Abhängigkeit von der Belastung unterschiedlich. Mit zunehmender Belastung nimmt der Kollektorverschleiß zu und die Kollektoroberfläche weist deutlich schärfere und tiefere Lauf- bzw. Einbrennspuren auf, obwohl die Betriebsdauer deutlich kürzer ist. Bei niedriger Belastung hingegen liegt eine sehr homogene und gleichmäßig verschlissene Oberfläche vor, Abb. 6.28 und 6.29.

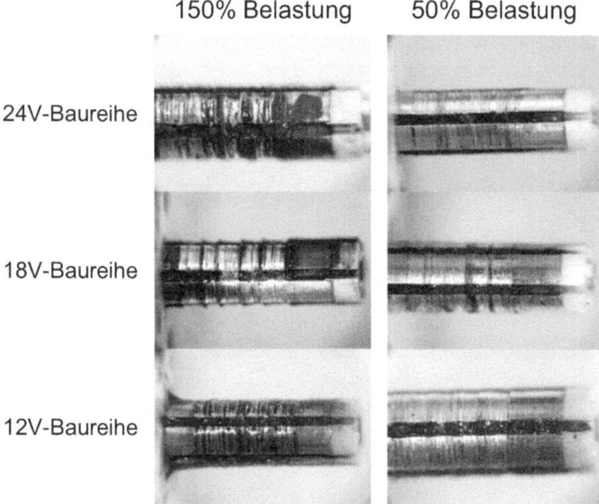

Abb. 6.28 Beobachtetes Verschleißbild an den Kollektoren [6.36]

Offensichtlich werden durch die höhere elektrische Leistung größere Stücke aus den Lamellen gerissen, so dass es zu einem früheren Ausfall kommt. Eine Verkürzung der Lebensdauer ist im Wesentlichen bei zunehmendem elektrischem Verschleiß zu erwarten. Letztlich hängt der elektrische Verschleiß aber von der eingebrachten Leistung ab.

Dabei spielt neben dem Motorstrom vor allem das Spannungspotential an den Bürsten durch die induzierte Spannung beim Öffnen und Schließen der Lamellenkontakte eine wichtige Rolle. Diese induzierte Spannung ist der deutlich geringeren Betriebsspannung überlagert und hängt innerhalb einer Baureihe nur vom Motorstrom und der Drehzahl ab, da die Wicklungsinduktivität gleich ist. Diese induzierte Spannung nach Gl. (6.2)

$$U_{\text{ind}} = -L \cdot \frac{di}{dt} \tag{6.2}$$

ist immer so gerichtet, dass sie einer Änderung entgegenwirkt. Zusätzlich beeinflusst die Öffnungsgeschwindigkeit des Kontaktes zwischen Bürste und Kollektor das Verhalten, da mit abnehmender Drehgeschwindigkeit die Zeitdauer bis zum Erreichen des zum Abriss nötigen Abstandes größer wird und dadurch die Einwirkungsdauer bei gleicher Spannung länger ist. Dies bedeutet, dass die Drehzahl zwei gegensätzliche Effekte bewirkt, die sich gegenseitig ausgleichen. Zum einen wird durch eine abnehmende Drehzahl die Induktionsspannung reduziert und dadurch der kritische Abstand verkleinert, zum anderen nimmt aber die Öffnungsgeschwindigkeit des Kontakts ab und damit die Einwirkungszeit zu.

Hier liegt aber keine ideale Spule vor, sondern ein Schwingkreis durch einen parallel geschalteten Entstörkondensator. Ohne diese Dämpfungskondensatoren würde die Lebensdauer der Motoren drastisch sinken, so dass keine akzeptablen Laufzeiten mehr erreichbar wären. Beim vorliegenden Schwingkreis kann das Abklingverhalten der induzierten Spannung, die am Kontakt zwischen Bürste und

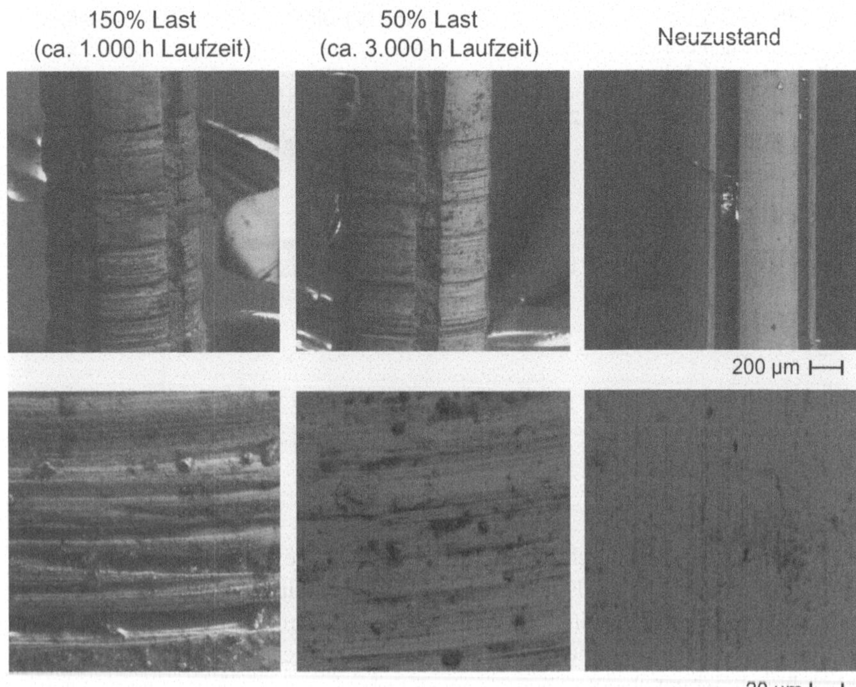

Abb. 6.29 REM-Aufnahmen von Kollektoren, 50-/500-fache Vergrößerung (oben/unten) [6.36]

Lamelle auftritt, durch eine gedämpfte Schwingung beschrieben werden, Abb. 6.30. Die Kurve mit der Bezeichnung I_1 stellt dabei den Ausgangspunkt der Betrachtung dar. Die Form der gedämpften Schwingung ist abhängig vom Kondensator, der Induktivität und dem Wicklungswiderstand, die alle innerhalb einer Baureihe gleich sind. Die Auswirkungen unterschiedlicher Kapazitäten und damit die Veränderung des Dämpfungsmaßes sind in [6.30] beschrieben.

Entscheidend für die Bildung eines Lichtbogens ist die Überschreitung der Durchbruchspannung. Diese liegt in Luft bei 3,3 kV/mm. Wird die Drehung des Rotors berücksichtigt, so nimmt der Kontaktabstand zwischen jeweiliger Bürste und Kollektor ausgehend vom Abrisszeitpunkt ($t = 0$) stetig zu. Die hier nötige Durchbruchspannung wird damit zeitabhängig durch die eingezeichnete Gerade charakterisiert. Die Steigung wird durch die Drehzahl bestimmt. Mit zunehmender Drehzahl wird der Verlauf steiler. Je nach verwendetem Schmierfett liegt der Wert für die reale Durchschlagsfestigkeit deutlich über dem Wert für Luft. Solange die induzierte Spannung oberhalb der Durchbruchspannung liegt, bildet sich ein Lichtbogen aus, der zu elektrischem Verschleiß führt. Damit beschreibt die Zeit t_{l1} die Einwirkungsdauer des Lichtbogens. Wäre also die Geschwindigkeit des Rotors unendlich, könnte kein Lichtbogen entstehen, da die induzierte Spannung niemals die Durchbruchspannung erreichen würde. Das Gleiche gilt, wenn die Dämpfung

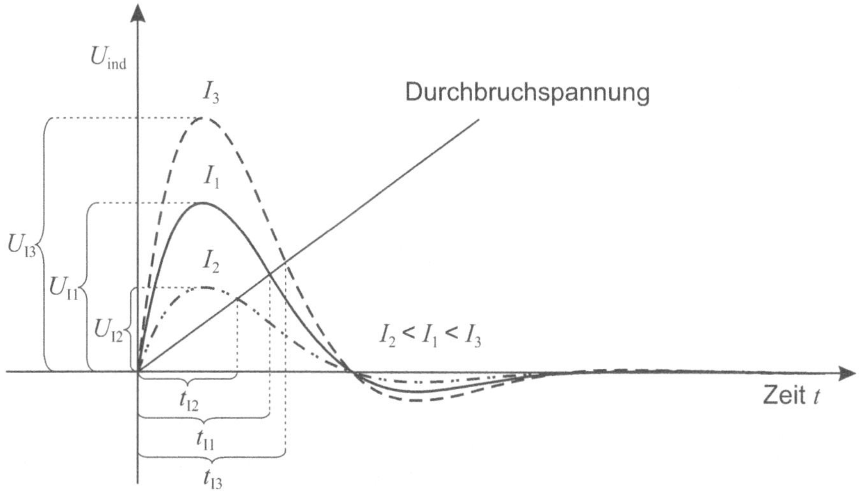

Abb. 6.30 Prinzipielles Abklingverhalten der induzierten Spannung am Kollektor [6.36]

so groß gewählt wird, dass die erste Sinusschwingung komplett unterhalb der Durchbruchspannung verläuft.

Innerhalb eines Spannungstyps ist die Induktivität konstant. Eine Erhöhung des Stroms (I_3) durch steigende Drehmomentbelastung bewirkt dann eine Erhöhung der Schwingungsamplitude. Der Zeitpunkt des ersten Maximums bleibt unverändert. Der Schnittpunkt mit der Geraden wandert nach rechts zum Zeitpunkt t_{I3}. Man erkennt, dass die Einwirkungsdauer des Lichtbogens von t_{I2} über t_{I1} nach t_{I3} mit steigendem Strom zunimmt, allerdings nähert sich die Zunahme asymptotisch einem Grenzwert, nämlich einer halben Periodendauer. Für den betrachteten Anwendungsfall bedeutet dies, dass ab einem gewissen Motorstrom nur noch geringere Veränderungen in der Einwirkungsdauer auftreten. Vereinfacht kann auch ein Verschleißgrad abgeleitet werden, siehe dazu [6.36].

6.4.1.5 Einfluss der Motorauslegung

Eine Leistungssteigerung innerhalb einer Baureihe (Spannungstyp) verkürzt die Standzeit eines Motors. Es stellt sich nun die Frage nach dem Einfluss der Motorauslegung, d. h. Veränderung des Spannungstyps durch andere Wicklungsauslegung. Prinzipiell liegen diesem Kapitel wieder die gleichen Versuchsdaten zu Grunde. Das Hauptaugenmerk liegt im Gegensatz zu den vorangegangenen Auswertungen aber auf dem Vergleich der Baureihen (Spannungstypen) untereinander. Um einen direkten Vergleich herzustellen, werden die vorliegenden Verteilungen nach Belastungsstufen sortiert, Abb. 6.31 bis 6.35. Bei gleichen Belastungshöhen sind auch die aufgenommenen elektrischen Leistungen gleich,

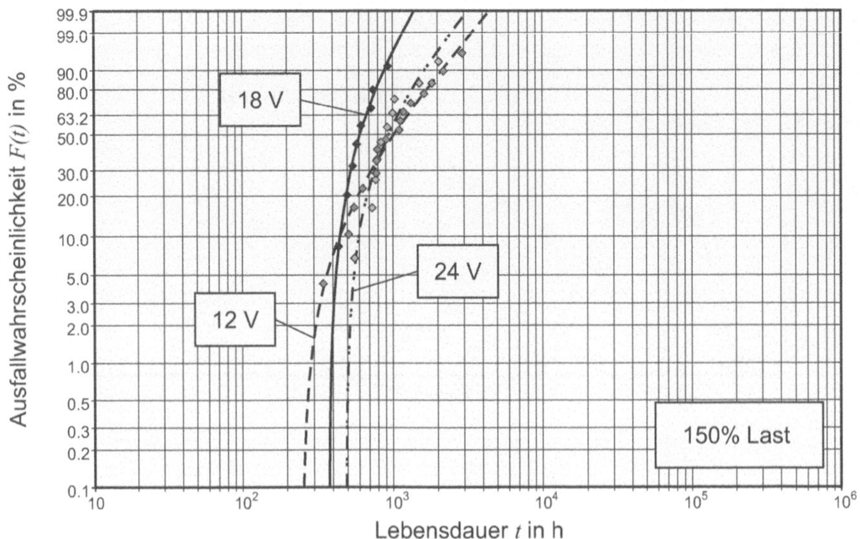

Abb. 6.31 Vergleich unterschiedlicher Nennspannungstypen, Belastung 150% [6.36]

der Vergleich zwischen den unterschiedlichen Spannungstypen und somit Motortypen ist damit zulässig.

Unerwarteterweise zeigen die 18 V-Serien bei allen Belastungsstufen die kürzesten Laufzeiten, während die Lebensdauer der 24 V-Motoren zwischen den beiden anderen liegt. Man sieht aber auch, dass die Schwankungsbreiten hoch sind und beispielsweise bei 125% Belastung kaum eine Unterscheidung möglich ist.

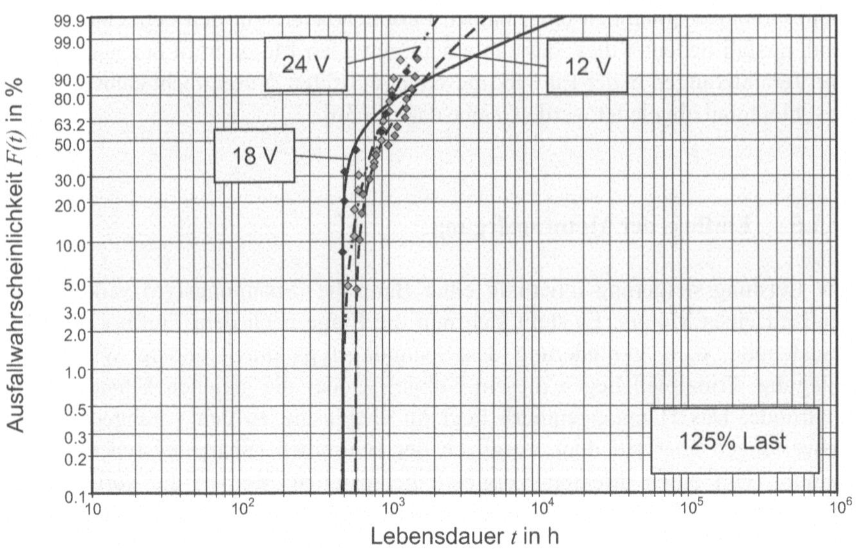

Abb. 6.32 Vergleich unterschiedlicher Nennspannungstypen, Belastung 125% [6.36]

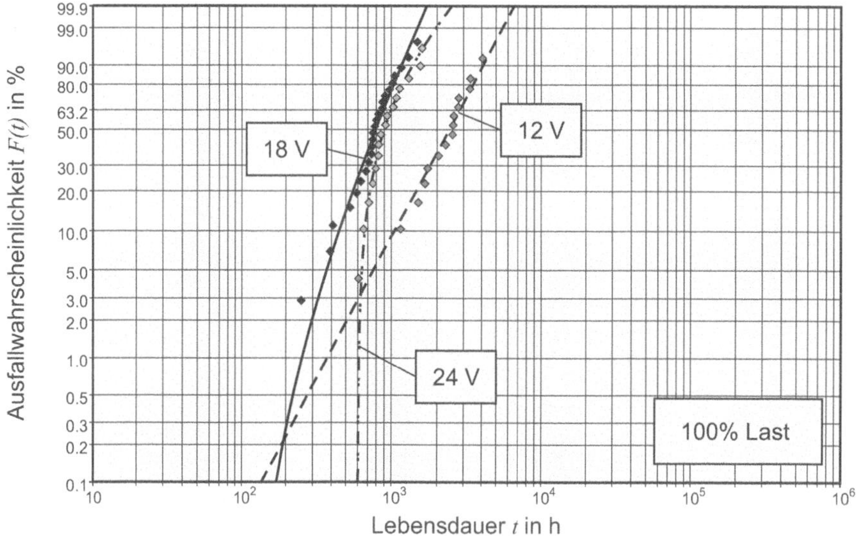

Abb. 6.33 Vergleich unterschiedlicher Nennspannungstypen, Belastung 100% [6.36]

Um das Ergebnis besser nachvollziehen zu können, soll der Sachverhalt in Ergänzung oben beschriebener theoretischer Überlegungen erörtert werden. Für die Motorauslegung ist vor allem die Wicklungsauslegung und dadurch die Induktivität der Wicklung ein wichtiges Unterscheidungsmerkmal der Antriebe. Durch Veränderung der Wicklungseigenschaften werden die Betriebsparameter des Motors wesentlich beeinflusst.

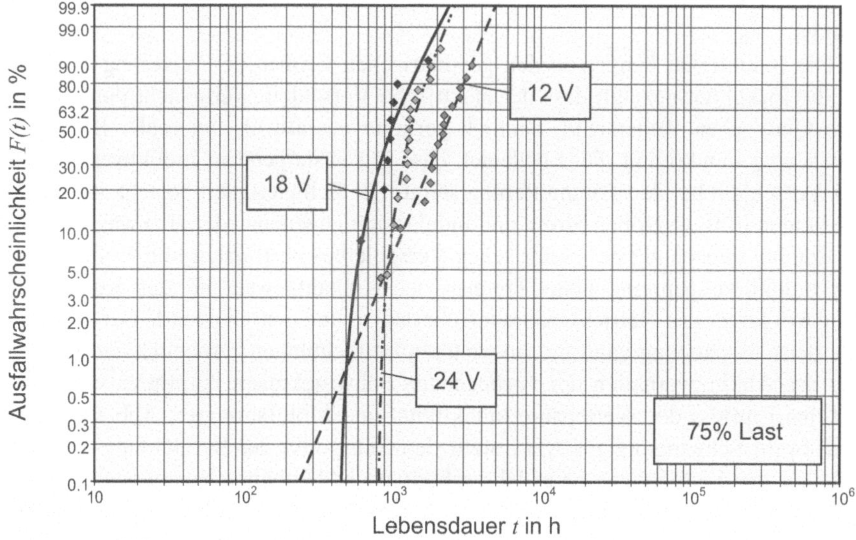

Abb. 6.34 Vergleich unterschiedlicher Nennspannungstypen, Belastung 75% [6.36]

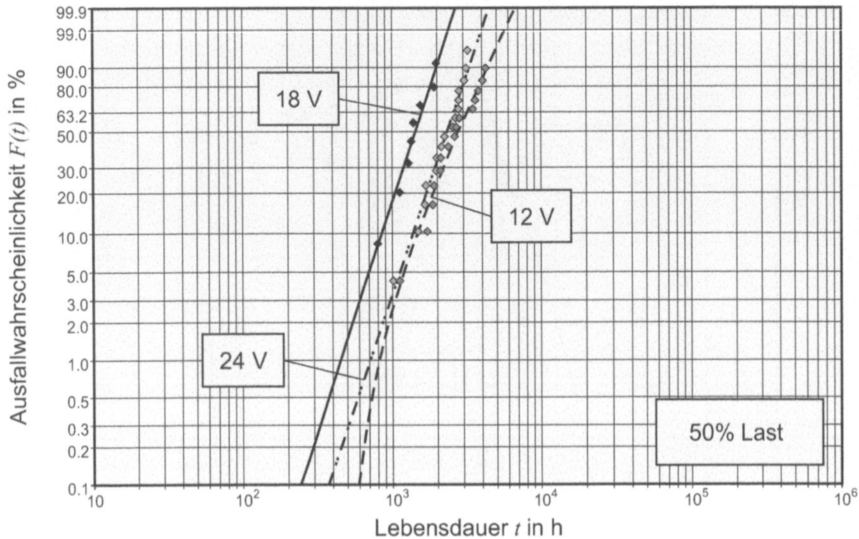

Abb. 6.35 Vergleich unterschiedlicher Nennspannungstypen, Belastung 50% [6.36]

Motoren, die für höhere Nennspannungen ausgelegt werden, besitzen eine höhere Windungszahl und dadurch einen größeren Widerstand. Daher genügt ein geringerer Motorstrom, um das gleiche Moment wie bei einem niedereren Nennspannungstyp zu erzeugen. Die elektrische Leistung bleibt dabei konstant, nur das Verhältnis zwischen Spannung und Strom ändert sich. Mit der Windungszahl nimmt auch die Induktivität der Wicklung zu, vorausgesetzt Länge und Querschnittsfläche bleiben unverändert, wie dies innerhalb einer Motorbaureihe der Fall ist.

Die Induktivität hängt von den geometrischen Größen der Wicklung ab. Eine Studie [6.31] hat gezeigt, dass der elektrische Verschleiß, verursacht durch einen rein Ohm'schen Widerstand, deutlich geringer ausfällt als bei realer Belastung durch eine Induktivität. Dies bedeutet, dass mit ansteigendem induktivem Anteil der Verschleiß bei der Kommutierung steigt. Die Schwierigkeit besteht nun darin, die beiden Einflussgrößen Strom und Induktivität gegeneinander abzuwägen.

Bei der Entstehung des elektrischen Verschleißes an Bürsten und Kollektor ist die Induktionsspannung beim Trennen des Kontakts während des Kommutierungsvorgangs der Betriebsspannung überlagert und entscheidend. Der Einfluss der Betriebsspannung kann für die weiteren Betrachtungen vernachlässigt werden. Für das Abklingverhalten des vorliegenden Schwingkreises kommt es vor allem auf den Einfluss der Wertepaare Induktivität und Motorstrom an, Abb. 6.36. Die gedämpfte Schwingung für I_1, L_1 stellt den Startpunkt der Betrachtung dar. Die Bildung des Lichtbogens beim Überschreiten der Durchbruchspannung ist maßgeblich für den elektrischen Verschleiß. Ändert man die Wicklungsauslegung und damit die Induktivität und passt den Strom dem geänderten Spannungstyp des

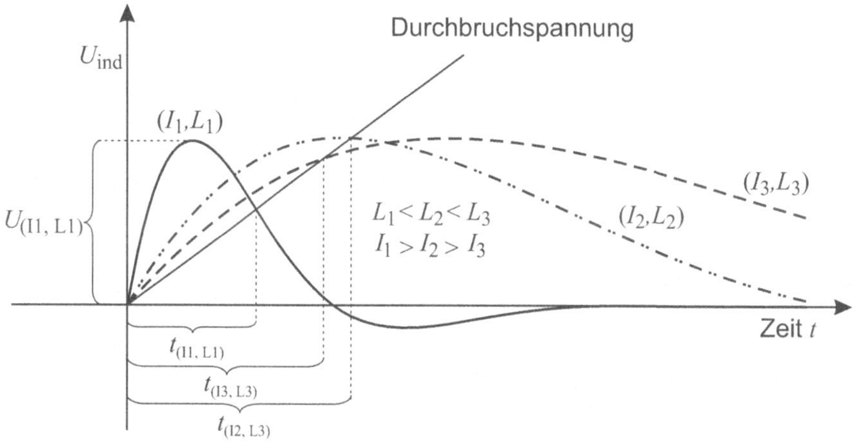

Abb. 6.36 Einfluss der Induktivität auf das Abklingverhalten der induzierten Spannung [6.36]

Motors an (I_2, L_2), erhält man eine Verlängerung der Periodendauer. Eine reine Erhöhung der Induktivität führt sowohl zur Verlängerung der Periodendauer als auch zur Erhöhung des Spannungsmaximums. Da bei einem höheren Spannungstyp und damit höherer Induktivität der Widerstand zu- und gleichzeitig der Strom wegen der höheren Spannung bei gleicher elektrischer Leistung abnimmt, bleibt jedoch die Amplitude der induzierten Spannung $U_{(I,\,L)}$ nahezu konstant.

Die maximale Einwirkungsdauer wird erreicht, wenn die Gerade der Durchbruchspannung den Scheitelpunkt der Amplitude schneidet. Danach nimmt mit steigender Induktivität die Einwirkungsdauer wieder ab ($t_{(I3,\,L3)}$). Für die Einwirkungsdauer über dem Wertepaar von Motorstrom und Induktivität ergibt sich damit qualitativ ein Zusammenhang nach Abb. 6.37. Die Einwirkdauer erreicht je nach Wicklungsdimensionierung und Betriebspunkt ein Maximum, hier wäre der Verschleiß am höchsten und die Lebensdauer am niedrigsten.

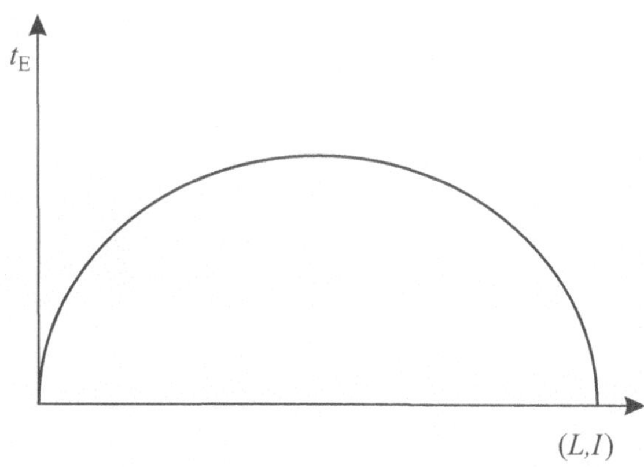

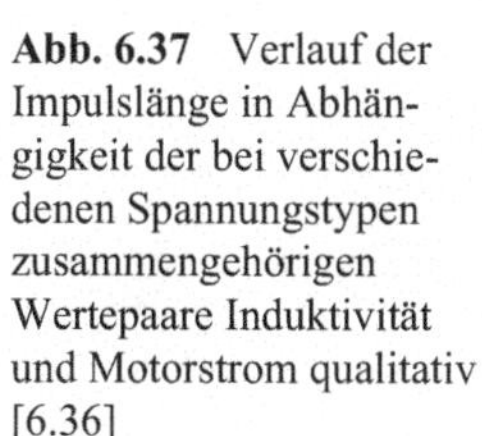
Abb. 6.37 Verlauf der Impulslänge in Abhängigkeit der bei verschiedenen Spannungstypen zusammengehörigen Wertepaare Induktivität und Motorstrom qualitativ [6.36]

Es darf aber nicht vergessen werden, dass neben der Einwirkungsdauer des Lichtbogens auch die Impulshöhe einen wesentlichen Anteil am elektrischen Verschleiß besitzt. Der Verschleiß steigt somit sowohl mit der Einwirkungsdauer als auch mit dem Strom und damit der Belastung, weitere Ausführungen siehe [6.36].

Die Versuche zeigen aber auch, dass neben den hier beschriebenen Einflussgrößen noch weitere, schwer zu erfassende Einflüsse Bedeutung haben. Besonders bei der Kommutierung ist der Einfluss der anliegenden Finger sehr groß, da hier im Extremfall der gesamte Strom über einen Finger fließen kann und damit lokal ein extremer Verschleiß entsteht. Daher spielen der Anpressdruck der einzelnen Finger ebenso eine große Rolle, wie auch beispielsweise Inhomogenitäten im Material, unrunder Lauf und der Abrieb selbst. Alle diese Einflüsse wirken sich auf das Ausfallverhalten aus und erhöhen zusätzlich zum geringen Stichprobenumfang die Unsicherheit der Auswertung.

6.4.2 Motoren mit eisenbehaftetem Läufer und Edelmetallbürsten

Die bisherigen Ergebnisse beziehen sich auf hochwertige, hochdynamische Motoren mit eisenlosen Hohlläufern. Im Gegensatz dazu stehen preiswerte Massenprodukte mit eisenbehafteten Läufern, hier zunächst ebenfalls mit Edelmetallkommutierung. Diese Motoren sind einfacher aufgebaut, Abb. 6.38.

Die eingesetzten Materialien und Abmessungen unterscheiden sich deutlich, so dass z. B. die Kollektordurchmesser bei gleichzeitig geringerer Lamellenzahl ca. um Faktor 2 größer sind. Dadurch ist die Anfälligkeit gegenüber Lamellenschluss geringer. Die Schwachstellen der Systeme, die in der Regel bei deutlich niedrigeren Strömen betrieben werden, liegen daher eher im Bereich der Bürsten. Dabei ist zu beachten, dass bei den hier untersuchten Produkten keine Fettschmierung am Kollektor vorhanden ist.

Die Auswertung der Dauerläufe zeigte zwar einen deutlichen Verschleiß am Kollektor (Abb. 6.39), als Ausfallursache trat jedoch nur Bürstenverschleiß auf. Es

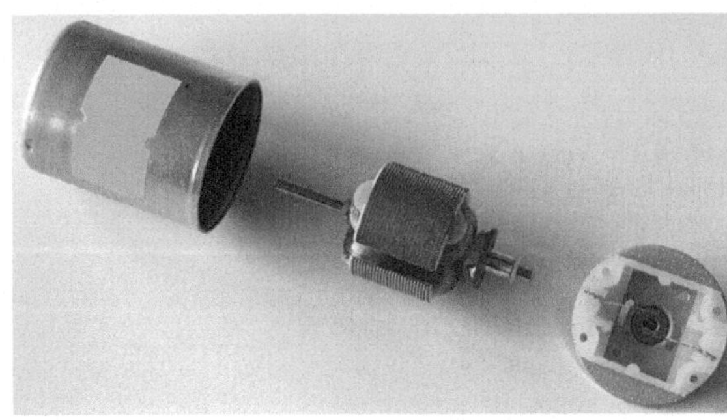

Abb. 6.38 Untersuchter Motor mit eisenbehaftetem Läufer

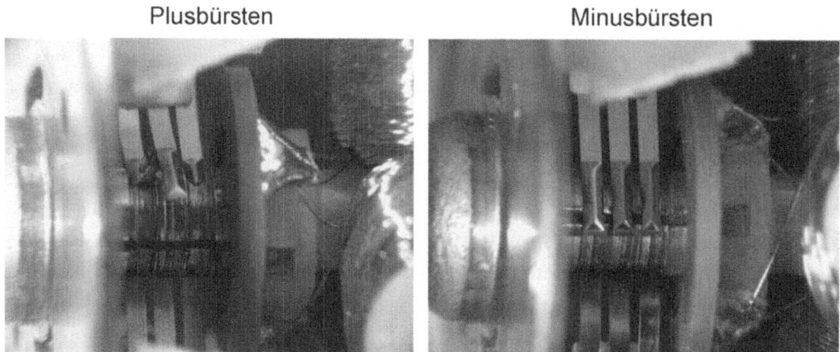

Abb. 6.39 Zustand des Kommutators nach dem Ausfall [6.36]

konnten keine Kurzschlüsse zwischen den einzelnen Lamellen festgestellt werden. Auch hier waren wiederum die Verschleißerscheinungen an den positiven Bürsten dominierend.

Auf Grund des reinen Bürstenverschleißes lässt sich der Ausfallzeitpunkt in Abhängigkeit von der Belastung besser vorhersagen. Nach Erreichen eines bestimmten Verschleißes fallen die Motoren recht schnell aus, Abb. 6.40.

Weitere Ausfallursachen konnten hier nicht verzeichnet werden. Die Widerstände der einzelnen Wicklungen waren nach dem Ausfall unverändert. Auch Lagerschäden waren bei den ohnehin relativ kurzen Laufzeiten der hier untersuchten Motoren nicht erkennbar.

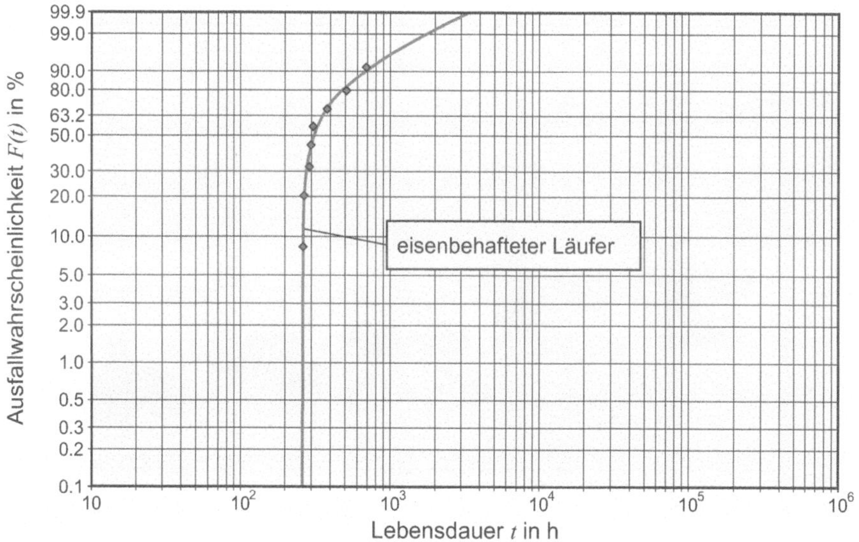

Abb. 6.40 Ausfallverhalten der Motoren mit eisenbehaftetem Läufer [6.36]

6.4.3 Eisenbehaftete Motoren mit Kupfer-Graphit-Kommutierung

Ergänzend wurde in einer Stichprobe das Verschleißverhalten von Kupfer-Graphit-kommutierten Motoren untersucht, Abb. 6.41. Auf umfangreichere Versuche wurde verzichtet, da dessen Verhalten besser erforscht ist [6.5, 6.21, 6.61, 6.66]. Bei dieser Art der Kommutierung kommen typischerweise Bürsten aus Kohle- bzw. Graphitwerkstoffen zum Einsatz. Das Gegenstück bildet ein Kollektor aus Kupfer. Bei dieser Paarung spielen neben den bereits erwähnten Vorgängen noch weitere, zum Teil chemische Effekte eine Rolle. Dabei ist zu beachten, dass sich manche Effekte in der Praxis stark überlagern und dadurch unter Umständen bei der Auswertung die Ausfallursachen nicht immer eindeutig identifizierbar sind. Der Kupferkollektor bildet in sauerstoffhaltiger Umgebung sofort eine Kupferoxidschicht (Patina) auf seiner Oberfläche aus. Diese bedeckt die Lamellen, verhindert Lamellenschluss und sorgt auch für die Schmierung des Kommutators. Der Oxidfilm vermindert zudem den Reibwert und den Bürsten- bzw. Kollektorverschleiß. Ist nicht genügend Luftfeuchtigkeit vorhanden, kann sich keine Oxidschicht ausbilden und der Bürstenverschleiß steigt drastisch.

Bei der Stromübertragung sind verschiedene Mechanismen zu berücksichtigen. Hauptsächlich basiert die Leitfähigkeit des Graphits der Bürsten auf der Defektelektronenleitung. Die elektrische Leitfähigkeit wird durch Lücken im Kationengitter und durch eingelagerte Graphitpartikel ermöglicht. Wenn die Stromdichte in der Patina des Kollektors gewisse Werte übersteigt, kommt es zu einer dauerhaften lokalen Zerstörung des Cu_2O-Gitters. Durch die Oxidschicht hindurch

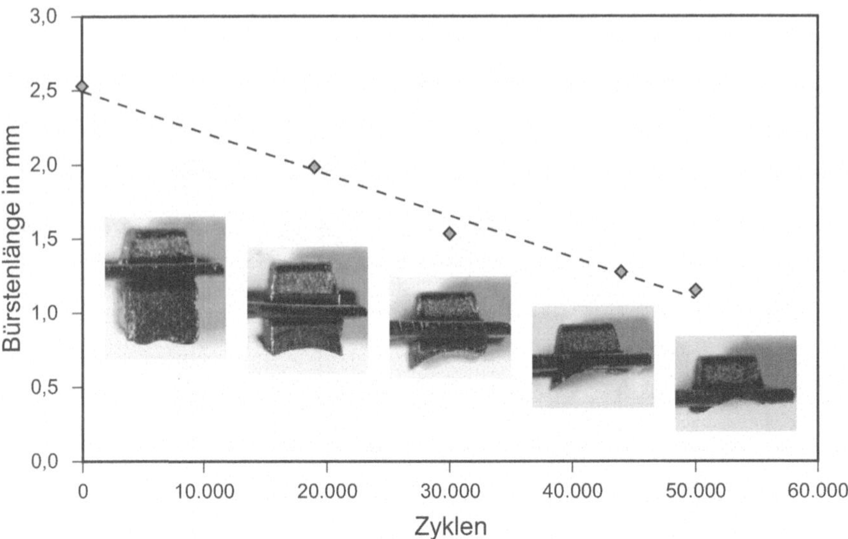

Abb. 6.41 Abnutzung von Graphitbürsten in Abhängigkeit von der Zyklenanzahl [6.36]

bilden sich metallische Brücken, die teilweise die Stromleitung übernehmen. Man spricht dabei auch von Frittung. Zur Beschreibung sei wiederum auf [6.36] verwiesen.

Frühere Untersuchungen haben schon gezeigt, dass sich der Bürstenverschleiß sehr gut durch eine Normalverteilung beschreiben lässt [6.62, 6.66]. Dieses Verhalten weist darauf hin, dass verhältnismäßig konstante Bedingungen bei der Kommutierung vorliegen und somit eine mittlere Verschleißgeschwindigkeit der Bürsten angegeben werden kann.

Im Rahmen der hier dargestellten Dauerversuche wurden acht Motoren reversierend betrieben, nach jeweils zuvor festgelegter Zyklenzahl einzeln aus dem Versuch genommen und danach die verbliebenen Bürstenlängen vermessen, ohne dass ein Ausfall vorlag. Ein Zyklus bestand aus 90 s Rechtslauf, 1 s Pause, 90 s Linkslauf und wieder 1 s Pause bei konstantem Drehmoment. Bei 50.000 Zyklen wurde der Versuch beendet. Die Ergebnisse sind in Abb. 6.41 dargestellt.

Anhand der Verschleißbilder ist zu erkennen, dass die Ausrichtung der Bürsten zum Kollektor leicht außermittig war. Gegen Ende der Dauerläufe wurde der Bürstenträger mit abgetragen, was bereits als Ausfall zu werten wäre. Die Ergebnisse haben die theoretischen Erkenntnisse bestätigt und gezeigt, dass ein nahezu konstanter Verschleiß pro Zeiteinheit vorliegt (gestrichelte Linie).

Es kann auch eine mittlere Verschleißgeschwindigkeit in Abhängigkeit von der jeweiligen Belastung bestimmt und somit über die Bürstenlänge die zu erwartende

Tabelle 6.4 Vergleich unterschiedlicher Kommutierungssysteme

Eigenschaften	Kupfer-Graphit-Kommutator	Edelmetall-Kommutator
Stromleitung	Halbleitung durch Defektelektronen, Frittung (abhängig von Drehzahl und Stromdichte)	metallischer Kontakt
Schmierung	Selbstschmierung durch Patina bei genügend Feuchtigkeit	zusätzliche Schmierstoffe notwendig, nicht regenerativ
Bürstenverschleiß	Kathodenverschleiß dominiert	Anodenverschleiß bei unterkritischer Bürstenabhebung
Kontaktspannnung	Anoden und Kathoden haben einen ähnlichen Spannungsabfall	identische Kontaktspannungen
Kommutierungsbild	wechselnder Übergangswiderstand, unruhiges Kommutierungssignal	sehr ruhiges Kommutierungsbild, konstante Übergangswiderstände
Materialpaarung	unterschiedliche spezifische elektrische und Wärmewiderstände, chemische Reaktion zwischen den Grenzschichten	identische Materialien
Beschreibbarkeit	Verschleiß bei bekannter mittlerer Belastung berechenbar Ausfälle sind normal verteilt	starke Überlagerung verschiedener Einflussgrößen dreiparametrige Weibullverteilung
Ausfallursache	Bürstenverschleiß	überwiegend Lamellenschluss
Einsatzbereiche	hohe Strombelastungen größere Motoren extremer Start-Stopp-Betrieb	kleine Strombelastungen sehr kleine Motoren

Lebensdauer ausgerechnet werden. Auf Grund dieses im Vergleich zu den edelmetallkommutierten Motoren sehr gleichmäßigen Ausfallverhaltens ist die Beschreibung durch eine Normalverteilung möglich. Tabelle 6.4 bietet einen Überblick über die Hauptunterschiede in der Anwendung und im Verschleißverhalten der beiden verschiedenen Kommutierungssysteme.

6.4.4 EC-Motoren

Wie bereits aus der Literaturrecherche hervorgegangen, sind die Lebensdauern von EC-Motoren um ein Vielfaches höher. Durch den Aufbau der Motoren entfällt die Stromzufuhr zum Läufer und somit zu den rotierenden Teilen, so dass abgesehen von den Lagern kein mechanischer Verschleiß auftreten kann.

Die Lagerung der Läuferachse ist bei modernen EC-Kleinmotoren aus mechanischer Sicht damit der einzige begrenzende Faktor für die Lebensdauer. In den meisten Motoren werden Kugellager eingesetzt. Frühere Ergebnisse von Zuverlässigkeitsuntersuchungen an EC-Kleinmotoren [6.42] zeigen, dass je nach Motortyp ca. 80% bis 100% der Ausfälle auf Lagerschäden zurückzuführen sind.

Bei Motoren mit Wälzlagern können die Lebensdauerwerte aus Herstellerkatalogen entnommen werden, nachdem die Belastungen in axialer und radialer Richtung sowie die Temperaturbelastungen bestimmt sind. Typische Anwendungen von EC-Motoren mit Wälzlagern sind beispielsweise Lüfter. Diese Systeme erreichen B_{10}-Werte von 30.000 h bis sogar 60.000 h je nach Temperaturbereich. Frühausfälle durch Fertigungsfehler oder Materialdefekte werden bei besonders hohen Anforderungen durch einen werksseitigen Einlaufvorgang (Burn In) minimiert.

In Kleinantrieben mit sehr hohen Anforderungen wie z. B. Festplattenantrieben werden zunehmend auch fluiddynamische Gleitlagerungen eingesetzt [6.53]. Die Lagerung wird hier durch einen dynamisch erzeugten Flüssigkeitsdruck zwischen den Lageroberflächen realisiert. Solche Systeme haben sehr hohe Lebensdauern, z. B. *MTTF*-Werte bis 10^6 h.

6.4.5 Komplette Antriebssysteme

Alle Dauerversuche an kompletten Antriebssystemen bestehend aus Motor, angeflanschtem Getriebe, Encoder und separater Ansteuerungs- und Regelungselektronik wurden im reversierenden Betrieb mit kurzzeitiger Pause vor der jeweiligen Bewegungsumkehr und jeweils geregelten Bahngeschwindigkeiten in beiden Bewegungsrichtungen gefahren. Diese Betriebsart ist für die edelmetallkommutierten Motoren günstig, so dass Motorausfälle erst recht spät zu erwarten sind. Mit Ausnahme von System 1 wurden dabei alle anderen Systeme mit 100% Belastung, bezogen auf den Bemessungspunkt des Herstellers für die Getriebekomponente, betrieben.

Tabelle 6.5 Ausfallursachen bei den Dauerversuchen von kompletten Antriebssystemen

					Ausfallursache			
	Übersetzung	Stufen	Belastung	Prüflos	Encoder	DC-Motor	Getriebe	Zensur
System 1	28:1	2	50%	8 St.	2 St.	–	6 St.	–
System 2	69:1	3	100%	8 St.	–	–	8 St.	–
System 3	102:1	3	100%	8 St.	2 St.	–	6 St.	–
System 4	152:1	3	100%	8 St.	2 St.	–	5 St.	1 St.
System 5	249:1	4	100%	8 St.	2 St.	–	6 St.	–
System 6	369:1	4	100%	8 St.	3 St.	–	5 St.	–
System 7	546:1	4	100%	8 St.	5 St.	–	3 St.	–

Die Ergebnisse dieser Dauerversuche an kompletten Antriebssystemen werden in Tabelle 6.5 zunächst hinsichtlich der Ausfallursachen analysiert. Abbildung 6.42 zeigt beispielhaft einige Verteilungsfunktionen für diese Komplettsysteme. Die überwiegende Zahl der Ausfälle resultiert aus Getriebeschäden. Auch das elektronische Teilsystem und hierbei ausschließlich das Messsystem zeigt eine relativ hohe Anzahl von Ausfällen, die im Allgemeinen vergleichsweise früh auftraten.

Deutlich wird, dass sowohl zweiparametrige als auch dreiparametrige Weibullverteilungen zu erkennen sind und sich schon bei den wenigen untersuchten kompletten Systemen eine relativ große Spreizung zeigt. Dabei ist zu beachten, dass alle diese Systeme vom Hersteller konfiguriert und mit Ausnahme von System 1 bei 100% Belastung betrieben wurden. Auf eine weitergehende Analyse soll hier verzichtet werden, die Daten werden in Kap. 6.6 nochmals zum Vergleich mit den theoretisch ermittelten Werten herangezogen.

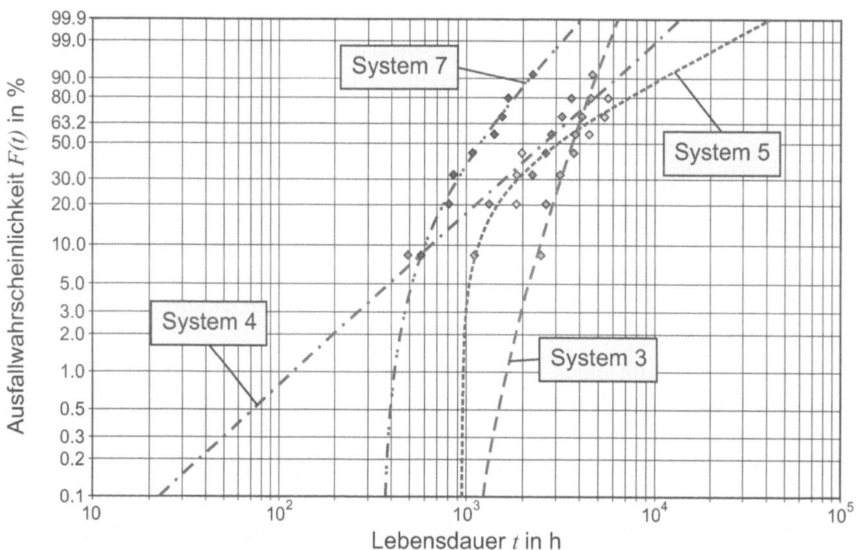

Abb. 6.42 Beispielhafte Auswertung der Systemausfälle des kompletten Antriebssystems

6.4.6 Ermittlung der Verteilungsfunktionen

Neben der Untersuchung der Motoren hinsichtlich der Einflussgrößen auf die Lebensdauer wurden auch die auftretenden Verteilungsfunktionen des Ausfallverhaltens ermittelt. Nachfolgende Ausführungen gelten dabei nur für edelmetallkommutierte Motoren, da nur diese hier umfangreich getestet wurden und dazu hohe Stichprobenumfänge vorliegen. Jeder Versuchskonfiguration liegen mindestens 8, größtenteils 16 Motoren zu Grunde. Nur einige wenige Motoren wurden vor dem Ausfall aus Zeitgründen vom Prüfstand genommen. Diese nicht ausgefallenen Prüflinge wurden bei der Auswertung im Gesamtstichprobenumfang entsprechend berücksichtigt. Die Auswertung der Versuchsreihen soll hier nur knapp beschrieben werden, eine umfassende Darstellung enthält [6.36].

Für die verschiedenen Belastungsniveaus wurden mit Hilfe der so genannten Kaplan-Meier-Schätzer [6.13, 6.24] die Überlebensfunktionen der verschiedenen Belastungsniveaus aufgezeichnet. Siehe dazu die Ausführungen in Kap. 4.1.2. Es hat sich gezeigt, dass das Ausfallverhalten auf jedem Belastungsniveau für sich alleine gut durch eine Weibullverteilung angenähert werden kann. Die Parameter der Weibullverteilung lassen sich dabei z. B. durch die Maximum-Likelihood-Methode schätzen. Die Gegenhypothese, dass eine Exponential-Verteilung vorliegt, konnte mit Hilfe eines Likelihood-Quotienten-Tests gegen eine Weibullverteilung ausgeschlossen werden. Die Annahme einer Normalverteilung ist in diesem Fall ebenfalls wenig sinnvoll, da bei einer Normalverteilung mit aus der Stichprobe geschätzten Parametern die Wahrscheinlichkeit negativer Ausfallzeiten nicht vernachlässigbar ist und somit keine vernünftige Beschreibung ergibt [6.22].

Da nur relativ wenige Beobachtungen pro Belastungsniveau vorliegen, kann jedoch nicht generell entschieden werden, ob eine zwei- oder dreiparametrige Weibullverteilung besser geeignet ist. Aus rein theoretischen Gesichtspunkten scheint die Verwendung der dreiparametrigen Weibullverteilung naheliegend. Gerade bei der hier dominierenden Ausfallursache Lamellenschluss dauert es eine gewisse Zeit, bis genügend Abrieb vorhanden ist, um den Lamellenschluss hervorzurufen. Zudem kann davon ausgegangen werden, dass zu Beginn der Versuche der Fettpfropf zur Schmierung des Kommutators einen Teil des Abriebs aufnimmt und bindet, bis sich später Abrieb in den Lamellenzwischenräumen anlagert. Auf Grund dieser Verhaltensweise ist das Vorhandensein einer ausfallfreien Zeit sehr wahrscheinlich. Aber nicht bei allen Reihen konnte eine ausfallfreie Zeit nachgewiesen werden, so dass auch zweiparametrige Weibullverteilungen entstanden.

Abbildung 6.43 gibt einen Überblick über die ermittelten Formparameter der zwei- oder dreiparametrigen Weibullverteilungen für alle Versuche mit edelmetallkommutierten Hohlläufermotoren. Die Formparameter der zweiparametrigen Weibullverteilungen sind heller dargestellt. Trotz dieser Einschränkung auf eine ganz definierte Motorbauform ist der Schwankungsbereich sehr groß. Für eisenbehaftete Motoren mit Edelmetallkommutierung wurde nur ein Los getestet, vergleiche Abb. 6.40. Hier lag der Formparameter der dreiparametrigen Verteilung bei $b = 0{,}55$. Motoren mit Kupfer-Graphit-Kommutierung wurden nicht selbst bis zum Ausfall getestet, in der Literatur wird hierfür die Normalverteilung benannt.

In Abb. 6.44 und Abb. 6.45 werden die ermittelten ausfallfreien Zeiten der dreiparametrigen Weibullverteilungen gegenübergestellt. Abbildung 6.44 zeigt die ausfallfreien Zeiten t_0, Abb. 6.45 stellt hingegen die so genannten f_{tB}-Faktoren dar:

$$f_{tB} = \frac{t_0}{B_{10}} . \tag{6.3}$$

Der f_{tB}-Faktor ist definiert als der Quotient aus der ausfallfreien Zeit t_0 bezogen auf das B_{10}-Quantil. Durch diese Umrechnung lassen sich nach [6.4] die Werte wesentlich besser vergleichen. Das B_{10}-Quantil wurde hierbei als Bezug gewählt, da es sich bei der zwei- oder dreiparametrigen Weibullverteilung nicht nennenswert unterscheidet und im Anfangsbereich der auftretenden Ausfälle liegt.

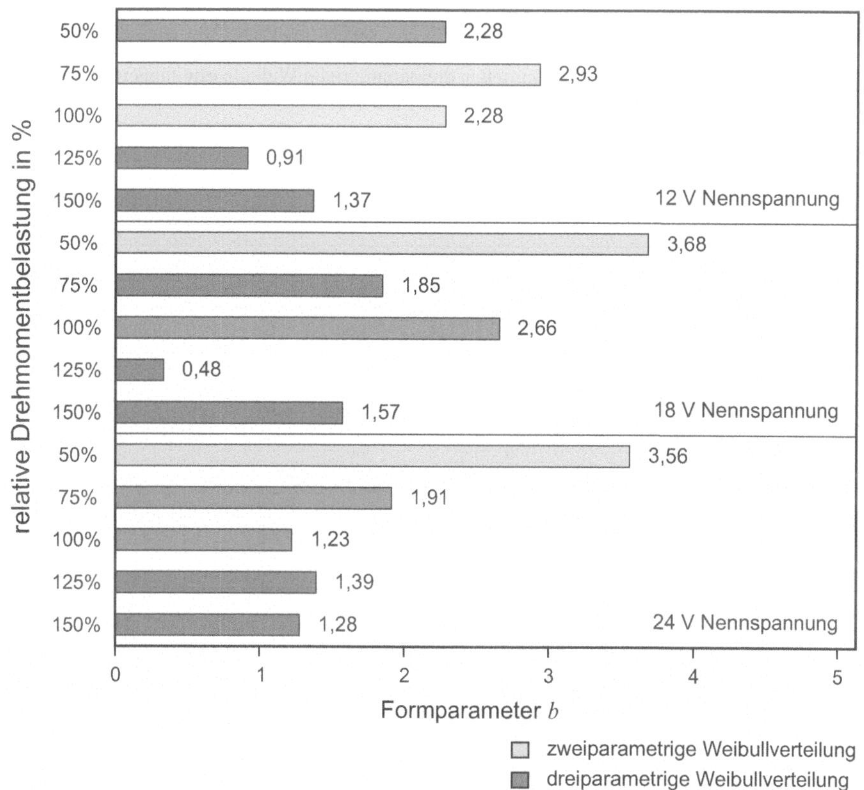

Abb. 6.43 Medianwerte der Formparameter b der ermittelten zwei- und dreiparametrigen Weibullverteilungen bei edelmetallkommutierten Hohlläufermotoren [6.36]

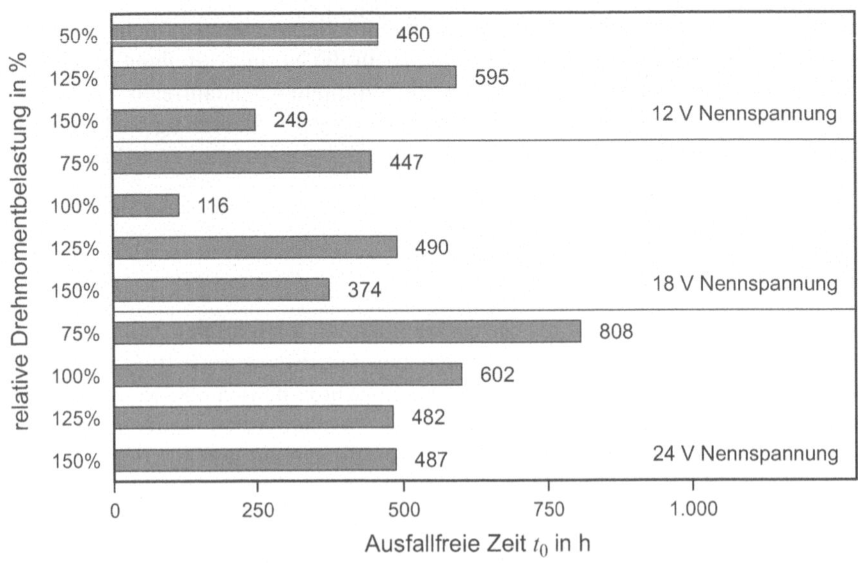

Abb. 6.44 Ausfallfreie Zeit t_0 der ermittelten dreiparametrigen Weibullverteilungen bei edelmetallkommutierten Hohlläufermotoren

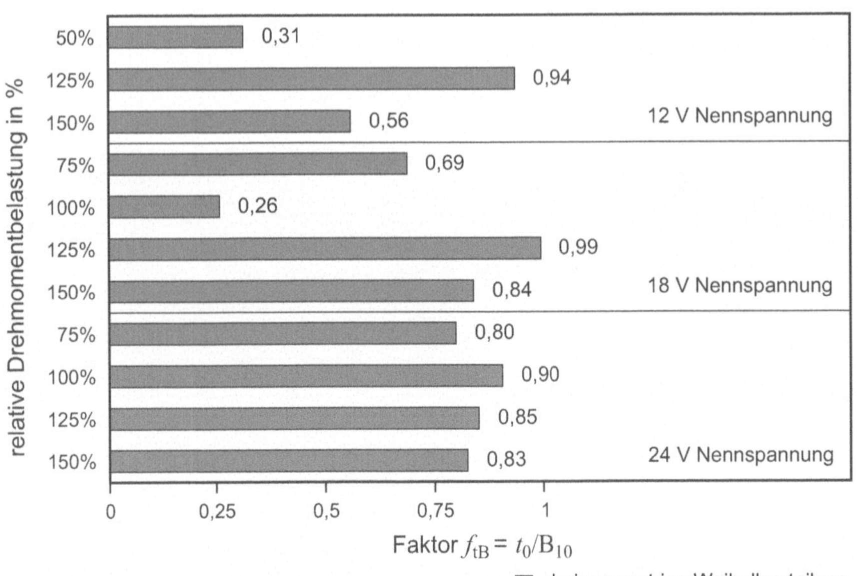

Abb. 6.45 Faktor f_{tB} der ermittelten dreiparametrigen Weibullverteilungen bei edelmetallkommutierten Hohlläufermotoren

6.5 Ergebnisse der Dauerversuche an Getrieben

Das folgende Kapitel beschreibt zunächst das Vorgehen bei der Auswertung von Getriebedauerlaufdaten. Im Anschluss daran werden zusammengefasst die daraus resultierenden Ergebnisse und Erkenntnisse dargestellt. Die Zielstellung war, Zusammenhänge zwischen den Belastungsparametern und den daraus resultierenden Laufzeiten aufzufinden. Die dabei gewonnenen Daten sollen letztlich als Grundlage dienen, um Aussagen in frühen Entwicklungsphasen ableiten zu können. Weitere Auswertungen dazu enthält [6.3].

Der in Tabelle 6.2 in Kap. 6.3.2.2 aufgezeigte Versuchsplan enthält im Wesentlichen Versuche mit Planetenradgetrieben mit POM-Planetenrädern mit einem Modul von 0,4 mm im Konstantbetrieb. Nur deren Ergebnisse seien nachfolgend diskutiert. Konstantbetrieb stellt dabei eine höhere Belastung als reversierender Betrieb dar. Die Belastung eines Planetenzahnes ist zwar stets wechselnd. Greift die linke Flanke im Sonnenrad ein, so greift die rechte Flanke im Hohlrad ein. Im reversierenden Betrieb ergibt sich aber eine bessere Schmierung.

6.5.1 Ausfallursachen

Von den bereits in Kap. 6.1.2.2 genannten Versagensarten von Kunststoffzahnrädern konnten an den POM-Planetenrädern mit kleinem Modul Flankenverschleiß, Zahnfußbruch, Verschleiß an den Lagerbohrungen der Planeten und in Einzelfällen Planetenbruch (vollständiges Zerbrechen des Planetenrades) detektiert werden, Abb. 6.46. Die weiteren Getriebekomponenten, wie Sonnenrad, Hohlrad, Planetenträger oder andere Lager, führten nicht zum Ausfall.

Zahnfußbruch resultiert aus einer Überbelastung des Zahnes innerhalb der Getriebestufe. Beim Erreichen der ertragbaren Lastspielzahl bei der wirkenden Linienlast bricht ein Zahn des Planeten infolge Ermüdung des Materials im Kerbgrund des Zahnes. Dies ist ein Ausfall. Wegen der weiteren Planeten in der gleichen Stufe wird er u. U. nicht unmittelbar bemerkt. Je nach Verbleib des abgebrochenen Zahnes innerhalb seiner Stufe kann das Getriebe zumindest zeitweise noch funktionieren. Dies ist z. B. der Fall, wenn der Zahn sich in einer Fetttraube auf dem Träger bindet. Verbleibt er im Hohlrad in einer Zahnlücke, so wird das Getriebe beim nächsten Eingriff versagen bzw. einen Totalausfall zeigen.

Flankenverschleiß setzt nach Verminderung der Schmierung an den Reibpartnern ein. Durch die daraus resultierende höhere Reibung erfolgt ein Materialabtrag an den Zahnradflanken der Planeten. Dies wurde besonders an der Materialpaarung Stahl/POM beobachtet. Hier gräbt sich der Stahlzahn in die POM-Flanke regelrecht hinein. Dieser Vorgang dauert so lange an, bis kein Eingriff mehr möglich ist, d. h. keine Kraftübertragung erfolgt oder der verbleibende Restzahn der Belastung nicht mehr standhalten kann und bricht. Ein Zahnbruch als Folge des Flankenverschleißes wird hier dem Versagensfall Flankenverschleiß zugeordnet.

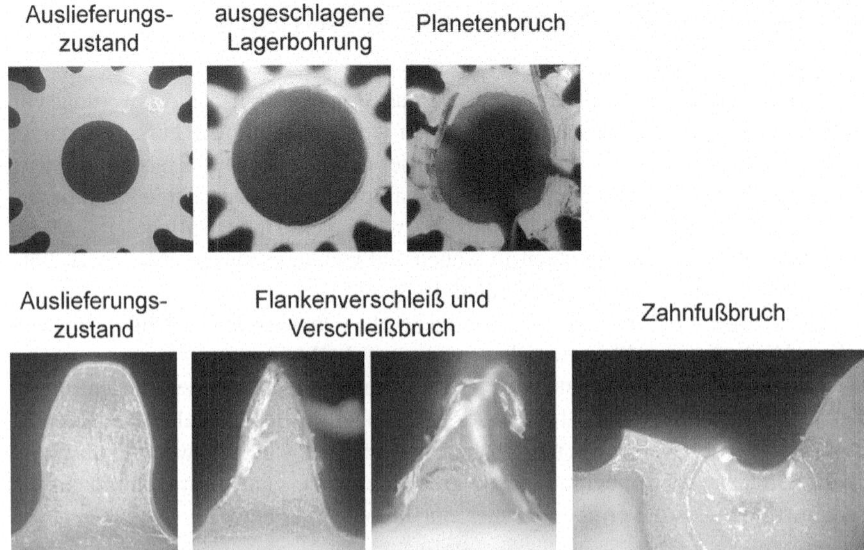

Abb. 6.46 Aufgetretene Versagensarten an den Planetenrädern [6.3]

In Einzelfällen war die Versagensursache ein Planetenbruch. Hierbei wurde die Lagerbohrung des Planeten in der Abtriebsstufe so weit verschlissen, dass die verbleibende Materialstärke zwischen Fußkreisdurchmesser und Lagerbohrung nicht mehr in der Lage war, der Belastung standzuhalten und zerbrach. Die Bruchstücke blockierten den Umlauf und führen dann zum Totalausfall. Diese Versagensart wurde nur bei sehr hohen Belastungen (125% des angegebenen Nennmomentes) bei einer Stufenübersetzung von 3,7:1 beobachtet. Die hier eingesetzten Planeten besitzen aufgrund des geringen Abstandes zwischen Sonnenrad und Hohlrad eine wesentlich geringere Wandstärke zwischen Lagerbohrung und Fußkreisdurchmesser als die Planeten der 6,8:1 Stufenübersetzung.

Die Ausfallursachen schlüsselt Abb. 6.47 beispielhaft für ein Getriebe mit einer Übersetzung 51:1 mit POM/Stahl-Paarung bei 100% Belastung und einem Prüflos von 16 Stück auf. Die Versagensursache Planetenbruch taucht hier nicht auf. Da diese Versagensursache generell nur sehr vereinzelt bei sehr hohen Belastungen zu sehen war, soll im Folgenden diese Schadensart nicht weiter untersucht werden.

Die Auswertung dieser beiden Versagensarten der 51:1 Getriebe nach Weibull zeigt Abb. 6.48 beispielhaft für 100% Belastung. Darin sind je eine Verteilung für jede Versagensart und die daraus resultierende Systemkurve des Seriensystems eingetragen. Bei den zeitlich ersten Ausfällen handelt es sich um reinen Zahnfußbruch. Erreichen Getriebe höhere Lebensdauern, fallen diese meist durch Zahnflankenverschleiß aus. Im Vergleich dazu tritt bei einer Belastung von 50% bei derselben Übersetzung lediglich Zahnflankenverschleiß und bei einer Belastung von 125% ausschließlich Zahnfußbruch auf. Das heißt, die wirkende Belastung am Abtrieb entscheidet, welche Versagensart das Getriebe zum Ausfall zwingt.

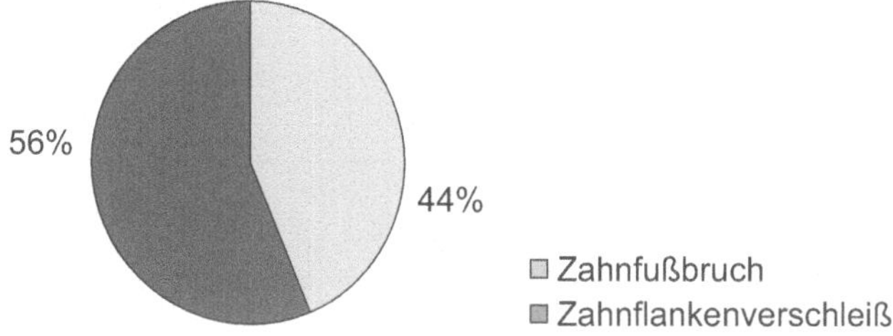

Abb. 6.47 Aufschlüsselung der Versagensarten des 51:1 Getriebes bei 100% Belastung [6.3]

Um zu klären, inwieweit eine nach den Versagensarten aufgeschlüsselte Auswertung nötig ist, soll nochmals dieses Beispiel herangezogen werden. Abbildung 6.49 zeigt einen Vergleich zwischen einer undifferenzierten Gesamtauswertung aller Ausfälle und der seriellen Systemkurve nach Abb. 6.48, ermittelt aus den separaten Weibullverteilungen für Zahnfußbruch und Zahnflankenverschleiß. Hierfür lag ein Prüflos von 16 Getrieben vor. Der auftretende Unterschied ist eigentlich vernachlässigbar. In nachfolgenden Auswertungen werden die verschiedenen Ausfallursachen deshalb, falls vorhanden, zwar getrennt aufgeführt, für die Ermittlung der Verteilungsparameter kommen aber nur die Gesamtbetrachtungen zur Anwendung. Es werden keine getrennten Verteilungen für jede Ausfallursache generiert, da angesichts des Standardprüfumfanges von nur acht Getrieben die Losgrößen für die getrennte Auswertung viel zu klein würden.

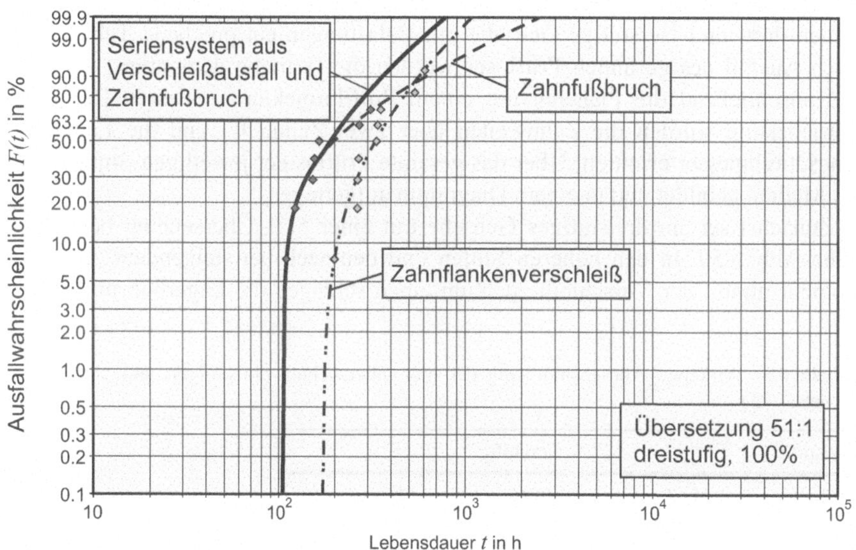

Abb. 6.48 Weibullverteilungen der Versagensarten Zahnfußbruch und Zahnflankenverschleiß der 51:1 Getriebe bei 100% Belastung [6.3]

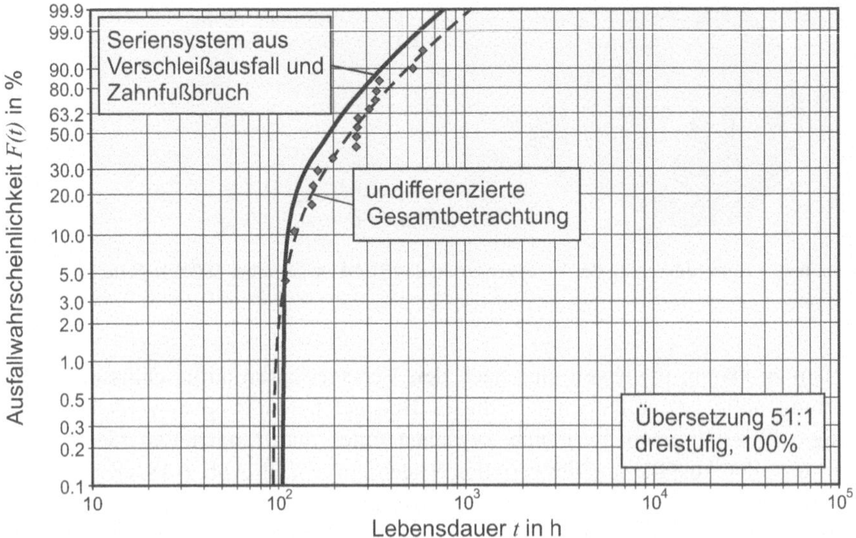

Abb. 6.49 Auswertung eines Dauerlaufversuches als Seriensystem der unterschiedlichen Versagensursachen oder als undifferenzierte Gesamtbetrachtung [6.3]

6.5.2 Planetenradverschleiß in den einzelnen Getriebestufen

Zunächst soll das Verschleißverhalten der Planetenräder untersucht werden. Dies betrifft den Zahnflankenverschleiß und den Verschleiß der Planetenbohrung. Dazu dienen drei- und vierstufige Getriebe mit Belastungen entsprechend Tabelle 6.6. Nach Ausfall des gesamten Prüfloses wurden die Getriebe demontiert, gereinigt und anschließend die Planeten mit einem Profilprojektor vermessen [6.3]. Pro Getriebestufe wurden die Zahnweiten über zwei Zähne W_2 und die Lagerbohrungsdurchmesser ermittelt. Über das gesamte Prüflos der jeweiligen Stufe wurde der Median gebildet und in einem Diagramm aufgetragen.

Zunächst sei ein dreistufiges Getriebe mit einer 51:1 Übersetzung betrachtet, siehe Abb. 6.50. In den höheren Stufen und demnach bei steigendem Abtriebsmoment nimmt der Verschleiß zu. Zum einen schlagen die Lagerbohrungen aus,

Tabelle 6.6 Wirkende Abtriebsmomente der hier untersuchten dreistufigen und vierstufigen Getriebe [6.3]

dreistufig		vierstufig	
Stufe	$M_{Abtrieb}$	Stufe	$M_{Abtrieb}$
3	600 mNm	4	700 mNm
2	182 mNm	3	212 mNm
1	55 mNm	2	64 mNm
		1	19 mNm

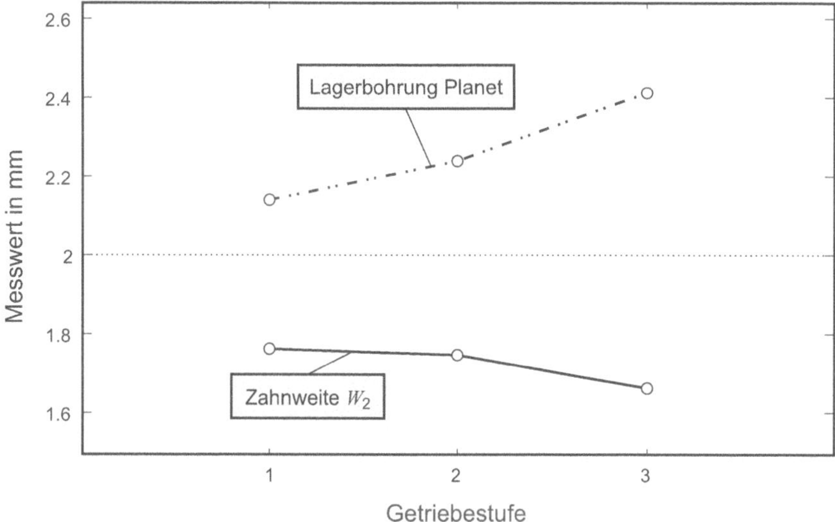

Abb. 6.50 Vermessungsmedianwerte eines dreistufigen 51:1 Getriebes [6.3]

zum anderen wächst der Zahnflankenverschleiß und die Zahnweite nimmt somit ab. Durch die Umfangskraft treten Reibkräfte auf, die den Materialabtrag und damit den Verschleiß bewirken. Abbildung 6.51 veranschaulicht den steigenden Verschleiß beispielhaft, die realen Geometriedaten enthält [6.3].

Ein leicht abgewandeltes Verschleißbild zeigte sich bei einem vierstufigen Getriebe gleicher Baureihe, hier mit einer 189:1 Übersetzung. Beide Getriebe weisen Stufenübersetzungen von 3,7:1 auf und wurden bei 100% Nennlast betrieben.

Abbildung 6.52 zeigt die Messwerte für das vierstufige Getriebe. Während in den ersten beiden Stufen kein nennenswerter Unterschied in den beiden betrachteten Maßen von Stufe zu Stufe auftrat, nimmt der Lagerbohrungsdurchmesser zu Stufe drei hin sprungartig zu und bleibt bei Stufe vier nahezu konstant. Die Zahnweite über zwei Zähne nimmt erst in der Abtriebsstufe merklich ab. Abbildung 6.53 zeigt Fotos dazu.

Werden die Werte aus Tabelle 6.6 näher betrachtet, lässt sich aufgrund der wirkenden Momente dieses Abknicken bei dem vierstufigen Getriebe erklären. Unterhalb eines Abtriebsmomentes von 64 mNm ist in den untersuchten Laufzeiten nahezu kein Verschleiß aufgetreten. Ab diesem Wert findet ein Verschleiß der Lagerbohrung statt. Eine merkliche Zahnweitenabnahme wird erst ab einem

Abb. 6.51 Beispielhafte Planetenbilder aus den Stufen eines dreistufigen 51:1 Getriebes [6.3]

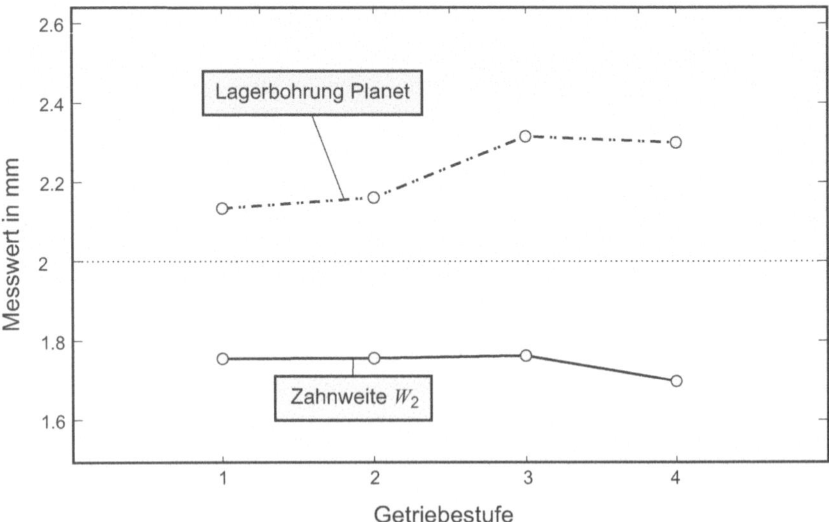

Abb. 6.52 Vermessungsmedianwerte eines vierstufigen 189:1 Getriebes [6.3]

Abtriebsmoment von 212 mNm ermittelt. Vergleicht man die Abtriebsstufen beider Getriebe miteinander und setzt dies bis zur Abtriebsstufe fort, so ist zu erkennen, dass in den jeweils betrachteten Stufen ähnliche Belastungen vorliegen. Lediglich die Stufe 1 des vierstufigen Getriebes bildet hierbei die Ausnahme, da hierfür kein Vergleich vorhanden ist. Der ähnliche Verlauf der vierstufigen Getriebeauswertung (ab Stufe 2) zu dem des dreistufigen Getriebes lässt sich somit erklären. Der Sprung zwischen Stufe 2 und Stufe 3 des vierstufigen Getriebes fällt nur deshalb ins Auge, da es zwischen der ersten und der zweiten Stufe aufgrund der minimal wirkenden Kräfte nahezu kein unterschiedliches Verschleißverhalten gibt.

Für die Ausfallbetrachtungen kann hier geschlussfolgert werden, dass es ausreichend ist, nur die letzte Stufe zur Betrachtung heranzuziehen, da hier die Ausfälle auftreten. Aus den anderen Stufen können evtl. Folgerungen für den Verschleißablauf ermittelt werden, allerdings handelt es sich hierbei generell um noch intakte Stufen.

Um einen Einblick in den Verschleißverlauf am Getriebeplaneten in der Abtriebsstufe zu erhalten, wurde ein Los von 12 Prüflingen unter gleichen Bedingungen bei einer Belastung von 100% getestet. Jeweils zwei noch intakte Prüflinge wurden zu festgelegten Zeitpunkten aus dem Versuch genommen. Abbildung 6.54

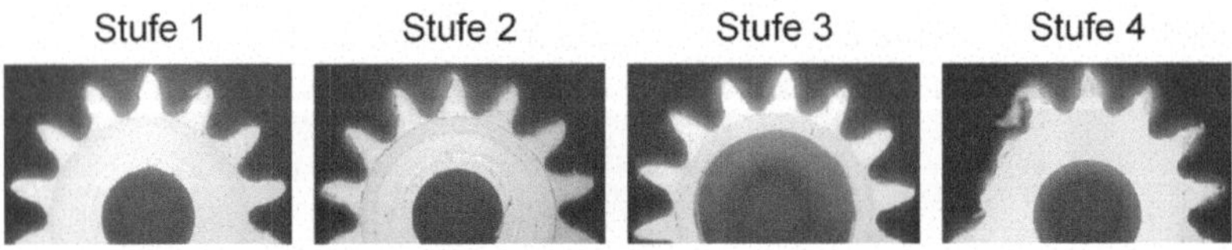

Abb. 6.53 Beispielhafte Planetenbilder aus den Stufen eines vierstufigen 189:1 Getriebes [6.3]

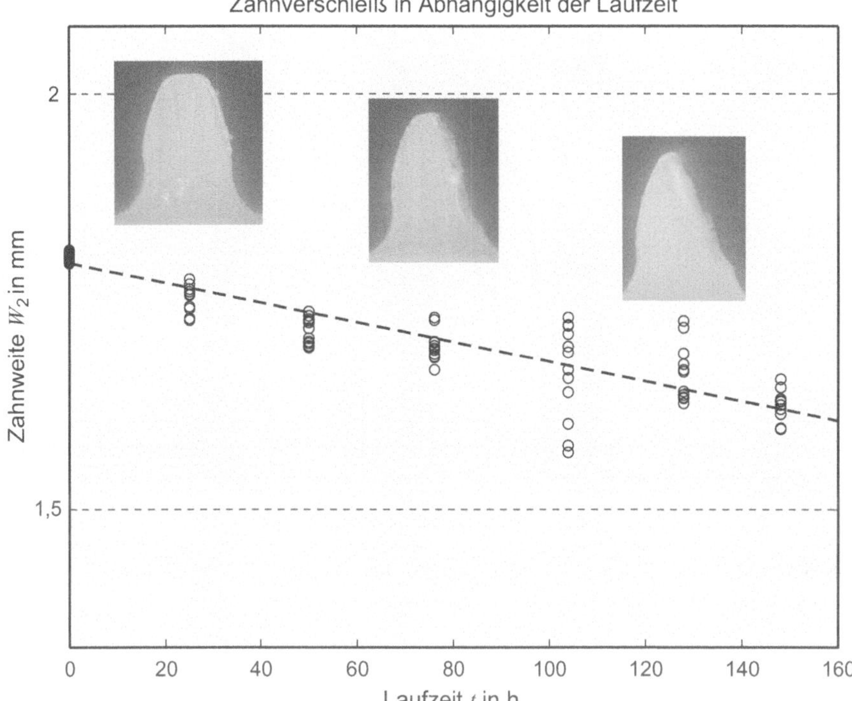

Abb. 6.54 Verschleißablauf der Abtriebsstufe eines 51:1 Getriebes bei 100% Belastung [6.3]

zeigt die Ergebnisse einschließlich einiger ausgewählter Verschleißbilder dazu. Dabei wurden im Gegensatz zu den anderen Darstellungen in den Abb. 6.50 bzw. 6.52 nicht die Medianwerte aus den Messungen eingetragen, sondern alle Messwerte aus den jeweils nur zwei Getrieben je Laufzeit dargestellt.

6.5.3 *Einfluss der Belastung bei gleichen Getrieben*

An dieser Stelle soll der Zusammenhang zwischen der Getriebebelastung und Lebensdauer diskutiert werden. Die Grundlage dieser Untersuchung bilden zwei unterschiedliche Stufenübersetzungen, die jeweils in drei verschiedenen Getriebebauformen getestet wurden (zweistufig, dreistufig und vierstufig). Das Prüflos betrug zwischen 8 und 16 Getrieben im Dauerbetrieb mit konstanter Drehrichtung. Eine 100%ige abtriebsseitige Getriebebelastung entspricht hierbei der Nennlast laut Hersteller. Andere Belastungen wurden auf diese bezogen. Proportional zum eingestellten Abtriebsmoment ergeben sich entsprechende Linienlasten an den Flanken der Planetenräder. Auf die Darstellung der konkreten Kräfte und auch der Geometrien wird hier verzichtet. Da es sich stets um die gleichen Getriebe handelt, verändern sich die Umfangskräfte proportional zum Lastmoment.

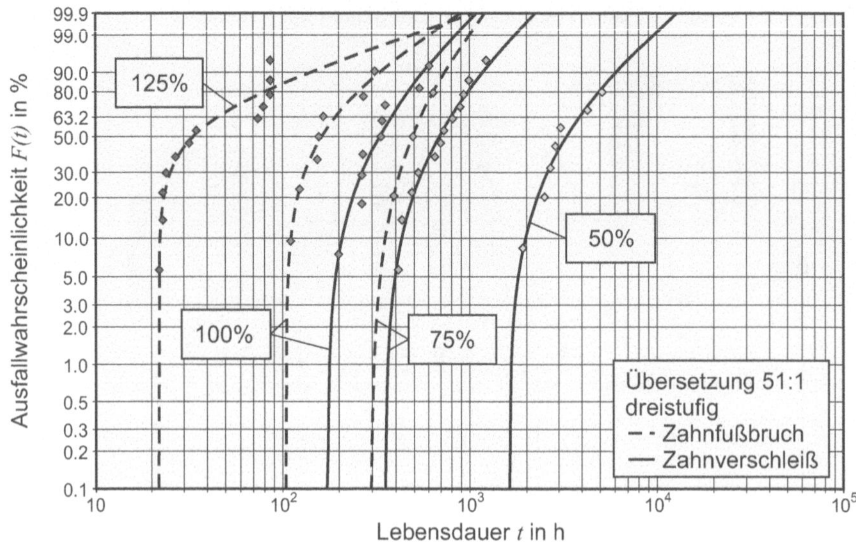

Abb. 6.55 Ausfallverteilungen der 51:1 Getriebe bei verschiedenen Belastungen, Materialpaarung POM/Stahl (50% Kurve zensiert, wegen sehr langer Laufzeiten)[6.3]

Meistens war der Ausfall durch eine Blockade in der Abtriebsstufe erkennbar. Ursache hierfür konnte Verschleiß der Zahnflanken der Planeten, Zahnfußbruch am Planeten oder Zerbrechen des Planeten (Planetenbruch, nur in Einzelfällen aufgetreten) sein. Dies wurde durch eine nachfolgende Demontage ermittelt. Die aufbereiteten Ergebnisse werden in Abb. 6.55 beispielhaft an dreistufigen 51:1 Getrieben mit einer Zahnradpaarung POM/Stahl und einer Stufenübersetzung von 3,7:1 dargestellt. Aus den ermittelten Ausfalldaten wurden die zugehörigen Ausfallverteilungen generiert. Hier entstanden zunächst nur dreiparametrige Weibullverteilungen. Es ist eindeutig zu erkennen, dass sich mit zunehmender Belastung am Getriebeabtrieb die Laufzeiten der Getriebe deutlich verkürzen und die Verteilungen steiler verlaufen.

Die Auswertungen der anderen Getriebebauformen bestätigen diese Beobachtung. Abbildung 6.56 zeigt zusammenfassend die Spannweiten der ermittelten Laufzeiten/Lebensdauern jeweils pro Getriebeübersetzung in Abhängigkeit der Belastung. Generell ist hierbei zu beachten, dass mit sinkender Belastung die Lebensdauer der getesteten Getriebe ansteigt.

Die Ausfälle sollen am Beispiel der Stufenübersetzung von 3,7:1 an den ermittelten Messwerten der Abtriebsstufen weiter untersucht werden. In Abb. 6.57 sind von allen Abtrieben mit 3,7:1 Stufenübersetzung die Vermessungsergebnisse der Lagerbohrung und der Zahnweite gegenüber dem wirkenden Abtriebsmoment aufgetragen. Im weiß hinterlegten Diagrammteil wurde nur die Versagensart Zahnflankenverschleiß bzw. dadurch auftretender Verschleißbruch der Zähne ermittelt. In den Messpunkten korreliert dies mit minimalen Zahnweitenmaßen

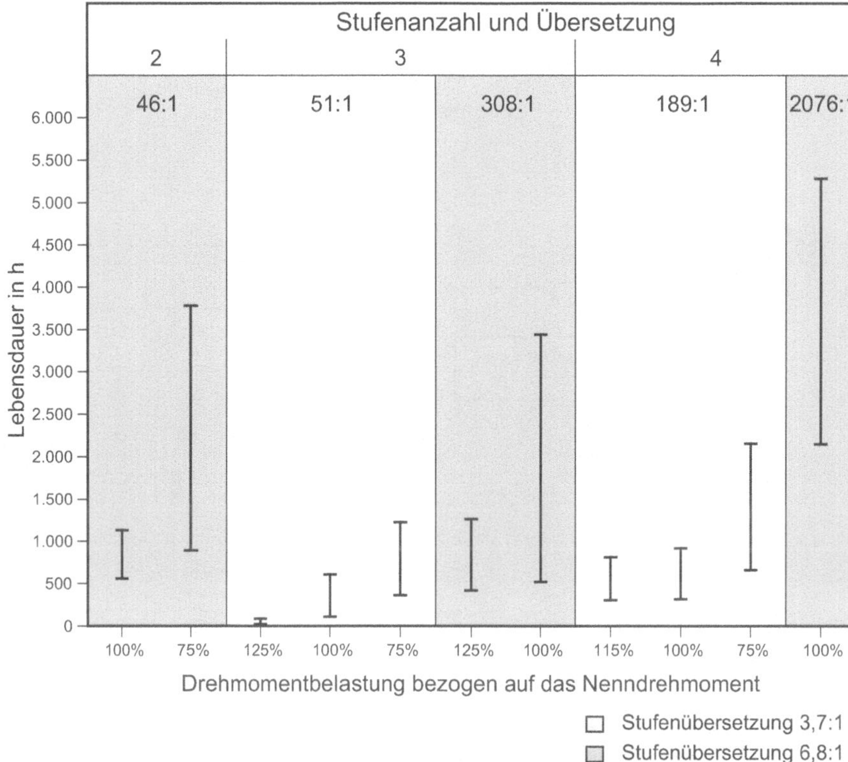

Abb. 6.56 Spannweiten der Lebensdauern in Abhängigkeit der wirkenden Belastungen [6.3]

und am meisten verschlissenen Lagerbohrungsdurchmessern. Im Bereich höchster Belastung, der hellgrau unterlegt ist, zeigten die Planeten generell Zahnfußbruch. Dies korreliert mit kaum verschlissenen Lagerbohrungen und geringen Schwankungen im Zahnweitenabstand, der zudem die größten Werte annimmt, also noch keinen Verschleiß erkennen lässt. Im Zwischenbereich (schraffiert unterlegt) treten, wie schon in 6.5.1 erläutert, beide Versagensarten zu fast gleichen Anteilen auf. Bei den frühen Ausfällen handelt es sich dabei um Zahnfußbruch, der mit fortschreitender Laufzeit vom Zahnflankenverschleiß abgelöst wird. Die dargestellten Grenzen zwischen den Hintergründen stellen keine scharfen Grenzwerte für die Ausfallmechanismen gegenüber der Belastung dar. Sie sollen hier lediglich zur Verdeutlichung dienen.

Zusammengefasst kann gesagt werden, dass mit steigender Getriebebelastung, wie zu erwarten, die Lebensdauer abnimmt. Während bei den unteren Belastungsstufen nur Ausfälle durch Zahnflankenverschleiß auftreten, zeigen hoch belastete Getriebe (Belastung über 100%) nur Zahnfußbruch. Der Zwischenbereich zeigt beide Ausfallbilder in etwa gleichen Anteilen.

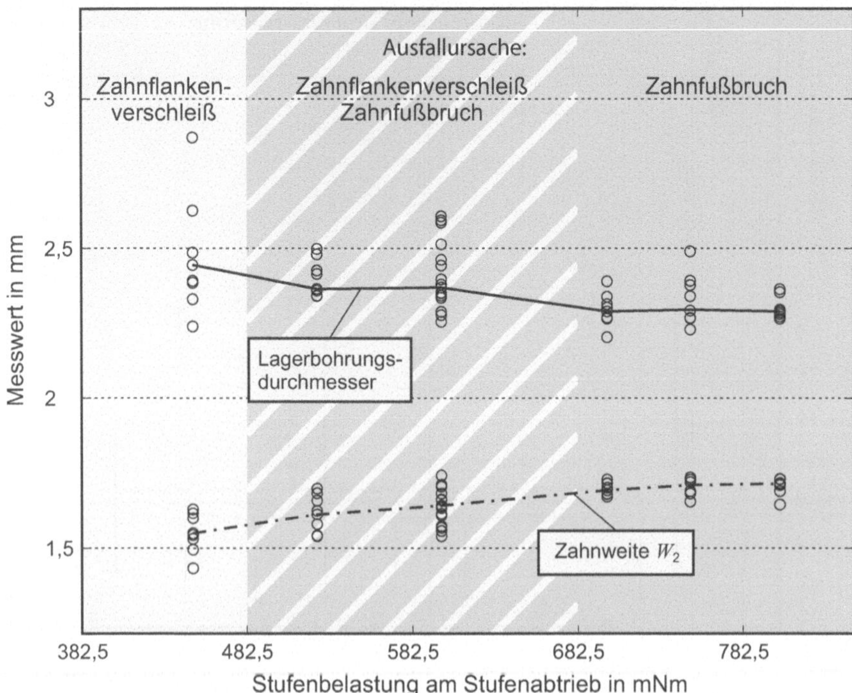

Abb. 6.57 Gemessene Zahnweite W_2 und Lagerbohrungsdurchmesser in Abhängigkeit vom wirkenden Abtriebsmoment und der Ausfallursache von allen getesteten 3,7:1 Abtriebsstufen [6.3]

6.5.4 Vergleich unterschiedlicher Getriebebauformen bei gleicher Leistung

Eine Belastungserhöhung in einem Getriebe führt zum früheren Versagen. In diesem Kapitel wird diskutiert, welche Einflüsse bei verschiedenen Getriebebauformen dominieren, die mit ähnlichen Abtriebsleistungen, -momenten, -drehzahlen sowie Gesamtübersetzungen betrieben werden und somit in der Anwendung letztlich austauschbar sind. Sie stellen also zwei verschiedene Varianten für die gleiche Funktion dar. Die ähnlichen Leistungsparameter sollen dabei durch andere Stufenzahlen und andere Stufenübersetzungen realisiert werden. Dazu werden vorhandene Versuchsdaten vergleichend neu ausgewertet.

Dabei müssen nun aber stärker die Geometrien und die an den Zahnflanken wirkenden Kräfte in die Aussagen einbezogen werden. Während bei Laststeigerungen in gleichen Getrieben die Kräfte am Zahnrad sich wegen der gleich bleibenden Geometrie proportional zum Drehmoment verhalten, sind bei verschiedenen Getriebetypen natürlich nun auch die Geometrie und somit die Kraft

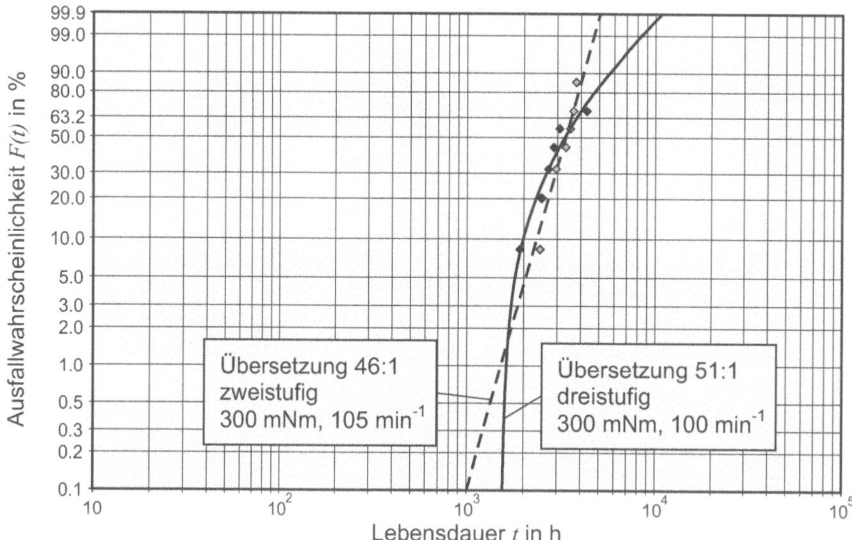

Abb. 6.58 Vergleich des Ausfallverhaltens eines 46:1 und eines 51:1 Planetenradgetriebes bei nahezu identischen Belastungsparametern und nahezu gleicher Abtriebsleistung [6.3]

an der Zahnflanke von vornherein ungleich. Die Benennung allein des Abtriebsmomentes reicht zur Charakterisierung der Versuche nicht mehr aus.

Abbildung 6.58 zeigt einen ersten Vergleich von Verteilungsfunktionen eines zweistufigen 46:1 Getriebes mit einer Stufenübersetzung von 6,8:1 mit einem dreistufigen 51:1 Getriebe mit einer Stufenübersetzung von 3,7:1. Beide Getriebe zeigen am Abtrieb annähernd gleiche Betriebsparameter Abtriebsmoment und Abtriebsdrehzahl. Die Abtriebsleistung beträgt bei der 46:1 Variante 3,3 W und bei der 51:1 Variante 3,14 W, alle äußeren Parameter sind also nahezu gleich. Die Umfangskräfte an den Planeten und damit weitere innere Parameter sind wegen der verschiedenen Stufenübersetzungen bei gleichem Modul von 0,4 mm und der somit unterschiedlichen Zähnezahlen und Zahnraddurchmesser aber verschieden. Tabelle 6.7 zeigt Zähnezahlen und Kräfte im Vergleich. Die Zahnbreiten und Materialdaten sowie die Außendurchmesser der Getriebe sind gleich. An den Ausfallzeiten ist zu erkennen, dass das Ausfallverhalten beider Getriebebauformen bei nahezu identischen Belastungsparametern sehr ähnlich ist. Nach Abb. 6.57 liegt die Belastung hier im Bereich von reinem Zahnflankenverschleiß, da beide Getriebe weit unterhalb von 100% des Nenndrehmomentes belastet werden.

Abbildung 6.59 zeigt die gleiche Konstellation nochmals in einem anderen Arbeitspunkt bei höheren Abtriebsmomenten, jedoch waren hier bei nahezu gleicher Abtriebsleistung Abtriebsmoment und Abtriebsdrehzahl jeweils entgegengesetzt ca. 10% verschieden. Die 46:1 Getriebe mit der niedrigeren Belastung und höheren Drehzahlen weisen gegenüber den 51:1 Getrieben höhere Laufzeiten auf. Es fällt

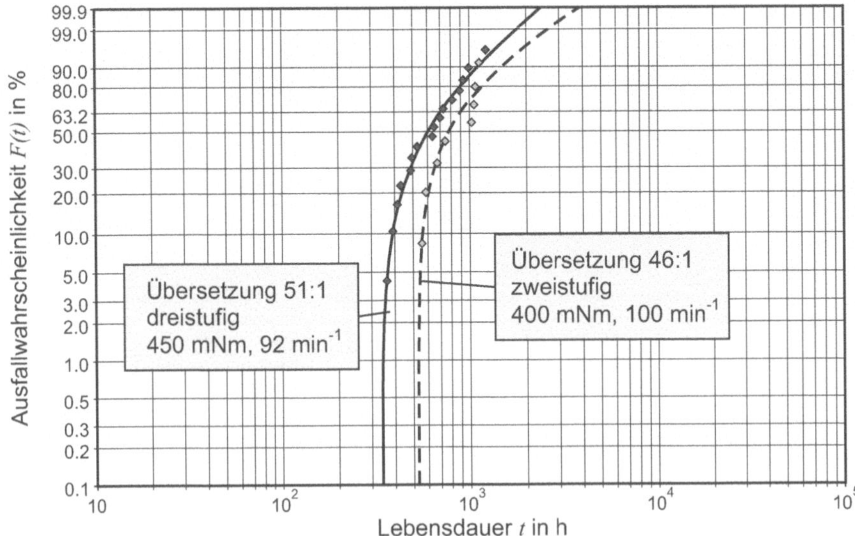

Abb. 6.59 Vergleich des Ausfallverhaltens eines 46:1 und eines 51:1 Planetenradgetriebes bei unterschiedlichen Belastungsparametern, jedoch nahezu gleicher Abtriebsleistung [6.3]

auf, dass die Getriebe mit den höheren Belastungen (höhere Abtriebsmomente) zwar etwas früher versagen, die beiden Weibullverteilungen aber recht eng zueinander und scheinbar parallel verlaufen, also auch nahezu gleiche Formparameter aufweisen. Beide Getriebetypen arbeiten wiederum im Bereich des Zahnflankenverschleißes nach Abb. 6.57. Den ausführlichen Datenvergleich enthält Tabelle 6.7.

Tabelle 6.7 Parameter der Abtriebsstufe der verglichenen Getriebe [6.3]

Getriebeübersetzung	46:1	46:1	51:1	51:1
Stufenübersetzung	6,8:1	6,8:1	3,7:1	3,7:1
Zähnezahl Hohlrad	46	46	46	46
Zähnezahl Planetenrad	18	18	14	14
Zähnezahl Sonnenrad	8	8	17	17
Abtriebsmoment	300 mNm	400 mNm	300 mNm	450 mNm
Abtriebsdrehzahl	105 min^{-1}	100 min^{-1}	100 min^{-1}	92 min^{-1}
Abtriebsleistung	3,30 W	4,19 W	3,14 W	4,34 W
Kraft auf Planetenlagerung, Abtriebsstufe	18,2 N	24,2 N	15,9 N	23,8 N
Linienlast auf Planetenzahn, Abtriebsstufe	2,60 Nmm^{-1}	3,47 Nmm^{-1}	2,23 Nmm^{-1}	3,34 Nmm^{-1}
Eingriffe pro Umdrehung, Abtriebsstufe	5,11	5,11	6,57	6,57
Anzahl Eingriffe eines Planetenzahnes, Abtriebsstufe, (drehzahlabhängig)	32.200 h^{-1}	30.667 h^{-1}	39.429 h^{-1}	36.274 h^{-1}

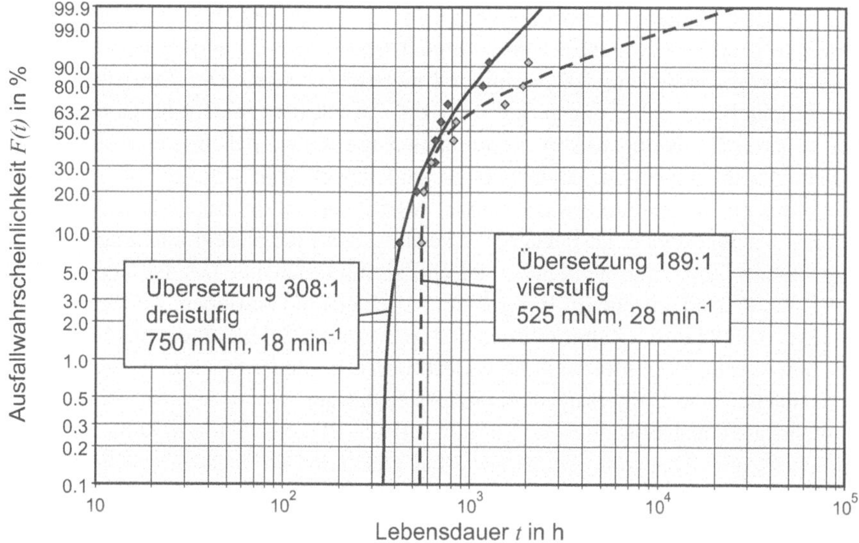

Abb. 6.60 Vergleich des Ausfallverhaltens eines 189:1 und eines 308:1 Planetenradgetriebes bei unterschiedlichen Belastungsparametern, jedoch nahezu gleicher Abtriebsleistung [6.3]

Abschließend folgt ein Vergleich bei deutlich unterschiedlichen Belastungsparametern (Abtriebsmomenten, Abtriebsdrehzahlen) und trotzdem ähnlicher Abtriebsleistung an Getrieben mit drei bzw. vier Stufen, Abb. 6.60. Tabelle 6.8 zeigt die wesentlichen Unterschiede zwischen den zwei eingesetzten Getrieben.

Tabelle 6.8 Parameter in der Abtriebsstufe der zwei untersuchten Getriebe [6.3]

Getriebeübersetzung	189:1	308:1
Stufenübersetzung	3,7:1	6,8:1
Zähnezahl Hohlrad	46	46
Zähnezahl Planetenrad	14	18
Zähnezahl Sonnenrad	17	8
Abtriebsmoment	525 mNm	750 mNm
Abtriebsdrehzahl	28 min^{-1}	18 min^{-1}
Abtriebsleistung	1,54 W	1,41 W
Kraft auf Planetenlagerung, Abtriebsstufe	27,8 N	45,5 N
Linienlast auf Planetenzahn, Abtriebsstufe	3,91 Nmm^{-1}	6,45 Nmm^{-1}
Eingriffe pro Umdrehung, Abtriebsstufe	6,57	5,11
Anzahl wechselnde Eingriffe eines Planetenzahnes, Abtriebsstufe, (drehzahlabhängig)	11.040 h^{-1}	5.520 h^{-1}

Während bei einer Stufenübersetzung von 3,7:1 in der letzten Stufe eine ca. 40% geringere Linienlast gegenüber der Stufenübersetzung 6,8:1 wirkt, muss die Stufenübersetzung 6,8:1 ca. 50% weniger Eingriffe erdulden. Die Abtriebsleistung unterscheidet sich dabei nur gering (ca. 10%). Auch hier zeigen die Getriebe mit den höheren Belastungen/Abtriebsmomenten die ersten Ausfälle und allgemein frühere Ausfallzeiten. Die Unterschiede sind jedoch weit geringer, als aus dem Drehmomentvergleich zu erwarten wäre. Allerdings sind hier jeweils andere Ausfallursachen vorhanden. Da bei der Übersetzung 308:1 die wesentlich höhere Belastung anliegt, fallen hier die Planeten durch Zahnfußbruch aus. Bei der Übersetzung 189:1 wurde das Getriebe im Bereich der Mischausfälle betrieben. Zu Beginn entstanden Ausfälle durch Zahnfußbruch und später durch Zahnflankenverschleiß, was die abknickende Weibullverteilung erklärt. Diese Veränderungen in der Ausfallursache machen eine Vorhersage damit noch schwieriger.

Wenn gleiche Drehzahlen und Kräfte auf die Planeten wirken, sollte sich ein ähnliches Ausfallverhalten zeigen, wie bei gleichen Getrieben zu erwarten. Hier wurden verschiedene Getriebetypen mit verschiedenen Stufenübersetzungen und Stufenzahlen bei annähernd gleichen Abtriebsleistungen untersucht. Da Leistung das Produkt aus Winkelgeschwindigkeit und Drehmoment darstellt, verhalten sich Drehzahl und Drehmoment bei gleicher Abtriebsleistung reziprok. Führt nun eine Drehmomentsteigerung am gleichen Zahnradwerkstoff bei gleichem Modul zu einer Verminderung der Lebensdauer, wird dies durch die sinkende Drehzahl und damit sinkende Lastspielzahl bei gleicher Leistung wieder kompensiert. Wirken sich beide Einflüsse linear aus, müsste die Lebensdauer bei gleicher Leistung trotz sehr verschiedener Abtriebsmomente und Abtriebsdrehzahlen wieder gleich sein. Genau dies zeigen obige Auswertungen zumindest näherungsweise. Insgesamt lässt sich aus o.g. Vergleichen auch schlussfolgern, dass Getriebe bei identischen Abtriebsleistungen annähernd gleiche Laufzeiten erreichen. Störend wirkt sich dabei sicher der Wirkungsgrad aus, der in das Drehmoment eingeht, jedoch nicht in die Drehzahl. Verschiedene Ausfallursachen verzerren das Bild natürlich zusätzlich. Andererseits bedeutet eine konstante Leistung auch eine konstante Reibleistung als Produkt von Reibkraft und Gleitgeschwindigkeit und somit wiederum einen konstanten Reibverschleiß und damit gleiches Flankenverschleißverhalten und weitgehend gleiche Lebensdauer. Weitere Auswertungen dazu zeigt [6.3].

6.5.5 *Ermittelte Verteilungsfunktionen*

In den folgenden Diagrammen werden abschließend die ausgewerteten Parameter der Verteilungsfunktionen zusammengestellt. Es handelt sich dabei stets um zwei- oder dreiparametrige Weibullverteilungen. Abbildung 6.61 zeigt hierbei

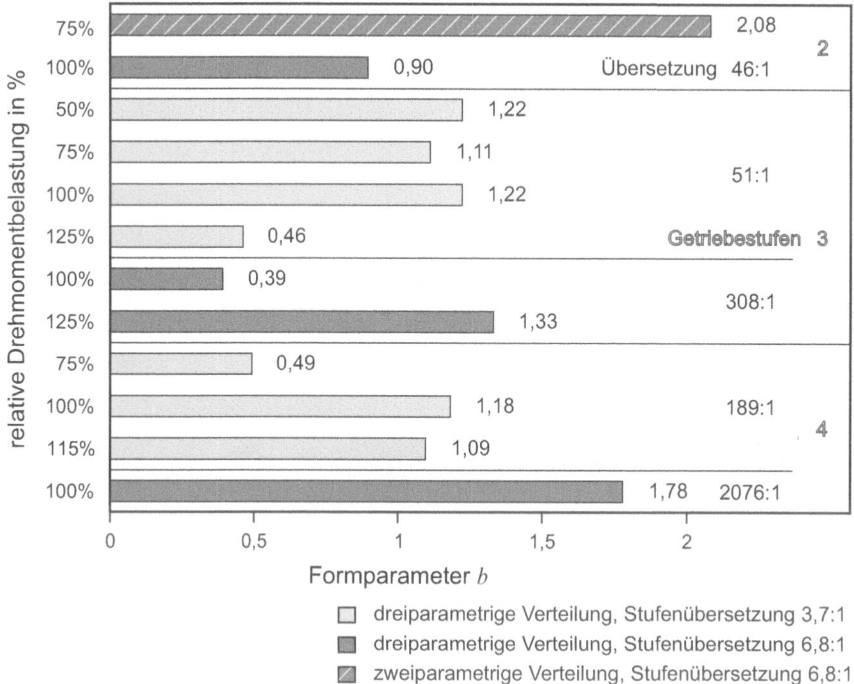

Abb. 6.61 Medianwerte der Formparameter b der ermittelten zwei- und dreiparametrigen Weibullverteilungen bei Planetenradgetrieben mit einer Zahnradpaarung POM/Stahl [6.3]

die Ausfallsteilheiten in Abhängigkeit der Stufenanzahl, der Übersetzung und der Belastung.

Mit einer Ausnahme wurden hier nur dreiparametrige Weibullverteilungen ermittelt. Lediglich die 46:1 Übersetzung bei einer Belastung von 75% zeigt ein zweiparametriges Verhalten (Balken schraffiert), wobei die Entscheidung zwischen diesen beiden Verteilungen wegen der kleinen Losgrößen natürlich sehr schwach belegt ist. Abbildung 6.62 fasst die ausfallfreien Zeiten der generierten dreiparametrigen Weibullverteilungen zusammen.

Die Formparameter b der dreiparametrigen Weibullverteilungen weisen trotz der Beschränkung auf eine Getriebegröße mit gleicher Zahnradpaarung und gleichem Modul wieder einen großen Schwankungsbereich auf.

Die ausfallfreien Zeiten überdecken ebenfalls ein sehr großes Intervall von $22\,\mathrm{h} \leq t_0 \leq 1.610\,\mathrm{h}$. Die in Abb. 6.63 wiederum ermittelten f_{tB} Werte nach Gl. (6.3), also die auf den B_{10}-Wert bezogenen ausfallfreien Zeiten, liegen dagegen in diesem Fall vergleichsweise eng beieinander.

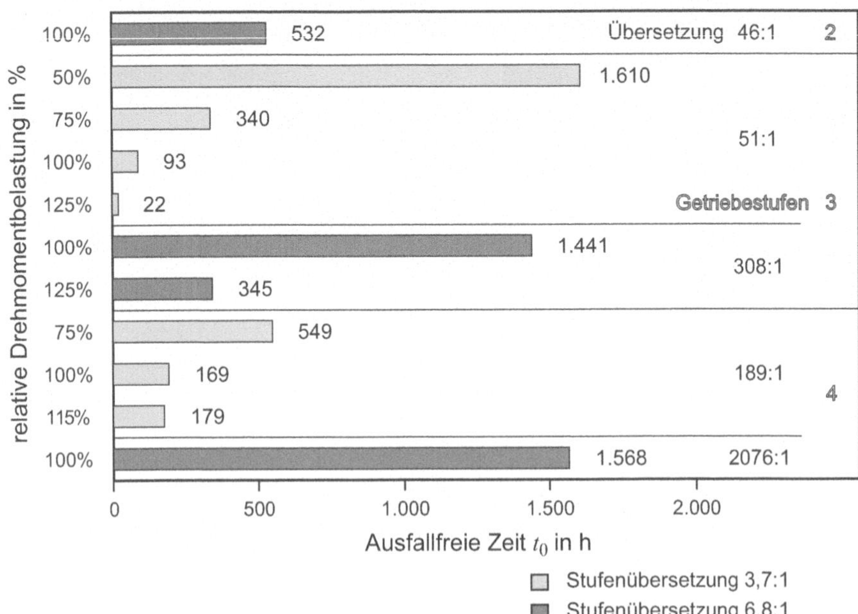

Abb. 6.62 Ausfallfreie Zeit t_0 der ermittelten dreiparametrigen Weibullverteilungen bei Planetenradgetrieben mit einer Zahnradpaarung POM/Stahl [6.3]

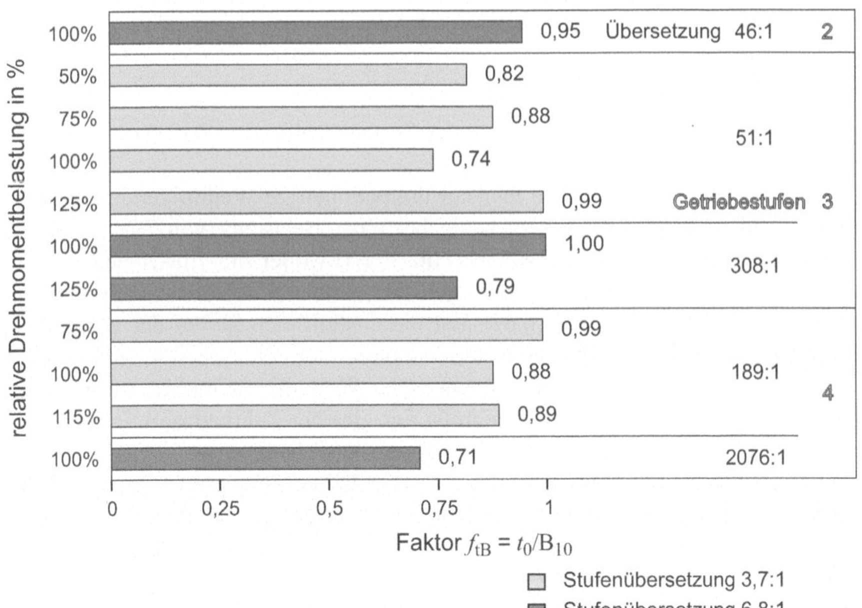

Abb. 6.63 Faktor f_{tB} der der ermittelten dreiparametrigen Weibullverteilungen bei Planetenradgetrieben mit einer Zahnradpaarung POM/Stahl [6.3]

6.6 Vergleich experimenteller und theoretischer Daten

Nachfolgend soll durch eine beispielhafte Rechnung untersucht werden, ob es derzeit realistisch ist, das Ausfallverhalten für Motoren, Getriebe bzw. das Gesamtsystem anhand verfügbarer Daten (Literaturrecherche) ausreichend genau theoretisch zu berechnen.

6.6.1 Vergleich theoretischer und experimenteller Daten eines DC-Motors

In Tabelle 6.9 sind aus Zuverlässigkeitssicht die wichtigsten elektromechanischen Komponenten eines ausgewählten Motors mit Edelmetallkommutierung (A-Teile) sowie die Parameter und zugehörigen Verteilungsfunktionen dazu zusammengestellt. Die detaillierte Vorgehensweise, beginnend mit dem Aufstellen der Funktionsstruktur und Auswahl der Komponenten mit Hilfe einer ABC-Analyse, ist in [6.36, 6.54] beschrieben. Anhand einer Literaturrecherche wurden Daten und Verteilungen soweit möglich ermittelt, siehe Quellen in Tabelle 6.9 bzw. [6.36], wobei verschiedene Belastungen kaum berücksichtigt werden konnten.

Tabelle 6.9 Bauteilübersicht zur Lebensdauerberechnung eines Motors

Bauteil	t_0	B_{50}	b	T	λ	Verteilung
Bürsten [6.15]		1.000 h	3,5*	1.100 h	–	Weibull, dreiparametrig
Kollektor [6.62]	4.244 h		1,9	6.030 h	–	Weibull, dreiparametrig
Wicklung [6.17]			1	–	$0{,}0135 \cdot 10^{-6}\,h^{-1}$	exponential
Magnet						$R(t) \approx 1$
Gleitlager [6.32]			3,5	10.265 h	–	Weibull, zweiparametrig

* geschätzter Wert

Außer in [6.17] gibt es dabei keine zugänglichen Aussagen zum Ausfall- oder Verschleißverhalten von Edelmetallbürsten. Werden die Werte der untersuchten Motoren in die dort angegebenen Formeln eingesetzt, folgt eine Verschleißgeschwindigkeit der Bürsten von 1,8 mm/h. Dies würde bedeuten, dass bei der vorliegenden Bürstendicke von 0,1 mm der Motor nach dreieinhalb Minuten ausfallen müsste. Für die Berechnung wurde deshalb der Lageparameter aus Katalogangaben [6.15] abgeschätzt und als Verteilung eine dreiparametrige Weibullverteilung genutzt, die einer Normalverteilung eines Bürstenverschleißes nahe kommt.

Die gleiche Situation liegt im Bereich von Edelmetallkollektoren vor. Auch hier existieren keine Angaben zum Ausfallverhalten. Für die Berechnung erfolgte daher eine Abschätzung anhand von Kupferkollektoren verwandter Motoren [6.62]. Aussagen zur Lebensdauer der Wicklung wurden [6.17] entnommen. Für die Permanentmagnete ist bei Einhaltung der Temperatur- und anderer Einsatzgrenzen mit keinem Ausfall zu rechnen. Als letzte Komponente spielen die Lager eine sehr große Rolle. Hier waren Sinterlager enthalten und deshalb wurden Berechnungsansätze nach [6.32] genutzt.

Da jedes Bauteilversagen unweigerlich zum Ausfall des Motors führt, liegt der Berechnung ein Seriensystem mit voneinander unabhängigen Komponenten zu Grunde. Im Fall der Bürsten und des Kollektors ist diese Vereinfachung jedoch als kritisch zu sehen, da diese sich stark gegenseitig beeinflussen. Zur Vereinfachung wurde jedoch trotzdem nach dem Booleschen Modell verfahren.

Im Weibullnetz in Abb. 6.64 fällt sofort auf, dass die Bürsten das Ausfallverhalten bestimmen. In den experimentellen Untersuchungen war jedoch einzig der Lamellenschluss am Kollektor die Ausfallursache. Einen Vergleich mit experimentellen Daten eines Motors der 12 V-Nennspannungsreihe bei verschiedenen Belastungen zeigt Abb. 6.65. Die Werte stimmen zwar auf den ersten Blick für einige Belastungen recht gut überein. Dies ist jedoch nur der Fall, weil für den Bürstenverschleiß Erfahrungswerte des Herstellers zur Anwendung kamen und keineswegs o. g. theoretischer Wert. Unter Berücksichtigung des Einflusses der verschiedenen Belastungen muss man einschätzen, dass es momentan offensichtlich nicht möglich ist, eine geeignete Voraussage für das Ausfallverhalten dieser Motoren zu geben, ohne auf konkrete experimentelle Werte zurückzugreifen.

Mit Hilfe des in der Forschergruppe entwickelten Programms SyRBA (siehe Kap. 4) ist es möglich, zusätzlich eine definierte Unschärfe in diese Berechnungen

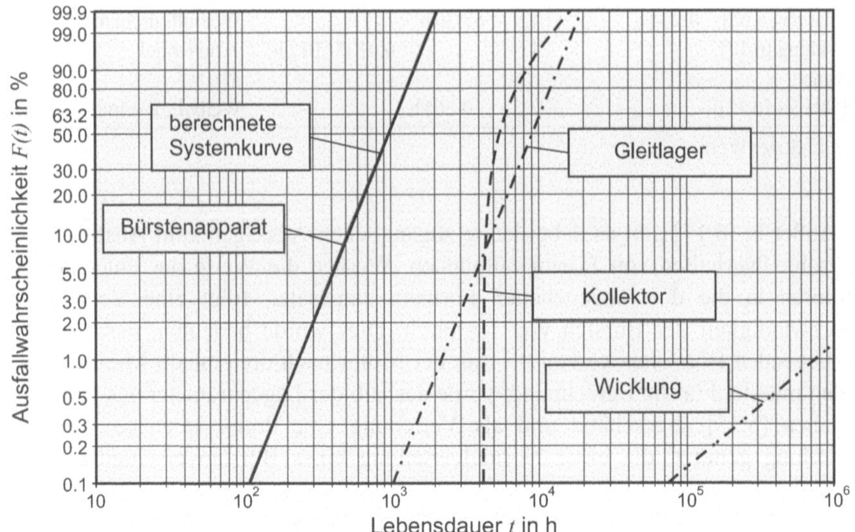

Abb. 6.64 Berechnetes Ausfallverhalten des Motors [6.36]

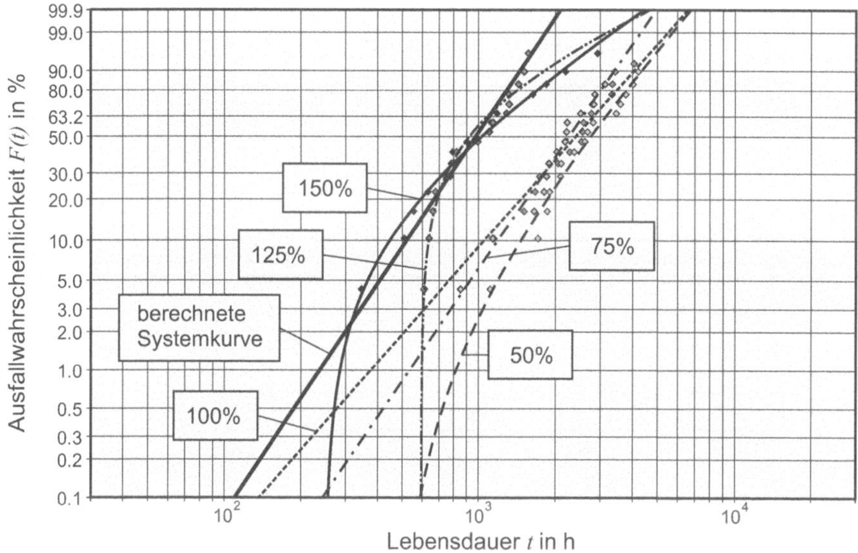

Abb. 6.65 Vergleich zwischen berechnetem und experimentell ermitteltem Ausfallverhalten am Beispiel der 12 V-Nennspannungsreihe bei verschiedenen Belastungen [6.36]

einzubringen. Dazu wird über die Parameter der Verteilungsfunktionen nochmals eine Verteilung gelegt. Somit können Unsicherheiten beim Schätzen der Parameter berücksichtigt werden [6.22].

6.6.2 Vergleich theoretischer und experimenteller Daten eines Planetenradgetriebes

Im Folgenden soll beispielhaft das untersuchte Getriebe mit Kunststoffverzahnung mit der Übersetzung von 51:1 und einer 100% Belastung einer theoretischen Lebensdauerabschätzung unterzogen werden. Dazu werden lediglich externe Angaben genutzt. Berechnungen sind mit der zurückgezogenen VDI 2545 [6.64] und nach den Erkenntnissen von Rösler [6.49] möglich.

Im ersten Schritt ist das Zuverlässigkeitsschaltbild aufzustellen. Allerdings soll dies zur Übersichtlichkeit hier nur stark vereinfacht geschehen. Wie aus Abb. 6.66 zu erkennen ist, handelt es sich bei einem Getriebe mit Planetenverzahnung um eine rein serielle Struktur. Das Versagen eines Elementes führt zum Gesamtversagen der Baugruppe. Dies gilt auch für die Planeten, da das Getriebe beim Versagen eines Planetenrades die volle Last nicht mehr aufnehmen kann oder ohnehin blockiert. Das serielle System besteht hier aus drei identischen Getriebestufen und zwei identischen Lagern am Abtrieb. In jeder Getriebestufe befinden sich jeweils

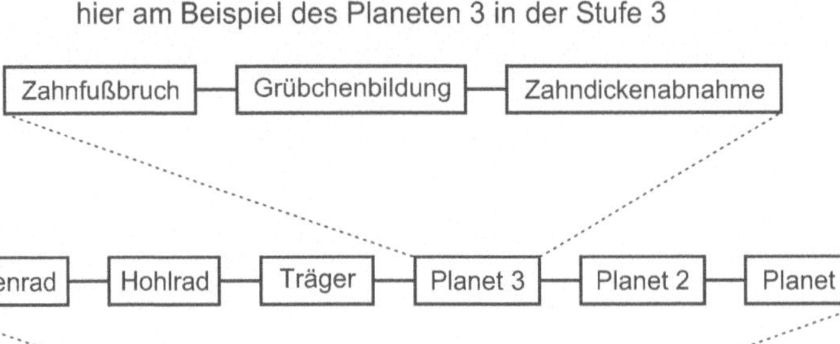

Abb. 6.66 Stark vereinfachtes Zuverlässigkeitsschaubild des betrachteten Kleinplanetenradgetriebes mit Kunststoffverzahnung [6.3]

drei identische Planeten, ein Planetenträger mit Sonnenrad und ein Hohlrad. An den Zahnflanken treten jeweils die gleichen Kräfte auf.

Da die Berechnungen in frühen Entwicklungsphasen (Konzeptphase) durchgeführt werden sollen, erfolgt dies hier auch unter diesen Bedingungen. Als Ergebnis der Berechnungen nach der zurückgezogenen VDI 2545 [6.64] bzw. den Erkenntnissen aus [6.49] kann für die hier auftretenden Kräfte an den Zahnflanken für das Hohlrad als auch das Sonnenrad generell Dauerfestigkeit aus den Diagrammen abgeleitet werden. Der Planetenträger ist in Stahlausführung überdimensioniert und wird deshalb nicht versagen. In der ersten und zweiten Stufe gilt die Überdimensionierung auch für die Planetenräder. Die Schwachstelle des Getriebes bildet die Abtriebsstufe und dort speziell die Planeten, vergleiche dazu [6.3].

Die Versagensarten einer Kunststoffverzahnung bei Trockenlauf sind nach [6.20] Aufschmelzen, Zahnfußbruch und Zahndickenabnahme. Bei Metallzahnrädern wird dagegen vorzugsweise mit Zahnfußbruch und Grübchenbildung gerechnet. Da hier ein fettgeschmiertes Getriebe vorliegt, kann die Versagensart Aufschmelzen vernachlässigt werden. Sie wurde bei den praktisch durchgeführten Untersuchungen auch nicht beobachtet.

Für die Zahndickenabnahme, den so genannten Flankenverschleiß, liegen derzeit keine geeigneten Berechnungsmöglichkeiten vor, aus denen eine Lebensdauer ermittelt werden kann. Es verbleiben damit Berechnungen hinsichtlich Zahnfußbruch und Grübchenbildung wie bei Metallen, was aber eigentlich bei Kunststoffen sofort in Flankenverschleiß mündet.

Tabelle 6.10 zeigt die berechneten Werte. Die Lebensdauer der Verzahnung wurde mit Lastspielzahlen nach [6.49] errechnet. Die hierzu nötigen B_{50}-Werte wurden nach Abschätzung von Formfaktor b und f_{tB}-Faktor aus den B_{10}-Werten

Tabelle 6.10 Bauteilübersicht zur Abschätzung der Lebensdauer eines Planetenradgetriebes mit Kunststoffverzahnung

Bauteil	Versagen	Stufe	t_0	b	T
Planet	Grübchen	1	296.663 h	1,3	7.126.148 h
Planet	Zahnbruch	1	894.187 h	1,6	6.620.680 h
Planet	Grübchen	2	11.213 h	1,3	269.342 h
Planet	Zahnbruch	2	33.797 h	1,6	250.237 h
Planet	Grübchen	3	424 h	1,3	10.180 h
Planet	Zahnbruch	3	1.277 h	1,6	9.458 h
Sinterlager [6.32]	Verschleiß	3		3,5	19.612 h

errechnet. Dazu wurde die Formel nach Bertsche [6.4] angepasst. Es gilt zu beachten, dass an dieser Stelle die Faktoren für metallische Verzahnungen Anwendung fanden, da für Kunststoffkomponenten bisher keine Angaben existieren. Da diese Rechnung nur die derzeitige Möglichkeit für die Lebensdauerbestimmung von Kunststoffverzahnungen darstellen soll, ist dieses Vorgehen für diesen groben Vergleich zunächst zu billigen. Aus dem berechneten B_{10}-Quantil lassen sich dann die charakteristische Lebensdauer T und die ausfallfreie Zeit t_0 ableiten [6.4].

Mit den zusammengestellten Daten lassen sich die entsprechenden Weibullverteilungen formulieren und in ein Weibulldiagramm eintragen. Aus den Einzelkurven der Komponenten oder Untergruppen kann die Systemkurve des rein seriellen

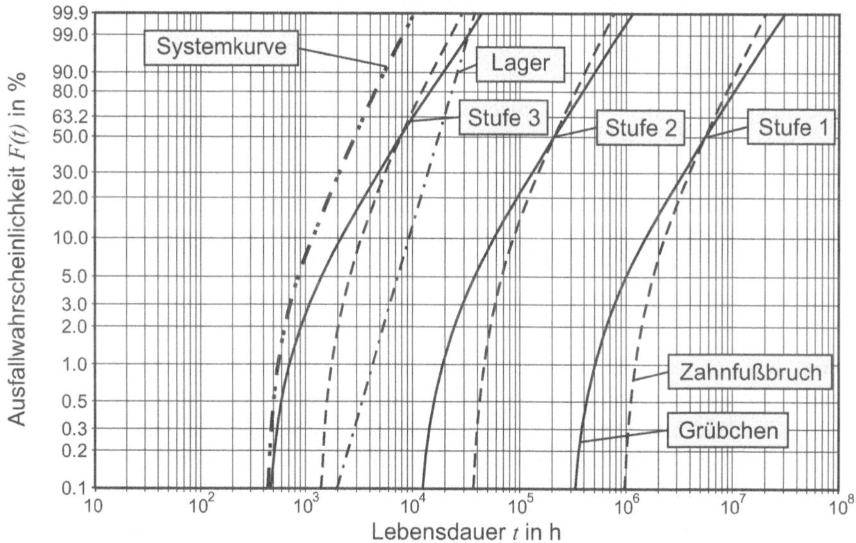

Abb. 6.67 Berechnetes Ausfallverhalten eines Planetenradgetriebes mit Kunststoffverzahnung (Übersetzung 51:1, Belastung 100%) [6.3]

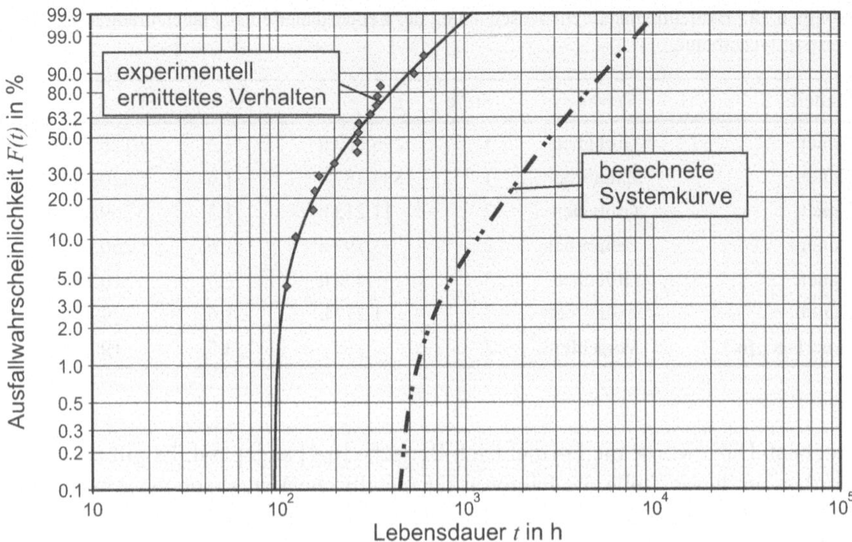

Abb. 6.68 Vergleich zwischen theoretischer Abschätzung und praktisch ermittelten Werten [6.3]

Systems bestimmt werden. Abbildung 6.67 zeigt die Weibullverteilungen für das berechnete Planetenradgetriebe mit einer Gesamtübersetzung von 51:1 in einer 100% Belastung (Stufenübersetzung 3,7:1). Den Vergleich der praktisch durch Dauerversuche ermittelten Werte mit den theoretischen zeigt Abb. 6.68.

Tatsächliche Ausfallursachen waren Zahnfußbruch und Zahnflankenverschleiß an den Planeten in Stufe 3. Die Ausfälle traten jedoch deutlich früher auf, als rechnerisch ermittelt. Die ausgefallenen Getriebe zeigten dabei generell noch funktionstüchtige Lager. Die sehr großen Abweichungen der Rechnung vom tatsächlichen Ausfallverhalten machen deutlich, dass bei der Berechnung von Planetenradgetrieben in Kunststoff und den daraus ableitbaren Laufzeiten noch sehr viel Unsicherheit besteht. Zum anderen konnte der in der Praxis überwiegende Zahnflankenverschleiß nicht in die Berechnung eingebracht werden, da hierfür keine Ableitung von Lebensdaueraussagen für Kunststoffverzahnungen vollziehbar ist.

Ein generelles Problem stellen die tribologischen Parameter dar. Hierbei existieren derartig viele Möglichkeiten durch die große Zahl möglicher und auch verwendeter Kunststoffe und Schmierstoffe, dass vorhandene experimentell ermittelte Wöhlerdiagramme als Basis der Rechenvorschriften nur wenige Anwendungsfälle abdecken können. Der getestete Fall wird meistens nicht durch ein bereits bestehendes Wöhlerdiagramm erfasst. Oft können auch nur Daten aus Trockenlaufuntersuchungen angewandt werden. Zudem ergibt sich für die hier auftretenden Linienlasten aus den bestehenden Wöhlerdiagrammen meistens eine Dauerfestigkeit.

6.6.3 Vergleich theoretischer und experimenteller Daten eines kompletten Antriebssystems

Ausgehend von den einzelnen Komponenten DC-Motor, Planetenradgetriebe, Encoder und Ansteuerung kann schließlich die Zuverlässigkeit des ganzen seriellen Systems theoretisch beschrieben und mit praktischen Ergebnissen der Dauerversuche an Komplettsystemen verglichen werden. Dies ermöglicht es natürlich auch, Vergleiche verschieden konfigurierter Systeme anzustellen, quasi einen Baukasten aufzubauen. Zur theoretischen Beschreibung fehlen dazu noch die Komponenten des elektrischen Teilsystems, vorzugsweise Ansteuerung und Encoder. Der Softwareanteil ist bei den hier untersuchten Systemen gering. Das Ausfallverhalten dieser Komponenten wurde auf Basis konstanter Ausfallraten aus Katalog- und Literaturdaten der Bauelemente, Bauteile, Steckverbinder usw. laut Schaltplan unter Annahme eines Seriensystems bestimmt. Abbildung 6.69 zeigt die theoretische Berechnung der in diesem Projekt untersuchten Elemente.

Zu erkennen ist, dass anfangs hier die Elektronik die Form der berechneten Systemkurve beherrschen würde. Das vergleichsweise schlechte Ausfallverhalten der Elektronik resultiert hier jedoch rein aus Lebensdauerangaben von Kondensatoren. Ab ca. 200 h knickt die Systemkurve nach oben hin ab und nähert sich ab ca. 600 h der DC-Motor-Kurve an. Im Bereich zwischen 200 h bis 600 h könnten sowohl Elektronik als auch der eingesetzte DC-Motor zuerst versagen. Danach wird der DC-Motor das Ausfallkriterium darstellen. Das Getriebe sollte den Motor überleben. Generell gelten dabei o. g. Unsicherheiten der Berechnung.

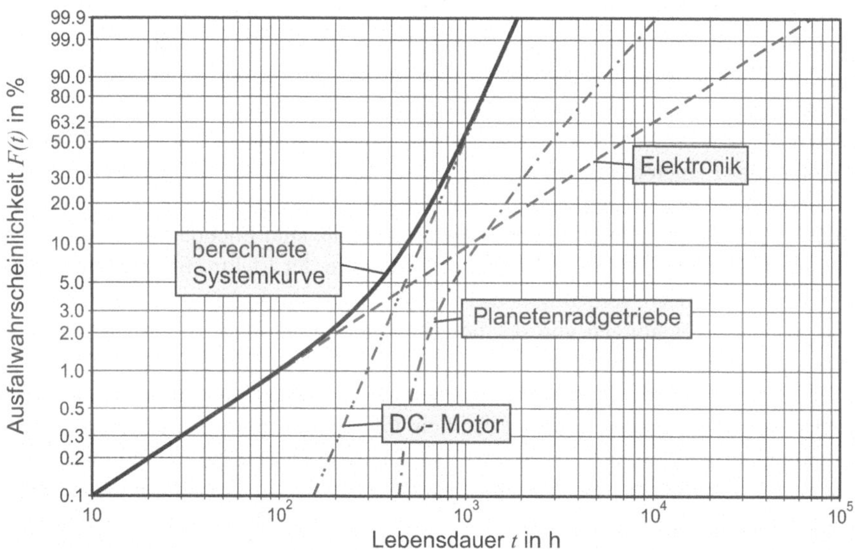

Abb. 6.69 Berechnetes Ausfallverhalten eines Positioniersystems bestehend aus DC-Motor, Planetenradgetriebe mit Kunststoffverzahnung, Encoder und Steuerung (im Schaubild zusammengefasst unter Elektronik) [6.3]

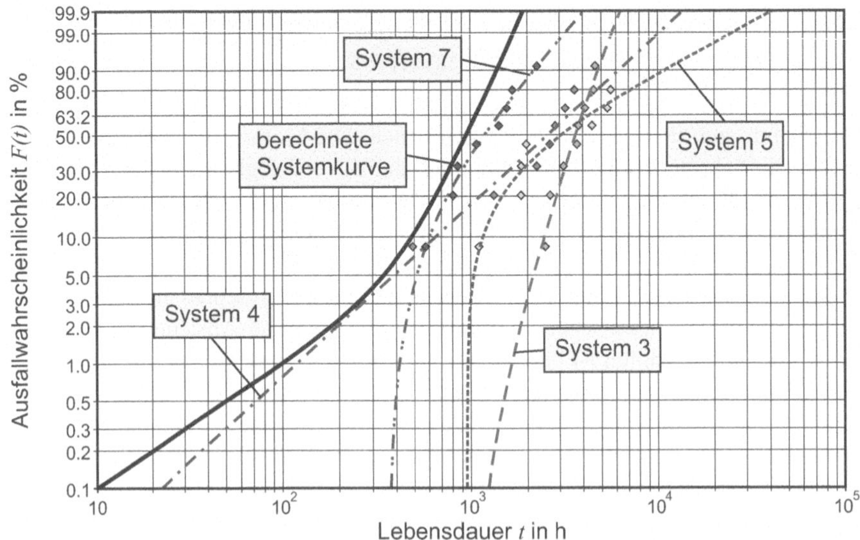

Abb. 6.70 Vergleich zwischen theoretisch berechnetem Positioniersystem und Testergebnissen [6.3], zur Bezeichnung der Systeme vergleiche Tabelle 6.1 in Kap. 6.3.1.2

Den Vergleich zwischen theoretischen Berechnungen und Testergebnissen zeigt Abb. 6.70. Aus Gründen der Übersichtlichkeit wurde hier auf die Darstellung aller getesteten Systeme verzichtet, lediglich vier, in der Getriebeübersetzung unterschiedliche Systeme sollen hier zum Vergleich herangezogen werden.

Dabei handelt es sich stets um Getriebe mit einem Modul 0,4 mm bei unterschiedlichen Stufenübersetzungen, belastet mit 100% des Nennmomentes, vergleiche dazu Tabelle 6.1 in Kap. 6.3.1.2. Die Variationen in den Systemen fallen in den berechneten Kurven jedoch alle auf eine Kurve zusammen, da bei der theoretischen Betrachtung die Elektronik und der DC-Motor das Versagen bestimmen und nicht das Planetenradgetriebe.

Die Systemkurve 7 liegt scheinbar recht gut an der berechneten Systemkurve. Die zeitlich frühesten darin zu erkennenden Ausfälle sind Encoderausfälle, die zur Elektronik zu rechnen sind und somit den Anteil in der Elektronik in der Systemkurve auch praktisch verdeutlichen. Die Systemkurven 3, 4 und 5 zeigen jedoch sehr große Abweichungen von der berechneten Kurve, die auch für diese gelten müsste, wie bereits ausgeführt.

Insgesamt wird damit die Unsicherheit der gegenwärtig möglichen rechnerischen Zuverlässigkeitsermittlung deutlich. Gleich den zuvor betrachteten Einzelkomponenten konnte auch im Bereich des Systems keine Übereinstimmung zwischen der berechneten theoretischen Kurve und den in der Praxis ermittelten Kurven erzielt werden. Dies zeigt, dass im Bereich der rechnerischen Zuverlässigkeitsermittlung oder auch im Umfang von Lebensdauertests noch Handlungsbedarf besteht. Eine Möglichkeit wird in Kap. 6.7.1. angesprochen.

6.7 Schlussfolgerungen für frühe Entwicklungsphasen

Die oben gezeigten Ergebnisse der Dauerversuche und die darin sehr deutlich erkennbaren äußerst vielfältigen Einflussgrößen sowohl der Motor- und Getriebebauformen als auch der Belastungen und der Einsatzbedingungen machen derzeit eine rein theoretische Berechnung der Lebensdauer bzw. des Ausfallverhaltens nahezu unmöglich. Die beispielhaften Vergleichsrechnungen untermauern dies.

Aber auch die Durchführung derart umfangreicher Dauerläufe, wie hier vorgenommen, ist praktisch selten realisierbar, insbesondere nicht für eine Vielzahl verschiedener Betriebsarten, Belastungen und Einsatzbedingungen. Außerdem wird durch die Verkürzung der Entwicklungszeiten und den Kostendruck die Testphase von Neuentwicklungen immer kürzer. Es sind also besser geeignete Vorgehensweisen zu entwickeln.

Innerhalb der Forschergruppe 460 wurden deshalb gemeinsam Konzepte und Methoden zur breiten Nutzung derartiger Versuchsdaten insbesondere für frühe Entwicklungsphasen entwickelt (Kooperation Institut für Angewandte Mathematik und Statistik der Universität Hohenheim und Institut für Konstruktion und Fertigung in der Feinwerktechnik), die das folgende Kapitel beispielhaft darstellt.

6.7.1 Statistische Auswertung des Ausfallverhaltens und Nutzung für frühe Phasen

Insgesamt liegen für nachfolgende statistische Auswertungen Daten von 232 unterschiedlich parametrisierten Dauerläufen mit Motoren mit edelmetallkommutierten Hohlläufern und 56 Systemen bestehend aus Encoder, Ansteuerung, DC-Motor und Planetenradgetriebe vor. Zu Getriebedauerläufen existieren 176 unterschiedlich parametrisierte Dauerlaufdaten mit POM-Verzahnung sowie weitere mit PA-Verzahnung. Aus diesen Daten sollten mehr Erkenntnisse ableitbar sein, als die Aussagen zu den konkret untersuchten Einsatzfällen. Dies erfordert den Einsatz geeigneter statistischer Methoden.

6.7.1.1 Statistische Auswertung der Ausfalldaten nach der Cox-Methode

Für die statistische Auswertung der Daten wird ein semiparametrisches Regressionsmodell genutzt, das so genannte Cox-Modell [6.7]. Dieses wird in Kap. 4.1.5 und 4.1.6 allgemein beschrieben, zur Erläuterung sollten deshalb diese Kapitel zunächst nachgelesen werden. Normalerweise findet dieses Modell in der Lebensdaueranalyse in der Medizin oder der Biologie Anwendung. Damit lassen sich Überlebenszeiten in Abhängigkeit von verschiedenen Einflussgrößen modellieren.

Im vorliegenden Fall sind diese Größen, die auch Kovariablen genannt werden, bei den Motoren beispielsweise beschrieben durch die Belastung in %, die Nennspannung in V, die Betriebsspannung in V, den Motorstrom in mA, die Drehzahl in rpm sowie durch die elektrische Leistung in W. In diesem Modell gehen die verschiedenen Kovariablen als Argument einer Exponentialfunktion entweder linear ein, oder sie werden in einer geeigneten Funktion als direkt beobachtete Kovariable in das Modell aufgenommen. Um Abweichungen vom linearen Einfluss festzustellen, werden so genannte Martingalresiduen bestimmt und geglättet. Die Martingalresiduen visualisieren die Abweichungen zwischen den Schätzwerten und den empirischen Beobachtungswerten. Wenn das Modell korrekt ist, müssen die Werte der Residuen im gesamten Bereich der Beobachtungswerte um 0 herum streuen. Eine Gerade lässt auf einen linearen Einfluss schließen, so wie er im einfachen Cox-Modell angenommen wird. Ändert sich der Einfluss einer Kovariablen abrupt an einer Stelle, so bezeichnet man diese Stelle als Change-Point.

6.7.1.2 Beispielhafte statistische Analyse der Ausfalldaten von Motoren

Die Cox-Methode soll beispielhaft auf die Ausfalldaten der Motoren angewandt werden. Auch dies wurde aus mathematischer Sicht bereits in Kap. 4.1.8.4 dargestellt. Hier soll die Nutzung aus technischer Sicht beleuchtet werden. Dazu seien einige wesentliche Abbildungen nochmals gezeigt und erläutert.

Die Auswertung der Daten mit Hilfe des Anpassungstests nach [6.22, 6.23] ergab, dass hier alle Kovariablen (Belastung, Strom, Nennspannung, Drehzahl, Betriebsspannung und elektrische Leistung) einen signifikanten Einfluss haben. Eine

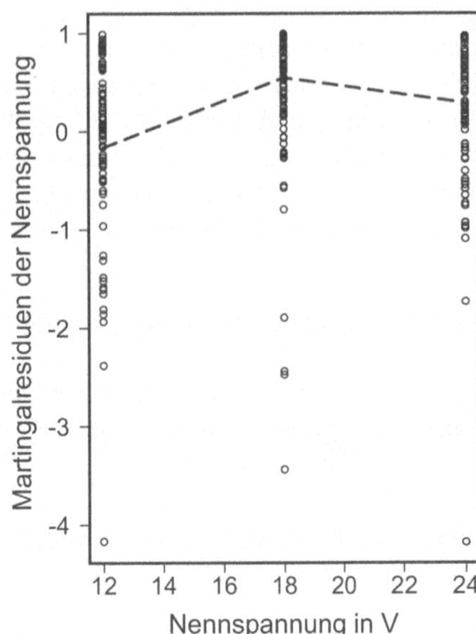

Abb. 6.71 Martingalresiduen der Nennspannung [6.38]

Untersuchung der Martingalresiduen zeigte, dass alle Kovariablen bis auf die Nennspannung dabei linear in das Modell eingehen. In der Kovariablen Nennspannung liegt ein Change-Point bei 18 V vor, siehe Abb. 6.71. Bezogen auf die Lebensdauer bedeutet dies, die 18 V-Version besitzt bei Belastung mit Nennmoment die geringste Überlebenswahrscheinlichkeit, gefolgt von der 24 V- und 12 V-Variante. Die 12 V-Variante zeigt, dass hier die höchste Lebensdauer vorliegt. Dies folgt rein aus der statistischen Analyse der Daten.

Aus Sicht der Elektromechanik erweist sich der auftretende Change-Point bei 18 V jedoch tatsächlich als nachvollziehbar. In den Herstellerangaben zu den drei Motorvarianten fällt auf, dass die Baureihe der 18 V Motoren die höchste Abtriebsleistung und auch die höchsten Drehzahlen besitzt.

Im Versuchsstand ergab sich bei Nennmoment für den 18 V Motor somit wegen der höheren Drehzahl auch die höchste Eingangs- und Abtriebsleistung. Abbildung 6.72 stellt die Abhängigkeit zwischen elektrischer bzw. mechanischer Leistung und der Motorvariante (Spannungstyp) bei Nennmoment dar. Der Wirkungsgrad der drei Motortypen ist dabei annähernd gleich. Nach [6.36] sind die Hauptausfallursachen aber der Bürstenverschleiß und der Lamellenschluss. Durch eine höhere Energiezufuhr kann der elektrische Verschleiß, hervorgerufen durch das Bürstenfeuer, beschleunigt werden. Dies führt zu früheren Ausfällen.

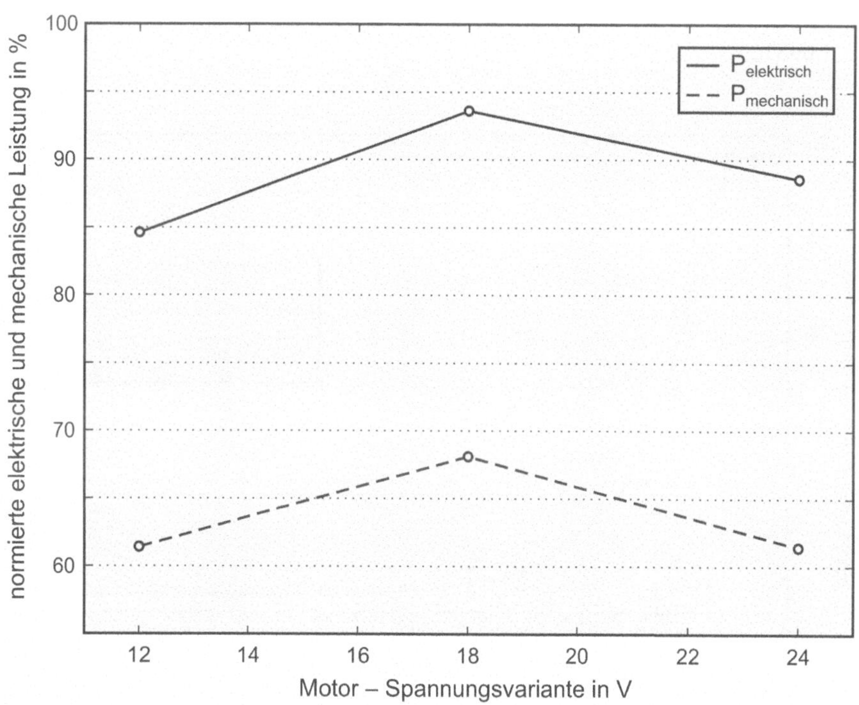

Abb. 6.72 Abhängigkeiten der elektrischen bzw. mechanischen Leistung von der Motorvariante

Aus einer solchen Analyse ergeben sich Optimierungsmöglichkeiten bezüglich der Auswahl der Motorvariante. Für die Praxis bedeutet dies, es kann von Anfang an abgeschätzt werden, welcher Motortyp einer Baureihe für vorgegebene Einsatzbedingungen unter Lebensdaueraspekten die beste Variante darstellt.

6.7.1.3 Beispielhafte Synthese neuer Ausfalldaten für Motoren in frühen Phasen

Neben der reinen Analyse der Daten und Zusammenhänge ist jedoch auch eine Synthese neuer Ausfalldaten in frühen Entwicklungsphasen unter Nutzung solcher Modelle möglich. Beispielhaft wurde dieses Modell in Kap. 4.1.8.4 genutzt, um eine von obigen Kovariablen abhängige Prognose der Überlebensdauerverteilung für einen nicht geprüften Lastfall oder gar einen fiktiven Motor abzuleiten. Damit entstehen Aussagen zur Überlebensdauer bei nicht getesteten Kovariablenkonstellationen.

Zur Verdeutlichung dient beispielhaft wieder das Modell mit der Kovariablen Nennspannung und dem Change-Point bei 18 V. Abbildung 6.73 zeigt dazu eine aus diesem Modell abgeleitete Überlebensdauerfunktion mit Vertrauensintervallen für die nicht getestete Konstellation Belastung 90%, Motorstrom 216 mA und Drehzahl 6400 rpm. Aus dieser Kurve lassen sich dann auch weitere interessierende Kennwerte ableiten, z. B. der B_{10}-Wert zu 554 h bzw. der *MTTF*-Wert zu 1.098 h.

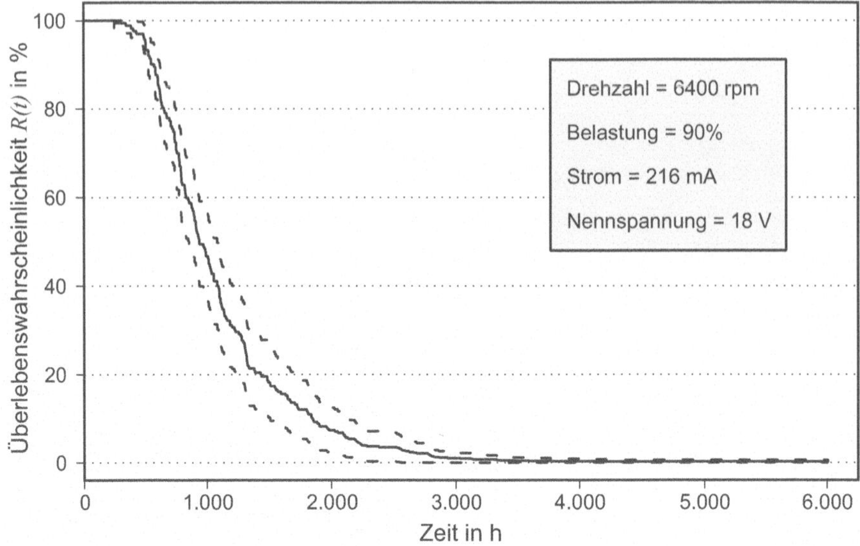

Abb. 6.73 Überlebensdauerverteilung eines 18 V Motors bei 90% Belastung (Vertrauensintervall gestrichelt) [6.38]

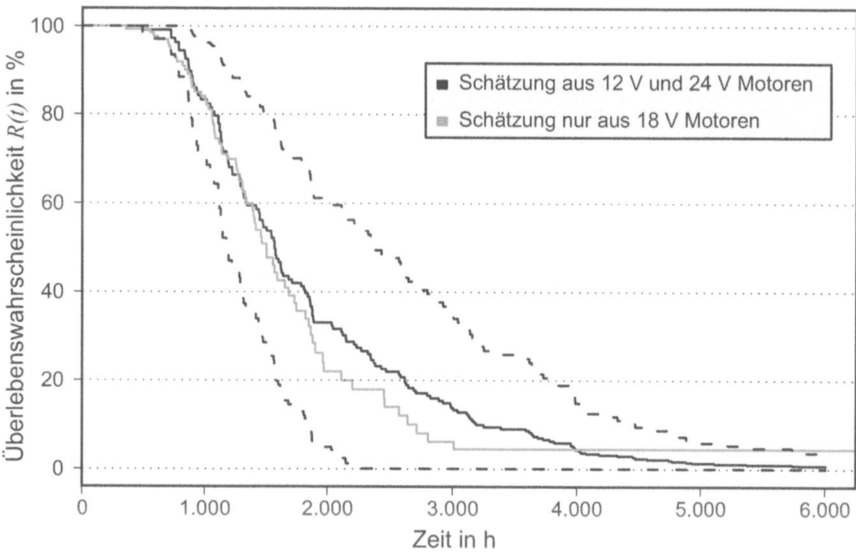

Abb. 6.74 Validierung des ermittelten Modells, 100% Belastung [6.38]

Ein weiteres Bespiel zeigt die Nutzung für die Generierung von Ausfalldaten für einen völlig neuen Motortyp, Abb. 6.74. Da dies nur durch Aufbau und Tests derartiger Motoren nachgeprüft werden könnte, wurde mit diesem Modell eine Motorschätzung aus zwei unterschiedlichen experimentellen Datensätzen angefertigt. Dem ersten Datensatz liegen die experimentellen Daten nur der 12 V und 24 V Motoren zu Grunde. Basis des anderen Datensatzes sind die Ausfalldaten der 18 V Motoren selbst, generell bei 100% Belastung.

In Abb. 6.74 sind daraus ermittelte Verteilungen gegenübergestellt. Die schwarze Kurve zeigt das berechnete Ergebnis für einen 18 V Motor, berechnet ausschließlich aus dem Datensatz der 12 V und 24 V Motoren. Dies wäre also gegebenenfalls ein völlig neuer Motortyp. Die gestrichelten Kurven geben das Vertrauensintervall an. Als graue Kurve ist zum Vergleich die Überlebensfunktion der tatsächlichen 18 V Motoren dargestellt, basierend auf dem realen 18 V Datensatz der Dauerversuche. Die reale 18 V Kurve liegt innerhalb der Vertrauensintervalle der aus den 12 V und 24 V Motoren theoretisch berechneten 18 V Kurve. Somit kann davon ausgegangen werden, dass die Schätzungen des verwendeten Cox-Modells mit Change-Point zu einer Aussage nahe den realen Messwerten führen.

Hersteller oder Anwender könnten ihre ohnehin vorhandenen Dauerlaufdaten in ein solches Modell einbringen und auf dessen Basis dann bereits in frühen Entwicklungsphasen erste Aussagen zur Lebensdauer für einen gewünschten Lastfall und neuen Motor aus einer solchen Synthese ableiten. Die Probleme bezüglich der Unschärfe von Herstellerangaben könnten so deutlich gemindert werden. Die Treffgenauigkeit der Aussagen würde mit dem Umfang eingearbeiteter Daten aus Testreihen steigen.

6.7.1.4 Statistische Analyse und Synthese von Ausfalldaten von Getrieben

Auch für die Getriebe wird eine gleichartige Vorgehensweise derzeit erarbeitet [6.3]. Wegen der Vielzahl an Einflussgrößen und der deutlich größeren Vielfalt der Varianten ist hier aber eine noch deutlich höhere Fallzahl der Dauerversuche nötig als bei den Motoren. Die Auswertung dieser vielfältigen Dauerversuche beispielsweise hinsichtlich der Kovariablen und das Erstellen vergleichbarer Ansätze zur Ableitung von Daten für nicht getestete Konstellationen, hier beispielsweise nicht getestete Stufenübersetzungen, Stufenzahlen, Gesamtübersetzungen, Materialpaarungen und zusätzlich der verschiedenen Last- und Einsatzparameter ist prinzipiell ebenso möglich und wird nach Auswertung genügend breit angelegter Versuchspläne in derzeit laufenden Projekten umgesetzt.

Ziel ist auch hier, ohnehin vorhandene Dauerlaufdaten zu nutzen und auf deren Basis dann auch in frühen Entwicklungsphasen Abschätzungen zur erwarteten Lebensdauer für ein zunächst fiktives Getriebe in dem gewünschten Lastfall oder auch Variantenvergleiche vornehmen zu können.

6.7.2 Erkenntnisse für die Komponenten- und Systementwicklung am Beispiel der Motoren

Neben der Nutzung der vorhandenen Dauerlaufdaten für die reine Ausfallvorhersage in frühen Entwicklungsphasen liegt ein zweiter Ansatz zur Nutzung solcher Dauerläufe natürlich in der Ableitung von Erkenntnissen für die Komponenten- oder Systementwicklung selbst. Auch wenn die Ableitung von Maßnahmen zur Optimierung von Motoren oder Getrieben nicht vordergründig Gegenstand dieser Untersuchungen war, ist die Ermittlung des Ausfallverhaltens stets mit der Frage nach der Ursache und der Vermeidung dieser Ausfälle verbunden. Am Beispiel der Motoren sollen deshalb eigene Erkenntnisse für die Komponentenentwicklung verdeutlicht werden, die aus der Auswertung der Ausfalldaten und der Auseinandersetzung mit den möglichen Ursachen für den Ausfall entstanden, aber zunächst nicht vordergründig aus den physikalischen Zusammenhängen erkennbar waren.

Die Übertragung der Erkenntnisse in frühe Phasen der Komponenten- und Systementwicklung (vgl. V-Modell nach [6.63] für die Produktentwicklung mechatronischer Systeme) wird zunächst anhand des Entwicklungsprozesses eines Kleinstmotors beispielhaft erläutert, Abb. 6.75. In den meisten Fällen handelt es sich dabei um Entwicklungen, bei denen auf Kenntnisse von Vorgängererzeugnissen zurückgegriffen werden kann. Bei kompletten Neuentwicklungen mit überwiegend unbekannten Technologien ist eine Beurteilung der Zuverlässigkeit im frühen Stadium dagegen nahezu unmöglich, es können dann nur vergleichende Betrachtungen unterschiedlicher Lösungen und Technologien realisiert werden.

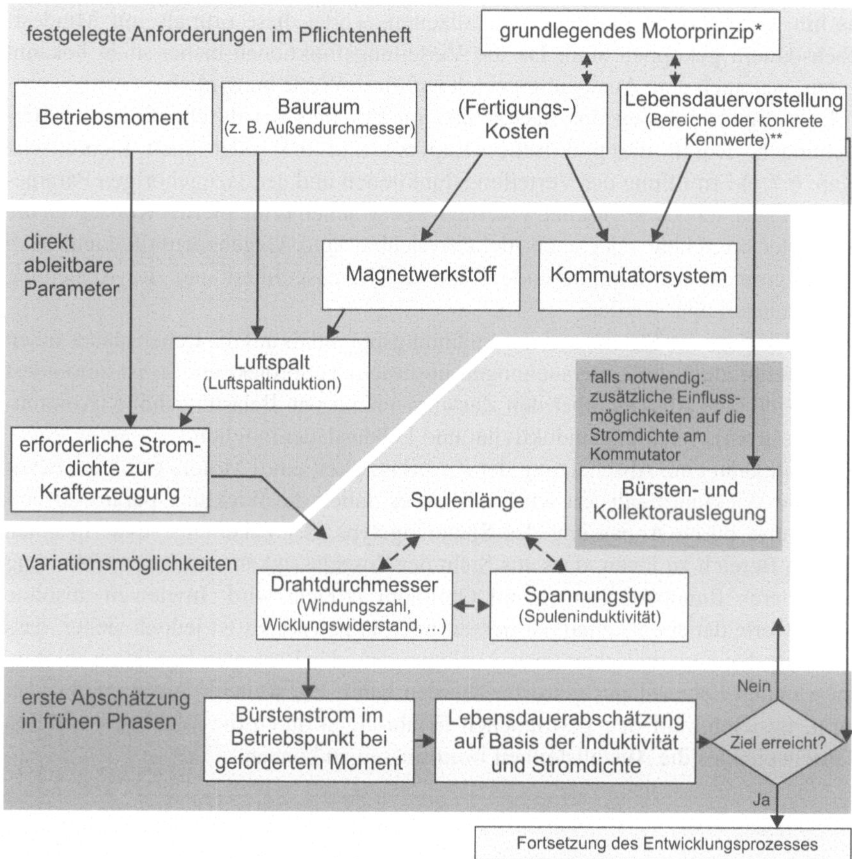

* Durch Vorkenntnisse ist sehr schnell klar, mit welchem Grundprinzip die geforderten Wünsche (Kosten, Lebensdauer, ...) überhaupt realisierbar sind. Die Entscheidung für ein Motorprinzip ist als Basisinformation anzusehen und die im Pflichtenheft angegebenen Forderungen sollten bereits darauf abgestimmt sein.

** Oftmals werden weite Bereiche oder Kombinationen aus Kennwerten angegeben (z. B. Vorgabe vom Kunden durch Schnittstellensysteme). Durch die im Projekt ermittelten Verteilungsfunktionen kann sehr schnell abgeschätzt werden, mit welchem elektromechanischen System ein solcher Verlauf überhaupt erreicht werden kann, bzw. welche der angegebenen Kennwerte bestimmend für die Entwicklung sind. Dadurch können sehr früh nicht zielführende Ansätze erkannt und ausgeschlossen werden.

Abb. 6.75 Beispielhaftes Konzept für den Einsatz der gewonnenen Erkenntnisse in frühen Phasen einer Motorentwicklung [6.36]

Den Ausgangspunkt der Betrachtung stellt das Pflichtenheft eines Motors dar, in dem definiert ist, welche Informationen zu Beginn der Entwicklung zur Verfügung stehen. Im Fall der Motorentwicklung sind dabei meistens der Bauraum (Außendurchmesser), die geforderten Motorkennwerte, die Kosten und auch konkrete Lebensdaueranforderungen bekannt. Die Sichtung verschiedener Pflichtenhefte im Rahmen einer Recherche bestätigte dabei auch die bereits erwähnte große Unsicherheit im Umgang mit Lebensdauerdaten. Die festgeschriebenen Anforderungen, auch Kundenforderungen, reichen von sehr weiten Lebensdauerbereichen bis hin zu konkreten mittleren Ausfallzeiten, wobei diese oftmals mit Mindestlebensdauern gekoppelt sind. Da die Verteilungsfunktionen bisher nicht bekannt waren, war auch eine Auslegung gezielt auf diese Werte unmöglich.

Dies ergibt einen ersten Ansatzpunkt im Ergebnis der durchgeführten Untersuchungen. Durch die praktische (Kap. 6.4 und 6.5) oder auch theoretische (Kap. 6.7.1) Ermittlung der Verteilungsfunktionen und der dazugehörigen Parameter kann sehr schnell abgeschätzt werden, mit welchen prinzipiellen Konzepten die Parameter erreichbar oder auch nicht erreichbar sind. Gegebenenfalls kann auch von Beginn an der dominierende Kennwert herausgefiltert und die Auslegung darauf ausgerichtet werden.

Der Einfluss des Stroms und des Spannungspotentials auf die Lebensdauer fielen als Nebenprodukt der Untersuchungen in diesem Teilprojekt an. So ist zumindest tendenziell eine Aussage über den Zusammenhang von Belastungshöhe (Kommutierungsstrom), Wicklungsinduktivität und Lebensdauer möglich.

Damit kann eine Abschätzung der Zuverlässigkeit eines Motors erfolgen, bevor die erste Wicklung realisiert wird. Ziel ist es dabei, die Wicklungsparameter beispielsweise durch Anpassung des Spannungstyps, der Paketlänge usw. in einen solchen Bereich zu legen, dass aus Sicht der Zuverlässigkeit und unter Einhaltung der anderen Randbedingungen ein Optimum erreicht wird. Inwieweit absolute Zahlenwerte dabei entstehen, ist derzeit noch ungewiss. Es ist jedoch sicher, dass eine Entscheidung zwischen zwei Auslegungen oder Varianten bezüglich ihrer zu erwartenden Lebensdauer getroffen werden kann. Ein weiterer Ansatzpunkt liegt darin, basierend auf den gewonnenen Erfahrungen durch die Wahl des späteren Betriebspunktes die Ausfallsteilheit beeinflussen zu können.

6.8 Zusammenfassung

Derzeit sind nur unzureichende Informationen über das Ausfallverhalten von Kleinantrieben (Kleinmotoren mit Getriebe, Messsystem und Ansteuerelektronik) in frühen Entwicklungsphasen verfügbar. Erst umfangreiche Dauertests mit konkreten Lastfällen bringen heute Klarheit. Durch die hier beispielhaft dargestellten Untersuchungen und abgeleiteten Methoden wird ein Weg aufgezeigt, um diese Lücke punktuell zu schließen.

Zunächst wurden dafür umfangreiche Dauerversuche zu Motoren und deren Getrieben vorgenommen, die verschiedensten Einflüsse auf die Lebensdauer analysiert und konkrete Ausfalldaten und deren Verteilungsfunktionen mit ihren Parametern abgeleitet und dadurch verfügbar gemacht. Dabei wird recht anschaulich deutlich, dass selbst vergleichsweise überschaubare Komponenten und Subsysteme, wie ein Kleinmotor mit Getriebe und Elektronik, in ihren verschiedenen Bauformen und bei den unterschiedlichen Einsatzbedingungen und Betriebsarten eine derart hohe Komplexität in die Zuverlässigkeitsermittlung einbringen, dass eine rein theoretische Ermittlung des Ausfallverhaltens derzeit nicht möglich erscheint.

Dauerlauftests und deren weitergehende Nutzung deutlich über den eigentlichen Testfall hinaus sind dabei wohl unumgänglich.

Grundlage einer geeigneten Umsetzung für frühe Phasen sind deshalb mathematische Modelle, die Daten von Dauerlaufuntersuchungen nutzen. Diese liegen bei Herstellern und Anwendern häufig im breiten Umfang für konkrete kundenspezifische Anwendungsfälle vor, können aber meist noch nicht auf andere Anforderungen übertragen werden. Zur Erstellung eines solchen Modells werden die aufgezeichneten Laufzeitdaten für die verschiedenen Last- und Motorparameter betrachtet. Unter Anwendung des Cox-Modells mit Change-Point können dann mit einem vergleichsweise geringen Aufwand Lebensdauerverteilungen zu beliebig kombinierten Einsatzparametern angegeben werden. Insbesondere ergibt sich durch diese Vorgehensweise die Möglichkeit, Aussagen über noch nicht getestete Betriebsparameter innerhalb der betrachteten Baureihe oder gar zu fiktiven Antriebssystemen abzuleiten. Zusätzlich besteht die Option, Vertrauensbereiche dazu aufzuzeigen. Diese Vorgehensweise eröffnet letztlich einen Weg, um bereits in frühen Entwicklungsphasen und darüber hinaus ausreichend genaue Zuverlässigkeitsdaten bereitstellen zu können.

6.9 Literatur

[6.1] Bayer U (2003) Aufbau und Inbetriebnahme einer Überwachungs- und Auswerteeinheit für einen Mehrzellendauerlaufprüfstand. Diplomarbeit, Institut für Konstruktion und Fertigung in der Feinwerktechnik, Universität Stuttgart

[6.2] Beier M (2008) Zuverlässigkeitsbetrachtungen von mechatronischen Systemen. Festschrift 40 Jahre IKFF, Institut für Konstruktion und Fertigung in der Feinwerktechnik, Universität Stuttgart

[6.3] Beier M (2009) Lebensdaueruntersuchungen an feinwerktechnischen Planetenradgetrieben mit Kunststoffverzahnung, Dissertation, Institut für Konstruktion und Fertigung in der Feinwerktechnik, Universität Stuttgart (in Vorbereitung)

[6.4] Bertsche B, Lechner G (2004) Zuverlässigkeit im Fahrzeug- und Maschinenbau. 3. Aufl, Springer, Berlin

[6.5] Biebighäuser A (1996) Neue Aspekte zur Kommutierung von Gleichstrommaschinen. VDI-Verlag, Düsseldorf

[6.6] Class H, Schmidt H, Winnemann D (2005) Hohe Steifigkeit und Festigkeit – Kunststoffe anwendungsgerecht auswählen (Serie Teil 2). Plastverarbeiter, 56, H. 12: 34–35

[6.7] Cox D (1972) Regression models and life tables. J. Roy. Statist. Soc. Ser. B 34: 187–200

[6.8] Dette H, Kozub C I (2000) Bis das Getriebe kracht: Statistik ersetzt teure Tests. RUBIN Wissenschaftsmagazin 2000, H1, Ruhr-Universität Bochum

[6.9] Deutsches Institut für Normung (1990) DIN 25424 Fehlerbaumanalyse. Beuth, Berlin

[6.10] Deutsches Institut für Normung (1990) DIN 25448 Ausfalleffektanalyse. Beuth, Berlin

[6.11] Deutsches Institut für Normung (1987) DIN 3990 Tragfähigkeitsberechnung von Stirnrädern. Beuth, Berlin

[6.12] Deutsches Institut für Normung (1990) DIN 40041 Zuverlässigkeit elektrischer Bauelemente. Beuth, Berlin

[6.13] Deutsches Institut für Normung (1996) DIN 55303-7 Statistische Auswertung von Daten. Beuth, Berlin

[6.14] Dr. Fritz Faulhaber GmbH & Co. KG (2005) Kleiner, leichter, höheres Drehmoment: Kunststoffgetriebe für Kleinmotoren. Konstruktion, Special Antriebstechnik 2005, S1

[6.15] Dr. Fritz Faulhaber GmbH & Co. KG (2008) Firmenkatalog Antriebssysteme. Schönaich

[6.16] Engelbreit M (2007) Finite Schadensakkumulation und Toleranzanalyse zur Zuverlässigkeitsuntersuchung und Leistungssteigerung. Institutsbericht 27, Dissertation, Institut für Konstruktion und Fertigung in der Feinwerktechnik, Universität Stuttgart

[6.17] Ermolin N, Zerichin I (1981) Zuverlässigkeit elektrischer Maschinen. Verlag Technik, Berlin

[6.18] Faatz P, Ehrenstein G W, Ebert K-H (2006) Getriebe aus Kunststoffzahnrädern – Hybridverzahnungen und Verzahnungen nach DIN 867 im Vergleich. www.scholzhtik.de/engl/Referenzen/Zertifikate/Presse/kem.pdf

[6.19] Feulner R W, Dallner C M, Schmachtenberg E (2007) Kunststoffgetriebe für die Medizintechnik – Kennwertermittlung und Auslegung. Konstruktion, Special Antriebstechnik 2007, S1: 42–47

[6.20] Feulner R W, Kobes M O, Dallner C M, Schmachtenberg E (2007) Trocken laufende Kunststoffgetriebe – Kennwerteermittlung und Auslegung. Fachtagung Maschinenelemente aus Kunststoff, Lehrstuhl für Kunststofftechnik Erlangen, Tagungsband: 1–20

[6.21] Gabrielli G (1990) Dynamisches Verhalten von Kohlebürsten in Schleifringanwendungen. Dissertation, Technische Hochschule Zürich

[6.22] Gandy A (2006) Directed Model Checks for Regression Models from Survival Analysis. Dissertation, Universität Ulm, Logos Verlag, Berlin

[6.23] Gandy A, Jensen U (2008) Model Checks for Cox-Type Regression Models Based on Optimally Weighted Martingale Residuals. http://www.uni-hohenheim.de/spp

[6.24] Gandy A, Jensen U, Köder T, Schinköthe W (2005) Ausfallverhalten bürstenbehafteter Kleinantriebe. F&M Mechatronik 113, H 11–12: 14–17

[6.25] Gandy A, Jensen U, Lütkebohmert C (2005) A Cox model with change-point applied to an actuarial problem. Brazilian Journal of Probability and Statistics 2005, 19: 93–109

[6.26] Geier J, Rüb G, Geissler A, Guyenot M (2008) Eine Frage des Alterns. Kunststoffe 98, 1: 97–100

[6.27] Hachmann H, Strickle E (1966) Polyamide als Zahnradwerkstoffe. Konstruktion, 18, 3: 81–94

[6.28] Hägele N (2005) Aufbau eines Prüfstands zur vollautomatisierten Kennlinienermittlung von Kleinmotoren. Studienarbeit, Institut für Konstruktion und Fertigung in der Feinwerktechnik, Universität Stuttgart

[6.29] Hagemann B (1998) Entwicklung von Permanentmagnet-Mikromotoren mit Luftspaltwicklung. Dissertation, Universität Hannover

[6.30] Halmai A (2001) Fragen der Lebensdauer von Axial-Magnetfeld Gleichstrom-Kleinstmotoren. Periodica Polytechnica Ser. Mech. Eng. 45, 1: 25–30

[6.31] Halmai A, Huba A (1998) Die Vorteile der Axial-Magnetfeld Gleichstrom-Kleinstmotoren. 43. IWK, TU Ilmenau, Bd IV: 511–516

[6.32] INA Wälzlager Schaeffler OHG (2001) Katalog 76 Permaglide-Gleitlager, Frankendruck GmbH, Nürnberg

[6.33] Kallenbach E, Bögelsack G (1991) Gerätetechnische Antriebe. Carl Hanser Verlag, München, Wien

[6.34] Kallenbach E, Stölting H-D (2006) Handbuch Elektrische Kleinantriebe. 3. Aufl, Fachbuchverlag Leipzig, Leipzig

[6.35] Klein G (1967) Untersuchungen zur Tragfähigkeit und zum Verschleißverhalten von geradverzahnten Stirnrädern aus thermoplastischen Kunststoffen bei einer Radpaarung Stahl-Kunststoff. Dissertation, TU Berlin

[6.36] Köder T (2006) Zuverlässigkeit von mechatronischen Systemen am Beispiel feinwerktechnischer Antriebe. Institutsbericht Nr. 25, Dissertation, Institut für Konstruktion und Fertigung in der Feinwerktechnik, Universität Stuttgart

[6.37] Köder T, Schinköthe W (2005) Zuverlässigkeit von elektromechanischen/mechatronischen Systemen am Beispiel feinwerktechnischer Antriebe/Aktorik. Bericht der Forschergruppe DFG 460
[6.38] Lütkebohmert C, Jensen U, Beier M, Schinköthe W (2007) Wie lange lebt mein Kleinmotor? F&M Mechatronik 115, 9: 40–43
[6.39] Lütkebohmert-Marhenke C (2007) Cox-Type Regression and Transformation Models with Change-Points Based on Covariate Thresholds. Dissertation, Universität Hohenheim
[6.40] Martini J (1987) Untersuchung der Lebensdauer und Verlustleistung spritzgegossener Polyacetal-Zahnräder. Dissertation, TU Berlin
[6.41] Maxon Motor GmbH (2008) Firmenkatalog, Sachseln
[6.42] Meyna A (1976) Experimentelle und theoretische Untersuchung der technischen Zuverlässigkeit von Elektronikmotoren. Dissertation, TU Berlin
[6.43] Mihalache A, Guerin F, Barreau M, Todoskoff A (2006) Reliability Analysis of Mechatronic Systems Using Censored Data and Petri Nets: Application on an Antilock Brake System (ABS). Reliability and Maintainability Symposium (RAMS)
[6.44] MIL-HDBK-217 (Military Handbook 217). Rome Air Development Center, Griffis Air Force Base, Department of Defense, New York
[6.45] Molnàr L, Halmai A (1995) Mechanical Connection Analysis of a Micromotor Commutator Brush. International Conference on Recent Advances in Mechatronics, Istanbul
[6.46] Müller K (2003) Entwicklung und Anwendung eines Messsystems zur Erfassung von Teilentladungen bei an Frequenzumrichtern betriebenen elektrischen Maschinen. Dissertation, Universität Duisburg
[6.47] N N (2004) Kunststoffgetriebe für Kleinmotoren setzen Maßstäbe. Faulhaber info 2004, 2: 4–5
[6.48] Pöting S (2003) Lebensdauerabschätzung im High-cycle-fatigue-Bereich. Dissertation, TU Clausthal
[6.49] Rösler J (2005) Zur Tragfähigkeitssteigerung thermoplastischer Zahnräder mit Füllstoffen. Dissertation, TU Berlin
[6.50] Rösler J, Tegel O (2000) Kunststoffzahnräder – 35 Jahre Forschung an der TU Berlin. Antriebstechnik 39, 2
[6.51] Schinköthe W (2008) Aktorik in der Feinwerktechnik. Vorlesungsskript, Institut für Konstruktion und Fertigung in der Feinwerktechnik, Universität Stuttgart
[6.52] Scholz G, Kogler H-G (1979) Untersuchungen zum Verschleiß von Zahnrädern aus Kunststoff. Maschinenmarkt, 85, 29: 553–556
[6.53] Seagate Technology LLC (2001) Cheetah X15-36 LP – FDB-Motor. Firmenbroschüre, Publikation Nr. TP-574
[6.54] Sieber D (2004) Ermittlung des Ausfallverhaltens feinmechanischer Antriebe anhand vorliegender Dauerlaufergebnisse. Studienarbeit, Institut für Konstruktion und Fertigung in der Feinwerktechnik, Universität Stuttgart
[6.55] Siedke E (1977) Tragfähigkeitsuntersuchungen an ungeschmierten Zahnrädern aus thermoplastischen Kunststoffen. Dissertation, TU Berlin
[6.56] Stahl K (1999) Lebensdauerstatistik – Leitfaden zur Statistik in der Betriebsfestigkeit und Lebensdauerstatistik – statistische Methoden zur Beurteilung von Bauteillebensdauer und Zuverlässigkeit und ihre beispielhafte Anwendung auf Zahnräder. FVA-Forschungsheft 580, Frankfurt
[6.57] Stahl K (2001) Grübchentragfähigkeit einsatzgehärteter Gerad- und Schrägverzahnungen unter Berücksichtigung der Pressungsverteilung. Dissertation, TU München
[6.58] Thüringen C (1999) Zahnradgetriebe für Mikromotoren. Dissertation, Universität Dresden
[6.59] Tsukamoto N, Maruyama H, Ikuta T (1991) A Study on Development of Low Noise Gears. Japan Society of Mechanical Engineers Journal Series III, 34, 1

[6.60] Tuschka J (2003) Ermittlung einer Ansteuerstrategie für Dauerversuche und Aufbau eines Messstandes zur Drehmomenterfassung. Studienarbeit, Institut für Konstruktion und Fertigung in der Feinwerktechnik, Universität Stuttgart

[6.61] Uecker A (1990) Zur Stabilität von Kohlebürsten bei hoher Geschwindigkeit. Dissertation, Universität Darmstadt

[6.62] Verband der Automobilindustrie e. V. (VDA) (2000) Qualitätsmanagement in der Automobilindustrie: Zuverlässigkeitssicherung bei Automobilherstellern und Lieferanten, Teil 2, 3. überarbeitete und erweiterte Aufl, Frankfurt

[6.63] Verein Deutscher Ingenieure (2004) VDI 2206 Entwicklungsmethodik für mechatronische Produkte. Beuth, Berlin

[6.64] Verein Deutscher Ingenieure (1981) VDI 2545 Zahnräder aus thermoplastischen Kunststoffen, zurückgezogen. Beuth, Berlin

[6.65] Verein Deutscher Ingenieure (1998) VDI 4008 Bl. 2 Boolesches Modell. Beuth, Berlin

[6.66] Volkmann W (1980) Kohlebürsten, Untersuchungsergebnisse, Erfahrungen, Empfehlungen. Schunk & Ede GmbH, Gießen

[6.67] Wang H (1998) Alterung von Isoliersystemen elektrischer Maschinen im Reversierbetrieb. Dissertation, Universität Essen

[6.68] Warbinek K (1981) Über die Alterung und Lebensdauer von Wicklungen in elektrischen Maschinen bei hohen Temperaturen. Dissertation, GH Kassel

[6.69] Weidig R, Rösler J (2001) Performance of HAT-Thermoplastic Spur Gears Made Out of Polyaryletherketone (PAEK). SAE World Congress, Session: Plastic Underhood Components (Part A&B), Detroit

[6.70] Wentz S (2004) Praxisbezogene Verfahrensentwicklung zur Lebensdauerbestimmung von Elektromotoren. Studienarbeit, Institut für Konstruktion und Fertigung in der Feinwerktechnik, Universität Stuttgart

[6.71] Zickgraf B (1996) Ermüdungsverhalten von Multilayer-Aktoren aus Piezokeramik. Dissertation, Universität Stuttgart

Kapitel 7
Zuverlässigkeit der Software in mechatronischen Systemen

Peter Göhner unter Mitarbeit von Andreas Beck, Simon Kunz und Michael Wedel

In diesem Kapitel werden qualitative und quantitative Methoden zur Zuverlässigkeitsanalyse der Software in frühen Entwicklungsphasen vorgestellt. Als Grundlage für die Analyse dienen insbesondere qualitative Modelle der Funktionalität des mechatronischen Systems. Diese ganzheitlichen Modelle, welche alle Domänen eines mechatronischen Systems umfassen, erlauben eine frühzeitige Untersuchung möglicher Fehlerzusammenhänge. Dies ist erforderlich, da die Software in mechatronischen Systemen eng an ihre technische Umgebung gekoppelt ist. Neben der Analyse der Zuverlässigkeit werden auch Methoden zur Konstruktion zuverlässigerer Systeme sowie zur Erfassung und Auswertung empirischer Fehlerdaten aus dem Test und Betrieb der Software betrachtet. Die hier dargestellten Ergebnisse basieren vorwiegend auf den im Rahmen der Forschergruppe 460 entstandenen wissenschaftlichen Arbeiten. Gleichzeitig wird zur Einordnung der Ergebnisse auch ein Überblick über den Stand der Technik und der Wissenschaft gegeben.

7.1 Einführung

Der Begriff des Computer Bug geht auf das Jahr 1945 zurück. Damals wurde eine Motte (engl.: bug) als Ursache für eine Fehlfunktion in einem Computer in Harvard identifiziert. Der Begriff des Bug stammt ursprünglich bereits aus dem 19. Jahrhundert und wird seither von Ingenieuren verwendet. Wie in [7.85] beschrieben, soll bereits Thomas Edison kleinere Fehler in einem System mit dem Begriff Bug belegt haben. Heute wird dieser Begriff hauptsächlich mit Fehlern in programmierbaren Systemen in Verbindung gebracht. Dabei werden sowohl softwarebasierte als auch rein elektronische Systeme als programmierbar bezeichnet. Während die Zuverlässigkeit der Elektronik in Kap. 8 im Detail behandelt wird, liegt der Fokus dieses Kapitels auf der Zuverlässigkeit der Software (im Folgenden abgekürzt durch SW). Insbesondere wird die Zuverlässigkeit von SW-Systemen in frühen Entwicklungsphasen mechatronischer Systeme untersucht. In diesen Systemen ist das SW-System stets eng an eine technische Umgebung gekoppelt, welche Komponenten aus anderen Domänen wie der Mechanik, Elektromechanik und Elektronik enthält.

Vor wenigen Jahren wurden die 10 schwerwiegendsten Bugs in der Geschichte der Software in einem Artikel zusammengestellt [7.35]. Darunter befanden sich unter anderem der oft zitierte Absturz der Ariane 5 und verschiedene Fehlfunktionen des medizinischen Geräts Therac-25. Bei letzterem handelte es sich um ein Bestrahlungsgerät zur Behandlung von Tumorpatienten, welches nach [7.65] aufgrund von SW-Fehlern eine Gefahr für Patienten darstellte. Die damals durchgeführte Analyse schloss Programmierfehler mit der Begründung aus, dass bereits ausführliche Tests durchgeführt wurden und somit keine systematischen Fehler vorhanden sein konnten. Als einzige Fehlermöglichkeit wurde lediglich die Veränderung des Programmspeichers etwa durch kosmische Strahlung in Betracht gezogen. Eine solche einfache Betrachtungsweise war damals nicht ausreichend und ist gerade bei den heutigen komplexen Systemen ebenso wenig sinnvoll.

Heutzutage findet sich Software in vielen Systemen des alltäglichen Lebens wieder. Man geht beispielsweise davon aus, dass Software in Kraftfahrzeugen in Kürze an die 100 Millionen Zeilen Quellcode umfassen [7.15] und einen Speicherplatz von etwa einem Gigabyte belegen wird [7.11]. Dabei sind Kraftfahrzeuge nur ein Beispiel für komplexe SW-Systeme. Software ist sowohl in einfachen Haushaltsgeräten, Verkehrsmitteln wie Flugzeugen und Zügen als auch in industriellen Anlagen wie Kraftwerken an wichtigen Funktionen beteiligt. Durch die Kopplung von Software mit elektronischen und mechanischen Komponenten in der Mechatronik werden vielseitige neuartige Funktionalitäten für die Kunden bereitgestellt. Gleichzeitig hat dies auch einen Einfluss auf die Bedeutung von SW-Fehlern. Ein Fehler kann nicht nur den Kunden verärgern, sondern auch zu großen finanziellen Schäden führen, z. B. durch Zerstörung von Komponenten oder den Stillstand einer Anlage. Entsprechend einer aktuellen Studie entstehen der Wirtschaft durchschnittlich Kosten im dreistelligen Millionenbereich pro Jahr durch Fehler in SW-Systemen [7.90]. In sicherheitsbezogenen mechatronischen Systemen kann ein SW-Fehler nicht nur zu einer finanziellen Belastung sondern darüber hinaus zu einer Gefahr für Mensch oder Umwelt führen.

7.1.1 Ziele, Herausforderungen und Ansätze der frühzeitigen Analyse der Softwarezuverlässigkeit

Die enge Verbindung zwischen der Software mit elektronischen und mechanischen Komponenten sowie unvollständige und ungenaue Informationen in frühen Entwicklungsphasen stellen eine besondere Herausforderung bei der Bewertung der SW-Zuverlässigkeit dar. Es wird daher in diesem Kapitel beschrieben, wie die Zuverlässigkeit von Software frühzeitig analysiert werden kann und welche

Maßnahmen zur Steigerung der SW-Zuverlässigkeit im Kontext mechatronischer Systeme sinnvoll sind. Das Ziel besteht in der Einbettung der hier vorgestellten Methoden in ein gesamtheitliches Vorgehen, welches bereits frühzeitig im Entwicklungsprozess auf mechatronische Systeme anwendbar ist (vergleiche Kap. 3). Durch die frühzeitige Analyse kann festgestellt werden, ob das vorgegebene Zuverlässigkeitsziel sowohl für die Software als auch für das gesamte mechatronische System erreicht wird. Falls dies nicht der Fall ist, können frühzeitige Maßnahmen zur Korrektur der Zuverlässigkeit ergriffen werden, um spätere Folgekosten und aufwändige Nacharbeiten so gering wie möglich zu halten. Entsprechenden Schätzungen zufolge geht man in der Praxis von einem hohen Faktor aus, der eingespart werden kann, wenn schwere SW-Fehler bereits frühzeitig gefunden und behoben werden. In aktuellen Studien und Diskussionen wird der Faktor im Bereich von 10 bis 100 angenommen [7.31]. Eine Analyse kann wie in den anderen Domänen sowohl qualitativ sein, indem sie beispielsweise kritische Komponenten identifiziert, als auch quantitativ, indem sie die zu erwartende SW-Zuverlässigkeit prognostiziert.

Im Gegensatz zu den klassischen Ausfallursachen, wie etwa Verschleiß bei mechanischen Komponenten, unterliegt Software keinen physikalischen oder chemischen Ausfällen. Stattdessen entstehen Fehler in der Software aufgrund menschlicher Irrtümer [7.47], beispielsweise durch den Fehler eines Programmierers bei der Implementierung der Software in einer bestimmten Programmiersprache. Die Art der Fehler ist inhärenter, systematischer Natur. Dies bedeutet, dass die Fehler bereits vor Inbetriebnahme in der Software vorhanden sind und – wie in Kap. 2.3 beschrieben – dann sichtbar werden, wenn die fehlerhafte Funktion ausgeführt wird und aufgrund dessen die Software versagt. Klassische Prüfmethoden, etwa Test- oder formale Beweisverfahren, zielen auf die Fehlerfreiheit ab (Perfektionsstrategie). Wegen der Komplexität heutiger SW-Systeme kann jedoch nicht von einem absolut fehlerfreien Programm ausgegangen werden [7.63]. Eine Analyse der zu erwartenden SW-Zuverlässigkeit gibt Auskunft darüber, welche Module oder Komponenten kritisch sein könnten, welche potenziellen Fehler zu erwarten sind und in welcher Häufigkeit diese bei Benutzung der Software auftreten. Dieses Ergebnis kann dann mit den vorgegebenen Zielen bezüglich der SW-Zuverlässigkeit abgeglichen werden. Ebenso kann die Entwicklung frühzeitig geplant und daraufhin überwacht werden, etwa indem besonders kritische Module einem umfangreicheren Test unterzogen werden oder indem zusätzliche fehlertolerante Maßnahmen vorgesehen werden.

Zur Bestimmung der SW-Zuverlässigkeit erfordern die meisten Methoden zunächst, dass das SW-System verschiedenen Tests unterzogen wird. Aus den Testergebnissen wird dann mittels spezieller SW-Zuverlässigkeitsmodelle, z. B. den sogenannten Zuverlässigkeitswachstumsmodellen, die Zuverlässigkeit quantitativ angenähert. Ein Zuverlässigkeitsmodell beschreibt dabei, wie aus den gesammelten empirischen Testergebnissen, z. B. der Anzahl der gefundenen Fehler pro Zeiteinheit, die Zuverlässigkeit ermittelt wird. Wie in den anderen Domänen, ist das SW-System jedoch in frühen Entwicklungsphasen noch nicht realisiert und kann daher auch nicht getestet werden, um empirische Daten zur Zuverlässigkeitsanalyse zu erhalten. Ein möglicher Ansatz in den Domänen Mechanik und Elektronik besteht darin, Zuverlässigkeitsmodelle für Klassen von Bauteilen zu erstellen. Beispiele hierfür sind Handbücher oder Prüfstandtests spezifischer Bauteilgruppen [7.52]. Hier liegt die Annahme zugrunde, dass sich die Zuverlässigkeit in Abhängigkeit meist physikalischer Parameter wie Beanspruchung oder Temperatur modellieren lässt. Zwar gibt es für SW-Systeme ebenfalls sogenannte Prognosemodelle, welche die Zuverlässigkeit aufgrund verschiedenster Einflussfaktoren, etwa der Codegröße, vorhersagen. Jedoch ist die Aussagekraft dieser Modelle umstritten [7.29]. Dies wird unter anderem darauf zurückgeführt, dass beim Vergleich verschiedener SW-Systeme starke Variabilitäten auftreten können, etwa durch die verschiedenen Zusammensetzungen der Entwicklerteams oder den Tagesformen der Programmierer. Obwohl ein Zusammenhang zwischen der Größe des Quellcodes und der absoluten Zahl an Fehlern in einem Programm plausibel erscheint (vergleiche Korrelation in [7.102], Studie in [7.30]), lässt sich daraus nicht ohne Weiteres auf die Zuverlässigkeit eines Programms schließen. Dazu müsste bekannt sein, wie häufig die fehlerhaften Funktionen tatsächlich im Betrieb ausgeführt werden, ob sie bis hin zu den Systemgrenzen beobachtbar sind und ob sie dort tatsächlich zu einem Versagen des Systems führen.

Ein Ansatz, um derartige Fragen zu beantworten, besteht in der frühzeitigen Modellierung des Systemverhaltens. Daraus kann das Zusammenwirken zwischen SW-Komponenten sowie zwischen SW-Komponenten und Komponenten aus anderen Domänen bestimmt werden. So können beispielsweise SW-Komponenten erkannt werden, deren Versagen zu unerwünschten Fehlfunktionen in der Mechanik mit hohen Reparaturkosten führen. Zu diesem Zweck wird in Kap. 7.4.3 eine Methode zur qualitativen Beschreibung des Systemverhaltens aufgegriffen und mit Hinblick auf die Analyse mechatronischer Systeme erweitert. Die qualitative Modellbildung erlaubt die ganzheitliche Beschreibung der Funktionen und der Struktur programmierbarer mechatronischer Systeme. Dies wird als Ausgangspunkt für qualitative und quantitative Zuverlässigkeitsanalysen des SW-Systems unter Berücksichtigung des gesamten mechatronischen Systems verwendet. Ein quantitativer Ansatz bildet die Betrachtung mehrfach verwendbarer unveränderlicher SW-Komponenten. Für diese kann bereits in früheren Systemen Betriebserfahrung gesammelt und auf das aktuell zu entwickelnde System übertragen werden. Die Ansätze werden in den nachfolgenden Abschnitten näher erläutert. Zunächst wird eine kurze Übersicht über die Methoden gegeben, welche in diesem Kapitel vorgestellt werden.

7.1.2 Gliederung dieses Kapitels

In Kap. 7.2 wird zunächst ein Überblick über die Methode gegeben, welche in frühen Entwicklungsphasen die qualitative und quantitative Analyse der SW-Zuverlässigkeit in mechatronischen Systemen ermöglicht. Davon ausgehend werden dann die einzelnen Schritte im Detail erläutert. Wie Abb. 7.1 veranschaulicht, gliedern sich die Schritte an das V-Modell für mechatronische Systeme [7.92] an.

Der erste Schritt besteht in der Beschreibung der geforderten Funktionen ausgehend von den groben Anforderungen. In Kap. 7.3 wird erläutert, wie Anforderungen an das Gesamtsystem und speziell an die Software in mechatronischen Systemen auf verschiedene Arten beschrieben werden können. Dies bildet dann die Grundlage für die weiteren Untersuchungen bezüglich der SW-Zuverlässigkeit.

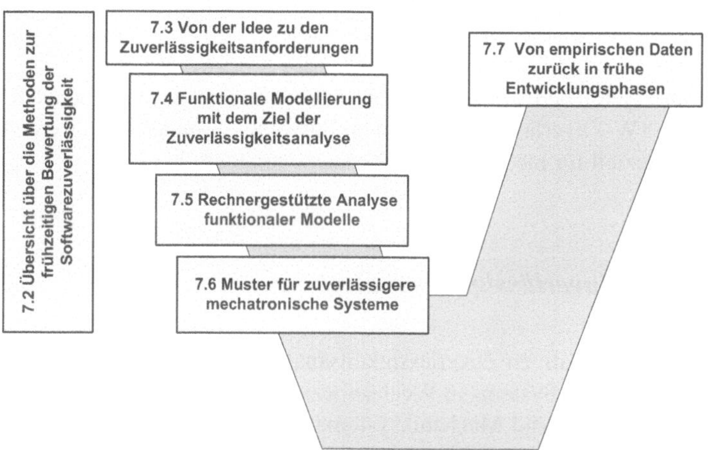

Abb. 7.1 Einordnung der Schritte der frühzeitigen Zuverlässigkeitsbewertung der Software in das V-Modell für mechatronische Systeme nach [7.92]

Daraufhin wird in Kap. 7.4 die Methode der Situationsbasierten Qualitativen Modellbildung und Analyse (SQMA) vorgestellt. Nach einem kurzen Abriss über die bisherige Entwicklung der Methode, welche ihren Ursprung in der Sicherheitsanalyse hat, werden die Erweiterungen für die Anwendung auf programmierbare mechatronische Systeme erläutert. Dazu gehören unter anderem die Transformation von Modellen der Unified Modeling Language (UML) nach SQMA und die Analyse, inwieweit Fehler in einzelnen Komponenten das Gesamtsystem beeinflussen. Die rechnergestützte Analyse von Modellen, welche das funktionale Verhalten eines Systems qualitativ beschreiben, wird in Kap 7.5 vertieft. Dort werden die dafür notwendigen Konzepte und SW-Werkzeuge vorgestellt.

Um die Zuverlässigkeit eines SW-Systems konstruktiv zu steigern, wird in Kap. 7.6 das Konzept mehrfach verwendbarer Muster vorgestellt. Solche Muster sammeln Erfahrungswissen, etwa hinsichtlich fehlertoleranter Maßnahmen, und können anderen Ingenieuren in Form von Musterkatalogen bereitgestellt werden. Durch Anwendung der Muster kann ein Ingenieur verschiedene Varianten eines Systems erstellen und hinsichtlich der Zuverlässigkeit vergleichen.

Die systematische Erfassung empirischer Daten und deren Auswertung wird in Kap. 7.7 vorgestellt. Dazu wird zum einen ein Datenmodell konzipiert, welches die strukturierte Fehlererfassung erlaubt. Zum anderen werden verschiedene Möglichkeiten vorgestellt, wie sich Fehlerdaten erfassen und auswerten lassen, um Informationen für frühe Entwicklungsphasen zu erhalten.

Schließlich wird in Kap. 7.8 ein kurzes Anwendungsbeispiel anhand eines realen Modells eines computergesteuerten Modellbautruck vorgestellt.

7.2 Übersicht über die Methoden zur frühzeitigen Bewertung der Softwarezuverlässigkeit

Dieses Kapitel gibt einen Überblick sowohl über die qualitative als auch die quantitative Analyse der SW-Zuverlässigkeit in frühen Entwicklungsphasen. Es werden jeweils Methoden speziell für mechatronische Systeme erläutert.

7.2.1 Qualitative Zuverlässigkeitsanalyse

Der Schwerpunkt der qualitativen Zuverlässigkeitsanalyse liegt auf der Identifikation kritischer Teile des SW-Systems in Wechselbeziehung mit den Komponenten der umgebenden Elektronik- und Mechaniksysteme. Die Methode basiert auf der ganzheitlichen qualitativen Beschreibung des gesamten mechatronischen Systems und teilt sich in mehrere Schritte auf. Zunächst wird die Methode in einer Übersicht vorgestellt, um dann die verschiedenen Schritte im Detail zu beschreiben. Die nachfolgenden Kapitel vertiefen die einzelnen Aspekte der Methode wie beispielsweise die qualitative Beschreibung des funktionalen Verhaltens mittels der Methode SQMA, welche in Kap. 7.4 näher behandelt wird.

Das Ziel des im Folgenden beschriebenen risikobasierten Ansatzes besteht in der abgestuften Zuverlässigkeitsanalyse einzelner Teile des SW-Systems abhängig von der Höhe des jeweils ermittelten Risikos. Entsprechend [7.20] ist das Risiko als eine Kombination aus der Eintrittswahrscheinlichkeit und dem Schweregrad der möglichen Verletzung oder Gesundheitsschädigung definiert. Die Definition des annehmbaren Wertes wird hierbei aus gesetzlichen Vorschriften und gesellschaftlichen Werten abgeleitet. Je höher das Risiko für eine SW-Komponente hinsichtlich der Erreichung einer vorgegebenen Zuverlässigkeit ausfällt, umso genauer wird diese in der nachfolgenden Zuverlässigkeitsanalyse weiter untersucht. Gegebenenfall werden zusätzliche Maßnahmen ergriffen, um das Risiko zu senken. Durch ein iteratives Vorgehen wird die erste Risikoabschätzung im Rahmen weiterer Entwicklungsschritte verfeinert und verhindert so, dass anfängliche Fehleinschätzungen sich im Entwicklungsprozess fortpflanzen. Da das SW-System in frühen Phasen noch nicht realisiert und mit den anderen Teilsystemen integriert ist, wird als Informationsgrundlage ein qualitatives Modell des SW-Systems und dessen technischer Umgebung zugrunde gelegt. Ein derartiges Modell kann bereits früh im Entwicklungsprozess erstellt werden, indem es die Beschreibung unvollständiger und ungewisser Informationen erlaubt.

Die qualitative Zuverlässigkeitsanalyse des SW-Systems, welche parallel zu dessen Entwicklung durchgeführt wird, setzt sich ausgehend von dieser Grundüberlegung aus insgesamt drei Teilschritten zusammen (Abb. 7.2). Im ersten Schritt wird zunächst ein qualitatives Modell der Systemstruktur und des Systemverhaltens erstellt. Dieses Modell muss in frühen Entwicklungsphasen eine grobe Vorstellung der Systemfunktionen abbilden können. Zu diesem Zeitpunkt sind die Details der Realisierung noch nicht bekannt und die vorhandenen Informationen sind häufig unvollständig. Aus diesen Gründen wird die Methode der Situationsbasierten Qualitativen Modellbildung und Analyse (SQMA) verwendet. SQMA erlaubt durch den qualitativen Modellierungsansatz die Beschreibung komplexer Automatisierungssysteme in frühen Entwicklungsphasen trotz unvollständiger oder ungewisser Informationen.

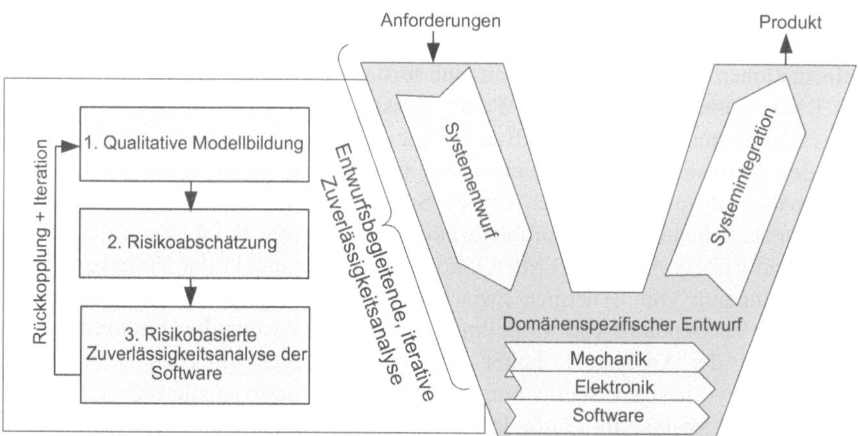

Abb. 7.2 Übersicht über die drei Schritte der qualitativen Zuverlässigkeitsanalyse

Ausgehend von dem qualitativen Modell des Systems, erfolgt die Risikoabschätzung in den frühen Phasen der Entwicklung. Hierzu werden zunächst die globalen Fehlerauswirkungen ermittelt. Unter einer globalen Fehlerauswirkung versteht man nach [7.60] einen physikalischen Effekt, welcher ein Fehlverhalten des Gesamtsystems, hier genauer des programmierbaren mechatronischen Systems, bedeutet. Dies bemerkt der Benutzer beispielweise durch einen Verlust an Komfort oder durch das vollständige Versagen der zugehörigen Funktion. Das Ziel der Analyse besteht darin herauszufinden, welche globalen Fehlerauswirkungen im mechanischen und elektronischen System potenziell auftreten und welche SW-Komponenten hierzu beitragen können. Im Anschluss daran wird das Risiko der globalen Fehlerauswirkungen abgeschätzt, indem gemäß dem Risiko eine Einteilung in eine entsprechende Kritikalitätsklasse erfolgt. Hat man diese vorgenommen, werden Verfahren für die Zuordnung zwischen globalen Fehlerauswirkungen und lokalen Fehlern in Komponenten angewandt. Damit wird die Kritikalität einzelner Komponenten ermittelt und festgelegt, wie diese im Weiteren zu untersuchen sind. Je höher das ermittelte Risiko ausfällt, umso genauer wird die Komponente hinsichtlich der Zuverlässigkeit und möglicher Probleme analysiert. Dieses grundlegende Vorgehen lehnt sich an die risikobasierten Ansätze aus der Sicherheitstechnik, wie etwa der Norm IEC 61058 [7.49] an. In Erweiterung zu dem dort beschriebenen sicherheitsbezogenen Vorgehen, wird hier speziell der Aspekt der Zuverlässigkeit betrachtet. Beispielsweise haben Komfortfunktionen keine Auswirkung auf die Sicherheit des mechatronischen Systems, sind aber für die Zuverlässigkeit von Bedeutung. Durch den Einsatz qualitativer Modelle wird die Möglichkeit der rechnergestützten Analyse eröffnet, um auch komplexe mechatronische Systeme mit zahlreichen Wechselwirkungen zwischen Komponenten zu handhaben.

Wie die Erfahrung aus der Vergangenheit – etwa im Fall der Ariane 5 – zeigt, ist die ausschließliche Betrachtung von Teilen der Software, welche zu Beginn der Entwicklung als kritisch eingestuft werden, nicht ausreichend. Beispielsweise kann sich die Einschätzung im Verlauf der Entwicklung aufgrund zusätzlicher Informationen verändern, weswegen eine fortlaufende Überwachung der ermittelten Risikowerte erforderlich ist. Weiter müssen die Wechselwirkungen zwischen einzelnen Systemteilen und die Randbedingungen der Umgebung im Modell sowie der Analyse ebenfalls berücksichtigt werden. Zur detaillierten Zuverlässigkeitsanalyse im abschließenden dritten Schritt werden verschiedene Methoden, darunter auch die in [7.49] empfohlene Fault Tree Analysis (FTA) sowie die Failure Mode and Effects Analysis (FMEA), kombiniert. Kernpunkt der Vorgehensweise ist die Nutzung von Synergien zwischen den verschiedenen Analysemethoden sowie die Verwendung von Modellinformationen zur weitgehend automatischen Generierung der Analyse. Je höher das Risiko, welches von einer Komponente ausgeht, im vorherigen Schritt eingeschätzt wurde, desto ausführlicher fällt die nachfolgende Analyse im Laufe des Entwicklungsprozesses aus. Aufgrund dieser Bewertung des Risikos werden geeignete Maßnahmen zur Verringerung des Risikos oder zur Beseitigung möglicher Fehlerquellen definiert. Zunächst wird die Ermittlung globaler Fehlerauswirkungen mittels qualitativer Modelle beschrieben.

7.2.1.1 Qualitative Modellbildung zur Bestimmung globaler Fehlerauswirkungen

Wie oben geschildert, sind globale Fehlerauswirkungen essentiell für die ganzheitliche Risikoabschätzung und Zuverlässigkeitsanalyse programmierbarer mechatronischer Systeme. In einem solchen System übernimmt die Software weite Teile der Regelungs- und Steuerungsfunktionen. Die fehlerfreie Ausführung dieser Funktionen ist in Bezug auf das Verhalten mechanischer und elektronischer Komponenten und zugehöriger physikalische Größen definiert. Ist beispielsweise die Geschwindigkeit eines Fahrzeugs zu regeln, so hängt diese nicht nur von den

Ausgaben der Regelungssoftware ab, sondern auch von physikalischen Größen der Umgebung, wie dem Fahrtwind, dem Motormoment oder dem Rollwiderstand. Ein SW-Fehler wird erst dann vom Benutzer als Versagen der Software bemerkt, wenn er zu einem inkorrekten Verhalten im gesteuerten oder geregelten Teilsystem, beispielsweise einer falschen Geschwindigkeit, führt. Diese Abweichung physikalischer Größen, oben als globale Fehlerauswirkung definiert, gilt es zu analysieren. Um dies bereits in frühen Entwicklungsphasen durchführen zu können, sollen ganzheitliche Modelle aller Teilsysteme aus den Domänen verwendet werden.

Da in frühen Entwicklungsphasen das gesamte mechatronische System und dessen Teile noch nicht vorliegen, können diese auch nicht zusammen getestet werden. Trotzdem ist es notwendig, mögliche globale Fehlerauswirkungen im technischen System zu bestimmen und zu ermitteln, welche SW-Komponenten diese möglicherweise hervorrufen können. Zwar können globale Fehlerauswirkungen durch Befragung von Experten abgeschätzt werden. Bei komplexen Systemen mit einer großen Anzahl an Komponenten und Wechselwirkungen ist jedoch die Gefahr groß, dass mögliche Fehlerauswirkungen oder Komponenten, die daran beteiligt sind, übersehen werden. Aus diesem Grund wird als Grundlage der Analyse zunächst ein funktionales qualitatives Modell des Systems erstellt. Dieses Modell muss nicht nur die Domäne der Software abdecken, sondern auch elektronische und mechanische Komponenten enthalten (Abb. 7.3). Neben der Beschreibung der Funktionen sollen auch potenzielle Fehler bei SW-Komponenten sowie physikalische Fehlerauswirkungen bei elektronischen und mechanischen Komponenten beschrieben werden, wie beispielsweise der Bruch einer Welle. Darüber hinaus ist zu untersuchen, welche Interaktionen mit dem menschlichen Bediener zu Fehlerauswirkungen führen können.

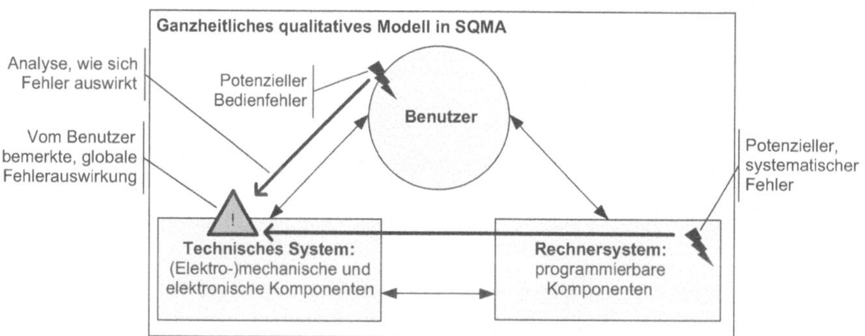

Abb. 7.3 Analyse eines qualitativen Modells des Systemverhaltens

Durch Kombination der Komponenten in einem ganzheitlichen Modell kann dann ermittelt werden, welche Fehler der Software eine Fehlerauswirkung auf globaler Ebene auslösen und somit zu einem Versagen des Gesamtsystems führen. Da in frühen Entwicklungsphasen nicht immer alle Funktionen der Komponenten vollständig spezifiziert sind, wird im Rahmen der Methode SQMA eine qualitative

Modellierungssprache verwendet, welche auch mit unvollständigen Informationen umgehen kann. Dazu werden Größen an den Schnittstellen von Komponenten mittels qualitativer Ausdrücke wie niedrig und hoch beschrieben. Die Zusammenhänge zwischen Ein- und Ausgängen werden dann mittels qualitativer Regeln innerhalb einer Komponente vorgegeben. Wie die Modellbildung im Rahmen der SQMA und die rechnergestützte Analyse im Detail funktionieren, wird später in den Kap. 7.4.2, 7.4.3 und 7.5 vertieft. Neben dem Einsatz der SQMA wurden auch andere Modellierungsmethoden, beispielsweise andere blockorientierte Sprachen in [7.96] untersucht. Diese lassen sich zwar – etwa aufgrund der Verbreitung im Unternehmen – in die beschriebene Methode der Zuverlässigkeitsanalyse gut integrieren, erfordern jedoch meist genauere Angaben zu den Komponenten. Da dies in frühen Entwicklungsphasen nicht immer möglich ist bzw. zusätzlichen Aufwand bedeutet, wird im Folgenden speziell auf die qualitative Modellbildung eingegangen. Als Ergebnis des ersten Schritts erhält der Ingenieur globale Fehlerauswirkungen sowie zugehörige Komponenten und kann diesen nun im nächsten Schritt ein entsprechendes Risiko zuordnen.

7.2.1.2 Abschätzung des Risikos für jede SW-Komponente

Um das Risiko für eine SW-Komponente zu ermitteln, wird von den globalen Fehlerauswirkungen ausgegangen, zu denen die jeweilige SW-Komponente beiträgt. Es wird zunächst für jede Fehlerauswirkung das zugehörige Risiko in Form einer sogenannten Kritikalitätsklasse (CC) bestimmt. Daraufhin wird einer SW-Komponente dann das höchste Risiko zugeordnet, das von dieser SW-Komponente ausgehen kann (Abb. 7.4).

Abb. 7.4 Zuordnung des Risikos zu einer SW-Komponente

Zur Bestimmung des Risikos legt die Methode zur Zuverlässigkeitsanalyse keine bestimmte Vorgehensweise fest, sondern sieht ein generisches Vorgehen vor, das in einer diskreten Skala resultiert. Dabei wird jede globale Fehlerauswirkung einer bestimmten Kritikalitätsklasse zugewiesen. Im Folgenden werden zunächst in der Praxis häufig gebrauchte Risikoabschätzungen erläutert.

Zur Priorisierung von Fehlern wird beispielsweise in der FMEA (Failure Mode and Effects Analysis, vergleiche Kap. 2.1.1.1) die Risikoprioritätszahl (RPZ) als Produkt der Auftretenswahrscheinlichkeit der Ausfallursache, der Bedeutung der Fehlerfolge und der Möglichkeit zur Entdeckung der Fehlerursache vor Auslieferung berechnet. Dabei werden den Größen Werte von 1 bis 10 zugewiesen. Zu berücksichtigen ist, dass für eine Fehlerart mehrere Fehlerursachen verantwortlich sein können und dementsprechend für eine Fehlerfolge mehrere RPZ möglich sind.

In der Norm IEC 61508 [7.49] ist der Begriff des Risikos eng verbunden mit dem des Safety Integrity Level (SIL). Unter einem SIL versteht man eine von vier diskreten Stufen, welche Anforderungen an die Sicherheitsintegrität einer bestimmten Sicherheitsfunktion stellen. Zur Bestimmung des jeweiligen SIL wird eine Risikoanalyse des technischen Systems und der davon ausgehenden gefährlichen Ereignisse (hazardous events) durchgeführt. Als Methode zur Bestimmung des Risikos und der Ableitung des SIL wird in der IEC 61508 ein Risikograph vorgeschlagen. In diesem wird das Schadensausmaß, die Aufenthaltsdauer von Personen im Gefahrenbereich, Möglichkeiten zur Gefahrenabwendung und die Eintrittswahrscheinlichkeit des gefährlichen Ereignisses berücksichtigt. Darüber hinaus wird in [7.70] auf andere Normen verwiesen, welche eine der IEC 61508 ähnliche Risikoklassifikation vornehmen, darunter z. B. DIN V 19250, ISO 13849 und EN 954. Die Erfahrung in der Praxis hat gezeigt [7.10], dass es zwar keine universell anwendbaren Bewertungsansätze gibt, die gleichermaßen für verschiedene Systeme geeignet sind. Jedoch unterstützt eine systematische Vorgehensweise das Auffinden von Schwachstellen im System, welche dann im fortlaufenden Entwicklungsprozess beseitigt werden können. In [7.10] wird hervorgehoben, dass insbesondere bei Vorwissen über frühere Produkte die Genauigkeit der Risikobewertung zunimmt.

Ausgehend von dem Vorschlag eines Risikographen aus der IEC 61508 ist für die frühzeitige Risikoabschätzung mechatronischer Systeme ein generischer Graph vorgesehen (Abb. 7.5). Die Anzahl möglicher Kritikalitätsklassen sowie die Kriterien, welche der Zuordnung einer globalen Fehlerauswirkung zu der jeweiligen Klasse dienen, können dabei an das jeweilige System und die geforderte Zuverlässigkeit angepasst werden.

Als Ergebnis des zweiten Schritts ist jede SW-Komponente entsprechend ihres zugeordneten Risikos in eine bestimmte Kritikalitätsklasse CC_i eingeteilt. Darüber hinaus wird aus der Analyse des qualitativen Modells mittels SQMA abgeleitet, welche Komponenten der anderen Domänen an den identifizierten globalen Fehlerauswirkungen beteiligt sind. Im letzten Schritt, der qualitativen Zuverlässigkeitsanalyse, ist nun das SW-System genauer zu untersuchen. Dabei werden insbesondere diejenigen SW-Komponenten einer detaillierten Analyse unterzogen, welche

Abb. 7.5 Generischer Risikograph für Bestimmung des Risikos (vergleiche [7.49])

während des Tests und des Betriebs mit hohem Risiko globale Fehlerauswirkungen auslösen können.

7.2.1.3 Qualitative Zuverlässigkeitsanalyse der SW-Komponenten

Es ist das Ziel der qualitativen Analyse, zuverlässigkeitskritische Wirkketten zu identifizieren, Komponenten mit hohem Fehlerpotenzial zu erkennen und die Veränderung der Zuverlässigkeit durch zuverlässigkeitssteigernde Maßnahmen qualitativ zu bewerten. Durch die frühzeitige Erkennung können derartige Maßnahmen zielgerichtet gewählt werden, um das Risiko zu senken und so die geforderte Zuverlässigkeit möglichst genau zu erreichen. Ein weiteres wichtiges Ergebnis ist die Erzeugung standardisierter Analysen, wie der qualitativen FTA und der FMEA, welche teilweise von Auftraggebern oder Normen wie der IEC 61508 gefordert sind. Die Grundidee besteht darin, die SW-Komponenten mit einem hohen Risiko einer ausführlicheren Analyse zu unterziehen. Dies führt zu einer gestuften Zuverlässigkeitsanalyse in Abhängigkeit des Risikos, wie sie prinzipiell in Abb. 7.6 dargestellt ist.

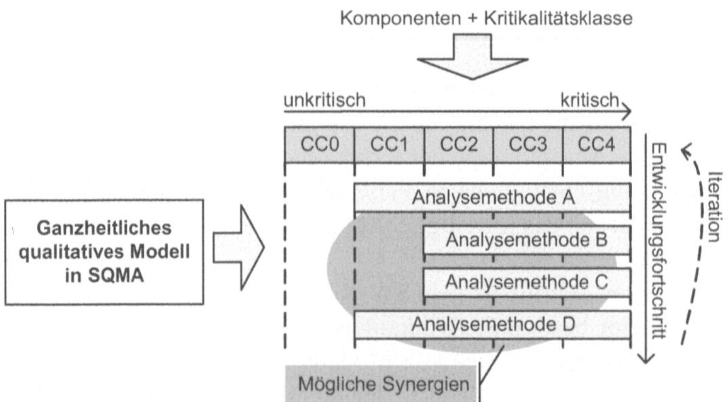

Abb. 7.6 Prinzipielles Vorgehen der qualitativen Zuverlässigkeitsanalyse

Ein wesentlicher Vorteil dieses Vorgehens ist die Nutzung von Synergien zwischen den einzelnen Analysemethoden sowie die Nutzung der Informationen aus dem qualitativen Modell des mechatronischen Systems. Daraus lassen sich mit Rechnerunterstützung neben den globalen Fehlerauswirkungen auch Struktur-, Verhaltens- und Fehlerinformationen extrahieren. Abbildung 7.7 zeigt am Beispiel der FMEA und FTA für Software, wie Modell und Analysemethoden zusammenspielen und wie im Verlaufe der Entwicklung die ursprüngliche Analyse weiter verfeinert wird. Beide Analysen werden zunächst auf Systemebene mit grobem Detaillierungsgrad angewandt, um dann später im Entwicklungsprozess weiter verfeinert zu werden. Für die FMEA kann beispielsweise die Struktur des Systems vollständig aus dem qualitativen SQMA-Modell abgeleitet werden. Durch Erweiterung der klassischen Zuverlässigkeitsanalysemethoden FTA und FMEA ist eine Anwendung auf SW-Systeme möglich. Notwendige Erweiterungen sind beispielsweise die Definition geeigneter Ausfallursachen für die FMEA oder die Festlegung, welche Ereignisse aus SW-Systemen in Fehlerbäumen modelliert werden. Diese Aspekte werden unter anderem für die SW-FTA in [7.65] und für die SW-FMEA in [7.77] weiter ausgeführt.

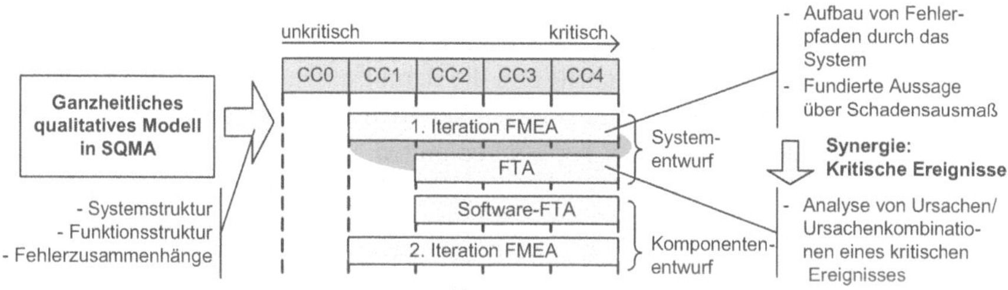

Abb. 7.7 Synergien und Nutzung des qualitativen SQMA-Modells bei der Risikoanalyse

Nach Abschluss jeder Analysemethode wird geprüft, inwieweit die Risikoabschätzung abgeändert werden muss. Für den Fall, dass eine Abweichung festgestellt wird, muss zunächst das Risiko angepasst werden, um danach gegebenenfalls weitere Analyseschritte anzuschließen. Eine Iteration ist ebenfalls erforderlich, falls die Analyse eine vom gegebenen Ziel abweichende Zuverlässigkeit ergeben hat. In diesem Fall ist eine Überarbeitung der Software oder des gesamten mechatronischen Systems erforderlich, was ebenfalls in einer Neubewertung resultiert.

Nachdem nun die drei Schritte der qualitativen Zuverlässigkeitsanalyse in einer Übersicht vorgestellt wurden, wird im nächsten Abschnitt zusammengefasst, welche Werkzeuge für die qualitative Zuverlässigkeitsanalyse zur Verfügung stehen.

7.2.1.4 Automatisierung der Schritte

Zu den oben beschriebenen Schritten stehen verschiedene Werkzeuge zur Verfügung, welche die Arbeit mit qualitativen Modellen im Rahmen der Methode SQMA unterstützen (vergleiche Kap. 7.4). Für den Schritt der Modellbildung stehen die Werkzeuge *mkmodel* und *swmodel* zur Verfügung, mit denen sich Funktionen einzelner Komponenten aller Domänen modellieren lassen. Die Zusammenhänge im Gesamtsytem müssen durch Systemgleichungen beschrieben werden und mit Hilfe des SQMA-Werkzeugs *net2equ* integriert werden. Das SQMA-Werkzeug *analyse* generiert aus den Gleichungen den gesamten Zustandsraum des Systems, indem es die in den einzelnen Komponenten definierten Intervalle mittels der Systemgleichungen in Beziehung setzt. Für die Risikoabschätzung und insbesondere die Risikoanalyse steht abschließend das SQMA-Werkzeug *evaluate* zur Verfügung, mit dessen Hilfe und entsprechender Parameterwahl unterschiedliche Analysen auf Basis des Gesamtsystem-Modells durchgeführt werden können.

Die in Kap. 7.2.1 vorgestellte qualitative Zuverlässigkeitsanalyse für programmierbare mechatronische Systeme setzt sich aus drei Schritten zusammen. Durch die Nutzung qualitativer Modelle im Rahmen der Methode SQMA kann das Verhalten einzelner Komponenten im ersten Schritt beschrieben werden. Daraus können Wirkzusammenhänge frühzeitig abgeleitet werden, wobei insbesondere die Auswirkung von Fehlern in einzelnen SW-Komponenten von Interesse ist. Durch die Risikoabschätzung im zweiten Schritt und die darauf aufbauende gestufte Analyse im dritten Schritt können für die Zuverlässigkeit kritische SW-Komponenten iterativ bestimmt werden. Neben den bereits genannten SW-Werkzeugen, welche die Zuverlässigkeitsanalyse unterstützen, wird in Kap. 7.5 die rechnergestützte Analyse der Wirkzusammenhänge näher beschrieben. Dort wird untersucht, wie Fehler in SW-Komponenten systematisch erzeugt werden können, um die Zuverlässigkeit des gesamten mechatronischen Systems davon ausgehend zu analysieren.

Im Folgenden wird eine Übersicht über die frühzeitige quantitative Zuverlässigkeitsanalyse gegeben. Diese ist erforderlich, wenn ein gegebenes Zuverlässigkeitsziel nicht nur qualitativ abgesichert werden soll, sondern wenn detailliertere Vorhersagen erforderlich sind. Eine große Herausforderung bilden die fehlenden empirischen Daten über das neu zu entwickelnde System, welche nicht frühzeitig vorliegen.

7.2.2 Quantitative Zuverlässigkeitsanalyse

Das quantitative Software Reliability Engineering (SRE) sieht vor, für ein SW-System ein bestimmtes Zuverlässigkeitsziel zu definieren und die Erreichung desselben im Laufe der Entwicklung mit geeigneten Methoden sicherzustellen. Die Tätigkeiten des SRE umfassen die Phasen der Entwicklung von der Anforderungsspezifikation bis hin zum Betrieb der Software. Nach [7.72] werden insbesondere folgende Tätigkeiten durchgeführt:

- Definition des Betriebsprofils (engl.: operational profile),
- Festlegung des Zuverlässigkeitsziels,
- Testvorbereitung,
- Testdurchführung,
- Auswertung der Testdaten.

Das Betriebsprofil definiert – ähnlich wie Lastkollektive in der Mechanik [7.7] – im ersten Schritt, welche Funktionen des SW-Systems auf welche Art verwendet werden. Dies ist von Bedeutung, da die SW-Zuverlässigkeit davon abhängt, wie

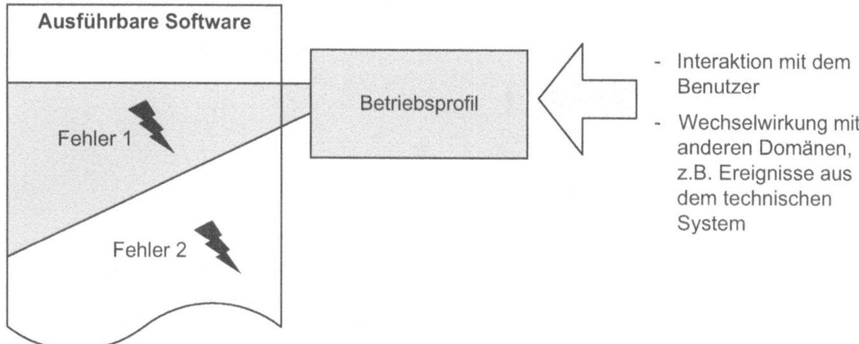

Abb. 7.8 Einfluss des Betriebsprofils auf die Aktivierung von SW-Fehlern

oft ein Fehler innerhalb der Software ausgeführt wird und zu einem beobachtbaren Versagen an den externen Systemschnittstellen führt (Abb. 7.8).

Das Betriebsprofil bedingt die Häufigkeit der Ausführung von Fehlern und ergibt sich in mechatronischen Systemen sowohl durch Eingriffe des Benutzers als auch durch die Wechselwirkung mit den anderen Domänen.

Der Vorteil einer durchgehenden quantitativen Vorgehensweise besteht in der effizienten Erreichung des vorgegebenen Zuverlässigkeitsziels. Durch fortlaufende Überwachung der Zuverlässigkeit kann der Entwicklungsaufwand gezielt gesteuert werden. Beispielsweise können SW-Module identifiziert werden, welche eine potenziell hohe Anzahl an Fehlern aufweisen, um diese dann ausführlicher zu testen als andere. Umgekehrt kann der Test beendet werden, wenn die Zuverlässigkeit des SW-Systems innerhalb des spezifizierten Ziels liegt. Konstruktive Maßnahmen sind zwar nicht direkter Bestandteil der Analyse, können aber ergänzend hierzu verwendet werden. Wird das Zuverlässigkeitsziel nicht erreicht, können SW-Module beispielsweise getauscht oder verbessert werden, etwa indem sie diversitär ausgelegt werden.

Andere analytische Methoden, wie die Sicherstellung der Korrektheit eines Programms durch formale Verifikation oder das Auffinden von Fehlern durch den systematischen Test und die Diagnose, werden ebenfalls häufig in Zusammenhang mit der SW-Zuverlässigkeit angeführt. Sie ergänzen eine quantitative Betrachtung der Softwarezuverlässigkeit, indem sie die Zuverlässigkeit eines Programms ausgehend von einem quantifizierten Zuverlässigkeitswert gezielt beeinflussen können. Anhand des typischen Ablaufs des Software Reliability Engineering lässt sich die Schwierigkeit für die Anwendung in frühen Entwicklungsphasen erkennen. Zwar erfolgt eine frühzeitige Festlegung des Zuverlässigkeitsziels, jedoch kann die erreichte Zuverlässigkeit erst ermittelt werden, wenn die Software getestet wird. Der Test erfolgt jedoch normalerweise erst in einer späten Entwicklungsphase, wie sich am Beispiel eines einfachen schrittweisen Entwicklungsprozesses zeigen lässt (Abb. 7.9).

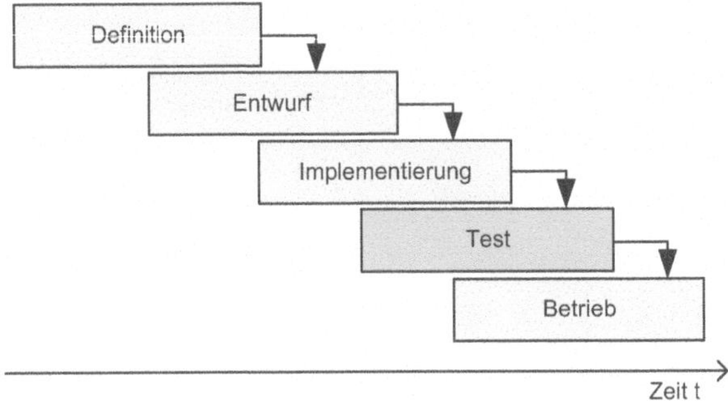

Abb. 7.9 Beispiel eines einfachen schrittweisen SW-Entwicklungsprozesses

Moderne modellgestützte Testmethoden ermöglichen den frühzeitigen Test. Dabei werden Modelle der Software mittels Testdaten stimuliert, um empirische Daten über die Anzahl an Fehlern zu erhalten. Durch spezielle Testumgebungen kann die Software ausgeführt werden, auch wenn die dafür notwendige Elektronik und Mechanik noch nicht erstellt ist. Beispielsweise kann das Verhalten der technischen Umgebung, mit der die Software interagiert, durch zusätzliche Simulationsmodelle angenähert werden. Ein spezielles modellbasiertes Testverfahren wurde in [7.67] entwickelt. Zur empirischen Auswertung der Testergebnisse sind ebenso wie für andere mögliche Eingangsgrößen spezielle Zuverlässigkeitsmodelle erforderlich. Diese ermitteln die Zuverlässigkeit in Abhängigkeit der ermittelten Eingangsgrößen wie Anzahl und Zeitpunkte gefundener Fehler oder der Größe des Quellcodes. Im nächsten Abschnitt werden daher zunächst bekannte Zuverlässigkeitsmodelle untersucht, um daraufhin das Vorgehen für programmierbare mechatronische Systeme in frühen Entwicklungsphasen abzuleiten.

7.2.2.1 Übersicht über SW-Zuverlässigkeitsmodelle

In der Literatur werden SW-Zuverlässigkeitsmodelle nach verschiedenen Kriterien klassifiziert. Unter anderem finden sich folgende Klassifikationen in der Literatur [7.74]:

- Unterscheidung in Mikro- und Makromodelle [7.6],
- Einsatzmöglichkeit in einer bestimmten Entwicklungsphase [7.2],
- Unterteilung architekturbasierter Modelle in pfadbasiert, zustandsbasiert und additiv [7.42],
- Unterteilung in Zeitbereichs- und Wertebereichsmodelle [7.36],
- Klassifikation nach wahrscheinlichkeitstheoretischen Eigenschaften [7.72],
- Weitere Klassifikationen, z. B. nach Goel [7.37] oder Pham [7.79].

Um eine Klasse an Zuverlässigkeitsmodellen auszuwählen, welche für frühe Entwicklungsphasen geeignet ist, wird die Klassifikation gemäß des SW-Entwicklungszyklus herangezogen. Dementsprechend eignen sich die beiden Klassen der Prognosemodelle und der architekturbasierten Modelle für die gegebene Problemstellung.

Ein **Prognosemodell** setzt Eigenschaften des SW-Systems oder des SW-Entwicklungsprozesses in Bezug zur SW-Zuverlässigkeit. Häufig verwendete Eigenschaften des SW-Systems bzw. Produktmetriken sind die Größe des Quellcodes, die Komplexität des Programms oder der Umfang der Anforderungen gemessen in Function Points (vergleiche z.B. [7.29]). Eigenschaften des Entwicklungsprozesses bzw. Prozessmetriken können beispielsweise der Testaufwand, die Güte der Qualitätssicherungsmaßnahmen oder die Prozessreife etwa nach CMMI sein [7.58].

Um ein derartiges Prognosemodell aufzustellen, werden zunächst Versagensdaten für SW-Systeme zusammen mit den jeweils gültigen Eigenschaften erfasst. In einem zweiten Schritt wird dann ein mathematisches Modell aufgestellt, um die erfassten Daten anzunähern. Das Modell muss das Versagen der Software in Abhängigkeit der Eigenschaften beschreiben können. Je nach Wahl des Modells werden dessen Struktur und Parameter durch Analyse der empirischen Versagensdaten ermittelt, typischerweise durch Anwendung von Verfahren der Regressionsanalyse (vergleiche Kap. 4.1). In einem dritten Schritt kann dann das Modell auf neue SW-Systeme angewandt werden. Hierzu müssen die betrachteten Eigenschaften, z. B. die Codegröße, entweder bestimmt oder geschätzt und dann in das Modell eingesetzt werden. Als Ergebnis erhält man eine Angabe zur Zuverlässigkeit des SW-Systems. Dabei sagen viele Prognosemodelle nicht direkt die Zuverlässigkeit, sondern die Anzahl oder Dichte der Fehler in der Software vorher. Deswegen muss diese Angabe in einem letzten Schritt auf die tatsächlich beobachtbare Zuverlässigkeit der neu zu entwickelnden Software übertragen werden. Hierzu kann beispielsweise ebenfalls Erfahrung aus vorangegangenen Softwareprojekten verwendet werden.

Das Problem bei der Anwendung dieser Klasse an Modellen besteht im Wesentlichen in deren Präzision. Software unterliegt keinen physikalischen Ausfallmechanismen, welche sich über mehrere Systeme hinweg vergleichen lassen. Stattdessen hängt die Anzahl an Fehlern innerhalb eines Programms von anderen Faktoren ab, wie z. B. der Fähigkeit der Entwickler, der Zeit für Tests und der Kenntnis des zu lösenden Problems. Aus diesem Grund können große Variabilitäten auftreten, welche nur schwer in einem mathematischen Modell zu fassen sind. Eine weiterführende Diskussion und Analyse von Prognosemodellen findet sich in [7.29]. Schließlich fehlen Studien und empirische Daten, welche speziell die Software in mechatronischen Systemen untersuchen und eine Gültigkeit der genannten Modelle nachweisen.

Die **architekturbasierten Modelle** ermitteln die Zuverlässigkeit eines SW-Systems, indem sie die Zuverlässigkeit einzelner SW-Module zur Systemzuverlässigkeit kombinieren. Je nachdem, auf welcher Informationsgrundlage diese Kombination stattfindet, werden Modelle weiter unterteilt. Eine Möglichkeit besteht in der Betrachtung von Ausführungspfaden innerhalb des SW-Systems. Aus der Zuverlässigkeit der SW-Module entlang eines Pfads werden zunächst die Zuverlässigkeiten der Ausführungspfade berechnet. In einem weiteren Schritt werden diese Zuverlässigkeiten nach Ausführungshäufigkeit gewichtet und dann zur Systemzuverlässigkeit zusammengefügt. Beispiel für derartige Modelle sind

[7.18] und [7.86]. Eine Diskussion der Eignung verschiedener architekturbasierter Ansätze findet sich in [7.40].

Zwar ist diese Klasse an Modellen grundsätzlich für frühe Entwicklungsphasen geeignet. Jedoch wird vorausgesetzt, dass sowohl die Zuverlässigkeiten der SW-Module als auch die verschiedenen Ausführungshäufigkeiten bekannt sind. Hierfür stellen die bekannten Modelle keine Methoden bereit.

Zusammenfassend lassen sich zwei Probleme identifizieren: Es gibt zum einen kein Zuverlässigkeitsmodell, das nach derzeitigem Stand in frühen Entwicklungsphasen für programmierbare mechatronische Systeme anwendbar ist und gleichzeitig eine Zuverlässigkeitsvorhersage mit hoher Güte trifft. Zum anderen fehlen Möglichkeiten zur Erfassung empirischer Daten und deren systematischer Auswertung. Das letztere Problem wird in Kap. 7.7 näher behandelt. Auf die Frage nach einem geeigneten Zuverlässigkeitsmodell zur frühen Quantifizierung der SW-Zuverlässigkeit wird im folgenden Abschnitt näher eingegangen.

7.2.2.2 Konzept der frühzeitigen quantitativen Zuverlässigkeitsanalyse für programmierbare mechatronische Systeme

Zur Erhöhung der Güte der Aussagen werden im Rahmen der Forschergruppe verschiedene Ansätze verfolgt. Diese haben zum Ziel, empirische Daten aus früherer Test- oder Betriebserfahrung auf das zu untersuchende SW-System zu übertragen. Im Gegensatz zu den oben vorgestellten Prognosemodellen soll jedoch kein allgemeingültiges SW-Zuverlässigkeitsmodell entwickelt werden. Vielmehr werden dem Ingenieur verschiedene Werkzeuge an die Hand gegeben, um unter seinen spezifischen Randbedingungen – beispielsweise bestimmte Produkteigenschaften oder Parameter des Entwicklungsprozesses – die SW-Zuverlässigkeit frühzeitig zu bewerten. Dies umfasst die folgenden Punkte:

- **Systematische Erfassung empirischer Daten zur Zuverlässigkeit:** Wie in [7.55] genannt, ist es für Aussagen in frühen Entwicklungsphasen notwendig, verfügbare Daten über die SW-Zuverlässigkeit innerhalb eines Unternehmens zu archivieren. Erfolgt dies für ausreichend viele Entwicklungsprojekte und über einen größeren Zeitraum, so können dadurch Aussagen über die Zuverlässigkeit neuer Systeme ermöglicht werden. Für sogenannte Anomalien, welche als Synonym für SW-Fehler verwendet werden, gibt der Standard [7.51] Hinweise, wie diese zu dokumentieren und zu klassifizieren sind. Eine eindeutige Klassifikation erleichtert später die rechnergestützte Auswertung. Diese Klassifikation wird mit Hinblick auf mechatronische Systeme zu einem allgemeinen Datenmodell erweitert.
- **Rechnergestützte Auswertung erfasster Daten:** Die Auswertung der erfassten Daten soll es dem Ingenieur ermöglichen, die Zuverlässigkeit eines neuen SW-Systems frühzeitig zu quantifizieren. Weitere Ziele bestehen in der Identifikation möglicher fehlerträchtiger SW-Module und der Analyse und Verbesserung des Entwicklungsprozesses. Beispielsweise kann wie in [7.50] aufgetragen werden, wann SW-Fehler begangen und behoben wurden. Wird hier eine starke

Diskrepanz festgestellt – etwa wenn Entwurfsfehler erst beim Test der implementierten Software bemerkt werden – so sind Verbesserungen an der Prüfung der Entwicklungsdokumente vorzunehmen. Damit auch eine große Anzahl erfasster Daten effizient ausgewertet werden kann, wird eine entsprechende Rechnerunterstützung konzipiert, welche auf maschinenlesbaren und -interpretierbaren Eingangsdaten basiert.

- **Betrachtung komponentenbasierter Architekturen:** In Zusammenarbeit mit den Experten der anderen Domänen wird ein komponentenbasiertes Vorgehen untersucht. Dabei wird das programmierbare mechatronische System aus Komponenten aufgebaut, welche bereits früher in anderen Systemen zum Einsatz kamen. Liegen zu den Komponenten Test- oder Betriebserfahrung vor, so können diese auf den Einsatz im neuen System übertragen werden. In diesem Abschnitt steht die Fragestellung der SW-Zuverlässigkeit im Vordergrund. Es wird beschrieben, welche Eigenschaften einer SW-Komponente sich auf die Zuverlässigkeit auswirken und wie dies für die frühzeitige Bewertung der Zuverlässigkeit genutzt werden kann (siehe auch [7.93]). Weiter ist von Bedeutung, wie die Zuverlässigkeit der Software durch die Elektronik bedingt wird, auf der die Software ausgeführt wird, und wie sich eine bestimmte Zuverlässigkeit durch Verteilung der Software auf elektronische Komponenten erreichen lässt.
- **Erstellung und Untersuchung von Beispielen:** Für die Erprobung und Validierung möglicher Zuverlässigkeitsmodelle sind entsprechende Daten erforderlich. Im Rahmen von Workshops und Tagungen, wie dem PROMISE-Workshop, wird die Bereitstellung von Daten und die Auswertung öffentlich zugänglicher Fehlerdatenbanken bereits diskutiert. Zum einen werden verfügbare Daten für die hier vorgestellten Konzepte verwendet. Zum anderen werden eigene Daten erhoben.

Abbildung 7.10 zeigt, wie zunächst Zuverlässigkeiten einzelner Komponenten aufgrund empirischer Daten bestimmt und dann zur Systemzuverlässigkeit zusammengefügt werden.

Die genannten Punkte des Konzepts werden im Folgenden näher beschrieben.

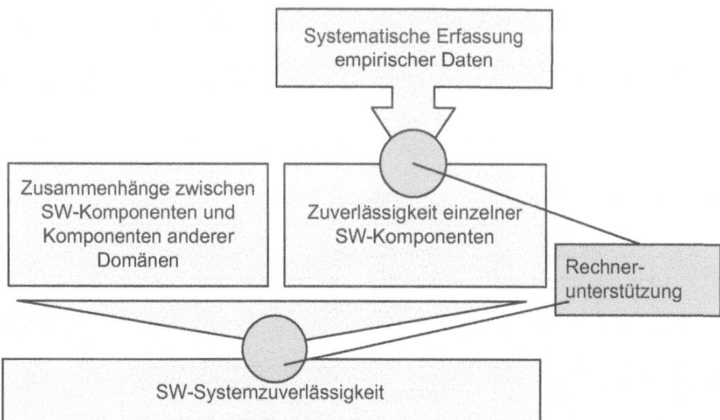

Abb. 7.10 Grobe Übersicht über die Schritte der quantitativen Zuverlässigkeitsanalyse

7.2.2.3 Systematische Erfassung empirischer Daten zur Zuverlässigkeit

Wird die Zuverlässigkeit für ein SW-System im Test oder Betrieb bestimmt, genügen als Eingabedaten die Anzahl von Versagensfällen und die Zeitpunkte, zu denen diese aufgetreten sind. Für weitergehende Aussagen wie Verbesserungen des Entwicklungsprozesses oder Prognosen in frühen Entwicklungsphasen sind darüber hinaus jedoch weitere Eigenschaften erforderlich. Dazu gehören beispielsweise die Beschreibung der Fehlerursache und die Phase des Entwicklungsprozesses, in dem der Fehler begangen wurde. Erst dadurch lassen sich Verbesserungen beim Vorgehen während der Entwicklung ableiten.

Zur systematischen Auswertung einer großen Anzahl empirischer Daten, wie sie für statistische Aussagen notwendig sind, ist ein rechnergestütztes Vorgehen erforderlich. Die bisherige Erfassung und Beschreibung von SW-Fehlern, etwa in öffentlichen Fehlerdatenbanken wie Bugzilla erschweren die Auswertung. Beispielsweise ist nicht direkt ersichtlich, welche Änderung zu einem Fehler geführt hat, in welcher Datei der Fehler aufgetreten ist oder durch welche Änderungen ein Fehler behoben wurde. Aus diesem Grund gibt es verschiedene Vorschläge, wie man derartige empirische Daten erfassen kann. Eine Richtung beschäftigt sich mit der Frage, wie Fehler beim Erfassen durch den Benutzer so eingegeben werden können, dass sie später systematisch analysierbar sind. Hierzu machen der Standard [7.50] und [7.32] verschiedene Vorschläge (Abb. 7.11). In [7.51] werden Kategorien definiert, für die jeweils eine Auswahl unter mehreren möglichen Klassifikationen getroffen werden muss. So kann beispielsweise die vermutete Fehlerursache der Dokumentation zugeordnet werden. Für jede dieser Klassifikation ist ein eindeutiger Code hinterlegt, welcher später eine rechnergestützte Auswertung erlaubt.

Dies wird aufgegriffen und an die Untersuchung mechatronischer Systeme angepasst. Dazu sind nicht nur SW-Fehler sondern auch Fehler in den anderen Domänen in einer einheitlichen Fehlerdatenbank zu erfassen, um diese später ganzheitlich auszuwerten. Neben den Angaben für SW-Systeme nach [7.51] muss daher die Möglichkeit bestehen, für jedes Produkt zuverlässigkeitsrelevante

Kategorie	Code	Klassifikationen
Vermutete Fehlerursache	XY123	Produkt
	XY124	Hardware
	XY125	Software
	XY126	Dokumentation
	...	...
	XY135	Benutzer

Abb. 7.11 Beispiel einer Klassifikation in Anlehnung an [7.51]

Eigenschaften und Klassifikationen zu speichern. Dies kann für mechanische Systeme beispielsweise das Lastkollektiv sein, das auf das System wirkt.

Damit die Eigenschaften und Klassifikationen an ein bestimmtes System angepasst und gleichzeitig eindeutig definiert werden können, wird zwischen zwei Rollen unterschieden. Ein Systemverantwortlicher gibt vor, welche Begleitumstände bzw. Eigenschaften bei einem Fehler in einem bestimmten System erfasst werden müssen und welche Klassifikationen erforderlich sind. Die Ingenieure erfassen dann die Fehler, welche während Entwicklung und Betrieb erkannt werden und geben die jeweiligen Werte der Eigenschaften sowie die Klassifikationen an. Bei den Werten kann es sich um einen konkreten Zahlenwert (z. B Betriebsdauer = 10 a) oder eine qualitative Größe (z. B. Temperatur = hoch) handeln. Die Klassifikationen sind für verschiedene vorgegebene Kategorien durchzuführen, beispielsweise wird der Kategorie Entwicklungsphase die Klassifikation Entwurf zugeordnet, in welcher der Fehler begangen wurde. Dies wird an dem Beispiel in Abb. 7.12 verdeutlicht. In der darauffolgenden Auswertung wird dann untersucht, inwieweit beobachtete Fehler mit Eigenschaften wie Temperatur und Entwicklungsphase korrelieren. Die Angabe von Intervallen unterstützt zudem die qualitative Modellbildung und -analyse.

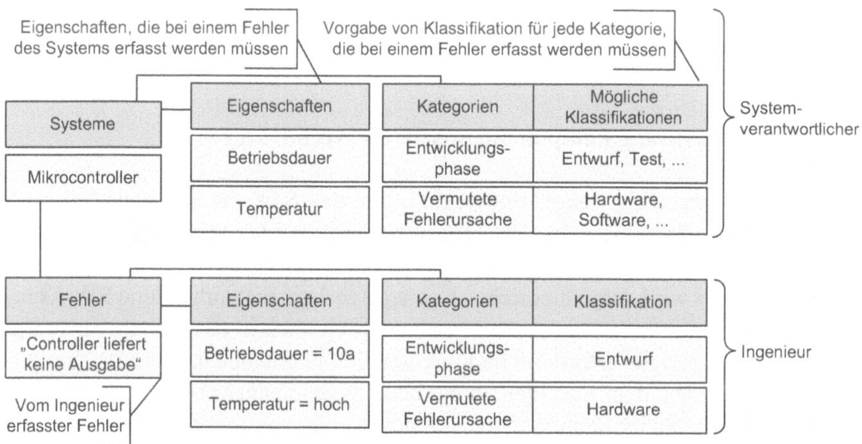

Abb. 7.12 Vorgabe und Erfassung der Eigenschaften und Klassifikationen für einen Fehler

7.2.2.4 Rechnergestützte Auswertung erfasster Daten

Durch die systematische Erfassung von Eigenschaften und Klassifikationen, welche die Begleitumstände eines Fehlers beschreiben, können die Daten rechnergestützt analysiert werden. Dies erfolgt durch Anbindung der Datenbank an entsprechende Statistikwerkzeuge. Dabei werden die erfassten Eigenschaften und Klassifikationen in Beziehung zu dem Auftreten der Fehler gesetzt. Dies geschieht sowohl mittels klassischer Zuverlässigkeitsmodelle wie der Weibull- oder der Exponentialverteilung als auch mittels des in Kap. 4.1.5 ausführlich betrachteten Cox-Modells. Abbildung 7.13 zeigt eine typische beispielhafte Analyse fiktiver Versagensdaten in Abhängigkeit der klassifizierten Fehlerursache. Im Gegensatz zu bisherigen frei verfügbaren Datenbanken mit freien Fehlerbeschreibungen ist hier die Analyse durch die systematische Einschränkung der Eingabemöglichkeiten ohne weitere Aufbereitung der Daten einfach möglich.

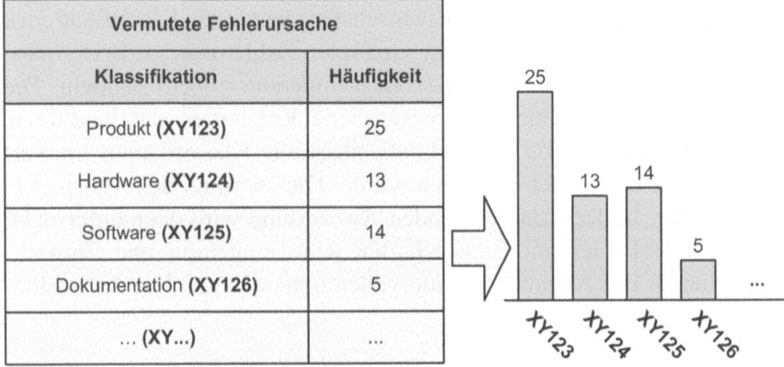

Vermutete Fehlerursache	
Klassifikation	**Häufigkeit**
Produkt **(XY123)**	25
Hardware **(XY124)**	13
Software **(XY125)**	14
Dokumentation **(XY126)**	5
... **(XY...)**	...

Abb. 7.13 Analyse fiktiver Versagensdaten aufgrund der klassifizierten Fehlerursachen

7.2.2.5 Betrachtung komponentenbasierter Architekturen

Bei der komponentenbasierten Entwicklung werden Systeme aus mehrfach verwendbaren, unveränderlichen Komponenten aufgebaut. Abbildung 7.14 zeigt einen typischen komponentenbasierten Entwicklungsprozess für SW-Systeme. Das SW-System wird dabei hierarchisch so weit zerlegt, bis vorhandene SW-Komponenten aus einer vorliegenden Komponentenbibliothek in das System eingefügt werden und die jeweils erforderliche Funktionalität übernehmen. Die SW-Komponenten werden nach dem Einfügen an das neue System angepasst und mit anderen SW-Komponenten über Schnittstellen verknüpft.

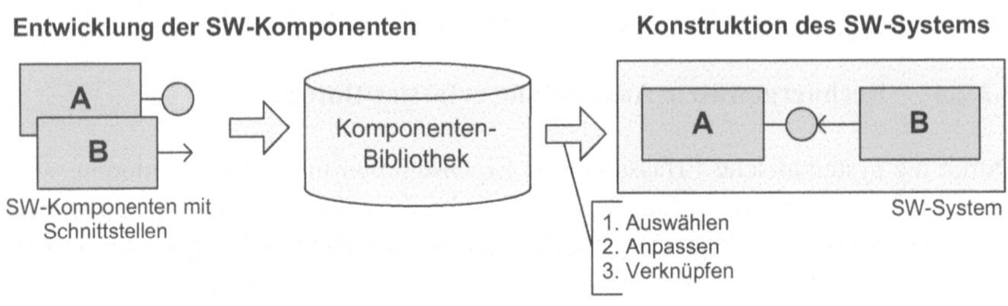

Abb. 7.14 Komponentenbasierte SW-Entwicklung nach [7.38]

Eine SW-Komponente, wie sie hier betrachtet wird, muss [7.39] folgenden spezifischen Eigenschaften genügen (vergleiche auch [7.87] und [7.30]):

- *Unveränderbarkeit durch Dritte*: eine SW-Komponente wird in mehreren Systemen eingesetzt, ohne dass der Quellcode dabei vom Systemingenieur verändert wird.
- *Anpassbarkeit*: eine SW-Komponente muss durch Parametrierung und Konfiguration an ihre Aufgabe im aktuellen System anpassbar sein; dabei können beispielsweise einzelne Funktionen an- oder abgeschaltet werden, um Speicherplatz auf einem Mikrocontroller einzusparen.
- *Strukturelle Unabhängigkeit*: zwar können SW-Komponenten die Dienste anderer SW-Komponenten erfordern; es ist jedoch nur die abstrakte Abhängigkeit von der jeweiligen Funktion gegeben und nicht von einer bestimmten SW-Komponente. Damit sind SW-Komponenten strukturell voneinander unabhängig.
- *Verknüpfbarkeit*: um eine geforderte Systemfunktion zu realisieren, können mehrere SW-Komponenten über ihre Schnittstellen miteinander verknüpft werden; es wird dabei unterschieden, ob ein Dienst angeboten oder benötigt wird und ob ein Ereignis gemeldet oder entgegengenommen wird.
- *Funktionale Geschlossenheit*: die Funktionalität innerhalb einer SW-Komponente ist in sich logisch zusammenhängend; nach außen hin ist die Funktionalität lediglich über die Schnittstellen der SW-Komponente sichtbar, während sämtliche Details der Implementierung im Inneren verborgen bleiben.
- *Nebenläufigkeit*: eine SW-Komponente muss im Bedarfsfall parallel mit anderen SW-Komponenten ausgeführt werden können.
- *Einmaligkeit*: gemäß der Definition nach [7.39] ist eine SW-Komponente nur ein Mal im System vorhanden, kann jedoch mehrere interne Zustände besitzen. Dadurch kann sie eine Funktion in demselben System in verschiedenen Zusammenhängen bereitstellen. Beispielsweise kann eine SW-Komponente *Button* in der grafischen Benutzungsoberfläche mehrfach vorkommen. Eine Alternative zur Einmaligkeit stellt ein Betriebssystem dar, welches die Zustände der SW-Komponenten sowie den Austausch von Nachrichten zwischen diesen verwalten kann.
- *Offenheit*: die Spezifikationen sämtlicher Funktionen einer SW-Komponente müssen dokumentiert sein. Dazu müssen die Dienst- und Ereignisschnittstellen beschrieben werden und diese Beschreibung muss für den Systementwickler zugänglich sein. Weiter muss bekannt sein, welches Komponentenmodell zugrunde liegt.

Die wesentliche Eigenschaft in der obigen Aufzählung stellt die unverändert mehrfache Verwendung dar. Das Versagen einer SW-Komponente ist auf Fehler zurückzuführen, welche je nach Systemumgebung verschieden häufig aktiviert werden. Da Änderungen am Quellcode über mehrere Verwendungen hinweg ausgeschlossen sind, kann Betriebserfahrung ausgewertet und auf neue Systeme übertragen werden. Die grundsätzliche Idee besteht in der Modellierung der Zuverlässigkeit einer SW-Komponente in Abhängigkeit ihrer externen Einflussfaktoren. Diese Einflussfaktoren ergeben sich aus der obigen Definition der Parametrierung,

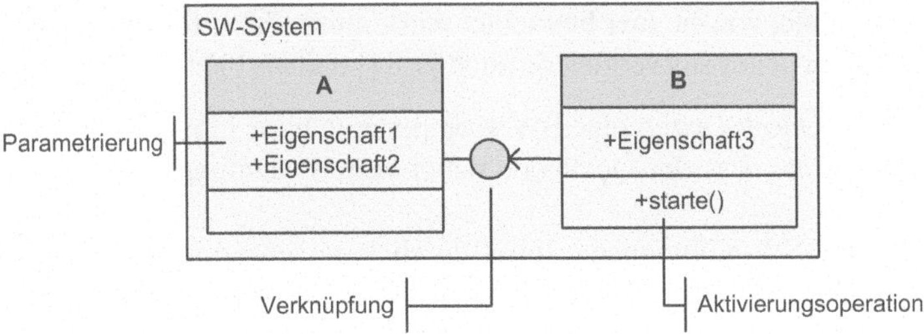

Abb. 7.15 Verwendung der SW-Systemarchitektur zur Ableitung notwendiger Informationen

der Konfiguration und des Betriebsprofils (vergleiche [7.93]). Während Parametrierung und Konfiguration beispielsweise Funktionen und damit dort enthaltene Fehler an- und abschalten können, beeinflusst das Betriebsprofil, wie häufig Funktionen der SW-Komponente und damit auch dortige Fehler aktiviert werden. Das Betriebsprofil ergibt sich aus der Analyse der Schnittstellen und den Verknüpfungen zwischen SW-Komponenten. Eine SW-Komponente kann entweder vom Benutzer, von einem externen System oder von anderen SW-Komponenten aktiviert werden. Je nach Genauigkeit der empirischen Daten können dabei die Häufigkeiten der Aktivierung von Schnittstellen und Funktionen oder der Aufruf von Funktion mit bestimmten Funktionsparametern untersucht werden.

Um die Abhängigkeit zwischen Zuverlässigkeit und Einflussfaktoren zu beschreiben, werden Komponenten in der Komponenten-Bibliothek um generische Zuverlässigkeitsaussagen erweitert. Dies erfolgt analog zu den Beschreibungsmöglichkeiten in den anderen Domänen, etwa der Elektronik. Dadurch wird die mehrfache Verwendung nicht nur den SW-Komponenten selbst, sondern auch der zugehörigen Zuverlässigkeitsinformationen, unterstützt. Wird eine SW-Komponente im neuen SW-System eingesetzt, so müssen die entsprechenden Werte der Einflussfaktoren bestimmt werden, um die Zuverlässigkeit der Komponente zu prognostizieren. Hierzu wird, wie in Abb. 7.15 gezeigt, die SW-Systemarchitektur als Informationsgrundlage verwendet. Aus der Beschreibung der SW-Systemarchitektur können Parametrierungen, Verknüpfungen und Möglichkeiten zur externen Aktivierung der SW-Komponenten ermittelt werden.

Zur Ermittlung einer generischen Zuverlässigkeitsaussage werden verschiedene Regressionsmodelle verwendet. Neben einfachen linearen Modellen wird insbesondere das Cox-Modell untersucht (vergleiche auch Kap. 4.1.5). Dieses erlaubt

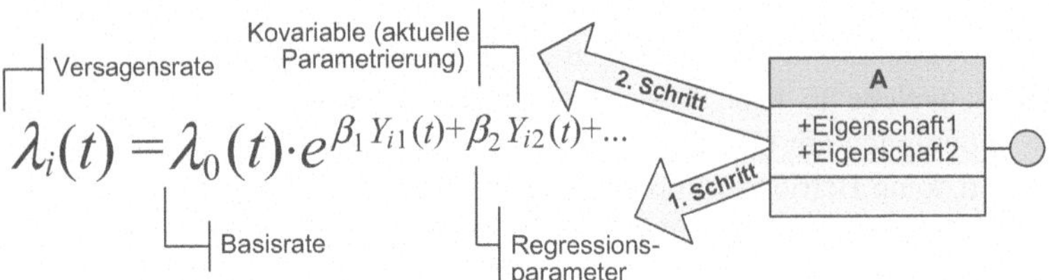

Abb. 7.16 Anwendung des Cox-Modells zur Zuverlässigkeitsprognose einer SW-Komponente

die Einbeziehung der Einflussfaktoren in Form von Kovariablen. Für jede der Kovariablen ist ein Regressionskoeffizient zu bestimmen (1. Schritt), welcher den Einfluss des zugehörigen Faktors auf die Zuverlässigkeit modelliert. Für die Übertragung auf ein neues SW-System ist dann die aktuelle Parametrierung der SW-Komponente in Form der Kovariablen anzugeben (2. Schritt). Abbildung 7.16 zeigt die grundlegende Anwendung des Cox-Modells.

7.2.2.6 Erstellung und Untersuchung von Beispielen

Zur Evaluierung und Demonstration des hier vorgestellten Konzepts sind empirische Daten über das Versagen von SW-Systemen erforderlich. Zwar gibt es einige, weit verbreitete und öffentlich zugängliche Datensätze, diese sind jedoch meist älteren Datums und enthalten darüber hinaus nur selten weitere Eigenschaften zum betrachteten SW-System. Daher beschäftigt sich die Richtung des Repository Mining mit der Frage, wie man aus bestehenden Fehlerdatenbanken die notwendigen Informationen rechnergestützt extrahieren kann (siehe z. B. [7.102]). Aktuelle Datensätze zu Fehlern in SW-Systemen finden sich beispielsweise im Rahmen des Workshops PROMISE und der zugehörigen PROMISE-Datenbank. Jedoch weisen auch die dort öffentlich zugänglichen Daten nicht immer alle erforderlichen Eigenschaften auf, beispielsweise fehlen teilweise Angaben über den Zeitpunkt, an dem ein Fehler aufgetreten ist. Daher werden folgende Möglichkeiten verfolgt, um geeignete Daten zur Zuverlässigkeit speziell von SW-Systemen in der Mechatronik zu erhalten:

- Implementierung, Test und Betrieb von Beispielsystemen (vergleiche [7.95]),
- Generierung fiktiver Fehlerdaten auf Grundlage begründeter Annahmen,
- Extraktion von Daten aus öffentlich zugänglichen Fehlerdatenbanken über das Internet (vergleiche [7.97]),
- Erweiterung bestehender Datensammlungen, z. B. die Ergänzung von Zeitpunkten, an denen Fehler aufgetreten sind (vergleiche [7.97]).

Die Umsetzung des beschriebenen Konzepts der frühzeitigen Zuverlässigkeitsbewertung der Software wird in den nächsten Kapiteln näher beschrieben. Die Analyse von SW-Komponenten, welche auf elektronischen Komponenten ausgeführt werden, wird in Kap. 7.6.4 beschrieben. In Kap. 7.7 wird ein eigens für mechatronische Systeme entwickeltes Datenmodell und die Umsetzung in einem SW-Werkzeug vorgestellt. Weiter wird dort die Auswertung zeitabhängiger Versagensdaten zur Software mittels des Cox-Modells weiter erläutert.

7.3 Von der Idee zu den Zuverlässigkeitsanforderungen

Am Anfang jedes Entwicklungsvorhabens steht eine Idee, welche die grundlegende Funktionalität des zu entwickelnden Systems auf eine sehr abstrakte und vage

Weise beschreibt und daher zunächst in Form von Anforderungen an das System systematisch festgehalten wird. Die Anforderungen bilden die Auftragsgrundlage und damit die Basis zur Bewertung des Produkts [7.92].

In diesem Kapitel soll ein Weg aufgezeigt werden, wie man von der Idee zur Spezifikation der Funktionen eines Systems gelangt und wie man diese durch Einsatz geeigneter Beschreibungsmittel systematisch modelliert.

7.3.1 Ermittlung der geforderten Funktionen

Die Ziele bei der Ermittlung von funktionalen Anforderungen sind die Beschreibung und Strukturierung der Funktionen und die Identifikation von Abhängigkeiten und Zusammenhängen zwischen den Funktionen.

Ausgehend von den definierten Anforderungen an das Gesamtsystem werden die notwendigen Funktionen ermittelt, in wesentliche Teilfunktionen zerlegt, im Fall von mechatronischen Systemen auf die beteiligten Domänen – Mechanik, Elektronik und Software – aufgeteilt und dort weiter konkretisiert [7.92]. Dabei stehen dem Ingenieur verschiedene Methoden und Beschreibungsmittel zur Verfügung:

- Die Unified Modeling Language (UML) ist mittlerweile in den verschiedensten Domänen weit verbreitet und dient als Beschreibungsmittel in unterschiedlichen Phasen des Entwicklungsprozesses. Dazu trägt auch die Möglichkeit bei, die UML durch angepasste Profile zu erweitern [7.91].
- Die Systems Modeling Language (SysML) ist ein Profil der UML, das die Modellierung und Beschreibung von Systemen aus unterschiedlichen Bereichen, z. B. der Elektronik und der Software, unterstützt [7.76].
- Funktionsbäume dienen der Strukturierung von Funktionen oder Systemen in untergeordnete Elemente (Abb. 7.17).
- Ein Feature Model (Abb. 7.18) erlaubt in Ergänzung zur rein statischen Struktur der Funktionsbäume die Modellierung von optionalen und alternativen Systemfunktionen [7.14].
- Das R/I-Fließbild (Rohrleitungs- und Instrumentierungsfließbild) ist ein Technologieschema zur Modellierung verfahrenstechnischer Prozesse und der zugehörigen Automatisierungs-Funktionseinheiten. Man kann durch definierte Symbole die Elemente des Prozesses und deren funktionale Zusammenhänge darstellen. Die verfügbaren Symbole sind in DIN 28004 spezifiziert [7.62].
- Anwendungsfälle (engl.: use cases) geben vor, welche geförderten Funktionalitäten das System seinen Benutzern bereitzustellen hat [7.91].

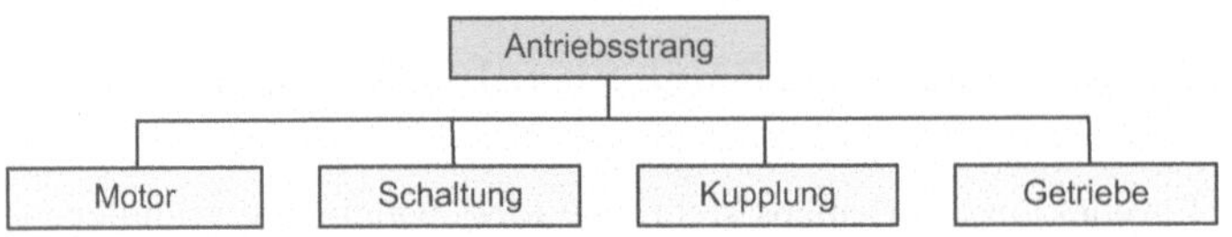

Abb. 7.17 Beispiel eines Funktionsbaums

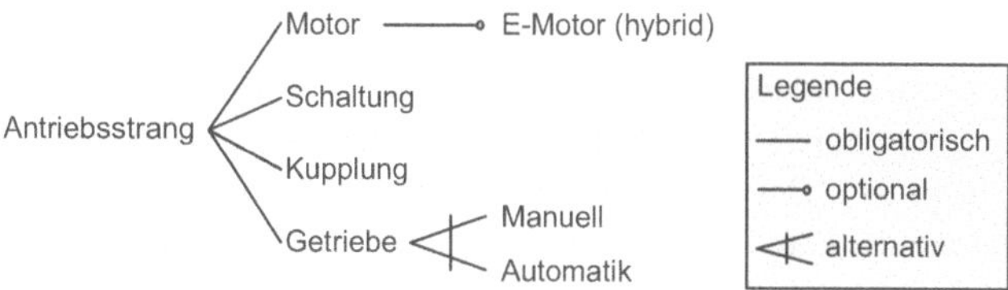

Abb. 7.18 Beispiel eines Feature Model

Neben dieser Auswahl existieren noch viele weitere, teils in kommerziellen Produkten realisierte, teils auf bestimmte Domänen spezialisierte Mittel zur Beschreibung von Systemfunktionen (vergleiche Tabelle 7.1 in Kap. 7.4.1). Auf die Anwendungsfälle wird aufgrund Ihrer Eignung zur Spezifikation der Anforderungen an mechatronische Systeme [7.55] im folgenden Abschnitt näher eingegangen.

7.3.2 Formulierung der Anforderungen als Anwendungsfälle

Anforderungen an ein System werden im Regelfall durch spätere Anwender gestellt. Dies legt eine Spezifikation der Anforderungen aus Anwendersicht nahe, was die Verwendung von Anwendungsfällen nahe legt.

Bei der Modellierung wird zunächst das System, bestehend aus den identifizierten Anwendungsfällen, deren Abhängigkeiten und Beziehungen sowie den Akteuren, die mit dem System interagieren, in einem Anwendungsfalldiagramm (engl.: use case diagram) dargestellt (Abb. 7.19).

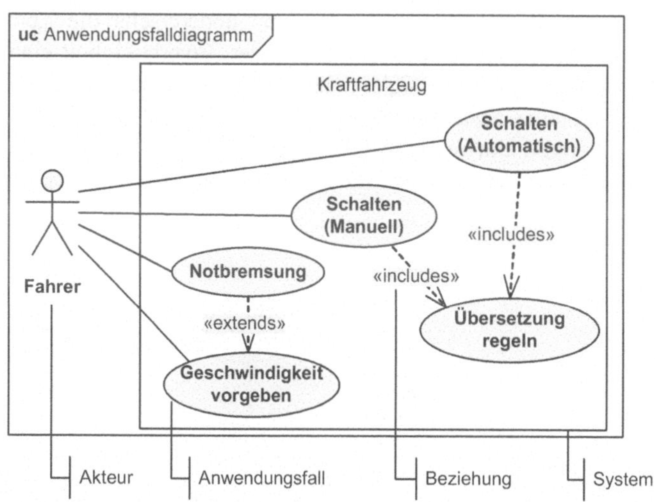

Abb. 7.19 Anwendungsfalldiagramm

Anwendungsfälle können durch andere Anwendungsfälle erweitert (engl.: extends) werden oder andere Anwendungsfälle enthalten (engl.: includes). Dies wird im Anwendungsfalldiagramm durch die entsprechenden Stereotypen «includes» und «extends» dargestellt [7.91]. Bei dem beispielhaft in Abb. 7.19 modellierten Ausschnitt eines Kraftfahrzeugs kann der Akteur *Fahrer* mit Gas und Bremse die *Geschwindigkeit vorgeben* oder eine *Notbremsung* einleiten. Eine Notbremsung unterscheidet sich von der Geschwindigkeitsvorgabe durch den auf das Bremspedal ausgeübten Druck und gegebenenfalls durch die Einleitung spezieller Vorbereitungsmaßnahmen für einen Aufprall. Weiter kann der Fahrer die Übersetzung des Getriebes entweder durch *manuelles Schalten* beeinflussen oder dazu die Funktion *Schalten (Automatik)* aktivieren.

Das Anwendungsfalldiagramm zeigt eine Übersicht über die identifizierten Anwendungsfälle sowie deren Abhängigkeiten. Die Eigenschaften eines einzelnen Anwendungsfalls werden im Detail in tabellarischer Form mittels der sogenannten Anwendungsfallschablone (engl.: use case templates) beschrieben (vergleiche Kap. 3.2). Diese Schablone enthält neben dem Namen und dem Ziel des Anwendungsfalls auch die beteiligten Akteure und den informell beschriebenen Ablauf mit optionalen und alternativen Zweigen.

Ein für die Spezifikation von Anforderungen an mechatronische Systeme und für die Bewertung der Zuverlässigkeit dieser Systeme wichtiger Aspekt ist die funktionale Sicht auf das System. Bei entsprechender Modellierung repräsentieren Anwendungsfälle Funktionseinheiten, welche von einem System oder von Teilsystemen zur Verfügung gestellt werden. Die Akteure, die nicht zwangsläufig menschliche Nutzer des Systems sein müssen, sondern auch andere Systeme repräsentieren können, nutzen die zur Verfügung gestellten Funktionseinheiten. Durch die Spezifikation mit Anwendungsfällen können so auch Abhängigkeiten zwischen Teilsystemen, die miteinander interagieren, identifiziert werden.

Ein weiterer Aspekt sind die Beziehungen zwischen Anwendungsfällen. Sie ermöglichen einerseits die Erweiterung von Funktionen, andererseits die Zerlegung in Teilfunktionen. Dies spielt bei der Bewertung der Zuverlässigkeit eine große Rolle, da sich die Gesamtzuverlässigkeit aus den Zuverlässigkeiten der Teilfunktionen bzw. Teilsysteme zusammensetzt. Der in Abb. 7.20 dargestellte Ausschnitt aus dem vorherigen Anwendungsfalldiagramm veranschaulicht die Modellierung einer funktionalen Redundanz. Die Übersetzung kann entweder

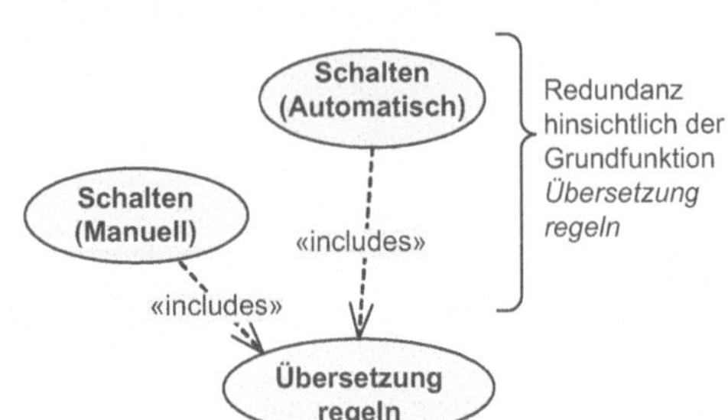

Abb. 7.20 Beispiel für die Modellierung redundanter Funktionen

manuell oder automatisch geregelt werden. Bei Versagen einer der beiden Funktionen bleibt die Grundfunktion erhalten.

Ein weiterer Vorteil der Verwendung von Anwendungsfällen stellt deren Standardisierung als Teil der Unified Modeling Language dar. Die Standardisierung und die einfache und abstrakte grafische Notation unterstützen die einheitliche und in allen beteiligten Domänen verständliche Spezifikation von Anforderungen.

7.3.3 Hilfsmittel zur Ermittlung der Anforderungen

Eine Möglichkeit, Anforderungen zu ermitteln, bieten sogenannte Experten-Interviews [7.54]. Dabei wird ein ausgewiesener Fachmann aus dem betroffenen Gebiet befragt und die Anwendungsfallschablone durch entsprechende Fragenkombinationen schrittweise ausgefüllt. Die Planung solcher Interviews und die Festlegung der Fragen spielt eine wesentliche Rolle für die erfolgreiche, korrekte Ermittlung der Anforderungen. Für diese Vorgehensweise eignen sich Anwendungsfälle, da sie eine einfache Möglichkeit zur Beschreibung der Anforderungen aus Anwendersicht bieten. Dieser Vorgang wird auch durch Werkzeuge unterstützt. Der Interviewer kann sich mittels eines solchen Werkzeugs Fragenkataloge und die sich aus den Befragungen ergebenden Anwendungsfälle erstellen und verwalten. Dadurch können zum einen von der Anwendung gestützte Interviews mehrfach mit unterschiedlichen Experten durchgeführt werden, um die Ergebnisse zu verifizieren oder zu verfeinern. Zum anderen können existierende Anwendungsfälle einfach wiederverwendet werden.

7.4 Funktionale Modellierung mit dem Ziel der Zuverlässigkeitsanalyse

In frühen Entwicklungsphasen ist das mechatronische System lediglich in Form verschiedener Konzepte ausgearbeitet. Für die Domänen der Elektronik und der Mechanik können daraus erste Teilsysteme und Bauteile abgeleitet werden, welche das spätere System enthalten wird. Mittels der Methoden aus den vorangegangenen Kapiteln zur frühen Zuverlässigkeitsanalyse können dann die Zuverlässigkeiten der mechanischen und elektronischen Bauteile bestimmt werden. Die Kenntnis der Eigenschaften der im Konzept vorhandenen Bauteile, etwa das erwartete Lastprofil oder die Dimensionierung ermöglichen eine derartige frühe Zuverlässigkeitsaussage durch Abschätzung möglicher physikalischer und chemischer Ausfallmechanismen. Da die Zuverlässigkeit programmierbarer Systeme jedoch wesentlich von den dort enthaltenen systematischen bzw. logischen Fehlern abhängt, reicht eine Betrachtung möglicher Teilsysteme oder Bauteile für

Software alleine nicht aus. Die Idee besteht daher in der frühzeitigen Modellierung der funktionalen Eigenschaften des konzipierten programmierbaren mechatronischen Systems und in der Analyse dieser Modelle auf mögliche systematische Fehler. Die qualitativen und quantitativen Zuverlässigkeitsanalysen der Software, wie sie in Kap. 7.2 in einer Übersicht dargestellt sind, können so unterstützt werden, etwa indem mögliche globale Fehlerauswirkungen im funktionalen Modell bestimmt werden.

Für eine funktionale Beschreibung ist es wichtig, dass alle Domänen der Mechatronik einbezogen werden können, da sich die korrekte Funktionalität der Software in mechatronischen Systemen immer auf deren technische Umgebung bezieht. Zudem ist für eine frühzeitige Beschreibung erforderlich, dass auch unvollständige, ungenaue und vage Informationen beschrieben werden können. Im Folgenden werden zuerst allgemeine Beschreibungsformen untersucht, um dann im Speziellen die Methode der Situtationsbasierten Qualitativen Modellbildung und Analyse (SQMA) näher zu erläutern.

7.4.1 Funktionale Beschreibung programmierbarer mechatronischer Systeme

Die Verwendung von Modellen zur Funktionsbeschreibung gewinnt in der Softwaretechnik zunehmend an Bedeutung. Spezielle Verfahren der modellbasierten oder modellgetriebenen Entwicklung beschäftigen sich mit der Frage, wie Modelle die SW-Entwicklung unterstützen können. Beispielsweise beruht die modellgetriebene Architektur (MDA) auf der konsequenten Nutzung von Modellen des zu entwickelnden Systems [7.71]. Durch die maschinelle Verarbeitung wird es möglich, aus abstrakten, teilweise grafischen Modellen automatisch Quellcode zu generieren. Als oft genannte Vorteile der modellbasierten Entwicklung werden qualitativ hochwertigere Systeme sowie eine höhere Effizienz angeführt (siehe z. B. [7.83]). Nach [7.17] spielt die modellbasierte Entwicklung in wichtigen Einsatzgebieten, wie z. B. der Automobilindustrie, eine starke Rolle. Ziele einer frühzeitigen Modellbildung sind vor allem die frühzeitige Prüfung des geplanten funktionalen Verhaltens der Software, etwa im Rahmen modellbasierter Tests und Simulationen. Um derartige Simulationen durchzuführen, ist nicht nur das Modell der Software sondern auch der zu steuernden oder zu regelnden Umgebung notwendig (Abb. 7.21). Nur im Zusammenhang mit deren Verhalten kann die korrekte Funktionalität der Steuerung oder Regelung beurteilt werden. Zusätzlich wird die Hardware benötigt, auf der die Software später ausgeführt wird, welche häufig zunächst durch spezielle prototypische Hardware ersetzt werden kann.

Häufig verwendete Beschreibungssprachen zur Modellierung des Verhaltens programmierbarer Systeme lassen sich grob in verschiedene Typen einteilen, welche in Tabelle 7.1 zusammengefasst sind.

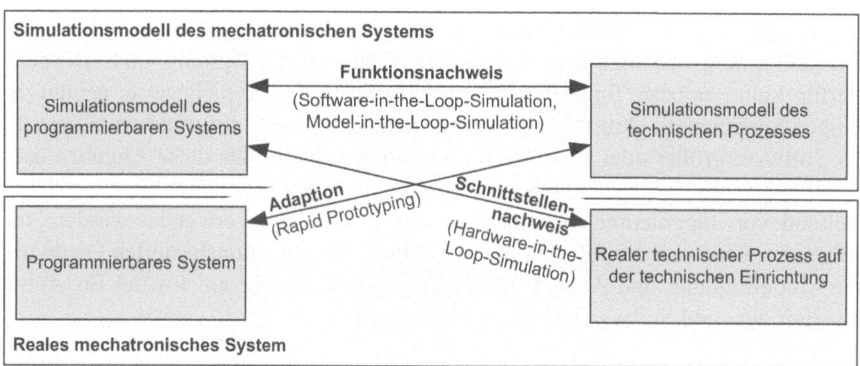

Abb. 7.21 Rechnerunterstützte Simulation nach [7.67]

Tabelle 7.1 Übersicht über Sprachen zur Beschreibung der Funktion eines SW-Systems

Typ	Beispiele
Blockorientierte Modellierungssprachen und -werkzeuge	MATLAB/Simulink/Stateflow, ASCET, Modelica/DYMOLA [7.84]
Unified Modeling Language (UML) und Erweiterungen	CARTRONIC-UML [7.61], UML-RT [7.43], UML for process automation (UML-PA) [7.9], Systems Modeling Language (SysML) [7.76] und UML Profile for Modeling and Analysis of Real-time and Embedded Systems (MARTE) [7.1]
Zustandsbasierte Sprachen	Endliche Automaten und Statecharts [7.45], Markovketten [7.56] und Petrinetze [7.78]
Qualitative Modellierungssprachen	QSIM [7.57], Qualitative Physics Based on Confluences [7.19] und Situationsbasierte Qualitative Modellbildung und Analyse (SQMA) [7.8]
Grammatiken und formale Sprachen	Die formale Sprache Z [7.98]
Grafische Notationen der IEC 61131-3	Kontaktpläne [7.48]
Mathematische Beschreibungsformen	Domänenübergreifendes mathematisches Modell auf Basis des Lagrange-Hamilton-Formalismus [7.99] und Differenzial-/Integralgleichungen, Gleichungssysteme
Modellierungssprachen für technische Systeme mit kontinuierlichen Größen	Rohrleitungs- und Instrumentenfließbilder (RI-Fließbilder) [7.23] und Signalfluss- oder Wirkungspläne [7.21]
Modellierungssprachen zur Beschreibung des Steuerungsablauf	Specification and Description Language (SDL) und SDL für Echtzeitsysteme (SDL-RT) [7.46] und Programmablaufpläne (PAP) [7.22]

Die Unified Modeling Language (UML) ist im Bereich der Softwaretechnik und die blockorientierten Sprachen sind im Bereich der Regelungstechnik weit verbreitet und werden auch für die Zuverlässigkeitsanalyse genutzt. Um in frühen Entwicklungsphasen mit den nur teilweise vorliegenden Informationen umgehen zu können, bieten sich insbesondere die qualitativen Modellierungssprachen an.

Wie in Kap. 7.2.1 bereits einführend erläutert wurde, geben diese Modellierungssprachen eine grobe Idee über das spätere Verhalten des Systems und erfordern hierfür keine präzise formulierten Zusammenhänge. Beispielsweise genügt in einigen Sprachen die Angabe, ob eine physikalische Größe aufgrund des Eingriffs der Software größer oder kleiner wird oder gleicht bleibt. Da diese Angaben darüber hinaus intuitiv verständlich sind, können diese Sprachen auch domänenübergreifend von Ingenieuren verschiedener Fachdisziplinen verwendet werden. Im Folgenden wird eine Einführung in die Methode der Situationsbasierten Qualitativen Modellbildung und Analyse (SQMA) gegeben, welche am Institut für Automatisierungs- und Softwaretechnik entstanden ist.

7.4.2 Situationsbasierte Qualitative Modellbildung und Analyse

Die Methode SQMA ermöglicht die qualitative Modellbildung und Analyse von Prozessautomatisierungssystemen [7.8]. Sie basiert auf mehreren Prinzipien, welche die Modellbildung und Analyse von Systemen erleichtern [7.81].

Die SQMA verfolgt einen komponentenbasierten Ansatz, der die Komplexität eines Systems beherrschbar macht, indem das System in Komponenten zerlegt wird, welche wiederum einfacher in einem qualitativen Modell beschrieben werden können. Der Ansatz erlaubt die Wiederverwendung von bereits modellierten Komponenten und ermöglicht, durch eine hierarchische Struktur der SQMA-Modelle, die Modellierung von Systemen unabhängig von deren Größe.

Der erste Schritt in dem von der SQMA verwendeten Modellierungsansatz ist die Modellierung des allgemeinen Verhaltens der Komponenten, die erst in einem zweiten Schritt – entsprechend der Systemstruktur – verknüpft werden. Aus diesem System-Modell lassen sich Situationen ermitteln, die das potentielle Verhalten des Gesamtsystems beschreiben und eine Auswertung des Modells ermöglichen. Eine Besonderheit der SQMA stellt die Einbeziehung von empirischem Wissen durch sogenannte Kommentarregeln dar.

In diesem Kapitel wird zunächst auf die historische Entwicklung der Methode eingegangen, worauf eine grundlegende Einführung in die Methode und in die zum Einsatz kommende Werkzeugkette folgt.

7.4.2.1 Die bisherige Entwicklung der SQMA

Die Situationsbasierte Qualitative Modellbildung und Analyse entstand Mitte der 90er Jahre zunächst mit zwei Schwerpunkten: der Überwachung [7.33] und der Gefahrenanalyse von Prozessautomatisierungssystemen [7.64]. Die grundlegende Idee bestand in der qualitativen Beschreibung und Analyse der Prozesse, um daraus mögliche Gefahren rechnergestützt zu ermitteln. Dazu wurden mehrere SW-Werkzeuge unter verschiedenen Betriebssystemen entwickelt, welche SQMA-Modelle erstellen und auswerten können. Dies beinhaltete auch die Analyse hierarchisch aufgebauter, komponentenbasierter Systeme. Im Rahmen weiterer Arbeiten wurde die SQMA zunächst um die Beschreibung zeitabhängiger Vorgänge erweitert. Dadurch wurde es möglich, das System aus hybriden Komponenten zusammenzusetzen, welche neben zeitunabhängigen bzw. zeitdiskreten Größen auch zeitkontinuierliche Größen enthielten [7.68].

Aktuelle Arbeiten befassen sich mit der ganzheitlichen Modellbildung [7.8] und der Beschreibung unscharfer, vager Informationen [7.81]. Die ganzheitliche Modellbildung integriert die verschiedenen Domänen, welche an der Entwicklung eines mechatronischen Systems beteiligt sind, indem es die Teilkomponenten Rechnersystem, technisches System und menschlicher Bediener einführt (Abb. 7.22).

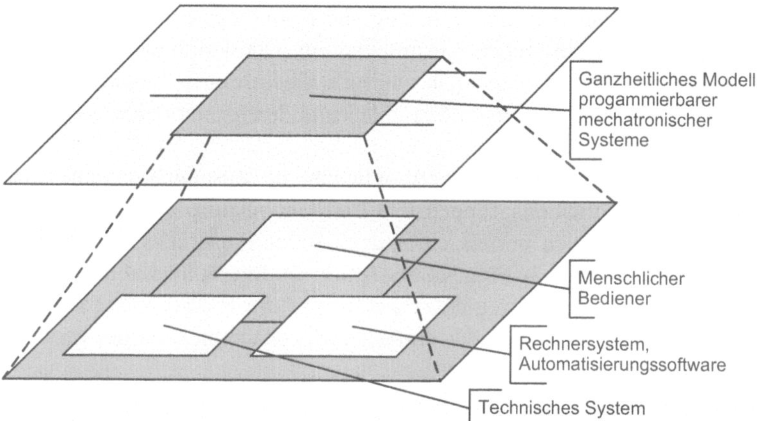

Abb. 7.22 Komponentenbasiertes, ganzheitliches Modell eines mechatronischen Systems

Diese Arbeiten und zusätzliche Erweiterungen der SQMA für die Zuverlässigkeitsanalyse werden im Folgenden beschrieben.

7.4.2.2 Grundlagen und Grundkonzepte der Methode SQMA

Der Modellierungsansatz der Methode SQMA besteht aus mehreren sequentiell durchzuführenden Teilschritten, wie auch in [7.8] beschrieben. Diese werden zunächst detaillierter betrachtet und nachfolgend anhand eines kurzen Beispiels näher erläutert.

Modellierung einzelner Komponenten

In einem ersten Schritt werden einzelne Komponenten in Form ihres Verhaltens modelliert. In SQMA werden dazu die folgenden Elemente eingesetzt:

- Schnittstellen (Terminals) dienen der Kommunikation einer Komponente mit ihrer Umgebung.

- Qualitative Variablen (Quantities) beschreiben die physikalischen, an einer Schnittstelle relevanten Größen. Eine qualitative Variable umfasst einen bestimmten Werteraum, der in unterschiedliche, für die Komponente entscheidende Intervalle unterteilt wird.
- Situationen (Situations) beschreiben das Verhalten von Komponenten. Eine Situation besteht aus einem gültigen Satz aller definierten qualitativen Variablen mit einem bestimmten Wertebereich (Intervall). Eine Situation ist gültig, wenn sie alle Situationsregeln (Modellgleichungen) des Komponentenmodells erfüllt.
- Situationsregeln (SituationRules) dienen der Definition des physikalischen und funktionalen Verhaltens einer Komponente. Sie werden als Wenn-Dann-Regeln formuliert und schränken den Situationsraum der Komponente durch einen Satz von arithmetischen und logischen Ausdrücken ein. Den kombinatorisch möglichen Situationsraum bezeichnet man auch als theoretischen Situationsraum, der aus der Anzahl der qualitativen Variablen und deren Intervallen berechnet werden kann.
- Kommentarregeln (CommentRules) ermöglichen die Zusammenfassung und Klassifizierung von Situationsgruppen und die Kombination von Wertebereichen verschiedener Größen mittels eines qualitativen Ausdrucks. Unter einer Situationsgruppe versteht man eine Kombination von Intervallvariablen mit bestimmten Werten. Kommentarregeln erlauben also die Berücksichtigung von empirischem Wissen und dienen der einfacheren Verständlichkeit der Modellergebnisse.
- Übergänge (Transitions) von einer Situation in eine andere, werden in Form einer Transitionsmatrix beschrieben.
- Transitionsregeln (TransitionRules) schränken die möglichen Übergänge zwischen den Situationen ein. Dies ist insbesondere notwendig für die Modellierung von Abhängigkeiten zwischen Größen oder auch für die Beschreibung von Größen, die sich nur stetig ändern können. Die Gesamtheit der Übergänge in Kombination mit den Transitionsregeln ergeben eine Transitionsmatrix, die die möglichen Situationsübergänge enthält und damit das dynamische Verhalten der Komponente beschreibt.

Zur Modellierung einer Komponente wird diese aus ihrer Umgebung herausgelöst betrachtet. Durch dieses Herauslösen entstehen Schnittstellen zur Umgebung an denen unterschiedliche Größen auftreten, die mit qualitativen Intervallvariablen beschrieben werden.

Die Abhängigkeiten und Zusammenhänge dieser Größen werden dann mit Situationsregeln modelliert, die beschreiben, wie sich eine Größe in Abhängigkeit anderer Größen verändert. Wenn die Größen, die Abhängigkeiten und Zusammenhänge hinreichend modelliert wurden, können alle möglichen Situationen der Komponente ermittelt werden.

Abschließend wird das dynamische Verhalten der Komponente mit Transitionsregeln beschrieben, die festlegen, welche Einschränkungen oder Bedingungen zur

Änderung einer Größe und damit für den Übergang von einer Situation in eine andere bestehen.

Nach diesem Schritt verfügt man also über alle möglichen Situationen einer Komponente und über alle möglichen Übergänge zwischen den Situationen. Das Modell der Komponente ist somit vollständig und kann zur weiteren Modellierung des Systems eingesetzt werden.

Von den Komponenten zum System

Der zweite Schritt bei der Erstellung eines SQMA-Modells besteht in der Verknüpfung der modellierten Komponenten. Dazu werden in einer sogenannten Netzliste die Verbindungen zwischen den einzelnen Komponenten festgelegt. Eine Netzliste enthält Knoten, die sich aus zwei oder mehreren Schnittstellen zusammensetzen.

So entsteht eine Art Schaltplan, der aus Knoten und den sich aus den Verbindungen zwischen den Knoten ergebenden Maschen besteht. SQMA unterscheidet Potentialgrößen und Flussgrößen, wie z. B. Spannung und Strom oder Druck und Strömung.

Damit ist es nun möglich, die Wechselwirkungen zwischen den einzelnen Komponentenmodellen durch Anwendung der Kirchhoffschen Regeln – die Maschenregel für Flussgrößen, die Knotenregel für Potenzialgrößen – zu beschreiben. Die so aufgestellten Systemgleichungen schränken den Situationsraum, der sich kombinatorisch aus den Situationen der einzelnen Komponenten ergibt, auf den für das System gültigen Situationsraum ein.

Das Ergebnis ist die Menge von Systemsituationen, die das potentielle Verhalten des modellierten technischen Systems beschreiben. Die Übergänge zwischen den einzelnen Systemsituationen ergeben sich aus den Transitionen der Komponentenmodelle, wobei ein Übergang zwischen Systemsituationen möglich ist, wenn dieser ebenfalls für die Situationen der Komponenten definiert ist.

Analyse und Auswertung

Die Systemsituationen können als Szenarien interpretiert werden, die mögliche Zustände, d. h. Momentaufnahmen des Systems beschreiben. Sie dienen zur Darstellung des statischen Verhaltens und bestehen aus einer Kombination der Systemgrößen in jeweils einem speziellen Intervall.

Aufschluss über das dynamische Verhalten des Systems gibt die Betrachtung der Transitionen zwischen den Systemsituationen. Diese führt zu Erkenntnissen über Bedingungen, die zu bestimmten Systemsituationen führen und über Abhängigkeiten und Zusammenhänge von Komponenten und Systemgrößen.

Illustration anhand eines Beispiels

Die Modellierung und einige resultierende Zwischenergebnisse sollen nun an einem kurzen Beispiel veranschaulicht werden. Das Beispiel folgt dem in Kap. 7.4.3.1 erläuterten ganzheitlichen Ansatz.

Als Beispielsystem wurde ein automatisches Getriebe gewählt, dessen Komponentenstruktur in Abb. 7.23 vereinfacht dargestellt ist. Der menschliche Bediener kann über das Gaspedal (*mb_Gaspedal*) einen Sollwert vorgeben. Dieser Sollwert wird über einen Sensor (*ts_Beschleunigungssensor*) an die Steuerungssoftware (*sw_Steuerung*) weitergegeben. Außerdem werden die Motordrehzahl und der aktuell eingelegte Gang über entsprechende Sensoren (*ts_Motordrehzalsensor* und *ts_Gangerkennungssensor*) erfasst. Je nach erfassten Sensorwerten schaltet die Steuerungssoftware in einen entsprechenden Gang. Die Veränderung des Gangs kann von der Steuerungssoftware über ein Ventil (*ts_Ventil*) am Getriebe (*ts_Getriebe*) vorgenommen werden.

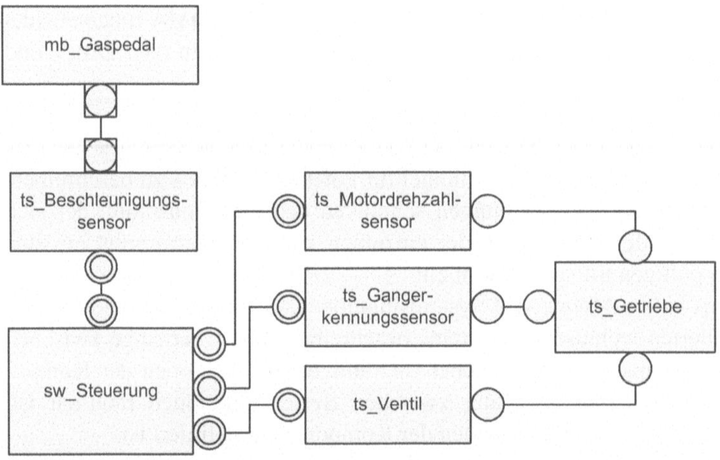

Abb. 7.23 Komponentenstruktur des beispielhaften automatischen Getriebes

In einem ersten Schritt erfolgt die Festlegung der qualitativen Variablen, wie am Beispiel der Drehzahl in Abb. 7.24 zu sehen ist.

Für jede qualitative Größe ergibt sich so eine Reihe von Intervallen.

Auf Basis dieser Größen kann nun mit Hilfe von Situationsregeln das Verhalten des Systems oder einer Komponente beschrieben werden. Dazu legt man Bedingungen für die Änderung einzelner Größen fest. Ein Beispiel wäre das Schalten in einen bestimmten Gang in Abhängigkeit der aktuellen Geschwindigkeit.

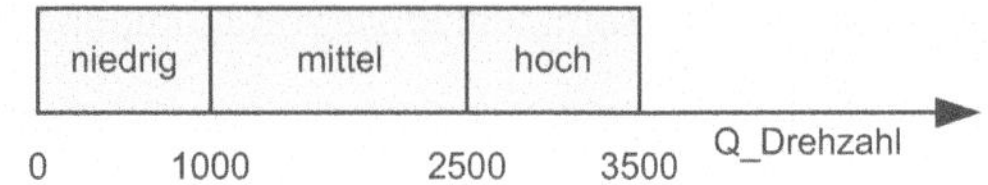

Abb. 7.24 Drehzahlintervalle

Tabelle 7.2 Qualitative Variablen

Größe	Intervalle		
Q_Geschwindigkeit	(0, 23]	(23, 40]	(40, 50]
Q_Drehzahl	(0, 1000]	(1000, 2500]	(2500, 3500]
...	...	...	...

Anschließend können mit Kommentarregeln Situationsgruppen und Wertebereiche unterschiedlicher Größen zusammengefasst und klassifiziert werden. Ein Beispiel wäre die Definition von Zuständen wie „ANHALTEN" oder „FAHREN", in Abhängigkeit verschiedener Größen.

Mit Transitionsregeln können schließlich die möglichen Übergänge zwischen Situationen festgelegt werden. Bei den Zuständen „ANHALTEN" und „FAHREN" beispielsweise, sind beide Übergänge „FAHREN" zu „ANHALTEN" und „ANHALTEN" zu „FAHREN" möglich.

Aus den so definierten Regeln ergeben sich die möglichen Systemsituationen, wie in folgender Tabelle prinzipiell dargestellt.

Tabelle 7.3 Systemsituationen

Nr.	Q_ Geschwindigkeit	Q_ Drehzahl	Betriebszustand
1	(0, 23]	(0, 1000]	1.Gang und FAHREN
2	(23, 40]	(1000, 2500]	2.Gang und FAHREN
3	(40, 50]	(0, 1000]	Fehler
...	...	...	...

Auf Grundlage dieser Daten kann das System analysiert und evaluiert werden. Wie im Beispiel zu sehen ist, können nicht bestimmungsgemäße aber mögliche Situationen identifiziert und, durch Betrachtung der Übergänge, Rückschlüsse auf die dynamischen Bedingungen gezogen werden, die zu diesen Situationen führen.

7.4.2.3 Übersicht über die SQMA-Werkzeugkette

Grundlage für die Analyse eines Systems mit SQMA ist die Existenz eines entsprechenden System-Modells. Die Erstellung des System-Modells erfolgt auf Basis der Komponenten-Modelle. Diese Komponenten-Modelle werden bei Hardwarekomponenten aus einer Komponenten-Modelldatei, bei Software aus einem UML-Modell generiert. Dabei werden lediglich die Bezeichnungen, die Schnittstellen, die Systemgrößen einschließlich ihrer Intervalldefinitionen sowie die Situations-, Kommentar- und Transitionsregeln spezifiziert. Bei allen Komponenten müssen die Situationen und Transitionen explizit ermittelt und in die Modelldatei eingefügt werden. Die dazu benötigten Werkzeuge sind *mkmodel* für

Hardwarekomponenten und *swmodel* für Softwarekomponenten. Die Erzeugung der Situationen und Transitionen lässt sich in beiden Fällen über Parameter steuern, so können z. B. bei *mkmodel* die Situations- und Transitionstabellen durch Berücksichtigung der entsprechenden Regeln verkürzt werden.

Um die Komponenten-Modelle zu einem ganzheitlichen System-Modell zusammenfassen zu können, muss eine System-Modell-Datei erstellt werden. Auch hier werden nur die Bezeichnungen der Schnittstellen und die Systemgrößen mit den zugehörigen Intervallen definiert. Die Struktur des Systems dagegen wird extern in einer Netzliste festgelegt. Diese beschreibt, wie die Komponenten miteinander verknüpft sind. Liegen die Komponenten-Modelle, die System-Modell-Datei und die Netzliste vor, können mit dem SQMA-Werkzeug *net2equ* die System-Gleichungen erstellt und in die System-Modell-Datei eingefügt werden. Auch hier lässt sich die Erstellung der System-Gleichungen durch die Angabe und Wahl von Parametern steuern. Mit *net2equ* lassen sich somit algebraische Gleichungen (Schalter –GA), optimierte Gleichungen in umgekehrter Polnischer Notation (UPN) (Schalter –GR), explizite Gleichungen (Schalter –GE) und zusätzliche Gleichungen (Schalter –Z) erstellen. Die folgende Abbildung zeigt eine Übersicht über die Werkzeuge und deren Eingabedateien.

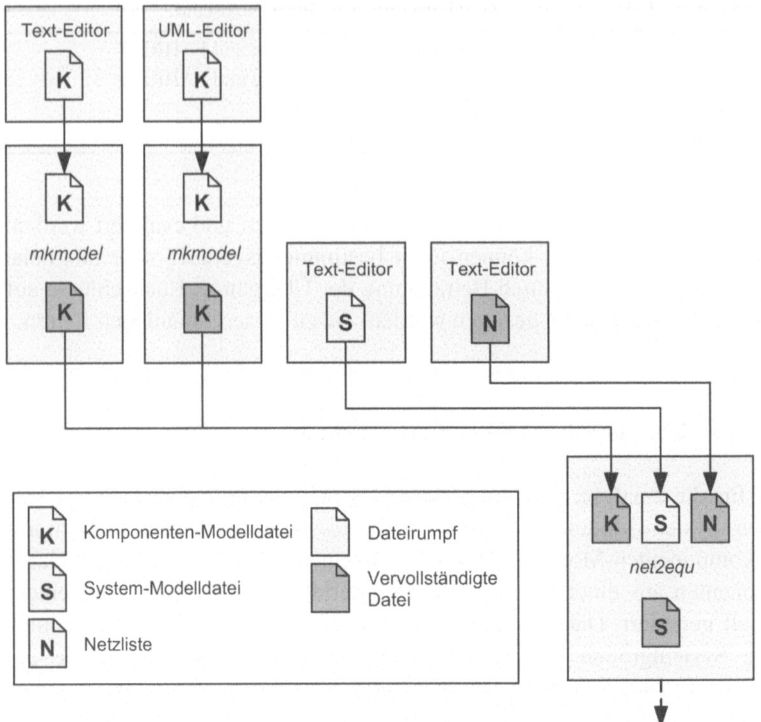

Abb. 7.25 Übersicht über die SQMA-Werkzeuge und deren Eingabedateien

Wenn die System-Gleichungen im System-Modell vorliegen, kann die eigentliche Analyse mit dem SQMA-Werkzeug *analyse* durchgeführt werden. Dabei werden die systemspezifischen Situationen und Transitionen ermittelt und in die System-Modell-Datei eingetragen. Wird die Anzahl der ermittelten Situationen und Transitionen zu groß, werden diese in externe Dateien ausgelagert und in der System-Modell-Datei lediglich referenziert. Auch *analyse* kann über Parameter gesteuert werden, so kann ausgewählt werden, ob System-Situationen oder System-Transitionen ermittelt werden sollen.

Wurden alle System-Situationen und System-Transitionen mit *analyse* erstellt, lässt sich das Gesamt-System schließlich mit dem SQMA-Werkzeug *evaluate* gezielt auswerten. Dazu stehen folgende Mechanismen zur Verfügung:

- Selektion aller Zustände, in welchen alle Komponenten-Situationen ein bestimmtes Attribut aufweisen (Schalter –A)
- Selektion aller Zustände, in welchen mindestens eine Komponenten-Situation ein bestimmtes Attribut aufweist (Schalter –C)
- Selektion aller Situationen, welche in einer bestimmten Zeile zusammengefasst sind (Schalter –X)
- Selektion aller Zustände, bei welchen sich eine bestimmte Komponente in einer bestimmten Situation befindet (Schalter –F für den Komponentennamen und Schalter –N für die Situation)
- Selektion aller Zustände, bei welchen sich eine bestimmte Komponente in einer Situation befindet, die ein bestimmtes Attribut aufweist (Schalter –F für den Komponentennamen und Schalter –R für die Attribute)

Abhängig von den gewählten Parametern generiert *evaluate* die entsprechende Lösungstabelle und gibt diese auf dem Bildschirm aus oder schreibt sie in die angegebene Ausgabedatei.

7.4.3 Erweiterungen der Methode SQMA

Ausgehend von den im letzten Kapitel beschriebenen Basiskonzepten und Grundlagen wurde die Methode SQMA in unterschiedlichen Arbeiten laufend weiterentwickelt. Dieser Abschnitt widmet sich den Erweiterungen der SQMA, welche die Methode um neue grundlegende Konzepte und um Visualisierungs- und Bedienkonzepte zur einfacheren Handhabbarkeit der Methode und der Werkzeuge ergänzen.

7.4.3.1 Ganzheitliche Modellierung programmierbarer Systeme

Ein anfängliches Defizit der Methode SQMA war die Beschränkung der Modelle auf technische Systeme und deren Komponenten. Da die Sicherheit und im Speziellen auch die Zuverlässigkeit von Automatisierungssysteme in der Regel von den Hardwarekomponenten, deren Ansteuerung – in Form der Automatisierungssoftware – und dem menschlichen Bediener abhängt, wurde ein Ansatz zur ganzheitlichen Modellierung entwickelt, der eine Berücksichtigung dieser Faktoren ermöglicht.

Dazu wurde die Methode um entsprechende Schnittstellen und Mechanismen erweitert. In Abb. 7.26. sind die prinzipiellen Erweiterungen in der grafischen Notation dargestellt, bestehend aus Softwareschnittstellen und Schnittstellen zum menschlichen Bediener.

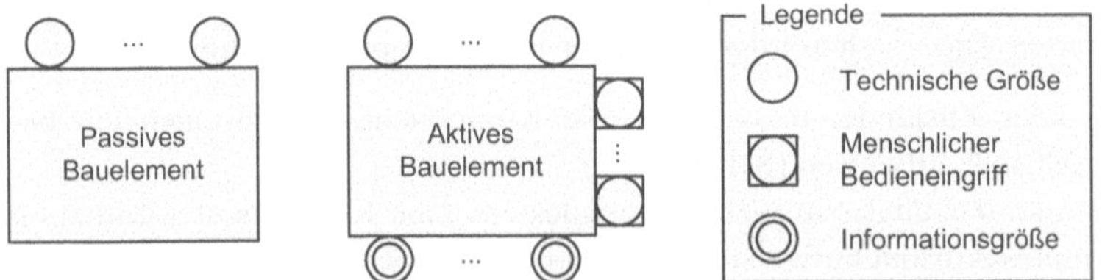

Abb. 7.26 Erweiterte grafische Notation der SQMA zur ganzheitlichen Modellierung

Beim ganzheitlichen Ansatz geht man, wie bei anderen Ansätzen auch, von der Annahme aus, dass eine eindeutige Zuordnung einer Gefahr zu einem technischen Bauteil möglich ist. Eine Gefahr kann allerdings nicht nur durch Ursachen ausgelöst werden, die im technischen System lokalisiert sind, sondern auch durch die Automatisierungssoftware und menschliche Bedieneingriffe.

Die in [7.8] entwickelte modellbasierte Sicherheitsanalyse deckt die kausalen Ursache-Folge-Zusammenhänge unter Berücksichtigung der Wechselwirkungen zwischen den Systembestandteilen auf und erlaubt eine Analyse dieser Zusammenhänge. Der Ansatz wird durch Werkzeuge unterstützt, die auch in unterschiedlichen Folgearbeiten sukzessive weiterentwickelt und ergänzt wurden.

7.4.3.2 Repräsentation vager Informationen

In den Sicherheitssystemen heutiger Produktionseinrichtungen werden zur Überwachung in der Regel sehr genaue und präzise Messverfahren, Steuer- und Regelmechanismen eingesetzt, um ein „korrektes“ Verhalten des Prozesses sicherzustellen. Zur Bestimmung eines korrekten Prozessverhaltens werden häufig Modelle eingesetzt. Bei der Erstellung und Auswertung dieser Prozessmodelle mit der erforderlichen Präzision, stellt die wachsende Komplexität der zu überwachenden Prozesse ein immer größer werdendes Problem dar.

Trotz des relativ hohen Abstraktionsgrades qualitativer Modelle, wie bei der Methode SQMA, durch symbolische Darstellung des Prozessverhaltens auf Basis von Wertebereichen, ist deren Anwendbarkeit aufgrund der Größe der resultierenden Modelle eingeschränkt.

In [7.68] wurde die SQMA um Elemente der Rough-Set-Theorie und der stochastischen qualitativen Automaten erweitert. Der Ansatz erlaubt es vage und unsichere Informationen, in Form von Wahrscheinlichkeiten für Situationsübergänge in einer probabilistischen Transitionsmatrix, in die SQMA-Modelle zu integrieren, die andernfalls während der Modellierung verloren gehen würden. Die prinzipiellen Zusammenhänge sind in Abb. 7.27 dargestellt.

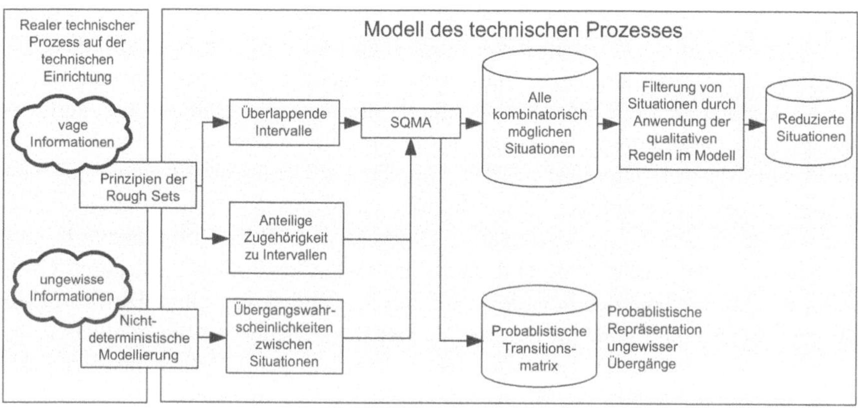

Abb. 7.27 Integration von Vagheit und Unsicherheit in SQMA-Modelle

Es hat sich gezeigt, dass die resultierenden Modelle deutlich genauer sind als qualitative Modelle mit vergleichbarer Größe. Umgekehrt können ebenfalls Modelle realisiert werden, die – verglichen mit traditionellen qualitativen Modellen ähnlicher Genauigkeit – eine geringere Größe aufweisen.

Mit dieser Erweiterung wird die Anwendbarkeit der SQMA-Methode auf Systeme möglich, die aufgrund ihrer Komplexität mit konventionellen Methoden nicht überwacht oder analysiert werden können.

7.4.3.3 Generierung von SQMA-Modellen aus UML

Programmierbare mechatronische Systeme bestehen zu einem beständig wachsenden Anteil aus Software, zu deren Beschreibung häufig die weit verbreitete Modellierungssprache UML verwendet wird.

In [7.26] wurde eine automatische Transformation von in UML beschriebenen Softwarekomponenten nach SQMA realisiert und anhand des schon in Kap. 7.4.2.2 vorgestellten ganzheitlich in SQMA modellierten Getriebes evaluiert. Für die Strukturbeschreibung werden UML-Kompositionsstrukturdiagramme verwendet. Die Verhaltensbeschreibung erfolgt in UML-Zustandsdiagrammen. Die Attribute der Komponenten, die Eigenschaften der Schnittstellen zwischen den Komponenten und die Struktur des Systems können direkt den in den Kompositionsstrukturdiagrammen hinterlegten Daten entnommen werden. Die Regeln für die Verhaltensbeschreibung von System und Komponenten und die möglichen Intervalle der qualitativen Variablen ergeben sich aus den zugehörigen Zustandsdiagrammen. Aus den kombinierten Informationen können abschließend die SQMA-Modelldateien generiert und mit den SQMA-Werkzeugen weiter verarbeitet werden (vergleiche Kap. 7.4.2.3).

7.4.3.4 Beschreibung von Systemen mit diskret-kontinuierlicher Dynamik

Die SQMA-Methode in der bisher vorgestellten Form hat den Nachteil, dass die dynamischen Zusammenhänge eines Systems nicht beschrieben und analysiert werden können. In [7.5] wurde die Methode um diese Möglichkeit erweitert, indem gängige Beschreibungskonzepte für dynamische Vorgänge untersucht und in die SQMA-Methode integriert wurden. Um den zeitlichen Verlauf einer einzelnen qualitativen Intervallvariablen zu beschreiben, kann diese zusätzlich mit einer zeit- und wertekontinuierlichen Variablen im SQMA-Modell der Komponente hinterlegt werden. Der zeitliche Verlauf dieser Variablen kann dann z. B. durch Gleichungen, Differenzialgleichungen oder durch zeitdiskrete Signalzuweisungen definiert werden und wird im Rahmen der Analyse wieder auf die qualitative Intervallvariable abgebildet. Darüber hinaus können in der Netzliste Instanzen der Komponenten mit unterschiedlichen Initialwerten erzeugt werden.

Auf Basis dieses erweiterten Konzepts wurde ein zusätzliches Werkzeug entwickelt, das die zeitlichen Verläufe der einzelnen qualitativen Intervallvariablen berechnet und die qualitativen dynamischen Regeln auswertet. Außerdem erlaubt das Werkzeug die Aufzeichnung und Speicherung der Verläufe einzelner Intervallvariablen, die dann durch weitere Werkzeuge importiert und weiter analysiert werden können.

7.4.3.5 Modellierung und Analyse von Wechselwirkungen

Ein wichtiger Aspekt bei der Bewertung der Zuverlässigkeit ist die Berücksichtigung der Wechselwirkungen zwischen den beteiligten Komponenten und die Möglichkeit diese zu modellieren und zu analysieren. Dazu werden Fehlerzusammenhänge als Wechselwirkungen betrachtet, die sich positiv oder negativ auf die

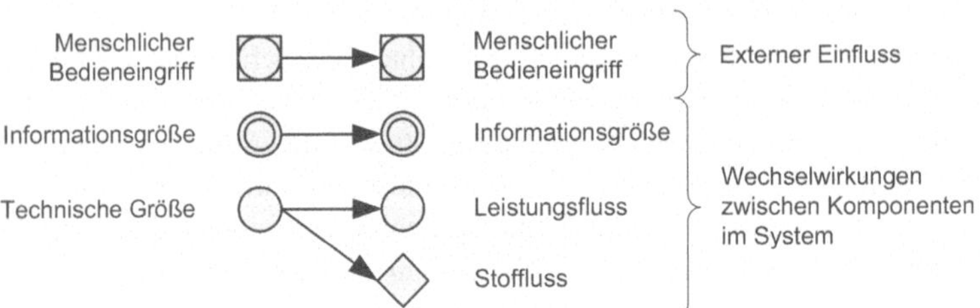

Abb. 7.28 Modellierung der Wechselwirkungen

Zuverlässigkeit auswirken. Dies ist zum einen qualitativ der Ausfall einer Komponente der zum Ausfall anderer Komponenten oder des Gesamtsystems führt und zum anderen quantitativ die Wahrscheinlichkeit dass bei fehlerhaftem Fluss von Stoff, Leistung oder Information andere Komponenten oder das Gesamtsystem ausfallen. Für die Modellierung der verschiedenen Arten von Wechselwirkungen wurden die möglichen Schnittstellen für SQMA-Komponenten angepasst, wie in Abb. 7.28 dargestellt.

Die Analyse erfolgt mit den schon vorgestellten Werkzeugen und wird durch das im folgenden Abschnitt erläuterte Werkzeug zusätzlich vereinfacht.

7.4.3.6 Simulation und Visualisierung des funktionalen Verhaltens

Eine Herausforderung beim Umgang mit der SQMA und deren Werkzeugen und vor allem bei der Interpretation der Ergebnisse war die Tatsache, dass alle Daten nur in Textform zur Verfügung standen. Zur einfacheren Handhabbarkeit der Daten wurde in [7.41] ein Werkzeug entwickelt, das die Simulation von SQMA-Modellen und die Interpretation der Ergebnisse mittels grafischer Benutzungs- und Visualisierungsoberfläche ermöglicht.

Das Werkzeug liest die erforderlichen Daten aus den Modelldateien ein und stellt die Modell-Komponenten samt ihrer Schnittstellen, Verbindungen und internen Zuständen grafisch dar. Der Benutzer kann sich bestimmte Situationen anzeigen lassen oder auch Transitionssequenzen zusammenstellen, die er simulieren möchte. Diese Sequenzen können kontinuierlich oder Schritt für Schritt durchlaufen werden, wobei die Ergebnisse direkt grafisch oder auch in einem Report zusammengefasst dargestellt werden können. Eine weitere nützliche Funktion zur Steigerung der Übersichtlichkeit und Handhabbarkeit ist die Möglichkeit, die Analyseergebnisse zu filtern und damit bestimmte Situationen einfacher ausfindig zu machen.

7.4.4 Integrierte SQMA-Entwicklungs- und Visualisierungsumgebung

Aufgrund der hohen Anzahl unterschiedlicher Werkzeuge lag eine Integration der Einzelwerkzeuge zu einer vollwertigen SQMA-Entwicklungsumgebung nahe.

Als Basis für die Integration dient Eclipse, das mittels Plugin um die SQMA-Werkzeugkette und einige der im vorherigen Abschnitt vorgestellten Erweiterungen ergänzt wurde.

Auf der linken Seite der Anwendung (siehe Abb. 7.29) werden die bereits erstellten bzw. importierten SQMA-Modelldateien in ihrer Verzeichnisstruktur angezeigt. Im zentralen Bereich der Anwendung können Modelldateien editiert und die Visualisierung des SQMA-Modells dargestellt werden. Die Tabelle auf der

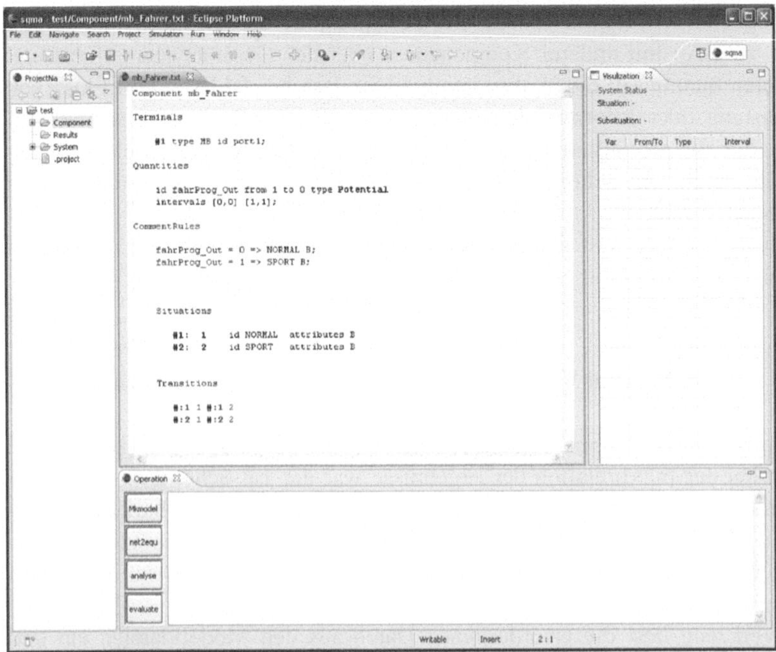

Abb. 7.29 SQMA-Werkzeuge als Eclipse-Plugin

rechten Seite dient der Ausgabe des aktuellen Systemzustands, bestehend aus Systemsituation, Situation der aktuell in der Visualisierung ausgewählten Komponente und dem Tupel gültiger qualitativer Variablen. Im unteren Bereich neben der Konsole befinden sich die Schaltflächen zum Starten der einzelnen Werkzeuge, deren Ausgaben und Ergebnisse in der Konsole angezeigt werden.

7.5 Rechnergestützte Analyse funktionaler Modelle

Um die Komplexität der Modelle zu beherrschen, muss die Analyse rechnergestützt erfolgen. In den folgenden Abschnitten wird das Vorgehen zur rechnergestützten Analyse funktionaler Modelle beschrieben.

7.5.1 Überprüfung der Anorderungen am Modell

Um eine rechnergestützte Analyse durchführen zu können, wird eine Zerlegung des Systems in mehrere Hierarchieebenen und Komponenten auf jeder dieser Ebenen vorgenommen. Aus den Modellen einzelner Komponenten werden anschließend durch Anwendung der Kirchhoffschen Gesetze die tatsächlich möglichen

Zustände des Gesamtsystems rechnergestützt ermittelt [7.64]. Diese modellbasierte Methode wurde in [7.8] so erweitert, dass sie für die ganzheitliche Beschreibung komplexer Systeme anwendbar ist. Hierzu wurden auf Grundlage der Eigenschaften von Automatisierungssystemen nach [7.62] die drei Teilbereiche technisches System, Rechnersystem und menschlicher Bediener eingeführt. Durch die Zusammenfassung der Bereiche in SQMA zu einem ganzheitlichen Modell lässt sich das mechatronische System zusammenhängend analysieren.

Da zwischen Komponenten unterschiedliche Größen, nämlich menschliche Bedieneingriffe, technische Größen und Informationsgrößen, ausgetauscht werden, definiert [7.8] drei entsprechende Schnittstellentypen. Diese werden in SQMA durch grafische Symbole repräsentiert (Abb. 7.30).

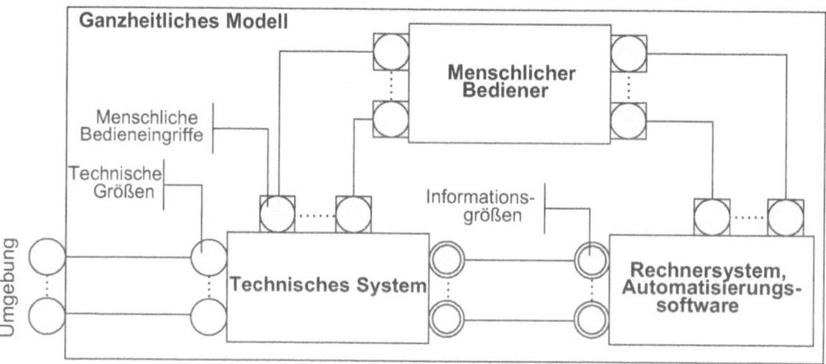

Abb. 7.30 Schnittstellentypen zwischen den Teilsystemen

Konkret gliedert sich die Modellbildung und Analyse mit SQMA in die nachfolgend beschriebenen Schritte (Abb. 7.31).

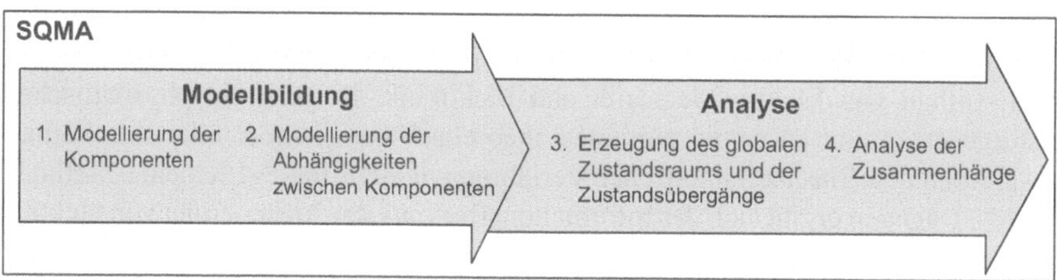

Abb. 7.31 Schritte der Modellbildung und Analyse in SQMA

Um die einzelnen Komponenten zu modellieren, müssen im ersten Schritt deren externe Schnittstellen sowie zugehörige Größen definiert werden. Der Wertebereich der festgelegten Größen wird in Intervalle unterteilt und der Zusammenhang zwischen mehreren Größen innerhalb einer Komponente wird durch Regeln vorgegeben. Durch zusätzliche Regeln können bestimmte Zustände einer Komponente mit Attributen gekennzeichnet werden; beispielsweise ist so die Markierung fehlerhafter (F) oder bestimmungsgemäßer (B) Zustände möglich.

Daraus werden rechnerunterstützt für jede Komponente aus den theoretisch möglichen Zuständen die tatsächlich möglichen Zustände ermittelt und in einer Tabelle hinterlegt. Im zweiten Schritt erfolgt die Beschreibung der Abhängigkeiten zwischen Komponenten durch Verknüpfung ihrer Schnittstellen. Aus den Verknüpfungen werden die globalen Systemgleichungen generiert.

Anschließend wird die Analyse durchgeführt. Im dritten Schritt werden zunächst die aufgestellten Systemgleichungen gelöst. Das Ergebnis stellt eine Liste mit den globalen Systemzuständen und Zustandsübergängen zwischen diesen dar. Zu jedem globalen Systemzustand ist angegeben, aus welchen Zuständen einzelner Komponenten er sich zusammensetzt

Abschließend wird im vierten Schritt der globale Zustandsraum nach Zuständen mit bestimmten Eigenschaften aufgrund geeigneter Suchkriterien durchsucht. Dabei kann es sich etwa um fehlerhafte Zustände einzelner Komponenten handeln. Wurden diese eingangs markiert, sind sie leicht aufzufinden, und es können die Abhängigkeiten zwischen diesen fehlerhaften Zuständen und dem Zustand des Gesamtsystems sowie den Zuständen anderer Komponenten analysiert werden.

7.5.2 Analyse von Wechselwirkungen und das Erkennen von Fehlerzusammenhängen

Für die Zuverlässigkeit komplexer Systeme sind die Zusammenhänge zwischen lokalen Fehlern einzelner Komponenten und den globalen Auswirkungen im Gesamtsystem von entscheidender Bedeutung. Daher müssen diese Zusammenhänge bereits in frühen Entwicklungsphasen identifiziert werden.

Nach [7.92] werden insgesamt drei abstrakte Arten von Wechselwirkungen verwendet: Stofffluss, Leistungsfluss und Informationsfluss (Tabelle 7.4). Der Stofffluss ergibt sich aus dem Aufbau der Mechanik zum Transport des jeweiligen Stoffes zwischen Bauteilen. Zusätzlich zu der Mechanik ergibt sich der Leistungsfluss aus dem Aufbau von Elektro-Mechanik und Elektronik. Er gehorcht physikalischen Naturgesetzen und ist damit zumindest theoretisch berechenbar oder simulierbar, etwa durch den Einsatz numerischer Verfahren wie der Finiten-Elemente-Methode (FEM). Dagegen ergibt sich der Informationsfluss aus der Ansteuerung von elektromechanischen Bauteilen sowie dem Aufbau von Elektronik und Software. Im Gegensatz zu den anderen beiden Arten von Wechselwirkungen ist die Information selbst keine physikalische Größe, wird aber durch solche, etwa durch elektrische Signale, repräsentiert und übertragen.

Betrachtet man den Einfluss der Wechselwirkungen auf die Zuverlässigkeit eines Systems, so kann sich jede der drei Arten negativ auf die korrekte Funktionalität und damit auf die Zuverlässigkeit eines Systems auswirken. Gemäß der Spezifikation eines Systems muss zu einem gegebenen Zeitpunkt der jeweils geforderte Stoff-, Leistungs- und Informationsfluss vorliegen. Ein Fehlverhalten tritt auf, wenn eine dieser Anforderungen verletzt wird.

Tabelle 7.4 Arten von Wechselwirkungen zwischen mechatronischen Komponenten nach [7.92]

Art	Beispiele
Stofffluss	Transport von Körpern, Gasen oder Flüssigkeiten z. B. in einer Wasserkühlung oder einer hydraulischen Bremse
Leistungsfluss	Druck, Biegung, Scherung, Wandlung elektrischer in mechanische Leistung z. B. mittels eines Elektromotors.
Informationsfluss	Methodenaufrufe, Datenaustausch zwischen Prozessen, Signale zwischen elektronischen Bauteilen

Werden globale Auswirkungen im Rahmen der Analyse festgestellt, können diese entweder durch geeignete Fehlertoleranzmaßnahmen verhindert oder deren lokale Fehlerursachen direkt beseitigt werden. Um globale Fehlerauswirkungen eines Fehlers zu verstehen, müssen die vorhandenen Wechselwirkungen analysiert und Fehlerzusammenhänge erkannt werden.

7.5.3 Analyse des Auftretens und der Ursache von Fehlerauswirkungen

Um das Auftreten und die Ursache von Fehlerauswirkungen zu analysieren und somit bereits in frühen Entwicklungsphasen in der Lage zu sein, die Zuverlässigkeit mechatronischer Systeme zu erhöhen; kann mit SQMA die im Folgenden beschriebene Vorgehensweise verfolgt werden. Abbildung 7.32 fasst den Gesamtablauf zusammen.

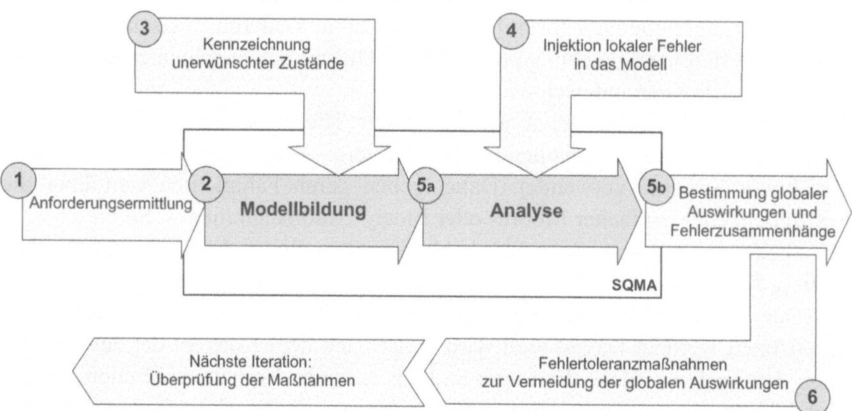

Abb. 7.32 Gesamtablauf der Rechnerunterstützung bei der qualitativen Zuverlässigkeitsanalyse

Die zur grundlegenden Modellbildung und Analyse eingesetzten Werkzeuge und das prinzipielle Vorgehen wurden in Kap. 7.4.2 bereits erläutert. Nachfolgend werden die Erweiterungen vorgestellt, welche zur Beschreibung und Analyse programmierbarer mechatronischer Systeme erfolgt sind.

7.5.3.1 Analyse unter Einbeziehung des Zeitverhaltens

Um das dynamische Verhalten von SQMA-Modellen zu beschreiben wurde das SQMA-Werkzeug *simulate* entwickelt, dessen Konzept und Anwendung im Folgenden beschrieben wird. Damit das dynamische Verhalten von SQMA-Modellen beschrieben werden kann, wird ein Konzept benötigt, mit dessen Hilfe die dynamischen, zeitlichen Zusammenhänge des zu modellierenden Systems beschrieben werden können (vergleiche auch Kap. 7.4.3.4). In der Mathematik, Systemtheorie und Regelungstechnik existiert bereits eine Vielzahl an solchen Konzepten:

- *Differenzialgleichungsbasierte Konzepte* sind in der Mathematik, Systemtheorie und Regelungstechnik am weitesten verbreitet und beschreiben dynamische Vorgänge. Gängige Simulationswerkzeuge wie MATLAB/Simulink nutzen dieses Verfahren. Bei der Beschreibung von Systemen und Systemkomponenten wird prinzipiell zwischen Eingang/Ausgang- und Eingang/Zustand/Ausgang-Systemen unterschieden. Bei reinen Eingang/Ausgang-Systemen hängt der Wert der Ausgänge zu einem bestimmten Zeitpunkt nur von den Werten der Eingänge zum selben Zeitpunkt ab. Bei Eingang/Zustand/Ausgang-Systemen hingegen hängt der Ausgang vom aktuellen Zustand und von den aktuell anliegenden Eingangswerten ab. Die Zustandsänderung wiederum ist nur vom Zustand selbst sowie den Eingangswerten abhängig. Die Zusammenhänge zwischen Eingängen, Zuständen und Ausgängen werden mathematisch mittels Differenzialgleichungen formuliert. Dabei kann wiederum zwischen gewöhnlichen Differenzialgleichungen, partiellen Differenzialgleichungen und Differenzengleichungen unterschieden werden.
- *Automatenbasierte Konzepte* werden in der Theoretischen Informatik eingesetzt. Hierbei werden mathematisch definierte Automaten zur Beschreibung diskreter Systeme verwendet. Dabei gehen deren Fähigkeiten weit über die Möglichkeiten einfacher Moore- oder Mealy-Automaten hinaus. So bieten z. B. zeitbehaftete Automaten die Möglichkeit auch zeitliches Verhalten abzubilden. Diese Konzepte werden z. B. beim Model-Checking eingesetzt. Dabei soll eine Systembeschreibung (Modell) gegen seine Spezifikation (Formel) automatisch verifiziert werden. Das Modell wird meist nach dem Konzept der zeitbehafteten Automaten, welche die Logik und das zeitliche Verhalten abbilden, erstellt und die zu überprüfende Formel in einer temporalen Logik (z. B. der Computation Tree Logic CTL) formuliert. Anschließend wird der Zustandsraum des Modells mittels verschiedener Verfahren aus der Graphen- und Automatentheorie untersucht und geprüft, ob die gegebene Formel erfüllt ist. Zeitbehaftete

Zustandsautomaten eignen sich sehr gut um diskrete Systeme zu beschreiben. Die Theorie der zeitbehafteten Automaten basiert jedoch nicht auf einem standardisierten Verfahren, was zu einer Vielzahl von unterschiedlichen Variationen geführt hat.

Diese beiden Konzepte haben sich in der Vergangenheit in den verschiedensten Anwendungsgebieten etabliert und bewährt. Für den Einsatz zur Komponentenorientierten Modellierung nach SQMA sind aber besondere Randbedingungen zu beachten. Schließlich versucht SQMA, die Modellierung komplexer Systeme zu vereinfachen und auch ohne vollständige Kenntnis des Systemverhaltens auszukommen.

- Differenzialgleichungen erlauben eine sehr exakte mathematische Modellierung und ermöglichen, nachdem sie analytisch oder numerisch gelöst sind, eine Vielzahl von Analyse-Verfahren, wie z. B. die Berechnung von Trajektorien. Jedoch erfordert die System-Modellierung eine ausreichende Präzision und fundierte Kenntnisse über das Verhalten. Andernfalls ist es nur schwer möglich, das notwendige Gleichungssystem aufzustellen.
- Die automatenbasierte Modellierung unterstützt eine komponentenorientierte Modellierung, die Nebenläufigkeit und Hierarchisierung mit einschließt. Jedoch ist der dort verwendete Zeitbegriff nicht unbedingt leicht verständlich. Außerdem ist die Abbildung kontinuierlicher Vorgänge nicht möglich.

Aufgrund der Eigenschaften der beiden Konzepte erscheint ein hybrider Ansatz, also eine Mischung aus beiden Konzepten, notwendig. Vor allem wenn man bedenkt, dass SQMA zur Modellierung und Analyse von hybriden Systemen entwickelt wurde. Unter hybrid versteht man in diesem Fall, dass es sich bei den betrachteten Systeme um Automatisierungssysteme handelt, die nicht homogen sind. Sie bestehen aus dem technischen Prozess, der typischerweise ein physikalisches System mit werte- und zeitkontinuierlichem Charakter ist, dem Automatisierungssystem, welches im Regelfall eine Steuersoftware mit einem zustands- oder ereignisorientierten Charakter ist, und dem oder den Bedienern des Systems. Man muss also in der Lage sein, werte- und zeitkontinuierliche, werte- und zeitdiskrete Verläufe und auch ereignis- oder zustandsorientierte Vorgänge zu beschreiben.

Um dieses hybride Konzept in SQMA umzusetzen wurde das SQMA-Werkzeug *simulate* entwickelt. Dieses verwendet die Gleichungen von Komponenten-Modellen, die deren dynamisches Verhalten beschreiben und die Netzliste, in der die Verknüpfungsinformationen abgelegt sind. *Simulate* ist in der Lage eine Simulation des System-Verhaltens unter Kenntnis der Initialwerte für eine vorgegebene Zeitdauer durchzuführen. Bei dieser qualitativen Analyse des Systems wird das System simuliert und die Intervallverläufe werden ermittelt. Die Zeitpunkte der Intervallübergänge werden laufend aufgezeichnet und zur Auswertung der qualitativen dynamischen Regeln verwendet. *Simulate* ermittelt stets, ob die vorhandenen Regeln erfüllt oder verletzt werden.

Kern der Simulation ist die schrittweise, zyklische Berechnung aller Größen. Dazu wird eine Berechnungs-Liste angelegt, welche für jede Größe ein Berechnungselement enthält. Dieses Element speichert die zur Berechnung notwendigen Werte (temporär, alt und neu) und verweist auf das Berechnungsobjekt der Größe, welches zur Bestimmung des Wertes benötigt wird. Zur Berechnung wird diese Liste zyklisch durchlaufen und für jeden neuen Zeitschritt werden jeweils alle Werte berechnet. Die Steuerung des zeitlichen Ablaufs übernimmt ein Zeitmanager. Dieser gibt für die einzelnen Berechnungsschritte die Schrittweite an und überwacht die aktuelle Simulationszeit. Während der Simulation können vom Benutzer zuvor vorgegebene Größen aufgezeichnet werden und in geeigneter Weise für eine nachträgliche Analyse gespeichert werden.

Um die für eine Analyse notwendigen Intervallverläufe zu berechnen geht *simulate* folgendermaßen vor: Pro Berechnungszyklus werden alle neuen Werte ermittelt. Liegen alter und neuer Wert in unterschiedlichen Intervallen, wird von einem Übergang ausgegangen. Kommt es zu einem oder mehreren Übergängen, muss der Zeitpunkt des frühesten Übergangs ermittelt werden und für diesen Zeitpunkt die Berechnung wiederholt werden. Dazu wird der aktuelle Berechnungsschritt in einem ersten Durchlauf durch die Berechnungs-Liste für alle Größen durchgeführt. Dabei werden Intervallübergänge einschließlich des exakten Zeitpunkts des Übergangs ermittelt. In einem zweiten Durchlauf werden dann alle Werte für den jeweils exakten Zeitpunkt des Übergangs bestimmt.

Durch die zeitdiskrete Berechnungsweise ist der Verlauf des Signals zwischen den Schritten nicht bekannt. Dies führt bei der Bestimmung der Intervallübergänge zu folgenden zwei Problemen:

- Ein kurzzeitiges Verlassen und Rückkehr des Intervalls innerhalb einer Abtastperiode führt zur Nichterkennung des Intervallübergangs.
- Wird ein Übergang erkannt, ist nicht klar, ob es sich um einen einzelnen Übergang, mehrere Übergänge, einen direkten Übergang oder einen schrittweisen Übergang in das neue Intervall handelt.

Simulate optimiert daher die Länge der Abtastintervalle, so dass jeder Intervallübergang zuverlässig erkannt werden kann. Die Abtastintervalle werden ausreichend klein, aber so groß wie möglich gewählt.

7.5.3.2 Mutationen

Wenn bisher die globalen Auswirkungen eines Fehlers einer Komponente getestet werden sollten, musste dieser Fehler vom Ingenieur erzeugt werden und manuell in die Komponente eingefügt werden. Dieses Unterkapitel beschreibt, wie diese möglichen Fehler automatisch erzeugt und eingebaut werden können und die daraus resultierenden globalen Auswirkungen ermittelt werden können.

Letzteres wird automatisiert, indem einzelne Komponenten durch fehlerhafte ersetzt werden und für die jeweilige Zusammensetzung der Komponenten eine

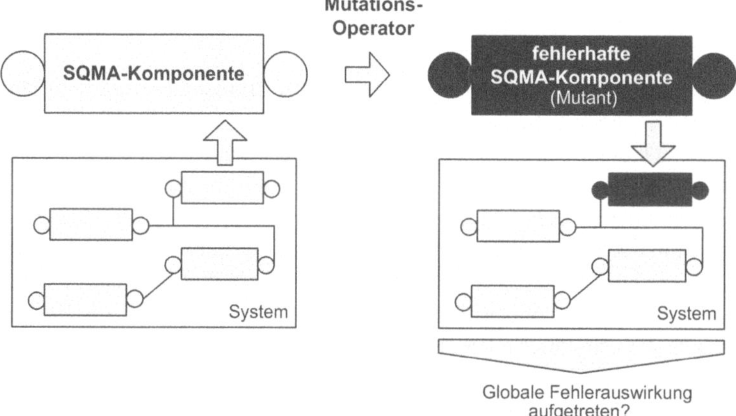

Abb. 7.33 Prinzip der Mutation einzelner SQMA-Komponenten zur Ableitung globaler Fehlerauswirkungen

SQMA-Analyse durchgeführt wird. Dabei wird die Liste der Systemsitutationen auf kritische Situationen durchsucht und globale Fehlerauswirkungen werden somit automatisch aufgedeckt.

Das Konzept, fehlerhafte Komponenten zu erzeugen, basiert auf dem Konzept der Mutationsanalyse. Die Mutationsanalyse zielt hauptsächlich auf die Evaluierung oder die Erzeugung von Testfällen ab. Ein Testfall ist dann in der Lage einen Mutanten aufzudecken (engl.: to kill), wenn er es erlaubt, ein fehlerhaftes (mutiertes) Programm vom korrekten Programm zu unterscheiden [7.75].

In diesem Zusammenhang kann der Mutationsoperator als eine Menge von Regeln betrachtet werden, die auf ein Programm angewendet wird, um einen Mutanten zu erzeugen. Im Gegensatz zur klassischen Mutationsanalyse ist das Ziel nicht, optimale Testfälle zu finden, sondern angemessene Mutationsoperatoren für SQMA-Modelle zu finden.

Wenn diese Operatoren auf SQMA-Komponenten angewendet werden, entstehen passende fehlerhafte Komponenten, welche die korrekten ersetzen können. Fehler in mechanischen Komponenten, wie z. B. dem „Antrieb eines Zahnrads", werden durch physikalische und chemische Ausfallmechanismen bestimmt. Daher können Mutationsoperatoren auf deren Basis identifiziert werden. Auf der anderen Seite kann, aus funktionaler Sicht betrachtet, davon ausgegangen werden, dass ein physikalischer Fehler einer mechanischen Komponente zum sofortigen Verlust der ursprünglichen Funktion führt [7.100]. Daher können Mutationsoperatoren sowohl aus funktionalen wie auch physikalischen Gegebenheiten abgeleitet werden und sind zugleich geeignet für die automatisierte Generierung fehlerhafter Komponenten in allen Domänen. Ein verwendeter Mutationsoperator aus funktionaler Sicht ist beispielsweise die Invertierung aller qualitativen Regeln innerhalb einer Komponente.

7.6 Muster für zuverlässigere mechatronische Systeme

Das Prinzip der Mehrfachverwendung wird in der Softwaretechnik eingesetzt, um die Entwicklung effizienter zu gestalten und die Qualität des entwickelten Systems zu gewährleisten. Dadurch, dass bereits Erfahrung, etwa mit dem Einsatz von SW-Komponenten in mehreren SW-Systemen gesammelt wurde und mögliche Fehler bereits erkannt und behoben wurden, erwartet man eine höhere Qualität. Darüber hinaus führt die breite mehrfache Anwendung zu einer Quasi-Standardisierung und so zu einer besseren Verständlichkeit und Nachvollziehbarkeit des Entwicklungsergebnisses. Beispiele für die Mehrfachverwendung sind SW-Bibliotheken mit bereits implementierten SW-Komponenten oder Frameworks, welche zusätzlich mögliche SW-Architekturen enthalten. Neben der mehrfachen Verwendung ausführbarer Einheiten wird versucht, Wissen und Erfahrung der SW-Entwickler so zu dokumentieren, dass es andere mehrfach verwenden können. Dazu enthalten sogenannte Muster Hinweise für die Konstruktion eines SW-Systems gestützt auf bisherige Erfahrungen.

In diesem Kapitel werden Möglichkeiten untersucht, wie der SW-Entwickler bei der Auswahl zuverlässigkeitssteigernder Maßnahmen durch Muster unterstützt werden kann. Der besondere Fokus liegt auf der Beschreibung und der Auswahl von Fehlertoleranzmaßnahmen für SW-Systeme, um ein bestimmtes Zuverlässigkeitsziel zu erreichen. Gleichzeitig liegt der Blick auf der Formulierung zuverlässigkeitssteigernder Maßnahmen in den anderen Domänen, beispielsweise der Mechanik. Nach den Definitionen und Begriffen in Kap. 7.6.1 wird das Konzept der zuverlässigkeitssteigernden Muster für programmierbare mechatronische Systeme in Kap. 7.6.2 und Kap. 7.6.3 vorgestellt. In Kap. 7.6.4 wird schließlich untersucht, wie zuverlässigkeitssteigernde Maßnahmen rechnergestützt ausgewählt werden können, um ein bestimmtes Zuverlässigkeitsziel zu erreichen.

7.6.1 Definitionen und Begriffe

Ein programmierbares System weist nach [7.28] dann die Eigenschaft der **Fehlertoleranz** auf, wenn es auch mit einer begrenzten Anzahl fehlerhafter Komponenten seine spezifizierte Funktion im Betrieb noch erfüllen kann. Beim Prinzip der **Fehlervermeidung** wird dagegen versucht, Fehler bereits während der Entwicklung zu erkennen und zu beheben, so dass am Ende das resultierende System vollständig korrekt ist. Aufgrund der Komplexität heutiger programmierbarer mechatronischer Systeme ist jedoch die vollständige Vermeidung von Fehlern während der Entwicklung nicht mehr möglich, so dass stets die Tolerierung von Fehlern im Betrieb mit in Betracht gezogen werden muss [7.63].

Um Fehler in Rechnersystemen tolerieren zu können, unterscheidet [7.28] die Tätigkeiten der Fehlerdiagnose, also das Erkennen von Fehlern, und der Fehlerbehandlung, also den Umgang mit einem bereits aufgetretenen und erkannten Fehler.

Letzterer Punkt wird wiederum in die drei Gruppen Fehlerausgrenzung, Fehlerbehebung und Fehlerkompensierung unterteilt, welche sich wiederum weiter untergliedern lassen. Die Fehlerkompensierung kann beispielsweise in verschiedene konkrete Techniken wie die Fehlermaskierung oder die Fehlerkorrektur unterschieden werden.

Zur Vermeidung von Fehlern vor Inbetriebnahme gibt es zum einen prozessbezogene Methoden, beispielsweise die Anwendung von Verifikations- oder Testmethoden für programmierbare Systeme oder die Prüfung gefertigter mechanischer Teile. Die meisten der Methoden greifen jedoch erst in späten Entwicklungsphasen. Zum anderen tragen konstruktionsbezogene Methoden, wie die Vermeidung mechanischer Spannungen oder die Verwendung mechanischer Oberflächen mit hoher Güte, zu einer Steigerung der Zuverlässigkeit bei. Letztere Methoden können in frühen Entwicklungsphasen bereits berücksichtigt werden und sind daher zur Steigerung der Zuverlässigkeit im Musterkonzept vorgesehen.

Ein **Muster** beschreibt nach [7.13] ein bestimmtes wiederkehrendes Entwurfsproblem, das in einem bestimmten Kontext entsteht, und bietet gleichzeitig eine generische Lösung für dieses Problem an. Die generische Lösung enthält eine Beschreibung der notwendigen Komponenten und deren Beziehungen, um daraus das System mit den gewünschten Eigenschaften zu konstruieren.

Aufgrund verschiedener Klassifikationen lassen sich Muster in Gruppen einteilen. Die Klassifikation gemäß [7.13], bei der Muster nach ihrem Abstraktionsgrad unterschieden werden, ist in Tabelle 7.5 dargestellt.

Tabelle 7.5 Klassifikation von Mustern für SW-Systeme nach Abstraktionsgrad

Abstraktionsgrad	Bezeichnung	Beschreibung
niedrig	Idiom	Geben vor, wie bestimmte Probleme oder Teile einer Komponente mittels den Möglichkeiten einer bestimmten Programmiersprache zu lösen sind
mittel	Entwurfsmuster	Beziehen sich auf Teilsysteme oder Komponenten eines SW-Systems; geben wiederkehrende Beziehungen und Kommunikationsstrukturen zwischen diesen an
hoch	Architekturmuster	Beschreiben grundlegende Strukturen und die Organisation eines SW-Systems sowie die Beziehungen zwischen Teilsystemen

Während die Entwurfs- und Architekturmuster abstrakt und unabhängig von einer bestimmten Programmiersprache sind, bieten Idiome Lösungen für Probleme, die von einem bestimmten Programmierparadigma abhängen. Beispiele für Programmierparadigmen sind die Objektorientierung oder die Komponentenorientierung. Daher hängen Idiome neben dem Paradigma auch von der betrachteten Programmiersprache, z. B. Java oder C++, ab.

Eine ähnliche Unterscheidung trennt zwischen Analysemustern, welche frühzeitig in der Analysephase eingesetzt werden, und den Entwurfsmustern, welche erst beim detaillierten Entwurf des SW-Systems zum Einsatz kommen [7.4]. Schließlich kann je nach Anwendungsbereich zwischen allgemeinen Mustern und domänenspezifischen Mustern unterschieden werden. Eine weitere Klassifikation unterteilt Entwurfsmuster weiter nach ihrem Zweck (purpose) und Geltungsbereich (scope) wie in Tabelle 7.6 gezeigt [7.34].

Tabelle 7.6 Klassifikation von Mustern für SW-Systeme

Zweck des Musters (purpose)	Beschreibung
Erzeugungsmuster (creational pattern)	Bezieht sich auf die Erzeugung von Objekten
Strukturmuster (structural pattern)	Behandelt die Komposition von Klassen oder Objekten
Verhaltensmuster (behavioral pattern)	Beschreibt das Verhalten sowie die Art und Weise wie Klassen und Objekte miteinander interagieren
Geltungsbereich des Musters (scope)	**Beschreibung**
Klasse (class)	Muster beschreibt Klassen und deren Beziehungen untereinander, welche zur Laufzeit statisch sind
Objekt (object)	Muster bezieht sich auf Objekte und deren Beziehungen, welche zur Laufzeit dynamisch veränderlich sind

Um ein Muster zu beschreiben, werden Schablonen verwendet, welche eine einheitliche Form vorgeben. Dadurch können die Muster leichter nachvollzogen werden und es kann effizient das geeignete Muster für das vorliegende Problem gefunden werden. Beispielsweise setzt sich in [7.13] eine Musterschablone aus mehreren Feldern – wie Name, Beispiel, Kontext, Problem und Lösung – zusammen.

Es gibt vielfältige Vorschläge für Muster in verschiedensten Anwendungsbereichen, beispielsweise werden in [7.34] Entwurfsmuster für objektorientierte Systeme vorgeschlagen. Darüber hinaus existieren auch bereits Muster für echtzeitfähige Systeme [7.24] oder fehlertolerante SW-Systeme [7.80]. Ausgehend davon wird überlegt, wie das Konzept der Muster für die Konstruktion zuverlässiger programmierbarer mechatronischer Systeme genutzt werden kann. Dazu wird zunächst untersucht, wie Muster für diese Systeme mittels einer Schablone einheitlich beschrieben werden können.

7.6.2 Musterschablone für zuverlässigkeitssteigernde Maßnahmen in frühen Entwicklungsphasen

In frühen Entwicklungsphasen sind nur grobe Konzepte für das spätere System, etwa in Form einer groben Architektur, bekannt. Daher kommt nach obiger Definition lediglich die Klasse von Mustern infrage, welche auf Architekturebene anwendbar ist, ohne dass das spätere System bereits im Detail bekannt sein muss. Darüber hinaus ergeben sich aus der Betrachtung mechatronischer Systeme die folgenden Randbedingungen:

- Muster sollen nicht auf die Domäne der Software beschränkt sein, sondern auch auf die Domänen der Elektronik und Mechanik angewandt werden können. In der Mechanik betrachten typische fehlertolerante Maßnahmen jedoch nicht nur die Anordnung oder Interaktion der Komponenten, sondern auch Vorgehensweisen wie die Auswahl geeigneter Materialien oder die Behandlung von Oberflächen. Daher sollen Muster nicht nur Architekturaspekte und Zusammenhänge zwischen Komponenten behandeln, sondern auch andere konstruktive Vorgehensweisen zur Steigerung der Zuverlässigkeit beschreiben können.
- Bei programmierbaren Systemen, die in einen technischen Kontext eingebettet sind, ergeben sich Anforderungen aus diesem Kontext. Beispielsweise dürfen Funktionen nicht zu einer gefährlichen Auswirkung im technischen Prozess führen oder müssen innerhalb vorgegebener Zeitschranken ausgeführt werden. Daher ist für Muster anzugeben, welche Folgen wie etwa zusätzlicher Rechenbedarf aus ihrem Einsatz resultieren.
- Die Rechnerressourcen, welche der Software zur Verfügung stehen, sind bei Systemen, welche in hohen Stückzahlen verkauft werden, aus Kostengründen häufig eingeschränkt. Daher ist für jedes Muster relevant, wie viele zusätzliche Ressourcen aufgrund dessen Anwendung belegt werden oder wie viele Ressourcen eingespart werden.
- Da die Muster zur Steigerung der Zuverlässigkeit beitragen sollen, ist wichtig, welche Änderung der Zuverlässigkeit bei Einsatz eines bestimmten Musters zu erwarten ist.

Ausgehend von den genannten Randbedingungen beschreibt Tabelle 7.7 den grundlegenden Aufbau der Musterschablone für mechatronische Systeme [7.27]. Die Schablone definiert, welche Felder jede Musterbeschreibung enthalten muss und welche Angaben dem Ingenieur dadurch zur Verfügung gestellt werden. Dabei müssen nicht immer alle Felder der Schablone ausgefüllt sein (vergleiche Beispiel in Tabelle 7.8 aus Kap. 7.6.3). In [7.82] sind bereits einige Fehlertoleranzverfahren in Form von Mustern zusammengestellt. Die dort verwendete Schablone wird als Grundlage verwendet und um zusätzliche Felder (mit * gekennzeichnet) ergänzt. Beispielsweise ist das Feld Konsequenzen aus der ursprünglichen Schablone durch die Felder Komplexität, Mehraufwand und Zeitverhalten ersetzt worden.

Die durchgeführten Ergänzungen können in die drei Bereiche Klassifikation, Modellierung und Auswirkungen eingeteilt werden. Mittels der Klassifikation nach Technik und behandeltem Fehlertyp wird die gezielte Auswahl von Mustern durch den Ingenieur unterstützt. Indem er vorgibt, welche Arten von Fehlern er behandeln möchte und auf welche Weise dies grundsätzlich erfolgen soll, kann er die Anzahl infrage kommender Muster gezielt einschränken. Eine weitere Entscheidungsgrundlage bilden die Auswirkungen, die vom Einsatz eines Musters zu

Tabelle 7.7 Musterschablone für zuverlässigkeitssteigernde Maßnahmen in mechatronischen Systemen

Feld	Beschreibung
Name des Musters	Angabe eines sinnvollen, eindeutig identifizierbaren Namens
Auch bekannt als*	Weitere Namen, unter denen das Muster bekannt ist
Technik der Fehlertoleranz/-vermeidung*	Klassifikation des Musters nach verwendeter Technik zur Tolerierung oder Vermeidung von Fehlern, z. B. Fehlermaskierung
Behandelter Fehlertyp*	Klassifikation des Musters nach Fehlertyp, der behandelt werden kann, z. B. falsch berechnete Zahlenwerte oder Fail-Stop
Kurzbeschreibung*	Kurze Beschreibung von Problem und Lösung
Rahmenbedingungen	Charakteristika, welche das System aufweisen muss, damit das Muster anwendbar ist, z. B. beteiligte Domänen, erforderliche Architekturelemente usw.
Problematik	Beschreibung des zu lösenden Problems und der Zielstellungen, welche erfüllt werden sollen
Lösung	Vorschlag zur Lösung der genannten Problematik
Struktur	Vorschlag zur Anordnung von Bauteilen und Komponenten zur Umsetzung der Lösung
Varianten*	Mögliche Abwandlungen eines Musters durch Variation der beschriebenen Lösung
UML*	Grafisches Modell in der Unified Modeling Language (UML) zur Veranschaulichung der Lösung und deren Struktur
Komplexität*	Komplexität des Entwurfs bei Einsatz des Musters
Mehraufwand*	Erforderlicher zusätzlicher Speicher- oder Platzaufwand bei Einsatz des Musters, z. B. bei redundanten elektronischen oder mechanischen Bauteilen
Zeitverhalten ohne Fehler*	Zusätzliche Rechen- oder Entwicklungszeit, sofern kein Fehler auftritt, z. B. Rechenaufwand für die Überprüfung auf ein korrektes Ergebnis
Zeitverhalten mit Fehler*	Zusätzliche Rechen- oder Entwicklungszeit im Fehlerfall, z. B. Rechenaufwand für die Fehlerkorrektur
Zuverlässigkeitsveränderung*	Erwartete Veränderung der Zuverlässigkeit bei Einsatz des Musters
Verwandte Muster	Bezug zu anderen Mustern mit ähnlicher Problemstellung

erwarten sind. Aufgrund der zusätzlichen Komplexität oder des zusätzlichen Entwicklungsaufwands, etwa bei speziellen Oberflächenbehandlungen, kann der Ingenieur entscheiden, ob ein Einsatz des im Muster beschriebenen Verfahrens Sinn macht. Aufgrund der Informationen im Feld Zuverlässigkeitsveränderung kann er den Aufwand in Relation zum Nutzen setzen. Je nach Fehlertoleranzmaßnahme kann dort die Wahrscheinlichkeit für die erfolgreiche Fehlerbehandlung entweder quantitativ angegeben werden, wie dies etwa bei fehlerkorrigierenden Protokollen möglich ist, oder in Form einer qualitativen Tendenz. Dies unterstützt gleichzeitig die Kostenbetrachtung in Kap. 5.3 und Kap. 5.4.

In den nächsten Kapiteln werden zunächst Fehlertoleranzmaßnahmen mit Fokus auf SW-Systeme dargestellt. Es wird beispielhaft gezeigt, wie sich diese in Form von Mustern formulieren lassen. Daraufhin wird erläutert, wie der Ingenieur bei der Auswahl und Umsetzung geeigneter Muster unterstützt wird.

7.6.3 Fehlertoleranzmuster für programmierbare Systeme

Das Ziel bei der Betrachtung bestehender Fehlertoleranzverfahren besteht darin, diese mittels der Musterschablone zu beschreiben und dann für den Ingenieur einfach zugänglich zu machen. Dazu wird untersucht, welche Fehlertoleranzverfahren und -muster bereits für programmierbare Systeme existieren und wie sich diese auf mechatronische Systeme anwenden lassen. Im Anschluss werden vereinzelt eigene Vorschläge für Maßnahmen zur Fehlertoleranz ergänzt. Darüber hinaus werden schließlich weitere Vorschläge für Verfahren in anderen Domänen kurz erläutert.

In der Literatur werden verschiedene Strategien, Verfahren und Muster (z. B. [7.3]) zur Tolerierung von Fehlern in programmierbaren Systemen angeführt. Diese lassen sich nach [7.28] in verschiedene Gruppen und Untergruppen einteilen, wie in Abb. 7.34 in einer Übersicht gezeigt wird.

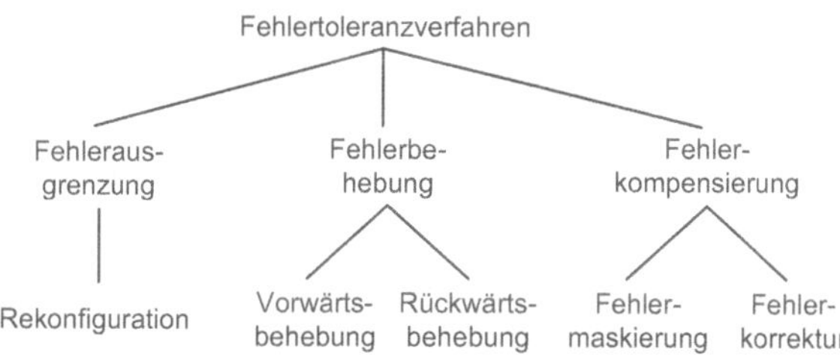

Abb. 7.34 Gruppierung von Fehlertoleranzverfahren für Rechnersysteme nach [7.28].

Unter Fehlerausgrenzung wird verstanden, dass fehlerhafte Komponenten durch andere, fehlerfreie Komponenten ersetzt werden, indem das System rekonfiguriert wird. Die Fehlerbehebung bezeichnet Verfahren, welche einen Fehler erkennen und diesen beispielsweise durch Rücksetzen auf einen bekannten, fehlerfreien Zustand beheben. Schließlich umfasst die Fehlerkompensierung Verfahren, welche Fehler entweder korrigieren, beispielsweise durch geeignete Protokolle, oder maskieren. Typische Verfahren der Fehlermaskierung basieren auf mehreren redundanten Komponenten, welche parallel betrieben werden und jeweils einzeln ein Ergebnis liefern. Mittels eines Entscheiders wird dann entschieden, welches Ergebnis als korrekt nach außen weitergegeben wird. Beispielsweise kann dies durch einen einfachen Mehrheitsentscheider erfolgen, welcher ein Ergebnis als korrekt annimmt, welches von der absoluten oder relativen Mehrheit der Komponenten angegeben wird. Die beschriebenen Maßnahmen lassen sich in Rechnersystemen sowohl für die elektronische Hardware als auch die Software einsetzen, wobei einige Besonderheiten der Software zu beachten sind. So reicht es beispielsweise zur Tolerierung systematischer SW-Fehler nicht aus, die SW-Komponenten mehrfach zu kopieren, da dadurch der SW-Fehler mit kopiert würde. Stattdessen werden SW-Komponenten häufig diversitär entwickelt, indem man verschiedene Teams, Programmiersprachen oder Werkzeuge zu deren Realisierung verwendet.

In [7.44] werden unter anderem Probleme der Erstellung mehrerer diversitärer Varianten sowie des Vergleichs unter diesen behandelt. In [7.82] werden Fehlertoleranzverfahren, wie Fehlermaskierung mit Mehrheitsentscheider, in Form von Mustern zusammengefasst. Um diese auch für programmierbare mechatronische Systeme einsetzen zu können, sind sie an die oben genannte Musterschablone angepasst worden (vergleiche [7.27]). Im Folgenden wird speziell auf ein Problem der Fehlermaskierung eingegangen. Dieses besteht darin, dass der Entscheider, welcher unter den verschiedenen Ergebnissen auswählt, bei den meisten Verfahren selbst nicht redundant ausgelegt ist und daher einen kritischen Punkt für die Funktionalität des gesamten Systems darstellt. Aus diesem Grund wird in [7.66] mit den Übereinstimmungsprotokollen eine Möglichkeit untersucht, wie strukturelle Redundanz auch ohne einen zentralen Punkt, wie etwa einen Entscheider, realisiert werden kann. Das resultierende Konzept, welches im Kontext sicherheitsbezogener Anwendungen im Automobilbereich entstand [7.16], stellt Standarddienste bereit, welche zum Abgleich von Werten in mehreren redundanten Komponenten verwendet werden können. Das Problem des Abgleichs tritt beispielsweise auf, wenn mehrere Knoten in einem Netz mit redundanten Funktionen das Ergebnis ihrer Berechnung melden (Abb. 7.35).

Die Komponente, welche die Ergebnisse empfängt, muss sich dann aufgrund eines bestimmten Algorithmus für einen Wert entscheiden. Zur Entscheidung verwendet das Konzept das sogenannte Signed-Messages-Übereinstimmungsprotokoll [7.59]. Dieses stellt sicher, dass ein Abgleich der Komponenten untereinander auch dann stattfinden kann, wenn einzelne Komponenten inkonsistente Informationen an die anderen Komponenten melden. Durch die Realisierung in Form eines standardisierten Diensts, können Komponenten diesen Dienst einfach zum Abgleich nutzen. Mittels eines virtuellen Prototyps kann gezeigt werden, dass das Konzept in einer zeitgesteuerten Architektur eingesetzt werden kann und dort zu einem korrekten Abgleich der verschiedenen Ergebnisse führt.

Neben den beschriebenen Fehlertoleranzverfahren, welche sich speziell für programmierbare Systeme eignen, stellt sich die Frage nach Mustern in anderen Domänen sowie domänenübergreifenden Fehlertoleranzstrategien. Die Möglichkeit, auch Vorgehensweisen zur Erhöhung der Zuverlässigkeit mechanischer Teilsysteme vorzusehen, soll mit folgendem Beispiel verdeutlich werden. In Tabelle 7.8

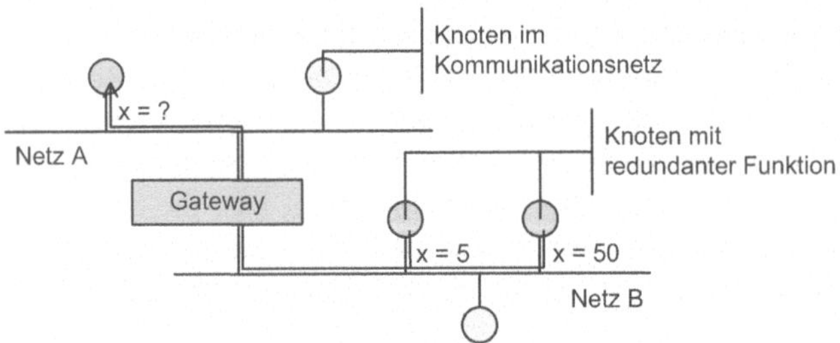

Abb. 7.35 Melden verschiedener Ergebnisse von Komponenten mit redundanten Funktionen

Tabelle 7.8 Muster zur Erhöhung der Festigkeit mechanischer Bauteile

Feld	Beschreibung
Name des Musters	Festigkeit durch Verminderung von Spannungsspitzen
Technik der Fehler-toleranz/-vermeidung	Verringerung der mechanischen Belastung
Behandelter Fehlertyp	Auftreten von Spannungsspitzen
Kurzbeschreibung	Das Auftreten von Spannungsspitzen wird durch eine geänderte Konstruktion des Werkstücks verringert oder vermieden.
Rahmenbedingungen	Werkstück und Werkzeug kann verändert werden
Problematik	Spannungsspitzen sollen vermindert werden
Lösung	Wenn das Bauteil Kerben besitzen sollte, müssen diese ausgerundet sein oder Entlastungskerben sein. Zudem sollten unvermeidbare Kerben im Gebiet geringerer Beanspruchung liegen.
Mehraufwand	Änderung der Konstruktion des Bauteils, unter Umständen aufwändigere Fertigung

ist beschrieben, wie die Festigkeit mechanischer Bauteile erhöht werden kann, indem Spannungsspitzen während des Betriebs verhindert werden.

Durch die gemeinsame Arbeit der Forschergruppe (vergleiche Kap. 3.9) hat sich gezeigt, dass auch andere Fehlertoleranzverfahren für mechanische sowie elektronische Bauteile entsprechend erfasst und bereitgestellt werden können.

Im Anschluss an die einheitliche Dokumentation von Fehlertoleranzverfahren in Form von Mustern und die Untersuchung verschiedener Fehlertoleranzverfahren im Kontext mechatronischer Systeme wird nun betrachtet, wie der Ingenieur bei der Auswahl einzelner Muster unterstützt wird.

7.6.4 Unterstützung bei der Auswahl von Mustern

Um den Ingenieur bei der Auswahl geeigneter Muster zu unterstützen, werden zwei verschiedenen Ausgangssituationen betrachtet:

- Die Architektur des programmierbaren Systems sowie dessen Umgebung sind bereits festgelegt.
- Die Architektur ist noch zu entwerfen, wodurch keine näheren Informationen über die geplante Struktur des Systems vorliegen.

Aufgrund der Unterscheidung der Ausgangssituationen ergeben sich verschiedene Anforderungen an die Unterstützung des Ingenieurs. Im letzteren Fall müssen dem Ingenieur vorhandene Muster für sein System aufgrund unvollständiger Informationen angeboten werden. Da die Architektur und damit auch die Umgebung des zu entwickelnden Systems noch nicht bekannt sind, sind die Randbedingungen, welche zur Auswahl herangezogen werden können, sehr unscharf. Für diesen Fall muss der Ingenieur durch Fragen über das mögliche System zur Auswahl geeigneter Muster geleitet werden.

Liegt dagegen bereits eine grobe Struktur, beispielsweise von Software- und Elektronikkomponenten vor, kann diese mit in die Auswahl einbezogen werden. Dieser Fall ist insbesondere dann relevant, wenn eine erste Zuverlässigkeitsanalyse, etwa eine qualitative Analyse, ergeben hat, dass das System noch wesentliche Schwächen aufweist. In diesem Fall müssen dem Ingenieur Vorschläge zur Abänderung des Systems gemacht werden, wozu geeignete Fehlertoleranzverfahren auszuwählen sind. Beide Fälle können durch einen rechnergestützten Assistenten abgebildet werden.

Zuverlässigkeitsassistent zur Auswahl von Mustern

Der Zuverlässigkeitsassistent ist dazu konzipiert, den Ingenieur bei der Auswahl von Mustern zu unterstützen [7.27]. Dazu werden dem Ingenieur verschiedene Fragen gestellt, welche sich jeweils auf einzelne Felder der Musterschablone beziehen. Beispielsweise kann der Ingenieur angeben, welche Art von Fehlern er behandeln möchte oder welche grundsätzlichen Rahmenbedingungen sein Systemkonzept erfüllt. Daraus unterbreitet der Assistent verschiedene Vorschläge für Muster, welche die eingegebenen Bedingungen erfüllen. Umgekehrt kann auch für verschiedene Muster angezeigt werden, welche Bedingungen für die Anwendung eines Musters auf ein System gelten müssen. Abbildung 7.36 zeigt einen Ausschnitt aus der webbasierten Oberfläche des Assistenten. Technisch gesehen basiert der Zuverlässigkeitsassistent auf einer mySQL-Datenbank, in der die einzelnen Muster zur Auswahl hinterlegt sind. Auf einem Webserver werden mehrere PHP-Skripte ausgeführt, welche den Ingenieur mittels Abfragen durch den Prozess der Musterfindung führen.

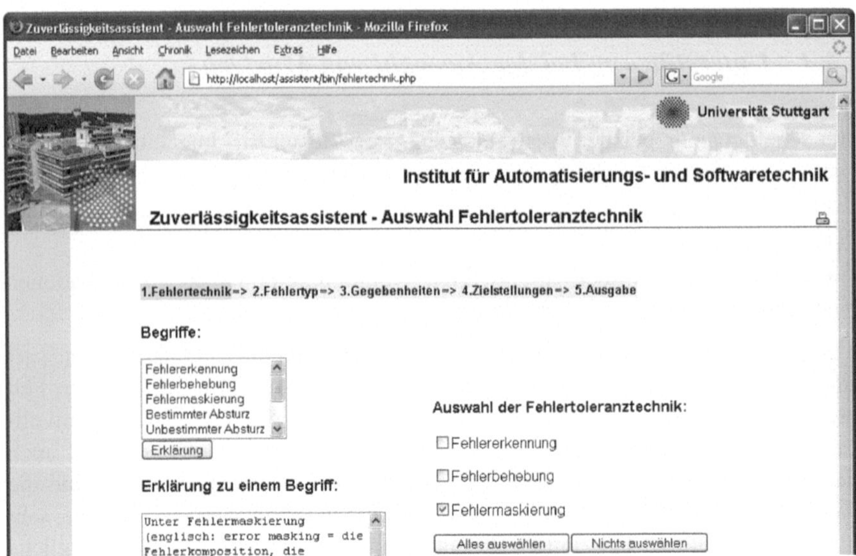

Abb. 7.36 Ausschnitt aus der Benutzungsoberfläche des Zuverlässigkeitsassistenten

Automatisierte Anwendung von Mustern und Vergleich der Zuverlässigkeit

Um dem Ingenieur die Auswahl von Mustern weiter zu vereinfachen, werden die Anwendung von Mustern auf bestehende SW-Architekturen sowie die Bewertung der resultierenden Systemzuverlässigkeit automatisiert. Dazu gibt der Ingenieur eine grundlegende SW-Architektur vor, welche die geforderte Funktionalität des programmierbaren Systems erfüllt. Weiter wählt der Ingenieur mögliche Muster aus, welche in verschiedenen Kombinationen auf die SW-Architektur angewandt werden sollen. Hier kann er beispielsweise vorgeben, dass bestimmte SW-Komponenten redundant auf mehrere elektronische Komponenten verteilt werden sollen. In einem zweiten Schritt definiert der Ingenieur die grobe Architektur des elektronischen Systems, auf dem die SW-Komponenten später ausgeführt werden. Sowohl für SW-Komponenten als auch für elektronische Komponenten können darüber hinaus Eigenschaften definiert werden, welche bei der Aufteilung der Software auf die Elektronik erfüllt sein müssen. Beispielsweise kann für SW-Komponenten ein verfügbarer Speicherplatz erforderlich sein, welchen die elektronische Komponente bereitstellen muss. Ein Werkzeug übernimmt daraufhin die Aufteilung der Software auf die Elektronik unter Beachtung der vom Ingenieur gegebenen Eigenschaften. Durch die Anwendung verschiedener zuverlässigkeitssteigernder Muster und die verschiedenen Kombinationen von Software und Elektronik entsteht eine Vielzahl möglicher System-Architekturen. Für jede Variante der System-Architektur wird im dritten Schritt automatisiert ein Fehlerbaum erstellt, aus welchem die Zuverlässigkeit des gesamten Systems ermittelt wird. Ausgehend von dieser Zuverlässigkeitsanalyse kann dann diejenige Systemvariante ausgewählt werden, welche dem geforderten Zuverlässigkeitsziel am nächsten kommt. Abbildung 7.37 zeigt, wie der beschriebene Ablauf in drei Schritten realisiert wird (vergleiche Rechnerwerkzeug in [7.25] und Methode in [7.89]).

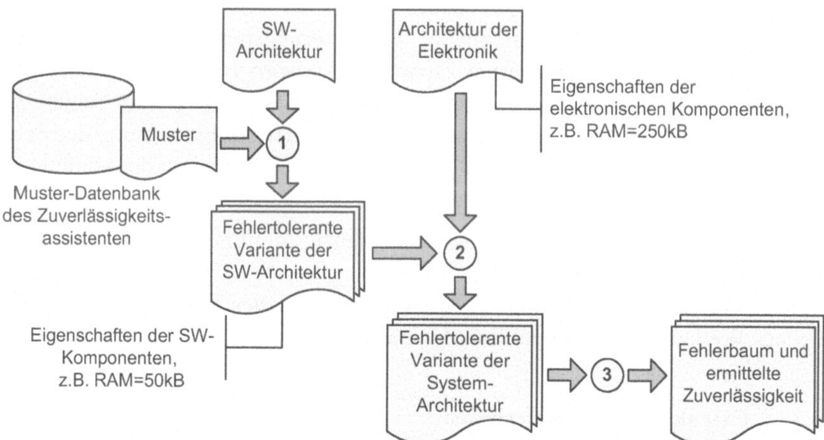

Abb. 7.37 Schritte zur Auswahl einer Systemarchitektur basierend auf Mustern

7.7 Von empirischen Daten zurück in frühe Entwicklungsphasen

Beinahe alle gängigen Methoden der Zuverlässigkeitsprognose für SW-Systeme in frühen Entwicklungsphasen basieren auf der Analyse historischer Versagensdaten und der Übertragung der Analyseergebnisse auf frühe Entwicklungsphasen. In diesem Kapitel wird untersucht, wie Versagensdaten für programmierbare mechatronische Systeme systematisch erhoben und ausgewertet werden können. Das Ziel der Auswertung besteht neben der Ermittlung der SW-Zuverlässigkeit, nachdem das System getestet oder betrieben wurde, in der Gewinnung und Rückführung von Informationen, um das nächste System zuverlässiger zu gestalten.

Es wird zunächst untersucht, wie empirische Daten systematisch so erfasst und gespeichert werden, dass sie später rechnergestützt ausgewertet werden können. Daraufhin wird erläutert, wie Daten aus bestehenden, öffentlich zugänglichen Datenbanken extrahiert werden und wie diese Daten mittels stochastischer Modelle ausgewertet werden.

7.7.1 Sammlung empirischer Daten

In heutigen Softwareentwicklungsprojekten werden meist Werkzeuge zur Versionsverwaltung eingesetzt, welche die einzelnen Versionen des Quellcodes in sogenannten Code Repositories verwalten. Außerdem kommen Werkzeuge zur Fehlerverfolgung zum Einsatz, welche die Speicherung von Fehlerinformationen erlauben. Diese Fehlerdatenbanken enthalten neben einer Beschreibung der gefundenen Fehler meist auch den Zeitpunkt, zu dem der Fehler eingetragen wurde. Der Zweck derartiger Werkzeuge liegt im Wesentlichen in der Unterstützung der Entwickler bei der Erstellung von Quellcode und bei der Fehlerdokumentation und -behebung. Für eine Analyse möglicher Verbesserungspotentiale im Entwicklungsprozess und für die frühzeitige Zuverlässigkeitsprognose fehlen allerdings zusätzliche Angaben. Beispielsweise fehlen häufig die Zuordnung eines Fehlers zu einer bestimmten Phase des Entwicklungsprozesses oder die Einordnung der Fehlerursache in eine vorab definierte Liste. Daher werden hinsichtlich der Sammlung empirischer Daten zur SW-Zuverlässigkeit zwei Punkte verfolgt:

- Die Extraktion von Fehlerdaten aus vorhandenen, öffentlich zugänglichen Datenbanken mit realen SW-Projekten und
- die Entwicklung eines abstrakten Datenmodells, welches als Grundlage für ein eigenes Werkzeug zur Datenerfassung und -auswertung verwendet wird.

7.7.1.1 Extraktion von Fehlerdaten

Viele öffentliche Datenbanken stellen zwar aufbereitete empirische Daten zur Verfügung, diese reichen aber nicht aus, da beispielsweise der zugehörige Quellcode nicht hinterlegt ist oder nicht dokumentiert ist, inwieweit Änderungen mit gefundenen Fehlern korrelieren [7.102]. Selbst wenn der Quellcode zur Verfügung steht, ist bisher meist eine syntaktische und semantische Analyse von Fehler- und Änderungsbeschreibungen erforderlich, um den Bezug zwischen Fehlern im Quellcode und Änderungen am Quellcode herzustellen. Darüber hinaus benötigt man zur Vorhersage der Zuverlässigkeit verschiedene prozess- und produktbezogene Informationen (vergleiche Zuverlässigkeitsmodelle in Kap. 7.2.2). Auch wenn der Quellcode selbst verfügbar ist, müssen Daten wie Codegröße und Modulkomplexität zusätzlich ermittelt werden. Dazu müssen die entsprechenden Modulversionen aus dem Versionsverwaltungswerkzeug exportiert und analysiert werden.

Ein Beispiel für ein Werkzeug, welches Informationen aus mehreren Datenbanken extrahiert, wird im Folgenden vorgestellt. Dieses Werkzeug greift über das Internet auf in der Fehlerdatenbank Trac [7.88] dokumentierte Fehler zu und liest gleichzeitig die zugehörigen Änderungen am Quellcode aus. Dazu ist lediglich die Angabe der entsprechenden Internetadresse der Fehlerdatenbank erforderlich. Tabelle 7.9 und Tabelle 7.10 fassen die Eigenschaften der Daten zusammen, welche mit dem Werkzeug ausgelesen werden.

Tabelle 7.9 Daten zu sogenannten Tickets, welche gefundene Fehler beschreiben

Nr	status	desc	dateCreated	dateClosed
Nummer des Tickets	Status des Tickets: 0 = CLOSED 1 = REOPENED 2 = CREATED	Beschreibung des gefundenen Fehlers	Datum, an dem das Ticket erstellt wurde	Datum, an dem das Ticket geschlossen wurde (z. B. weil der Fehler behoben)

Tabelle 7.10 Daten zu Änderungen am Quellcode

revNr	added	deleted	Date
Nummer der Revision (entspricht Versionsnummer der Dateien)	Anzahl der Zeilen, die im Vergleich mit der vorherigen Revision hinzugefügt wurden	Anzahl der Zeilen, die im Vergleich mit letzter Revision gelöscht wurden	Datum der Revision (zum Abgleich mit der Ticketliste)

7.7.1.2 Datenmodell zur Erfassung von Fehlern in programmierbaren mechatronischen Systemen

Zur Erfassung von Fehlerdaten stehen unterschiedliche Werkzeuge und Standards zur Verfügung. Bekannte frei verfügbare Werkzeuge zur Fehlerverfolgung sind z. B. Trac [7.88] und Bugzilla [7.12]. Die Dokumentation von Testergebnissen ist beispielsweise in den internationalen Standards IEEE 829 [7.53] und IEEE 1044 [7.51] vorgegeben. Letzterer definiert, wie SW-Fehler so klassifiziert werden können, dass eine gezielte rechnergestützte Auswertung erfolgen kann (vergleiche

Abb. 7.11 und Abb. 7.12). Ausgehend von den bisherigen Werkzeugen und Standards wird in Abb. 7.38 ein Datenbankschema dargestellt, welches die Erfassung von Fehlern für programmierbare mechatronische Systeme ermöglicht [7.69]. Wie aus dem Schema hervorgeht, wird jeder Fehler den Personen zugeordnet, die an dessen Entdeckung oder Behebung beteiligt sind. Außerdem wird jeder Fehler anhand verschiedener Kategorien klassifiziert. Dazu werden die Kategorien und Klassifikationen aus IEEE 1044, welche sich ausschließlich auf SW-Systeme beziehen, erweitert. Dadurch können Fehlern in mechatronischen Systemen verschiedene Kategorien zugeordnet werden, wie z. B. die vermutete Fehlerursache. Zu jeder Kategorie können dann mögliche Klassifikationen zur Auswahl vorgegeben werden, wie z. B. Verschleiß oder Programmierfehler, wodurch eine Anpassung an die spezifischen Gegebenheiten mechatronischer Systeme möglich ist. Wird ein Fehler in dem betrachteten mechatronischen System entdeckt, so nimmt der Ingenieur eine entsprechende Klassifikation, z. B. der Fehlerursache vor. Durch Auswertung der erfolgten Fehlerklassifikationen kann eine gezielte Auswertung erfolgen, z. B. der häufigsten Ursache entdeckter Fehler.

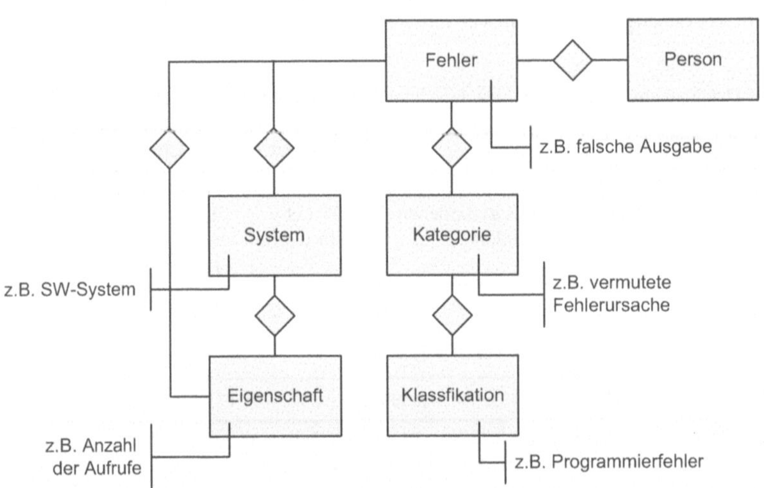

Abb. 7.38 Vereinfachtes Datenmodell in Form eines Entity-Relationship-Diagramms

Darüber hinaus können für jeden Fehler systembezogene Eigenschaften definiert, erfasst und ausgewertet werden. Durch die Möglichkeit, neue Eigenschaften zu definieren, werden die unterschiedlichen Erfordernisse der einzelnen Domänen berücksichtigt. Beispielsweise kann für einen elektronischen Speicher die jeweilige Betriebstemperatur erfasst werden, während für ein SW-System die Häufigkeit der Aufrufe während der Betriebsdauer gespeichert wird.

Dass das Datenmodell in der Praxis zur Erfassung von Fehlerdaten mechatronischer Systeme eingesetzt werden kann, zeigt ein Beispiel in Form einer mySQL-Datenbank [7.73].

7.7.2 Analyse der gesammelten Daten

Eine mögliche Auswertung der erfassten Fehlerdaten kann – wie beschrieben – erfolgen, indem die Klassifikationen der Fehler analysiert werden. Dies gibt Aufschluss über die Häufigkeit, mit der jede Klassifikation auftritt (vergleiche Abb. 7.13). Darüber hinaus ist auch der zeitliche Ablauf der Fehlerentdeckung innerhalb eines abgrenzbaren Teilsystems, etwa einzelner SW-Module, von Interesse. Dadurch kann beispielsweise der Aufwand für den Test der SW-Module frühzeitig geplant werden. Um die Wahrscheinlichkeit der Entdeckung eines Fehlers zu prognostizieren, bietet sich das Cox-Modell (vergleiche Kap. 4.1.5) an. Dieses erlaubt die Beschreibung der Wahrscheinlichkeit des Auftretens eines Fehlers in Abhängigkeit verschiedener Einflussfaktoren. Durch Anpassung des Cox-Modells an Fehlerdaten in einer definierten Umgebung, etwa einer Entwicklungsabteilung, lässt sich so das Auftreten der Fehler modellieren. Aufgrund der jeweils spezifischen Anpassung innerhalb einer definierten Umgebung, können die Variabilitäten beeschränkt werden, wie potenzielle Einflussfaktoren das Auftreten von SW-Fehlern beeinflussen.

In [7.97] werden z. B. Fehlerdaten der freien Eclipse-Plattform aus [7.101] untersucht. Dabei werden verschiedene Einflussfaktoren, welche möglicherweise einen Einfluss auf das Auftreten von SW-Fehlern haben, berücksichtigt. Durch Anwendung mathematischer Methoden lässt sich für jeden einzelnen Faktor untersuchen, ob und wie er die Wahrscheinlichkeit des Auftretens von SW-Fehlern beeinflusst. In dem genannten Beispiel konnte unter anderem gezeigt werden, dass das Cox-Modell den Zusammenhang zwischen dem Umfang des Quellcodes und dem zeitlichen Auffinden von SW-Fehlern erfolgreich nachbildet.

7.8 IAS-Truck: Demonstrator eines programmierbaren mechatronischen Systems

Ein wichtiger Anwendungsbereich für programmierbare mechatronische Systeme ist der Automobilsektor. Dem Kunden werden hier immer mehr Innovationen angeboten, angefangen von Stabilitätsprogrammen bis hin zu Einparkhilfen, welche ohne programmierbare Systeme nicht möglich wären. Um die bisher beschriebenen Methoden der SW-Zuverlässigkeit zu demonstrieren, wurde daher ein anschauliches Beispiel aus diesem Bereich gewählt. Da Software in mechatronischen Systemen immer in Bezug auf ihre technische Umgebung zu untersuchen ist, war es notwendig, eine automobile Umgebung im Modell nachzubauen. Aus dieser Idee heraus ist der Demonstrator IAS-Truck entstanden, welcher nachfolgend zunächst beschrieben wird, um dann eine beispielhafte Analyse durchzuführen (vergleiche [7.94]).

7.8.1 *Beschreibung des Demonstrators*

Den Kern des Demonstrators stellt das reale Modell eines Lastkraftwagens mit Schaltgetriebe im Maßstab 1:14 dar (Abb. 7.39). Der Lastkraftwagen verfügt neben einem Schaltgetriebe, über Differenziale hinten, eine Lenkung vorne sowie einen Elektromotor, welche die beiden hinteren Achsen antreibt.

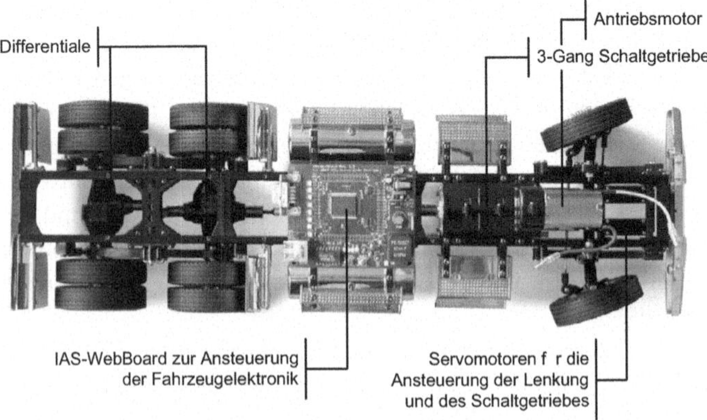

Abb. 7.39 Reales Modell des Lastkraftwagens

Über eine Steuerkonsole (Abb. 7.40) kann die Gangwahl sowohl automatisch als auch manuell erfolgen. Im Automatikbetrieb stehen zwei Fahrprogramme zur Verfügung, *Cruise* und *Sport*, die jeweils unterschiedliche Schaltstrategien realisieren.

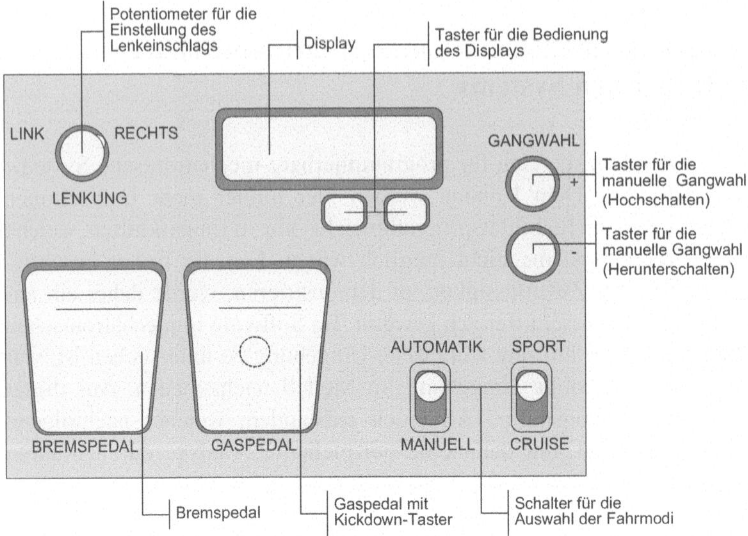

Abb. 7.40 Schematischer Aufbau der Steuerkonsole

Neben der direkten Bedienung über die Steuerkonsole ist darüber hinaus auch der Zugriff über Internet möglich. Dazu ist auf dem Mikrocontoller, welcher den Lastkraftwagen steuert, ein eingebetteter Webserver untergebracht. Über verschiedene Sensoren (Drehzahlsensor, Taster, Schalter) und Aktoren (Servomotoren) kann das Rechnersystem, hier bestehend aus einem Mikrocontroller-Board und der Steuerungssoftware, mit dem technischen System interagieren.

7.8.2 Beispielhafte qualitative Modellbildung und Analyse

Anhand des Demonstrators kann die Anwendung der Methode SQMA in frühen Entwicklungsphasen gezeigt werden.

Ausgehend von den Anforderungen des Automatikbetriebs und der beiden Fahrprogramme wird ein SQMA-Modell erstellt, das die relevanten Informationen enthält, welche bereits in frühen Entwicklungsphasen verfügbar sind. Zentrale Funktion des Rechnersystems ist die automatische Gangwahl in Abhängigkeit vom Fahrprogramm und der aktuellen Drehzahl. Durch qualitative Regeln kann das Verhalten des Systems in SQMA modelliert werden. Ist die Modellierung abgeschlossen, werden die unerwünschten Zustände gekennzeichnet. So stellt die Überschreitung einer maximalen oberen Drehzahl einen solchen unerwünschten Zustand dar. Um diesen Zustand im technischen System zu vermeiden, muss je nach aktueller Geschwindigkeit eine entsprechende Übersetzung am Getriebe durch das Rechnersystem eingestellt werden.

Setzt man nun den fehlerfreien Fall voraus, das heißt, dass alle Komponenten bestimmungsgemäß funktionieren, ergibt eine abschließende Analyse, dass die geforderte maximale obere Drehzahl nicht überschritten wird. Im Anschluss daran wird das System im Fehlerfall simuliert und analysiert. So können verschiedene Fehler simuliert werden, z. B. ein Fehlerverhalten des Drehzahlsensors. Ursache kann dabei beispielsweise ein Fehler in der Schaltung zur Signalverarbeitung sein. Für diese in der Realität komplexe Komponente Drehzahlsensor wird nun ein Fehler modelliert und die fehlerhafte Komponente in das ganzheitliche Modell eingefügt (Abb. 7.41).

Tabelle 7.11 zeigt die Ausgabe des SQMA-Werkzeugs *analyse*. Für jede Komponente ist der Zustand angegeben, in der sie sich gerade befindet. Der Buchstabe **F** in der Spalte des Drehzahlsensors kennzeichnet den Fehlerfall. Dieser verursacht die Überschreitung der maximal zulässigen oberen Drehzahl im Getriebe,

Tabelle 7.11 Ausschnitt aus dem SQMA-Analyseergebnis

Nr.	mb_Fahrer	sw_Strg	sw_CruiseProg	…	ts_DrehzSensor	…	ts_Getriebe
#15	CRUISE **B**	CRUISE **B**	GANG_1 **B**	…	HOCH/NIEDRIG **F**	…	GANG_1 **U**
#16	SPORT **B**	SPORT **B**	GANG_2 **B**	…	HOCH/NIEDRIG **F**	…	GANG_1 **U**

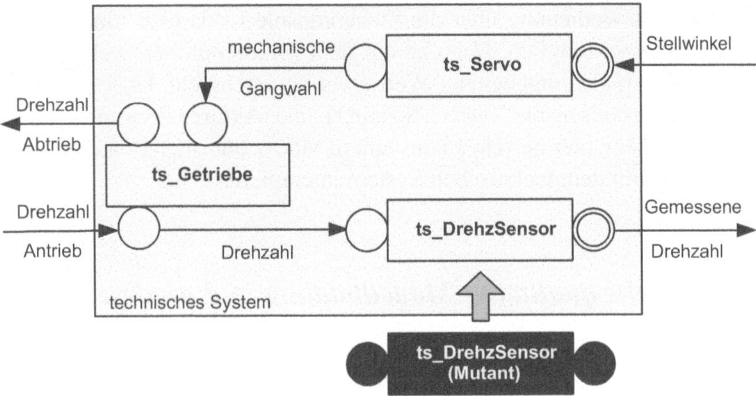

Abb. 7.41 SQMA-Modell eines einfachen Getriebes

was mit dem Buchstaben **U** für unerwünscht bezeichnet ist. Fahrer und Steuerung verhalten sich in diesem Beispiel bestimmungsgemäß, weswegen deren aktuelle Zustände mit **B** gekennzeichnet sind. Die Tabelle zeigt nur die für dieses Beispiel relevanten Zeilen.

Die Überschreitung der zulässigen Drehzahl im Fehlerfall kann vermieden werden, indem die Steuerung auf geeignete Weise fehlertolerant ausgelegt wird. Beispielsweise kann eine einfache Prüfung anderer Sensorwerte auf Plausibilität den Fehler des Drehzahlsensors aufdecken und ein Notprogramm einleiten. Diese verbesserte Steuerung kann in einer erneuten Analyse auf ihre Funktionsweise hin getestet werden.

7.9 Literatur

[7.1] A UML Profile for MARTE (2008), Beta 2, ptc/08-06-08, Object Management Group

[7.2] Asad C A, Ullah M I, Rehman M J (2004) An Approach for Software Reliability Model Selection. Proceedings of the 28th Annual International Computer Softwareand Applications Conference (COMPSAC), Washington, USA, IEEE Computer Society: 534–539

[7.3] Auerswald M, Herrmann M, Kowalewski S, Schulte-Coerne V (2002) Entwurfsmuster für fehlertolerante softwareintensive Systeme. at – Automatisierungtechnik, Jg. 50, H. 8, Oldenbourg Verlag

[7.4] Balzert H (1996) Lehrbuch der Software-Technik. Spektrum Akad. Verlag, Heidelberg

[7.5] Bank A (2005) Softwarewerkzeug zur qualitativen Analyse dynamischen Systemverhaltens. Diplomarbeit 2117, Institut für Automatisierungs- und Softwaretechnik, Universität Stuttgart

[7.6] Belli F, Grochtmann M, Jack O (1998) Erprobte Modelle zur Quantifizierung der Software-Zuverlässigkeit. Informatik-Spektrum, Jg. 21, H. 3: 131–140

[7.7] Bertsche B, Lechner G (2004) Zuverlässigkeit im Fahrzeug- und Maschinenbau. 3. Aufl, Springer, Berlin

[7.8] Biegert U (2003) Ganzheitliche modellbasierte Sicherheitsanalyse von Prozessautomatisierungssystemen. Dissertation, Institut für Automatisierungs- und Softwaretechnik, Universität Stuttgart

[7.9] Bitsch F, Göhner P, Gutbrodt F, Katzke U, Vogel-Heuser B (2005) Specification of Hard Real-Time Industrial Automation Systems with UML-PA. IEEE Conference on Industrial Informatics (INDIN): 339–344

[7.10] Braband J (2003) Improving the Risk Priority Number Concept. Journal of System Safety, Jg. 39, Part 3: 21–23

[7.11] Broy M, Kruger I H, Pretschner A, Stauner T (2007) Engineering Automotive Software. Proceedings of the IEEE, Jg. 95, H. 2: 356–373

[7.12] Bugzilla, http://www.bugzilla.org

[7.13] Buschmann F, Meunier R, Rohnert H, Sommerlad P, Stal M (1996): Pattern-oriented software architecture. A system of patterns. John Wiley & Sons, Chichester

[7.14] Cengarle M V, Graubmann P, Wagner S (2004) From Feature Models to Variation Representation in MSCs. 2nd Groningen Workshop on Software Variability Management (SVM): 49–60

[7.15] Charette R N (2005). Why Software Fails. IEEE spectrum, Vol. 42, No. 9: 36–43

[7.16] Chen X, Limam M, Wedel M, Göhner P, Lauer V (2006) Concept and Integration of an Agreement Protocol in a Dependable Software Platform for Automotive Integrated Safety Systems. Automotive Safety & Security – Sicherheit und Zuverlässigkeit für automobile Informationstechnik, Shaker-Verlag

[7.17] Conrad M, Fey I (2005) Modellbasierter Test von Simulink/Stateflow-Modellen, TAE-Kolloquium „Testen im System- und Software-Life-Cycle“, Ostfildern

[7.18] Cukic B (2005) The Virtues of Assessing Software Reliability Early. IEEE software, Vol. 22, No. 3: 50–53

[7.19] De Kleer J, Brown J S (1990) A Qualitative Physics Based on Confluences. Readings in Qualitative Reasoning About Physical Systems, Morgan Kaufmann Publishers, Inc., San Mateo, USA

[7.20] Deutsches Institut für Normung (1991) DIN EN 292, Teil 1, Grundsätzliche Terminologie, Methodik. Beuth, Berlin

[7.21] Deutsches Institut für Normung (1994) DIN 19226 Teil 1, Leittechnik; Regelungstechnik und Steuertechnik; Allgemeine Grundbegriffe. Beuth, Berlin

[7.22] Deutsches Institut für Normung (1983) DIN 66001, Informationsverarbeitung; Sinnbilder und ihre Anwendung. Beuth, Berlin

[7.23] Deutsches Institut für Normung (2001) DIN ISO 10628:2001-03: Fließschemata für verfahrenstechnische Anlagen; Allgemeine Regeln. Beuth, Berlin

[7.24] Douglass B (1999) Doing Hard Time: Using Object-oriented Programming and Software Patterns in Real Time Applications. Pearson Education, USA

[7.25] Duda A (2008) Generierung und Auswertung von Fehlerbäumen zur Optimierung fehlertoleranter HW-/SW-Systemarchitekturen. Diplomarbeit 2220, Institut für Automatisierungs- und Softwaretechnik, Universität Stuttgart

[7.26] Duran M (2005) Transformation von UML Modellen nach SQMA. Diplomarbeit 2022, Institut für Automatisierungs- und Softwaretechnik, Universität Stuttgart

[7.27] Dürbeck S (2005) Entwicklung eines Entwurfsassistenten auf Basis von Architekturmustern zur Erhöhung der Zuverlässigkeit in frühen Phasen. Diplomarbeit 2002, Institut für Automatisierungs- und Softwaretechnik, Universität Stuttgart

[7.28] Echtle K (1990) Fehlertoleranzverfahren. Springer-Verlag, Berlin, Heidelberg

[7.29] Fenton N E (1999) A Critique of Software Defect Prediction Models. IEEE transactions on software engineering : a publ. of the IEEE Computer Society, Vol. 25, No. 5: 675–689

[7.30] Fenton N E, Ohlsson N (2000) Quantitative Analysis of Faults and Failures in a Complex Software System. IEEE Transactions on Software Engineering, Jg. 26, H. 8: 797–814

[7.31] Forrest S, Basili V, Boehm B, Brown A W, Costa P, Lindvall M et al. (2002) What We Have Learned about Fighting Defects. International Software Metrics Symposium, 249–258

[7.32] Freimut B, Denger C, Kettterer M (2005) An Industrial Case Study of Implementing and Validating Defect Classification for Process Improvement and Quality Management. Proceedings of the 11th International Software Metrics Symposium (Metrics)

[7.33] Fröhlich P (1997) Überwachung verfahrenstechnischer Prozesse unter Verwendung eines qualitativen Modellierungsverfahrens. Dissertation, Institut für Automatisierungs- und Softwaretechnik, Universität Stuttgart

[7.34] Gamma E, Helm R, Johnson R E, Vlissides J (1995) Design Patterns. Elements of ReusableObject-Oriented Software. Addison-Wesley Longman, Amsterdam

[7.35] Garfinkel S (2005) History's Worst Bugs. Wired, 11.08.2005, http://www.wired.com/software/coolapps/news/2005/11/69355

[7.36] Ghokale S, Marinos P, Trivedi K S (1996) Important Milestones in Software Reliability Modelling. Proc. of 8th Intl. Conf. on Software Engineering and Knowledge Engineering (SEKE)

[7.37] Goel A (1985) Software Reliability Models: Assumptions, Limitations and Applicability. IEEE Transactions on Software Engineering, Jg. 11, H. 12: 1411–1423

[7.38] Göhner P (1998) Komponentenbasierte Entwicklung von Automatisierungssystemen. GMA-Kongress, Ludwigsburg, VDI-Berichte Nr. 1397, VDI-Verlag, Düsseldorf

[7.39] Göhner P, Eberle S (2004) Softwareentwicklung für eingebettete Systeme mit strukturierten Komponenten. Teil 1: Komponentenorientierte Zerlegung. atp – Automatisierungstechnische Praxis, Jg. 46, H. 3., Oldenbourg Verlag

[7.40] Gokhale S (2007) Architecture-Based Software Reliability Analysis: Overview and Limitations. IEEE Transactions on Dependable and Secure Computing, Jg. 4, H. 1: 32–40

[7.41] Gomez de Souza F (2005) Visualization of Dynamic Processes in SQMA Models. Studienarbeit 2045, Institut für Automatisierungs- und Softwaretechnik, Universität Stuttgart

[7.42] Goseva-Popstojanova K, Mathur A P, Trivedi K S (2001) Comparison of architecture-based software reliability models. IEEE International Symposium on Software Re liability Engineering (ISSRE): 22–31

[7.43] Grosu R, Broy M, Selic B, Stefanescu G (1999) What is Behind UML-RT? Behavioral specifications of businesses and systems, Kluwer Academic Publishers: 73–88

[7.44] Hanmer R (2007) Patterns for Fault Tolerant Software. John Wiley and Sons Ltd.

[7.45] Harel D (1987) Statecharts: A visual formalism for complex systems. Science of Computer Programming, Jg. 8, H. 3: 231–274

[7.46] Homepage und Online-Spezifikation SDL-RT, http://www.sdl-rt.org

[7.47] IEC 60050: Internationales elektrotechnisches Wörterbuch (2003). Beuth, Berlin

[7.48] IEC 61131-3: Speicherprogrammierbare Steuerungen – Teil 3: Programmiersprachen. IEC (Internationale Elektrotechnische Komission) (2003-01-00)

[7.49] IEC 61508: Functional safety of electrical/electronic/programmable electronic safety-related systems (20.01.2005)

[7.50] IEEE Std 1044.1-1995: IEEE Guide to Classification for Software Anomalies (12.12.1995)

[7.51] IEEE Std 1044-1993: IEEE Standard Classification for Software Anomalies (02.12.1993)

[7.52] IEEE Std 1413-1998: IEEE Standard Methodology for Reliability Prediction and Assessment for Electronic Systems and Equipment (08.12.1998)

[7.53] IEEE Std 829-1998: IEEE Standard for Software Test Documentation (16.09.1998)

[7.54] Islam S, Omasreiter H (2005) Systematic Use Case Interviews for Specification of Automotive Systems. IEEE Computer Society, Proceedings of the 12th Asia-Pacific Software Engineering Conference (APSEC), Washington: 17–24

[7.55] Jäger P, Arnaout T, Bertsche B, Wunderlich H J: Frühe Zuverlässigkeitsanalyse mechatronischer Systeme. 22. Tagung Technische Zuverlässigkeit, Stuttgart
[7.56] Kemeny J G, Snell J L (1976) Finite Markov Chains, Springer-Verlag, New York
[7.57] Kuipers B (1994) Qualitative Reasoning – Modeling and Simulation with Incomplete Knowledge. The MIT Press, Cambridge, USA
[7.58] Lakey P, Neufelder A M (2000) Software Reliablity Assurance Handbook. Department of Computer Science, Colorado State University, http://www.cs.colostate.edu/~cs530/rh/. Accessed 29 Oct 2008
[7.59] Lamport L, Shostak R, Pease M (1980) Reaching Agreement in the Presence of Faults. Journal of the ACM, Jg. 27, H. 2: 228–234
[7.60] Längst W (2003) Formale Anwendung von Sicherheitsmethoden bei der Entwicklung verteilter Systeme. Logos-Verlag, Berlin
[7.61] Längst W, Lapp A, Knorr K, Schneider H-P, Schirmer J, Kraft D, Kiencke W (2002) CARTRONIC-UML Models: Basis for Partially Automated Risk Analysis in Early Development Phases. Critical Systems Development with UML – Proceedings of the UML'02 workshop, Technische Universität München: 3–18
[7.62] Lauber R, Göhner P (1999) Prozessautomatisierung 1. Springer, Berlin
[7.63] Lauber R, Göhner P (1999) Prozessautomatisierung 2. Springer, Berlin
[7.64] Laufenberg X (1996) Ein modellbasiertes qualitatives Verfahren für die Gefahrenanalyse. Dissertation, Institut für Automatisierungs- und Softwaretechnik, Universität Stuttgart
[7.65] Leveson N G (1995) Safeware. System safety and computers. Reading, Mass., Addison-Wesley
[7.66] Limam M (2005) Konzeption und Implementierung eines Übereinstimmungsprotokolls für fehlertolerante Kfz-Sicherheitselektronik. Diplomarbeit 2041, Institut für Automatisierungs- und Softwaretechnik, Universität Stuttgart
[7.67] Linder P (2008) Constraintbasierte Testdatenermittlung für Automatisierungssoftware auf Grundlage von Signalflussplänen. Dissertation, Universität Stuttgart, Institut für Automatisierungs- und Softwaretechnik, Shaker-Verlag
[7.68] Manz S (2004) Entwicklung hybrider Komponentenmodelle zur Prozessüberwachung komplexer dynamischer Systeme. Dissertation, Universität Stuttgart, Institut für Automatisierungs- und Softwaretechnik, Shaker-Verlag
[7.69] Marszalek P T (2006) Konzeption eines Testdatenerfassungs- und Analysewerkzeugs für mechatronische Systeme. Studienarbeit 2091, Institut für Automatisierungsund Softwaretechnik, Universität Stuttgart
[7.70] Martinus M A (2004) Funktionale Sicherheit von mechatronischen Systemen bei mobilen Arbeitsmaschinen. Dissertation, Institut für Maschinentechnik, Technische Universität München
[7.71] MDA Guide V1.0.1 (2003), omg/03-06-01, Object Mangement Group
[7.72] Musa J D, Iannino A, Okumoto K. (1987) Software reliability – Measurement, prediction, application. McGraw-Hill, New York
[7.73] Najah A (2007) Erfassung und Auswertung von Testdaten eingebetteter Systeme. Diplomarbeit 2140, Institut für Automatisierungs- und Softwaretechnik, Universität Stuttgart
[7.74] Neuschwander B (2007) Vergleich von Zuverlässigkeitsmodellen für Softwaresysteme. Studienarbeit 2148, Institut für Automatisierungs- und Softwaretechnik, Universität Stuttgart
[7.75] Offutt A J, Untch R H (2000) Mutation 2000: Uniting the Orthogonal. Mutation Testing in the Twentieth and the Twenty First Centuries, San Jose, USA: 45–55
[7.76] OMG Systems Modeling Language, OMG SysML™ (2007), V1.0, formal/07-09-01, Object Management Group
[7.77] Pentti H, Atte H (2002) Failure Mode and Effects Analysis of Software-based Automation Systems. Radation and Nuclear Safety Authority (STUK), STUK-YTO-TR 190, Finnland
[7.78] Petri C A (1962) Kommunikation mit Automaten. Dissertation, Universität Darmstadt

[7.79] Pham H (2000). Software Reliability. Springer, Singapore

[7.80] Pullum L L (2001) Software fault tolerance techniques and implementation. Artech House (Artech House computing library), Boston

[7.81] Rebolledo M R (2004) Situation-based process monitoring in complex systems considering vagueness and uncertainty. Dissertation, Institut für Automatisierungs- und Softwaretechnik, Universität Stuttgart

[7.82] Saridakis T (2002) A System of Patterns for Fault Tolerance. Proceedings of the 7th European Conference on Pattern Languages of Programs (EuroPLoP): 535–582

[7.83] Schätz B, Broy M, Huber F, Philipps J, Prenninger W, Pretschner A, Rumpe B (2004) Model-Based Software and Systems Development – A White Paper. http://www4.in.tum.de/~schaetz/papers/ModelBased.pdf

[7.84] Schwarz P (2002) Modellierung und Simulation heterogener technischer Systeme. Symposium „Simulation in Physik, Informatik und Informationstechnik", 66. Physikertagung, Leipzig

[7.85] Shapiro F R (1987) Etymology of the Computer Bug: History and Folklore. American Speech, Jg. 62, H. 4: 376–378

[7.86] Shooman M L (1991) A micro software reliability model for prediction and test apportionment. IEEE International Symposium on Software Reliability Engineering (ISSRE): 52–59

[7.87] Szyperski C (1998) Component software. Beyond object-oriented programming. Addison-Wesley, Harlow (ACM Press books)

[7.88] The Trac Project, http://trac.edgewall.org

[7.89] Tichy M, Schilling D, Giese H (2004) Design of self-managing dependable systemswith UML and fault tolerance patterns. Proceedings of the 1st ACM SIGSOFTWorkshop on Self-managed systems (WOSS), New York, USA: 105–109

[7.90] Ulrich C (2007) Fertigungsindustrie besonders betroffen, Millionenverluste durch Software-Fehler. CIO-Online, 15.05.2007, http://www.cio.de/strategien/projekte/835051

[7.91] UML 2 Superstructure specification (2007), formal/2007-11-02, Object Management Group

[7.92] Verein Deutscher Ingenieure (2004) VDI 2206 Entwicklungsmethodik für mechatronische Systeme. Beuth, Berlin

[7.93] Wedel M (2007) Zuverlässigkeitsanalyse von Automatisierungssystemen in den frühen Entwicklungsphasen. GMA-Kongress, Baden-Baden, VDI-Berichte Nr. 1980, VDI-Verlag, Düsseldorf

[7.94] Wedel M, Göhner P (2005) Eine ganzheitliche qualitative Vorgehensweise zur Erhöhung der Zuverlässigkeit programmierbarer mechatronischer Systeme in frühen Entwicklungsphasen. GI Softwaretechnik Trends, Jg. 25, H. 4

[7.95] Wedel M, Göhner P (2008) Simulation der SW-Systemzuverlässigkeit in Automatisierungssystemen auf Grundlage von SW-Komponenten. Automotive Safety & Security – Sicherheit und Zuverlässigkeit für automobile Informationstechnik, Stuttgart

[7.96] Wedel M, Jäger P, Göhner P, Bertsche B (2006) Integrierte modellgestützte Risikoanalysekomplexer Automatisierungssysteme. Entwurf komplexer Automatisierungssysteme(EKA), Braunschweig

[7.97] Wedel M, Jensen U, Göhner P (2008) Mining Software Code Repositories and Bug Databases using Survival Analysis Models. 2nd International Symposium on Empirical Software Engineering and Measurement (ESEM), Kaiserslautern

[7.98] Wordsworth J B (1992) Software Development with Z – A Practical Approach to Formal Methods in Software Engineering. Addison-Wesley, England

[7.99] Zentner J, Bertram T, Freudenberg H, Maißer P (2005) Konzept einer Simulationsplattform zum domänenübergreifenden modellbasierten Entwurf mechatronischer Systeme. Intelligente mechatronische Systeme, HNI-Verlagsschriftenreihe, Band 163, Heinz-Nixdorf Institut Paderborn: 19–28

[7.100] Zimmer E, Göhner P, Arnaout T, Wunderlich H J (2004) Reliability Considerations for Mechatronic Systems on the Basis of a State Model. Proc. International Conference on Architecture of Computing Systems (ARCS), Augsburg
[7.101] Zimmermann T, Premraj R, Zeller A (2007) Promise repository of empirical software engineering data. http://promisedata.org/repository, Software Engineering Chair, Saarland University
[7.102] Zimmermann T, Premraj R, Zeller A (2007) Predicting defects for eclipse. Proceedings PROMISE Workshop

Kapitel 8
Bewertung und Verbesserung der Zuverlässigkeit von mikroelektronischen Komponenten in mechatronischen Systemen

Hans-Joachim Wunderlich unter Mitarbeit von Melanie Elm und Michael Kochte

In den letzten Jahrzehnten hat der Anteil der informationsverarbeitenden Komponenten an den Herstellungskosten mechatronischer Systeme rapide zugenommen. In den 70er Jahren machte die Informationsverarbeitung noch ca. 15% des Systems aus. Zu Beginn dieses Jahrtausends sind es bereits über 60% [8.9], wie auch aus Abb. 8.1 hervorgeht. Dieser Zuwachs in den Herstellungskosten ist auf die Zunahme der durch die Informationsverarbeitung realisierten Funktionen zurückzuführen.

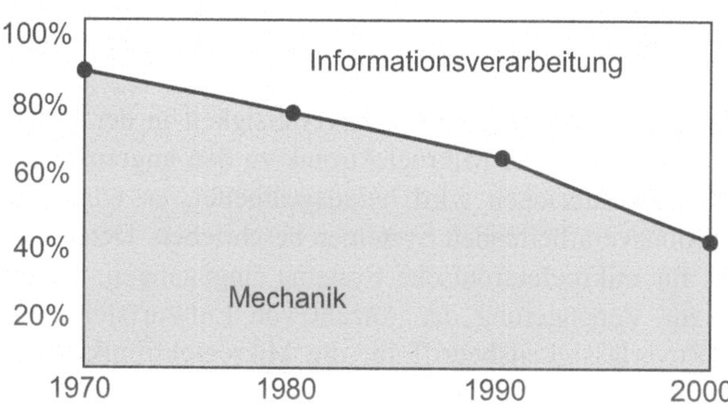

Abb. 8.1 Entwicklung des Anteils der Informationsverarbeitung in mechatronischen Systemen während den letzten 40 Jahren (nach [8.9])

Sehr deutlich ist diese Zunahme im Automobil zu beobachten. Während das Antiblockiersystem und die digitale Motorsteuerung schon seit Jahren zum Standard gehören, werden nun zunehmend auch Fahrerassistenz- und Infotainmentsysteme ins Kraftfahrzeug integriert. Bei diesen Systemen beginnt die Grenze zwischen klassischer Sicherheits- und Komfortfunktion zu verschwimmen. Die Bandbreite möglichen Fehlverhaltens reicht vom Ausfall des Navigationssystems über Störungen der Zentralverriegelung bis hin zum automatischen Einleiten von Bremsmanövern bei hohen Geschwindigkeiten. Entsprechend ergeben sich hier hohe Anforderungen an die Zuverlässigkeit dieser Systeme.

Neben dem Anstieg des Funktionsumfangs der Informationsverarbeitung erhöhen sich auch die Leistungsanforderungen an die Informationsverarbeitung, besonders im Bereich des Infotainments und der Fahrerassistenzsysteme. Um diesen hohen Anforderungen gerecht zu werden, müssen neueste Technologien verwendet werden, d. h. die Realisierung muss mittels höchstintegrierter Mikroelektronik mit Strukturgrößen im Nanometer-Bereich erfolgen. Gerade in diesen Nanometer-Halbleitertechnologien nimmt jedoch die Empfindlichkeit gegenüber Variationen in der Fertigung, Alterungserscheinungen im Betrieb und Fehlern durch Partikelstrahlung stark zu. Im Kraftfahrzeug überschreitet das Ausmaß der Ausfälle durch die Mikroelektronik schon den Anteil, der durch die Elektromechanik verursacht wird [8.81]. Entsprechend wichtig ist die Abschätzung der Zuverlässigkeit der Mikroelektronik und Informationsverarbeitung im Entwurfsprozess sowie die gezielte Zuverlässigkeitssteigerung.

Dieses Kapitel behandelt Methoden zur Bewertung und Verbesserung der Zuverlässigkeit von mikro- und nanoelektronischen Komponenten, die in ein mechatronisches System integriert werden sollen.

Ziel ist zum einen eine einheitliche Modellierung der Zuverlässigkeit in der Informationsverarbeitung, die nicht nur die Mikroelektronik, sondern auch die Software umfasst. Zum anderen ist das Ziel, wirtschaftliche, zuverlässigkeitssteigernde Maßnahmen in frühen Entwurfsphasen zu finden. Schließlich soll die Entwurfsmethodik für mikroelektronische Komponenten und die Zuverlässigkeitsmodellierung und -analyse in den Entwurf des mechatronischen Gesamtsystems integriert werden.

Im ersten Unterkapitel wird der Begriff der Zuverlässigkeit in der Mikroelektronik diskutiert. Der Unterschied der Mikroelektronik zu den angrenzenden Domänen bezüglich der Ausfallursachen wird herausgearbeitet, es wird der Entwurfsablauf in informationsverarbeitenden Systemen beschrieben. Detailliert wird auf den Entwurfsfluss für mikroelektronische Systeme eingegangen, der ähnlich zur Softwaredomäne zur Verringerung der Anzahl von Entwurfsfehlern dient. Schließlich wird der Zuverlässigkeitsbegriff für die Mikroelektronik vorgestellt und begründet.

Im zweiten Unterkapitel werden verschiedene Methoden beschrieben, die in den einzelnen, frühen Entwurfsphasen der Mikroelektronik von der Systemebene bis hin zur Gatterebene zur Zuverlässigkeitsbewertung verwendet werden. Es werden Zuverlässigkeitskennwerte für die Standardmodule heutiger, mikroelektronischer Systeme behandelt und Unterschiede in der Zuverlässigkeitsbewertung zwischen verschiedenen Technologien herausgearbeitet.

Das dritte Unterkapitel befasst sich mit Methoden zur Steigerung der Zuverlässigkeit in mikroelektronischen Systemen in frühen Entwurfsphasen. Es werden verschiedene Ansätze der Redundanz diskutiert und für jede Entwurfsebene Maßnahmen zur Steigerung der Zuverlässigkeit vorgeschlagen. Aufbauend hierauf werden die Kosten einiger zuverlässigkeitssteigernder Maßnahmen betrachtet und zu ihrem Nutzen ins Verhältnis gesetzt.

Das letzte Unterkapitel befasst sich mit der Eingliederung der Mikroelektronik in das mechatronische Gesamtsystem. Die Herleitung der Anforderungen an die Mikroelektronik und der Wechselwirkungen mit anderen Domänen wird kurz erläutert. Aufbauend wird ein Zuverlässigkeitsmodell vorgestellt, das zur Modellierung der Zuverlässigkeit der Informationsverarbeitung, d. h. mikroelektronischer Hardware und Software, in diesem Gesamtkontext in frühen Entwurfsphasen verwendet werden kann.

8.1 Zuverlässigkeit in der Mikroelektronik

In diesem Unterkapitel werden die für die Zuverlässigkeitsbewertung und -verbesserung notwendigen Grundlagen in der Mikroelektronik behandelt. Es werden Ausfallursachen und deren Auswirkungen betrachtet, der Entwurfsfluss in der Mikroelektronik beschrieben und abschließend werden Zuverlässigkeitsmaße, die in der Mikroelektronik verwendet werden, vorgestellt und motiviert.

8.1.1 Einordnung

In den verschiedenen Domänen treten Fehler und Ausfälle auf Grund unterschiedlicher Ursachen auf. In der Mechanik werden klassischerweise physikalische Defekte am Material, die beispielsweise durch Abnutzung auftreten oder durch mangelhafte Fertigung von Beginn der Lebenszeit an vorhanden sind, betrachtet. Diese Defekte führen zumeist zu einem kompletten Systemausfall und können nur durch Reparatur oder Austausch behoben werden beziehungsweise durch entsprechende Auslegung der einzelnen Komponenten oder durch qualitativ hochwertige Materialien verzögert oder vermieden werden.

In der Software hingegen werden lediglich Entwurfs- und Spezifikationsfehler des Software-Entwicklers (sogenannte systematische Fehler) als Ausfallursache betrachtet (vgl. Kap. 7). Diese Entwurfsfehler können durch Updates behoben werden, jedoch können sich hierbei auch neue Entwurfsfehler einschleichen. Unter Anderem kann durch eine entsprechend durch Werkzeuge unterstützte Entwicklung und eine hierarchische Entwicklungsmethode, die die Komplexität des Software-Systems verringert, eine höhere Zuverlässigkeit erreicht werden.

In der Mikroelektronik vereinigen sich beide Ausfallursachen. Aufgrund der hohen Komplexität heutiger, mikroelektronischer Systeme und dem der Software sehr ähnlichen Entwurfsablauf spielen auch Entwurfsfehler eine große Rolle. Es wird versucht, sie durch Entwurfsunterstützung und -automatisierung einzudämmen. Schließlich versucht man, sie in der Debug- und Testphase zu finden. Jedoch ist es nicht möglich, Entwurfsfehler im gefertigten Produkt komplett auszuschließen.

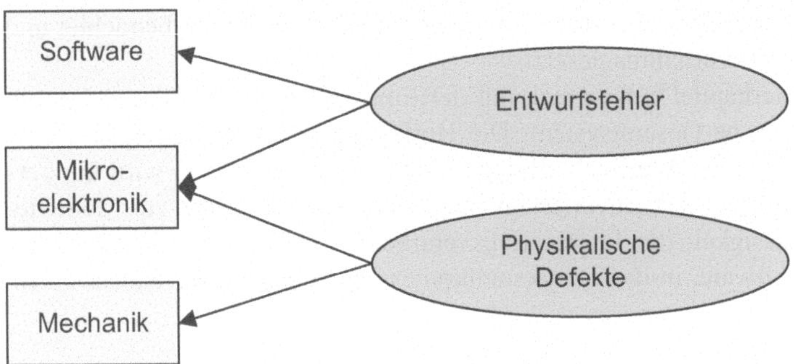

Abb. 8.2 Ausfallursachen in den verschiedenen, mechatronischen Domänen. In der Mikroelektronik sind sowohl Ausfallursachen wie sie in der Mechanik auftreten als auch solche, die in der Software auftreten, zu beobachten

Aufgrund von Alterung, mangelhafter Fertigung und Umwelteinflüssen treten in der mikroelektronischen Hardware auch physikalische Defekte auf. Diese Defekte werden zum Teil im Produktionstest gefunden, können im Betrieb toleriert oder repariert werden, können aber auch zum kompletten Systemausfall führen.

Abbildung 8.2 stellt die Ausfallursachen in der Mikroelektronik im Verhältnis zu denen in Mechanik und Software dar. Es wird deutlich, dass die Mikroelektronik nicht nur im Schichtenmodell, das in erster Linie Informations-, Kraft- und Stofffluss beschreibt, sondern auch im Hinblick auf Ausfallursachen und somit auf die Zuverlässigkeit eine verbindende Rolle einnimmt.

8.1.2 Ausfallverhalten und Fehlerklassifikation

Im Folgenden werden die unterschiedlichen Ausfallursachen und -verhalten in der Mikroelektronik kategorisiert und detailliert erläutert. Um in frühen Entwurfsphasen Ausfallverhalten analysieren zu können, müssen die verschiedenen Ausfallursachen abstrakt modelliert werden. Der letzte Teil des Abschnitts befasst sich daher mit der Fehlermodellierung.

8.1.2.1 Fehlerklassifikation

Gemäß ihres Ausfallverhaltens lassen sich Fehler in der mikroelektronischen Hardware in drei Klassen unterscheiden. Permanente Fehler sind solche, deren Ursache und Fehlerwirkung dauerhaft ist. Dies bedeutet jedoch nicht, dass sie jede Ausgabe des Systems verfälschen. Es ist möglich, dass der Fehler bis zur Ausgabe aus dem System maskiert wird.

Zur zweiten Klasse zählen intermittierende Fehler. Dies sind Fehler, deren Ursache permanent ist, die aber nur gelegentlich eine Auswirkung zeigen.

Zur dritten Klasse zählen transiente Fehler. Hierbei handelt es sich um Fehler, deren Ursache nicht permanent ist und die nach einer gewissen Zeitspanne wieder aus der Schaltung verschwinden.

Auch die Fehlerursachen lassen sich in Gruppen kategorisieren, die im Folgenden detailliert beschrieben werden:

- Entwurfsfehler,
- Fertigungsfehler,
- Transiente bzw. *Single Event* Fehler,
- Stress und Alterung.

8.1.2.2 Entwurfsfehler

Grundsätzlich wird ein Entwurf während seiner Entwicklung von Hierarchiestufe zu Hierarchiestufe immer wieder durch Simulation und Emulation validiert. Die teilweise automatisierte Entwicklungskette macht eine ständige Prüfung der Spezifikationstreue unabdingbar. Jedoch sind die heute entwickelten Systeme so groß, dass eine vollständige Verifikation der korrekten Funktionsweise eines Systems aus Kostengründen nicht möglich ist. Entwurfsfehler können folglich im endgültigen Produkt nicht gänzlich ausgeschlossen werden [8.76].

8.1.2.3 Fertigungsfehler

In die zweite Kategorie fallen Fertigungsfehler. Sie entstehen durch Verunreinigungen während der Herstellung, durch Prozessvariationen oder durch Prozessfehler, die während der Anlaufphase der Produktion eines Systems schrittweise entdeckt und eliminiert werden. Fertigungsfehler äußern sich im Idealfall durch eine Fehlfunktion beim Produktionstest. Jedoch können sie auch zu vertretbaren Spezifikationsabweichungen führen, die den Verkauf des Produkts nicht ausschließen. Sie können sich unter anderem in einer langsameren Schaltgeschwindigkeit oder auch beschleunigten Alterungsprozessen äußern. Im schlechtesten Fall werden jedoch auch Fertigungsfehler im Produktionstest nicht erkannt und Produkte mit minderer Qualität an den Kunden ausgeliefert [8.18].

8.1.2.4 Transiente Fehler

In die dritte Kategorie fallen transiente Fehler, die durch α-Partikel oder hoch energetische Neutronen oder Protonen Einschläge erzeugt werden. Mit schrumpfenden Strukturgrößen wächst auch die Anfälligkeit einer Schaltung für die Auswirkung solcher Partikeleinschläge [8.10].

Ein Partikeleinschlag in einem Speicherelement kann den Zustand der Schaltung verfälschen und wird als *Single Event Upset* (SEU) bezeichnet. Ein Partikeleinschlag kann in freier Logik einen Impuls am Ausgang eines Gatters verursachen.

Einen solchen Impuls nennt man auch Single Event Transient (SET). Ein solcher SET kann logisch oder elektrisch maskiert werden und so keine negativen Auswirkungen auf das Verhalten der Schaltung haben. Mit schrumpfenden Strukturgrößen jedoch wird die Wahrscheinlichkeit, dass ein SET nicht maskiert wird, größer.

SEUs wiederum bleiben typischerweise nicht bis zum Ende der Systemlebensdauer in einer Schaltung. Je nach Funktionalität der Schaltung führt also auch ein SEU nicht notwendigerweise zu einem kritischen System Ausfall. Gerade an der Kritikalität von SEUs zeigt sich jedoch ein Unterschied zwischen den verschiedenen Implementierungsalternativen, die einem Entwickler zur Wahl stehen.

Ein SEU, der am Ausgang einer Schaltung observiert werden kann, wird Single Event Functional Interrupt (SEFI) genannt.

8.1.2.5 Stress und Alterung

Die vierte Gruppe umfasst Ausfälle durch Alterung. Die physikalischen und elektrischen Eigenschaften des Halbleitermaterials und der Metalle ändern sich während dem Betrieb aufgrund von thermischem, elektrischem und mechanischem Stress. Auch während der Fertigung kann mechanischer Stress bereits zu Änderungen der elektrischen Eigenschaften führen. Die Folgen sind unter anderem Elektromigration, Schädigung des Dielektrikums der Transistoren etwa durch HCI (Hot Carrier Injection), Parameteränderungen durch NBTI (Negative Bias Temperature Instability) bis zur Korrosion [8.57].

Auf Schaltungsebene äußern sich diese Veränderungen als erhöhte Leitungswiderstände, Leitungsunterbrechungen, Kurzschlüsse und verlangsamte Lade- und Schaltvorgänge bis hin zu ausfallenden Transistoren.

Einflussgrößen sind beispielsweise die Schaltaktivität, Verlustleistung und Temperatur von Schaltungsstrukturen. Diese ändern sich während des Betriebs und unterscheiden sich auch je nach Position auf dem Chip. Als Auswirkungen der Alterung treten funktionale Spezifikationsabweichungen wie Verzögerungsfehler, Schalt- und Funktionsfehler und auch nichtfunktionale Abweichungen wie die Änderungen der Leckströme auf.

Eine Alterungserscheinung ist die Elektromigration. Sie bezeichnet den Transport von Material im Leiter, der durch den Kraftaustausch zwischen leitenden Elektronen und diffundierenden Metallatomen zustande kommt. Mit schrumpfenden Strukturgrößen wird der Effekt der Elektromigration verstärkt.

Der Langzeiteffekt der Elektromigration sind unterbrochene Leiterbahnen. Die ersten Anzeichen sind intermittierende Störimpulse, die nur schwer von anderen Fehlermechanismen (wie SETs durch Partikeleinschläge) zu unterscheiden sind.

Die Negative Biased Temperature Instability (NBTI) tritt nur bei p-MOS Transistoren auf [8.34]. Durch eine negative Gatespannung und erhöhte Temperatur lagern sich positive Ionen an der Si/SiO_2 Schnittstelle und im Oxid an. Hierdurch wird die Threshold Spannung erhöht und die Leitfähigkeit des Transistors verringert, was wiederum erhöhte Schaltzeiten zur Folge hat. Langfristig kommt es somit zu Timing-Fehlern in der Schaltung.

Der Hot Carrier Damage bezeichnet eine Ausdehnung der dotierten Regionen und somit eine Kanalverkürzung sowohl in n- als auch in p-MOS Transistoren [8.44]. Dies hat dieselben Folgen wie die NBTI.

Eine Schädigung der Oxidschicht, die beispielsweise zwischen Metallebene und Transistor, als Dielektrikum in Kondensatoren oder als Isolator zwischen Leitern verwendet wird, führt zu „weak spots", an denen es unerwünschter Weise zu einem Stromfluss kommen kann. Es wird zwischen drei Varianten der Oxidschädigung unterschieden. Electrical Overstress/Electrostatic Discharge (EOS/ESD) Schädigungen können während der gesamten Lebenszeit einer Schaltung durch hohe Spannungen auftreten. Early Life oder Time Dependent Dielectric Breakdown (TDDB) treten unter normalen Betriebsbedingungen auf Grund von Verunreinigungen während der Herstellung auf [8.122]. Die erste Variante bezieht sich auf Schädigungen, die innerhalb der ersten zwei Lebensjahre einer Schaltung zu fehlerhaftem Verhalten führen. Der TDDB bezeichnet die Ausfälle die während der Abnutzungsphase der Schaltung auftreten.

8.1.2.6 Fehlermodellierung

Unabhängig von der Ausfallursache bzw. des Ausfallmechanismus, ob Alterung, Entwurfsfehler, etc., muss das resultierende Fehlverhalten auf Logikebene modelliert werden, um Schaltungen Validieren und Testen zu können und so eine möglichst zuverlässige Funktion zu erreichen.

Es gibt eine Vielzahl von Fehlermodellen, die die unterschiedlichsten Ausfallarten modellieren. Die meisten wurden ursprünglich entwickelt, um Entwurfs- oder Fertigungsfehler zu modellieren. Dennoch sind sie so abstrakt gehalten, dass sie auch zur Modellierung von Single Event Fehlern und Alterungserscheinungen verwendet werden können.

Das populärste Fehlermodell ist das Haftfehlermodell, das Kurzschlüsse und unterbrochene Leiterbahnen modelliert, in dem es der fehlerhaften Leitung einen festen Wert (logisch 0 oder logisch 1) zuweist.

Weitere Fehlermodelle modellieren Brückenfehler in verschiedenen Varianten, Verzögerungen an Gattern und auf Leitungen, Entwurfsfehler, Race Conditions und viele mehr. Das bedingte Haftfehlermodell jedoch ist in der Lage die meisten Ausfallerscheinungen zu modellieren [8.24]. Das Ausfallverhalten wird durch Haftfehler modelliert, die nur unter bestimmten Bedingungen aktiviert sind. Ein Kurzschluss zur Masse oder zur Spannungsversorgung zum Beispiel ist ein Haftfehler mit der Aktivierungsbedingung **true**. Dies bedeutet, der Fehler ist unter jeder Eingabe und zu jedem Zeitpunkt in der Schaltung vorhanden. Eine Brücke zwischen zwei Leitungen A und B, wobei A die Aggressorleitung sei, ist ein Haftfehler auf B mit der Bedingung $\mathbf{A(t-1)=0\ \&\ A(t)=1}$. Dies bedeutet, die Schaltung agiert nur dann fehlerhaft, wenn auf Leitung A ein Flankenanstieg stattfindet. Abbildung 8.3 verdeutlicht die Modellierung verschiedener Ausfallerscheinungen mit Hilfe des bedingten Haftfehlermodells.

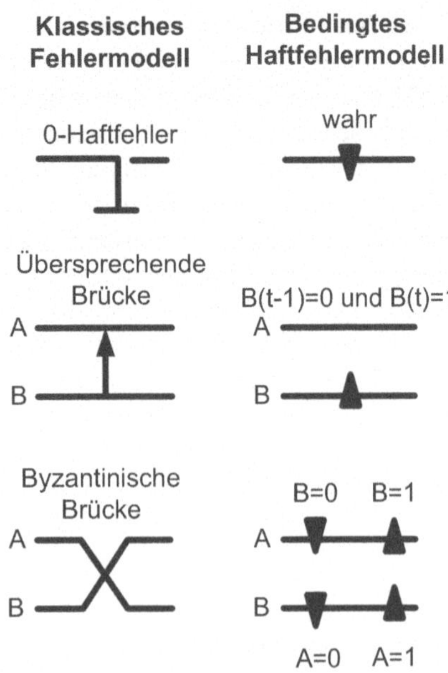

Abb. 8.3 Bedingte Haftfehler zur Modellierung von Haftfehlern und verschiedenen Brückenfehlern

8.1.3 Entwurfsmethodik

Der steigende Umfang der Informationsverarbeitung in mechatronischen Systemen (siehe Abb. 8.1 und [8.9]) und der damit verbundene Zuwachs an Komplexität der mikroelektronischen Hardware als auch der Software erfordern Entwicklungsmethoden, die einen schnellen und kostengünstigen Entwurf großer, informationsverarbeitender Systeme ermöglichen. Gleichzeitig muss jedoch auch eine hohe Qualität bezogen auf die Zuverlässigkeit gewährleistet sein. Zum einen soll die Entwurfsmethodik die Anzahl der Entwurfsfehler vermindern und zum anderen sollen Erfahrungen mit bereits eingesetzten Komponenten in Neuentwicklungen einfließen können. Im Folgenden sollen Entwicklungsmethoden abgehandelt werden und gleichzeitig ein Überblick über aktuelle Standardarchitekturen gegeben werden. In den folgenden Kapiteln werden dann in erster Linie Maßnahmen zur Entdeckung der übrigen Entwurfsfehler bzw. zur Vermeidung und Verringerung der übrigen Ausfallursachen behandelt.

Die modernen Entwicklungsmethoden lassen sich durch vier Grundmethoden charakterisieren, die einzeln oder gemeinsam in einem Systementwurf angewendet werden können:

1. Hierarchischer Entwurf,
2. Standardisierung,
3. Wiederverwendung,
4. Plattformbasierter Entwurf.

Zweck dieser Grundmethoden ist zum einen das Herunterbrechen der Komplexität eines Systems in für den Menschen überschaubare Teilsysteme. Zum anderen soll die Entwicklungszeit durch entsprechende Entwurfsunterstützung und Vermeidung von Neuentwicklungen verkürzt werden. Wichtigstes Ziel ist jedoch die Vermeidung und Verringerung von Entwurfsfehlern.

8.1.3.1 Hierarchischer Entwurf

Abbildung 8.4 stellt die typische Entwurfshierarchie von Hardware-/Softwaresystemen dar. Der hierarchische Entwurf zielt hauptsächlich auf die Verringerung der Komplexität des Gesamtsystems ab.

Auf jeder Hierarchiestufe gibt es zwei verschiedene Sichten, die funktionale oder Verhaltenssicht und die Struktursicht. Das Verhalten wird unabhängig von der späteren Implementierung betrachtet und beschrieben. Die funktionale Partitionierung der Verhaltensbeschreibung einzelner Komponenten überführt eine Komponente in kleinere, weniger komplexe Subkomponenten, die miteinander verbunden sind und kommunizieren. Dies entspricht der tatsächlich Struktur der angestrebten Implementierung. Die Partitionierung wird auf allen Ebenen durch entsprechende Entwurfswerkzeuge unterstützt und hat großen Einfluss auf die Zuverlässigkeit des resultierenden Gesamtsystems, da sie die Struktur und insbesondere die Kommunikationsstruktur festlegt.

Auf Systemebene wird das informationsverarbeitende System in seiner Gesamtfunktionalität beschrieben. Auf dieser Ebene wird noch nicht zwischen mikroelektronischer Hardware und Software unterschieden. Die Systemebene

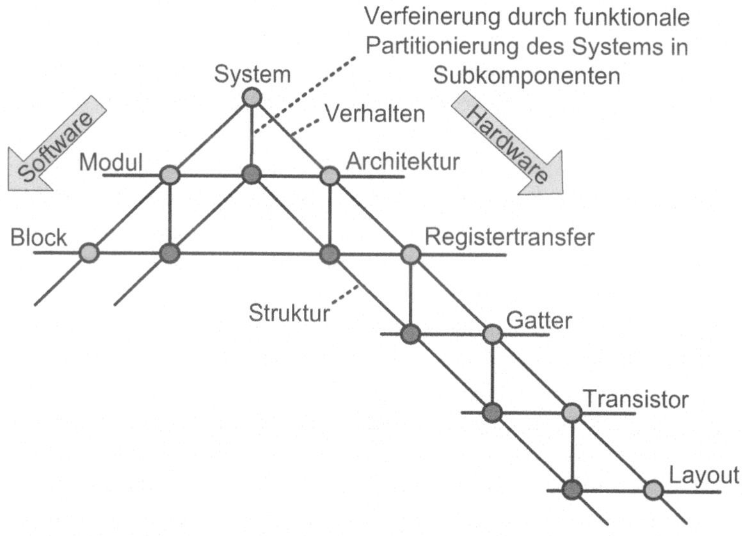

Abb. 8.4 Doppeldachmodell der Entwurfshierarchie nach [8.123]

kann je nach Ausführlichkeit als Spezifikation oder auch als Referenzimplementierung dienen. Die Partitionierung in mikroelektronische Hardware und Software ist nicht a priori klar. Die meisten Berechnungsaufgaben können sowohl in Software als auch in mikroelektronischer Hardware implementiert werden. Kriterien für eine Entscheidung, in welcher Domäne eine Berechnung implementiert werden soll, können Echtzeitanforderungen, Platzbedarf bzw. Platzbeschränkungen, aber auch die Zuverlässigkeit eines Systems sein. Mitte der 90er Jahre entstand der Begriff des Hardware/Software Codesigns, der eine Entwurfsmethodik beschreibt, die eben diesen Trade-off zu analysieren versucht, um frühzeitig im Entwurfsfluss fundierte Entscheidungen treffen zu können.

Die zweite Hierarchiestufe – die Architekturebene – umfasst nur noch Komponenten der Mikroelektronik. Der Verfeinerungsschritt (Partitionierung), der von der Systemebene zur Architekturebene führt, umfasst demnach auch die Hardware – Software Partitionierung, also die Zuordnung der zu realisierenden Funktionalität zur Mirkoelektronik oder Softwaredomäne.

Die Architekturebene besteht aus komplexen Komponenten, deren Verhalten und Kommunikation noch nicht akkurat bezüglich Berechnungszyklen oder der endgültigen Pinzuordnung beschrieben ist. Das Verhalten der einzelnen Komponenten ist durch komplexe Algorithmen definiert.

Die einzelnen Komponenten der Architekturebene werden weiter partitioniert und verfeinert und auf der Register Transfer Ebene durch Bauelemente wie Multiplexer, Addierer, Multiplizierer und Register implementiert.

Die konkrete Ausgestaltung der folgenden Ebenen – Gatterebene, Transistorebene und Layoutebene – hängt von der gewählten Zieltechnologie ab.

Frühe Entwurfsphasen

In der Mikroelektronik ist der Begriff der frühen Entwurfsphasen nicht feststehend. Der gesamte Entwurfsprozess endet nicht, wie das obige Doppeldachmodell vermuten lässt, auf der Layoutebene. Nach Erstellung des Layouts und der Produktion der ersten Masken, beginnt der kosten- und zeitintensive Arbeitsschritt der sogenannten Prozessoptimierung. In diesem Schritt wird der Produktionsablauf für ein bestimmtes Produkt für eine hohe Ausbeute optimiert. Dafür sind häufig Rückschritte im Entwurfsablauf notwendig. Es kommt beispielsweise vor, dass neue Masken und somit ein neues Layout gefertigt werden muss, um häufig auftretende Produktionsfehler zu vermeiden.

Dieses Buch befasst sich ausschließlich mit frühen Entwurfsphasen. Der oben beschriebene, hierarchische Entwurfsfluss ist von der Gatterebene abwärts durch entsprechende Werkzeuge gut automatisiert. Aus diesem Grund befassen sich die Methoden, die in der Forschergruppe erarbeitet wurden und hier vorgestellt werden nur mit den Abstraktionsebenen System-, Architektur- und Gatterebene.

An wenigen Stellen in diesem Buch wird dennoch kurz auf Methoden eingegangen, die auf niedrigeren Ebenen (z. B. der Transistorebene) angewandt werden, da diese Methoden durch entsprechende Abstraktion von Werkzeugen auf der Gatterebene oder darüber berücksichtigt werden können.

8.1.3.2 Validierung und Verifikation

Auf jeder der oben vorgestellten Entwurfsebenen müssen nach der Implementierung und vor der Partitionierung auf die nächste Ebene die Korrektheit und Spezifikationstreue des Entwurfs weitgehend sichergestellt werden. Es gibt grundsätzlich zwei Methoden, dies zu bewerkstelligen: Validierung und formale Verifikation. Beide Methoden werden durch entsprechende Werkzeuge unterstützt.

Formale Verifikation

Formale Verifikation bedeutet, einen Korrektheitsbeweis der Funktionalität einer Komponente oder des gesamten Systems im mathematischen Sinne zu führen. Hierfür werden formale Methoden wie Model-Checking angewendet und Werkzeuge, die diese Methoden implementieren.

Der Aufwand für eine formale Verifikation ist sehr hoch und aus diesem Grund ist formale Verifikation nur für sehr überschaubare Teilsysteme praktikabel. Hinzu kommt, dass eine formale Korrektheit der gewählten Implementierung hin und wieder je nach Anwendung gar nicht erforderlich ist, da der Verbraucher des Endproduktes gewisse Fehler oder Spezifikationsabweichungen nicht bemerkt. Aus diesen Gründen wird in der Praxis die Validierung, die durch Simulation des Systems oder einzelner Komponenten erreicht wird, meistens vorgezogen.

Validierung

Zur Validierung wird nur ein Teil des Eingaberaumes einer Komponente auf seine korrekte Ausgabe hin überprüft. Es wird ein Systemmodell benötigt, das meistens durch die Beschreibung des Systems in einer Programmiersprache oder einer anderweitigen Modellierungsumgebung gegeben ist. Eine bestimmte Anzahl an möglichen Systemeingaben wird an das Systemmodell angelegt und die Ausgaben durch bestimmte Simulationsvorschriften von einem Simulationswerkzeug ermittelt und mit den erwarteten Ausgaben abgeglichen. Simulationswerkzeuge sind für alle Ebenen und nahezu alle gängigen Beschreibungsstile vorhanden.

Ungenauigkeit (im Sinne der Verlässlichkeit der angestrebten Korrektheitsprüfung) kommt in die Validierung zum einen durch die Auswertung von Teilmengen der möglichen Systemausgaben, zum anderen aber auch durch die Simulationsmethode selbst. In der Simulation wird das Verhalten des Systems nur nachgebildet, jedoch nicht exakt nachverfolgt. Aus diesem Grund sind das Einhalten von Entwurfsvorschriften und die Kenntnis der Regeln, nach denen die Werkzeuge simulieren, sehr wichtig, da andernfalls die Simulation von der später implementierten, mikroelektronischen Hardware abweichen kann.

Auf niedrigen Entwurfsebenen (Register-Transfer Ebene oder Gatterebene) kommt als Validierungsmöglichkeit noch die Emulation hinzu. Das Grundprinzip ist dasselbe wie das der Simulation. Jedoch wird das Modell der späteren mikroelektronischen Hardware hier nicht von Software durch bestimmte Regeln simuliert sondern auf ein generisches, mikroelektronisches System (z. B. einen FPGA) abgebildet, das dann die Auswertung der Systemeingaben übernimmt. Fehler, die im Simulationswerkzeug durch die Simulationsregeln verborgen geblieben sind, können so zum Teil aufgedeckt werden.

8.1.3.3 Standards

Die Standardisierung und Normierung von Schnittstellen, Entwurfsmethoden, Testmechanismen, Entwurfssprachen und Verbindungsstrukturen ist eine wichtige Grundvoraussetzung für die Wiederverwendung und den Plattform-basierten und zuverlässigen Entwurf. Im Laufe der letzten Jahrzehnte hat sich eine Vielzahl von Standards etabliert, die allerdings genau wie die mikroelektronische Hardware selbst der Schnelllebigkeit dieser Domäne unterworfen sind. Im Folgenden sollen daher lediglich die wichtigsten, aktuellen Standards aufgezählt und kurz beschrieben werden.

Schnittstellen

Schnittstellen von Komponenten wurden bis vor Kurzem durch VSIA (Virtual Socket Interface Alliance) standardisiert. Ziel dieser Gruppe war das Festlegen von Namenskonventionen und die Vorgabe von Taktschemata und Testzugängen. Basis war das ISO-OSI (OSI: Open System Interconnect) Schichtenmodell. Letztlich werden Schittstellen jedoch in erster Linie durch die Kommunikationsstrukur zwischen verschiedenen Komponenten definiert. So gibt es für jede Kommunikationsstruktur (Busse, Network-on-Chips, etc.) eine entsprechende Schnittstelle zur Komponente.

Entwurfssprachen

Ebenso wie die meisten Programmiersprachen zur Softwareentwicklung sind auch Hardwarebeschreibungssprachen zur Entwicklung digitaler, mikroelektronischer Hardware standardisiert worden. Im akademischen Umfeld hat sich im letzten Jahrzehnt eine Sprache entwickelt und durchgesetzt, die insbesondere auf den Aspekt des sogenannten Hardware – Software Codesigns auf Systemebene abzielt, aber auch für tiefere Hierarchieebenen verwendet werden kann. SystemC ist eine Klassenbibliothek, die einen Simulationskernel beinhaltet und auf C++ aufsetzt.

Es existieren bereits eine Vielzahl kommerzieller Entwicklungstools und Compiler, die SystemC in Hardwarebeschreibungssprachen für tiefere Entwurfsebenen überführen oder auch in hardware-nähere Formate. Im Jahr 2005 wurde SystemC durch den Standard IEEE (Institute of Electrical and Electronics Engineers) 1666 [8.54] normiert.

Vorwiegend auf Gatter- und Register-Transfer Ebene wird VHDL (Very-High-Speed Integrated Circuit Hardware Discription Language) eingesetzt, das von der IEEE unter dem Standard 1076 [8.50] normiert wurde. VHDL entstand ursprünglich als Dokumentationssprache, hat sich jedoch zu einer Hardwarebeschriebungssprache entwickelt, für die eine Vielzahl kommerzieller und freier Simulatoren zur Verfügung steht. Inzwischen gibt es Erweiterungen der Sprache, die auch die Entwicklung und Simulation analoger Hardware erlauben. Drei unterschiedliche Beschreibungsstile werden in VHDL unterschieden: Strukturbeschreibung, Datenflussbeschreibung und Verhaltensbeschreibung. Diese drei Stile ermöglichen eine Systembeschreibung mit VHDL auf allen oben behandelten Hierarchiestufen im Entwurfsfluss.

Eine weitere Sprache, die ebenfalls für tiefe Entwurfsebenen entwickelt wurde, ist Verilog. Verilog wurde von der IEEE im Standard 1364 [8.53] normiert.

Alle drei Entwurfssprachen bieten Erweiterungen an, um nicht nur digitale sondern auch analoge Komponenten zu beschreiben und so das komplette System in einer Beschreibungssprache darstellen zu können.

Test

Zum Testen und Debuggen von einzelnen Komponenten und ganzen Systemen – auf PCBs (Printed Circuit Boards) oder integriert auf einem Chip (SoC – System on a Chip) – wurden ebenfalls Standards entwickelt. Der Test mikroelektronischer Systeme spielt im Zusammenhang mit der Zuverlässigkeit immer wieder eine übergeordnete Rolle.

Mehr oder weniger jedes Entwurfswerkzeug, jeder Halbleiterhersteller und jeder Tester (auch ATE – Automatic Test Equipement – genannt) hat ein eigenes Format zur Darstellung von Testvektoren (bestehend aus Eingabewerten und erwarteten Testantworten) für gefertigte, mikroelektronische Systeme. Um den Portierungsaufwand zwischen Werkzeug, Hersteller und Tester zu verringern wurde die Standard Test Interface Language (STIL) entwickelt und unter IEEE 1450 [8.48, 8.52, 8.51] normiert.

Der Standard IEEE 1149 [8.49] (auch unter dem Namen JTAG bekannt) zielt auf den sogenannten Boardlevel Test ab. Er isoliert durch spezielle „boundary scan“ Zellen die chip-interne Logik von ihrer Umgebung und ermöglicht so eine einfachere Steuerbarkeit und Beobachtbarkeit der Ein- und Ausgänge eines Chips oder einer Komponente eines SoCs. Außerdem ermöglicht er den Test der Verbindungen zwischen zwei Chips oder Komponenten. Der Standard umfasst den Test-Access-Port, einen Testbus, das Testprotokoll und die für den Test benötigte Steuerungslogik.

Derzeit wird eine Erweiterung des Standards vorgeschlagen, die den Test-Acess-Port für eine Reihe anderer Anwendungen nutzt und unter dem Namen IEEE P1687 vorgeschlagen wird. Der Zugriff auf die Infrastruktur innerhalb der Schaltung für beispielsweise eingebauten Selbsttest, I/O Kalibrierung und Debug Infrastruktur soll standardisiert werden.

Die Norm IEEE 1500 [8.55] standardisiert den eingebetteten Komponenten Test und besteht aus der Core Test Language (CTL), die eine Erweiterung des IEEE 1450 ist, zusammen mit einem Testwrapper. Dies erleichtert vornehmlich den Wissensaustausch über den Test und das Testverhalten bestimmter Komponenten und schützt die IP (Intellectual Property) der Entwickler solcher Komponenten.

8.1.3.4 Wiederverwendung

Steigende Funktions- und Qualitätsanforderungen zusammen mit einem hohen Zeitdruck bis zur Markteinführung sind die treibenden Kräfte der Wiederverwendung von Hardwarekomponenten.

Die Kosten als auch der Zeitaufwand für Entwicklung zuverlässiger Hardware werden heute dominiert von Validierung, Verifikation und Debug. Die Verwendung von bestehenden, schon validierten und verifizierten Komponenten reduziert diese Kosten auf die Validierung und Prüfung der Systemintegration, d. h. der korrekten Interaktion der Komponenten.

Hardwarekomponenten, die sich zur Wiederverwendung eignen, werden Cores, Virtual Components oder IP-Blöcke genannt.

Vorgefertigte IP-Blöcke bzw. Cores sind nicht nur innerhalb eines entwickelnden Unternehmens in Datenbanken verfügbar. Es gibt sowohl kommerzielle als auch öffentliche Core Anbieter und zusätzlich liefern CAD- (Computer Aided Design) Hersteller mit ihren Entwurfswerkzeugen oder Prototypen Boards Cores mit.

Anhand des Auslieferungszustandes kann man drei Typen von Cores unterscheiden: Hard-, Soft- und Firmcores.

Softcores werden als „white boxes“ ausgeliefert. Das heißt, der Nutzer erhält den gesamten Quellcode des Cores auf Register-Transfer-Ebene und kann diesen modifizieren und ergänzen. Dies hat offensichtliche Vorteile im Entwurfsprozess. Beispielsweise ist die Fertigungstechnologie noch wählbar. Jedoch birgt es Nachteile im Synthese- und Fertigungsprozess. Der Core muss noch komplett validiert oder verifiziert werden und die Syntheseergebnisse bezüglich Platzbedarf, Zeitbedarf und Zuverlässigkeit sind nicht vorhersagbar. Somit ist die Integration ins Gesamtsystem relativ aufwändig und langwierig und Ausfälle durch vom Entwickler eingebaute Entwurfsfehler sind möglich.

Hardcores hingegen sind „black boxes“, die für einen bestimmten Fertigungsprozess vorgesehen sind. Sie werden mit einem Simulationsmodell ausgeliefert, das es erlaubt, den Core im Gesamtsystem zu simulieren und zu validieren. Dieser Typ Core hat zum einen den Vorteil, dass die IP des Herstellers geschützt wird und zum anderen, dass die Integration ins System sehr leicht ist. Der Core selber wird auf Layout-Ebene ausgeliefert und somit ist seine Größe, das Timing und auch die Zuverlässigkeit vorhersagbar bzw. vom Hersteller quantifiziert. Entwurfsfehler sind bei Hardcores deutlich seltener, wenn auch nicht ausgeschlossen. Hier können im Bezug auf die Entwurfsfehler ähnliche Beobachtungen gemacht werden wie auch in der Software Domäne: Je häufiger eine Komponente verwendet wird, desto unwahrscheinlicher wird ein Ausfall durch Entwurfsfehler, da diese schrittweise eliminiert werden.

Firmcores sind eine Mischung aus Soft- und Hardcores. Der Nutzer kann hier die Schnittstelle nach außen parametrisieren oder unerwünschte Funktionalität entfernen. Jedoch kann er keine beliebigen Eingriffe in die Funktionalität des Cores tätigen. Die Vorhersagbarkeit dieser Cores variiert sehr stark. Die nachstehende Tabelle 8.1 fasst die Eigenschaften auch bezüglich der Zuverlässigkeit von Soft- und Hardcores noch einmal zusammen.

Tabelle 8.1 Vergleich von Soft- und Hardcores

	Soft Cores	Hard Cores
Ausgeliefertes Modell	Synthetisierbare Verhaltensbeschreibung, vom Entwickler modifizierbar und optimierbar (z. B. bezügl. Zuverlässigkeit)	Layout, Datenblatt, Simulationsmodell (Zuverlässigkeit nicht mehr beeinflussbar)
Portabilität bez. Fertigungsprozess	Unabhängig vom Fertigungsprozess	Nicht portabel
Entwicklungszeit	Lang	Kurz
Timing/Platzbedarf und Zuverlässigkeit	Vom Nutzer selbst zu validieren und zu optimieren	Charakteristiken werden mitgeliefert, Angaben müssen vertrauenswürdig sein

8.1.3.5 Plattformen

Der Begriff Plattform umfasst sowohl Prototypen-Boards und generische Systeme als auch Cores, Entwurfsmethoden, Standards und die dazugehörigen Entwicklungswerkzeuge. Im Plattform-basierten Entwurf wird die Zielarchitektur des Systems durch eine ausgewählte Plattform zu einem großen Teil schon festgelegt. Eine Plattform kann beispielsweise die Kommunikationsstruktur, aber auch wichtige Systembestandteile, wie Prozessorkerne, Speicher und periphere Komponenten definieren. Weiterhin kann eine Plattform eine Laufzeitumgebung für Software, beispielsweise ein Echtzeitbetriebssystem samt nötigen Treibern umfassen.

Plattformen werden in vier verschiedene Abstraktionsebenen kategorisiert. Mit sinkender Abstraktionsebene steigt die Anzahl der Anwendungen, die auf eine Plattform abgebildet werden können.

Eine Level 0 Plattform (geringstes Abstraktionsniveau) umfasst lediglich Entwurfsmethoden für das Schreiben und Integrieren von IP-Blöcken und eine gewisse Infrastruktur für den Zugriff auf IP-Blöcke.

Eine Level 1 Plattform besteht aus einem Satz an programmierbaren IP-Cores, die in einem weiten Anwendungsfeld eingesetzt werden können. Hinzu kommt eine Laufzeitumgebung für die Prozessoren der Plattform und eine vorgeschriebene Verbindungsstruktur (z. B. ein bestimmter Bustyp), auch zur Peripherie des Systems.

Eine Level 2 Plattform umfasst eine fertig spezifizierte Architektur, die durch einzelne IP-Blöcke aus einer großen Bibliothek ergänzt werden kann. Hierfür werden wiederum Entwurfsmethoden zur Verfügung gestellt. Außerdem beinhaltet dieser Typ Plattform auch eine Umgebung zur Softwareentwicklung und zur Validierung und Verifizierung des Gesamtsystems.

Eine Level 3 Plattform schließlich ist ein komplett spezifiziertes System, in dem lediglich die Software und programmierbare Komponenten wie FPGAs noch zu konfigurieren sind.

Abbildung 8.5 zeigt ein Beispiel einer Plattform des Levels 2. Weitergehende Literatur zum plattformbasierten Entwurf findet sich zum Beispiel in [8.22].

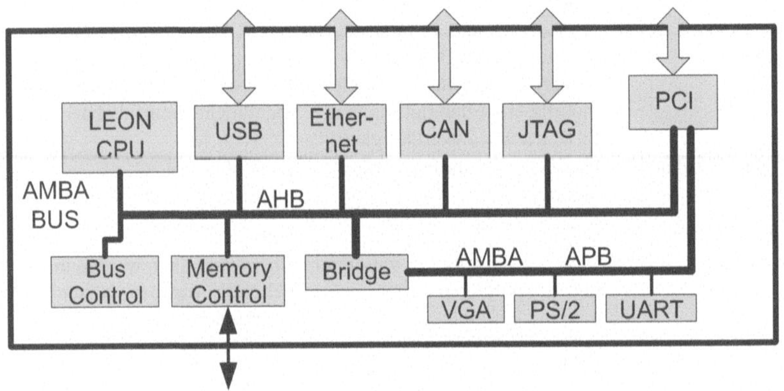

Abb. 8.5 Level 2 Plattform für einen LEON Prozessor mit AMBA Bus

8.1.4 Standardarchitekturen

Die Aufgabe der Informationsverarbeitung innerhalb des mechatronischen Systems ist in erster Linie die Steuerung und Regelung des Systems. Hinzu kommen insbesondere für die Software des informationsverarbeitenden Systems auch Aufgaben der Visualisierung (Mensch-Maschine-Interaktion) und der Datenaufzeichnung.

8.1.4.1 SPS und SoC

In vielen mechatronischen Systemen werden diese Aufgaben von Speicherprogrammierbaren Steuerungen (SPS) übernommen. Klassischerweise sind SPS ähnlich zu Microcontrollern und bestehen aus einer relativ kleinen und einfachen CPU, Speicher, Sensoren, Aktoren, AD-/DA-Wandlern und unter Umständen noch zusätzlichen Peripherieeinheiten mitsamt einem Betriebssystem und einer entsprechenden Programmierumgebung.

Sowohl in ihrem logischen Aufbau als auch in ihrer Mächtigkeit sind SPS und Microcontroller einem moderneren System-on-a-Chip (SoC) gleichzusetzen. Abbildung 8.6 zeigt ein typisches SoC.

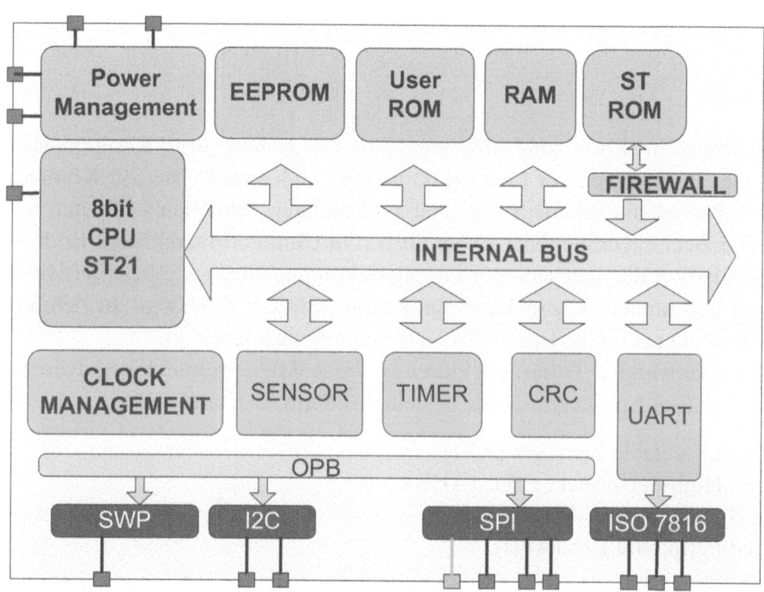

Abb. 8.6 Beispiel SoC mit 8-Bit Prozessor, Processor-Local Bus und On-Chip Peripheral Bus

Dieses integriert alle oben aufgezählten Komponenten in beliebiger Komplexität auf einem einzigen Chip. Dadurch wird die zuverlässigkeitskritische Integration der einzelnen Komponenten auf einem oder mehreren PCBs vermieden, die laut [8.8] am häufigsten zu Ausfällen führen.

Die Standardarchitektur eines SoCs umfasst mindestens einen Prozessorkern, einen Bus, ein Speichermodul und eine I/O-Einheit. Eine breite Auswahl an Prozessor Kernen aller Hersteller kommt in SoCs zum Einsatz. Sie werden für den Entwickler zum Teil als einzelne Cores oder auch als Plattform (inklusive Busarchitektur etc.) angeboten.

8.1.4.2 Speicher

Speicher nehmen den größten Teil der Fläche eines SoCs ein und sind somit auch ein sehr zuverlässigkeitskritisches Bauelement. Die Zuverlässigkeit von Speichern und die Steigerung ihrer Zuverlässigkeit ist aus diesem Grund ein bereits sehr gut untersuchtes Gebiet [8.21, 8.117].

8.1.4.3 Kommunikationsstrukturen

Nachfolgend werden die Kommunikationsstrukturen beschrieben, die in modernen Ein-Chip Systemen (SoCs) eingesetzt werden.

Busse

Busarchitekturen für SoCs sind meistens aus mindestens drei Komponenten aufgebaut. Der PCB (Processor Local Bus) ist ein „high speed" Bus zur Kommunikation des Prozessors mit dem Speicher und anderen schnellen Einheiten auf dem SoC. Die zweite Komponente ist der OPB (On-Chip Peripheral Bus). Er dient der Kommunikation der langsameren Peripheriekomponenten, wie beispielsweise IO-Einheiten untereinander. Zur Kommunikation mit dem PLB wird zu dem als dritte Komponente noch eine Bridge als Verbindungsstück benötigt.

Eine häufig verwendete Busarchitekturen ist die AMBA Architektur (Advanced Microcontroller Bus Architecture). Sie besteht aus den vier Komponenten

- Advanced eXtensible Interface (AXI),
- Advanced High-performance Bus (AHB),
- Advanced System Bus (ASB) und
- Advanced Peripheral Bus (APB).

und wird unter anderem zusammen mit ARM Prozessoren eingesetzt, für die sie ursprünglich entwickelt wurde. AXI definiert das Businterface, AHB und ASB fungieren als Processor Local Busse und der APB als On-Chip Peripheral Bus.

CoreConnect ist eine Busarchitektur, die von IBM entwickelt und zur Verfügung gestellt wird. Sie wird unter anderem für Prozessoren der Power Serie von IBM eingesetzt. Auch diese Architektur umfasst OPB, PLB und eine Bridge zusammen mit einem Device Control Register.

Neben diesen Busarchitekturen, die durch ihre drei Komponenten speziell auf SoCs ausgerichtet sind, gibt es auch Architekturen, die lediglich ein Interface spezifizieren. Zu diesen zählt Avalon von Altera und das Open-Core Projekt Wishbone.

Networks-on-Chip

Neben den klassischen Busarchitekturen werden zunehmend auch Netzwerke, sogenannte Network-on-Chips (NoCs), auf einem Chip integriert. Hier wird an jede Komponente ein Switch angeschlossen, der zu benachbarten Komponenten verbinden kann. Die Daten werden vom Sender zu Paketen gepackt und von den

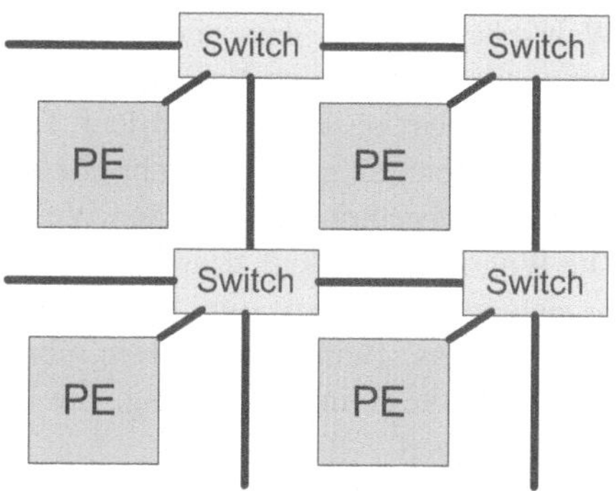

Abb. 8.7 Homogenes NoC

Switches durch das Netzwerk zum Empfänger geschickt. NoCs können eine homogene Struktur haben, aber auch aus unterschiedlichen Komponenten aufgebaut sein und eine unregelmäßige Verbindungsstruktur aufweisen. Abbildung 8.7 zeigt eine homogene NoC Architektur.

8.1.5 Zuverlässigkeitsbegriff

Im Englischen gibt es für das Wort „Fehler" eine Reihe von Übersetzungen, die im Zusammenhang mit Ausfällen mikroelektronischer Hardware und ihrer Zuverlässigkeit sehr unterschiedliche Bedeutungen haben. Im Deutschen ist die Unterscheidung schwieriger und deshalb bezeichnen wir im Folgenden als **Fehler** einen fehlerhaften (Stör-) Impuls auf einer Leitung innerhalb einer mikroelektronischen Schaltung. Eine Schaltung ist dann in einem **fehlerhaften Zustand**, wenn ein fehlerhafter Wert in einem Speicherelement auftritt. Ein **Systemausfall** liegt dann vor, wenn ein fehlerhafter Wert ausgegeben wird. Ein solcher Systemausfall kann dann noch in verschiedene Kritikalitätsstufen unterteilt werden. So gibt es Systemausfälle in der Mikroelektronik, die von der Software oder der Mechanik nicht verarbeitet oder erkannt werden und somit nicht kritisch sind.

Tritt ein Fehler in einer Schaltung auf, muss er nicht notwendiger Weise zu einem fehlerhaften Zustand oder einem Systemausfall führen. Es ist möglich, dass ein Fehler nicht propagiert beziehungsweise maskiert wird (vgl. SET, SEU und SEFI).

Die Zuverlässigkeit eines mikroelektronischen Systems ist als die Wahrscheinlichkeit des ausfallfreien Betriebs während eines Zeitintervalls t definiert [8.70, 8.7] (vgl. Kap. 2). Im Weiteren kann noch der Grad des Ausfalls, z. B. geringfügige und tolerierbare Abweichungen vom korrekten Resultat oder kritische Ausfälle, unterschieden werden.

Die Ausfallwahrscheinlichkeit (also das Gegenstück der Zuverlässigkeit) setzt sich laut obigen Betrachtungen aus der Wahrscheinlichkeit für das Auftreten eines Fehlers und der Wahrscheinlichkeit, dass der Fehler zum Ausgang der Schaltung propagiert wird, zusammen. Hier lässt sich ein direkter Bezug zwischen Zuverlässigkeit und der intrinsischen Testbarkeit einer Schaltung herstellen. Die

Wahrscheinlichkeit, dass ein Fehler auftritt, ist letztlich die Wahrscheinlichkeit, dass seine Aktivierungsbedingung (vgl. bedingtes Haftfehlermodell) auftritt und korrespondiert somit zur aus dem Test bekannten Steuerbarkeit eines Signals. Die Steuerbarkeit gibt die Wahrscheinlichkeit dafür an, dass eine zufällige Eingabe einen bestimmten logischen Wert auf der entsprechenden Leitung erzwingt. Die Wahrscheinlichkeit, dass ein aufgetretener Fehler zum Ausgang der Schaltung propagiert und somit zum Systemausfall wird, entspricht der Beobachtbarkeit eines Fehlers. Beides gemeinsam, über alle möglichen Fehler betrachtet, ergibt die Testbarkeit einer Schaltung, die somit zur Zuverlässigkeit einer Schaltung korrespondiert.

Um die Zuverlässigkeit eines Systems gegenüber Alterungserscheinungen zu beschreiben, eignet sich am Besten die in Kap. 2 eingeführte Überlebenswahrscheinlichkeit. Sie gibt die Wahrscheinlichkeit dafür an, dass ein System eine bestimmte Zeitspanne ohne Ausfall überdauert. Dieses Maß wird vor Allem auch in der Mechanik verwendet.

Aufgrund der schrumpfenden Strukturgrößen in heutigen mikroelektronischen Systemen gewinnen Single Event Ausfälle an Bedeutung. Da sich ein System von diesen selbständig wieder erholen kann, ist die Überlebenswahrscheinlichkeit hier kein geeignetes Zuverlässigkeitsmaß.

Auch werden redundante und rekonfigurierbare Systeme immer häufiger eingesetzt, so dass Reparaturen im Betrieb der mikroelektronischen Hardware durchgeführt werden können. Hinuzu kommt, dass Alterungserscheinungen sich häufig durch intermittierende Fehler äußern, deren Ursache im Betrieb nicht von der eines SEFIs unterschieden werden kann und ebenfalls nicht zum kompletten Systemversagen führt.

Aus diesen Gründen wird in der Mikroelektronik häufig die Mean Time Between Failure (MTBF) (vgl. Kap. 2) zur Charakterisierung der Zuverlässigkeit herangezogen. Abbildung 8.8 verdeutlicht die MTBF. Auch die Mean Time To Failure oder die Mean Time to First Failure können je nach dem, ob sich das System vom

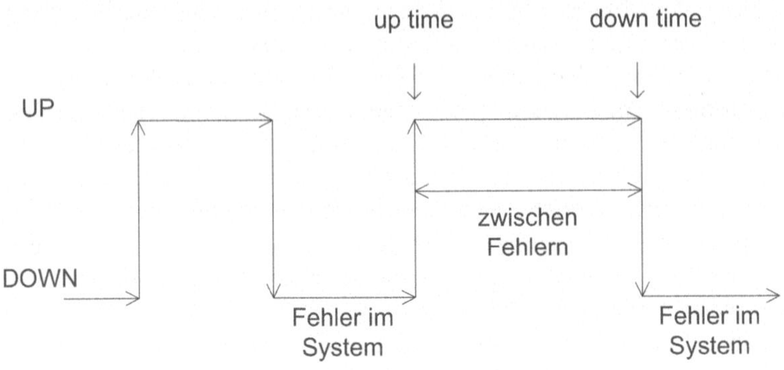

Abb. 8.8 Verdeutlichung des Maßes MTBF

Ausfall erholen kann (mit oder ohne externem Eingriff), als Zuverlässigkeitsmaß verwendet werden. Diese Maße finden vor Allem in der Softwaredomäne Einsatz.

Neben der Zuverlässigkeit selber findet man noch weitere quantitative und qualitative Maße, die mit der Zuverlässigkeit in Verbindung stehen. Die Verfügbarkeit ist definiert über einem gewissen Zeitintervall. Sie gibt das Verhältnis zwischen der Gesamtzeit, in der das System benutzt werden kann (keine Reparatur, kein Systemausfall, etc.), und der Länge des Zeitintervalls an.

Ein weiteres Maß ist die Wartbarkeit eines Systems.

Als Oberbegriff für Zuverlässigkeit, Wartbarkeit, Verfügbarkeit, Security und Safety findet man in der Literatur oft die Verlässlichkeit des Systems.

8.2 Quantifizierung der Zuverlässigkeit von mikroelektronischen Systemen

Die Quantifizierung der Zuverlässigkeit mikroelektronischer Schaltungen kann empirisch und analytisch auf unterschiedlichen Abstraktionsebenen durchgeführt werden. Im ersten Teil dieses Unterkapitels wird auf die empirische Zuverlässigkeitsbewertung eingegangen. Es folgt die Diskussion der unterschiedlichen Entwurfsebenen und der entsprechend verwendeten Methoden zur quantitativen Bewertung der Zuverlässigkeit. Schließlich wird ein Bewertungsverfahren für die Zuverlässigkeit von FPGA-Entwürfen, die häufig in Prototypen und Kleinserien verwendet werden, vorgestellt.

8.2.1 Empirische Zuverlässigkeitsbewertung

Eine empirische Zuverlässigkeitsanalyse durch Simulation des Verhaltens eines Entwurfs unter einer Fehlerannahme erlaubt neben der Analyse des Systemverhaltens im Fehlerfall und der quantitativen Bewertung der Zuverlässigkeit auch die Validierung von analytischen Modellen. Dabei kann die empirische Bewertung in frühen Entwurfsphasen basierend auf simulierbaren Modellen, anhand von Prototypen oder auch mit dem gefertigten Chip durchgeführt werden.

Zur Bewertung werden in mehreren Experimenten Fehler in die Schaltung eingebracht. Abhängig vom zu analysierenden System und dem betrachteten Fehlermodell können verschiedene Verfahren zur Fehlerinjektion verwendet werden. Zur Untersuchung von Simulationsmodellen werden software-basierte oder hardwarebeschleunigte Injektionsverfahren verwendet. Bei der Analyse von Prototypen und gefertigten Chips können Fehler durch ausgeführte Software oder hardwarebasiert injiziert werden.

Unabhängig von der konkret verwendeten Methode zur Fehlerinjektion ist zur Durchführung der Experimente und zur Bewertung des Systems i. A. eine komplexe

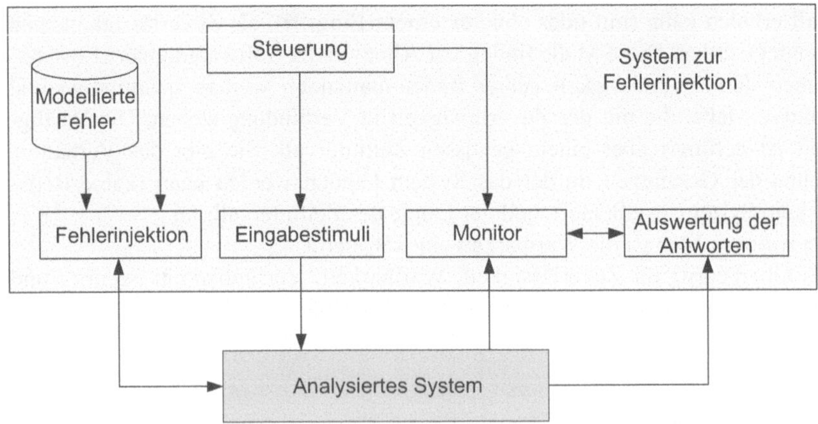

Abb. 8.9 Struktur und Komponenten eines Systems zur Fehlerinjektion (nach [8.45])

Evaluationsumgebung nötig. Abbildung 8.9 stellt die Struktur und die Komponenten eines solchen Systems dar. Eine zentrale Steuerung koordiniert die Fehlerinjektion in das zu untersuchende System, die Generierung und Anwendung von Eingabestimuli und die Protokollierung und Auswertung der Systemantworten.

8.2.1.1 Fehlerinjektion in Simulationsmodellen

In frühen Entwurfsphasen ist noch kein Prototypensystem vorhanden. Es existieren lediglich Systemmodelle auf verschiedenen Abstraktionsebenen. Sind diese Modelle ausführbar oder simulierbar, so lassen sich im System Fehler einbauen und ihre Auswirkung auf das Verhalten simulieren. Hierbei können allerdings nur die in der jeweiligen Abstraktion modellierbaren Fehler untersucht werden.

Eine Möglichkeit der Fehlerinjektion ist die direkte Modifikation des Simulationsmodells. Alternativ kann auch der Simulator entsprechend instrumentiert werden, so dass Fehlerauswirkungen während der Simulation des Modells eingebracht werden.

Die software-basierte Simulation komplexer Systeme ist mit erheblichem Zeitaufwand verbunden. Die Simulationsgeschwindigkeit reicht von hundert bis zu wenigen tausend Taktzyklen pro Sekunde. Die im Folgenden dargestellte Methode zur Beschleunigung der Fehlerinjektion und -simulation basiert auf der Emulation von Hardware und erlaubt, bis zu mehreren Millionen Taktzyklen pro Sekunde zu evaluieren.

Hardware-beschleunigte Fehlerinjektion mittels Hardwareemulation

Zur Beschleunigung der Experimente kann eine hardware-beschleunigte Simulation oder Emulation des Systems verwendet werden. Hierzu werden spezielle

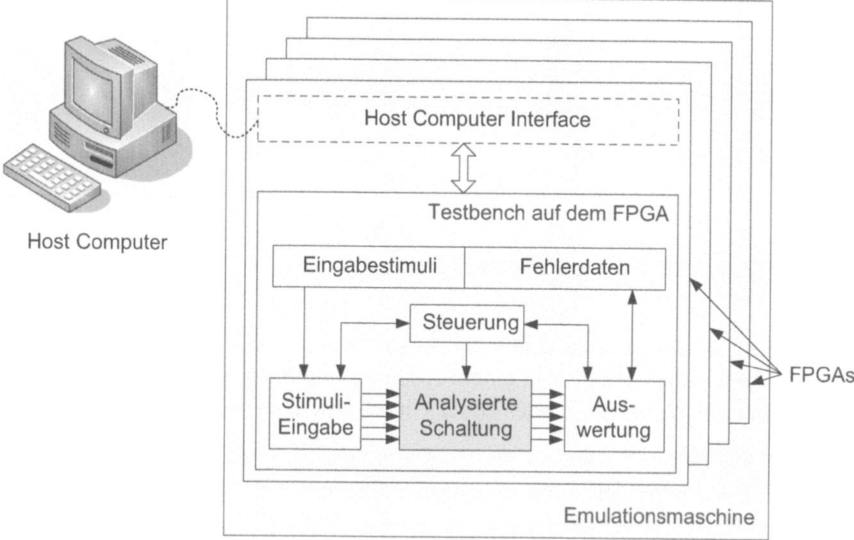

Abb. 8.10 Aufbau des hardware-beschleunigten Systems zur Fehlersimulation

Hardware-Beschleuniger benutzt, die typischerweise auf rekonfigurierbarer Logik basieren. Durch den sehr hohen Grad an Parallelität des Beschleunigers ist eine schnelle Simulation bzw. Emulation des untersuchten Systems möglich. Die erzielbare Beschleunigung reicht bis zu mehreren Größenordnungen. Allerdings verlangt die Abbildung des Modells auf den Beschleuniger zusätzlichen Entwicklungsaufwand.

Abbildung 8.10 zeigt den schematischen Aufbau eines hardware-beschleunigten Systems zur Fehlerinjektion und -simulation, das auf einer Emulationsmaschine basiert [8.80]. Die Emulationsmaschine bestehen aus mehreren, miteinander verbundenen FPGAs. Ein solches System erlaubt die frühe und schnelle Realisierung großer Schaltungen als Prototyp oder zur Fehlersimulation und empirischen Zuverlässigkeitsbewertung.

Die Emulationsmaschine ist über eine Hochgeschwindigkeitsschnittstelle mit einem Host-Computer verbunden, der die Ansteuerung des Systems übernimmt. Auf den FPGAs werden dann die Infrastruktur zur Injektion der Fehler, Anlegen von Teststimuli und Auswerten der Antworten als auch die entsprechend instrumentierte Schaltung implementiert.

Die nächsten drei Abschnitte gehen kurz auf die betrachteten Zielfehler, die Instrumentierung der Schaltung und den Simulationsablauf und weitere Möglichkeiten zur Beschleunigung ein.

Zell-Fehlermodell

Funktionsblöcke im Entwurf können sehr unterschiedliche Fehlverhalten aufzeigen. Als Zell-Fehler werden Abweichungen der Funktion eines Blocks bezeichnet

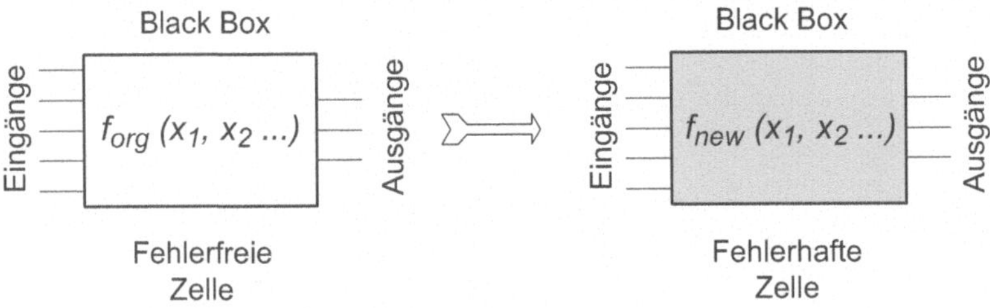

Abb. 8.11 Zell-Fehler ersetzt ursprüngliche Funktion der Zelle

[8.107]. Ein Block oder eine Zelle kann dabei ein einfaches Gatter bis hin zu komplexen Funktionsbausteinen wie einem Addierer umfassen. In Abb. 8.11 wird die ursprüngliche Funktion f_{org} eines Blocks durch einen angenommenen Zell-Fehler zu f_{new} abgeändert.

Das Zell-Fehlermodell stellt eine Generalisierung verschiedener funktionaler und struktureller Fehlermodelle dar, die mittels dem Zell-Fehlermodell repräsentiert werden können. So lassen sich beispielsweise Haft- oder Brückenfehler einfach als Zell-Fehler ausdrücken.

Ablauf der Fehlerinjektion und Simulation

Der gesamte Ablauf der Schaltungsaufbereitung und Fehlerinjektion ist in Abb. 8.12 dargestellt. Ausgehend von der Schaltung und zu untersuchender Fehler- und Musterliste wird im ersten Schritt die Schaltung für die Fehlerinjektion instrumentiert. Dazu werden spezielle Fehlerinjektoren und die nötige Ansteuerungslogik eingebaut. Es folgt die Abbildung der Schaltung in die FPGA-Zieltechnologie. Dieser Schritt umfasst neben der Synthese auch die Partitionierung, falls mehrere FPGAs zur Realisierung benötigt werden. Das Ergebnis dieses Schritts ist eine Konfigurationsdatei (der sog. Bitstream) für einen oder mehrere FPGAs. Die Emulationsmaschine kann nun mit dem so erstellen Bitstream konfiguriert werden. Die eigentliche Fehlerinjektion und Simulation wird durch den Host-Computer angestoßen und ausgeführt. Die Ergebnisse können durch den Host-Computer schließlich ausgelesen werden.

Die Injektion der unterschiedlichen Fehler erfordert, die entsprechenden Fehlerauswirkungen in die Schaltung einzubauen. Dazu kann das Schaltungsmodell modifiziert und für jede Injektion neu übersetzt werden. Da jedoch die Partitionierung und Synthese je nach Schaltungsgröße mehrere Stunden Rechenzeit in Anspruch nehmen kann, muss eine dynamische Injektion der Fehler in die Schaltung während der Simulation ermöglicht werden.

Für die untersuchten Zellen wird dafür die fehlerfreie als auch die fehlerhafte Funktion eingebaut. Ein Umschalter bzw. Multiplexer wählt dann zwischen den beiden Modi (Abb. 8.13). Über die Kontrollsignale des Multiplexers lassen sich somit an jeder Fehlerstelle entweder das korrekte Verhalten oder der Zell-Fehler emulieren.

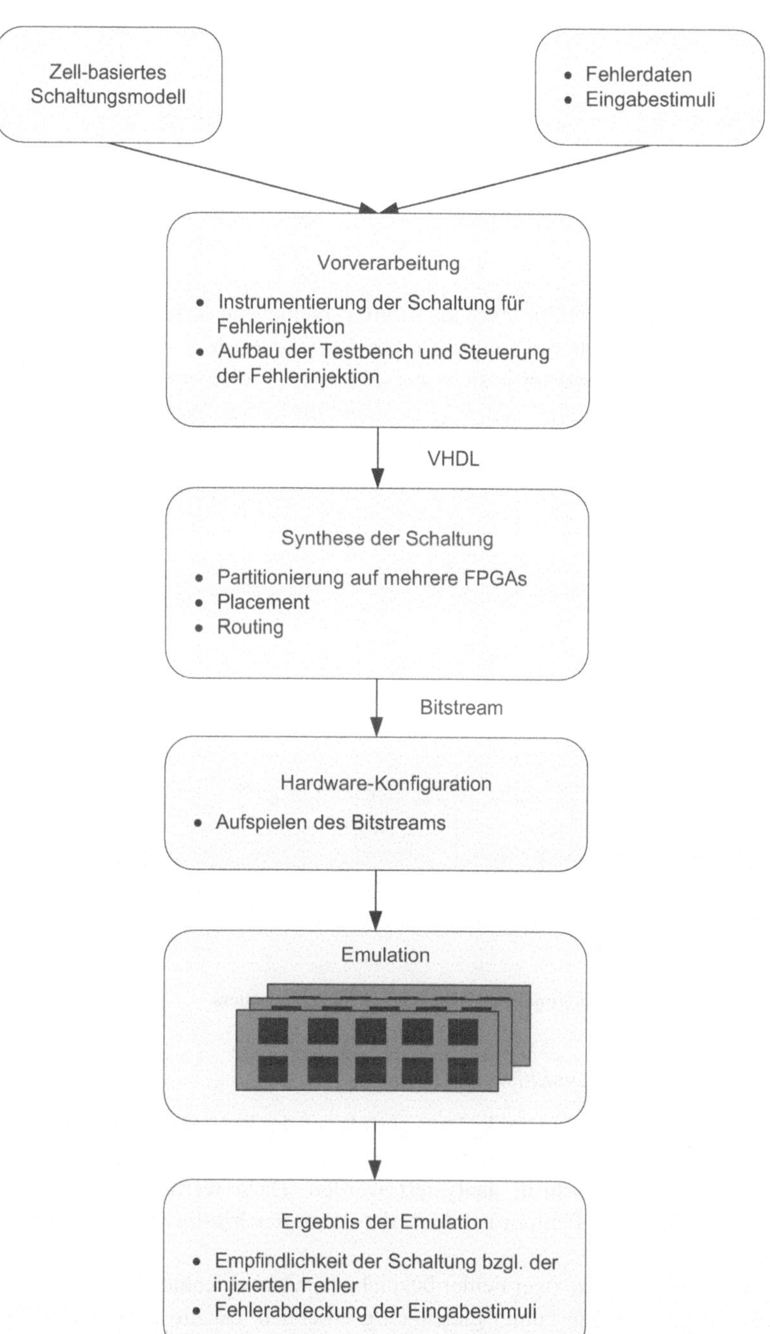

Abb. 8.12 Schaltungsaufbereitung und Ablauf der hardware-beschleunigten Fehlersimulation

Abb. 8.13 Multiplexer-basierte Injektion eines Zellfehlers

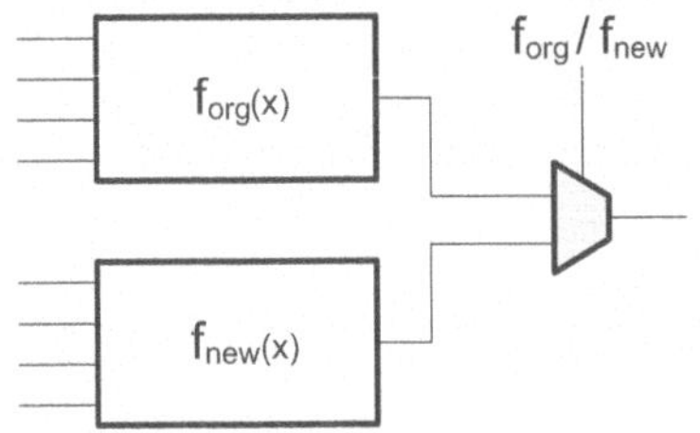

Die Ansteuerung der Multiplexer kann auf verschiedene Arten erfolgen. Hier betrachten wir die Ansteuerung mittels eines Schieberegisters wie in Abb. 8.14 dargestellt. Das Schieberegister besteht aus den Speicherelementen *FF1* bis *FF3*, die die entsprechenden Multiplexer *M1* bis *M3* kontrollieren. Wird nun ein einzelner *1*-Wert durch die Schiebekette geschoben, so wird jeder eingebaute Zell-Fehler genau einmal aktiviert.

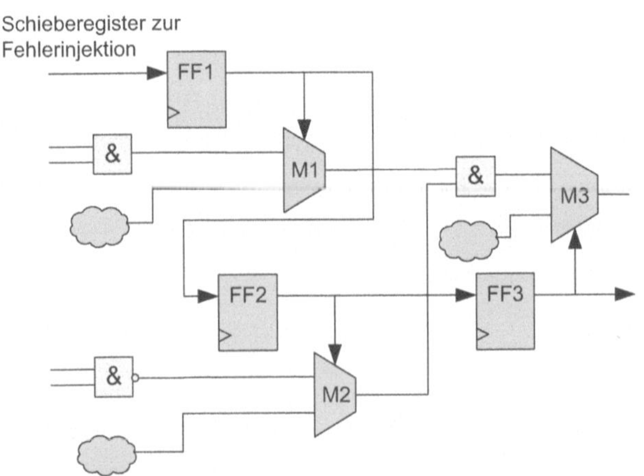

Abb. 8.14 Steuerung der Fehlerinjektion mittels eines Schieberegisters

Parallele Injektion und Simulation von Fehlern

Um die Zahl der Simulationsdurchgänge und damit die benötigte Simulationszeit zu reduzieren, können Fehler, die sich nicht gegenseitig beeinflussen, parallel, also im gleichen Simulationsschritt, analysiert werden. Dazu werden Gruppen von paarweise unabhängigen Fehlern gebildet, die dann gleichzeitig simuliert werden können.

Als unabhängig werden zwei Fehler bezeichnet, wenn es keinen Test bzw. Eingabestimuli gibt, die beide Fehler gleichzeitig erkennen. Da die Bestimmung der Unabhängigkeit von Fehlern ist sehr rechenaufwändig ist, wird in kombinatorischen Schaltungen oft die einfacher zu berechnende strukturelle Unabhängigkeit von Fehlern betrachtet: Zwei Fehler sind strukturell unabhängig, wenn sich die von der Fehlerstelle aus erreichbaren Signalkegel nicht überlappen. Abbildung 8.15

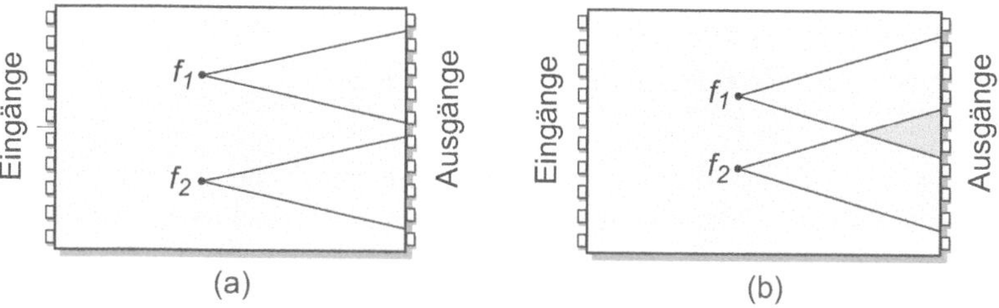

Abb. 8.15 (a) Strukturell unabhängige Fehler; (b) potentiell abhängige Fehler

stellt jeweils ein Beispiel von strukturell unabhängigen und potentiell abhängigen Fehlern und den entsprechenden Signalkegeln da.

Zur Bestimmung der Mengen von strukturell unabhängigen Fehlern wird das Color-by-Region-Verfahren verwendet, welches ausführlich in [8.56] beschrieben ist.

8.2.1.2 Fehlerinjektion in Prototypen und Chips

Sind Prototypen oder sogar erste gefertigte Chips verfügbar, so kann die Fehlerinjektion direkt in das laufende System erfolgen. In einem Hardware-/Softwaresystem kann die Fehlerinjektion auf der Softwareebene oder auf der Hardwareebene erfolgen [8.45].

Bei der software-basierten Variante können sowohl Daten als auch ausgeführte Softwaremodule so abgeändert werden, dass die Auswirkung von Fehlern emuliert wird. Die Modifikation oder Fehlerinjektion kann während der Kompilierung der Software als auch während der Laufzeit durchgeführt werden. Allerdings muss beachtet werden, dass die software-basierte Fehlerinjektion zur Laufzeit auf die für Software zugreifbaren Fehlerstellen beschränkt.

Auf Hardwareebene ergibt sich dagegen die Möglichkeit, physikalisch Fehler im System auszulösen. Bei der kontaktlosen Injektion wird das System z. B. radioaktiver oder elektromagnetischer Strahlung ausgesetzt, um die Anfälligkeit auf transiente Fehler zu untersuchen. Die Erhöhung der Betriebstemperatur erlaubt als Stresstest die Beurteilung des Systemverhaltens im spezifizierten Grenzbereich. Im Gegensatz zur kontaktlosen Fehlerinjektion kann auch ein direkter Kontakt über die Pins des Systems zur Injektion verwendet werden. Die injizierbaren Fehlertypen umfassen neben Fehleingaben an den Pins und rauschbehafteten Eingabestimuli auch Störungen und Ausfälle der Energieversorgung.

Die Fehlerinjektion in physische Komponenten ist mit hohen Kosten für die Prototypen und die Experimentierumgebung verbunden. Zur Kostenreduktion und Verkürzung der Untersuchungsdauer wird die Fehlerinjektion oft beschleunigt, d. h. es wird eine höhere Fehlerrate erzeugt, als in der spezifizierten Betriebsumgebung auftritt. Die Interpolation der so gemessenen Zuverlässigkeit eines Systems zu einer Zuverlässigkeitsaussage für die spezifizierten Betriebsbedingungen ist schwierig und mit Ungenauigkeiten behaftet [8.58, 8.110, 8.18].

8.2.2 Zuverlässigkeitsbewertungen auf verschiedenen Abstraktionsebenen

Im hierarchischen Entwurf digitaler Systeme wird entsprechend dem Doppeldachmodell aus Kap. 8.1 zwischen fünf Entwurfsebenen unterschieden, auf die im Folgenden detailliert eingegangen wird. Da auf jeder Ebene unterschiedliche Einheiten mit jeweils eigenem Verhalten modelliert werden, unterscheiden sich auch die Verfahren zur Zuverlässigkeitsbewertung.

8.2.2.1 Zuverlässigkeitsbewertung auf Technologie- und Layoutebene

Auf Layoutebene wird die geometrische Struktur der zu fertigenden integrierten Bauteile beschrieben. Dies umfasst neben Widerständen, Kapazitäten und Transistoren auch Verbindungsleitungen und Kontaktierungen. Abbildung 8.16 zeigt das Layout eines in CMOS-Technologie (Complementary Metal Oxide Semiconductor) implementierten Inverter.

Der hohe Detailgrad der Informationen auf Layoutebene erlaubt eine sehr genaue Modellierung und Analyse der relevanten physikalischen Ausfallmechanismen. Aber schon für kleine Schaltungen ist die Informationsmenge nur noch schwer handhabbar, so dass sich Analysen auf Layoutebene typischerweise auf einzelne Gatter oder kleine Funktionsblöcke beschränken.

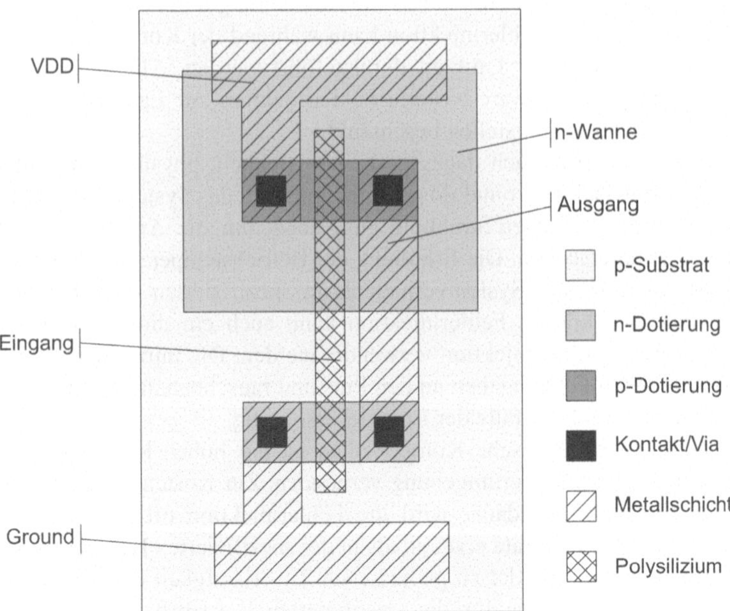

Abb. 8.16 Modell eines CMOS-Inverters auf Layoutebene

Hierbei sind Fehler, die während der Chipfertigung entstehen, Alterungserscheinungen des Chips, die zu permanenten und intermittierenden Fehlern führen, und durch Strahlung verursachte transiente Fehler zu unterscheiden. Während Fertigungsfehler und Alterungsvorgänge der Materialien des Chips zu dauerhaften und nicht reparierbaren Veränderungen der Struktur führen, schädigen Strahlungseffekte die Struktur i. A. nicht.

Abschätzung von Fertigungsfehlern

Die Ausbeute der Chipfertigung ist als das Verhältnis von verwertbaren bzw. auslieferbaren Chips und gefertigten Chips definiert. Da nur fehlerfreie Chips ausgeliefert werden sollen, werden im Fertigungstest fehlerhafte Chips identifiziert und aussortiert.

Um schon vor der Fertigung die Anfälligkeit des Layouts auf Defekte abzuschätzen, wird eine Ausbeutesimulation durchgeführt [8.130]. In der Ausbeutesimulation wird mittels Monte-Carlo-Experimenten ermittelt, welche Defekte zu einer funktionalen Abweichung des gefertigten Produkts führen. Dazu werden Defekte zufällig aus vorgegebenen Defektmodellen ausgewählt und auf dem Layout des Entwurfs platziert. In der anschließenden Schaltungssimulation wird dann nach einer Funktionsabweichung gesucht.

Falls systematische Ausfälle oder eine besonders hohe Zahl an Ausfällen beobachtet wird, muss das Layout oder sogar der Entwurf entsprechend angepasst werde. Eine Modifikation ist z. B. die Erhöhung des Abstands zwischen Signalleitungen, falls häufig Kurzschlüsse auftreten.

Alterungsvorgänge

Die Alterungsvorgänge in Metallen, Halbleitern und Isolatoren bestimmen maßgeblich die Lebensdauer des Chips. Es werden mehrere physikalische Alterungsmechanismen unterschieden, hier soll auf die vier wichtigsten eingegangen werden [8.57, 8.120]:

Elektromigration

Elektromigration ist ein vom Stromfluss verursachter Transport von Metallatomen in Kupfer- oder Aluminiumleiterbahnen. Bewegte Elektronen stoßen mit Atomkernen zusammen und können diese aus dem Kristallgitter ausschlagen. Es entsteht ein Massefluss von Metallatomen in Richtung der Elektronen.

An den Stellen, wo Atome abgetragen werden, verkleinert sich der Querschnitt der Leiterbahn und ihr Ohmscher Widerstand steigt an. Elektromigration kann sogar zur völligen Unterbrechung der Leitung führen.

Die abgetragenen Atome sammeln sich besonders an Störungen und Grenzen der atomaren Struktur des Metalls wieder an. Dort können Kurzschlüsse zwischen benachbarten Leiterbahnen durch das überschüssige Metall entstehen.

Die *MTTF* aufgrund von Elektromigration beschreibt die Black'sche Gleichung (8.1) in Abhängigkeit von der Stromdichte J im Leiter und der Betriebstemperatur T:

$$MTTF_{EM} \propto (J - J_{crit})^{-n} \exp\left(\frac{E_{aEM}}{kT}\right) \tag{8.1}$$

Die Stromdichte J hängt neben der Betriebsspannung von der Schaltaktivität der Leiterbahn, ihrer Kapazität und ihrem Querschnitt ab. J_{crit} ist die kritische Stromdichte, ab der Elektromigration auftritt. E_{aEM} und n sind materialabhängige Konstanten, k ist die Boltzmann-Konstante.

Migration durch mechanischen Stress

Mechanischer Stress, hervorgerufen durch die unterschiedliche thermische Ausdehnung der Materialien im Chip, kann auch zur Migration von Metallatomen in Leitern führen. Maßgeblich ist hier die Differenz zwischen der Temperatur T_0 des stress- bzw. spannungsfreien Zustands (also der Temperatur während dem entsprechenden Fertigungsschritt, z. B. Aufdampfen von Materialschichten) und der Betriebstemperatur T. Gl. (8.2) beschreibt die *MTTF* bzgl. Stress-Migration:

$$MTTF_{SM} \propto (T_0 - T)^{-n} \exp\left(\frac{E_{aSM}}{kT}\right) \tag{8.2}$$

E_{aSM} und n sind wiederum materialabhängige Konstanten.

Schädigung des Dielektrikums in Transistoren

Auch das isolierende Dielektrikum zwischen Gate-Anschluss und dem Silizium-Substrat in CMOS-Transistoren wird im Betrieb abgenutzt (Time Dependent Dielectric Breakdown, TDDB). Der Transistor fällt aus, sobald sich zwischen dem Gate-Anschluss und dem Substrat ein elektrisch leitender Pfad ausbildet. Die fortschreitende Verkleinerung der Strukturgrößen führt auch zu immer dünneren Dielektrika, womit der Effekt noch verstärkt wird.

Analytische Modelle für TDDB sind sehr stark abhängig von der verwendeten Fertigungstechnologie und müssen in aufwendigen Experimenten kalibriert werden. Die Modelle zeigen eine exponentielle Abhängigkeit der *MTTF* von der Betriebstemperatur [8.137, 8.121]. In manchen Modellen ist die *MTTF* zusätzlich von der Betriebsspannung abhängig [8.137].

Alterung durch Temperaturschwankungen

Temperaturschwankungen des Chips führen zu Ermüdungserscheinungen, besonders an elektrischen Kontaktstellen und dem Kontakt zum Gehäuse. Temperaturschwankungen werden durch Ein- und Ausschaltvorgänge und durch variierende Auslastung der funktionalen Komponenten auf dem Chip verursacht. Ebenso führt dynamisches Energiemanagement auf dem Chip, also Abschalten von nicht verwendeten Komponenten, zu Temperaturschwankungen im Chip.

Laut [8.120] ergibt sich für die *MTTF* bzgl. Schwankungen niedriger Frequenz die folgende Abhängigkeit von der Amplitude der Temperaturschwankung T_{diff}:

$$MTTF_{TS} \propto \left(\frac{1}{T_{diff}} \right)^q \tag{8.3}$$

q ist hier die Coffin-Manson-Konstante, die empirisch für die verwendeten Materialien bestimmt werden muss.

Transiente Fehler

Während Alterungsvorgänge die erwartete Lebensdauer einer mikroelektronischen Schaltung bestimmen, gewinnen transiente Fehler, ausgelöst durch hochenergetische kosmische Partikelstrahlung, immer stärkere Bedeutung bzgl. dem Ausfallverhalten der Systeme. Die Ausfallrate (in FIT) durch transiente Fehler übertrifft die kumulierte Ausfallrate durch die verschiedenen Alterungsmechanismen um bis zu drei Größenordnungen [8.10]. Entsprechend wichtig ist es, diese Vorgänge akkurat zu modellieren und analysieren, um dann gezielt Entwurfsmaßnahmen zur Steigerung der Zuverlässigkeit zu unternehmen.

Die Entstehung von transienten Fehlern oder Single Event Upsets (SEU) kann in zwei Schritte unterteilt werden, dem Entstehen eines SETs und dem Maskierungsvorgängen des SETs auf elektrischer und logischer Ebene [8.87, 8.40].

Entstehung von SETs

SETs werden im Wesentlichen durch zwei Vorgänge ausgelöst, dem Abscheiden von freien Ladungsträgern, hervorgerufen durch einen Partikeleinschlag im Chip, und der Sammlung der freien Ladung im Transistor [8.26].

Es werden zwei Kategorien von Partikeleinschlägen unterschieden: Einschläge von schweren Ionen mit hoher Energie und Einschläge von leichten Ionen oder Teilchen (z. B. Protonen oder Neutronen). Im ersten Fall erzeugt das Ion entlang seines Wegs durch das Material freie positive und negative Ladungspaare, also Löcher und Elektronen. Im zweiten Fall reicht die Energie des Teilchens nicht aus, um genügend freie Ladungsträger auszulösen und einen SET zu verursachen. Jedoch können durch Reaktionen mit anderen Atomkernen, wie z. B. einem Zusammenstoß, sekundäre, viel schwerere Partikel und auch Gammastrahlung entstehen. Die so erzeugten Partikel können wiederum auf ihrem Weg freie Ladung hervorrufen.

Am empfindlichsten ist ein Transistor, wenn der Einschlag in der Nähe eines Übergangs von n- zu p-dotiertem Material stattfindet. Die Größe dieser Fläche kann anhand der Layoutdaten bestimmt werden. Die freien Ladungsträger führen hier zur Ausbildung einer trichterförmigen Ladungswolke, wie in Abb. 8.17 veranschaulicht.

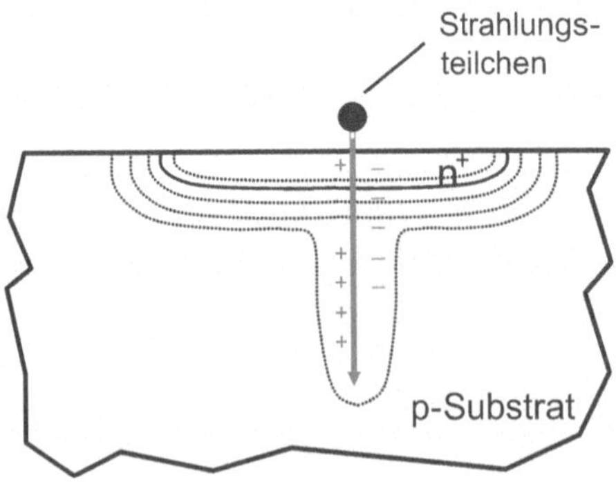

Abb. 8.17 Partikeleinschlag und Ausbildung einer Ladungswolke [8.40]

Die freien Ladungsträger bewegen sich dann entsprechend dem vorherrschenden Feld, d. h. die Löcher wandern ins p-Substrat ab, während sich die Elektronen ins n-dotierte Drain/Source-Gebiet bewegen. Dieser Ladungsfluss oder Strom I_{drift} führt zu einer Störspannung am Drain-Anschluss des Transistors. Dabei bestimmt die abgegebene Energie des Partikels die Menge an erzeugten freien Ladungsträgern. Ein SET tritt dann auf, wenn hinreichend Ladung abgeschieden wird und die aus dem Drift der Ladungen resultierende Spannung hoch genug ist. Diese Ladungsmenge wird auch als kritische Ladung bezeichnet.

In Simulationsmodellen kann ein Partikeleinschlag als transiente Stromquelle modelliert werden, wie in Abb. 8.18 dargestellt. Hochauflösende Analog- bzw. SPICE-Simulationen (Simulation Program with Integrated Circuit Emphasis) mit Technologie- und Layoutdaten erlauben dann die Bestimmung der kritischen Ladung und der Partikelenergien, bei denen SETs ausgelöst werden können.

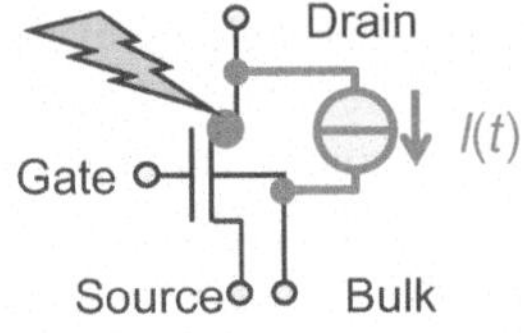

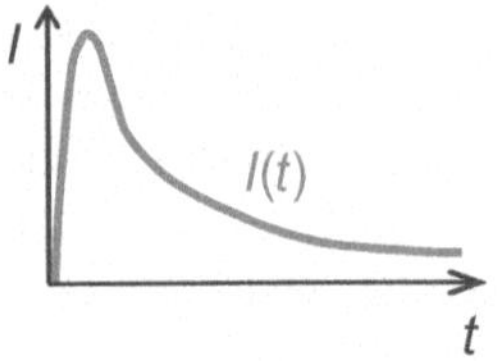

Abb. 8.18 Modellierung eines Partikeleinschlags mittels einer Stromquelle; zeitlicher Verlauf des Stroms durch Ladungsdrift [8.40]

Maskierung von Single Event Transients

SETs am Ausgang eines Logikgatters führen zu einer vorübergehenden Veränderung der Signalform. Diese Signaländerung kann durch mehrere Faktoren maskiert werden, so dass der SET letztlich keinen SEU bzw. keinen falschen Systemzustand hervorruft.

Auf elektrischer Ebene kann in CMOS-Technologie bis zu einem gewissen Grad eine Wiederherstellung der ursprünglichen rechteckförmigen Signalform stattfinden. Hat ein SET also eine kleine Amplitude oder stört das Signal nur für ein kurzes Zeitintervall, so kann er elektrisch maskiert werden. Abbildung 8.19 verdeutlicht diesen Vorgang anhand einer Kette von Invertern. Typischerweise ist nach schon zwei Gatterstufen wieder eine Rechteckform des Signals hergestellt.

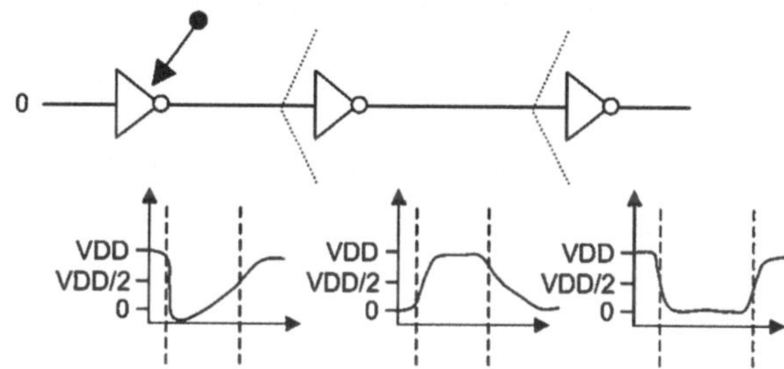

Abb. 8.19 Wiederherstellung der Rechtecksignalform in einer CMOS-Inverterkette nach einem Partikeleinschlag [8.146]

Auf logischer bzw. Gatterebene werden SETs maskiert, falls kein sensibilisierter Pfad vom Punkt des Auftretens des SETs zu einem Schaltungsausgang oder Speicherelement existiert. Hierauf wird im folgenden Unterkapitel noch detailliert eingegangen.

Erreicht ein SET-Fehler schließlich den Eingang einer Speicherzelle, so muss zusätzlich beachtet werden, dass Speicherzellen nur zu bestimmten Zeitintervallen, den sog. Latch-Windows, Werte an den Eingängen übernehmen. Trifft der durch einen SET verfälschte Wert außerhalb dieses Intervalls ein, so wird er nicht gespeichert und damit maskiert.

8.2.2.2 Zuverlässigkeitsbewertung auf Gatterebene

Eine Bewertung der Empfindlichkeit einer Schaltung gegenüber Partikeleinschlägen auf Layoutebene kann aufgrund des hohen Detailgrads auf Layoutebene und der damit verbundenen hohen Informationsmenge nur für einzelne Gatter oder kleine Ausschnitte der Gesamtschaltung erfolgen. Insbesondere die Analyse der logische Maskierung von SETs kann wesentlich effizienter auf Gatterebene ohne Layoutinformationen durchgeführt werden.

Für eine gegebene kombinatorische Schaltung hängt die Beobachtbarkeit eines SETs an einem Gatterausgang davon ab, ob ein sensibilisierbarer Pfad von der Fehlerstelle bis zu einem Speicherelement oder bis zu einem Schaltungsausgang existiert. Ein Pfad ist dann sensibilisierbar, wenn es eine Eingangsbelegung für die Schaltung gibt, so dass sich eine Signaländerung entlang des Pfades fortpflanzen kann.

Die Wahrscheinlichkeit $PROP_{SET,q}$, dass ein SET von der Fehlerstelle q beobachtet oder propagiert werden kann, lässt sich leicht auf Gatterebene abschätzen. Es können klassische Testbarkeitsmaße oder auch Simulationen auf Gatterebene verwendet werden [8.146]. Die SEU-Fehlerrate eines Gatter setzt sich dann aus der SET-Rate des Gatters q, der Wahrscheinlichkeit der elektrischen Maskierung und $PROP_{SET,q}$ zusammen [8.97].

8.2.2.3 Zuverlässigkeitsbewertung auf Register-Transfer-Ebene

Steht eine Gatternetzliste noch nicht zur Verfügung, so kann die Empfindlichkeit eines Entwurfs auch auf Register-Transfer-Ebene (RT-Ebene) analysiert werden. Auf RT-Ebene liegt kein strukturelles Modell des Systems mehr vor, sondern eine taktgenaue Verhaltensbeschreibung. Der damit verbundene, wesentlich geringe Grad an Details lässt eine Beschleunigung von empirischen Analysen, wie Simulationen mit Fehlerinjektion, von ein bis zwei Größenordnungen gegenüber der Gatterebene zu.

Trotz des geringeren Detailgrads ist die Genauigkeit auf RT-basierten Analysen sehr hoch und erlaubt damit schon früh, vor der Synthese und Abbildung auf eine Zieltechnologie, bzgl. der Zuverlässigkeit kritische Systemkomponenten zu identifizieren [8.2, 8.5].

8.2.2.4 Zuverlässigkeitsbewertung auf Architekturebene

Nicht alle SEUs, die einen fehlerhaften Systemzustand verursachen, führen in komplexen Systemen auch tatsächlich zu einem Ausfall, also einer beobachtbaren Abweichung vom erwarteten Ergebnis der Berechung. Die Wahrscheinlichkeit, dass ein SEU-Fehler im System oder einer bestimmten Komponente des Systems zu einem Ausfall führt, wird als Architectural Vulnerability Factor (AVF) bezeichnet [8.91, 8.92]. Die Aufallrate eines Systems bzgl. SEUs ergibt sich dann als Produkt seiner SEU-Fehlerrate und seines AVFs. In der Literatur wurde der AVF insbesondere für Mikroprozessoren untersucht; die Methoden lassen sich jedoch auch auf andere Strukturen anwenden. Bei unterschiedlichen Prozessorarchitekturen wurden AVFs zwischen 10% und 30% ermittelt [8.92], d. h. bis zu 90% der auftretenden SEU-Fehler können durch die konkret vorliegende Hardwarearchitektur maskiert werden.

In [8.93] wird die Systemreaktion auf einen SEU-Fehler für komplexe Systeme mit und ohne Fehlererkennungs- und korrekturmechanismen kategorisiert. Ein Ausfall tritt nur dann auf, wenn die fehlerbehaftete Speicherstelle gelesen wird, der Fehler nicht erkannt oder korrigiert wird, und der Fehler tatsächlich das Ergebnis der Berechnung beeinflusst. Unterstützt das System eine Fehlererkennung, aber keine Korrektur, so kann zumindest ein Fail-Stop-Verhalten durchgesetzt werden. Da erkannte Fehler nicht korrigiert werden können, werden sie als Detected Uncorrectable Error (DUE) bezeichnet. Da wiederum nicht alle DUEs zu einem Ausfall führen, sind Fehlerkennungen von DUEs möglich.

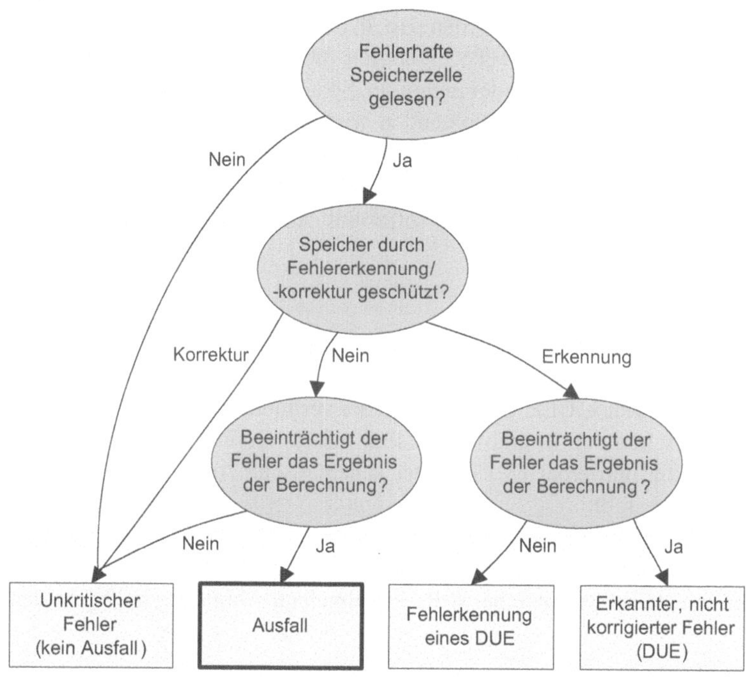

Abb. 8.20 Kategorisierung der Systemreaktion bei einem Fehler (nach [8.93])

Zur Bestimmung des AVF wird untersucht, welche Speicherzellen im Prozessor die Ausführung eines Programms beeinflussen, so dass eine Änderung ihres Inhalts zu einem falschen Ergebnis führt. Enthält eine Zelle beispielsweise über 50% eines betrachteten Zeitintervalls ein relevantes Datum oder Statusbit, so ist sie entsprechend nur zu 50% anfällig gegenüber SEU-Fehlern. Die Anfälligkeit der einzelnen Zellen kann z. B. empirisch durch Simulation von Benchmark-Programmen und typischen Programmabläufen erfolgen. Der AVF des einer Komponente oder des Gesamtsystems ergibt sich dann als das Mittel der Anfälligkeiten der entsprechenden einzelnen Zellen.

Im hier betrachteten Fall von Mikroprozessoren führen mehrere Ursachen zu dieser Fehlermaskierung auf Architekturebene, die hauptsächlich heuristischen Optimierungen zur Steigerung der Geschwindigkeit zuzuordnen sind. Beispiele sind die spekulative Ausführung von Befehlen, die Sprungvorhersage oder Daten- und Befehlsprefetching.

8.2.3 Zuverlässigkeitsbewertung von FPGA-Entwürfen

Ob eine Schaltung mittels (re-)konfigurierbarer Logik in einem FPGA (Field-Programmable Gate Array) oder als anwendungsspezifischer Entwurf (Application Specific Integrated Circuit, ASIC) implementiert wird, hängt von vielen Faktoren ab. FPGAs erlauben eine schnelle, kostengünstige Implementierung von Prototypen und kleinen Serien. ASICs hingegen erlauben die Fertigung effizienterer Schaltungen, insbesondere auch für den Hochvolumenbereich. Doch auch die Zuverlässigkeitseigenschaften der Technologien unterscheidet sich erheblich. SEUs in FPGAs können zur Abänderungen der Schaltfunktion führen und damit Fehlberechnungen verursachen. Im Folgenden wird deshalb auf die Zuverlässigkeitsbewertung von FPGA-basierten Schaltungen speziell eingegangen. Hierfür stehen neben empirischen Verfahren, wie z. B. [8.13], auch eine analytische Methode zur Verfügung [8.41], die im Detail vorgestellt wird.

8.2.3.1 Aufbau von FPGAs

FPGAs bestehen aus regelmäßigen angeordneten konfigurierbaren Logikblöcken (Configurable Logic Block, CLB), die miteinander verbunden werden können. Die Verbindungen zwischen den Logikblöcken sind mittels Konnektoren und Schaltmodulen ebenso konfigurierbar [8.134]. Der schematische Aufbau eines FPGAs ist in Abb. 8.21 dargestellt.

Die konkrete logische Funktion, die ein Block realisiert, lässt sich programmieren und teils auch während des Betriebs rekonfigurieren. Dabei wird die Konfiguration in einem statischen Speicher (SRAM) abgelegt. Abbildung 8.22 gibt den

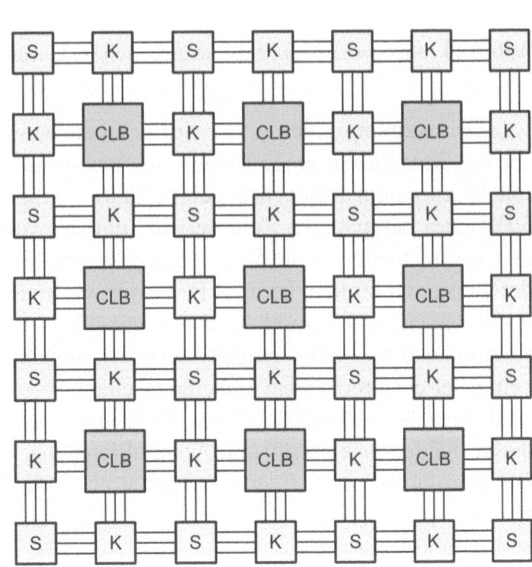

Abb. 8.21 Struktur eines FPGAs mit Logikblöcken (CLB), Konnektoren (K) und Schaltmodulen (S)

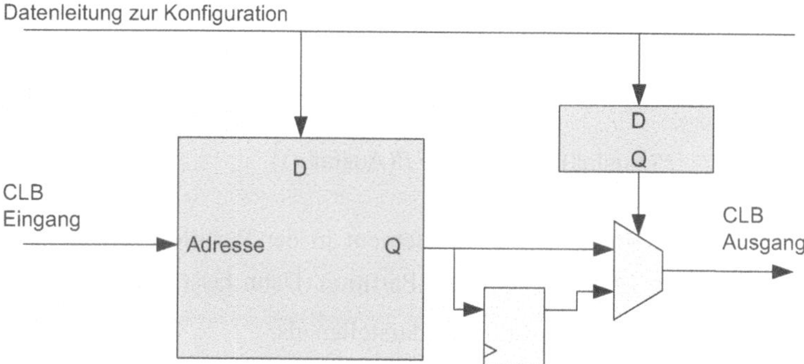

Abb. 8.22 Aufbau eines Logikblocks in einem FPGA mit SRAM-Konfigurationsspeicher (grau)

prinzipiellen Aufbau eines Logikblocks wieder. Die Ausgabewerte der logischen Funktion werden in dem Speicher abgelegt. Die Eingabewerte adressieren dann den entsprechend passenden Ausgabewert im Speicher.

Die Konfigurationsdaten für Signalverbindungen werden wie die Konfiguration der logischen Funktion auch in statischem Speicher abgelegt.

8.2.3.2 Zuverlässigkeitsbewertung von FPGAs

FPGA-Entwürfe verwenden unterschiedliche Elemente wie LUTs, Multiplexer, Schaltmodule und sequentielle Speicherelemente. Da sich die Auswirkung von SEUs auf diese Basiselemente unterscheidet, müssen sie in der Zuverlässigkeitsbetrachtung auch differenziert betrachtet werden [8.41].

Dazu wird der Schaltungsentwurf in n Partitionen von Basiselementen zerlegt, wobei eine Partition m_i Basiselemente des gleichen Typs enthält. Die Wahrscheinlichkeit, dass ein Element I_j der Partition P_i angehört, berechnet sich als das Verhältnis der Anzahl der Elemente in P_i und der Gesamtzahl der Elemente in der Schaltung $Card(\text{Schaltung})$:

$$P(I_j \in P_i) = \frac{|P_i|}{Card(\text{Schaltung})} \tag{8.4}$$

Ein Systemausfall tritt dann ein, wenn mindestens ein Ausfall in einer der n Partitionen vorliegt. Das Ereignis eines Ausfalls in Partition P_i wird im Folgenden als Ausfall_{P_i} notiert. Entsprechend ergibt sich die Wahrscheinlichkeit eines Ausfalls dann wie folgt:

$$P(\text{Ausfall}) = P\left(\bigcup_{i=1}^{n}\{\text{Ausfall}_{Pi}\}\right) \tag{8.5}$$

Unter der Annahme, dass ein Systemausfall beim ersten Ausfall in einer Partition auftritt und nicht maskiert wird, kann die Ausfallwahrscheinlichkeit wie folgt faktorisiert werden:

$$P(\mathsf{Ausfall}) = 1 - \prod_{i=1}^{n}\left(1 - P(\mathsf{Ausfall}_{P_i})\right) \tag{8.6}$$

Partition P_i fällt aus, sobald das erste Element in der Partition ausfällt. Sei $\mathsf{Ausfall}_{I_j}$ ein Ausfall des *j*-ten Elements der Partition. Dann lässt sich die Wahrscheinlichkeit eines Ausfalls der Partition P_i darstellen als:

$$P(\mathsf{Ausfall}_{P_i}) = 1 - \prod_{j=1}^{m_i}\left(1 - P(\mathsf{Ausfall}_{I_j \in P_i})\right) \tag{8.7}$$

Die Ausfallwahrscheinlichkeit eines Basiselements $I_j \in P_i$ hängt nun davon ab, ob ein SEU in I_j auftritt und ob dieser SEU tatsächlich zu einem Ausfall von I_j führt.

Für konfigurierbare Multiplexer und Schalter kann angenommen werden, dass eine Änderung der Konfiguration auch zu einen Ausfall führt, da Daten entweder nicht korrekt weitergeleitet oder unbestimmte Daten als Eingabe für folgende Elemente verwendet werden. Ein SEU in der LUT eines CLB führt zu einer Abänderung der implementierten kombinatorischen Funktion. Dies führt nicht zwangsläufig zu einem Fehler, da eine logische Maskierung in den Folgeelementen stattfinden kann. Mittels statischer Schaltungsanalyse lässt sich die Wahrscheinlichkeit eines Ausfalls abschätzen. $P(\mathsf{Ausfall}_I \mid \mathsf{SEU}_I)$ bezeichnet die bedingte Wahrscheinlichkeit, dass ein Element *I* ausfällt, wenn es von einem SEU betroffen ist.

Die Verteilung von SEUs in einem FPGA ist zufällig. Weiterhin ist das Auftreten eines SEUs als statistisch unabhängig von anderen SEUs anzunehmen. Entsprechend [8.79] wird die Wahrscheinlichkeit eines SEUs modelliert als

$$P\left(\{\mathsf{SEU}_{I_j}\} \mid \{I_j \in P_i\}, t\right) = 1 - \exp\left(-\mathsf{SEUR}(t) \cdot b_j \cdot t\right) \tag{8.8}$$

Hierbei entspricht b_j der Anzahl von Speicherzellen im Element I_j, *t* dem betrachteten Betriebsintervall und SEUR*(t)* der SEU-Rate des FPGAs zum Zeitpunkt *t*.

Die Wahrscheinlichkeit eines Ausfalls eines Elements lässt sich nun unter Verwendung der Gleichungen (8.4) und (8.8) darstellen als:

$$P(\mathsf{Ausfall}_{I_j \in P_i}) = P(I_j \in P_i) \cdot P(\{\mathsf{SEU}_{I_j}\} \mid I_j \in P_i, t) \cdot P(\mathsf{Ausfall}_{I_j} \mid \mathsf{SEU}_{I_j}) \tag{8.9}$$

Die funktionale Zuverlässigkeit $R_{\mathsf{Schaltung}}$ ist dann gegeben als das Komplement der Ausfallwahrscheinlichkeit:

$$R_{\mathsf{Schaltung}}(t) = \prod_{i=1}^{n}\left[\prod_{j=1}^{m_i}\left(1 - \frac{m_i}{Card(\mathsf{Schaltung})}\left(1 - \exp(-\mathsf{SEUR}(t) \cdot b_j \cdot t)\right) \cdot P(\mathsf{Ausfall}_{I_j} \mid \mathsf{SEU}_{I_j})\right)\right] \tag{8.10}$$

Diese Gleichung kann mittels einer Exponentialfunktion angenähert werden. Der Exponenten dieser Funktion beschreibt dann die Häufigkeit transienter Fehler (Soft Error Rate, SER) in der Schaltung:

$$R_{\text{Schaltung}}(t) \approx \exp(-\text{SER}_{\text{Schaltung}}(t) \cdot t) \tag{8.11}$$

Betrachtet man neben den transienten Fehlern auch Ausfälle, die auf strukturelle Veränderungen zurückzuführen sind, so ergibt sich die Zuverlässigkeit eines FPGA-Entwurfs als Produkt der strukturbasierten und funktionalen Zuverlässigkeit. Wird eine konstante Rate λ für strukturelle Ausfälle zugrunde gelegt, so ergibt sich

$$R_{\text{FPGA}}(t) = R_{\text{Struktur}}(t) \cdot R_{\text{Schaltung}}(t) = e^{-\lambda \cdot t} \cdot \exp(-\text{SER}_{\text{Schaltung}}(t) \cdot t) \tag{8.12}$$

Eine Evaluation anhand mehrerer Beispielentwürfe wurde in [8.41] durchgeführt. Dabei zeigte sich, dass der Einfluss transienter Fehler auf die Zuverlässigkeit von FPGA-Entwürfen nicht vernachlässigbar ist und stark vom Schaltungsentwurf abhängt. Im Gegensatz zu permanenten Fehlern sind transiente Fehler, die die Konfiguration des FPGAs schädigen, jedoch reparierbar durch eine Wiederholung des Konfigurationsvorgangs.

8.3 Zuverlässigkeitssteigernde Maßnahmen in der Mikroelektronik und ihre Bewertung

In diesem Unterkapitel werden Fehlertoleranzmaßnahmen zur Steigerung der Zuverlässigkeit für verschiedene Architekturen, Entwurfsebenen und Standardmodule beschrieben. Besonderer Wert wird auf die frühen Entwurfsebenen gelegt. Da grundsätzlich durch die Anwendung hinreichend komplexer Maßnahmen das Erreichen einer beliebigen Zuverlässigkeit möglich ist, stellt sich gerade in frühen Entwurfsphasen die Frage, welcher Aufwand zur Zuverlässigkeitssteigerung vertretbar ist. Im zweiten Teil dieses Kapitels werden daher die Kosten der Zuverlässigkeitssteigerung anhand einiger Beispiele genauer untersucht und Maßnahmen zur Optimierung der Zuverlässigkeit unter gewissen Kostengrenzen vorgeschlagen.

8.3.1 Fehlertoleranzmaßnahmen

Die einfachste Fehlertoleranzmaßnahme ist das Einfügen von Redundanz in ein System. In der Informationsverarbeitung lassen sich drei Dimensionen der Redundanz unterscheiden: die Informationsredundanz, die strukturelle Redundanz und die zeitliche Redundanz. Informationsredundanz bedeutet, dass eine Information, bzw. ein Datum, nicht minimal kodiert ist und so die verschlüsselte Information mehrfach im Datum enthalten ist. Strukturelle Redundanz bedeutet die Vervielfachung bestimmter Komponenten, so dass der intermittierende oder auch permanente Ausfall einer Komponente kompensiert werden kann. Zeitliche Redundanz bedeutet, dass ein Datum zu mindestens zwei unterscheidbaren Zeitpunkten berechnet und an die weiterverarbeitende Komponente übertragen wird. So können beispielsweise intermittierende Fehler umgangen werden.

In der strukturellen bzw. Hardwareredundanz unterscheidet man wiederum drei Kategorien: die statische, die dynamische und die hybride Hardwareredundanz. Ein statisch redundantes System liegt vor, wenn während der gesamten Betriebszeit des Systems redundante Komponenten arbeiten. Dynamisch redundant wird ein System genannt, in dem nach einem Fehler Reservekomponenten aktiviert werden und die fehlerhafte Komponente deaktiviert wird. Dies setzt voraus, dass es einen Mechanismus zur Fehlererkennung gibt. Hybride Systeme vereinigen statische und dynamische Redundanzkonzepte.

In der Literatur findet man oft auch den Begriff der algorithmischen Redundanz. Dies bedeutet, dass verschiedene Algorithmen, dasselbe Datum unabhängig voneinander berechnen. Algorithmische Redundanz kann als zeitliche, strukturelle oder auch Informationsredundanz implementiert und betrachtet werden. Abbildung 8.23 verdeutlicht die verschiedenen Dimensionen der Redundanz.

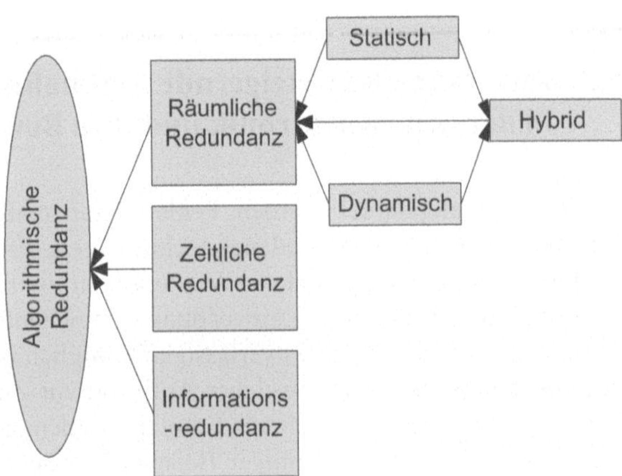

Abb. 8.23 Kategorisierung der Redundanz in informationsverarbeitenden Systemen

8.3.1.1 Informationsredundanz und Kodierung

Informationsredundanz wird in erster Linie eingesetzt, um Fehler während der Kommunikation zweier Komponenten zu vermeiden oder zu reduzieren und Speicher gegen Fehler abzusichern. Da bereits auf hohen Entwurfsebenen über die Kommunikationsstrukur entschieden werden muss, ist die Informationsredundanz in diesen Phasen besonders wichtig. Informationsredundanz in der Mikroelektronik wird erzeugt, in dem ein n Bit Datenwort durch ein $n+k$ Bit Codewort dargestellt wird. Die zusätzlichen k Bits enthalten redundante Information und so ist nicht jedes der 2^{n+k} Codewörter ein gültiges Codewort. Liegt ein ungültiges Codewort vor, so ist ein Fehler aufgetreten.

Kodierungstechniken, -verfahren und Codes für diverse Zwecke werden sowohl in der Mathematik, in der Nachrichtentechnik, der Informatik und vielen anderen Forschungsgebieten seit Jahrzehnten erforscht und können hier nicht detailliert dargestellt werden. Eine gute Einführung in Kodierung bietet das Buch [8.103], auf das an dieser Stelle verwiesen sei. Spezielle Codes, die z. B. in Self-Checking Circuits (SCCs) eingesetzt werden, werden später an geeigneter Stelle kurz eingeführt.

8.3.1.2 Hardwareredundanz

Nachfolgend werden die verschiedenen Verfahren und Ansätze zur Implementierung von Hardwareredundanz vorgestellt und diskutiert.

Self-Checking Circuits

Fehlererkennende und -korrigierende Codes können auch zur Implementierung struktureller Redundanz – also im Falle der Mikroelektronik zur Erzeugung von Hardwareredundanz – eingesetzt werden.

Hardwareredundanz wird eingesetzt, um Fehler innerhalb von Komponenten zu vermeiden oder zu reduzieren. Fehlererkennende und -korrigierende Codes können benutzt werden, um sogenannte Self-Checking Circuits (SCCs), also Schaltungen, die sich selbst überprüfen und korrigieren, zu realisieren. Self-Checking Circuits zählen zu den statisch redundanten Systemen und können verschiedene Eigenschaften haben.

Vorausgesetzt ist eine mikroelektronische Komponente mit m Eingängen und n Ausgängen. Hieraus ergibt sich ein Eingaberaum, der aus 2^m binären Vektoren besteht. Aus diesem ist nicht jeder Vektor tatsächlich eine Eingabe für die Komponente. Die tatsächlichen Eingaben der Komponente werden im Folgenden als Eingabecode bezeichnet. Analog wird der Ausgaberaum und der Ausgabecode definiert. Abbildung 8.24 stellt dies dar.

Self-Checking Circuits werden grundsätzlich für eine bestimmte Fehlermenge entworfen. Zum Beispiel kann ein SCC entworfen sein, um alle Einzel-Haftfehler zu erkennen. Ein Self-Checking Circuit heißt fehlersicher, wenn für jeden Fehler in der angenommenen Fehlermenge die Schaltungsausgabe entweder korrekt ist, oder ein Vektor ausgegeben wird, der nicht im Ausgabecode liegt. Ein SCC wird selbsttestend genannt, wenn für jeden angenommenen Fehler mindestens ein Eingabecodewort existiert, dessen Ausgabe nicht im Ausgabecode liegt. Ein SCC heißt total selbsttestend, wenn er sowohl fehlersicher als auch selbsttestend ist. Total selbsttestende Schaltungen entdecken alle permanenten und alle intermittierenden, bzw. transienten Fehler und zwar direkt nach dem Auftreten des Fehlers, so dass nie Daten korrumpiert werden können.

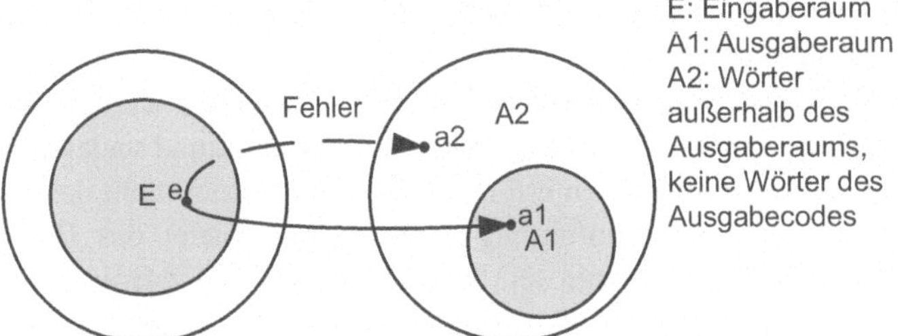

Abb. 8.24 Ein- und Ausgaberaum einer mikroelektronischen Komponente und der zugehörige Ein- bzw. Ausgabecode

Generell ist der Aufbau eines SCCs wie in Abb. 8.25 dargestellt. Die Schaltung besteht aus einem funktionalen Teil *F* und einem Checker *C*. Sowohl der funktionale Teil als auch der Checker selber, können fehlerhaft sein.

Die Idee hinter den meisten Self-Checking Circuits basiert darauf, dass eine Codierung der Ausgabe auf die Eingabe zurückgeführt werden kann. Somit kann der Code aus der Eingabe und der Ausgabe bestimmt und dann die Übereinstimmung der beiden überprüft werden. Durch eine geschickte Wahl des Codes und der Module zur Überprüfung können dann bestimmte Fehler ausgeschlossen werden. Seit den frühen 70er Jahren beschäftigt man sich mit dem Entwurf von Sclf-Checking Circuits. Dementsprechend groß ist der Umfang der Ergebnisse und der Literatur zu diesem Thema. In diesem Buch soll daher nur ein Beispiel zur Veranschaulichung des Prinzips gegeben werden. Eine knappe Übersicht bieten [8.4, 8.60]. Des Weiteren wurden SCCs für verschieden Architekturen [8.16, 8.61, 8.63, 8.95, 8.125], verschiedene Fehlertypen [8.85, 8.82, 8.84, 8.83, 8.86] und verschiedene Optimierungsziele [8.74, 8.101, 8.105] vorgeschlagen.

Im nachstehenden Beispiel soll die in Tabelle 8.2 angegebene Funktion durch eine mikroelektronische Komponente implementiert werden. Die Komponente soll total selbsttestend für alle einfachen und unidirektionalen, mehrfachen Haftfehler

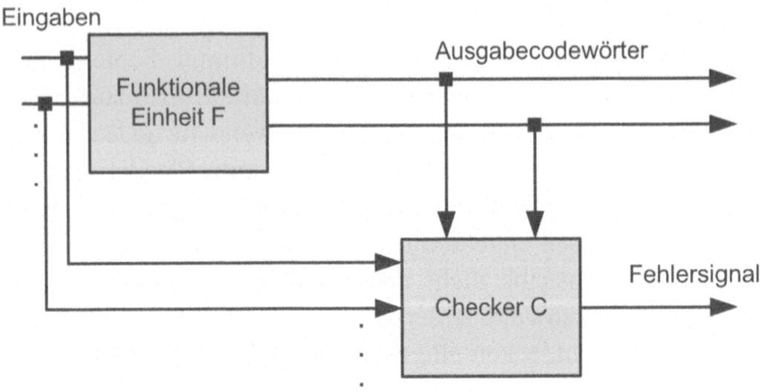

Abb. 8.25 Generalisierter Aufbau einer selbsttestenden Schaltung

sein. Ein unidirektionaler Fehler ist ein solcher, bei dem alle fehlerhaften Bits in der Ausgabe entweder fälschlicherweise eine *0* statt einer *1* beinhalten oder umgekehrt. Solche Fehler können entdeckt werden, wenn die Ausgaben mit einem entsprechenden, fehlererkennenden Code kodiert werden. Der effizienteste Code hierfür ist der Berger Code [8.12, 8.27]. Er summiert alle *1 Bits* im Datenwort auf, komplementiert die Summe und fügt sie dem Datenwort hinzu.

Tabelle 8.2 4-wertige Boolesche Funktion und ihr Berger Code

Eingabe				Ausgabe				Check Bits		
a	b	c	d	Z_1	Z_2	Z_3	Z_4	C_1	C_2	C_3
0	0	0	1	0	0	0	1	1	0	0
0	0	1	0	0	0	1	0	1	0	0
0	0	1	1	0	1	0	0	1	0	0
0	1	0	0	1	0	0	0	1	0	0
0	1	0	1	1	1	0	0	1	0	1
0	1	1	0	0	0	0	1	1	0	0
0	1	1	1	1	0	0	1	1	0	1
1	0	0	0	0	1	1	0	1	0	1
1	0	0	1	0	1	0	1	1	0	1

Der Checker *C* ist intern wie in Abb. 8.26 dargestellt aufgebaut. Die aus den Eingaben direkt generierten Checkbits werden mit den aus der Ausgabe erzeugten Checkbits verglichen. Die Checkbits der Ausgabe werden mittels eines Addiererbaums generiert. Der Vergleich findet in einem total selbsttestenden 2-Rail-Checker statt. Dieser gibt genau dann *01* oder *10* aus, wenn die Berechnung korrekt war. Beispiele für Checker basierend auf Berger Codes findet der Leser in [8.64, 8.66, 8.75, 8.78, 8.90, 8.104, 8.108].

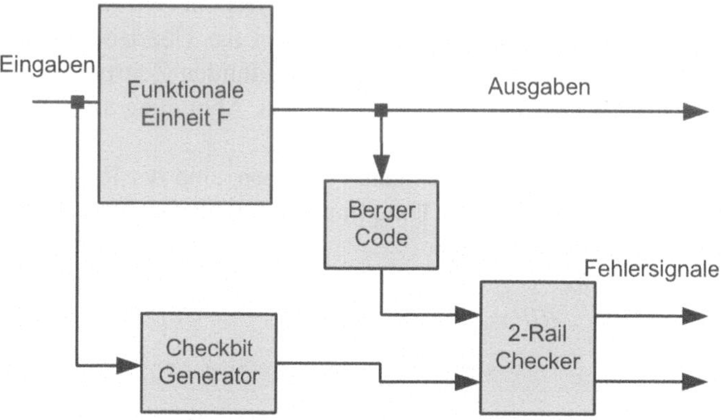

Abb. 8.26 Interner Aufbau eines Berger Code Checkers

Das obige Schema ist nur für kombinatorische Logik anwendbar. Analoge Methoden gibt es aber auch für sequentielle Logik. Hier wird nicht nur die Korrektheit der Ausgabe sondern auch die des Speicherinhalts überprüft.

In den letzten fünf Jahren hat sich eine weitere Methode, Checker zu bauen, entwickelt. Durch die Entwicklung von Highlevel Synthese Methoden, also der Synthese von Systembeschreibungen auf hohen Abstraktionsebenen in die endgültige mikroelektronische Hardware Implementierung, wurde die Idee entwickelt, auch Highlevel Verifikationsbausteine wie z. B. Assertions zu synthetisieren. Zunächst wurden diese Bausteine nur in die Simulation der mikroelektronischen Hardware mit einbezogen [8.1, 8.47] und in neuerer Zeit auch zur Laufzeitüberwachung eingesetzt [8.17, 8.37, 8.42]. Dieser Ansatz fügt sich besonders gut in den Entwurfsfluss großer, mikroelektronischer Systeme ein (vgl. Kap. 8.1) und kommt der Zuverlässigkeitssteigerung in frühen Entwurfsphasen zu Gute, da Assertions auf System-, Architektur- und Register-Transfer-Ebene Einsatz finden.

Modulare Redundanz

Der klassische aber auch sehr kostenintensive Weg, Hardwareredundanz zu implementieren ist die von von Neumann vorgeschlagene Triple Modular Redundancy (TMR) [8.129]. Diese kann erweitert werden zu einer N-Modular Redundancy (NMR). Das Modul wird mehrfach instanziert und mittels eines Voters wird das Endergebnis ausgewählt, das von der Mehrheit der Module berechnet wurde. Unter der Annahme, der Voter sei fehlerfrei und die Ausfälle der Module unabhängig, kann die Zuverlässigkeit eines Moduls also gesteigert werden. Angenommen R_M ist die Zuverlässigkeit des ursprünglichen Moduls, dann ist die Zuverlässigkeit der redundanten Version:

$$R_{NMR} = \sum_{i=0}^{N} \binom{N}{i} \cdot (1 - R_M)^i \cdot R_M^{(N-i)} \tag{8.13}$$

Ist die Zuverlässigkeit des Moduls $R_M < 0.5$ so verschlechtert sich die Zuverlässigkeit durch das Implementieren von TMR oder MNR jedoch. Betrachtet man ein zeitabhängiges Zuverlässigkeitsmaß, wie zum Beispiel die Überlebenswahrscheinlichkeit, so ergibt sich ebenfalls, dass ab einer bestimmten Zeitspanne die Zuverlässigkeit durch NMR oder TMR verschlechtert wird. Abbildung 8.27 illustriert diesen Sachverhalt.

Weitere Maße, die sich auf die Modulredundanz beziehen, sind der Reliability Improvement Factor (RIF) und der Mission Time Improvement Factor (MTIF) für zeitabhängige Zuverlässigkeitsmaße:

$$RIF = \frac{1 - R_M}{1 - R_{NMR}}, \tag{8.14}$$

$$MTIF(R) = \frac{R_{NMR}^{-1}(R)}{R_M^{-1}(R)}. \tag{8.15}$$

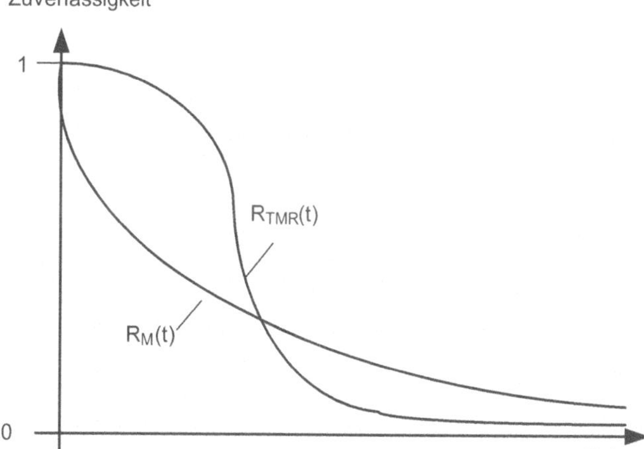

Abb. 8.27 Einfluss der modularen Redundanz auf die Zuverlässigkeit des Gesamtsystems bei zeitabhängigem Zuverlässigkeitsmaß

Probleme, die mit der Modulredundanz einhergehen, sind die Zuverlässigkeit des Voters und die Synchronisation der redundanten Module.

Um den großen Overhead redundanter Systeme einzuschränken, wird statische Hardwareredundanz zum Schutz vor SETs meistens erst auf Gatterebene eingeführt. Hier wird in der sogenannten selektiven Gatterhärtung ein Teil der Gatter oder Flipflops nach ihrer Kritikalität ausgewählt und dupliziert. Statt einen Voter für jedes duplizierte Gatter einzubauen, werden die Ausgänge der beiden redundanten Gatter auf dieselbe Leitung gelegt und die Treiberstärke des zweiten Gatters bewirkt, dass der Ausgangspegel trotz SET im richtigen Bereich liegt. Arbeiten zu selektiver Gatterhärtung finden sich zum Beispiel in [8.96, 8.88, 8.89, 8.144, 8.98].

Es gibt auch Möglichkeiten, Gatter zu härten, ohne sie zu duplizieren oder teilweise zu duplizieren. In [8.145] wird ein Verfahren vorgeschlagen, das auf Gatterbibliotheken angewendet werden kann und die Gatter härtet, in dem es ein robustes Transistor-Layout anwendet. Dieses Transistor-Resizing schützt ebenfalls vor SETs und ist ein bekanntes Verfahren zur Zuverlässigkeitssteigerung in späten Entwurfsphasen. Durch die Anwendung auf Gatterbibliotheken werden also gegenüber SETs unempfindliche Bibliotheken erzeugt und so kann man sich das Verfahren auch in frühen Entwurfsphasen zu Nutze machen. Die Autoren versuchen ein flächenoptimales Resizing zu erwirken, in dem sie minimale Transistorgrößen bestimmen, die benötigt werden, um einen bestimmten Ausgangspegel zu erreichen. Damit wird also gleichzeitig der Overhead so klein wie möglich gehalten.

Speziell zur Härtung von Speicherelementen zum Schutz gegen SEUs sind ebenfalls viele Arbeiten veröffentlicht worden. Die Redundanz wird hier vorwiegend auf Transistorebene eingeführt [8.20, 8.71, 8.28, 8.39, 8.102]. Besonderes Augenmerk wird dabei auf die Einschränkung der zusätzlichen Verlustleistung gelegt [8.142, 8.33, 8.94, 8.36].

Geometrische Härtungsmethoden auf niedrigeren Entwurfsebenen

Auf Transistor- und Layoutebene werden ebenfalls Härtungen vorgenommen. Auf diesen Ebenen gehärtete Bausteine finden sich dann in Bibliotheken wieder, die für die automatisierte Synthese von Beschreibungen auf höheren Entwurfsebenen genutzt werden. Aus diesem Grund werden hier kurz die wichtigsten Härtungsmethoden auf Transistor- und Layoutebene umrissen.

Auf niedrigeren Entwurfsebenen (Layoutebene) können sehr gezielt Maßnahmen zur Bekämpfung von Alterungserscheinungen getroffen werden. Die hier eingeführten Maßnahmen sind nicht direkt mit dem Redundanzbegriff zu vereinbaren, da sie im Wesentlichen daraus bestehen – ähnlich wie beim Transistorsizing –, die Strukturgrößen im Layout so zu verändern, dass Effekte wie zu hoher Stromfluss vermieden werden. In [8.59] wird eine Methode vorgeschlagen, Netze im Layout abhängig von deren Stromfluss zu härten. Innerhalb eines vorgegebenen Rahmens wird ihr Durchmesser vergrößert. Das Verfahren basiert darauf, den Stromfluss nach der Verdrahtung zu analysieren, die Netze in Netzsegmente zu zerlegen und die kritischsten unter ihnen auszuwählen und zu härten. Anschließend werden gegebenenfalls notwendige Anpassungen im Layout vorgenommen.

Dynamische Redundanz

In dynamisch redundanten Systemen wird nach der Fehlererkennung beim aktuell operierenden Modul dieses abgeschaltet und ein Ersatzmodul in Betrieb genommen. Hierzu ist eine Komponente nötig, die die Fehlererkennung durchführt (z. B. ein SCC, periodische Tests), und eine Schaltung, die das Ab- und Anschalten der funktionalen Module übernimmt. Die Zuverlässigkeit eines Systems mit S Ersatzmodulen, die jeweils die Zuverlässigkeit R_M aufweisen, berechnet sich wie folgt:

$$R_{dynamic} = 1 - \left(1 - R_M\right)^{(S+1)}. \tag{8.16}$$

Dies gilt nur unter der Voraussetzung, dass die Schaltung zum An- und Abschalten und die Fehlererkennungslogik die Zuverlässigkeit 1 aufweisen.

Hybride Redundanz

Hybride Systeme setzen sowohl statische als auch dynamische Redundanz ein. Abbildung 8.28 stellt ein solches System dar.

Die Zuverlässigkeit eines solchen Systems mit N statisch redundanten und S dynamisch redundanten Modulen berechnet sich wie folgt:

$$R(N,S) = \sum_{i=0}^{N+S} \binom{N+S}{i} \cdot \left(1 - R_M\right)^i \cdot R_M^{(N+S-i)}, \tag{8.17}$$

wobei N ungerade sei und nie mehr als N Module gleichzeitig ausfallen. Im Übrigen soll für den Voter und die übrigen nicht funktionalen Komponenten wieder Zuverlässigkeit 1 gelten.

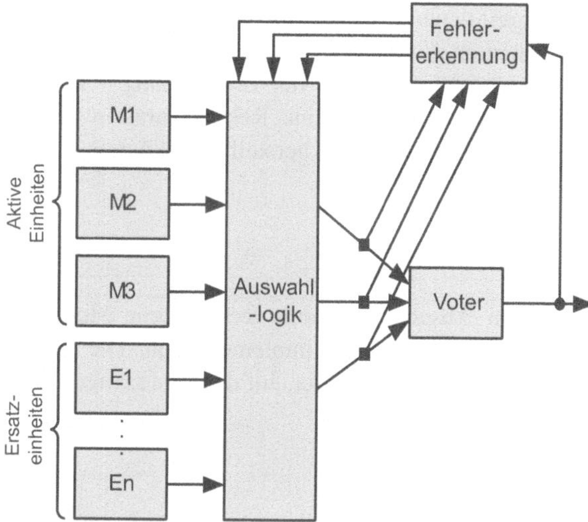

Abb. 8.28 Hybrid redundantes, informationsverarbeitendes System

Dynamische/hybride Redundanz und dynamische Rekonfiguration

Im letzten Jahrzehnt ist die Forschung an dynamisch/hybrid redundanten Systemen wieder verstärkt aufgenommen worden, da sich in der Mikroelektronik dynamisch rekonfigurierbare Architekturen mehr und mehr durchsetzen. Diese Entwicklung ist auf einen hohen Bedarf an Redundanz zur Ausbeutesteigerung zurückzuführen, aber auch auf eine gewünschte, hohe Flexibilität eingebetteter Systeme.

Die ersten Komponenten, in denen Rekonfiguration eingesetzt wurde, sind Speicher. Hier wurden Rekonfigurationsmethoden und später Built-In Self Repair (BIRA) Methoden zunächst nach dem Produktionstest angewendet, um die Ausbeute zu steigern. Mittlerweile werden diese Methoden auch im Feld (neben fehlerkorrigierenden Codes) eingesetzt, um die Lebensdauer und Zuverlässigkeit zu erhöhen [8.3, 8.46, 8.140, 8.128, 8.77, 8.11, 8.99, 8.100].

Mit dem verstärkten Einsatz von FPGAs ab Mitte der 90er Jahre wurde viel Forschungsaufwand in die Nutzung der Rekonfigurierbarkeit solcher Systeme für die Implementierung von Hardwareredundanz gesteckt. Die meisten Methoden haben gemeinsam, dass sie das physikalische System in Blöcke unterteilen, die jeweils Ersatzkomponenten beinhalten. Wird ein Fehler in einem Block entdeckt, muss er lokalisiert werden und der Ersatzblock entsprechend konfiguriert und ins Routing einbezogen werden. Dies kann online oder in einer Reparaturphase geschehen [8.73, 8.72, 8.30, 8.32, 8.6].

Mit der Entwicklung zu Multi- und Manycore Architekturen, also zu Architekturen mit mehreren Berechnungseinheiten, die häufig als NoC und nicht mehr in einer Busarchtitektur organisiert werden, wurden auch eine Reihe von Methoden zur Rekonfiguration in diesen Systemen vorgeschlagen. Sie reichen von Rerouting bei ausgefallenen Switches bis hin zu einem Remapping der Funktion auf Ersatzkomponenten [8.109, 8.143].

Der nächste Schritt in der Entwicklung – die Nanotechnologie – macht den Einsatz von Redundanz und Rekonfiguration unabdingbar, um überhaupt funktionierende Komponenten herstellen zu können.

8.3.1.3 Zeitredundanz

In diesem Abschnitt werden verschiedene Methoden vorgestellt, die es ermöglichen Zeitredundanz zu implementieren. Die jeweiligen Methoden werden den Entwurfsebenen zugeordnet, auf denen sie eingesetzt werden können.

Checkpointing

Zeitliche Redundanz wird durch das Einfügen von Checkpoints in eine Berechnung eines Systems realisiert. Zu vordefinierten Zeitpunkten (Checkpoints) wird der Systemzustand gespeichert. Gleichzeitig mit den Berechnungen läuft eine Fehlererkennung. Wird ein Fehler erkannt, so wird das System auf den letzten Checkpoint zurückgesetzt. So können transiente oder intermittierende Fehler toleriert werden, wenn der Speicher, in dem der Systemzustand gesichert wird, zuverlässig ist. Abbildung 8.29 verdeutlicht dies.

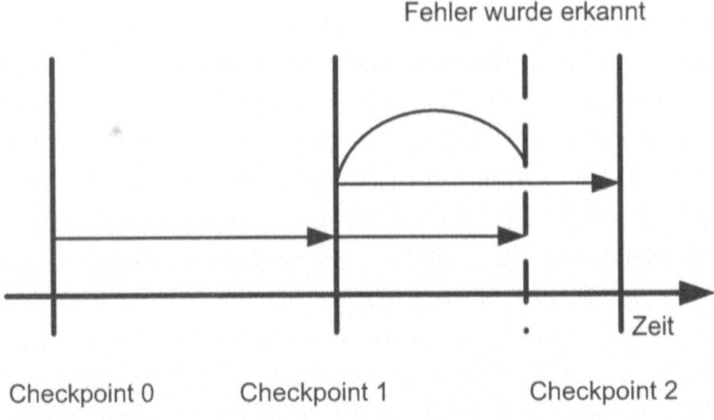

Abb. 8.29 Prinzip des Checkpointings

Die Zeit, die benötigt wird, um den Checkpoint zu speichern, wird als Checkpointlatenz bezeichnet und verlangsamt die Berechnung entsprechend. Daher ist eine geschickte Wahl der Checkpointintervalle notwendig.

Zeitliche Redundanz auf Gatter- und Transistorebene

Auf Transistor- und Gatterebene wird Zeitredundanz am einfachsten in sogenannten Shannon-Schaltungen realisiert. Sie beruhen darauf, dass jede Boolesche

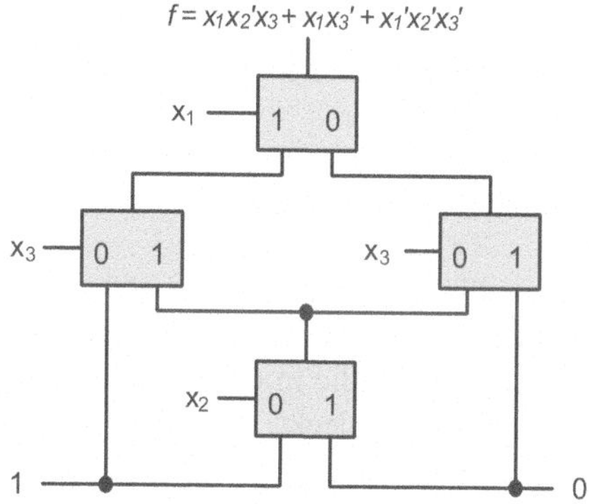

Abb. 8.30 Implementierung der Funktion *f* mit einer Shannon-Schaltung

Funktion nach der Shannon-Zerlegung in ein binäres Entscheidungsdiagramm zerfällt und daher mit Multiplexern implementiert werden kann. Abbildung 8.30 zeigt, wie eine Funktion *f* in einer Shannon-Schaltung implementiert wird.

Metra et al. [8.35] haben vorgeschlagen in einer solchen Implementierung nach einer halben Taktperiode die beiden konstanten Werte *0* und *1* gegeneinander zu tauschen. Bei einer korrekt funktionierenden Schaltung sollte sich also die Ausgabe ändern. Speichert man beide Ausgaben in Registern, kann man sie mit einen 2-Rail Checker überprüfen. Es wurde nachgewiesen, dass die vorgeschlagene Schaltung total selbsttestend bezüglich aller Haftfehler ist.

Zeitliche Redundanz auf Register-Transfer- und Gatterebene

Auf Gatter und Register-Transfer Ebene wird das in Abb. 8.31 dargestellte Prinzip der Schattenregister angewendet. Ist das Hauptregister von einem SEU betroffen, so wird der Wert aus dem Schattenregister in das Hauptregister geladen. Die beiden Register können zusätzlich noch zu unterschiedlichen Zeitpunkten samplen

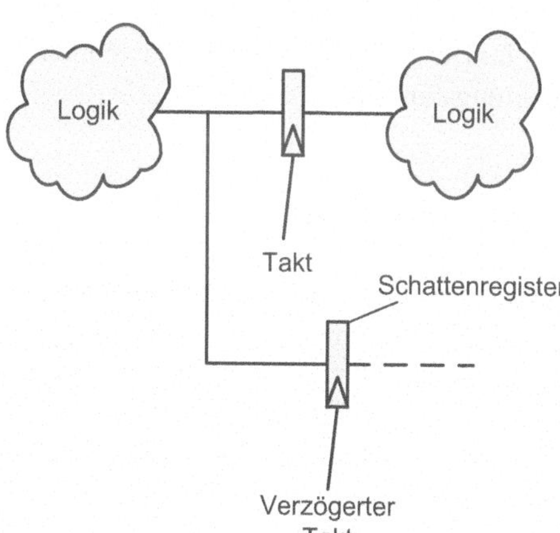

Abb. 8.31 Struktureller Aufbau eines Schattenregisters zur Implementierung struktureller Redundanz von Speicherelementen auf Register-Transfer- bzw. Gatterebene

und so auch Verzögerungsfehler erkennen und beseitigen [8.33]. Dieses Prinzip kann ebenso auf höheren Abstraktionsebenen angewendet werden.

Zeitliche Redundanz auf Automatenebene

Für endliche Automaten kann der Kontrollfluss mittels Watchdogs überwacht werden. McCluskey [8.111] hat hierzu vorgeschlagen, jedem Zustand eine Signatur zuzuordnen, die in einem separaten Automaten überwacht werden kann. Wurde ein Fehler entdeckt, muss der vorherige Zustand hergestellt werden.

Zeitliche Redundanz auf Prozessorebene

Auf Prozessorebene kann Checkpointing realisiert werden, in dem die Registerinhalte in den Hauptspeicher kopiert werden. Prominenter ist jedoch, auch hier eine Kontrollflussüberwachung einzusetzen [8.113, 8.114, 8.115].

8.3.2 Kosten zuverlässigkeitssteigernder Maßnahmen

Kosten beim Entwurf und auch im Einsatz von mikroelektronischen Systemen werden selten monetär gemessen, auch wenn sie stets damit korreliert sind. Allgemein sind die Kostenmaße nie unabhängig voneinander zu betrachten. Die häufigsten Kostenmaße sind zeitbezogen. Das einfachste und direkt in monetären Wert umrechenbare Maß ist die Time-to-Market, also die Zeit, die von der Produktidee bis zur Marktreife vergeht. Die Time-to-Market ist gerade in der Mikroelektronik, in der in rasantem Tempo Fortschritte erzielt werden (Moore's Law), sehr kritisch. Daher müssen sich zuverlässigkeitssteigernde Maßnahmen so in den Entwurfsfluss integrieren, dass die zusätzliche Entwicklungszeit so gering wie möglich ist. Alle oben beschriebenen Verfahren zur Steigerung der Zuverlässigkeit lassen sich automatisiert anwenden und verursachen kaum zusätzliche Entwicklungskosten.

8.3.2.1 Performanz

In vielen Anwendungen und insbesondere in mechatronischen Systemen, in denen die Mikroelektronik Echtzeitanforderungen gerecht werden muss, spielt die Rechenleistung (Performanz) als Kostenmaß eine große Rolle. Abhängig von der Funktionalität einer mikroelektronischen Komponente kann man verschiedene Maße anwenden und unterscheiden. Die Taktfrequenz eines Mikroprozessors kann ein solches Maß sein bzw. die Millionen Instruktionen pro Sekunde (Million Instructions per Second/MIPS). Auch die Latenzzeit bei Speicherzugriffen, der Durchsatz auf einem Bus etc. sind Performanzmaße. Systeme, die zeitliche Redundanz zur Steigerung der Zuverlässigkeit einsetzen, haben wie schon oben erwähnt natürlicherweise zusätzliche Performanzkosten. Es ist gerade in Echtzeitsystemen unabdingbar, diese zusätzlichen Kosten gegen den Grad der Zuverlässigkeitssteigerung abzuwägen. In [8.106] werden verschiedene Checkpointtechniken für Multiprozessorsysteme auf ihre Performanz hin untersucht. Es werden Checkpointtechniken mit Rücksetzen und ohne Rücksetzen, die auf einer weiteren Ersatzkomponente basieren, untersucht. Erwartungsgemäß ist das Rücksetzen in der Performanz schlechter, bietet jedoch eine höhere Zuverlässigkeit. Die Zuverlässigkeitseinbußen in dem Ansatz ohne Rücksetzen sind jedoch gering. Abhängig von der Anwendung kann also entweder die eine Technik oder die andere Technik die bessere Wahl sein.

In [8.131] wird ein Verfahren vorgestellt, das für ein Multiprozessorsystem das Verhältnis zwischen Performanzverlust und Zuverlässigkeit optimiert. Die Autoren von [8.31] beziehen auch noch den Energieverbrauch mit ein. In [8.136] wird ein NoC vorgeschlagen, das sich nach Inbetriebnahme selbst kalibriert und dadurch eine Optimierung der Zuverlässigkeit und der Latenz erreicht.

8.3.2.2 Verlustleistung

Ein weiterer Kostenfaktor ist die Leistungsaufnahme und insbesondere die Verlustleistung der mikroelektronischen Schaltung. Eine hohe Leistungsaufnahme bewirkt hohe Kosten für Kühlung und ungünstige Eigenschaften in mobilen Anwendungen auf Grund der dort eingeschränkten Stromversorgung. Eine hohe Leistungsaufnahme begünstigt aber auch die Elektromigration und verschlechtert somit die Zuverlässigkeit einer Komponente. Andererseits verursachen einige zuverlässigkeitssteigernde Maßnahmen eine höhere Leistungsaufnahme [8.31]. Da die Verlustleistung inzwischen der begrenzende Faktor für die Steigerung der Taktfrequenz ist, beeinflusst die Zuverlässigkeit auch indirekt über die Verlustleistung die Performanz. Zudem bestätigen Experimente, dass die Leistungsaufnahme und die Verlustleistung proportional zum Produkt aus Taktfrequenz (also Performanz) und Fläche einer Schaltung sind. All diese Parameter können also nicht unabhängig voneinander betrachtet werden.

In einem SoC wird die Verlustleistung auf dem Kommunikationsbus zum einen durch dessen Länge und Breite bestimmt, zum anderen aber auch durch die Daten, die transferiert werden und durch die Codierung, der diese Daten unterliegen. Da die Verlustleistungshöhe auf Bussen durchaus kritisch bewertet wird [8.14], sind spezielle Buscodierungen entwickelt worden, die die Verlustleistung minimieren. In [8.14] wird jedoch festgestellt, dass Buscodierungen zur Verlustleistungsoptimierung nachteilig für die Zuverlässigkeit sind und umgekehrt Buscodierungen zur Fehlererkennung und Korrektur sich nachteilig auf die Verlustleistung auswirken. Daher ist es notwendig, die aus einer gewählten Codierung resultierende

Verlustleistung vor der Fertigung noch in der Entwurfsphase evaluieren zu können. So ist es dann möglich, den Trade-off zwischen Verlustleistung und Gewinn an Zuverlässigkeit durch die Wahl eines passenden Codes positiv zu beeinflussen.

In [8.119] wird ein Busmodell vorgestellt, das bei der Abschätzung der Verlustleistung verwendet werden kann. Das vorgeschlagene Modell vereinfacht die Berechnung der Verlustleistung im Gegensatz zu einer herkömmlichen, zeitaufwendigen Simulation auf elektrischer Ebene. Das Modell betrachtet die durch Schaltvorgänge auf einer Leitung entstehende Verlustleistung unter Berücksichtigung der Kapazitäten, Widerstände und Induktivitäten zu den beiden Nachbarn einer Leitung. Das Modell kann abhängig von der Fertigungstechnologie parametrisiert werden und bietet – wie experimentell nachgewiesen wurde – eine sehr gute Näherung der tatsächlichen Verlustleistung.

Ursprünglich war das Modell zur Abschätzung der Verlustleistung und zur Dimensionierung der Bustreiber und Repeater gedacht, doch es kann durch eine entsprechende Erweiterung auch zur Evaluation verschiedener Datencodierungen genutzt werden. Es wurde hierzu ein Tool entwickelt, das die Verlustleistung verschiedener Codierungen oder auch Busarchitekturen visualisiert und so eine genaue Analyse ermöglicht. Zunächst ist es hierfür notwendig, Datensätze, die über den Bus transferiert werden sollen, zu generieren, da die Verlustleistung wesentlich von den tatsächlich transferierten Daten abhängt. Die Generierung solcher Datensätze kann durch Simulationen schon in sehr frühen Entwurfsschritten auf Architekturebene geschehen und stellt somit keinen zusätzlichen Aufwand dar. Die entsprechenden Codierungen können nachträglich auf die Daten angewendet werden. Aus den so erzeugten, unterschiedlichen Bustraces (Aufzeichnungen des Datenverkehrs auf einem Bus) kann das Tool nun eine graphische Gegenüberstellung generieren. Die Verlustleistung wird hier gegen die Zeit aufgetragen und es ist möglich auf der Zeitachse die Auflösung zu erhöhen. Durch Rückannotation der Verlustleistungswerte können auch Busoperationen identifiziert werden, die besonders verlustleistungsintensiv sind.

Generell kann das Busmodell und das Werkzeug zur Visualisierung der Verlustleistung auch zur Analyse von Kommunikationsstrukturen wie NoCs genutzt werden.

8.3.2.3 Fläche

Wie bereits oben erwähnt, birgt Hardwareredundanz, wie sie beim Härten von Gattern, Speicherelementen oder auch abstrakteren Komponenten genutzt wird, einen zusätzlichen Overhead in der verbrauchten Chipfläche. Dieser Overhead ist auch direkt mit einer höheren Verlustleistung, teurerer Kühlung etc. verbunden.

Auch aus diesem Grund werden Schaltungen auf RT- oder Gatterebene nur selektiv an solchen Gattern gehärtet, die besonders sensitiv gegen die Auswirkungen von Partikeleinschlägen sind.

Die Wahrscheinlichkeit, dass ein Partikeleinschlag an einem Gatter sich tatsächlich zu einem SEU entwickelt, setzt sich zusammen aus der Wahrscheinlichkeit, dass der Einschlag einen Störimpuls am Gatterausgang verursacht, der Wahrscheinlichkeit, dass ein Pfad von diesem Gatter zu einem Speicherglied sensibilisiert wird, der Wahrscheinlichkeit, dass der Störimpuls genau dann auf das Speicherelement trifft, wenn dieses einen neuen Wert annimmt und der Wahrscheinlichkeit, dass der Störimpuls auf dem Weg zum Speicherelement nicht abgeschwächt wird. Diese Wahrscheinlichkeiten sind erst dann sicher herzuleiten, wenn bereits Technologieinformationen über die Schaltung vorliegen – also sehr spät im Entwurfsfluss. Dies ist ungünstig, da die Härtung dann einen Rückschritt im Entwurf bedeutet.

In [8.146] wurde erstmals eine Technik vorgestellt, die auf hoher Abstraktionsebene – auf Gatterebene – einzelne Logikgatter zur Härtung auswählt und so den Rückschritt im Entwurf umgeht. Die herkömmliche Methode, eine Untermenge der Gatter zum Härten auszuwählen, basiert wie schon in Kap. 8.2 beschrieben darauf, folgende Gleichung zu lösen:

$$c \cdot p_{err} \geq \sum_{f \in C_1} \frac{s_f}{LHF} \cdot p_f + \sum_{f \in C - C_1} s_f \cdot p_f \,. \tag{8.18}$$

p_{err} ist die Wahrscheinlichkeit für eine fehlerhafte Ausgabe der gesamten Schaltung ohne Härtung und c entsprechend der Faktor, um den p_{err} verbessert werden soll. *LHF* ist der lokale Härtungsfaktor, also der Faktor, um den die Fehleranfälligkeit s_f eines Gatters f verbessert wird. p_f ist die zu f gehörende Wahrscheinlichkeit, dass der Fehler an f tatsächlich zu einem Speicherelement propagiert, gemäß der oben aufgeführten Zusammensetzung.

p_f und s_f können nur nach dem Layout der Schaltung exakt bestimmt werden. Dies wirkt sich jedoch negativ auf den Entwurfsfluss aus, da die Schaltung nach der Gatterhärtung neu gelayoutet werden muss. Es wird also ein Verfahren benötigt, das die obige Formel bereits vor Erstellung des ersten Layouts auswerten und Gatter zur Härtung ermitteln kann. In Experimenten stellt sich heraus, dass auch mit einer abstrakten Abschätzung des Produkts aus p_f und s_f die Auswahl der Gatter genügend gut zu treffen ist. Folgende Formel kann statt der obigen verwendet werden:

$$c \cdot p'_{err} \geq \sum_{f \in C_1} \frac{p'_f}{LHF} + \sum_{f \in C - C_1} p'_f \,. \tag{8.19}$$

s_f wird als identisch für alle Gatter angenommen und muss daher nicht weiter betrachtet werden. p_f' ist letztlich, wenn man die Bedingungen oben genau betrachtet und zusammenfasst, die Fehlererkennungswahrscheinlichkeit. Für diese gibt es aus dem Bereich des Tests logischer Schaltungen wohlbekannte Schätzer [8.138]. Ein möglicher Schätzer ist zum Beispiel für eine möglichst große, zufällige Menge an Testmustern den Quotienten aus der Menge der Muster, die den Fehler am Gatter f erkennen, und der Gesamtmenge der Testmuster zu bilden. Ist der Fehler an einem Gatter gut detektierbar, muss das Gatter folglich gehärtet werden.

In Tabelle 8.3 sind die Ergebnisse dieser Methode dargestellt. Die Ergebnisse werden für zwei Härtungsziele angegeben. In der jeweils linken Spalte ist die Größe der Menge C_I in Prozent der gesamten Gatterzahl angegeben. Die jeweils zweite Spalte gibt den tatsächlich erreichten Härtungsfaktor an. Die Ergebnisse wurden für Schaltungen aus dem IWLS 93 Benchmarkset generiert.

Tabelle 8.3 Ergebnisse der frühen, selektiven Härtung für zwei verschiedene Härtungsziele. In nahezu allen Fällen wird das Härtungsziel nicht nur erreicht sondern trotz der geringen Anzahl gehärteter Gatter deutlich überschritten

	Härtungsziel: 0,5		Härtungsziel: 0,25	
Schaltung	Gehärtete Gatter	Gemessener Härtungsfaktor	Gehärtete Gatter	Gemessener Härtungsfaktor
Bbara	26%	0,5	52%	0,24
Bbsse	19%	0,55	45%	0,2
Cse	15%	0,23	34%	0,15
Dk14	30%	0,31	60%	0,13
Dk15	27%	0,35	55%	0,17
Dk16	25%	0,53	53%	0,21
Dvram	28%	0,4	54%	0,15
Ex6	28%	0,38	56%	0,18
Fetch	23%	0,37	46%	0,18
Keyb	13%	0,39	33%	0,2
Kirkman	20%	0,37	47%	0,2
Nucpwr	24%	0,37	50%	0,15
Opus	18%	0,41	40%	0,22
S1	24%	0,35	48%	0,18
Sand	17%	0,36	36%	0,23
Styr	15%	0,31	33%	0,17
Syny	18%	0,52	34%	0,32
Tbk	9%	0,47	24%	0,26

Es ist deutlich, dass mit der vorgestellten Methode der geforderte Härtungsfaktor in fast allen Fällen deutlich unterboten werden kann und dies bei einer sehr geringen Anzahl gehärteter Gatter.

8.4 Zuverlässiger Entwurf in der Informationsverarbeitung

Die Informationsverarbeitung in einem mechatronischen System setzt sich aus mikroelektronischen Hardwarebausteinen, wie Mikrocontrollern und Mikroprozessoren oder anwendungsspezifischen Blöcken, und Softwarekomponenten zusammen. Durch den Informationsfluss und Abhängigkeiten zwischen Software und Hardware tritt in der Informationsverarbeitung eine starke Wechselwirkung zwischen den beiden Domänen auf. Wie in Kap. 3 behandelt, muss die Zuverlässigkeitsbetrachtung und -optimierung eines mechatronischen Systems domänenübergreifend durchgeführt werden. Mikroelektronische Komponenten lassen sich einfach in die in Kap. 2.1 vorgestellten, qualitativen Analyseverfahren FMEA und FTA eingliedern, da diese auf sehr hohen Abstraktionsebenen ansetzen. Ebenso können mikroelektronische Komponenten in die Risikoanalyse, die auf einem SQMA Modell basiert, integriert werden.

Die existierenden Wechselwirkungen zwischen der Informationsverarbeitung und insbesondere der Mikroelektronik mit der Elektromechanik und Mechanik, welche die Zuverlässigkeit beeinflussen können, werden mit der in Kap. 3.8.2 vorgestellten, ganzheitlichen Methodik zur Erfassung, Beschreibung und Analyse extrahiert.

Aus den mit diesen Methoden gewonnenen Anforderungen an die Zuverlässigkeit der Informationsverarbeitung kann dann das nachfolgend beschriebene Zuverlässigkeitsmodell für die integrierte Mikroelektronik und Software aufgestellt werden. Durch die funktionale Betrachtung des Gesamtsystems und einer hierarchischen Dekomposition können die funktionalen Anforderungen bis auf die Ebene der Hardware und Software verfeinert werden. Durch Aufstellen von Top- und Topfehlfunktionen und ihrer Zuordnung zu Kritikalitätsklassen kann eine erste Abschätzung der erforderlichen Zuverlässigkeit der informationsverarbeitenden Komponente im System erfolgen.

In diesem Kapitel wird auf die Bewertung und den zuverlässigen Entwurf dieser informationsverarbeitenden Komponente, d. h. dem Hardware-/Softwaresystem, eingegangen. Besonders in der frühen Entwurfsphase werden hier schon wichtige Entwurfsentscheidungen getroffen. Die Auswahl einer Plattform und die Hardware-/Software-Partitionierung haben dabei größten Einfluss auf die Zuverlässigkeit des Systems und sind später im Entwurfsfluss kaum oder nur mit hohem Aufwand zu ändern. Entsprechend muss schon zu Beginn des Entwurfs zumindest eine qualitative Zuverlässigkeitsabschätzung und -bewertung für verschiedene Alternativen durchgeführt werden. Basierend auf dieser Bewertung kann dann eine Konfiguration gewählt werden, die sowohl die Randbedingungen des Entwurfs als auch die Zuverlässigkeitsanforderungen des Systems erfüllt.

8.4.1 Modellierung der Systemzuverlässigkeit in der Informationsverarbeitung

In diesem Abschnitt werden verschiedene Modelle zur Zuverlässigkeitsbetrachtung von Hardware-/Softwaresystemen vorgestellt. Da sowohl Hardware als auch Software modular entworfen und entwickelt werden, basiert die Mehrzahl der Modelle auf einer Komponentendarstellung.

Systems-on-Chip (SoC), die aufgrund der hohen Integrationsdichte häufig in eingebetteten Anwendungen verwendet werden, bestehen aus verschiedenen

Hardwarekomponenten, wie Prozessoren, Speicher, Hardwarebeschleunigern, peripheren Komponenten oder Schnittstellen zur Umgebung. In Software implementierte Programme, die von eingebetteten Prozessorkernen ausgeführt wird, erhöhen sowohl die Funktionalität als auch die Flexibilität des Systems.

Die Zuverlässigkeit von Hardware-/Softwaresystemen wird von mehreren Faktoren beeinflusst. Ausfallmechanismen umfassen Fehler, die während dem Entwurf, der Fertigung und der Laufzeit auftreten. Dabei können Entwurfsfehler sowohl in Software und Hardware auftreten, während physikalische Vorgänge zur permanenten oder transienten Fehlern in der Hardware führen (siehe auch Kap. 8.1). Transiente Fehler zur Laufzeit können den Zustand einer ausgeführten Berechnung oder Operation beeinflussen.

Zahlreiche Maßnahmen wurden zur Steigerung der Zuverlässigkeit durch Einsatz von Redundanzen in Hardware und Software vorgeschlagen. Redundanzen verursachen jedoch erhöhte Kosten bezüglich der Chipfläche, Verlustleistung oder Einbußen in der Systemleistung. Zur effizienten Zuverlässigkeitssteigerung ist es deshalb nötig, kritische Systemkomponenten zu identifizieren und zur Härtung oder für Fehlertoleranz-Maßnahmen auszuwählen. Ein Systemmodell für die akkurate Zuverlässigkeitsschätzung ist notwendig, um diese kritischen Komponenten zu identifizieren und mögliche Entwurfsalternativen zu bewerten.

Dabei müssen die funktionalen Aspekte der Zielanwendung des Systems in die Zuverlässigkeitsbewertung einfließen. Funktionale Eigenschaften schließen neben Eigenschaften der ausgeführten Anwendung auch Auslastungs- und Nutzungsprofile, wie beispielsweise die Laufzeit, mit ein. Werden funktionale Aspekte in der Modellierung vernachlässigt, kann sich ein ungenauer Wert der Systemzuverlässigkeit – entweder zu optimistisch oder zu konservativ – ergeben.

Im Entwurf solcher Hardware-Software-Systeme wird zu Beginn von einer algorithmischen Verhaltensbeschreibung ausgegangen, die noch nicht zwischen Hardware- und Softwaredomäne unterscheidet. Zur Modellierung des Verhaltens können Daten- oder Datenkontrollflußgraphen verwendet werden, die die Abfolge von Operationen auf den Daten darstellen. Die Struktur der Zielhardware kann als Architekturgraph beschrieben werden, der die verschiedenen Hardwareblöcke und ihre Verbindungen zur Kommunikation untereinander darstellt [8.135].

Die Zuordnung der Operationen im Datenflußgraph zu Ressourcen des Systems wird im Mapping- und Binding-Schritt durchgeführt [8.65]. Operationen können dabei mittels Hardware oder Software, die von Prozessoren ausgeführt wird, implementiert werden.

Die Zuverlässigkeit einer speziellen Implementierung einer Operation hängt dann von den Zuverlässigkeitseigenschaften der zugrundeliegenden Ressource und der Art der Operation ab. Die Art der Operation bestimmt das Nutzungsprofil der Ressource, also z. B. die Laufzeit auf der Ressource oder ihre Auslastung. Ebenso unterscheidet sich das Nutzungsprofil signifikant, wenn eine Operation mittels Software oder vollständig in Hardware implementiert wird.

Wird eine Ressource des Systems zur Implementierung mehrerer Operationen verwendet, dann steigt die Auslastung dieser Ressource und entsprechend erhöht sich ihre Kritikalität hinsichtlich der Systemzuverlässigkeit. Weiterhin können die

Zuverlässigkeiten der sich ergebenden Implementierungen nicht mehr als statistisch unabhängig voneinander betrachtet werden, da die Fehler in der Ressource während der Ausführung einer Operation korrelieren. Die Annahme statistischer Unabhängigkeit führt hier zu einem ungenauen Wert der Systemzuverlässigkeit.

Fehler, die während der Ausführung einer Operation auftreten, können von darauf folgenden Operationen maskiert oder propagiert werden. Ein Fehler auf Systemebene tritt erst auf, falls er von der Fehlerstelle bis zu den Primärausgängen propagiert und damit beobachtbar wird. Fehler können dabei auf verschiedenen Ebenen maskiert werden: Auf elektrischer und logischer Ebene und auf Architektur- und Verhaltensebene. Auf den höheren Ebenen, wie z. B. der Architektur- oder Verhaltensebene, werden Fehler maskiert, wenn Ergebnisse aus vorangehenden Operationen gerundet oder nur zum Teil verwendet werden.

Im Datenflussgraph lassen sich aus den Datenabhängigkeiten der Operationen das Kommunikationsverhalten und mögliche Propagierungspfade von Fehlern ablesen. Aber auch die Datenübertragung selbst kann durch Fehler wie Übersprechen oder Rauschen beeinträchtigt werden [8.19, 8.116]. Folglich müssen Kommunikationsvorgänge ebenso im Zuverlässigkeitsmodell berücksichtigt werden.

Ein umfassendes Systemmodell zur Zuverlässigkeitsbewertung der Informationsverarbeitung muss also neben Hardware- und Softwarekomponenten auch das Verhalten des Systems abbilden. Dies schließt neben Fehlerpropagierung auf Anwendungsebene auch Abhängigkeiten ein, die durch Mapping-Informationen gegeben sind.

8.4.1.1 Systemmodelle zur Zuverlässigkeitsbewertung

Hardware-/Softwaresysteme werden hierarchisch modelliert, um den Aufbau aus Komponenten abzubilden. Für die Zuverlässigkeitsbewertung der einzelnen Komponenten müssen jeweils entsprechende Modelle verwendet werden, um die unterschiedlichen Eigenschaften der Hardware und Software zu berücksichtigen.

Die Zuverlässigkeitsmodellierung von Hardware und Software unterscheidet sich, da die zugrundeliegenden Ausfallmechanismen unterschiedlicher Natur sind. Betrachtet man Software, so werden Ausfälle durch Entwurfsfehler begründet, die während dem Betrieb ausgelöst werden (siehe auch Kap. 7). Bei Hardware findet man zusätzlich physikalische Ausfallursachen, die als permanente (harte), intermittierende oder transiente Fehler modelliert werden. Entsprechend werden in der Literatur unterschiedliche Zuverlässigkeitsmodelle für Software und Hardware vorgeschlagen, die die jeweiligen Ausfallmechanismen berücksichtigen.

Ebenso wie bei Software wird die korrekte Funktionalität von Hardware durch Entwurfsfehler beeinträchtigt. Im Gegensatz zur Software findet jedoch im Hardwareentwurf eine viel umfassendere Funktionsvalidierung und -verifikation statt, da Korrekturen im Endprodukt kaum möglich und mit hohen Kosten verbunden sind. Viel wichtiger ist im Kontext der Zuverlässigkeitsbewertung von Hardware die akkurate Modellierung physikalischer Ausfallmechanismen. In Kap. 8.2 wird auf die quantitative Modellierung verschiedener Fehlertypen eingegangen.

Auf Systemebene kann Hardware und Software nicht mehr separat bewertet werden und Zuverlässigkeitsmodelle müssen Hardware, Software und ihre Interaktion umfassen. Zur Modellierung können Zuverlässigkeitsblockdiagramme, Fehlerbäume, und komponentenbasierte Modelle verwendet werden

Modellierung mittels Zuverlässigkeitsblockdiagrammen

Zuverlässigkeitsblockdiagramme [8.127] erlauben eine graphische Beschreibung von Systemzuständen und -konfigurationen, in denen das System eine geforderte Funktion erbringen kann. Dabei werden die Hardware- und Softwarekomponenten des Systems als Blöcke dargestellt, die entweder funktionsfähig oder ausgefallen sind.

Ausgehend von Zuverlässigkeitsblockdiagrammen lässt sich die Systemzuverlässigkeit analytisch für viele Strukturen exakt berechnen. Bei komplexen Systemen, die nicht als Kombination von Serien- und Parallelstrukturen dargestellt werden können, muss die Zuverlässigkeit approximiert werden [8.112]. Weiterhin werden Monte-Carlo-Simulationen verwendet, um speziell bei komplexen Systemen die Zuverlässigkeit abzuschätzen. Sowohl bei der analytischen Berechnung als auch bei simulationsbasierten Verfahren wird die Zuverlässigkeit einer einzelnen Komponente von dem entsprechenden zugrunde liegenden Ausfallverhalten bestimmt.

Zur Modellierung von Abhängigkeiten und Beziehungen zwischen den Komponenten wurden in [8.25, 8.126] Erweiterungen von Zuverlässigkeitsblockdiagrammen zu dynamischen Blockdiagrammen eingeführt. Diese Erweiterungen modellieren das dynamische Verhalten einer Komponente als Zustandsabfolge, also z. B. mittels den Zuständen *Im Betrieb*, *Standby* und *Ausgefallen*. Änderungen der Systemkonfiguration werden nun durch Zustandsübergänge in den Komponenten ausgelöst. Dies erlaubt z. B. Ausfälle zu modellieren, die Ausfälle in weiteren Komponenten zur Folge haben. Andere Anwendungen sind die Modellierung von Redundanzen als heisser oder kalter Reserve und auch der Lastausgleich zwischen zwei oder mehr Komponenten.

Modellierung mittels Fehlerbäumen

Die Fehleranalyse mittels Fehlerbäumen geht von betrachteten Ausfallereignissen, sogenannten Top-Ereignissen, aus und bestimmt diejenigen Ereignisse und Ereigniskombinationen, die zu dem jeweils betrachteten Top-Ereignis führen. Fehlerbäume werden als Baum visualisiert, dessen Wurzel dem Top-Ereignis entspricht und dessen Blätter Elementarereignissen entsprechen. Innere Knoten modellieren logische Verknüpfungen von Ereignissen und werden als logische Gatter dargestellt. In Abb. 8.32 (a) ist beispielhaft der Fehlerbaum eines teilredundanten Speichersystems dargestellt, das aus drei Speichermodulen besteht. Die Elementarereignisse sind die Ausfälle der einzelnen Module S1 bis S3. Ein Ausfall des Gesamtsystems tritt nur auf, wenn S1 oder S2 und S3 ausfallen. Ein Fehlerbaum kann in ein Zuverlässigkeitsblockdiagramm gleicher Semantik überführt werden, wie in Abb. 8.32 (b) dargestellt.

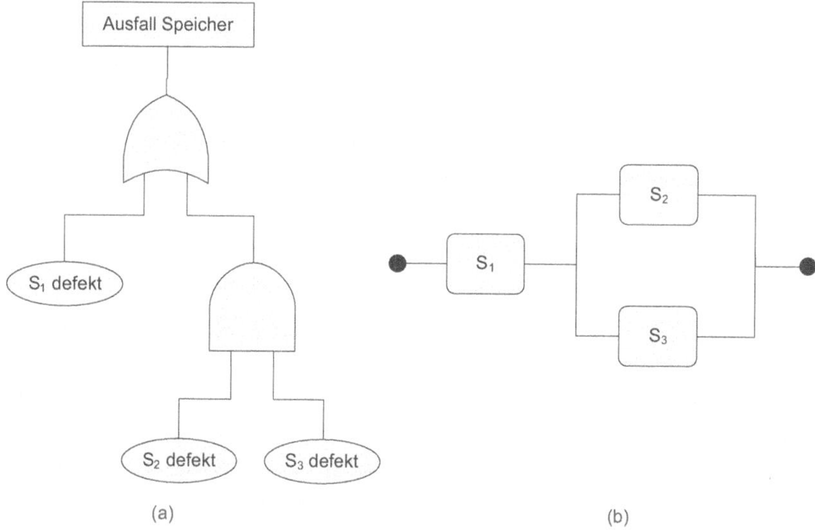

Abb. 8.32 Fehlerbaum für ein Speichersystem und äquivalentes Blockdiagramm

Im Kontext von Hardware-/Softwaresystemen modellieren Elementarereignisse Fehler in einer Software- oder Hardwarekomponente, beispielsweise den Ausfall eines Speicherblocks oder einen Übertragungsfehler auf dem Bus. Die Arbeit [8.141] stellt ein Verfahren vor, Fehlerbäume automatisiert aus einer SystemC-Beschreibung des Systems zu extrahieren.

Die Modellierungsmächtigkeit von Fehlerbäumen wurde in [8.29] durch Einführung von neuen Gattertypen stark erweitert:

1. Funktionale Abhängigkeiten von Komponenten bezüglich einem Ereignis werden mit dem Gatter in Abb. 8.33 (a) modelliert: Tritt das auslösende Ereignis auf, werden die davon abhängigen Ereignisse *1* bis *n* ausgelöst.

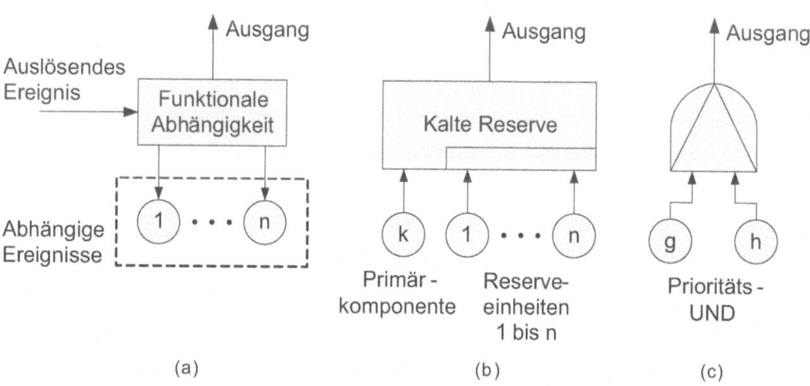

Abb. 8.33 Erweiterungen in dynamischen Fehlerbäumen

2. Kalte Reservekomponenten im System, also Redundanzen, die bis zum tatsächlichen Einsatz ausgeschaltet und passiv sind, werden durch das Gatter in Abb. 8.33 (b) dargestellt.
3. Das Prioritäts-UND-Gatter (Abb. 8.33 (c)) wird benutzt, um eine zeitliche Abfolge von Ereignissen zu modellieren, die bei Auftreten zu einem Folgeereignis am Ausgang des Gatters führt.

Struktur und Verhalten

Da die Zuverlässigkeit eines Hardware-/Softwaresystems nicht ausschließlich von der Struktur bestimmt ist, wurden Modelle entwickelt, die strukturelle Abhängigkeiten mit in die Bewertung einbeziehen [8.133, 8.15]. Diese Abhängigkeiten ergeben sich durch mehrfach und gemeinsam benutzte Ressourcen.

Im Mapping-Schritt des Systementwurfs werden Operationen auf Ressourcen des Systems abgebildet [8.65]. Entsprechend schlagen [8.62] und [8.38] vor, das System als Operationen und Ressourcen zu modellieren. Dabei ist es möglich, Operationen zu replizieren oder verschiedenen Ressourcen zuzuweisen.

8.4.1.2 Systemmodellierung unter Berücksichtigung funktionaler Aspekte

Zur Zuverlässigkeitsanalyse von Hardware-/Softwaresystemen ist ein Systemmodell notwendig, welches sowohl die Struktur und Architektur der Hardware als auch die ausgeführte Funktion betrachtet. Das Strukturmodell der Hardware erlaubt, den Einfluss von logischer und struktureller Fehlermaskierung auf die Zuverlässigkeit der Hardware zu bestimmen. Allerdings kann ein solches Modell nicht die Zuverlässigkeit des Gesamtsystems hinreichend genau bewerten. Die Ausführung der Funktion auf dem System führt zu speziellen Nutzungs- und Kommunikationsmustern der Systemkomponenten, die zu erhöhter oder verminderter Anfälligkeit gegenüber Fehlern führen.

Das im Folgenden beschriebene Zuverlässigkeitsmodell für Hardware-Software-Systeme [8.67] basiert auf Informationen, die schon in frühen Entwurfsphasen vorliegen. Es greift die Konzepte aus [8.62] und [8.38] auf und erweitert das Modell um Abhängigkeiten zwischen den modellierten Einheiten und Verhaltensinformationen wie Fehlermaskierung auf Anwendungsebene. Das Modell basiert auf der gemeinsamen Modellierung der Funktion und der Struktur des Systems.

Funktionale Systemmodellierung

Die Funktions- oder Verhaltensbeschreibung des Systems ist üblicherweise als Ablauf von Operationen gegeben und kann, wie in Abb. 8.34 (a) als Datenflussgraph dargestellt werden. Die strukturelle Beschreibung des Systems stellt die verfügbaren Hardwareressourcen des Systems wie z. B. in Abb. 8.34 (b) dar.

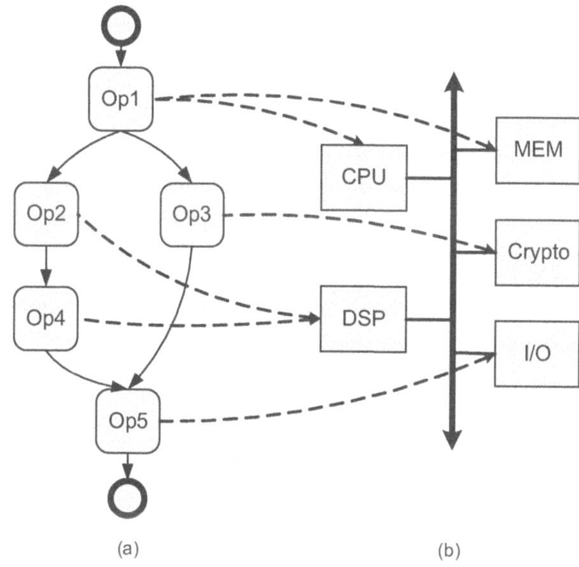

Abb. 8.34 Systemmodel (a) Verhaltenssicht als Datenflussgraph; (b) Strukturelle Sicht mit Hardwareressourcen; Abbildung von Operationen auf Ressourcen

Der Datenflussgraph $G_{df} = (V_o, E_o)$ besteht aus Knoten $v \in V_o$, die Operationen repräsentieren, und der Menge gerichteter Kanten $E_o \subseteq (V_o \times V_o)$, die Datenabhängigkeiten zwischen Operationen beschreiben. Dadurch beschreiben die Kanten E_o auch mögliche Pfade der Fehlerpropagierung im funktionalen Modell.

Die Transparenz einer Operation bezüglich Fehler in den Eingabedaten wird durch ein Attribut dem entsprechendem Knoten zugeordnet. Dabei entspricht die Transparenz einer Operation der bedingten Wahrscheinlichkeit, einen Fehler in der Ausgabe der Operation zu beobachten unter der Annahme eines Fehlers in der Eingabe [8.43]. Operationen mit hoher Transparenz propagieren also Fehler in der Eingabe mit hoher Wahrscheinlichkeit, während niedrige Transparenz einer erhöhten Fehlermaskierung in der Operation entspricht. Bei der Verschlüsselung von Daten beträgt beispielsweise die Transparenz 100%, d. h. jeder Fehler wird propagiert, während bei verlustbehafteter Kompression eine geringere Transparenz vorliegt. Zur Bestimmung der Transparenz einer Operation lassen sich verschiedene Verfahren verwenden. Als erste Näherung kann der Anteil der Information bestimmt werden, die durch eine Funktion oder Operation von der Eingabeseite zur Ausgabeseite übertragen wird (Information Transmission Coefficient, [8.68]). Genauere Ergebnisse liefern Testbarkeitsmaße wie z. B. [8.124], die die Analyse von Datenflussgraphen auf funktionaler Ebene erlauben. Empirisch kann die Transparenz auch in einer Verhaltenssimulation der Operation mit Fehlerinjektion abgeschätzt werden.

Strukturelles Systemmodell

Die strukturelle Sicht stellt die unterschiedlichen Arten von Hardwareressourcen des Systems dar und umfasst auch die Kommunikationsverbindungen zwischen den Ressourcen, z. B. Busse oder ein Network-on-Chip. Der Strukturgraph $G_s = (V_r, E_c)$ besteht entsprechend aus Knoten $v \in V_r$, die Ressourcen modellieren und Kanten $E_c \subseteq (V_r \times V_r)$, die Kommunikationsverbindungen zwischen den Ressourcen modellieren.

Darüber hinaus wird die Zuverlässigkeit der Ressourcen und Kommunikationsverbindungen in Abhängigkeit von ihrer Nutzung beschrieben. Dazu weist die Funktion $\rho: (V_r \cup E_c, u, t) \mapsto [0, 1]$ einer Ressouce ihre Zuverlässigkeit abhängig von dem Nutzungsprofil u und der Laufzeit t der Operation zu. Das Nutzungsprofil einer Operation gibt an, zu welchem Grad die Ressource verwendet wird. Als Beispiel sei eine Operation gegeben, die lediglich einen kleinen Teil des vorhandenen Systemspeichers verwendet.

Abbildung der Funktion auf die Struktur

Im Mapping-Schritt des Entwurfs wird das Verhaltensmodell auf die Strukturbeschreibung abgebildet. Für jede Operation wird eine Implementierung ausgewählt, so dass Randbedingungen wie Verlustleistung, Chipfläche und Geschwindigkeit des Systems erfüllt werden.

Das Mapping von Operationen auf Ressourcen ist eine Menge von Relationen $M \subseteq (V_o \times V_r)$ zwischen Knoten aus dem Datenflussgraphen und Knoten aus der strukturellen Beschreibung. Verschiedene Implementierungen einer Operation führen zu unterschiedlichen Nutzungsprofilen auf den Ressourcen, z. B. der Laufzeit auf einem Hardwarebeschleuniger verglichen mit einer Software-basierten Implementierung. Entsprechend variieren auch die Zuverlässigkeitseigenschaften der Implementierungen. Deshalb wird jedem Mapping $m \in M$ ein Nutzungsprofil und die geschätzte Laufzeit zugewiesen.

Ausgehend von G_o, G_r und M wird hier ein Zuverlässigkeitsmodell vorgeschlagen, welches das System mittels Implementierungen und dem Kommunikationsverhalten beschreibt. So werden sowohl der strukturelle als auch der funktionale Aspekt des Systems beachtet.

Die Zuverlässigkeit einer einzelnen Implementierung wird von unterschiedlichen Faktoren beeinflusst: Der Zuverlässigkeit der verwendeten Ressource unter Berücksichtigung eventuell vorhandener Fehlertoleranzmaßnahmen, der Art der Operation und dem Nutzungsprofil. Die Zuverlässigkeit von Hardwareressourcen kann dabei von Technologiedaten und der abgeleiteten Verteilungsfunktion für Fehler bestimmt werden [8.69]. Ebenso lassen sich bekannte Verfahren zur strukturellen Zuverlässigkeitsbewertung wie [8.118] verwenden. Zur Bewertung von Software sei auf Kap. 7 verwiesen.

Auch die Art der Operation, die Laufzeit und das Nutzungsprofil auf eine bestimmten Ressource beeinflussen die Zuverlässigkeit der Implementierung. Diese Kenndaten können mit Werkzeugen während der Entwurfsraumexploration oder durch Verhaltenssimulationen geschätzt werden.

Im Beispiel aus Abb. 8.34 werden Operation 1 und Operation 2 auf die gleiche Ressource (DSP) abgebildet. Die Zuverlässigkeiten der zwei Implementierungen korrelieren miteinander, da Fehler in der Ressource beide Implementierungen beeinträchtigen können. Im Modell werden solche Beziehungen der Implementierungen annotiert, um die durch das Verhalten gegebene Abhängigkeiten zwischen ihnen anzuzeigen.

Die Kommunikation zwischen Operationen des Systems wird durch die Datenabhängigkeiten E_o im Datenflussgraph beschrieben. Im Strukturgraphen beschreiben die Kanten E_c die vorhandenen Verbindungen für die Kommunikation zwischen Ressourcen und ihre Zuverlässigkeitseigenschaften. Datenübertragungen werden hier auf die entsprechende Ressourcen abgebildet und müssen auch im Zuverlässigkeitsmodell wiedergegeben werden.

Das hier vorgeschlagene Modell baut einen Systemgraphen $G_I = (V_I , E_I)$ auf, wobei die Knoten $v \in V_I$ die Implementierungen von Operationen und Kommunikationsvorgänge zwischen Implementierungen repräsentieren. Die Menge der gerichteten Kanten $E_I \subseteq (V_I \times V_I)$ bezeichnet den Datenfluss zwischen den Knoten. Dieser Graph verbindet nun die relevanten strukturellen und funktionalen Informationen der Systembeschreibung. Abbildung 8.35 zeigt den sich ergebenden Systemgraphen für das Beispiel aus Abb. 8.34.

Dieses Modell kann als Basis zur Zuverlässigkeitsbewertung auf Anwendungsebene benutzt werden. Die Zuverlässigkeit kann analytisch oder empirisch durch Fehlerinjektion und Simulation oder Emulation [8.45] ermittelt werden. Außerdem erlaubt die Zuverlässigkeitsschätzung die Bestimmung kritischer Implementierungen bezüglich der Systemzuverlässigkeit.

Die Zuverlässigkeit des Systems kann dann auf verschiedene Wege verbessert werden, je nach Ursache der unzureichenden Zuverlässigkeit, sei es hohe Transparenz einer Operation, unzuverlässige Ressourcen oder bestimmte Nutzungsprofile.

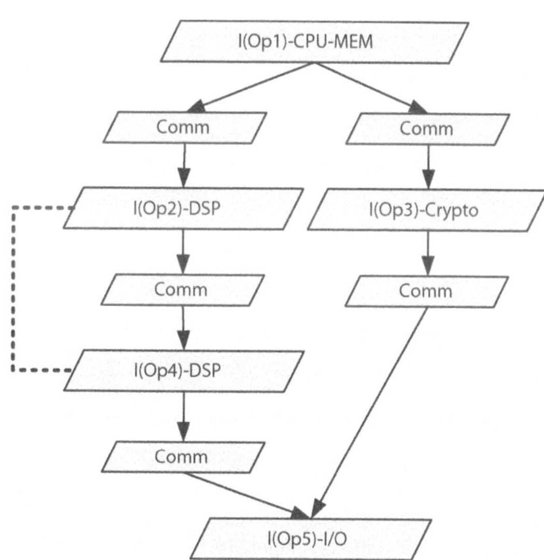

Abb. 8.35 Systemgraph mit Implementierungen, Kommunikationsvorgängen und Abhängigkeiten zwischen Implementierungen

Maßnahmen zur Zuverlässigkeitssteigerung umfassen u. a. selektives Härten, Fehlertoleranzmaßnahmen für Hardware und Software sowie ein angepasstes Mapping auf Anwendungsebene.

8.4.2 Zuverlässigkeitssteigerung von Hardware-/Softwaresystemen

Das Ergebnis der Systemanalyse und Zuverlässigkeitsbewertung eines Hardware-/ Softwaresystems ist eine Abschätzung der Zuverlässigkeit des Systems. Sind die Anforderungen an das System nicht erfüllt, müssen zuverlässigkeitssteigernde Maßnahmen angewandt werden. Hierbei kann die Zuverlässigkeit des Systems durch Entwurfsmaßnahmen auf elektrischer Ebene, Gatter-, Architektur- oder Systemebene verbessert werden.

Auf Systemebene, wo eine Verhaltensbeschreibung beispielsweise als Datenflussgraph vorliegt, können nun als kritisch identifizierte Operationen repliziert werden. Damit ergibt sich die Möglichkeit der Fehlererkennung und -korrektur auf Granularität von Operationen [8.139]. Abbildung 8.36 zeigt einen Datenflussgraphen, in dem Operationen dupliziert wurden und Schritte zur Fehlererkennung eingefügt wurden.

Ausgehend von dem erweiterten Datenflussgraph muss eine effiziente Abbildung der Operationen auf Hardwareressourcen gefunden werden. Dabei sollen möglichst vorhandene oder aber wenig zusätzliche Ressourcen verwendet werden. Weiterhin sollte die Auswirkung auf die Leistung zur Laufzeit minimal sein, d. h. die Ausführungszeit für die benötigten Operationen soll nicht ansteigen.

In den nächsten zwei Abschnitten werden Algorithmen zur Bestimmung und Optimierung von effizienten Abbildungen des Verhaltens auf die Hardwarestruktur diskutiert.

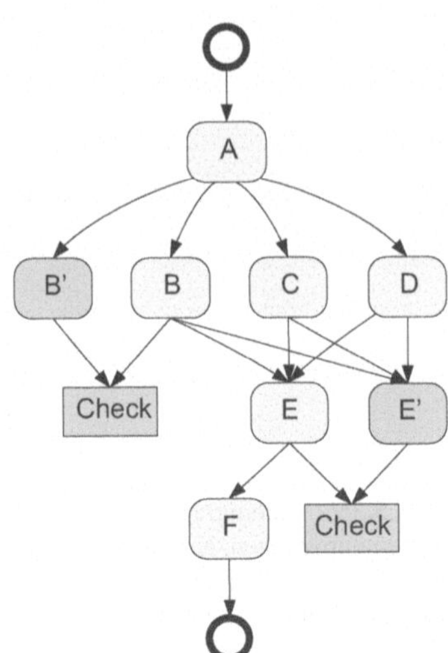

Abb. 8.36 Datenflussgraph erweitert um Operationen zur Fehlererkennung (eingefärbt)

8.4.2.1 Iterative Optimierung des Mappings

Mit bestehenden Algorithmen zur Abbildung von Verhaltensbeschreibungen zu Hardwarestrukturen ergibt sich für das Ausgangssystem (Abb. 8.36) ohne Redundanzen z. B. ein Ablaufgraph wie in Abb. 8.37 dargestellt. Hier wird von einem System mit zwei Prozessorkernen und einem Hardwarebeschleuniger ausgegangen. Eingabe in diese Algorithmen sind die Verhaltensbeschreibung, die Zielarchitektur und die Eigenschaften der Hardwareressourcen.

Um nun für einen erweiterten Datenflussgraph eines fehlertoleranten Systems eine Abbildung zu berechnen, wurde ein iterativer Ansatz vorgeschlagen [8.139]. Startend mit dem Ausgangssystem werden nach und nach redundante Operationen zum Datenflussgraphen hinzufügt. In jedem Schritt wird eine Abbildung auf die Hardware berechnet und überprüft, ob diese den vorgegebenen Randbedingungen des Entwurfs und Leistungsanforderungen entspricht. Dabei werden zunächst die Operationen dupliziert, die die höchste Kritikalität bezüglich der Zuverlässigkeit aufweisen. In den folgenden Schritten werden dann die weniger kritischen Operationen bearbeitet. Kann eine Operation aufgrund der Randbedingungen nicht dupliziert werden, so wird das Zuverlässigkeitsziel des Systems nicht erreicht. Hier müssen die Randbedingungen des Entwurfs angepasst werden.

Ein Nachteil des beschriebenen iterativen Vorgehens ist die wiederholte Ausführung des Mapping-Algorithmus, was zu hohen Rechenzeiten führen kann. Dies wird vermieden, wenn die Zielressource und der Ausführungszeitpunkt der duplizierten Operationen direkt im Ablaufgraph des Ausgangssystems gesucht wird. Dazu werden die zu duplizierenden Operationen wieder in abnehmender Kritikalität betrachtet. Für jede Operation werden mögliche Ressourcen und Ausführungszeitpunkte bestimmt. Dabei werden Pausenzeiten, in denen Ressourcen nicht zur Ausführung anderer Operationen verwendet werden, bevorzugt. Findet sich kein geeignetes Zeitintervall zur Ausführung einer redundanten Operation, so wird – auf Kosten der Geschwindigkeit des Systems – die Ausführung der nachfolgenden Operationen nach hinten verschoben. Das Ergebnis ist ein Ablaufplan wie in Abb. 8.38, der alle replizierten Operationen zur Fehlererkennung auf die verfügbaren Ressourcen abbildet.

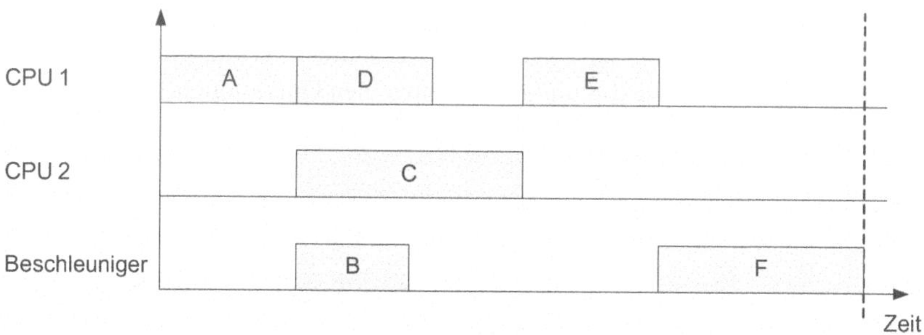

Abb. 8.37 Ablaufgraph des Ausgangssystems

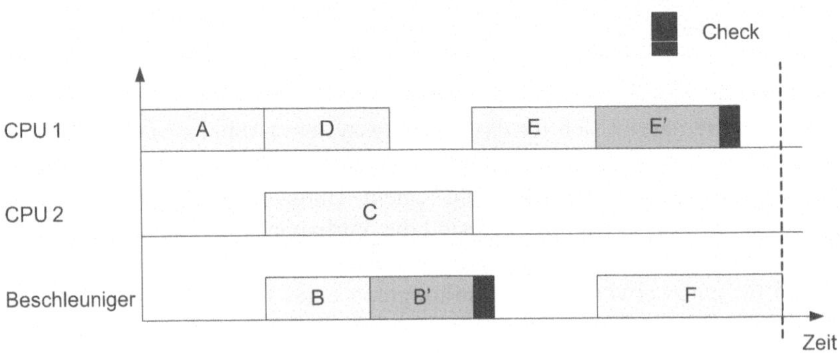

Abb. 8.38 Ablaufgraph des fehlertoleranten Systems

8.4.2.2 Mapping-Optimierung basierend auf evolutionären Algorithmen

Evolutionäre Algorithmen gehören zur Klasse der heuristischen Optimierungsverfahren. Ausgehend von einer Startmenge bzw. Startpopulation möglicher Lösungen des Problems wird durch Mutationsoperationen und Rekombination von Lösungen eine neue Population von Lösungen ermittelt. Mittels einer Fitnessfunktion werden Selektionsbedingungen in der berechneten Population durchgesetzt. Nur hinreichend „fitte" Individuen oder Lösungen werden in die nächste Generation übernommen. Die Berechnung neuer Generationen stoppt, wenn das Optimierungsziel erreicht ist oder keine Verbesserung der Lösungen mehr beobachtet werden kann.

Abhängig von der Güte der Fitnessfunktion, den Mutationsoperationen und der Rekombination können evolutionäre Algorithmen schnell zu einer sehr guten Lösung des Optimierungsproblems konvergieren.

Evolutionäre Algorithmen werden auch zur Berechnung der Abbildung von Operationen auf Ressourcen eingesetzt [8.23, 8.38]. In diesem Kontext entspricht eine Lösung einer speziellen Abbildung und kodiert die Hardwarestruktur, d. h. die Art und Anzahl der im System verfügbaren Ressourcen, und den Ablaufplan von Operationen auf diesen Ressourcen. Die Fitnessfunktion prüft, ob eine potentielle Lösung gültig ist und bestimmt die Zuverlässigkeit des resultierenden Systems. Gültigkeit bedeutet hier, dass Operationen in der erforderlichen Reihenfolge abgearbeitet und auf passende Ressourcen abgebildet werden. Die Mutationsoperationen führen zu Änderungen der verfügbaren Ressourcen. Weiterhin verursachen sie Variationen des Grads der Redundanz der einzelnen Operationen.

8.5 Zusammenfassung

Die Informationsverarbeitung in mechatronischen Systemen beeinflusst einen Großteil der Funktionalität des Gesamtsystems. Ausfälle und Fehler in der Informationsverarbeitung führen mit hoher Wahrscheinlichkeit zu einer Beeinträchtigung der Systemfunktion. Die Zuverlässigkeit der Informationsverarbeitung muss daher im Entwurfsprozess besonders berücksichtigt werden.

In diesem Kapitel wurden die relevanten Verfahren zur Zuverlässigkeitsbewertung und -steigerung von mikroelektronischen Systemen vorgestellt. Neben Verfahren, die vorrangig in frühen Entwurfsphasen verwendet werden können, wurden auch Methoden thematisiert, die in fortgeschrittenen Entwurfsphasen Anwendung finden. Die im Rahmen der Forschergruppe 460 erzielten Ergebnisse im Bereich der Systemmodellierung, -bewertung und Zuverlässigkeitssteigerung von integrierten mikroelektronischen und informationsverarbeitenden Systemen insgesamt, ergänzen den Stand der Forschung.

Die Betrachtung der Verfahren zur Zuverlässigkeitsbewertung und -steigerung in späten Phasen, wie z. B. der Fertigung und dem Test, wird in einschlägiger Literatur durchgeführt [8.18, 8.132].

8.6 Literatur

[8.1] Abarbanel Y, Beer I, Glushovsky L, Keidar S, Wolfsthal Y (2000) FoCs: Automatic Generation of Simulation Checkers from Formal Specifications. In: Proceedings of the Conference on Computer Aided Verification: 538–542

[8.2] Ammari A, Leveugle R, Sonza-Reorda M, Violante M (2003) Detailed Comparison of Dependability Analyses Performed at RT and Gate Levels. In: Proceedings of the IEEE International Symposium on Defect and Fault Tolerance in VLSI Systems: 336–343

[8.3] Anand D, Cowan B, Farnsworth O, Jakobsen P, Oakland S, Ouellette M, Wheater D (2003) An On-chip Self-repair Calculation and Fusing Methodology. IEEE Design & Test of Computers 20(5): 67–75

[8.4] Anghel L, Nicolaidis M, Alzaher-Noufal I (2000) Self-checking Circuits versus Realistic Faults in Very Deep Submicron. In: Proceedings of the IEEE VLSI Test Symposium: 55–63

[8.5] Anghel L, Leveugle R, Vanhauwaert P (2005) Evaluation of SET and SEU Effects at Multiple Abstraction Levels. In: Proceedings of the IEEE International On-Line Testing Symposium: 309–312

[8.6] Antola A, Piuri V, Sami M (2002) On-line Diagnosis and Reconfiguration of FPGA Systems. In: Proceedings of the International Workshop on Electronic Design, Test and Applications: 291–296

[8.7] Avizienis A, Laprie JC, Randell B, Landwehr C (2004) Basic Concepts and Taxonomy of Dependable and Secure Computing. IEEE Transactions on Dependable and Secure Computing 1(1): 11–33

[8.8] Bajenescu T I, Bazu M I (1999) Reliability of Electronic Components: A Practial Guide to Electronic Systems Manufacturing. Springer, Berlin

[8.9] Bathelt J (2006) Entwicklungsmethodik für SPS-gesteuerte mechatronische Systeme. Dissertation, Eidesgenössische Technische Hochschule Zürich

[8.10] Baumann R (2005) Soft Errors in Advanced Computer Systems. IEEE Design & Test of Computers 22(3): 258–266

[8.11] Benso A, Chiusano S, Di Natale G, Prinetto P (2002) An On-line BIST RAM Architecture with Self-repair Capabilities. IEEE Transactions on Reliability 51(1): 123–128

[8.12] Berger J M (1961) A Note on an Error Detection Code for Asymmetric Channels. Information and Control 4: 68–73

[8.13] Bernardi P, Sonza-Reorda M, Sterpone L, Violante M (2004) On the Evaluation of SEU Sensitiveness in SRAM-based FPGAs. In: Proceedings of the IEEE International On-Line Testing Symposium: 115–120

[8.14] Bertozzi D, Benini L, De Micheli G (2002) Low Power Error Resilient Encoding for On-chip Data Buses. In: Proceedings of the Design, Automation and Test in Europe Conference: 102–109

[8.15] Betous-Almeida C, Kanoun K (2002) Stepwise Construction and Refinement of Dependability Models. In: Proceedings of the International Conference on Dependable Systems and Networks: 515–524

[8.16] Boudjit M, Nicolaidis M, Torki K (1993) Automatic Generation Algorithms, Experiments and Comparisons of Self-checking PLA Schemes Using Parity Codes. In: Proceedings of the European Conference on Design Automation: 144–150

[8.17] Boule M, Zilic Z (2007) Efficient Automata-Based Assertion-Checker Synthesis of SEREs for Hardware Emulation. In: Proceedings of the Asia South Pacific Design Automation Conference, 324–329

[8.18] Bushnell M, Agrawal V (2002) Essentials of Electronic Testing for Digital, Memory, and Mixed-signal VLSI Circuits. Kluwer Academic Publishers

[8.19] Caignet F, Delmas-Bendhia S, Sicard E (2001) The Challenge of Signal Integrity in Deep-Submicrometer CMOS Technology. Proceedings of the IEEE 89(4): 556–573

[8.20] Calin T, Nicolaidis M, Velazco R (1996) Upset Hardened Memory Design for Submicron CMOS Technology. IEEE Transactions on Nuclear Science 43(6): 2874–2878

[8.21] Chakraborty K, Mazumder P (2002) Fault-tolerance and Reliability Techniques for High-density Random-access Memories. Prentice Hall

[8.22] Chang H (1999) Surviving the Soc Revolution: A Guide to Platform-Based Design. Kluwer Academic Publishers

[8.23] Coit D, Smith A (1996) Reliability Optimization of Series-Parallel Systems using a Genetic Algorithm. IEEE Transactions on Reliability 45(2): 254–260, 266

[8.24] Cornelia O, Agarwal V (1989) Conditional Stuck-at Fault Model for PLA Test Generation. National Library of Canada

[8.25] Distefano S, Scarpa M, Puliafito A (2006) Modeling Distributed Computing System Reliability with DRBD. In: Proceedings of the IEEE Symposium on Reliable Distributed Systems: 106–118

[8.26] Dodd P, Massengill L (2003) Basic Mechanisms and Modeling of Single-event Upset in Digital Microelectronics. IEEE Transactions on Nuclear Science 50(3): 583–602

[8.27] Dong H (1984) Modified Berger Codes for Detection of Unidirectional Errors. IEEE Transactions on Computers C-33(6): 572–575

[8.28] Drake A, Klein-Osowski A, Martin A (2005) A Self-correcting Soft Error Tolerant Flip-flop. In: Proceedings of the NASA Symposium on VLSI Design: 4–5

[8.29] Dugan J, Bavuso S, Boyd M (1992) Dynamic Fault-tree Models for Fault-tolerant Computer Systems. IEEE Transactions on Reliability 41(3): 363–377

[8.30] Dutt S, Shanmugavel V, Trimberger S (1999) Efficient Incremental Rerouting for Fault Reconfiguration in Field Programmable Gate Arrays. In: Proceedings of the IEEE/ACM International Conference on Computer-Aided Design: 173–176

[8.31] Ejlali A, Al-Hashimi B, Rosinger P, Miremadi S (2007) Joint Consideration of Fault-Tolerance, Energy-Efficiency and Performance in On-Chip Networks. In: Proceedings of the Design, Automation & Test in Europe Conference: 1–6

[8.32] Emmert J, Stroud C, Abramovici M (2007) Online Fault Tolerance for FPGA Logic Blocks. IEEE Transactions on VLSI Systems 15(2): 216–226

[8.33] Ernst D, Kim N, Das S, Pant S, Rao R, Pham T, Ziesler C, Blaauw D, Austin T, Flautner K, et al (2003) Razor: A Low-power Pipeline Based on Circuit-level Timing Speculation. In: Proceedings of the IEEE/ACM International Symposium on the Microarchitecture: 7–18

[8.34] Ershov M, Lindley R, Saxena S, Shibkov A, Minehane S, Babcock J, Winters S, Karbasi H, Yamashita T, Clifton P, Redford M (2003) Transient Effects and Characterization Methodology of Negative Bias Temperature Instability in pMOS Transistors. In: Proceedings of the IEEE International Reliability Physics Symposium: 606–607

[8.35] Favilli M, Metra C (1999) On the Design of Self-checking Functional Units based on Shannon Circuits. In: Proceedings of the Design, Automation and Test in Europe Conference: 368–375

[8.36] Fazeli M, Patooghy A, Miremadi S, Ejlali A (2007) Feedback Redundancy: A Power Efficient SEU-Tolerant Latch Design for Deep Sub-Micron Technologies. In: Proceedings of the IEEE/IFIP International Conference on Dependable Systems and Networks: 276–285

[8.37] Gharehbaghi A, Babagoli M, Hessabi S (2007) Assertion-based Debug Infrastructure for SoC Designs. In: Proceedings of the Internatonal Conference on Microelectronics: 137–140

[8.38] Glass M, Lukasiewycz M, Streichert T, Haubelt C, Teich J (2007) Reliability-Aware System Synthesis. In: Proceedings of the Design, Automation and Test in Europe Conference: 1–6

[8.39] Goel A, Bhunia S, Mahmoodi H, Roy K (2006) Low-overhead Design of Soft-error-tolerant Scan Flip-flops with Enhanced-scan Capability. In: Proceedings of the Asia South Pacific Design Automation Conference: 665–670

[8.40] Hellebrand S, Zoellin C, , Wunderlich H J, Ludwig S, Coym T, Straube B (2007) A Refined Electrical Model for Particle Strikes and its Impact on SEU Prediction. In: Proceedings of the IEEE International Symposium on Defect and Fault-Tolerance in VLSI Systems: 50–58

[8.41] Heron O, Arnaout T, Wunderlich H J (2005) On the Reliability Evaluation of SRAM-based FPGA Designs. In: Proceedings of the International Conference on Field Programmable Logic and Applications: 403–408

[8.42] Hessabi S, Gharehbaghi A, Yaran B, Goudarzi M (2004) Integrating Assertion-based Verification into System-level Synthesis Methodology. In: Proceedings of the International Conference on Microelectronics: 232–235

[8.43] Hiller M, Jhumka A, Suri N (2004) EPIC: Profiling the Propagation and Effect of Data Errors in Software. IEEE Transactions on Computers 53(5): 512–530

[8.44] Hsu C H, Wen D S, Wordeman M, Taur Y, Ning T (1994) A Comprehensive Study of Hot-carrier Instability in p- and n-type Poly-Si Gated MOSFETs. IEEE Transactions on Electron Devices 41(5): 675–680

[8.45] Hsueh M C, Tsai T, Iyer R (1997) Fault Injection Techniques and Tools. IEEE Computer 30(4): 75–82

[8.46] Huang R F, Chen C H, Wu C W (2007) Economic Aspects of Memory Built-in Self-Repair. IEEE Design & Test of Computers 24(2): 164–172

[8.47] IBM AlphaWorks (2006) FoCs Property Checkers Generator ver. 2.03

[8.48] IEEE (1999) IEEE Standard Test Interface Language (STIL). IEEE Std 1450-1999

[8.49] IEEE (2001) IEEE Standard Test Access Port and Boundary Scan Architecture Interfaces in Debug and Test Systems (DTS). IEEE Std 11491-2001

[8.50] IEEE (2002) IEEE Standard VHDL Language Reference Manual. IEEE Std 1076-2002 (Revision of IEEE Std 1076, 2002 Edn)

[8.51] IEEE (2003) IEEE Standard for Extensions to Standard Test Interface Language (STIL) (IEEE Std 1450 TM -1999) for DC Level Specification. IEEE Std 14502-2002

[8.52] IEEE (2005) IEEE Standard for Extensions to Standard Test Interface Language (STIL) (IEEE Std 1450 /sup TM/ 1999) for Semiconductor Design Environments. IEEE Std 14501-2005

[8.53] IEEE (2006) IEEE Standard for Verilog Hardware Description Language. IEEE Std 1364-2005 (Revision of IEEE Std 1364-2001)

[8.54] IEEE (2006) IEEE Standard SystemC Language Reference Manual. IEEE Std 1666-2005

[8.55] IEEE (2007) Standard Testability Method for Embedded Core-based Integrated Circuits. IEEE Std 1500-2005

[8.56] Iyengar V, Tang D (1988) On Simulating Faults in Parallel. In: Proceedings of the International Symposium on Fault-Tolerant Computing: 110–115

[8.57] JEDEC (2002) Failure Mechanisms and Models for Semiconductor Devices. JEDEC Publication JEP122-A

[8.58] Jensen F, Petersen N (1982) Burn-in: An Engineering Approach to the Design and Analysis of Burn-in Procedures. John Wiley & Sons

[8.59] Jerke G, Lienig J, Scheible J (2004) Reliability-driven Layout Decompaction for Electromigration Failure Avoidance in Complex Mixed-signal IC Designs. In: Proceedings of the ACM/IEEE Design Automation Conference: 181–184

[8.60] Jha N, Wang S J (1993) Design and Synthesis of Self-checking VLSI Circuits. IEEE Transactions on Computer-Aided Design of Integrated Circuits and Systems 12(6): 878–887

[8.61] Jha N (1990) Strong Fault-secure and Strongly Self-checking Domino-CMOS Implementations of Totally Self-checking Circuits. IEEE Transactions on Computer-Aided Design of Integrated Circuits and Systems 9(3): 332–336

[8.62] Jhumka A, Klaus S, Huss S (2005) A Dependability-driven System-level Design Approach for Embedded Systems. In: Proceedings of the Design, Automation and Test in Europe Conference: 372–377

[8.63] Kanopoulos N, Pantzartzis D, Bartram F (1992) Design of Self-checking Circuits using DCVS Logic: A Case Study. IEEE Transactions on Computers 41(7): 891–896

[8.64] Kavousianos X, Nikolos D (1998) Novel Single and Double Output TSC Berger Code Checkers. In: Proceedings of the IEEE VLSI Test Symposium: 348–353

[8.65] Keutzer K, Malik S, Newton R, Rabaey J, Sangiovanni-Vincentelli A (2000) System Level Design: Orthogonalization of Concerns and Platform-based Design. IEEE Transactions on Computer-Aided Design 19(12):1523–1543

[8.66] Kim J, Rao T, Feng G, Lo J C (1993) The Efficient Design of a Strongly Fault-secure ALU Using a Reduced Berger Code for WSI Processor Arrays. In: Proceedings of the IEEE International Conference on Wafer Scale Integration: 163–172

[8.67] Kochte M A, Baranowski R, Wunderlich HJ (2008) Zur Zuverlässigkeitsmodellierung von Hardware-Software-Systemen. In: 2. GMM/GI/ITG-Fachtagung Zuverlässigkeit und Entwurf: 83–90

[8.68] Koob G (1987) An Abstract Complexity Theory for Boolean Functions. Dissertation, University of Illinois at Urbana-Champaign

[8.69] Koren I, Koren Z (1998) Defect Tolerance in VLSI Circuits: Techniques and Yield Analysis . Proceedings of the IEEE 86(9): 1819–1838

[8.70] Koren I, Krishna C M (2007) Fault Tolerant Systems, 1. Ausgabe. Morgan Kaufmann Publishers

[8.71] Krishnamohan S, Mahapatra N (2005) Analysis and Design of Soft-error Hardened Latches. In: Proceedings of the ACM Great Lakes symposium on VLSI: 328–331

[8.72] Lach J, Mangione-Smith W, Potkonjak M (1998) Low Overhead Fault-tolerant FPGA Systems. IEEE Transactions on VLSI Systems 6(2): 212–221

[8.73] Lach J, Mangione-Smith W, Potkonjak M (2000) Enhanced FPGA Reliability Through Efficient Run-time Fault Reconfiguration. IEEE Transactions on Reliability 49(3): 296–304

[8.74] Lai C S, Wey C L (1992) An Efficient Output Function Partitioning Algorithm for Reducing Hardware Overhead in Self-checking Circuits and Systems. In: Proceedings of the 35th Midwest Symposium on Circuits and Systems: 1538–1541

[8.75] Lai C S, Wey C L (1993) Berger Code Self-testing Checkers with Partitioning and Folding Scheme. In: Proceedings of the 36th Midwest Symposium on Circuits and Systems: 530–533

[8.76] Lam W (2005) Hardware Design Verification: Simulation and Formal Method-Based Approaches. Prentice Hall

[8.77] Li J F, Yeh J C, Huang R F, Wu C W (2005) A Built-in Self-repair Design for RAMs with 2-D Redundancy. IEEE Transactions on VLSI Systems 13(6): 742–745

[8.78] Lo J C, Thanawastien S (1988) The Design of Fast Totally Self-checking Berger Code Checkers Based on Berger Code Partitioning. In: Proceedings of the International Symposium on Fault-Tolerant Computing: 226–231

[8.79] Lum G, Vandenboom G (1998) Single Event Effects Testing of Xilinx FPGAs. In: Online Proceedings of the Military and Aerospace Programmable Logic Devices Conference

[8.80] Mascaraenhas R (2006) Fault Simulation of Cell-based Designs by Using a FPGA-based Emulation Machine. Master Thesis No. 2459, Institut für Technische Informatik, Universität Stuttgart

[8.81] Mende O (2008) Strategische Überlegungen zu Halbleiterbauelementen in der Automobilelektronik (Audi AG). 2. GMM/GI/ITG-Fachtagung Zuverlässigkeit und Entwurf

[8.82] Metra C, Favalli M, Olivo P, Ricco B (1993) Design Rules for CMOS Self-checking Circuits with Parametric Faults in the Functional Block. In: Proceedings of the IEEE International Workshop on Defect and Fault Tolerance in VLSI Systems: 271–278

[8.83] Metra C, Favalli M, Ricco B (1994) CMOS Self-checking Circuits with Faulty Sequential Functional Blocks. In: Proceedings of the IEEE International Workshop on Defect and Fault Tolerance in VLSI Systems: 133–141

[8.84] Metra C, Favalli M, Olivo P, Ricco B (1997) On-line Detection of Bridging and Delay Faults in Functional Blocks of CMOS Self-checking Circuits. IEEE Transactions on Computer-Aided Design of Integrated Circuits and Systems 16(7): 770–776

[8.85] Metra C, Di Francescantonio S, Marrale G (2002) On-line Testing of Transient Faults Affecting Functional Blocks of FCMOS, Domino and FPGA-implemented Self-checking Circuits. In: Proceedings of the IEEE International Symposium on Defect and Fault Tolerance in VLSI Systems: 207–215

[8.86] Metra C, Omana M, Rossi D, Cazeaux J, Mak T (2006) Path (min) Delay Faults and their Impact on Self-checking Circuits Operation. In: Proceedings of the IEEE International On-Line Testing Symposium: 17–22

[8.87] Mitra S, Karnik T, Seifert N, Zhang M (2005) Logic Soft Errors in Sub-65 nm Technologies: Design and CAD Challenges. In: Proceedings of the ACM/IEEE Design Automation Conference: 2–4

[8.88] Mohanram K, Touba N (2003) Cost-Effective Approach for Reducing Soft Error Failure Rate in Logic Circuits. In: Proceedings of the IEEE International Test Conference: 893–901

[8.89] Mohanram K, Touba N (2003) Partial Error Masking to Reduce Soft Error Failure Rate in Logic Circuits. In: Proceedings of the IEEE International Symposium on Defect and Fault-Tolerance in VLSI Systems: 433–440

[8.90] Morozov A, Saposhnikov V, Saposhnikov V, Gössel M (2000) New Self-checking Circuits by Use of Berger Codes. In: Proceedings of the IEEE International On-Line Testing Workshop: 141–146

[8.91] Mukherjee S, Weaver C, Emer J, Reinhardt S, Austin T (2003) Measuring Architectural Vulnerability Factors. IEEE Micro 23(6): 70–75

[8.92] Mukherjee S S, Weaver C, Emer J, Reinhardt S K, Austin T (2003) A Systematic Methodology to Compute the Architectural Vulnerability Factors for a High-Performance Microprocessor. In: Proceedings of the IEEE/ACM International Symposium on Microarchitecture: 29–40

[8.93] Mukherjee S, Emer J, Reinhardt S (2005) The Soft Error Problem: An Architectural Perspective. In: Proceedings of the International Symposium on High-Performance Computer Architecture: 243–247

[8.94] Naseer R, Draper J (2005) The DF-dice Storage Element for Immunity to Soft Errorsw. In: Proceedings of the IEEE International Midwest Symposium on Circuits and Systems: 303–306

[8.95] Nicolaidis M (1993) Finitely Self-checking Circuits and their Application on Current Sensors. In: Proceedings of the IEEE VLSI Test Symposium: 66–69

[8.96] Nicolaidis M (2005) Design for Soft Error Mitigation. IEEE Transactions on Device and Materials Reliability 5(3): 405–418

[8.97] Nieuwland A, Jasarevic S, Jerin G (2006) Combinational Logic Soft Error Analysis and Protection. In: Proceedings of the IEEE International On-Line Testing Symposium: 99–104

[8.98] Nieuwland A, Jasarevic S, Jerin G (2006) Combinational Logic Soft Error Analysis and Protection. In: Protection of the IEEE International On-Line Testing Symposium: 99–104

[8.99] Oehler P, Hellebrand S, Wunderlich H J (2007) An Integrated Built-In Test and Repair Approach for Memories with 2D Redundancy. In: Proceedings of the IEEE European Test Symposium: 91–96

[8.100] Oehler P, Bosio A, Di Natale G, Hellebrand S (2008) A Modular Memory BIST for Optimized Memory Repair. In: Proceedings of the IEEE International On-Line Testing Symposium: 171–172

[8.101] Omana M, Losco O, Metra C, Pagni A (2005) On the Selection of Unidirectional Error Detecting Codes for Self-checking Circuits Area Overhead and Performance Optimization. In: Proceedings of the IEEE International On-Line Testing Symposium: 163–168

[8.102] Omaña M, Rossi D, Metra C (2007) Latch Susceptibility to Transient Faults and New Hardening Approach. IEEE Transactions on Computers 56(9): 1255–1268

[8.103] Peterson W, Weldon E (1972) Error-Correcting Codes. MIT Press

[8.104] Piestrak S, Bakalis D, Kavousianos X (2001) On the Design of Self-testing Checkers for Modified Berger Codes . In: Proceedings of the IEEE International On-Line Testing Workshop: 153–157

[8.105] Pontarelli S, Sterpone L, Cardarilli G, Re M, Sonza-Reorda M, Salsano A, Violante M (2007) Self Checking Circuit Optimization by Means of Fault Injection Analysis: A Case Study on Reed Solomon Decoders. In: Proceedings of the IEEE International On-Line Testing Symposium: 194–196

[8.106] Pradhan D, Vaidya N (1997) Roll-forward and Rollback Recovery: Performance-reliability Trade-off. IEEE Transactions on Computers 46(3): 372–378

[8.107] Psarakis M, Gizopoulos D, Paschalis A (1998) Test Generation and Fault Simulation for Cell Fault Model using Stuck-at Fault Model based Test Tools. Journal of Electronic Testing: Theory and Applications 13(3): 315–319

[8.108] Rao T, Feng G, Kolluru M, Lo J (1993) Novel Totally Self-checking Berger Code Checker Designs Based on Generalized Berger Code Partitioning. IEEE Transactions on Computers 42(8): 1020–1024

[8.109] Refan F, Alemzadeh H, Safari S, Prinetto P, Navabi Z (2008) Reliability in Application Specific Mesh-Based NoC Architectures. In: Proceedings of the IEEE International On-Line Testing Symposium: 207–212

[8.110] Righter A W, Hawkins C F, Soden J M, Maxwell P C (1998) CMOS IC Reliability Indicators and Burn-in Economics. In: Proceedings of the IEEE International Test Conference: 194–203

[8.111] Saxena N, McCluskey E (1990) Control-flow Checking using Watchdog Assists and Extended-precision Checksums. IEEE Transactions on Computers 39(4): 554–559

[8.112] Schneeweiss W (1992) Zuverlässigkeitstechnik : Von den Komponenten zum System, 2. Ausgabe. Datakontext-Verlag

[8.113] Schuette M, Shen J (1987) Processor Control Flow Monitoring Using Signatured Instruction Streams. IEEE Transactions on Computers C-36(3): 264–276

[8.114] Schuette M, Shen J (1991) Exploiting Instruction-level Resource Parallelism for Transparent, Integrated Control-flow Monitoring. In: Proceedings of the International Symposium on Fault-Tolerant Computing: 318–325

[8.115] Schuette M, Shen J (1994) Exploiting Instruction-level Parallelism for Integrated Control-flow Monitoring. IEEE Transactions on Computers 43(2): 129–140

[8.116] Shanbhag N (2004) Reliable and Efficient System-on-Chip Design. IEEE Transactions on Computers 37(3): 42–50

[8.117] Sharma A (1997) Semiconductor Memories: Technology, Testing, and Reliability. Wiley-IEEE Press

[8.118] Sonza-Reorda M, Violante M (2003) Accurate and Efficient Analysis of Single Event Transients in VLSI Circuits. In: Proceedings of 9th IEEE International On-Line Testing Symposium: 101–105

[8.119] Sotiriadis P, Chandrakasan A (2002) A Bus Energy Model for Deep Submicron Technology. IEEE Transactions on VLSI Systems 10(3): 341–350

[8.120] Srinivasan J, Adve S, Bose P, Rivers J (2004) The Case for Lifetime Reliability-aware Microprocessors. In: Proceedings of the International Symposium on Computer Architecture: 276–287

[8.121] Stathis J H (2002) Reliability Limits for the Gate Insulator in CMOS Technology. IBM Journal of Research and Development 46(2/3): 265–286

[8.122] Suehle J, Chaparala P (1997) Low Electric Field Breakdown of thin SiO2 Films under Static and Dynamic Stress. IEEE Transactions on Electron Devices 44(5): 801–808

[8.123] Teich J (1997) Digitale Hardware/Software-Systeme: Synthese und Optimierung. Springer, Berlin

[8.124] Thearling K, Abraham J (1989) An Easily Computed Functional Level Testability Measure. In: Proceedings of the IEEE International Test Conference: 381–390

[8.125] Torki K, Nicolaidis M, Fernandes A (1991) A Self-checking PLA Automatic Generator Tool Based on Unordered Codes Encoding. In: Proceedings of the European Conference on Design Automation: 510–515

[8.126] Trinitis C, Walter M (2004) How to Integrate Inter-component Dependencies into Combinatorial Availability Models. In: Proceedings of the Annual Reliability and Maintainability Symposium: 226–231

[8.127] Trivedi K (2002) Probability and Statistics with Reliability, Queuing and Computer Science Applications, 2. Ausgabe. John Wiley and Sons, Inc.

[8.128] Tseng T W, Li J F, Hsu C C, Pao A, Chiu K, Chen E (2006) A Reconfigurable Built-In Self-Repair Scheme for Multiple Repairable RAMs in SOCs. In: Proceedings of the IEEE International Test Conference: 1–9

[8.129] von Neumann J (1956) Probabilistic Logics. Automata Studies: 329–378

[8.130] Walker DMH (1987) Yield Simulation for Integrated Circuits. Kluwer Academic Publishers

[8.131] Wang F, Ramamritham K, Stankovic J (1995) Determining Redundancy Levels for Fault Tolerant Real-time Systems. IEEE Transactions on Computers 44(2): 292–301

[8.132] Wang L, Stroud C, Touba N (2008) System-on-Chip Test Architectures—Nanometer Design for Testability. Morgan Kaufmann Publishers

[8.133] Wattanapongsakorn N, Levitan S (2004) Reliability Optimization Models for Embedded Systems with Multiple Applications. IEEE Transactions on Reliability 53(3): 406–416

[8.134] Weste N, Harris D (2005) CMOS VLSI Design – A Circuits and Systems Perspective, 3. Ausgabe. Pearson – Addison Wesley

[8.135] Wolf W H (2002) An Architectural Co-synthesis Algorithm for Distributed, Embedded Computing Systems. In: Readings in Hardware/Software Codesign, Kluwer Academic Publishers

[8.136] Worm F, Thiran P, de Micheli G, Ienne P (2002) Self-calibrating Networks-on-Chip. In: Proceedings of the IEEE Transactions on VLSI Systems, vol 10, 341–350

[8.137] Wu E, Sune J, Lai W, Nowak E, McKenna J, Vayshenker A, Harmon D (2002) Interplay of Voltage and Temperature Acceleration of Oxide Breakdown for Ultra-thin Gate Oxides. Solid-State Electronics 46: 1787–1798

[8.138] Wunderlich H J (1985) PROTEST: A Tool for Probabilistic Testability Analysis. In: Proceedings of the Design Automation Conference: 204–211

[8.139] Xie Y, Li L, Kandemir M, Vijaykrishnan N, Irwin M J (2007) Reliability-aware Co-synthesis for Embedded Systems. Journal of VLSI Signal Processing 49(1): 87–99

[8.140] Zappa R, Selva C, Rimondi D, Torelli C, Crestan M, Mastrodomenico G, Albani L (2004) Micro Programmable Built-in Self-repair for SRAMs. In: Records of the 2004 International Workshop on Memory Technology, Design and Testing: 72–77

[8.141] Zarandi H, Miremadi S (2005) Fault Tree Analysis of Embedded Systems using SystemC. In: Proceedings of Annual Reliability and Maintainability Symposium: 77–81

[8.142] Zhang M, Mitra S, Mak T, Seifert N, Wang N, Shi Q, Kim K, Shanbhag N, Patel S (2006) Sequential Element Design with Built-in Soft Error Resilience. IEEE Transactions on VLSI Systems 14(12): 1368–1378

[8.143] Zhang Z, Greiner A, Taktak S (2008) A Reconfigurable Routing Algorithm for a Fault-tolerant 2D-Mesh Network-on-Chip. In: Proceedings of the ACM/IEEE Design Automation Conference: 441–446

[8.144] Zhao C, Dey S, Bai X (2005) Soft-spot Analysis: Targeting Compund Noise Effects in Nanometer Circuits. IEEE Design & Test of Computers 22(4): 362–375

[8.145] Zhou Q, Mohanram K (2004) Transistor Sizing for Radiation Hardening. In: Proceedings of the IEEE International Reliability Physics Symposium: 310–315

[8.146] Zoellin C, Wunderlich H J, Polian I, Becker B (2008) Selective Hardening in Early Design Steps. In: Proceedings of the European Test Symposium: 185–190